资源环境
与可持续发展

主编　阎伍玖　副主编　桂拉旦　桂清波

Resources and
Environment and Sustainable Development

经济科学出版社
Economic Science Press

图书在版编目（CIP）数据

资源环境与可持续发展/阎伍玖主编.—北京：经济
科学出版社，2013.5
ISBN 978 - 7 - 5141 - 3071 - 3

Ⅰ.①资…　Ⅱ.①阎…　Ⅲ.①自然资源 - 可持续
发展 - 研究　Ⅳ.①X37

中国版本图书馆 CIP 数据核字（2013）第 039574 号

责任编辑：柳　敏　李晓杰
责任校对：杨晓莹
版式设计：代小卫
责任印制：李　鹏

资源环境与可持续发展
主　编　阎伍玖
副主编　桂拉旦　桂清波
编　委　桂拉旦　桂清波　陈　隽　秦　学
阎伍玖　陶宝先　张华兵
经济科学出版社出版、发行　新华书店经销
社址：北京市海淀区阜成路甲 28 号　邮编：100142
总编部电话：88191217　发行部电话：88191537
网址：www.esp.com.cn
电子邮件：esp@esp.com.cn
北京密兴印刷有限公司印装
710×1000　16 开　32 印张　660000 字
2013 年 5 月第 1 版　2013 年 5 月第 1 次印刷
ISBN 978 - 7 - 5141 - 3071 - 3　定价：48.00 元

《资源环境与可持续发展》编委会

目　　录

第一章

绪　　论

人类自从在地球上出现以后，为了生存与发展，与自然界进行了一系列艰苦卓绝的斗争。他们运用自己的智慧和劳动，不断地改造自然，创造和改善自己的生存条件。同时，又将经过改造和使用的自然物和各种废弃物归还给自然界，使之又进入自然界参与自然界物质循环和能量流动过程。其中，有些成分与过程会引起资源与环境质量的下降，影响人类和其他生物的生存和发展，从而产生了资源与环境问题。从这一角度看，资源与环境问题自古有之。

第一节　资源环境问题的产生与发展

整个 20 世纪，人类消耗了 1420 亿吨石油、2650 亿吨煤、380 亿吨铁、7.6 亿吨铝、4.8 亿吨铜。占世界人口 15% 的工业发达国家，消费了世界 56% 的石油和 60% 以上的天然气、50% 以上的重要矿产资源，全球各国各民族间出现严重的不平衡。自然资源的枯竭问题，如果在 20 世纪还可以轻松应对、视而不见的话，那么进入 21 世纪，这个问题已是生死攸关、迫在眉睫了。传统工业文明的持续增长，使得世界环境更难以支撑当前这种高污染、高消耗、低效益生产方式的持续扩张。

一、环境与资源的概念与构成

资源与环境是人类生存和发展的基础，为人类提供生产和生活所必需的物质资料，环境通过其自净作用，容纳、转化人类生产和生活活动产生的废弃物；同时，优越的环境给人类以美的感觉和精神享受。资源为人类提供生活和生产所必需的物质，然而人类过度地利用资源，又引发一系列的生态环境问题，而环境的污染和生态的破坏，不仅能造成巨大的经济损失，而且破坏生物多样性，危及人体健康。

（一）环境及其构成

1. 环境的概念

环境的科学定义为：围绕人的全部空间以及其中一切可以影响人的生活和发展的各种自然的与人工改造过的自然要素的总和。包括自然环境：大气环境、水环境、土壤环境、地质矿产环境、生物环境、宇宙环境等；社会环境：居住环境、经济环境、文化环境等。

环境的法律定义为：根据《中华人民共和国环境保护法》的界定，"本法所称环境，是指影响人类生存和发展的各种天然的或经过人工改造的自然因素的总体，包括大气、水、海洋、土地、矿藏、森林、草原、野生生物、自然遗迹、人文遗迹、自然保护区、风景名胜区、城市和乡村等。"

2. 环境的构成与分类

人类活动对整个环境的影响是综合性的，而环境系统也是从各个方面反作用于人类，其效应也是综合性的。人类与其他的生物不同，不仅仅以自己的生存为目的来影响环境、使自己的身体适应环境，而是为了提高生存质量，通过自己的劳动来改造环境，把自然环境转变为新的生存环境。这种新的生存环境有可能更适合人类生存，但也有可能恶化人类的生存环境。在这一反复曲折的过程中，人类的生存环境已形成一个庞大的、结构复杂的、多层次的、多组元相互交融的动态环境体系（Hierarchical System）。

环境分类一般是按照空间范围的大小、环境要素的差异、环境的性质等为依据进行的。人类生存环境是庞大而复杂的多级大系统，习惯上分为自然环境和社会环境两大部分。

（1）自然环境。

自然环境亦称地理环境，是指人类目前赖以生存、生活和生产所必需的自然条件和自然资源的总称，即阳光、温度、气候、地磁、空气、水、岩石、土壤、动植物、微生物以及地壳的稳定性等自然因素的总和，用一句话概括就是"直接或间接影响到人类的一切自然形成的物质、能量和自然现象的总体"，有时简称为环境。在自然地理学上，通常把这些构成自然环境总体的因素，分别划分为大气圈、水圈、生物圈、土圈和岩石圈等五个自然圈。

自然环境亦可以看作由地球环境和外围空间环境两部分组成。地球环境对于人类具有特殊的重要意义，它是人类赖以生存和发展的物质基础，是人类活动的主要场所。据目前所知，在千万亿个天体中，能适于人类生存者，只发现地球这一个天体。外围空间环境是指地球以外的宇宙空间，理论上它的范围无穷大。不过在现阶段，由于人类活动的范围还主要限于地球，对广袤的宇宙还知之甚少，因而还没有明确地把其列入人类环境的范畴。

（2）社会环境。

社会环境是指人类在自然环境的基础上，为不断提高物质和精神生活水平，通过长期有计划、有目的地发展，逐步创造和建立起来的人工环境，如城市、农村、工矿区等。社会环境的发展和演替受自然规律、经济规律以及社会规律的支配和制约，其质量是人类物质文明建设和精神文明建设的标志之一。

社会环境是指人类的社会制度等上层建筑条件，包括社会的经济基础、城乡结构以及同各种社会制度相适应的政治、经济、法律、宗教、艺术、哲学的观念与机构等。它是人类在长期生存发展的社会劳动中所形成的，是在自然环境的基础上，人类通过长期有意识的社会劳动，加工和改造了的自然物质，所创造的物质生产体系，以及所积累的物质文化等构成的总和。社会环境是人类活动的必然产物，它一方面可以对人类社会进一步发展起促进作用，另一方面又可能成为束缚因素。社会环境是人类精神文明和物质文明的一种标志，并随着人类社会发展不断地发展和演变，社会环境的发展与变化直接影响到自然环境的发展与变化。人类的社会意识形态、社会政治制度，如对环境的认识程度，保护环境的措施，都会对自然环境质量的变化产生重大影响。近代环境污染的加剧正是由工业迅猛发展所造成的，因而在研究中不可把自然环境和社会环境截然分开。

如从性质来考虑的话，可分为物理环境、化学环境和生物环境等。如果按照环境要素来分类，可以分为大气环境、水环境、地质环境、土壤环境及生物环境。通常，按照人类生存环境的空间范围，可由近及远、由小到大地分为聚落环境、地理环境、地质环境和星际环境等层次结构，而每一层次均包含各种不同的环境性质和要素，并由自然环境和社会环境共同组成。

①聚落环境：聚落是指人类聚居的中心，活动的场所。聚落环境是人类有目的、有计划地利用和直接的工作和生活环境。聚落环境中的人工环境因素占主导地位改造自然环境而创造出来的生存环境，是与人类的生产和生活关系最密切、最直接的工作和生活环境。聚落环境中的人工环境因素占主导地位，也是社会环境的一种类型。人类的聚落环境，从自然界中的穴居和散居，直到形成密集栖息地乡村和城市。显然，随着聚居环境的变迁和发展，为人类提供了安全清洁和舒适方便的生存环境。但是，聚落环境乃至周围的生态环境由于人口的过度集中、人类缺乏节制的频繁活动，以及对自然界的资源和能源超负荷索取同时受到巨大

的压力，造成局部、区域，以至全球性的环境污染。因此，聚落环境历来都引起人们的重视和关注，也是环境科学的重要和优先研究领域。

②地理环境：地理学上所指的地理环境位于地球表层，处于岩石圈、水圈、大气圈、土壤圈和生物圈相互制约、相互渗透、相互转化的交融带上。它下起岩石圈的表层，上至大气圈下部的对流层顶，厚约 10km～20km，包括了全部的土壤圈，其范围大致与水圈和生物圈相当。概括地说，地理环境是由与人类生存与发展密切相关的，直接影响到人类衣、食、住、行的非生物和生物等因子构成的复杂的对立统一体，是具有一定结构的多级自然系统，水、土、气、生物圈都是它的子系统。每个子系统在整个系统中有着各自特定的地位和作用，非生物环境都是生物（植物、动物和微生物）赖以生存的主要环境要素，它们与生物种群共同组成生物的生存环境。这里是来自地球内部的内能和来自太阳辐射的外能的交融地带，有着适合人类生存的物理条件、化学条件和生物条件，因而构成了人类活动的基础。

③地质环境：地质环境主要指地表以下的坚硬地壳层，也就是岩石圈部分。它是由岩石及其风化产物——浮土两个部分组成。岩石是地球表面的固体部分，平均厚度 30km 左右；浮土是包括土壤和岩石碎屑组成的松散覆盖层，厚度范围一般为几十米至几公里。实质上，地理环境是在地质环境的基础上，在星际环境的影响下发生和发展起来的，在地理环境、地质环境和星际环境之间，经常不断地进行着物质和能量的交换和循环。例如，岩石在太阳辐射的作用下，在风化过程中使固结在岩石中的物质释放出来，参加到地理环境中去，再经过复杂的转化过程又回到地质环境或星际环境中。如果说地理环境为人类提供了大量的生活资料，即可再生的资源，那么地质环境则为人类提供了大量的生产资料，特别是丰富的矿产资源，即难以再生的资源，它对人类社会发展的影响将与日俱增。

④宇宙环境：又称为星际环境，是指地球大气圈以外的宇宙空间环境，由广漠的空间、各种天体、弥漫物质以及各类飞行器组成。它是人类活动进入地球邻近的天体和大气层以外的空间的过程中提出的概念，是人类生存环境的最外层部分。太阳辐射能为地球的人类生存提供主要的能量。太阳的辐射能量变化和对地球的引力作用会影响地球的地理环境，与地球的降水量、潮汐现象、风暴和海啸等自然灾害有明显的相关性。随着科学技术的发展，人类活动越来越多地延伸到大气层以外的空间，发射的人造卫星、运载火箭、空间探测工具等飞行器本身失效和遗弃的废物，将给宇宙环境以及相邻的地球环境带来新的环境问题。

（二）资源及其构成

1. 资源的定义

资源的定义有广义和狭义之分。广义的资源指人类生存和发展所需要的一切物质的和非物质的要素。也就是说，在自然界及人类社会中，有用物即资源，无用物即非资源。因此，资源包括一切人类所需的自然物，如阳光、空气、水、矿物、土壤、动植物等，也包括以人类劳动产品形式出现的一切有用物，如各种房屋、设备、其他消费性商品，还包括无形的资源，如信息、知识和技术以及人类本身的体力和智力。

狭义的资源仅指自然资源，联合国环境资源署（UNEP）对自然资源下的定义是："所谓自然资源，是指在一定的时间、地点的条件下能够产生经济价值的、以提高人类当前和将来福利的自然环境因素和条件的总称。"这是一种狭义的资源定义，仅指自然资源，而且还排除了那些目前进行开采在经济上还不合算，但在技术上能够加以开发的那部分矿产资源。

2. 资源的分类

从不同的角度、标准有着多种资源分类方法。按资源属性可划分为自然资源和社会资源；按利用限度可划分为可再生资源和不可再生资源；按性能和作用可划分为硬资源和软资源。

（1）自然资源和社会资源。

自然资源即狭义的资源，是一个相对概念，随着社会生产力的提高和科学技术的进步，自然资源的种类日益增多，范围日渐扩大，概念日渐深化和发展。在国土开发和利用中，自然资源包括土地资源、气候资源、水资源、生物资源、矿产资源、海洋资源、能源资源和旅游资源等。

土地资源是人类现在和可预见的将来可利用的土地。土地是地球陆地表面部分，由地形、植被、岩石、水文和气候等因素组成的一个独立的自然综合体。土地的分类方法很多，比较普遍的是按地形和利用类型分类。按地形可分为山地、高原、丘陵、平原、盆地等；按利用类型一般分为耕地、林地、草地、宜垦荒地、宜林荒地、沼泽滩涂水域、工矿交通城镇用地、沙漠石头山地、永久积雪冰川等。

气候资源是地球上生命赖以生存和发展的基本条件，也是人类生存和发展的物质和能源。气候资源包括太阳辐射、热量、降水、空气及其运动等资源要素。

水资源是指在目前经济和技术条件下，比较容易被人类利用的淡水资源，包括湖泊淡水、土壤水、大气水和冰川水等淡水资源。随着科学技术的发展，海水淡化前景广阔，因此，从广义上讲，海水也应算水资源。

生物矿产资源是指生物圈中全部动物、植物和微生物。动物资源包括哺乳动物类资源、鸟类资源、爬行类动物资源、两栖类动物资源以及鱼类资源等，植物资源包括森林资源、草原资源、荒漠资源和沼泽资源等。

矿产资源是指经过一定的地质过程形成并达到工业利用要求的，赋存于地壳内或地壳上的固态、液态或气态物质。一般按矿物物理性质和用途划分为黑色金属、有色金属、冶金辅助原料、燃料、化工原料、建筑材料、特种非金属、稀土稀有分散元素等 8 类资源。

能源资源是指能够提供某种形式能量的物质或物质的运动。大自然赋予我们多种多样的能源，如来自太阳的能源、来自地球本身的能源、来自地球与其他天体相互作用所产生的能源。能源有多种分类形式，一般可分为常规能源和新能源，常规能源指当前已被人类社会广泛利用的能源，如石油、煤炭、水能等；新能源是指在当前技术经济条件下，尚未被人类广泛利用，但已经或即将被利用的能源，如太阳能、地热、潮汐能等。

海洋资源是指其来源、形式和存在方式都直接与海水有关的物质和能量。有海洋生物资源、海底矿产资源、海水化学资源和海洋动力资源之分。海洋生物资源包括生长和繁衍在海水中的一切有生命的动物和能进行光合作用的植物。海底矿产资源包括滨海砂矿、陆架油气和深海沉积矿床等。海水化学资源包括海水中所含的大量化学物质和淡水。海洋动力资源主要指海洋里的波浪、海流、潮汐、温度差、密度差、压力差等所蕴含的巨大能量。

旅游资源可分为自然旅游资源和人文旅游资源两大类。自然旅游资源指的是大自然造化出来的各种特殊的地理环境、景观和自然现象。人文旅游资源是人类社会发展过程中形成的各种具有鲜明个性特征的社会文化景观和现象。自然旅游资源属于自然资源的范畴，人文旅游资源属于社会资源范畴。

社会资源是指自然资源以外的其他所有资源的总称，它是人类劳动的产物。社会资源包括人力资源、智力资源、信息资源、技术资源、管理资源等。人力资源以人口为自然基础，指人口中成年并具有和保持正常劳动能力的人，由一定数量的有劳动技能的劳动者组成。人力资源包括劳动者的数量和劳动者的素质两个方面。智力资源主要指开发创造知识资源、开发利用物质资源的科技队伍和管理队伍。信息资源是指可供利用并产生效益的一切信息的总称，是一种非实体性、无形的资源，普遍存在于自然界、人类社会和人类的思维领域之中。信息资源可分为数量信息及质量信息，直接信息及间接信息。技术资源是指人们可用于创造社会财富的各种现实技术和潜在技术。现代科学技术已成为推动生产力发展的主要资源。管理资源是指管理在经济增长与社会发展过程中所起的作用，它与人力、物力、财力等资源结合，能显示重要作用，是与人力资源、物力资源、财力资源等并列的一种资源。

（2）可再生资源和非可再生资源。

可再生资源是指能连续或往复供应的资源。包括恒定性的环境资源，如太阳辐射能、风力、水力、海潮、径流、地热、温泉等；可循环再生的环境资源，如由光热、年降水量、年光照时间、年积温、年无霜期等构成的气候资源，主要由降水量决定的区域水资源和水能资源等；人类劳动的产物，如人力资源、信息资源、技术资源等各种社会资源。

不可再生资源是指相对于人类自身的再生产及人类的经济再生产的周期而言不能再生的各种地质和半地质资源。不可再生资源是一个相对的概念，并不是不可以再生产出来，只是各种地质资源的形成要经过漫长的地质年代，相对于人类再生产和经济再生产的周期而言是不可以再生的。

二、资源环境问题及其根源

（一）资源环境问题

资源环境是人们从自然资源到环境资源认识的一种深化。几乎所有的自然资源都构成人类生存的环境因子，自然资源是指在一定的时空范围内，可供人类利用的表现为各种相互独立的静态物质和能量。而环境资源则是静与动的统一体。资源环境问题是目前人类发展所面临的又一重要问题。随着全球人口的增长和经济的发展，对资源需求与日俱增，人类正受到某些资源短缺或耗竭以及资源开发与利用所带来的环境污染的严重挑战。

（二）资源环境问题的分类

从环境问题的来源考虑，可以将环境问题分为两类。由自然原因引起的环境问题为第一环境问题，又称原生环境问题，它主要指地震、洪涝、干旱、滑坡等自然灾害问题。对于这样的环境问题，人类目前的抵御能力比较薄弱。由人为活动引起的为第二环境问题，又称次生环境问题，它又分为环境污染、资源耗竭和生态破坏三大类。人们常说的环境问题一般指第二环境问题，如环境污染、资源短缺、生态破坏、人口爆炸等。

（三）资源环境问题的根源

人类前进的步伐伴随着资源掠夺与环境恶化。在历史上，争夺对国家安全和经济发展至关重要的稀缺战略资源往往是一国发动战争的根本动因。因此，资源环境问题之所以产生，源于人们在不断扩大生产力的过程中，对资源环境的不合理的利用和破坏。

迅速增加的人口必然导致对资源的过度需求，而地球上的资源环境却并非是取之不尽，用之不竭的，当人类对资源的需求量超过全球资源环境本身可以承载量时，必然会出现资源能源短缺问题。由于长期以来不存在对自然资源使用进行调控的机制，人们逐渐形成了资源无价的思想，在这种思想的指导下，没有一个人会来承担环境退化所造成的损失，结果必然是全球资源环境被过度利用，人类生存环境迅速恶化，造成了哈丁所谓的"公地的悲剧"。

综观中国历史，在漫长的奴隶社会和封建社会，由于生产力相对低下，对自然环境的破坏较小。解放以后，在一穷二白的基础上建立的新中国，全民以极大的热情投入到社会主义建设中，在"全民炼钢"的运动中，烧掉了全国的大量森林；之后，为了增加粮食产量，在全国开展"让荒山变良田"运动和填湖造田运动，结果适得其反，使森林植被遭受破坏，水土流失面积扩大，生态环境进一步恶化；改革开放初期，乡镇工业突飞猛进地发展，但由于乡镇企业规模小、行业多、布局严重不合理、污染物种类繁多，造成处理困难，因而给环境带来了很大的负面影响。这是中国发展历史留给我们的资源环境问题。中国人口多、资源少、环境容量小、生态脆弱，因此建立在粗放型经济增长方式基础上的快速增长，使资源难以为继，环境不堪重负。中国单位产出的能耗和资源消耗水平明显高于国际先进水平，工业万元产值用水量是国外先进水平的 10 倍，单位国内生产总值排放的量二氧化硫和氮氧化物量是发达国家的 8～9 倍。因此，粗放型的增长方式是产生环境问题的根本原因。

随着人类的出现，生产力的发展和人类文明的提高，环境问题也相伴而生，并由小范围、低程度危害，发展为大范围、高程度的危害。在人类出现以后直至产业革命的漫长时期出现的环境问题相对而言是比较轻微的。从产业革命以来，随着生产力的提高，人口的增长，人类在物质利益的驱动下，对环境的索取不断膨胀，破坏了环境本身的平衡，引起的环境问题日益突出，特别是在当今，全球变暖、臭氧层破坏、水土保持等已经成为全球性的问题，引起了各国的高度重视。

所以环境问题实质是经济问题和社会问题，是人类在建设人类文明当中不可避免的问题。这要求人类要找出一条新的发展道路。

三、资源环境问题的发展

按照我们对环境问题的一般理解，自从有了人类以后，就有可能产生环境问题，人类社会环境问题的产生和发展，大致经历了三个阶段。

（一）原始捕猎阶段

人类作为自然环境中的一分子，从它进入地球历史舞台以来，就不可避免对环境施加了影响。在人类诞生以后的很长一段岁月里，原始人群的食物主要来源于狩猎和采集，洞穴而宿，对环境的影响并不比其他的动物大多少。但是，随着原始人类生产工具的改进和发明，例如火的发明，这种影响就变得日益显著。原始人用火焚毁了大批森林，用火驱赶成群动物至悬崖跌死以获取食物等。据研究，原始人消灭野生哺乳动物的数量是惊人的。在冰河期末（距今约 3 万 ~ 4 万年），北美洲的大型哺乳动物就有 70% 被人类灭绝。如果说那时也产生所谓环境问题的话，那也是最原始的"环境问题"。

（二）农牧业阶段

随着农牧业的开始，刀耕火种、伐木开荒和过度放牧导致了大自然的破坏。根据史料考证认为，古代非洲和印度沙漠的扩大，部分是过度放牧的结果。中国古代黄河流域，在秦、汉时期还是郁郁葱葱的森林，森林覆盖率达 50% 以上，后来毁林开荒，土壤侵蚀，肥沃的黄土高原变成了千沟万壑，一片荒凉，水旱灾害也就频繁出现。古代的意大利人对阿尔卑斯山坡的森林乱加砍伐，结果摧毁了高山畜牧业的基础，使美丽富饶的波河平原，缺乏灌溉水源，恩格斯曾把这种破坏自然的恶果归结为自然界对人类的报复，从而对人类肆意破坏大自然的行为敲起了警钟。

（三）现代工业阶段

18 世纪末，瓦特发明了蒸汽机，标志着产业革命的开始。蒸汽机成为主要动力、煤炭成为主要能源，由此，现代环境问题——环境污染产生了。

其实，环境污染可以追述到七八百年前，也就是从燃煤开始的年代。早在1306 年，英国政府就曾颁布过在国会开会期间，禁止伦敦的工匠和制造业烧煤的文告。1661 年，英国曾出版了约翰·爱凡林写的《驱逐烟气》一书。其后，又有人针对伦敦的烟雾，发表过《黄色浓烟》的剧本，描述伦敦烟雾之害。美国的洛杉矶早在 16 世纪中叶，就被人们称为"烟湾"。不过，在环境污染的历史中，这些还仅仅是个序幕。

明显的环境污染，则开始于产业革命。从 18 世纪以来，随着能源使用的变迁和城市的发展，环境污染也经历了发生、发展、泛滥、复苏等四个时期。

1. 环境污染的发生期

从 18 世纪末到 20 世纪初，蒸汽机的发明与广泛应用，给社会带来了前所未有的巨大生产力，但同时也带来了环境的严重污染。到 20 世纪 30 年代，世界上煤的年产量由 $500 \times 10^4 \sim 600 \times 10^4$ 吨，猛增到 3000×10^4 吨。随之而来的是滚滚的黑烟污染了清洁的大气。采矿、冶金、化工业不断兴起，又带来了多方面的污染。其中，日本足尾矿的开采造成的污染与危害就是一个代表，该矿以炼铜为主，但其中含有硫、铁、砷化物等物质。在开采冶炼的过程中，从废气中排出的二氧化硫、铁、砷化物等，污染了矿山周围的山林、村庄和庄稼，使之成为"不毛之地"，村庄也被迫迁走。含毒废水排入渡良濑川，随洪水泛滥祸及下游四县，使数万公顷土地受害，田园荒芜，河中鱼类死亡，沿岸数十万人流离失所。

在这一时期中，化学工业也得到了迅速的发展，品种日益增多，如制造磷肥所排放出的氟化氢造成大气污染；采矿中排出的含铅、镉废水污染水体和土壤。有的毒物，特别是一些重金属污染物，如镉、汞、铬等能在人体和动物体中长期累积，为后期的慢性中毒准备了条件。

2. 环境污染发展期

从 20 世纪 20 年代到 40 年代，由于内燃机在世界各地得到了普遍的发展，石油和天然气的生产迅速增长。1913 年石油占能源的比重只有 5.2%，到 1938 年就上升为 15.4%，到 1950 年达到 25.5%。与此同时，各种汽车和机动车也大幅度地增加，汽油和柴油消费量也相应增加。到 1943 年，在美国洛杉矶上空，出现了汽车排汽所引起的光化学烟雾，给大气带来了新的污染。

在这一时期，占能源比重最大的煤炭的利用，又有了新的发展，炼焦工业和城市煤气都扩大了。大型火力发电也应运而生。二氧化硫和烟尘的排放量又有增加。据 20 世纪 40 年代的估算，在世界范围内，二氧化硫的排放量每年达 7000×10^4 吨。在此期间，除伦敦屡有烟雾事件发生外，1930 年在比利时的马斯河谷和 1943 年在美国的多诺拉，也都相继发生了烟雾事件。在此期间，由于第二次世界大战的影响，石油化工和有机合成工业也有了新的发展，造成大量有机和无机废水污染水体。这不仅破坏了河湖水系的生态平衡，使鱼产量下降，也造成一些污染物在食物链中不断蓄积，孕育着对人类更大的危害。

3. 环境污染泛滥期

20 世纪 50 年代到 70 年代，可以称之为环境污染的泛滥时期。在此期间，石油、煤炭等燃料的消费量大幅度增加，仅 60 年代的 10 年里，各国石油的产量就由 10×10^8 吨猛增到 21×10^8 吨；煤炭年产量则由 20×10^8 吨增到 25×10^8 吨。每年排出的二氧化硫和烟尘都超过了 1×10^8 吨。汽车的产量也在迅速增加，每年超过 2000 万辆。汽车排气引起的光化学烟雾波及世界各地的许多城市，一氧化碳和铅对大气的污染日益加重。另外，石油的海上运输、远洋油轮的漏油和海底石油的开采所造成的海洋污染也日益严重起来。仅在一条莱茵河上，就有 18000 艘货轮来往行驶，每年排入河中的废油就达 1×10^4 吨。

采矿、石油化工等企业所排出的有毒物质种类和数量都日益增多，污染的范围越来越广，在这一时期，环境污染公害事件不胜枚举。例如，1946 年底，在美国佛罗里达州西海岸，因"红潮"杀死的海龟、鱼虾，铺满了 30km 长的海岸；1967 年 9 月，北爱尔兰约有 120 种共十多万只海鸟因多氯联苯中毒而死亡；贝加尔湖有 1200 种水生生物已灭绝一半；美国的伊利湖等五大湖及其水系，因受汞的严重污染，当局不得不下令，禁止在那里捕鱼。至于环境污染对人体健康甚至生命的威胁，也时有发生。1952 年、1956 年、1962 年相继发生的伦敦烟雾事件，比常年多死亡的人数达 6150 人；1956 年和 1964 年先后在日本水俣湾和新潟县发现了水俣病，仅水俣湾地区，到 1979 年 1 月已确诊的典型患者就达 1004 人，死亡 206 人；在日本的四日市，由于石油联合企业造成二氧化硫和重金属的污染，出现了一种被称为"四日市哮喘"的公害病，截至 1971 年 11 月底，被判定为该公害病的患者就达 800 多人；1968 年，在日本富山县神通川，因上游开采铅锌矿而排出大量含镉废水，污染了神通川流域的水系和稻米，使居民患了一种"骨痛病"；1968 年，在日本北九州，也发生因多氯联苯污染米糠油而引起中毒事件，中毒者达 5000 余人，并危及后代，出现了所谓"油症儿"。在此期间，各国使用的农药数量越来越大，严重污染了各种食物，中毒事件时有发生。有的农药还有远期危害，甚至通过遗传影响后代，造成畸胎。

总之，这一时期可以说是污染到处泛滥的时期。无怪乎美国的一位诗人曾以《公害》为题，写下了这样的诗句："假如你游览美国的城市，你将发现它非常的美丽。只有两件事必须注意，不要喝这里的水和呼吸这里的空气。""看看这里虚弱的人们，他们喝这里的水，呼吸这里的空气，就好像羊羔赶向屠场——川流不息。"1962 年蕾切尔·卡尔逊（Rachel Carson）出版了《寂静的春天》一书，对农药对环境的污染以及造成生态平衡的破坏，更是作了充分形象的描述。《寂静的春天》在美国问世时，是一本很有争议的书。它那惊世骇俗的关于农药危害人类环境的预言，虽然当时受到了与之利害攸关的生产与经济部门的猛烈抨击，但是也强烈地震撼了广大民众。这一时期，日本人民也十分怀念昔日"山清水秀的国土"，要求"还我红日"，"还我蓝天"。世界各国人民反公害的运动是风起云涌。以下8大环境公害事件是其中突出的代表：

——马斯河谷事件。1930年12月1~5日，比利时马斯河谷的气温发生逆转，工厂排出的有害气体和煤烟粉尘，在近地大气层中积聚。3天后，开始有人发病，一周内，60多人死亡，还有许多家畜死亡。这次事件主要是由于几种有害气体和煤烟粉尘污染的综合作用所致，当时的大气中二氧化硫浓度高达25~100毫克/立方米。

——多诺拉事件。1948年10月26~31日间，美国宾夕法尼亚州的多诺拉小镇，大部分地区持续有雾，致使全镇43%的人口（5911人）相继发病，其中17人死亡。这次事件是由二氧化硫与金属元素、金属螯合物相互作用所致，当时大气中二氧化硫浓度高达 0.5×10^{-6} ~ 2.0×10^{-6} 毫克/立方米，并发现有尘粒。

——伦敦烟雾事件。1952年12月5~8日，素有"雾都"之称的英国伦敦，突然有许多人患起呼吸系统病，并有4000多人相继死亡。此后两个月内，又有8000多人死亡。这起事件原因是，当时大气中尘粒浓度高达4.46毫克/立方米，是平时的10倍，二氧化硫浓度是平时的6倍。

——洛杉矶光化学烟雾事件。1936年在洛杉矶开采出石油后，刺激了当地汽车业的发展。至40年代初期，洛杉矶市已有250万辆汽车，每天消耗约1600万升汽油，但由于汽车汽化率低，有大量碳氢化合物排入大气中，受太阳光的作用，形成了浅蓝色的光化学烟雾，使这座本来风景优美、气候温和的滨海城市成为"美国的雾城"。这种烟雾刺激人的眼、喉、鼻，引发眼病、喉头炎和头痛等症状，致使当地死亡率增高，同时，又使远在百里之外的柑橘减产，松树枯萎。

——水俣事件。日本一家生产氮肥的工厂从1908年起在日本九州南部水俣市建厂，该厂生产流程中产生的甲基汞化合物直接排入水俣湾。从1950年开始，先是发现"自杀猫"，后是有人生怪病，因医生无法确诊而称之为"水俣病"。经过多年调查才发现，此病是由于食用水俣湾的鱼而引起的。水俣湾因排入大量甲基汞化合物，在鱼的体内形成高浓度的积累，猫和人食用了这种被污染的鱼类就会中毒生病。

——富山事件。50年代日本三井金属矿业公司在富山平原的神通川上游开设炼锌厂，该厂排入神通川的废水中含有金属镉，这种含镉的水又被用来灌溉农田，使稻米含镉。许多人因食用含镉的大米和饮用含镉的水而中毒，全身疼痛，故称"骨痛症"。据统计，在1963年至1968年5月，共有确诊患者258人，死亡人数达128人。

——四日事件。50、60 年代日本东部沿海四日市设立了多家石油化工厂，这些工厂排出的含二氧化硫、金属粉尘的废气，使许多居民患上哮喘等呼吸系统疾病而死亡。1967 年，有些患者不堪忍受痛苦而自杀，到 1970 年，患者已达 500 多人。

——米糠油事件，1968 年，日本九州爱知县一带在生产米糠油过程中，由于生产失误，米糠油中混入了多氯酸苯，致使 1400 多人食用后中毒，4 个月后，中毒者猛增到 5000 余人，并有 16 人死亡。与此同时，用生产米糠油的副产品黑油做家禽饲料，又使数十万只鸡死亡。

4. 环境复苏期

大约在 20 世纪初，一些发达的资本主义国家，亲自经历了环境污染带来的严重危害，目睹了生态平衡惨遭破坏，大量生物资源濒临灭绝，自然资源遭到了巨大的损失。在人民的反抗、科学家的呼吁和大自然的惩罚下，开始认识到了环境污染带来的严重后果，于是各个国家被迫采取一系列的防治措施，来治理日益严重的环境污染公害。从这一时期起，各国政府纷纷建立了管理机构，实行立法，制定环境标准和法规；开展了多学科的联合调查研究，为治理污染提供依据；依照经济规律和立法来加强治理；控制大城市的人口，发展卫星城镇；开展环境预测预报；广泛宣传普及环境保护知识的教育；在各类大专院校纷纷开设环境保护专业，培训各种专业人员，等等。

通过这些一系列有针对性的措施，终于取得了一定的成效。例如，英国从伦敦烟雾事件中吸取教训，采取一系列消烟除尘措施，通过集中供气、供暖、供电来控制烟尘污染，从 1962 年以后，就再也没有发生烟雾事件。再如，鉴于莱茵河的严重污染，原西德、荷兰、瑞士、法国和卢森堡等五国成立了国际莱茵河污染防治委员会，在各河段沿岸建立了大型污水处理厂，汇集沿岸各种自己不能治理的废水，按吨计价，统一治理到符合水质标准后再排放到河中，严禁往河里排放未经治理的废水，并采取一些清疏河道的措施。经过几年的治理，河水水质逐渐好转，水生生物又开始生长，鱼种也渐渐多了起来。

自 20 世纪 60 年代以来，各国对其污染严重的城市，也都积极地采取了一系列改造措施，如把一些排污量大、噪声震动强以及排放恶臭的工业企业，分类迁入卫星城镇，在新的厂址按流水作业线合理布置生产程序，采用闭路循环工艺，增加消烟除尘设备。对一些同类性质的中小型企业，则分别布置在远郊区，围以林木防护带，形成绿化工业区。在原城区加强绿化，扩大水面等。这些措施对于消除城市环境污染，也收到了较好的效果。

但是，我们说，自 20 世纪 60 年代以来，也是世界经济的高速增长时期，总的趋势是环境问题仍然相当严重，一些旧的环境问题解决了，但又出现了一些新的更难以解决的环境问题，有的地方甚至一些老的环境问题还仍然出现。请看下面列举的，20世纪末国际上发生的新的十大环境污染公害事件：

——1979年3月28日，美国三哩岛核电站事故。一座核反应堆大部分元件烧毁，一部分放射性物质外泄。

——1984年11月19日，墨西哥液化气爆炸事故。墨西哥近郊一座液化气供应站发生爆炸，54个储气罐爆炸起火，死1000多人，伤4000多人，毁房1400余幢，3万多人无家可归。

——1984年12月3日，印度博帕尔毒气泄漏事故。美国联合碳化物公司在印度的一家农药厂，因剧毒物质异氰酸甲酯储罐外泄，死亡2000多人，20万人受害。

——1986年4月26日，原苏联切尔诺贝利核电站事故。该核电站位于基辅市郊区，由于4号反应堆爆炸起火，大量放射性物质外泄，死31人，237人受放射性严重伤害，13万居民紧急疏散，甚至造成全球影响。

——1986年11月1日，欧洲莱茵河污染事故。瑞士巴塞尔桑多兹化工公司的一座仓库起火，仓库中有毒化学品随灭火用水流入莱茵河，造成严重污染，300英里外的井水都不能饮用，原西德和荷兰沿河居民被迫定量供水。

——1987年9月28日，巴西放射性污染事故。戈亚尼亚市癌症研究所丢弃放射性同位素铯-137的铅储罐，被当作废品卖给一家废品收购站，因收购站职工将铅罐砸开，放射性物质外泄，造成3人死亡，20多人患病，200多人受害。

——1989年3月24日，美国阿拉斯加石油污染事故。美国9.5×10^4 t的"埃克森·瓦尔迪兹号"油船在阿拉斯加州的威廉王子湾触礁。1000×10^4加仑原油外泄。厚厚的油膜覆盖了约$1600km^2$的海面。水上浮油已经蔓延4600km，一万只海獭、十万只海鸟和海鸭受害。

——1989年7月18日，肯尼亚总统莫伊在国家自然保护区，亲手点燃火炬焚烧12t象牙，并向全世界呼吁，停止象牙贸易，禁止捕杀大象，拯救濒临灭绝的非洲象，保护生物多样性。

——1990年6月8日，两艘外轮在中国渤海老铁山水道相撞，致使$1300km^2$的海域遭到污染。

——1991年1月17日~2月28日，历时6周的海湾战争，是历史上环境污染和生态破坏最大的一次战争。主要污染源是三类：（1）伊拉克境内大批炼油和储油设备、军火弹药库、制造化学武器和核武器的工厂受空袭后爆炸起火，向大气中释放大量有毒有害气体；（2）科威特和伊拉克沿海输油设施被破坏后，向波

斯湾中排放约 4×10^8 t 原油，是有史以来最大的一次海上石油污染事故；（3）科威特境内 950 口油井被焚或破坏，许多油井长时间燃烧，造成严重的大气污染。

第二节 人类与资源环境关系的发展历程

曾经辉煌的南美洲玛雅文明、中东苏美尔文明、印度河哈拉帕文明等都最终走向衰落和消亡，究其原因，都直接或间接地与人和自然关系不协调有关。一部世界文明史告诉我们，凡是对自然进行疯狂掠夺的文明最后都遭到了自然的报复，凡是与自然和谐发展的文明都得以延续发展。200 多年的工业革命，人类社会的发展超过了以往几千年的农业历史时期。但工业社会的发展曾严重依赖于资源的大规模消耗，建立在依靠消耗以化石资源为主的不可再生资源基础上的工业化，以对大自然进行野蛮地开发掠夺、牺牲生态环境换来的经济增长，使得世界环境迅速恶化，自然资源的急剧消耗，生态环境的日益恶化，人与自然的关系空前紧张。

一、人与资源环境关系的渊源

自然资源与环境是人类生存、繁衍的物质基础；保护和改善自然环境，是人类维护自身生存和发展的前提。这是人类与自然环境关系的两个方面，缺少一个就会给人类带来灾难。

我们生活的自然世界环境，是地球的表层，由空气、水和岩石（包括土壤）构成大气圈、水圈、岩石圈，在这三个圈的交汇处是生物生存的生物圈。这四个圈在太阳能的作用下，进行着物质循环和能量流动，使人类（生物）得以生存和发展。

据科学测定，人体血液中的 60 多种化学元素的含量比例，同地壳各种化学元素的含量比例十分相似。这表明人是环境的产物。人类与环境的关系，还表现在人体的物质和环境中的物质进行着交换的关系。比如，人体通过新陈代谢，吸入氧气，呼出二氧化碳；喝清洁的水，吃丰富的食物，来维持人体的发育、生长和遗传，这就使人体的物质和环境中的物质进行着交换。如果这种平衡关系破坏了，将会危害人体健康。

人类，作为地球的主人，自从诞生的那天起，就与周围的地理环境发生着密切的关系。一方面，人类的生活活动和生产活动需要不断地向周围环境获取物质和能量，以求自身的生存和发展，同时，又将废弃物排放于地理环境之中；另一方面，环境根据自身的规律在不停地形成和转化着一定的物质和能量，它的发生、发展和变化，并不在乎人类的存在，不为人类的主观需求而改变其客观属性，也不为人类的有目的活动而改变自己发展的过程，人类与环境之间，存在着一种既对立又统一的特殊关系。

所谓对立，即人类的主观需求和有目的活动，同环境的客观属性和发展规律之间，不可避免地存在着矛盾。人类必须认识环境，必须遵循环境的发展变化规律从事生产和活动，不然，就必然会遭到环境的报复和惩罚，不利于人类生存的环境问题就会随之发生。

所谓统一，即人类以资源环境为载体，总是在一定的环境空间存在，人类的活动总是同其周围的环境相互作用、相互制约和相互转化。人类既是环境的产物，在一定意义上讲，也是环境的塑造者，人类的活动不可能无止境地向环境索取，也不可能永远不加限制地在向环境排放废弃物。当人类的行为遭到环境的报复而影响到人类本身的生存和发展时，人类就不得不调整自己的行为，以适应环境所能允许的范围。千百年来，人类社会就是在这种对立统一的关系中发展起来的。

人类自产生之后，即作为环境的对立统一物而存在，并形成了庞大的人类环境系统。这个系统是随着人类的不断发展而发展的，而人类的发展又取决于社会的经济发展。人类在进行物质资料生产的同时，又进行着人类自身的生产。人是这两种生产的主体，环境又是这两种生产的现实物质条件。人类在改造环境的活动中发展自身，从而也使自己与环境的关系不断发展。

人类从自身发展的需要出发而改变环境，就必然会产生主观愿望、主观行动与客观环境的矛盾。人类正是在这些矛盾中不断认识环境，认识自身与环境的关系，并不断调整这种关系。科学技术的进步，不断揭示自然、社会和整个物质世界的奥秘，使人类的认识不断深化和全面。经过了漫长的探索过程，形成了科学的环境观和发展观。这种科学的认识，既是建立在人类积累起来的知识的基础之上，又是对人类活动引起的各种后果的智慧探索。现代社会的发展，一方面创造了高度的物质文明和精神文明，使人类在尽可能的条件下满足自己的欲望和需要；另一方面，人类活动又对环境产生重大影响，带来了不利的生态效应。现代人类面临着环境的严重污染，生态的严重破坏，人类自身生存环境的严重危机。这种危机的实质就是人类与环境关系的危机，人类环境系统发展的危机。对这种危机的反思，从另一方面促进了人们对人类与环境关系的认识的发展，并产生了重大的飞跃。

我们对人类与环境关系的认识进行历史的考察就会发现，它大致经历了一个否定之否定的曲折发展过程。人类社会经历了原始时代、农业时代和工业时代三个经济发展的阶梯，人类与自然的关系也大致经历了古代的自然统一时期，近、现代发展与危机并存时期和当代社会倡导的协调发展的新时期。

（一）古代社会人类与环境的关系——自然统一与相对平衡的时代

漫长的古代社会，由于生产力发展水平的低下，人口数量相对较少，人的活动对环境产生的影响与环境的容量维持着大体上的平衡。人与环境的矛盾随着社会的发展而发展，但直到近代产业革命的前夕，以自然经济为基础的人类社会，还基本上维持着二者关系大体上的和谐与统一。

1. 原始时代——人类利用环境的蒙昧阶段

这个时代人与环境关系的特点是人类对自然的依赖，自然对人类的主宰。

在原始人类的漫长发展历史中，人类基本上受环境的主宰，处于次要和从属的地位。由于认识水平和生产力发展水平极其低下，人们只能在"狭窄的范围内和孤立的地点上发展着"。原始人类使用木器、石器和骨器等工具，直接从大自然中获取生活资料，因而表现出对自然极强的直接依赖关系。他们的生活方式和生活习惯，都建立在周围自然环境所提供的物质条件的基础上，主要依靠直接采集天然植物和渔猎维持群体的生存和繁衍。人类对自然灾害、各种疾病和不利环境的防御能力极差，主要是被动地适应自然、利用自然。人类改变环境的能力还极其有限，其规模相对于自然环境的容量和恢复力是微不足道的。人类依靠迁徙来解决生活资料的来源，即使造成小范围的过采过捕，自然环境从总体上仍能较快地恢复平衡。

原始人类经历了大约 300 万年缓慢的进化，人类才从动物界分化出来，但在很大程度上仍没有摆脱动物与自然界关系的原则。在自然界的威力和变化面前，人的力量显得极其渺小。人们对自然界知之甚少，在难以抗拒的强大自然力面前，产生了敬畏自然、神化自然、崇拜自然的观念。随着人类进步而出现的原始宗教和神话，则表现了人们希望战胜自然力的美好愿望。中国古代盘古开天辟地，女娲炼石补天，大禹治水的美丽传说，古代以色列关于创世的神话，以及古希腊诸神的故事，都折射出人们对人类与自然关系的思想之光。从现实的整体而言，环境是决定性的力量，人类受自然的支配和主宰，人们在极大程度上被动地适应和服从自然。在原始公有制社会里，几乎全体成员都是劳动者，并直接与生产资料相结合，落后而蒙昧。人类进行的物质生产和人类自身生产都处于盲目的状态，主要是被动地接受自然的调节，环境对人类有极大的约束力。在这种情况下，原始人类与生存环境保持着自然的统一和总体上的平衡。

在原始时代，人们改造环境的能力也在缓慢地发展着。从最早的猿人到新石器时代的早期人类，生产工具逐渐进步，再加上火的使用，促进了生活方式的改变。金属工具的发明和使用，使人类与环境的关系发生了新的变化。

2. 农业时代——人类改造环境的初级阶段

这个时代的特点是人类与环境的关系产生了初步对抗，出现了相互竞争和相互制约的局面。

随着生产工具的进步，在新石器时代，出现了原始的农业和畜牧业。铜制工具特别是铁制工具的出现，大大加快了农业的发展。这就是人类历史上影响深远的第一次产业和分工的变革，也是人类与环境关系发展的一个重要阶段。《白虎通·号》上写道："古之人皆食禽兽肉，至于神农，人民众多，禽兽不足，于是神农因天之时，分地之利，制耒耜，教民众农作，神而化之，使民宜之，故谓之神农也。"人口的增加，需要的增多，以及长时期的实践经验，促使农业和畜牧业产生和发展起来，地球上第一次出现了人工生态环境，体现了人类对环境能动的改造。人们开垦农田，开发水利，种植作物，建筑城镇，部分自然植被转变为人工植被，在自然景观的基础上又出现了体现人类创造性的人文景观。人类由简单地利用自然生物资源，扩大到利用土地、水利等资源，由被动地利用环境资源，发展到能动地改造环境资源。人类改造环境的广度随着社会生产力的发展而发展。中国在三皇五帝时代其规模已相当可观。据《孟子·滕文公第三》记载："在尧之时，天下犹未平，洪水横流泛滥天下；草木畅茂，禽兽繁殖；五谷不登，禽兽逼人；禽兽鸟迹之道，多于中国；尧独忧之，舜而敷治焉。舜使益掌火，益烈山泽而焚之，禽兽逃匿。禹疏九河，瀹济漯，而注诸海；决汝汉，排淮泗，而注之江，然后中国可得而食也。"焚山疏河，已是全民族大规模的改造环境的活动。人口数量的增加和金属生产工具的广泛使用，大大拓展了农业的规模。广大的森林、草原、山地被开垦，种植业、畜牧业、手工业逐渐在全世界广大区域发达起来。人类在与自然的对抗中取得了一个又一个的成功，创造了灿烂的古代文明。古埃及文明、古巴比伦文明、古印度文明、古中国文明、古希腊文明以及中美洲的玛雅文化，都是这个时代人类进步的伟大业绩。

由于人类实践的成功和改造环境能力的增强，反映在人类的意识上，出现了与自然争尊崇、争主宰、争平等的思想。中国在春秋战国时期，出现了"天命论"、"宿命论"与"人可胜天"的两种不同主张，是人们在"天人"关系上的消极态度和积极态度的反映。孔子主张"尊天命"、"畏天命"，老子主张"自然无为"，而荀子则提出了"明于天人之分"、"制天命而用之"的理论。先进的思想家认为"谋事在人",人类要超越神力的羁绊,摆脱自然力的控制,在某些范围内自觉地利用和改造自然,达到预期的目的。农业的发展使人的作用大大强化,在某些方面和某些发达的地区,人类在一定意义上成了环境的统治者。

农牧业的变革和发展,大大增加了人类物质生活资料的丰富性和稳定性,大大提高了人类物质文化生活水平,并加快了人类自身的生产,改变了人口的组成和结构,增加了人口的数量,提高了人口的质量。而同时也明显改变了周围的生态环境,改变了生物群落的组成、结构和分布状况,把自然生态系统转变为以种植、畜养为特征的人工生态系统。因此,这种变革和发展又使人与环境的关系深化和复杂化。农、牧业的发展标志着生产力的进步,它促进了人类社会由原始公有制进入了私有制的奴隶社会,继而又进入封建社会。阶级社会的对抗,生产者和生产资料的分离,必然会产生环境资源利用上的浪费、破坏、过量索取等问题。人类由于科学技术水平和认识水平的限制,对自然规律和人与环境的关系尚缺乏科学的理解,盲目的行动也往往不自觉地加重对生态环境的损害。这个时代所产生的环境问题,使人类的发展越来越多地干扰了环境自身合乎规律的循环。人为原因造成的环境问题逐渐增多,主要表现在:

(1) 森林、草原的大面积破坏。种植业、畜养业和房屋建造,需要大量的耕地、木材,于是人们开始大规模的砍伐森林,开垦草原,大量破坏自然植被,造成水土流失,土壤肥力减退,良田面积缩小。

(2) 气候变化,部分土地沙漠化。原始植被的破坏影响了自然环境中物质、能量特别是水的正常循环,引发了一系列自然生态环境的变化,如气候变得恶劣,局部地区雨水减少,土地由于干旱而逐渐变为沙漠。古代西亚地区两河流域因砍光森林而变成了不毛之地,致使巴比伦文明从地球上消失。古代北非撒哈拉大沙漠地区也曾生长着茂密的森林。植被的过量破坏使世界上许多地区的肥沃之域变成了茫茫荒原。中国黄河流域曾是中华民族的摇篮,在先秦时期,黄土高原还是草木茂盛、山清水秀、气候宜人之地,后因极度垦伐,致使高原水土严重流失,处处是千沟万壑,穷山恶水,黄河也成为世界上含沙量最大的河流,并且屡屡决口为害。

(3) 土地盐渍化。农田长期灌溉,土壤的盐分增加,地下水位升高,天长日久,土壤逐渐盐渍化,肥力大大减退。

(4) 早期的环境污染。农业的发展,人口的增长和聚集,城镇的增多和增大,超量的生活废弃物也造成了一定程度的环境污染。特别是繁华的都市,由于生活设施的落后,公共卫生是一个重要的问题。

在整个古代社会的发展历程中,人类的科学技术水平和生产水平逐渐提高,改造自然的能力逐渐加强，生存条件不断改善，而环境问题也日积月累地发展起来。农业时代由于人们改造环境的主动性、积极性不断提高，深度和广度迅速扩展，因而就不可避免地引发人类与环境关系的矛盾。对自然环境的改变，在一定程度上打破了原有的生态平衡，并经过环境再反馈于人类自身。但从全面来看，在以自然经济为基础的整个古代社会中，人对环境的改变在大多数情况下尚未超出环境的容量，环境可以不同程度地得到相对的恢复，生态系统仍可维持着大体上的平衡。环境对于人来说，仍然是一个"必然王国"，自然因素仍较多地限制着人类的活动。在强大的自然力的制约下，人类与环境的关系处在一个自然的统一和相对平衡的时代。

（二）工业时代人类与环境的关系——人类统治环境的时代

18 世纪兴起的产业革命，开始了机器大工业迅速发展的进程。蒸汽机等动力机器的使用，大大提高了社会生产力，增强了人们改造环境的能力。19 世纪下半叶之后，随着电力的广泛运用，人们的生产活动更加深入、更大规模地改变着地球环境。特别是自 20 世纪 40 年代开始，原子能、电子计算机、空间技术等科学技术的发展，使人们掌握了无穷的"魔法"，推动社会生产力日新月异地变化。人们不仅以各种办法利用自然生物资源，而且大规模地利用矿物、水、大气和其他自然资源。从生产、销售到日常生活，整个世界已日益密切地联系在一起，人类取得了征服自然、改造环境的一个又一个的胜利，在地球上建成了以人类为中心的庞大的人工生态体系。人们尽可能在所有的范围内为所欲为，从陆地到海洋，从地球到太空，处处都有人类活动的印迹，人的力量和地位得到确认。工业化和现代化创造了前所未有的人类文明，极大地提高了人们的物质生活和文化生活水平。征服自然的胜利和对自然界认识的深化，加快了人们对自然的索取，轻视自然、主宰自然、奴役和支配自然成了众多经营者的行为哲学。人类逐渐摆脱了受自然主宰和奴役的地位，而成为自然的主人。这一时期"人定胜天"、"人类中心论"成为天人关系的主导理论。

但是，工业化正像一把双刃剑，在人类取得成功的同时，也带来了各种各样的环境问题。它激化了人与环境的矛盾，恶化了人类的生存环境，爆发了全球性的生态危机和环境危机，大自然对人类只追求物质利益而无视环境发展的行为，进行了各种形式的报复和惩罚，人类与环境的冲突达到空前尖锐的程度。随着近代和现代科学文化的发展，人们对自然规律有了越来越多的认识，并运用这些规律创造物质财富。但在相当长的时间里却忽视了运用这些规律保护环境，使社会发展、经济发展和环境发展相和谐。形而上学思想长期支配着人们对人类与环境关系的认识，并在实践中产生了难以估量的后果。人类环境系统产生了畸形发展的趋向：一极是人类物质财富的巨大增长，另一极却是环境状况的严重恶化和退化。这种矛盾表现在：

1. 人对自然无限制地索取和环境资源的匮乏

建立在高度发达的科学技术水平上的现代化工业、农业、畜牧业和渔猎等产业，大大提高了人们利用环境资源、创造新环境的能力。人们大量利用生物、气候、水利、土地和矿物等自然资源，最大限度地提高产品的数量和质量。私有制和对高额利润的追逐，又刺激了资源利用的盲目性，从而造成对自然资源的超量索取。物质财富的增加大大提高了环境对人口的承载能力，刺激了人口的增长，又加剧了对环境资源的索取和利用。对自然资源无限制地大规模开发，使许多可再生资源失去了再生能力，许多不可再生资源匮乏或枯竭，许多生物资源已永久性地消失。

2. 环境的全面污染和整体环境状况的恶化

经济的发展，人口的集中和增长，向环境排放的大量废弃物，大大超过了环境的自净能力，造成了环境质量的全面恶化，威胁着人类的生存和健康。在农业时代，主要是生物性污染，在工业化现代化时代，又增加了物理化学物质的污染，并且达到了非常危险的程度。目前，地球上的大部分水体都受到了不同程度的污染，大气中的尘埃、二氧化碳、一氧化碳、氮氧化物等污染物的浓度明显上升，引发了酸雨、臭氧层破坏、温室效应和气候的异常变化，从而对全球生态环境产生了重大的影响。农业时代仅发生局部环境的退化，当代人类则面临着整体环境状况的全面恶化。污染不断引起公害事件，危害的程度和范围不断增大，许多污染将会长期发生作用，给人类造成种种隐患。

3. 植被、物种大批减少和生态失衡的加速

自工业化以来，森林、草原大面积减少，城镇、道路、工厂和各种建筑物占用了大量良田。植被的减少又使土地沙化加剧，气候变得异常，动植物物种灭绝或濒危。环境污染、人口爆炸、城市畸形发展、资源枯竭、生物多样性锐减、酸雨和温室效应等环境问题和发展问题，造成了整体性、多方面的生态危机。

4. 人口数量急剧增长和环境承载能力的限制

科学技术的发展不仅极大地丰富了人类的物质生活资料，而且使人类战胜了地球上的任何竞争者。人类还有效地控制了疾病的危害，从而使它不再能抑制人口的增长。近两个世纪以来，世界人口迅速增长，许多地方已大大超过了适量人口数值，给环境带来了巨大的压力和负担。人口膨胀加速了环境的危机，并带来了贫穷、饥荒、疾病、就业等各种问题。

工业化、现代化从根本上改变了原始的自然生态环境，形成了结构和功能复杂、规模越来越大的人工生态环境和社会环境。它既是人类进步的表现和希望之所在，又是产生各种环境问题，引起人与环境关系尖锐对立的原因之所在。这种对立和危机的解决不是社会的倒退，而是促使人类与环境系统向更高级的阶段发展，在新的水平上重新实现人类与环境关系的和谐与统一。

（三）当代人类与环境的关系——向协调发展过渡的时代

现代环境退化已成为全球性现象，从天空到地下，从大陆到海洋，人类赖以生存的四大生命系统——森林、草原、渔场、农田都面临着严重的危机。各种环境问题的发展使有识之士率先认识到，生态危机必然造成人类生存与发展的现在与未来的困境，人们仅依靠环境的自我调节已不能解决问题，必须从根本上调整人类与环境的关系和制约自己的行为，实现双方和谐相处，协调共同发展。早在19世纪，马克思、恩格斯在建立科学世界观的基础上，就提出了人类与自然相一致的伟大思想，指出那些把精神和物质、人类和自然、灵魂和肉体对立起来的观点是荒谬的、反自然的观点。

自20世纪40年代以来，随着污染引起的公害肆虐，一些国家的学者开展了对人类与环境关系的再探讨、再认识。40年代英国环境学家A·莱奥波在《大地伦理学》一书中指出，必须重新确定人类在自然界中的位置，人类不应以主人自居，而应自觉地把自己当作大自然家庭中的平等一员。1950年代末，法国哲学家、诺贝尔奖获得者施韦兹指出，人与环境必须保持和谐关系，生命是自然界的伟大创造，对生命要给予极大的尊重，应当爱护所有的生物和资源，保护生态环境。各国研究人员对环境问题开展了一系列的研究和讨论，并成立了专门的国际性机构，1968年由西方十几个国家的专家组成的罗马俱乐部就是其中的代表之一。70年代，环境问题进而引起了全球各界人士和政府的重视，1972年联合国召开了第一次人类环境会议，发表了《人类环境宣言》，阐明了人类必须科学地对待环境，保护和改善环境，申明"为了在自然界取得自由，人类必须利用知识在与自然合作的情况下建设一个良好的环境"。80年代，西方兴起和发展的绿色和平组织，把保护生态、保护环境当作是至高无上的神圣职责。1992年联合国又召开世界环境与发展大会，号召各国采取一致行动，解决紧迫的环境问题。目前，人类与环境协调发展的思想已在全球广泛传播，环境保护工作开始受到普遍重视并摆上了众多国家的议事日程。调整人与环境的关系，调整发展与环境的关系的新时期正在广泛酝酿之中。

人类与环境系统和谐发展新型关系的建立，要求实现一系列的从传统观念到科学观念，从传统的社会机制到科学机制，从传统行为到科学行为的变革。

1. 在环境观念上实现由人类奴役自然的思想到人类与环境平等和谐发展的思想的变革

意识形态、思想观念的变革往往是重大实践变革的先导。人类与环境关系的重新审度和科学观念的形成，有赖于哲学的辩证思维和概括。人类必须树立正确的环境意识和生态观念。科学技术的发展使人们在广阔的领域利用自然为人类造福，并不断深化自己的认识，人对环境必然性的被动服从的状况大为改观，其主动性、创造性和自由度大大增强。但这并不意味着人可以奴役自然、主宰自然和破坏自然。人生于自然，属于自然，利用和改造自然，而又要依赖自然，保护自然。人不愿做自然的奴隶，但也不能把自然当作奴隶。人不愿受自然界盲目的必然性力量的支配，但也不能盲目地随心所欲地支配自然。自然界不以人的存在而存在，它可以按照固有规律必然地产生人类这种高等动物，具有自我再造的强大能力。人类固然可以创造人工生态环境，即人化自然，但生态和环境的危机也就是人类的危机。人类只有在依赖环境的前提下改造环境，改变环境的结构、组成、数量和质量，而不能脱离环境单独地自我创造。人与自然是一个有机的整体系统，人类文明的发展使自己越来越多地摆脱了对环境盲目的依赖性，但同时也越来越多地增加了对它的自觉的依赖性。实践的范围越广越深，就越要求人们从整体上全面尊重环境自身的发展规律，从发展的综合角度维持环境的整体优化发展，使自然再生产、人类再生产、社会再生产相协调。

在当代，要特别强化生态意识，尽最大努力维护生态的综合平衡。自然系统按照自身的发展规律，自发而巧妙地形成了结构严谨、功能完善的生态系统，并维持着系统不断进化的动态平衡，维护这种平衡就是它的"需要"和人类需要的限度。人口再生产、经济再生产不能阻碍和破坏生态再生产。人类的单独冒进，经济的畸形发展，都会破坏三种生产之间的和谐发展，最终必然会导致生态的失衡和环境的退化。

2. 在经济运行的机制上，实现由片面追求经济发展到环境与经济协调发展的变革

1982 年召开的国际人类环境特别会议发表的《内罗毕宣言》，提出把环境和人类社会持续发展作为共同的选择。要求一切开发必须考虑经济效益与环境效益的统一，禁止任何过度开发行为，并从维护生态平衡出发，强调搞好环境保护的重要性。中国倡导的经济建设、城乡建设、环境建设同步规划、同步实施、同步发展的战略方针和经济效益、社会效益、环境效益相统一的原则，正是这种持续协调发展思想的运用和发展。

自从产业革命以来，资本主义的生产方式片面追求经济发展和利润，盲目地无节制地掠夺自然资源和人力资源，造成了污染环境、破坏生态平衡的严重后果。这种只讲经济发展、不顾环境保护的模式，是片面的形而上学世界观地体现。人类文明的进步，生活的改善有赖于生产力的发展，但现代社会生产力已不再是原始时代的狭隘范围了。环境也是生产力的重要因素，任何环境资源都与生产力发展存在着直接或间接的联系。社会总体生产力的发展有赖于全球整体环境的优化和发展。社会化、一体化的大生产，使环境也进一步整体化、系统化。生产力的高度发展更加深了环境要素之间的全面和广泛的联系，加强了整体性的相互制约。社会生产力的发展，不仅要遵循社会的发展规律，而且要遵循生态规律。人类的活动不能只在经济规律的威严下有节律地进行，而是要在生态规律的制约下自觉地进行。对破坏生态环境的有害行为，要通过法律的、经济的、行政的、道德的方法进行纠正，在经济发展中解决环境问题，通过解决环境问题促进经济发展，从而把经济和环境的发展连成一体，融为一体。

3. 在实践上，实现环境保护由有限范围、有限环节向社会化、全球化的变革

环境问题与世界各个国家、各个民族、各个行业都密切相关，因而环境保护人人有责、行行有责、国国有责、全球有责。在环境问题上，每个地球人不能只顾自己，每个团体、单位不能只顾本位，每个国家、地区不能只顾本土，要全球人类全方位共同行动。发展中国家要在发展中解决环境问题，发达国家也必须打破国界，支援和帮助发展中国家解决环境问题。要特别注意从政治的结构和功能上加强环境保护工作，解决环境问题。环境问题应列为政治的重要课题和任务。从根本上说，建立最进步的社会制度是有效组织社会力量搞好环境保护的最佳选择。无论在哪种社会制度下，所有国家均应把环境保护问题纳入国家的职能监督之下，各级政府、各种党派组织，均应把环境保护列为奋斗的目标，要把保护生态、保护环境变为人类最普遍、最自觉的行动纲领。

完成上述三个方面的变革，建立人类与环境协调发展的新关系，需要经过全人类长时期不懈的努力，没有几代人的奋斗是不可能的。人类在解决几千年来由于自身活动而造成的自然生态问题和几百年来工业化给环境带来的种种污染，并且同时要预防各种新问题的产生，决非轻而易举之事。当今世界，发达和贫穷并存，对抗和合作并存，不同利益的对立仍是产生各种社会矛盾的根本动因。政治因素必然极大地制约环境的发展，而环境保护浪潮也会反过来成为社会变革的一种强大力量。

（四）人类与环境的对立与统一

人类与环境关系的历史表明，人类与环境的矛盾是整个系统发展的最基本的矛盾。这两个矛盾着的方面既相互联系、相互依存、相互渗透、相互服从，又相互作用、相互影响、相互制约，并相互转化，它是互为存在和发展的前提与条件，并在系统的发展中起着不同的作用。

1. 人类在环境系统发展中的主导作用

人类与环境既作为对立物又作为统一物而存在。一方面，人类要服从自然环境及其运动规律，另一方面又要按照自己的需要改变环境。人类的需要和实践，是促使环境产生有目的的改变的内在动力。没有人类生存的纯粹自然环境是"自在之物"，有自己独立的发展规律。而在人类环境系统中，人类的需要和实践不断促进环境的发展演化。人是系统中具有能动性和创造性的主体，而环境则是系统中具有某种受动性和被支配性的物质客体。人类活动的目的性代表着人类需要的追求，环境则是满足人类需要的客观实在之物。但自然物在大多数情况下与人类的需要存在着差距，不能满足人类的全部需要，于是人们就通过对自然物的改造，使它们在形态上、性质上更适合于人的需要。人类改变自然的每个成功，又促使人们提出新的更高的要求，从而激励人们在更大的范围、更深的层次上改变自然。环境满足人类需要的程度越高，则其变化就越大。人类越发展，科技越发达，人类的需要就越多，改变环境的能力也就越强。

现代人类几乎在各个方面都使环境发生了前所未有的变化，并处于决定其他物种生死存亡的真正霸主地位。难怪美国纽约的布隆库斯动物园的类人猿展厅前装了一面镜子，上书"世界最危险的动物"，观众走到近前映出自己的尊容，就明白了设计师的幽默告诫。人类既创造了丰富多彩的物质文明，同时也使发展与环境产生了种种矛盾。以哺乳动物为例，1771～1870年全世界灭绝12种，而1871～1970年灭绝了43种。以植物为例，400年前，平均每年灭绝一种，20世纪以来平均每8个月灭绝一种。以鸟类为例，据国际自然和自然资源保护同盟等组织的调查，3500万～100万年前，平均300年灭绝一种，自20世纪以来，平均每年灭绝一种。有人估计，由于热带雨林的砍伐，现在每天至少灭绝一种物种。人类活动是现今世界生物灭绝的主要原因。

因此，在系统的发展中，处于主导和中心地位的人类实践活动，对环境发生的作用是双重的：一方面，人类依据自己的目的需要，通过不断提高社会生产力，越来越广泛地改造自然，创造出更多的物质财富，极大地提高了自己的物质生活水平；另一方面，也不断干扰或破坏着自然环境内部的种种平衡关系，致使环境发生退化，反过来又阻碍了人类需要的满足和目的的实现。这使整个人类环境系统的发展产生了多方面的关系失衡。

在现代社会，这种双重作用尤其明显，表现出了鲜明的特点。这就是：一方面，人类的生存环境无论是在广度和深度上都在迅速扩展；另一方面，人类的最佳生存环境特别是最佳自然环境，却在迅速缩小。这种矛盾现象的突出发展，是由于人类认识和运用自然规律的水平达到了很高的程度，而对自己与自然关系的认识水平却大大落后于这种程度的结果。

现代人类利用和改造自然的深度和广度不断扩展。人类历史相对于地球史、生物史而言是短暂的，但却彻底打乱了地球的自然演变节奏，开创了地球发展的新纪元。人类的发展，强烈而又全面地影响着生物地球化学循环，使物质和能量的循环加速，导致了循环进程的某种改变。现代人类的能力，足以毁灭整个地球，同时又可以将地球生态系统引入更高层次的和谐。这种能力是人类历史长期积累的结果。近代社会之前，人类开发利用的主要对象是作为生活资料的自然资源，如生物资源与水土资源。产业革命之后，人类已越来越重视作为生产资料的自然资源的开发和利用。现代科学技术空前地扩大了人类的生存空间和对环境的利用层次，丰富了物质资料的种类，提高了产品的数量、质量，扩大了环境对人类的承载量。随着航天技术的发展，人类又飞出了地球的外层空间，登上了月球，开始了宇宙环境开发的新纪元。自 1957 年 10 月第一颗人造卫星发射至现在，共有 3000 多颗航天器进入了宇宙空间。人类对物质、能量种类的利用能力和对物质层次的利用能力也在不断增强。人们不仅发现了地球上几乎所有的自然物质，而且还能利用自然物质创造出新的品种。人们不仅发现了地球物质的各种元素，而且还可以人造元素。人们从利用风力、水力、火力到广泛利用电能、核能，从间接利用太阳能到可以直接利用太阳能，从利用生物杂交改良品种到运用生物分子工程创造新品种，等等。

但是，社会经济的发展并没有使适合于人类生存的最佳环境与人类生存环境同步扩展，在局部甚至是整体上却呈迅速缩小趋势。人们大规模地砍伐森林、开垦草原，造成了严重的水土流失，使大片土地沙化。人们发展工业，同时也造成了多方面的环境污染，反过来危害人类自身。人类发展宇航事业，但同时也使太空废弃物增多，无论是有害物质或无害物质，其陨落都会给地球空间增加不安全因素。人类生存的最佳环境是可以与人类生存环境的扩展同步的，这就要求人类正确认识和处理与自然的关系，促使环境向优化的方向发展。恩格斯曾指出，人们要"学会更加正确地理解自然规律，学会认识我们对自然界的惯常行程的干涉所引起的比较近比较远的影响"。人们应在行动之前就要从多方面预计它对自然和社会造成哪些好的或坏的、近的或远的种种后果，趋利避害，保护环境。

2. 环境对人类发展的制约作用

在人类环境系统的发展中，环境对人类的制约作用具有根本性和决定性。环境为人的生存和发展提供各种资源，是系统演化的最基本的物质前提和源泉。地球环境孕育了人、产生了人，也决定、影响和制约着人。离开了地球环境，人类的存在和发展就无从依托。环境向人类提供了空气、水分、土地、植物、动物、微生物和各类可供加工的资源，使人们凭借生产工具、劳动技能和智慧，生产出自己需要的物品。人造物品和人工环境，都是人类对自然物的加工、改造或成分的重组。人类在改造环境中，同时也发展了自身的智慧。人类作用于环境，环境也通过各种形式反作用于人类，并影响和制约人类活动及整个系统的发展。这种制约作用是通过多种多样的环境变化表现出来的。人类对环境的有益开发、利用和改造，虽然也产生一些不利于环境的影响，但从发展的趋势来说，可使环境的内容更丰富，结构更合理，功能更完善，组织的有序化程度更高，能保持相对稳定的生态平衡态势，从而改善、优化了环境。对环境盲目性、掠夺性地开发、利用和改造，却使环境出现了结构、功能、生态等方面的退化。环境以迅速恶化等极端的形式显现出来，并从各方面对人类的生存和发展产生重要的制约作用。环境退化减弱了自然再生产的能力，从而使世界许多地区尝到食物缺乏的苦果。环境对人类行为的报复，就是环境对人类的一种反作用，是对人类违反自然规律的行为的一种制约。破坏生态环境，就是破坏了人类生存发展的基础。生态环境联系着整个人类文明，一种生态的破坏会毁掉一种文化，会造成一种文明的衰退，这在人类历史上不乏其例。人类活动违反了环境系统的发展规律，即使是取得了表面的暂时的成功，但随后环境就会以严酷的现实教训人类。即使单纯看来并不是损害环境的行为，若从整体全面考虑，也会出现事与愿违的结果。例如，人们开发水利，灌溉农田，但在许多地方土地的盐渍化相随而至。

环境的退化限制了经济再生产、人口再生产的能力，并对社会的政治、文化等方面的发展产生广泛的制约作用。对于人类的反环境行为，环境会从多方面反馈到人类自身和整个社会。退化了的环境常常使人类的活动无法实现预计的目标，而不得不谋求新途。环境的恶化首先会严重影响农业、畜牧业、渔业、林业等生产部门，继而会影响工业、商业等其他部门，从而会进一步造成对人类生存的威胁。环境的退化是对人类社会发展长期持久地起作用的重要因素。目前，因环境污染所造成的温室气体增加、酸雨、臭氧层破坏以及因森林、草原减少等因素所造成的气候异常、水土流失等环境问题，必将对当代人类和子孙后代产生广泛的、深远的影响和制约，使人的活动范围、发展的条件和进程发生不利的变化。一种生态系统破坏容易，但要使它恢复则是极困难的。从根本上破坏之后，人工就无法再造。局部环境的再造，也需经过不懈的长期努力。因此，环境的退化对人类的制约作用，是长时期的甚至是永久性的。

良好的环境条件不仅为人类的生存所必需，同时也是社会、经济发展的前提和基础。优化环境是发展的根本目标之一，它能长久地发挥出效益，使社会的前进充满后劲。环境效益具有持续性和放大性的特点。这也是环境制约能力的突出表现。人们尊重环境的发展规律，科学地规划自己的行动，改善、优化环境条件，可以把近期效果和长远效果统一起来，从而在实践中取得更大的成效。

在人类环境系统的发展中，人的主导作用和环境的制约作用应该而且必须统一和协调起来。两个方面作用的大小和地位也是相对的，存在着相互转化的情况。人们应正确地把握这种关系，自觉地使自己的活动符合环境发展规律的要求，开创人类与环境和谐发展的新时代。表 1-1 为人类社会与资源环境相互关系的历程。

表 1-1　　　　　　　　　人类社会与资源环境相互关系的历程

社会形态	人类追求	资源利用	人口增长	产业结构	聚落形式	人类与环境的关系
原始社会	求生存	生物	原始型	采摘狩猎	原始聚落	依附自然
奴隶社会	求生存求温饱	生物土地	原始型	原始的农牧业	集市	改造自然
封建社会	求温饱	土地生物	传统型	传统的农牧业	城市	改造自然
资本主义社会（社会主义社会）	求物质享受；求精神享受	多种资源回归自然	过渡型现代型	现代农业和工业	职能、功能分工；山水城市	征服自然和谐发展

二、中国古代的灿烂思想

（一）道家的"顺天"和"天人合一"思想

道家以庄子为代表，是中国古代哲学流派之一。道家思想比较系统地论述了天人关系，提出"天"与"人"合而为一，肯定人是自然界的一部分，但并不是自然的主宰。这对中国古代保护环境思想的发展，产生了极其深远的影响。庄子曾提出"不以心捐道，不以人助天"（《庄子大宗师》）和"无以人灭天，无以故灭命"（《庄子秋水》）的顺天思想，对自然听之任之的思想固然不可取，但他道出了自然界的存在不以人的意志为转移的客观规律。《易经》进一步发展了庄子的学说，提出了"天人合一"的观点，书中提出"先天而天弗违，后天而奉天时"。这里"先天"是指在自然变化未发生前加以引导，"后天"是指遵循天的变化，尊重自然规律、用哲学原理来解释，就是告诉人们既要顺应自然，尊重客观规律，又要注意发挥人的主观能动性，改造自然，从而建立起人与自然和谐相处的关系。

（二）儒家的"制天"与"可持续"思想

儒家认为"仁者以天地万物为一体"，一荣俱荣，一损俱损。因此，尊重自然就是尊重人自己，爱惜其他事物的生命，也是爱惜人自身的生命。荀子主张"制天命而用之"（《荀子解蔽》），强调改造自然，战胜自然和发挥人的主观能动性。同时荀子的思想中还体现了朴素的"可持续"思想，表现在他想到了保护自然资源和生态环境的具体办法，他指出："草木荣华滋硕之时，则斧斤不入山林，不夭其生，不绝其长也。"（《荀子王制》）《论语述而》记载孔子"钓而不网，弋不射宿"，孔子曾说："伐一木，杀一兽，不以其时，非孝也。"（《孝经》）孟子明确提出了："数罟不入污池，鱼鳖不可胜食也；斧斤以时入山林，材木不可胜用也。"（《孟子·梁惠王上》），从这些话语中我们不难看出，他们非常反对对山林的过度采伐和对鱼虾的滥捕滥杀，这体现了古人伟大而朴素的环保意识和"可持续"发展观，也反映了中国人民质朴的人与自然和谐相处的美好愿望。

（三）佛学中的"依正不二"思想

在佛学中，人与自然之间是没有明显界限的，生命与环境是不可分割的一个整体。所谓"依正不二"，"依"是指"依报"（环境），"正"是指"正报"（生命主体）。"依正不二"是指在佛的面前，人与其他所有生物都是平等的"一切众生悉有佛性，如来常住无有变易"。

（四）古代政府的"环保"措施

周文王时期颁布的《伐崇令》以法律的形式规定："毋坏屋，毋坏井，毋动六畜，有不如令者，死无赦。"汉宣帝为保护益鸟，下诏曰："其令三辅毋得以春夏摘巢探卵，弹射飞鸟。"（三辅即今陕西西安一带）明万历年间，官府张榜全国，严禁民间擅捕青蛙，违者"问罪枷号"。1975年12月，在湖北云梦县发掘出土的大量秦代竹简中的一些竹简上刻着内容具体的《田律》，规定：从春季二月开始，不准进山砍伐林木；不准堵塞林间水道；不到夏季不准入山采樵，烧草木灰；不准捕捉幼兽幼鸟或掏鸟卵；不准毒杀鱼鳖；不准设置诱捕鸟兽的网罗和陷阱。以上禁令，到七月得以解除。

在这些灿烂的思想中，都在追求天人合一的审美境界。中国古代把人与自然和谐统一，作为人生理想的主旋律。儒家主要从天人一体、性天相通、天人合德的角度论证天人合一。道家主要从人应顺应自然，取消人为、合人于天的角度来讲天人合一。中国古代对天人合一审美境界的追求表现在风俗习惯、建筑园林、文学、绘画等方面。

古人对自然与时间采取一种"品味"方式，他们总是适应节律，与自然界建立协调一致的关系。他们喜欢欣赏自然美，感悟大自然美的生命，沉浸在与大自然融为一体的境界中。古代农业生产依节令进行，民间节日多数与大自然有关。汉代的石刻中，也以日、月象征阴阳之分，夫妇之位。

古代宫廷建筑的总体构思是"法天"、"象天"，有浓厚的天文色彩，追求"天人相应，人神一体"。从建筑布局样式到名称一律以天象为准，讲究建筑与天体世界的对应。中国园林建筑要求能够"纳千顷之汪洋，收四时之烂漫"，以使游览者"仰观宇宙之大，俯察品类之盛"，从有限的时空进入无限的时空，从而引发起历史感与宇宙感。

天人合一的审美境界在山水画中也得到充分的表现。优秀画家用多感的心境来直观自然，能够在山水中发现宇宙无限的生命，并且把永久的生命从自然中找出，在绘画中加以表现。在审美观照中，在构思中，画家让心灵沉浸到山水的底蕴之中，让心灵与宇宙的生命节奏和谐统一，达到物我两忘。中国山水画表现了大自然的美丽风光，也表现了人对大自然的爱慕之情，人与大自然融为一体的"无差别"境界经常在绘画中出现。

中国古代民族长期从事农业生产并长期处于农业社会。农业社会所采用的主要是农业劳动力与土地这种自然力相结合的生产方式，生活方式养成了他们顺应自然、不求人为的和谐心理，从而以天人合一为最高的审美情趣。

中国古代天人合一审美境界的形成，还与特殊的自然观有关。古代思想家认为，世界上的一切事物都是大自然的一部分，大自然是一个生生不息的有机体。天与人是相同的、统一的，天地万物与人具有相同的生命起源。人的生活服从于自然界的普遍规律，而自然界的普遍规律与人类道德的最高原则是统一的。人的价值源头在于天，人的生命的意义就在于认识、顺应、推进宇宙进化的过程。天也是人的价值归宿。古代思想家总是从人生出发去探讨自然，探讨的结果又用于人生。

所以中国古代具有丰富的环保思想。我们的先人很早就认识到"败不掩群，不取麛夭；不涸泽而渔，不焚林而猎。"认为要想利用自然资源，尤其是生物资源，必须注意保护，合理开发。反对过度开发，特别是破坏性的开发。随着人们对环境问题认识的不断提高，中国古代一系列保护环境的措施也随之出现。这些措施或以法律的形式颁布，或以诏令的形式发布，为古代的环境保护做出重大贡献。

三、近代西方经典理论

人地关系论经历了漫长的发展历程，但作为具有近代科学意义的命题，却始于 18 世纪的欧洲。当时的一些哲学家历史学家将地理环境决定论推向了高潮。第一个系统地把决定论引入地理学的是 19 世纪德国地理学家拉采尔（F. Ra‐tzel），他在《人类地理学》一书中机械搬用达尔文生物学观念研究人类社会，认为地理环境从多方面控制人类，对人类生理机能、心理状态、社会组织和经济发达状况均有影响，并决定着人类迁移和分布。因而地理环境野蛮地、盲目地支配着人类命运。这种环境控制论思潮在一个相当长的时期里，成为欧美地理学的理论基石。

在德国地理学界中，宣扬并推崇这一理论的有赫特纳、魏格纳（A. Wegener）、施吕特尔（O. Schlter）等。拉采尔的学生地理学家辛普尔（E. C. Semple）将这一思潮宣扬于美国，在《美国历史及其地理环境》、《地理环境的影响》等书中一再加以发挥，认为人类历史上的重大事件是特定自然环境造成的。美国地理学家亨廷顿（E. Huntington）于 1903～1906 年在印度北部、中国塔里木盆地等地考察后发表《亚洲的脉动》一书，认为 13 世纪蒙古人大规模向外扩张是由于居住地气候变干和牧场条件日益变坏所致。1915 年他又出版《文明与气候》，创立了人类文化只能在具有刺激性气候的地区才能发展的假说。1920 年他在《人文地理学原理》一书中，进一步认为自然条件是经济与文化地理分布的决定性因素，受到了巴罗斯（H. H. Barrows）的抨击。

在 20 世纪 20 年代，从地理哲学角度看，决定论已非地理学的唯一基础，露骨的地理环境决定论思潮已渐趋没落，随后为索尔的文化景观论以及与法国人地关系中的或然论相孪生的美国的地理调节论所冲击；后者由于仍然渗透着许多决定论观点，陷入理论上的软弱性，因而不能从实质上否定决定论。有深刻社会背景和影响的"地理环境虚无论"、"地理环境不变论"以及"文化决定论"思潮，均力图取代自然决定论。

在地理环境决定论产生广泛影响的同时，法国的地理学家维达尔·白兰士提出了一种人地关系论，后人称之为可能论或或然论。他认为地理学的任务是阐述自然条件与人文条件在空间上的相互关系，自然环境提供一定范围的可能性，而人类在创造居住地时，按照自己的需要、愿望和能力来利用这种可能性。他的这一观点在其学生白吕纳1910年发表的《人地学原理》一书中得到进一步发挥，白吕纳认为自然是固定的，人文是无定的，两者之间的关系常随时代而变化。维达尔·白兰士和白吕纳等人的观点对法国地理学影响很深，从而形成了法国学派。

四、可持续发展战略的提出

（一）可持续发展的里程碑——里约热内卢会议

自从1972年联合国召开了人类环境会议以来，人类为保护"唯一的地球"进行了不懈的努力，并取得了一定成效。但是，事实却告诉我们，人类还没有完全懂得"只有一个地球"的真正涵义，其行动过于缓慢，乃至赶不上环境不断恶化的速度，全球的环境恶化仍然有增无减。1984年英国科学家发现1985年美国科学家证实在南极上空出现"臭氧空洞"，这一发现引发新一轮世界环境问题高潮。这一轮环境问题的核心，是与人类生存休戚相关的"全球变暖"、"臭氧层破坏"和"酸雨沉降"三大全球性环境问题。这一轮环境问题不仅是小范围（如城市、河流、农田等）的环境污染问题，而且是大范围的乃至全球性的环境问题；不仅对某个国家、某个地区造成危害，而且对人类赖以生存的整个地球环境造成危害。无论是发达国家还是发展中国家，环境恶化都已成为制约经济和社会发展的重大问题，人类的生存与发展正面临着前所未有的严峻挑战。为此，1989年12月召开的联合国大会决定：1992年6月在巴西首都里约热内卢举行一次环境问题的首脑会议，以纪念1972年联合国人类环境会议召开20周年，并"为发展中国家和工业化国家在相互需要和共同利益的基础上，奠定全球伙伴关系的基础，以确定地球的未来"。

1992年6月3日至14日，联合国环境与发展大会在巴西里约热内卢举行。183个国家的代表团和联合国及其下属机构等70个国际组织的代表出席了会议，102位国家元首或政府首脑亲自与会。中国也派出了由总理率团的代表团出席。这次会议是1972年联合国人类环境会议之后举行的讨论世界环境与发展问题的最高级别的一次国际会议，这次会议不仅筹备时间最长，而且规模也最大，堪称是人类环境与发展史上影响深远的一次盛会。

会议期间，许多国家元首、政府首脑、政府代表团、国际组织代表、民间机构人士和新闻记者进行了广泛参与。他们在讲话、发言或文章中，高举环保旗帜，要求采取有效措施，解决日趋严重的全球环境问题，如大气污染加剧、酸雨范围扩大、淡水资源短缺、水土流失和沙漠化扩展、森林资源遭到破坏、野生动植物物种锐减、臭氧层耗损、危险废物扩散和全球变暖等。这些问题对人类生存与发展构成了现实的威胁，特别是使发展中国家处于贫穷和环境恶化的双重困境。会议上，"高消费、高污染"的传统发展模式受到普遍批判，环境保护和经济发展相协调，走持续发展的这路，成为与会各国的共识和会议的基调。正如大会秘书长斯特朗所指出的，环境和发展相协调是环发大会带给人类的"最好希望"。这次会议的召开，标志着人类对环境问题的认识上升到了一个新的高度，是环境保护思想的又一次革命。如果把斯德哥尔摩召开的联合国人类环境会议当成是环境保护史上第一座里程碑的话，那么，里约热内卢召开的联合国环境与发展大会就是第二座里程碑。正如大会秘书长莫里斯·斯特朗在大会闭幕后的新闻发布会上指出，这次大会"做到了 20 年前斯德哥尔摩会议所没有做到的事情。里约大会标志着面向未来的一条快速道路，这次大会为将来取得更大的成功奠定了基础。"

　　里约环发大会通过了《里约环境与发展宣言》和《21 世纪议程》两个纲领性文件以及《关于森林问题的原则声明》，签署了《气候变化框架公约》和《生物多样性公约》。这些文件充分体现了当今人类社会可持续发展的新思想，反映了关于环境与发展领域合作的全球共识和最高级别的政治承诺。

　　《里约环境与发展宣言》重申了 1972 年斯德哥尔摩通过的联合国《人类环境宣言》；并"怀着在各国、在社会各个关键性阶层和在人民之间开辟新的合作层面，从而建立一种新的、公平的全球伙伴关系的目标"，为"致力于达成既尊重所有各方面的利益，又保护全球环境与发展体系的国际协定，认识到我们的家园——地球的整体性和相互依存性"，就加强国际合作，实行可持续发展，解决全球性环境与发展问题，提出了有关国际合作、公众参与、环境管理的实施等 27 项原则。《里约环境与发展宣言》所确立的基本原则，是环发领域开展国际合作的指导原则。

　　《21 世纪议程》是在全球、区域和各范围内实现持续发展的行动纲领，涉及国民经济和社会发展的各个领域。《关于森林问题的原则声明》提出了保护和合理利用森林资源的指导原则，维护了发展中国家的主权。《气候变化框架公约》的核心是控制人为温室气体的排放，主要是指燃烧矿物燃料产生的二氧化碳。《生物多样性公约》旨在保护和合理利用生物资源。《气候变化框架公约》和《生物多样性公约》在会议期间开放签字，迄今已有 160 个国家和欧洲共同体正式签署。这些会议文件和公约对保护全球生态环境和生物资源，起到了重要作用。

此外，由世界环境与发展委员会主席布伦特兰等著名人士发起的"环境论坛"活动是这次大会的重要组成部分。这项活动主要由非政府组织参加，旨在唤起全人类共同关心环境问题，同时对政府及政府组织也产生重要影响。联合国和巴西政府对这次论坛活动非常重视并给予了充分支持。来自全世界的 3500 个民间组织的 1 万余名代表参加了环境论坛。布伦特兰在开幕式上指出："解决环境问题，不仅需要各国政府参加，更需要社会各界参加。我们今天在这里聚会，明天各国首脑在里约中心聚会，大家共同为了一个主题。不仅现在是这样，将来也会是这样。"

中国政府十分重视这次会议。在会议筹备过程中，中国邀请 41 个发展中国家在北京举行了环境与发展部长级会议，发表了《北京宣言》，阐明了对世界环境问题的立场和主张，产生了广泛影响。在大会期间，中国同"77 国集团"加强了合作，在立场一致的基础上，以"77 国集团加中国"的方式共同提出立场文件或决议草案，成为南北双方谈判的基础性文件，在国际上引起了积极反响。中国国务院总理代表中国政府出席会议并发表重要讲话，明确提出了关于加强环发领域国际合作的 5 点主张，受到了会议的高度重视和普遍赞扬。中国国务院总理还代表中国政府在 5 大国中率先签署两项公约，体现了中国对全球环境与发展事业的高度重视和责任感，受到各方重视。中国为环发大会的成功发挥了独特作用，受到了国际社会的广泛好评。

（二）21 世纪议程

里约环发大会通过的《21 世纪议程》是一个广泛的行动计划，涉及与地球持续发展有关的所有领域，给各国政府提供了一个从现在至 21 世纪的行动蓝图。《21 世纪议程》的基本思想是：人类正处于历史的抉择关头。我们可以继续实施现行的政策，保持着国家之间的经济差距；在全世界各地增加贫困、饥饿、疾病和文盲；继续使我们赖以维持生命的地球的生态系统恶化。不然的话，我们就得改变政策，以改善所有人的生活，更好地保护和管理生态系统，争取一个更为安全、更加繁荣的未来。对此，任何一个国家都不可能光靠自己的力量取得成功；只有全球携手，才能求得持续发展。因此，各国必须制定和组织实施相应的可持续发展战略、计划和政策，以迎接人类社会面临的共同挑战。

《21 世纪议程》内容分为 4 个部分，即经济与社会的可持续发展、资源保护与管理、主要群体的作用和实施手段，这 4 个部分也是组成全球可持续发展战略系统的 4 个子系统。在 4 个子系统之下各设若干章（共 40 章）以阐述每一可持续发展方面的方案领域和行动。其主要内容包括：

  ——加速发展中国家可持续发展的国际合作和有关的国内政策；

  ——消除贫困；

  ——改变消费方式；

  ——人口动态与可持续能力；

  ——保护和促进人类健康；

  ——促进人类住区的可持续发展；

  ——将环境与发展问题纳入决策进程；

  ——保护大气层；

  ——统筹规划和管理陆地资源的方法：

  ——制止砍伐森林；

  ——脆弱生态系统的管理——防治沙旱；

  ——脆弱生态系统的管理——可持续的山区发展；

  ——促进可持续农业和农村的发展；

  ——生物多样性保护；

  ——对生物技术的环境无害管理；

  ——保护海洋资源；

  ——保护淡水资源的质量和供应——对水资源的开发、管理和利用采用综合性办法；

  ——有毒化学品的环境无害化管理，包括防止在国际上非法贩运有害废料；

  ——危险废料的环境无害化管理，包括防止在国际上非法贩运危险废料；

  ——固体废物的环境无害化管理以及同污水有关的问题；

  ——对放射性废料实行安全和环境无害化管理；

  ——采取全球性行动促进妇女可持续的公平的发展；

  ——青年和儿童参与可持续发展；

  ——确认和加强土著人民及其社区的作用；

  ——加强非政府组织作为可持续发展合作者的作用；

  ——支持《21 世纪议程》的地方当局的倡议；

  ——加强工人及工会的作用；

  ——加强工商界的作用；

  ——科学和科技界；

  ——加强农民的作用；

——财政资源及其机制；

——环境无害化和安全化技术的转让、合作和能力建设；

——科学促进可持续发展；

——促进教育、公众意识和培训；

——促进发展中国家能力建设的国家机制及国际合作；

——国际体制安排；

——国际法律文书及其机制；

——决策资料。

以上 38 条加上第一部分和第三部分的序言，共 40 章，构成了《21 世纪议程》的全部内容。

《21 世纪议程》提出的全球可持续发展战略很快得到了全球性的回应，这种回应主要来自两个方面，一是各种国际组织，一是世界各国政府。

几乎所有的国际组织都作出了相应的反应。联合国经济与社会理事会专门设立了可持续发展委员会，并且每年举行会议，审议《21 世纪议程》的执行情况。联合国在此后举行的多次会议，均将可持续发展纳入会议主题，如联合国人口与发展大会、第四次世界妇女大会、第二届人居大会等。许多国际组织均将环境问题纳入其工作领域，并实行倾斜政策，如世界贸易组织专门设立"贸易与环境委员会"。而且，可持续发展越来越受到国际法律的保护，全球性、区域性和双边环境保护公约、条约和议定书不断出台，领域也不断扩大。

世界各国政府更是对《21 世纪议程》作出积极反应。据联合国估计，到 1996 年上半年，全世界已有约 100 个国家设立了专门的可持续发展委员会，1600 个地方政府制定了当地的《21 世纪议程》。

（三）中国 21 世纪议程

中国政府对《21 世纪议程》的积极反应走在了世界各国的前列。环发大会之后，为了履行承诺，把可持续发展战略应用于中国的建设实践，促进经济建设与环境保护的协调发展，中国有关部门组织起草了《中国环境问题十大对策》，中共中央和国务院联合转发了这一报告。接着，国务院环境保护委员会在 1992 年 7 月 2 日召开的第 23 次会议上决定，由国家计划委员会和国家科学技术委员会牵头，组织国务院各部门、机构和社会团体编制《中国 21 世纪议程——中国 21 世纪人口、环境与发展白皮书》（以下简称《中国 21 世纪议程》）。

根据国务院环境保护委员会的部署，同年 8 月成立了由国家计划委员会副主任和国家科学技术委员会副主任任组长的跨部门领导小组，负责组织和指导议程文本和相应的优先项目计划的编制工作，并组成了有 52 个部门 300 余名专家参加的工作小组。经过共同努力，在广泛征求国务院各有关部门和中、外专家意见的基础上，经中、外专家组多次修改，最后完成了《中国 21 世纪议程》，1994 年 3 月 25 日，国务院第 16 次常务会议讨论通过了《中国 21 世纪议程》，成为世界上第一个编制国别"21 世纪议程"的国家。这充分反映了中国政府以强烈的历史使命感和责任感，去完成对国际社会应尽的义务和不懈地为全人类共同事业做出更大贡献的决心，赢得了国际社会的广泛关注和支持。

《中国 21 世纪议程》文本是与联合国《21 世纪议程》相呼应，根据中国国情而编制的，广泛吸纳、集中了政府各部门正在组织进行和将要实施的各类计划，具有综合性、指导性和可操作性。《中国 21 世纪议程》阐明了中国的可持续发展战略和对策，共设 20 章 78 个方案领域，分为四大部分。第一部分涉及可持续发展总体战略，第二部分涉及社会可持续发展内容，第三部分涉及经济可持续发展内容，第四部分涉及资源与环境的合理利用与保护。

从 20 世纪 80 年代初以来，中国政府开始把计划生育和环境保护作为社会主义现代化建设的两项基本国策，并开展了广泛的宣传教育，使越来越多的人认识到，必须将经济、社会的发展与资源、环境相协调，走可持续发展之路。因此，《中国 21 世纪议程》的制定和实施，得到了全国各部门、各地方的热烈响应和支持，各有关部门相继制定并实施了本部门的"21 世纪议程"，并在随后制定的国家和部门"九五"计划和 2010 年规划中，作为重要目标和内容得到了具体体现。

中国实施可持续发展战略的指导思想是：坚持以人为本，以人与自然和谐为主线，以经济发展为核心，以提高人民群众生活质量为根本出发点，以科技和体制创新为突破口，坚持不懈地全面推进经济社会与人口、资源和生态环境的协调，不断提高中国的综合国力和竞争力，为实现第三步战略目标奠定坚实的基础。

中国 21 世纪初可持续发展的总体目标是：可持续发展能力不断增强，经济结构调整取得显著成效，人口总量得到有效控制，生态环境明显改善，资源利用率显著提高，促进人与自然的和谐，推动整个社会走上生产发展、生活富裕、生态良好的文明发展道路。

——通过国民经济结构战略性调整，完成从"高消耗、高污染、低效益"向"低消耗、低污染、高效益"转变。促进产业结构优化升级，减轻资源环境压力，改变区域发展不平衡，缩小城乡差别。

——继续大力推进扶贫开发，进一步改善贫困地区的基本生产、生活条件，加强基础设施建设，改善生态环境，逐步改变贫困地区经济、社会、文化的落后状况，提高贫困人口的生活质量和综合素质，巩固扶贫成果，尽快使尚未脱贫的农村人口解决温饱问题，并逐步过上小康生活。

——严格控制人口增长，全面提高人口素质，建立完善的优生优育体系和社会保障体系，基本实现人人享有社会保障的目标；社会就业比较充分；公共服务水平大幅度提高；防灾减灾能力全面提高，灾害损失明显降低。加强职业技能培训，提高劳动者素质，建立健全国家职业资格证书制度。到 2010 年，全国人口数量控制在 14 亿以内，年平均自然增长率控制在 9‰以内。全国普及九年义务教育的人口覆盖率进一步提高，初中阶段毛入学率超过 95%，高等教育毛入学率达到 20% 左右，青壮年非文盲率保持在 95% 以上。

——合理开发和集约高效利用资源，不断提高资源承载能力，建成资源可持续利用的保障体系和重要资源战略储备安全体系。

——全国大部分地区环境质量明显提高，基本遏制生态恶化的趋势，重点地区的生态功能和生物多样性得到基本恢复，农田污染状况得到根本改善。到 2010 年，森林覆盖率达到 20.3%，治理"三化"（退化、沙化、碱化）草地 3300 万公顷，新增治理水土流失面积 5000 万公顷，二氧化硫、工业固体废物等主要污染物排放总量比前 5 年下降 10%，设市城市污水处理率达到 60% 以上。

——形成健全的可持续发展法律、法规体系；完善可持续发展的信息共享和决策咨询服务体系；全面提高政府的科学决策和综合协调能力；大幅度提高社会公众参与可持续发展的程度；参与国际社会可持续发展领域合作的能力明显提高。

在国际上中国以"全球伙伴"精神参与环境与发展领域广泛的国际合作，使全球发展与环境的努力能够促进包括中国在内的发展中国家的可持续发展。包括：进一步实行开放政策，吸引国际组织和其他团体、个人参与《中国 21 世纪议程》和优先项目计划的实施，以及参与有关促进中国可持续发展的重要活动。

今天，人类对自然的影响比地球上任何生物都要大，所以，人类应该充分认识到自然环境是人类赖以生存的基础，减少对自然的影响，使自然生态系统按其自然的发展规律来演化，当然，还需要人类的长期探索和不懈努力。只有当人与自然和谐相处时，人类社会的发展才能实现其可持续性。

第三节　人类与资源环境关系的未来

有美国的科研机构提出，到公元 2050 年，地球上的生态环境将会急转直下。

到那时，最坏的结果是全部生物一起消亡，最好的结果是其他生物留下来，而全部人类从地球上消失……不论其结论正确与否，都为我们在沉湎于"万物之灵"的尊荣誉享乐的时候敲响了警钟！

环境的恶化让人类已经意识到自己的行为不仅没能改善我们的生活环境，反而使自己陷入更危险的境地。目前，国家已采取一系列措施保护环境，人们也越来越关注我们自己的生产、生活方式，希望对改善地球环境有所帮助，不用每天在担惊受怕中度过。

人类与资源环境之间的关系依旧是对立统一的，但与以前所不同的是，人类不再是为了自身的发展而无限制地对地球环境进行索取，而是在为人类与资源环境规划谋求和谐与长久的未来。在人们的共同努力下，全球气候出现了7个可喜的现象：

（1）环保意识的加强：经过长期的宣传，环保意识已经为很多人和政府所接受，人们开始关心人类活动对大自然的影响，并希望这种影响不会恶化自然环境。

（2）清洁汽车问世：汽油电动混合型汽车已经问世，并且已经在日本、西欧和美国的道路上行驶，这种汽车可以大大减少二氧化碳的排放量。而美国科罗拉多州的"超级汽车"公司的发明家们正在研制零排放的汽车。其中一种汽车设计是以氢气作为燃料，发明者声称，开这种汽车外出度假可以不带饮用水，因为这种汽车排出的就是100%的纯净水。而电动汽车的前景也十分看好，它很有可能成为下一代个人代步工具。

（3）封杀12个环境杀手：2001年在瑞典城市斯德哥尔摩举行的联合国会议上决定在全球范围内限制使用12种碳、氯制剂的化学药品。此举是为了保护空气、水和土壤资源不受污染。会议呼吁限制或完全消除顽固的有机污染物如氯气、DDT农药和PCB农药等。1987年通过的禁止使用氟里昂（CFC）的协议已经发挥作用，地球臭氧层的破坏速度变缓。

（4）生态旅游的发展：总部设在美国的"国际生态旅游社会"把生态旅游描述为"保护环境和支持当地人民福利的负责任的旅游"。生态旅游和它所产生的利润在世界范围内已经成为支持发展中国家政府财政收入来源的重要渠道，它以每年30%的速度在急速增长。自然环境同文化传统一样成为吸引旅游者的重要动力。但环境主义者仍然担忧，生态旅游市场经济的作用远远大于保护环境的意义。

（5）企业的环保运动：大公司日益意识到，环境保护能够帮助它们吸引更多的客户。施乐公司的"无废物计划"回收了该公司工厂2002年产生的80%的无危害固体废料。它还把 6 万多吨的已填埋电子废料取出，重新回收利用。施乐公司的这个举动一年可节约数百万美元。施乐公司的这种可持续发展的做法受到环保团体的欢迎。很多大公司也都意识到环保回收的巨大作用，壳牌、IBM 这些世界知名大公司都纷纷推出自己的"清洁计划"。

(6) 更环保的建筑：环保建筑物最重要的标准就是减少能量消耗。欧洲一些民宅的屋顶开始安装吸收太阳光能量的瓷片，而美国加利福尼亚的"壕沟"公司也开始在办公室的屋顶安装高性能的隔热玻璃。而位于美国马里兰州安纳波利斯市的 Chesapeake Bay 基金会总部的办公楼的环保设计更是超出一筹，利用特殊贮水装置，使办公楼的抽水马桶采用收集的雨水冲洗；使用太阳能电池板来向办公室提供电力供应。相对普通的同样面积的建筑，这栋办公楼只消耗了 1/3 的电力和 1/10 的纯净水。

(7) 酸雨危害的减少：美国和欧洲已经证明了减少的二氧化硫和二氧化氮排放对地球表面环境有相当大的改善。在 20 世纪 80 年代，发达国家开始控制二氧化硫的排放来减少酸雨对环境的巨大危害。它们开始禁止在工厂中使用炭作为燃料，转而使用更加清洁的能源例如天然气和净化炭来发电。汽车也被改造，所用汽油的标号更高，燃烧后二氧化氮的排量大为减少。酸雨在美国和西欧的危害已经大为减轻，以英国为例，酸雨危害在过去 15 年里减轻了一半。

人类与资源环境的关系，在人类共同的努力和协调下，将会发展成为更高程度的协调时期。在人类与环境关系未来的发展过程中，随着全球范围内人类环境意识和法律意识的普及和提高，人类更加重视绿色生活、绿色消费，并运用各种经济、行政、法律、科学技术等手段，去有效地防止环境污染。尤其在现代社会，随着科学技术的不断发展，人类以发明和应用绿色的材料和能源，发明和应用清洁生产的技术和工艺，更加有效地减少和防治环境污染，进一步地提高和改善环境质量，提高人类的生活质量，使人类更好地融入这个社会，使地球环境更好地适应人类的生存，从而使两者达到高度的统一。

人类，作为地球的主人，从诞生的那天起，就与地球环境结下了不解之缘。一方面，人类的生产和生活活动需要不断地向地球环境获取物质和能量，来保证自身的发展，同时，又自私地将利用完的物质排入自然。另一方面，环境依旧根据自身的发展规律在不断地形成新的物质和能量，而这些物质和能量的产生、发展与人类的需求并无关系，不因人类的主观需求而改变环境自身的客观属性，也不因人类有目的的生产活动改变其发展过程。人类与资源环境的关系仍是对立统一的。

可见，人类与资源环境的对立统一贯穿着整个人类社会，伴随着人类社会的发展和对环境资源需求的增长，这个关系也在不断地向前发展着，要解决人类同环境对立的矛盾，一方面有赖于生产力的发展、科学技术的进步，另一方面要大力提高全民的环保为了意识，实现人与环境的高度的协调。为了实现这个目标，我们必须做到以下几点：

（1）树立可持续发展观，即人类的行为必须与资源环境的长远发展、目标相一致，人类的生产、生活方式有利于社会的长期发展；

（2）人类的活动能够源源不断地从环境中获得能量和物质，获得良好的生存环境和物质利益；

（3）人与自然、人与人之间建立一种相互补偿的良性关系，达到协调系统各要素的有机结合，互成一体；

（4）人类文化必须促进社会的发展和民族的进步，必须促进人对自然界利用认识的进一步深化，建立良好的社会经济环境；

（5）在人类与环境协调发展的大工程中，人类的组织结构、知识结构必须健全，全民参与意识必须加强，主体的决策必须正确；人与环境的协调必须是全方位的协调，必须使人类一直处于地球的最大环境容量或承载量之内，必须一直处于最佳的生存环境状态之中。

总而言之，人类与环境的对立统一关系无处不有，无时不在，要消除对立，强化统一，就必须协调人类与环境的关系，在经济建设中做到经济效益、社会效益、生态效益的高度协调，只有这样，才能保证人类的持续发展与环境的高度统一。否则，那些只考虑满足人类发展的需要，不考虑环境的质量，甚至只考虑眼前，不考虑长远的做法，结果只能是破坏了统一，强化了对立，人类发展的需求既不能满足，两者的关系也不能得到改善，而且，环境破坏后的遗患，还会殃及子孙后代。

环境问题贯穿于人类发展的整个阶段。但在不同历史阶段，由于生产方式和生产力水平的差异，环境问题的类型、影响范围和程度也不尽一致。人类是环境的产物，人类要依赖自然环境才能生存和发展；人类又是环境的改造者，通过社会性生产活动来利用和改造环境，使其更适合人类的生存和发展。

第二章

可持续发展的基本理论

可持续发展作为一种思想在中国古已有之，而作为一项全球的行动计划和发展战略，其基本理论产生于以西方为代表的世界各国对传统发展模式下资源日益短缺，环境日益恶化，人口、资源、环境和发展矛盾日益加剧等问题的思考，并迅速被世人接受，成为时代的流行词汇，不同学科的专家学者纷纷从不同视角研究可持续发展问题。自 1992 年联合国环境与发展大会把可持续发展确定为人类迈向 21 世纪的共同发展战略以来，世界各国都把可持续发展作为一项重要的发展战略，并开始制订和实施相应的发展规划。1994 年 3 月中国国务院正式批准了《中国 21 世纪进程——中国 21 世纪人口、环境与发展白皮书》，标志着中国开始实施可持续发展战略，中共十五届五中全会关于制定"十五"计划的建议和中共十六、十七大报告等重要文件都明确提出，要加强人口和资源管理，重视生态和环境保护，实施可持续发展战略。

第一节　可持续发展的概念：中外学者的理解与演变

人类站在历史的关键时刻。我们面对国家之间和各国内部长期存在的悬殊现象，贫困、饥饿、病痛和文盲有增无减，我们福祉所依赖的生态系统持续恶化。然而，把环境和发展问题综合处理并不断提高对这些问题的注意，将会带来满足基本需要、提高所有人的生活水平、改进对生态系统的保护和管理、创造更安全、更繁荣的未来的结果。没有任何一个国家能单独实现这个目标，但只要我们共同努力，建立促进可持续发展的全球伙伴关系，这个目标是可以实现的……（《21 世纪议程》导言）

可持续发展概念的提出，是对人类几千年发展经验教训的反思，特别是对工业革命以来发展道路反思的结果。可持续发展理论是在 20 世纪 80 年代,由西方学者首先提出的,到 90 年代初成为全球范围的共识,中国学者也是在这一时期引进和接受了可持续发展的概念。

一、可持续发展概念提出的背景

自工业革命以来,经济的高速增长迅速地改变着社会的面貌,经济繁荣带来了丰裕的物质生活,轰鸣的机器、高耸的烟囱、疾驰的汽车、川流的人群都成为了工业文明的象征。就在不知不觉中,人口急剧地增长,自然资源被渐渐耗尽,污染侵蚀着大地。然而,这一切人们并不太在意。长期以来,经济的增长被视为社会文明进步的标志。无论以何种方式,只要增长便是好事。用托夫勒的话说就是,工业社会遵循的是"一味追求增长的逻辑",即更多的生产、更多的消费、更多的就业。整个工业文明都被这种"更多"的逻辑所支配,而体现这个逻辑的根本性指标就是国民生产总值(GNP)。从 GNP 的观点出发,不论产品采取什么形式,是粮食还是军火,都无关紧要。雇用一批人盖房子或拆房子,都增加了总产值。当人们从高速经济增长的陶醉中冷静下来时,人们却发现自身已处于生存和发展的多重困境之中:人口爆炸、资源紧缺、环境污染、生态恶化、贫富悬殊……人们终于认识到 GNP 背后的代价是极为沉重的。

1962 年,美国女科学家卡逊在《寂静的春天》一书中,首次将农药污染的危害展现在世人面前,她用大量科学事实提醒人们,由于 DDT 等农药的滥用,人类将失去"阳光明媚的春天"并非是虚构的故事。这一警告引起了人类开始对传统发展观的质疑。

1966 年,美国的肯尼思·布尔丁(或译为鲍尔丁)提出了"宇宙飞船经济理论"或者叫"太空人经济理论",肯尼思·布尔丁在他 1966 年所写的论文《即将到来的宇宙飞船经济学》中认为,如果人类想获得永久的可持续经济发展,就需要重新定位。他首先描述了人类自己和他们所处的环境。"牛仔经济"描写的是这样一种状态:它对自然环境的典型看法,实质上是将其看成一个无限的平面,并存在能够无限向外延伸的边界。该经济是一个开放系统,与外部世界有着密切的联系和交换。它能够从外界获取投入物,并向外界输送产出物(以残留废物等形式)。在牛仔经济概念里,外界供给或接收能量流和物质流的能力不受限制。布尔丁指出,在牛仔经济里,衡量经济成功与否是由被加工和转化的物质流所决定的。粗略地说,就是用诸如 GDP(传统口径)和 GNP 这些收入尺度反映的总流量,牛仔经济观点认为这些流量越大越好。然而,布尔丁认为,这种经济是长期建立在对什么是物质可能性这一有缺陷的理解基础之上。因此我们需要观念上的变化，即承认地球是一个封闭系统，或者更准确地说，是只能接收外界的能量输入（譬如太阳能流），对外界进行能量输出（例如通过辐射流）的封闭系统。但是就物质而言，地球是一个纯粹的封闭系统；物质不能够被创造或者消灭，来自开采、生产和消费行为的残留物总是以这种或那种形式与我们一起存在。布尔丁把这一修正的观点叫做"太空人经济"。在这里，地球被认为是一艘孤立的宇宙飞船，没有任何无限储备的东西。超出飞船本身的范围，既不存在飞船的居民可以获得的资源储备，也无法向外界处理不需要的残留物。相反，飞船是一个封闭的物质系统，来自外界的能量输入仅限于那些可利用的、永恒的、有限的能量流，例如太阳射线。在该飞船里，如果人类想无限地生存下去，人类就必须在不断再生的生态圈里找到自己的位置。物质的使用仅限于在每个时间段里能够循环的物质，转过来又受到飞船接收的太阳能和其他永恒能量流的数量的限制。在宇宙飞船地球中经济活动的合适尺度是什么呢？肯定不是由 GNP 或以类似尺度所衡量的物质流的大小。恰恰相反，飞船维持这种物质流和能量通量的水平越低越好。因此，衡量飞船经济成功与否的最好标准是资本存量的数量和质量，包括人类的身体和精神状态。所以布尔丁认为，飞船"好"的状态是指飞船内某些储备维持高水平——如知识储备，人类的健康状况以及能够使人类满意的资本存量。最理想的情形是，我们应致力于使物质流和能量流尽可能少，能够适应飞船资本存量的任何可选水平，并能够无限期保持下去。当然布尔丁主张我们在经济 - 环境相互作用的自然观，以及究竟是什么建构了经济成功方面，发生观念上的变化。他陈述道：实质上，未来宇宙飞船的阴影正投落在我们今天挥霍浪费的欢愉之上。说来也奇怪，污染问题比资源耗竭的危险似乎更先使人意识到问题的严重性。洛杉矶的空气污染，伊利湖已变成了污水池，海洋中充斥着铅和 DDT，如果以目前的速度生产废弃物的话，那么在下一代大气污染可能成为人类的主要问题。布尔丁在他的论文中得出结论，即在一定程度上把价格机制以某种方式引入到外部不经济问题中，就能够处理宇宙飞船地球转化的问题。他认为有必要用以市场为基础的激励手段纠正这种不经济，但他同时指出这些手段仅能处理他所提出的问题的一少部分。布尔丁的这种理论是一种形象的危机描述，它实际上是描述了非可持续发展的悲观前景。可以说，他的观点进一步推动了人类对可持续发展的观念创新。

20 世纪 60 年代末，美国人率先发起动了一场"社会指标运动"，提出建立包括社会、经济、文化、环境、生活等各项指标在内的社会发展指标体系，第一次冲击了以 GNP 或者 GDP 为衡量社会经济发展指标的经济发展观。20 世纪 70

年代是"人类困境问题"反思的年代，也是传统发展观受到强烈批判的年代，人们逐步认识到片面追求 GDP 的增长，以征服自然的经济增长方式来获取经济利益的做法，并不能解决人类所面临的贫困、失业和社会不公问题。

1972 年 3 月，麻省理工学院教授 D·梅多斯等人受民间国际研究机构罗马俱乐部的委托，就当时的经济增长趋势与未来人类困境的关系进行了研究，并提交了一份题为《增长的极限》的研究报告。在这篇报告中，梅多斯等人根据 1900 年到 1970 年全球的经济增长趋势，就人口增长和工业化对粮食生产、不可再生的资源和环境污染，及其对人类未来生存所造成的影响进行了推算，其结论是："如果世界人口、工业化、污染、粮食生产以及资源消耗按现在的增长趋势继续不变，这个星球上的经济增长就会在今后一百年内某个时候达到极限。最可能的结果是人口和工业生产能力这两方面发生颇为突然的、无法控制的衰退或下降。"这个结论等于宣告世界末日即将来临。梅多斯等人提出，唯一可能的出路是在今后若干年内停止人口增长和产量增长，达到零增长率的全球均衡。人们称之为"零的增长方案"。

"罗马俱乐部"的预言一经提出就震动了全世界，在当时成了世界各国的头号新闻。许多报刊、杂志、电视、广播频繁地转载、报道和采访。有 1000 多所大学把"增长的极限"列入教科书目录中。该书已被译成 34 种文字，销售量达 500 万多册。1973 年"罗马俱乐部"获得了西德和平奖。有 13 个国家成立了"罗马俱乐部协会"，以支持"罗马俱乐部"对人类困境问题的研究。《增长的极限》虽然结论过于悲观，过分夸大了人口爆炸、粮食和能源短缺、环境污染等问题的严重性，它提出的"零增长方案"在现实中也难以推行，所以后来反对和批评的意见也逐渐增多，一些西方学者把该书作者指责为"带着计算机的马尔萨斯"。许多西方科学家和经济学家相信，《增长的极限》所预言的世界末日不会出现，世界是可以持续发展下去的。

1972 年 6 月在瑞典首都斯德哥尔摩召开了有 114 个国家代表参加的人类环境大会。这次会议通过了著名的《人类环境宣言》，也称《斯德哥尔摩宣言》，它标志着人类开始正视环境问题。《人类环境宣言》强调保护环境、保护资源的迫切性，也认同发展经济的重要性。虽然人们在当时对环境与发展的关系认识还不是很成熟，但这份宣言标志着人类已经开始正视发展中的环境问题。

可持续发展（Sustainable Development）作为一个明确的概念，是 1980 年由国际自然资源保护联合会，联合国环境规划署和世界自然基金会共同出版的文件《世界自然保护策略：为了可持续发展的生存资源保护》中第一次出现的。该书第一次明确地将可持续发展作为术语提出。该书指出："（可）持续发展依赖于对地球的关心，除非地球上的土壤和生产力得到保护，否则人类的未来是危险的。"1991年，国际自然资源保护联合会等3家机构又联合推出了一份题为《关心地球：一项持续生存的战略》的报告。该报告从保护环境和环境与发展之间关系角度，对建立可持续发展社会的主要原则和行动做了详细的分析与论述。

1981年，美国农业科学家莱斯特·R·布朗出版了他的名著《建设一个持续发展的社会》（*Building a Sustainable Development Society*），第一次对可持续发展观作了系统阐述。这本专著分为两大部分，第一部分详细分析了土地沙化、资源耗竭、石油枯竭、粮食短缺等四大问题；第二部分探索了走向持续发展的途径，提出了控制人口增长、保护资源基础、开发可再生资源等三大途径，并对一个持续发展的社会作了多侧面的描述，探讨了向持续发展社会过渡的途径、阻力和观念转变等问题。至此，可持续发展的理论框架初具雏形。

1983年12月，联合国授权挪威首相布伦特兰夫人为主席，成立了世界环境与发展委员会，负责制定世界实现可持续发展长期环境政策，以及将对环境的关心变为在发展中国家间进行广泛合作的方法。该委员会于1987年2月在日本东京召开的第八次委员会上通过了一份报告《我们共同的未来》，即布伦特兰报告。该报告明确指出，环境问题只有在经济和社会持续发展之中才能得到真正的解决。该报告首次给出了可持续发展的定义："持续发展是既满足当代人的需要，又不对后代人满足其需要的能力构成危害的发展。它包括两个重要的概念：'需要'的概念，尤其是世界上贫困人民的基本需要，应将此放在特别优先的地位来考虑；'限制'的概念，技术状况和社会组织对环境满足眼前和将来需要的能力施加的限制。""因此，世界各国解释可以不一，但必须有一些共同的特点，必须从持续发展的基本概念上和实现持续发展的大战略上的共同认识出发。发展就是经济和社会循序渐进的变革，虽然狭义的自然持续性意味着对各代人之间社会公正的关注，但必须合理地将其延伸到对每一代人内部的公正的关注。"

1992年，在巴西里约热内卢召开的联合国环境与发展大会上，可持续发展成为大会的指导思想，并在《21世纪议程》等一系列文件和决议中把可持续发展的概念和理论推向行动。国际社会通过了《21世纪议程》，这是第一份可持续发展全球行动计划，从政治平等、消除贫困、环境保护、资源管理、生产和消费方式、科学立法、国际贸易、公众参与能力建设等方面详细地论述了实现可持续发展的目标、活动和手段。至此，可持续发展便成为世界各国的一项发展战略。《21世纪议程》成为第一份可持续发展全球行动计划。国际社会也商定了《关于环境与发展的里约宣言》是一个界定国家权利和义务的原则，并议定了《森林原则声明》、《生物多样性公约》、《气候变化框架公约》。《21世纪议程》是将环境、经济和社会关注事项纳入一个单一政策框架的具有划时代意义的成就，其中载有 2500 余项囊括领域极广的行动建议，包括如何减少浪费和消费形态、扶贫、保护大气、海洋和生活多样化，以及促进可持续农业的详细提议。后又经联合国关于人口、社会发展、妇女、城市和粮食安全的各次重要会议予以扩充并加强。2000 年联合国千年首脑会议上，大约 150 名世界领导人签署协议，确定了一系列有时效的指标，包括把全世界收入少于一天一美元的人数减半，以及把无法取得安全饮水的人数比率减半。2002 年的南非约翰内斯堡可持续发展会议是里约会议以来最重要的一次会议。2001~2002 年期间，全球筹备委员会为制定这次会议的议程及为其成果达成共识，先后举办了四次会议，第四次是在印尼巴里的部长级会议。约翰内斯堡首脑会议要求各国采取具体步骤，并更好地执行《21 世纪议程》的量化指标。

二、西方学者对可持续发展的概念的理解

到 20 世纪 90 年代，西方学者和国际社会对可持续发展的概念基本达成共识，下面对主要代表性观点总结评价如下：

（1）在世界环境和发展委员会（WECD）于 1987 年发表的《我们共同的未来》的报告中，对可持续发展的定义为："既满足当代人的需求又不危及后代满足其需求的发展。"这个定义鲜明地表达了两个基本观点：一是人类要发展，尤其是穷人要发展；二是发展有限度，不能危及后代人的发展。WECD 的定义在哲学上很有吸引力，但在操作上有些困难。WECD 的定义由于概念的模糊得以被广泛接受，但是在学术上是难以令人满意的。一方面，当代人为了发展不得不继续改变生物圈；另一方面，每一种同历史相连的系统（如生态系统）被改变后，则将来选择的可能性也被改变了。因此，必须在当代人的利用和后代人的选择之间作出妥协。

（2）从自然属性定义可持续发展是由生态学家首先提出来的，即所谓生态持续性。1991 年 11 月，国际生态学联合会和国际生物学联合会联合举行了关于可持续发展问题的专题研讨会。该研讨会的成果发展并深化了可持续发展概念的自然属性，将其定义为："保护和加强环境系统的生产和更新能力"。从生物圈概念出发定义可持续发展是从自然属性方面表示可持续发展的另一代表，即认为可持续发展是寻求一种最佳的生态系统，以支持生态的完整性和人类愿望的实现，使人类的生存环境得以持续。

（3）从经济方面对可持续发展的定义最初是由希克斯·林达尔提出，表述为

"在不损害后代人的利益时，从资产中可能得到的最大利益。"其他经济学家（穆拉辛格等人）对可持续发展的定义是："在保持能够从自然资源中不断得到服务的情况下，使经济增长的净利益最大化"。这就要求使用可再生资源的速度小于或等于其再生速度，并对不可再生资源进行最有效率的使用，同时，废物的产生和排放速度应当不超过环境自净或消纳的速度。

（4）从社会属性定义可持续发展，世界自然保护同盟、联合国环境署和世界野生动物基金会1991年共同发表的《保护地球——可持续性生存战略》一书中提出的定义是："在生存不超出维持生态系统涵容能力的情况下，改善人类的生活品质"，侧重于生态平衡的角度，强调人类的生产方式和消费方式要与生态系统相协调，目标是改善生活质量。《保护地球——可持续性生存战略》提出可持续生存的9条原则。在这些基本原则中，既强调了人类的生产方式和生活方式要与地球承载能力保持平衡，保持地球的生命力和生物多样性，同时，又提出了人类可持续发展的价值观和130个行动方案，着重论述了可持续发展的最终落脚点是人类社会，即改善人类的生活质量，创造美好的环境。

（5）从科技属性定义可持续发展，美国世界能源研究所在1992年提出："可持续发展就是建立极少废料和污染物的工艺和技术系统。"侧重于环境保护和技术角度。世界资源研究所则认为，污染并不是工业活动不可避免的结果，而是技术差、效益低的表现，因此，他们的定义为："可持续发展就是建立极少产生废料和污染物的工艺或技术系统。"

（6）世界银行在1992年度《世界发展报告》中指出："可持续发展指的是建立在成本效益比较和审慎的经济分析基础上的发展和环境政策，加强环境保护，从而导致福利的增加和可持续水平的提高"。综合考虑了经济、环境、政策等因素。

（7）1992年，联合国环境与发展大会（UNCED）的《里约宣言》中对可持续发展进一步阐述为"人类应享有与自然和谐的方式过健康而富有成果的生活的权利，并公平地满足今世后代在发展和环境方面的需要，求取发展的权利必须实现。"与《我们共同的未来》的报告中对可持续发展的定义差不多，是一个笼统的原则性的概念。

（8）英国经济学家皮尔斯和沃福德在1993年所著的《世界无末日：经济学·环境与可持续发展》一书中指出："当发展能够保证当代人的福利增加时，也不应使后代人的福利减少。"这一概念强调了两点，一点是发展的可持续性即"随着时间的推移，人类福利的连续不断的增长（至少是保持）。"另一点是强调代际的公平，当代人的福利增加不能损害后代人的福利增加的能力。

　　尽管我们还可以列举出其他说法，以上8种定义基本代表了各个主要学科和领域对可持续发展这一概念的基本理解。美国马里兰大学教授、世界银行环境经济学家赫尔曼·戴利2000年4月30日在世界银行"世界发展月"特别系列讲座上作了题为《可持续发展定义原则和政策》的报告，他总结指出：在"可持续"发展中，究竟什么应该是持续的？一般有两种答案："第一，效用应该是持续的，即未来世代的效用将不会下降，就效用而言，未来至少应该和现在一样富裕或者幸福。效用在此指的是代内成员的人均效用。第二，物质的生产能力应该是持续的，即从自然而来，经过经济活动又返回自然这样一个循环的物质流不会下降。更确切地说，生态系统保持这些循环的能力是不会衰竭的，自然资本将保持不变。就可得到的生物物理资源以及生态系统所提供的服务而言，未来至少将享有和现在相同的福利。"生产能力在此指的是社区在一定时期内的总的生产能力的流量（即人均生产能力与人口的乘积）。这是可持续性的两个截然不同的概念。"我仍采用生产能力的概念而摒弃效用的概念，理由有二：其一，效用是不可计量的，其二，也是更重要的一点，即便效用是可计量的，我们仍不能将它留传未来。效用是一种经验，不是一件物品，我们无法将效用或者是幸福留传给未来世代。我们可以给他们留下物品，在一定程度上也可以给他们留下知识，至于未来世代用这些馈赠得到的是幸福还是不幸，则不在我们的控制之中。对于我来说，将可持续性界定为代际间不会减少的馈赠，而且是一些既不可计量又不可留传的东西，是毫无益处的。在此我必须说明的是，我仍认为效用是经济学理论中不可或缺的概念，我只是认为生产能力这个概念更能够表现可持续性的内涵。"

　　到了20世纪90年代以后，随着对可持续发展概念认识的深入，西方学者从可持续发展的目标和实现着眼，对可持续发展概念的理解的分歧越来越明显地集中在"强"与"弱"两大对立的可持续性范式之间。根据英国的一位在强与弱之间持中立态度的学者E.诺伊迈耶的理解：弱可持续性是建立在两位新古典经济学家工作的基础之上的，一位是诺贝尔奖获得者罗伯特·索洛，一位是著名的资源经济学家约翰·赖特威克。弱可持续性可以理解为新古典福利经济学的延伸。它是建立在如下信念之上的，即对子孙后代十分重要的是人造资本和自然资本（也许还有其他形式的资本）的总和，而不是自然资本本身。笼统地说，根据弱可持续性，现在这一代人是否用完了不可再生资源或向大气排放二氧化碳都没关系，只要造出了足够的机器、道路和港口、机场作为补偿就行。因为自然资本被看作本质上在消费品的生产中是可替代的，是效用的直接提供者。他称弱可持续性为"可替代范式"（Substitutability Paradigm）。和弱可持续性相对立的是"强可持续性"。弱可持续性是建立在基础牢固的新古典福利经济学的核心之上的相对清晰的范式，但强可持续性则不是。较难界定强可持续性，确定其含义，因为很多学者都对强可持续性应该是什么提出了各自的看法。然而说强可持续性的本质是认为除了总的累计资本存量外还应当为子孙后代保留自然资本本身，也是恰当而公平的。这是因为自然资本在消费品的生产中和作为效用的较直接的提供者，是不可替代的。因此他称强可持续性为"不可替代范式"（Nonsubstitutability Paradigm）。主流经济学家多数倾向于弱可持续性的观点，而生态环境方面的学者多数倾向于强可持续性的观点，以戴利为代表的生态经济学家是强持续性的有力支持者。

三、中国学者对可持续发展的概念的理解

虽然中国传统文化中早就有朴素的可持续发展思想，但是可持续发展的概念和理论却是当代从西方国家传入中国的，文献研究发现，中国学者对可持续发展的概念和理论的认识是一个不断地引进吸收、创新与本土化、再引进吸收、再创新与本土化的过程。

应该说，中国学者从20世纪80年代早期就一直跟踪国际可持续发展的动向，并在不同阶段为可持续发展的理论建设作出了贡献。1984年，中国科学院马世骏院士被聘为联合国"布伦特兰委员会"22名专家之一，参与了世界第一份可持续发展宣言书《我们共同的未来》的起草。1986年，马世骏院士约请牛文元等人，共同拟定了对于布伦特兰报告的评议书，其中一些内容被1987年出版的《我们共同的未来》所采纳。1988年，马世骏等人把可持续发展研究正式列入研究项目。1992年1月，国内首次在中科院科技政策所以牛文元为主任建立了"环境与持续发展研究室"。1992年6月，李鹏总理代表中国政府在联合国环境与发展大会，与100多个国家的首脑共同签署了里约宣言、文件和公约。1992年7月，国务院环委会决定，由国家计委和国家科委牵头，52个部门和300余名专家共同参与编制《中国二十一世纪议程》，1993年中国率先在全球制定了国家的《21世纪议程》。1994年3月25日；国务院第16次常务会议讨论通过了《中国21世纪议程——中国21世纪人口、环境与发展白皮书》，系统地提出了中国的可持续发展战略、对策和行动框架。《议程》从我国的基本国情和发展战略出发，提出促进社会、经济、资源、环境以及人口、教育相互协调的可持续发展总体战略和政策措施方案。它已成为制订我国国民经济和社会发展中长期计划的一个指导性文件，并在"九五"、"十五"计划和2010年远景规划的制定中，作为重要目标和内容得到具体体现。在《中国21世纪议程——中国21世纪人口、环

境与发展白皮书》之前，国内对可持续发展的概念的翻译和用法有两种，称为"持续发展"或者"可持续发展"，以"持续发展"的说法居多，在此之后，基本统一到了同一种说法即"可持续发展"。从可持续发展概念的引进和《中国21世纪议程》的制定来看，中国的可持续发展研究从开始就具有政府主导和推动的特征。在20世纪90年代引进消化可持续发展概念和本土化过程中，中国的学者纷纷对国外可持续发展理论的形成和在中国的概念本土化问题提出了自己的见解。

关于可持续发展理论的产生，比较一致的看法是在20世纪80年代，由西方学者首先提出的，在20世纪80年代末90年代初成为全球范围的共识。中国学者吸收了西方学者和国际组织的观点，但是结合中国国情进行了创新和本土化改造。前文已经提到，《中国21世纪议程》通过之前，中国无论是学术界，还是政府有关文件，均使用"持续发展"概念。1994年通过的《中国21世纪议程》提出，可持续发展是一条人口、经济、社会、环境和资源相互协调发展的、既能满足当代人的需要而又不对满足后代人需要的能力构成危害的道路。此后，人们普遍接受并使用"可持续发展"这个新概念。

在普遍认同《我们共同的未来》报告的定义的基础上，中国学者对可持续发展概念作了不同的表述和创新。

（1）刘培哲在1994年指出："可持续发展既不是单指经济发展或社会发展，也不是单指生态持续，而是指以人为中心的自然—社会—经济复合系统的可持续。因此，作者从三维结构复合系统出发，定义可持续发展：可持续发展是能动地调控自然—经济—社会复合系统，使人类在不超越资源与环境承载能力的条件下，促进经济发展、保持资源永续和提高生活质量。"这一定义吸收了《我们共同的未来》报告的定义内容，但思想更加丰满，提出了三维结构复合系统，突出了"资源与环境承载能力"，其缺陷是他的定义未能涉及同代人之间的公平与平等问题。

（2）原国家计划委员会、国家科学技术委员会1994年关于进一步实施《中国21世纪议程》的意见中将可持续发展定义为：可持续发展是指既要考虑当前发展的需要，又要考虑未来发展的需要，不以牺牲后代人的利益为代价来满足当代人利益的发展，可持续发展就是人口、经济、社会、资源和环境的协调发展，既要达到发展经济的目的，又要保护人类赖以生存的自然资源和环境，使我们的子孙后代能够永续发展和安居乐业。这一定义突出了代际关系和人口、经济、社会、资源和环境的辩证关系，抽象地表达了政府的原则立场。

（3）路子愚1995年提出的可持续发展的含义是指"伴随着人类需求的增

加，人类资源利用持续圈要不断扩大，在这个发展过程中，人类持续圈总能维持在比资源利用持续圈小的程度。同时，在当今需求圈增长的过程中，要为未来的持续圈的增长留出余地。比如保护生物物种，以便使未来持续圈能够扩大。"这一定义从生态平衡的角度突出了可持续发展的一个重要特征，就是人类持续圈与需求圈的关系。持续圈是指在一定的生产力水平下，人类对自然资源利用的最大可能极限。由于受技术条件所限，持续圈总是有限的。需求圈是指人类为满足自己生存需要或其他需要而形成的需求的集合。当需求圈接近或超过持续圈时，便会呈现出危机状态。显然，这是从具体学科出发的一个狭义概念，没有提出代际关系和代内关系的内涵。

（4）叶文虎和栾胜基 1996 年将可持续发展定义为：不断提高人群生活质量和环境承载能力的，满足当代人需求又不损害子孙后代满足其需求能力的，满足一个地区或一个国家人群需求又不损害别的地区或国家的人群满足其需求能力的发展。这一定义从两个方面补充了《我们共同的未来》报告的定义：第一，规定了可持续发展不是任意的一种发展，而是不断提高人群生活质量和环境承载能力条件下的一种发展；第二，明确提出了一个国家或地区的发展，不能损害别的国家和地区的发展。

（5）贾华强 1996 年提出的可持续发展定义为："在人类社会的运行中，无论现今还是未来，都能够保持社会进步、体制优化、人与自然相互交融的这种经济、社会发展道路。"这一定义没有受西方学者的束缚，结合发展中国家的情况，强调了保持政治与经济上的稳定性与建立一个合理的政治、经济体制在可持续发展中的现实性与重要性，具有中国特色。

（6）刘思华从经济学角度分析，指出可持续发展经济必须以生态可持续发展为基础，以社会可持续发展为根本目的，实现三者的有机统一。他强调："可持续经济发展，顾名思义包含二层意义：一是要经济发展，二是经济可持续。所以从财富的角度来理解可持续经济发展，就是社会的总财富随着时间推移有所增加，至少不减少，也就是保护社会总资本存量的非减性，那么这种经济发展可以认为是可持续的。""从社会总体上，保持总资本存量非减或有所增殖，这是社会总体可持续发展的必要条件"。"强调生态资本存量保持非减或有所增殖方才构成可持续经济发展的充分条件"，"要从根本上解决人口、经济、社会和资源、环境、生态之间协调发展，保持生态、经济、社会的可持续性，必须确立三种资本相互转化与相互增殖的基础上保持社会总资本存量增加的观点。"并且明确提出，可持续发展需要体制、生态和技术的创新。这一定义突出了经济属性，以及实现可持续发展的条件和经济、社会、生态的辩证关系，缺憾是没有明确代际关系和代内关系。

（7）郑易生和钱薏红在1998年提出：可持续发展是从环境和自然资源角度提出的关于人类长期发展的战略和模式，它关注长期承载力。它倾斜于发展和经济变化，它涵盖三个方面：自然资源与环境、经济、社会的可持续发展。这一说法强调可持续发展是一种发展模式和发展战略，对可持续发展的内涵作出了较好的解释。这一说法突出了环境与自然资源的长期承载力问题；在环境与发展的关系方面，他们更强调发展和经济变化；并概括了可持续发展的三大领域。但是这一说法不是严谨的定义方式，也没有严格地表达出可持续发展要处理的代内关系和代际关系。

（8）尹继佐1998年指出，可持续发展起源于环境保护问题，但作为指导人类走向21世纪的发展理论，它已超越了单纯的环境保护，将环境问题与发展问题有机结合起来。可持续发展涉及可持续经济、可持续生态和可持续社会三方面的协调统一，要求人类在发展中讲求经济效率、关注生态和谐和追求社会公平，最终达到人的全面发展。这一对可持续发展的概念的解释更加宽泛，没有表达出关键的代际关系问题。

（9）黄顺基、吕永龙1999年对可持续发展的内涵作了概括，他们认为，可持续发展包括两个方面：系统内部的持续能力和环境的持续能力。系统内部的持续能力，是指建构一个既有利于经济有效增长，又有利于整个社会公平的分享经济增长好处的体制；环境的持续发展，是指资源的可持续利用的能力，要求在开发利用环境资源时，不仅要从当代人和未来人的需要出发，更要从环境资源的供给能力出发，在环境资源承载能力容许的范围内合理利用。这一定义从系统论的观点把可持续发展分为系统内部和资源环境两个层次，比较容易理解和采取对策，缺点是比较笼统，内涵模糊。

（10）洪银兴在2000年完成的国家自然科学基金资助项目《可持续发展经济学》一书中并未给出可持续发展的明确定义，但是对可持续发展的内涵从社会观、自然观和发展模式上做了概况说明："总之，可持续发展的概念内涵极其丰富，就其社会观而言，主张公平分配，既满足当代人又满足后代人的基本需求；就其经济观而言，主张建立在保护地球自然系统基础上的持续经济发展；就其自然观而言，主张人类与自然和谐相处。这些观念是对传统发展模式的挑战，并为人类谋求新的发展模式进而形成新的发展观奠定了基础。""归结起来，可持续发展的模式同传统的发展模式的根本区别在于：可持续发展的模式不是简单的开发自然资源以满足当代人类发展的需要，而是在开发资源的同时保持自然资源的潜在能力，以满足未来人类发展的需要；可持续发展的模式不是只顾发展不顾环境，而是尽力使发展与环境协调，防止、减少并治理人类活动对环境的破坏，使维持生命所必需的自然生态系统处于良好的状态。因此，可持续发展是可以持续不断的，不会在有朝一日被限制或中断的发展，它既满足当今的需要，又不致危及人类未来的发展。"这种外延性的归纳说明优点是较全面，缺点是不够简洁明了。

（11）滕藤2001年在他主持完成的国家社会科学基金重点攻关项目《中国可持续发展研究》一书中对可持续发展的定义总结如下："可持续发展是为使全人类能够在地球上永久生存和发展下去，而自觉形成的以人为主体，以生态、环境、资源为基础，以经济发展为核心，以全体参与和科技进步为保证，以人的全面发展和社会全面进步为目标，实现代际之间和同代人之间相公平、人与自然相协调的一种发展道路。"作者的解释是这一定义包含了5个方面的内涵：第一，可持续发展的主体是人，既要依靠人，又是为了人，由于人不断生产与创造，才使发展得以持续；也由于人不断进行生产消费和生活消费，导致消费与资源发生矛盾，才使发展能否持续成为问题；还必须依靠人不断克服和排除障碍，才能实现持续发展。第二，可持续发展在时间上，不仅着眼于眼前，更着眼于永久的未来；在空间上，不是着眼于一部分人，而是着眼于全体人类。也就是说，对资源的享用，可持续发展不仅要求当代人与后代人之间的公平；还要求当代人相互之间的公平，尤其是要保障穷人的基本需要。第三，可持续发展不是限制发展，而是为了更好地发展，所以发展是前提。正如《中国21世纪议程》指出的："可持续发展对于发达国家和发展中国家同样是必要的战略选择，但是对于像中国这样的发展中国家，可持续发展的前提是发展。"第四，可持续发展以生态、环境和资源为基础。人是生态系统中的一部分，人和生态相依存；人以环境为活动空间；人以自然资源为劳动对象，没有资源就无法发展经济。所以，生态、环境和资源是可持续发展的基础，人必须善待自然，实现"天人合一"。第五，可持续发展追求人口、生态、环境、资源、经济、社会的相互协调和良性循环，而以人的全面发展和社会全面进步为永恒目标，力争实现物质文明、精神文明和生态环境文明的统一。笔者基本赞同滕藤教授的观点，但是对人口因素和制度因素强调不够，认为把"以生态、环境、资源为基础"，修改为"以人口、资源、生态、环境为基础"，把"全面参与"改为"制度创新"更为恰当。

（12）路甬祥任总主编，我国可持续发展领域184名资深专家和学者共同编纂的大型学术论著《中国可持续发展总纲（国家卷）》（科学出版社2007年版），共包括20卷，其中涵盖了中国人口、资源、环境、经济、社会、科技、教育、文化、自然灾害、消除贫困、可持续能力建设等各个方面的内容，总字数达到

1350 万，插图 450 多幅，列表 1600 余个，以中国的国情和发展背景为经、以中国 31 个省、自治区、直辖市（暂未包括香港特别行政区、澳门特别行政区和中国台湾地区）为纬，编织出中国可持续发展战略的全景式图卷。其中对可持续发展内涵引申为三个有机统一的基本共识与宏观认知：其一，发展的"动力"表征。一个国家或区域的"发展能力"、"发展潜力"、"创新能力"、"管理能力"及其可持续性，构成了推进国家或区域发展的"动力"表征。其中包括对于国家或区域的自然资本、生产资本、人力资本和社会资本的总体协调水平与优化配置能力。其二，发展的"质量"表征。一个国家或区域的"自然进化"、"生态平衡"、"文明程度"和"生活质量"及其对理性供需曲线（包括物质的和精神的供需）的接近程度，构成了衡量国家或区域发展的"质量"表征。其中包括对物质支配水平、环境支持水平、精神愉悦水平和文明建设水平的综合度量。其三，发展的"公平"表征。一个国家或区域的"共同富裕"程度及其惠及全体社会成员的水平，对贫富差异和城乡差异的克服程度及提供机会平等的能力，构成了国家或区域判断发展"公平"的表征。其中体现了共建共享的人际公平、资源分配的代际公平和平等参与的区际公平的总和。

随着对可持续发展概念的不同理解，中国学者也开始讨论有关可持续发展的强与弱的问题，从而进一步研究可持续发展的实现方式。从经济、社会、生态综合来看，发展的可持续性可通过"留给后代人不少于当代所拥有的机会"来界定，而人类的选择机会依赖于其拥有的资本。一般认为，人类社会至少存在四种类型的资本：人造资本、自然资本、人力资本和社会资本，因而可持续性可理解为"我们留给后代人的以上四种资本的总和不少于我们这一代人所拥有的资本总和"。根据不同资本之间替代程度的大小，清华大学的徐玉高等将可持续性分为弱可持续性、中等持续性、强持续性和绝对强持续性。弱持续性是指仅保持总资本的存量不变而不考虑其四种资本的构成。它意味着四种资本可以任意替代，当然暗含着用更多的人造资本去替代自然资本，即认为只要保持总资本存量不至于减少，我们后代的福利水平就不至于降低。中等持续性除了要求保护总资本存量不变外，还应该注意资本的构成。因此，应当对每一种资本定义其临界水平，如果超过临界水平，可持续性就会被打破。中等可持续性要求监测任一种资本保持发展的模式不能造成它的完全丧失，无论它是否以另外一种资本的形式积累。强持续性是指对不同种类的资本要分门别类地加以保持。它强调在大部分生产函数中自然资本和人造资本之间不是替代关系，而是互补关系。绝对强可持续性是指任何东西都不能消耗，不可再生资源绝对不能使用，可再生资源只能使用净增长的部分。

四种持续性之说实际上代表了对可持续发展的各种态度和认识。经济学家所推崇的弱持续性中的许多假设是值得推敲的。如它没有对环境产品给予特殊的注意，越假定制造资本容易替代自然资本，我们就越不关心环境为发展提供的能力基础，而这正是人类社会发展的"大忌"。中等持续性相对于弱持续性尽管是一种明智的进步，但我们无法确切地知道每种资本的临界上限，所以信息获取的困难使得这一概念几乎没有实践意义。同样，带有环境保护主义倾向的强持续性也面临概念性和实际测量的困难。绝对强持续性显然是另一个极端。如果以这种概念来定义可持续发展的话，人类社会的进化过程则是不可持续的，因为人类每天都在消耗着自然界的不可再生资源。但是，毫无疑问，对可持续发展的强与弱的讨论，必将对寻找可行的可持续发展模式具有重要意义。

第二节 可持续发展的基本理论和原则

《中国可持续发展总纲》站在全球的高度，以人类文明进展的轨迹为时间坐标，以中国 21 世纪发展的图景为空间坐标，系统地阐述了中国可持续发展的战略背景、战略形成、战略目标、战略要点和战略行动。基于系统科学的理论与方法，深刻揭示了中国可持续发展系统的两大主线、三维模型、五个子系统和实现"人口、资源、环境、发展"四位一体全面协调的基本图式。本书汲取了可持续发展前沿研究的国内外精华，编织出了具有鲜明中国特点的可持续发展理论体系、方法体系和实证体系，总结了中国实施可持续发展战略的基本内容。

一、可持续发展的基本思想

从可持续发展概念的发展历程可以看出，可持续发展已从一开始注重生物方面，扩展到注重包括生态环境、经济、社会等各个相关因素，并使之相互协调发展，可持续发展应是生态—经济—社会三维复合系统整体的可持续发展。可持续发展概念的核心思想就是：健康的经济发展应建立在生态可持续能力、社会公正和人民积极参与自身发展决策的基础之上；可持续发展所追求的目标是既使人类的各种需要得到满足，个人得到充分发展，又要保护资源和生态环境，不对后代人的生存和发展构成威胁；衡量可持续发展主要有经济、环境和社会三方面的指标，缺一不可。可持续发展包括可持续经济、可持续生态和可持续社会三个方面的和谐统一。也就是说，人类在发展中不仅追求经济效率，还追求生态和谐和社会公平，最终实现全面发展。因此可持续发展是一项关于人类社会经济发展的全面性战略，它包括经济可持续发展、生态可持续发展、社会可持续发展。

（一）经济可持续发展

可持续发展鼓励经济持续增长，而不是以保护环境为由取消经济增长。当然经济持续增长不仅指数量的增长，而是指质量的增长，如改变以"高投入、高消耗、高污染"为特征的粗放式的经济增长，实现以"提高效益、节约资源、减少污染"为特征的集约式的经济增长。一方面，可持续的经济增长增强了国力，提高了人民生活水平和质量；另一方面，它为可持续发展提供了必要的物力和财力，否则可持续发展只能停留在口号上。

（二）生态可持续发展

可持续发展要求发展与有用的自然承载能力相协调，因此它是有限制的。正是这种有限制的发展，保护和保证了生态的可持续性，才可能实现持续的发展。也就是说，没有生态的可持续性，就没有可持续发展。因此生态的可持续性是可持续发展的前提，同时通过可持续发展能够实现生态的可持续发展。

（三）社会可持续发展

可持续发展强调社会公平，没有社会公平，就没有社会的稳定，一部分人就会不顾资源和环境，不顾法律向社会发泄心中的不平，结果是资源和环境保护难以实现。无论对什么样的国家、区域或地区，在不同时期可持续发展的具体目标是不同的，但本质是提高人类生活质量，提高人类健康水平，创造一个人人平等、自由和免受暴力，人人享有教育权和发展权的社会环境。总之，在人类可持续发展系统中，经济可持续是基础，生态可持续是条件，社会可持续是目的。

《21世纪议程》开宗明义地指出："本世纪以来随着科技进步和社会生产力的极大提高，人类创造了前所未有的物质财富，加速推进了文明发展的进程。与此同时，人口剧增、资源过度消耗、环境污染、生态破坏和南北差距扩大等问题日益突出，成为全球性的重大问题，严重地阻碍着经济的发展和人民生活质量的提高，继而威胁着全人类的未来生存和发展。在这种严峻形势下，人类不得不重新审视自己的社会经济行为和走过的历程，认识到通过高消耗追求经济数量增长和'先污染，后治理'的传统发展模式已不再适应当今和未来发展的要求，而必须努力寻求一条人口、经济、社会、环境和资源相互协调的，既能满足当代人的需求又不对满足后代人需求的能力构成危害的可持续发展道路。"

可持续发展道路的本质是生态文明的发展观。这就是把现代经济在内的整个现代发展建立在节约资源、增强环境支撑能力及生态环境良性循环的基础之上，实现社会可持续发展。从广义来说，可持续发展道路旨在谋求人与人和人与自然之间的和谐统一与协调发展。而现代经济发展的实践表明，现代经济发展应该把协调人与自然之间的发展关系摆在首位，通过协调人与人的发展关系，达到人与自然之间的和谐统一与协调发展。因此，经济可持续发展的实现过程，应该是经济与生态，社会与环境，人、社会与自然的全面进步过程。它在现实生活中的实现形态，就是实施以保证满足人的全面需要与最终实现人的全面发展为总体目标的经济发展战略；建立资源节约型的生态与经济协调互促的经济发展模式，探索一条人口、经济、社会与资源、环境、生态相互协调的经济发展道路，即既能满足当代人的需求又不对满足后代人需要的能力构成危害的可持续经济发展道路。

这种体现可持续发展经济观的经济发展战略、经济发展模式、经济发展机制等的经济发展道路有三个明显特点：一是必须坚持在不损害生态环境承受能力可以支撑的前提下，解决当代经济发展和生态环境发展的协调关系；二是必须在不危及后代人需求的前提下，解决当代经济发展与后代经济发展的协调关系；三是必须坚持在不危害全人类整体经济发展的前提下，解决当代不同国家、不同地区以及各国内部各种经济发展的协调关系，从而真正把现代经济发展建立在坚持以生态环境良性循环为基础，确保实现由非持续经济发展向可持续经济发展的转变，最终达到经济可持续发展。

二、可持续发展的基本原则

可持续发展是一种全新的人类生存方式，它不但涉及以资源利用和环境保护为主的环境生活领域，而且涉及作为发展源头的经济生活和社会生活领域。可持续发展并不否定经济增长，尤其是发展中国家的经济增长，毕竟经济增长是促进经济发展、促使社会物质财富日趋丰富、人类文化和技能提高从而扩大个人和社会的选择范围的原动力。但是需要重新审视实现经济增长的方式和目的。可持续发展反对以追求最大利润或利益为取向，以财富悬殊和资源掠夺性开发为代价的经济增长，它所鼓励的经济增长应是低消耗和高质量的。它以保护生态环境为前提，以可持续性为特征，以改善人民的生活为目的。通过资源替代、技术进步、结构变革和制度创新等手段，使有限的资源得到公平、合理、有效、综合和循环的利用，从而使传统的经济增长模式逐步向可持续发展模式转化。

可持续发展以自然资源为基础，同环境能力相协调。可持续发展的实现，要运用资源保育原理，增强资源的再生能力，引导技术变革，使再生资源替代非再生资源成为可能，并起用经济手段和制定行之有效的政策，限制非再生资源的利用，使其利用趋于合理化。在发展的过程中，必须保护环境，包括改变不适当的以牺牲环境为代价的生产和消费方式，控制环境污染，提高环境质量，保护生命支持系统，保持地球生态的完整性，使人类的发展保持在地球承载能力之内。否则，环境退化的成本将导致人类发展的崩溃。

可持续发展以提高生活质量为目标，同社会进步相适应，这一点是与经济发展的内涵及目的是相同的。经济增长不同于经济发展已成为人们的共识。经济发展不只意味着 GNP 的增长，还意味着贫困、失业、收入不均等社会经济结构的改善。可持续发展追求的正是这些方面的持续进步和改善。对发展中国家来说，实现经济发展是第一位的，因为贫困与不发达正是造成资源与环境恶化的基本原因之一。只有消除贫困，才能形成保护和建设环境的能力。世界各国所处的发展阶段不同，发展的具体目标也各不相同，但发展的内涵均应包括改善人类生活质量，保障人类基本需求，并创造一个自由、平等及和谐的社会。

基于以上分析，研究可持续发展的原则的意义是重大的。这是因为要将可持续发展从理论推向实践，就必须根据可持续发展的内涵来制定能够在国家或区域实施的方针政策、对策措施等，而要将抽象的概念转换成对策、措施等实际上是比较困难的。如何在准确把握可持续发展内涵的基础上，首先把它转化成具有不同资源禀赋和处于不同发展水平的国家或地区都能够参照的法则或标准就显得十分重要。《保护地球》一书提出了可持续发展的 9 条原则；《里约宣言》更列出了 27 项原则；我国学者王军在博士学位论文中概括为 3 条原则，王伟中等则提出了可持续发展的 10 条原则。笔者依据以上可持续发展的众多原则归纳为 6 条主要原则。

（一）公平性原则（Fairness）

可持续发展强调："人类需求和欲望的满足是发展的主要目标"。经济学上讲的公平是指机会选择的平等性，可持续发展所追求的公平性原则，包括三层意思：一是本代人的代内公平即同代人之间的横向公平，可持续发展要满足全体人民的基本需求和给全体人民机会以满足他们要求较好生活的愿望。要给世界以公平的分配和公平的发展权，要把消除贫困作为可持续发展进程特别优先的问题来考虑。二是代际间的公平，即世代人之间的纵向公平性。人类赖以生存的自然资源是有限的，本代人不能因为自己的发展与需求而损害人类世世代代满足需求的条件——自然资源与环境。要给世世代代以公平利用自然资源的权利。三是公平分配有限资源。目前的现实是，占全球人口 26% 的发达国家消耗的能源、钢铁和纸张等，占全球的 80%。美国总统可持续发展理事会（PCSD）在一份报告中也承认："富国在利用地球资源上有优势，这一由来已久的优势取代了发展中国家利用地球资源的合理需求来达到他们自己经济增长的机会。"联合国环境与发展大会通过的《里约宣言》，已把这一公平原则上升为国家间的主权原则："各国拥有着按其本国的环境与发展政策开发本国自然资源的主权，并负有确保在其管辖范围内或在其控制下的活动不致损害其他国家或在各国管辖范围以外地区的环境的责任"。公平性在传统发展模式中没有得到足够重视，传统经济理论与模式往往是为增加经济产出（在经济增长不足情况下）或经济利润最大化而思考与设计的，没有考虑或者很少考虑未来各代人的利益。从伦理上讲，未来各代人应与当代人有同样的权利来提出他们对资源与环境的需求。可持续发展要求当代人在考虑自己的需求与消费的同时，也要对未来各代人的需求与消费负起历史的与道义的责任，因为同后代人相比，当代人在资源开发和利用方面处于一种类似于"垄断"的无竞争的主宰地位。各代人之间的公平，要求任何一代都不能处于支配地位，即各代人都应有同样多的选择发展的机会。可持续发展不仅要实现当代人之间的公平，而且也要实现当代人与未来各代人之间的公平，向当代人和未来世代人提供实现美好生活愿望的机会。这是可持续发展与传统发展模式的根本区别之一。

（二）可持续性（Sustainable）原则

可持续性是指人类的经济活动和社会的发展不能超过自然资源与生态环境的承载力。可持续发展要求人们根据可持续性的条件调整自己的生活方式，在生态可能的范围内确定自己的消耗标准。"发展"一旦破坏了人类生态的物质基础。"发展"本身也就衰退了。可持续原则的核心指的是人类的经济和社会发展不能超过资源与环境的承载能力。

（三）共同性（Common）原则

可持续发展作为全球发展的总目标，所体现的公平性和可持续性原则，则是共同的。并且，实现这一总目标，必须采取全球共同的联合行动。《里约宣言》中提到："致力于达成既尊重所有各方的利益，又保护全球环境与发展体系的国际协定，认识到我们的家园—地球的整体性和相互依存性"。可见，从广义上说，可持续发展的战略就是要促进人类之间及人类与自然之间的和谐。如果每个人在考虑和安排自己的行动时，都能考虑到这一行动对其他人（包括后代人）及生态环境的影响，并能真诚地按"共同性"原则办事，那么人类内部及人类与自然之间就能保持一种互惠共生的关系，也只有这样，可持续发展才能够实现。

（四）质量性（Quality）原则

可持续发展更强调经济发展的质，而不是经济发展的量。因为经济增长并不代表经济发展，更不代表社会的发展。经济增长是指社会财富即社会总产品量的增加，它一般用实际 GNP 或 GDP 的增长率来表示；而人均 GNP 或 GDP 通常被用作衡量一国国民收入水平高低的综合指标，并常被用作评价和比较经济增长绩效的代表性指标。经济发展当然也包括经济增长，但它还包括经济结构的变化，主要包括投入结构的变化、产出结构的变化、产品构成的变化和质量的改进、人民生活水平的提高、分配状况的改善等。由此可见，经济发展比经济增长的内容要丰富得多。经济学家丹尼斯·古雷特认为，发展包括三个核心内容：生存、自尊、自由。这是从个体角度而言的，至于群体及群体组成的社会的发展则不仅包括了经济发展的所有内容，还包括生态环境的改善，政治制度和社会结构的改善，教育科技的进步，文化的良性融合与交流，社会成员工作机会的增加和收入的改善，等等。因此，如果说经济学家提出绿色 GNP（或者绿色 GDP）是一大进步（充分考虑了经济增长中的环境问题），那么可持续发展则站得更高，它充分考虑经济增长中环境质量及整个人类物质和精神生活质量的提高。

（五）系统性（System）原则

可持续发展是把人类及其赖以生存的地球看成一个以人为中心，以自然环境为基础的系统，系统内自然、经济、社会和政治因素是相互联系的。系统的可持续发展有赖于人口的控制能力、资源的承载能力，环境的自净能力，经济的增长能力，社会的需求能力，管理的调控能力的提高，以及各种能力建设的相互协调。评价这个系统的运行状况，应以系统的整体和长远利益为衡量标准，使局部利益与整体利益，短期利益与长期利益，合理的发展目标与适当的环境目标相统一。不能任意片面地强调系统的一个因素，而忽视其他因素的作用。同时，可持续发展又是一个动态过程，并不要求系统内的各个目标齐头并进。系统的发展应将各因素及目标置于宏观分析的框架内，寻求整体的协调发展。

（六）需求性（Demand）原则

人类需求是一种系统，这一系统是人类的各种需求相互联系，相互作用而形成的一个统一整体，其次，人类需求是一个动态变化过程，在不同的时期和不同的发展阶段，需求系统也不相同。传统发展模式以传统经济学为支柱，所追求的目标是经济的增长（主要是通过国民生产总值 GDP 来反映）。它忽视了资源的代际配置，根据市场信息来刺激当代人的生产活动。这种发展模式不仅使世界资源环境承受着前所未有的压力而不断恶化，而且人类的一些基本物质需要仍然不能得到满足。而可持续发展则坚持公平性和长期的可持续性，要满足所有人的基本需求，向所有的人提供美好生活愿望的机会。

总之，可持续发展的目标是社会福利的不断改善，约束条件是资源与环境的承载力，核心是经济的可持续发展，基础是人与自然的协调，原则是公平性、持续性、共同性、系统性与需求性，关键是有利于可持续发展的制度创新和技术进步。

第三节　树立科学的可持续发展观

中共中央在 2003 年 10 月召开的第十六届三中全会上通过的《中共中央关于完善社会主义市场经济体制若干问题的决定》明确指出：“坚持以人为本，树立全面、协调、可持续的发展观，促进经济、社会和人的全面发展。”并提出了“五个统筹”的目标和任务。发展观是对发展的本质、规律、动力、目的和发展的标志等问题的基本看法，其中可持续发展观是科学的发展观的基本内容之一。

一、增长不等于发展

增长（Growth）是指产出量的增加，是一种量的增长；而发展（Development）不仅反映着产出增加，还意味着收入与产出结构的变化以及社会经济的普遍进步，是一种质的变化。经济发展意味着人均收入水平的提高，物质福利的增加，疾病得到有效控制，失业人数减少，人们受教育程度提高等。

经济增长与经济发展既有联系又有区别，一方面经济增长会促进经济发展；另一方面，经济发展又包含了经济增长。经济发展是一个比经济增长涵义更广泛的概念，它不仅是产出的增加和增长率的提高，而且还包括在国民生产总值和国民收入继续增长的基础上，经济发展状况的转变和制度变迁，低下的生活水平的提高，低下的劳动生产率趋于上升，人口增长压力有所减轻，失业问题得到缓解，农业在国民经济中的比重下降，工业化、城市化进程加快等。经济发展意味着发展中国家和欠发达地区普遍存在的贫困、失业、收入分配不均和区域发展不平衡等现象得到改善。

经济增长并不一定带来发展，由于即使在经济增长速度很高的情况下，许多发展中国家和地区并没有取得社会经济的普遍进步，反而出现了"有增长无发展"和"没有发展的经济增长"的现象。所以说，经济增长是经济发展的前提和基础。

传统的发展观通常把经济增长与经济发展等同起来，现实的经验教训使人们逐渐认识到，经济增长不等同于经济发展，两者的区别，正如人一样，增长着眼于身高和体重，发展则着眼于机能、素质的提高。而且，经济增长着眼于短期，在短期内一个国家的 GDP 的增减受自然因素的影响很大。风调雨顺则可能增长，遇上自然灾害则可能减产。经济发展所关心的是生产的长期持续增长，这就涉及产出能力的提高问题。经济增长仅仅指产出的增长，表现为国民生产总值或国内生产总值或国民收入的增长，而经济发展则意味着随着经济增长而出现的社会经济各方面的良性变化，具体反映在投入结构、产出结构、一般生活水平、收入分配状况、消费模式、教育、健康卫生、群众参与、环境生态等状况的变化。

经济增长是手段，经济发展是目的。经济增长是经济发展的基础，经济发展是经济增长的结果。经济发展是一个动态的变化，内涵较广，它包括数量、经济和社会体系。

诺贝尔经济学奖获得者西蒙·库兹涅茨曾经给现代经济增长下了一个比较完整的定义，他说："一个国家的经济增长，可以定义为向它的人民供应品种日益增加的经济商品的能力的长期上升。这个增长中的能力，基于改进技术，以及它要求的制度和意识形态的调整"。这个定义指出的三个组成部分不仅包括数量和规模的增长，还包括实现持续经济增长所依赖的技术的进步、制度的优化和意识形态的调整。从各个国家经济增长的经验看，提高经济增长能力，还应该包括产业结构优化的内容。增长与发展的这种区别表明，要实现经济的持续增长，必须实现增长方式的转变，由单纯依靠有形要素投入转到依靠技术进步、结构优化、体制优化和提高效益的轨道。

佩鲁认为，经济增长只不过是实现人的发展的手段，经济、政治、社会各种制度的演变相改进，也是为了给人的发展创造一种更好的社会环境。发展的目的在于人的多方面的、全面的发展，而且发展必须是系统的、协调的。因此，经济发展不只是一种经济现象，它包括了经济、社会、环境等方面的内容。可持续发展涉及人类社会的各个领域，它是生态—经济—社会复合系统的均衡和和谐的进步。其中，经济系统的可持续发展处于主导地位，对生态和社会系统的可持续性起着主导性的调节作用。它不仅有必要，而且有可能为实现和保持生态和社会的可持续性创造物质基础和基本条件，从而促进自身的发展。没有经济的发展，良好生态环境的维持与改善会遇到极大的困难，人类生活水平的提高和自身的全面发展就是一句空话。

二、持续增长不等于可持续发展

持续增长是要求经济在一个较长的时期保持较高的经济增长速度，但是与可持续发展的含义和要求有很大的区别。

一是持续增长没有指出为实现持续增长所支付的代价。根据生产函数，实现增长需要耗费各种要素。不仅有人力物力和财力消耗的代价，还有各种机会成本，特别是自然资源的耗费。从许多发展中国家谋求经济增长的现实看，为了谋求高速发展，资源开发过度，生态平衡遭到破坏，环境受到严重污染，其结果是人类的生存条件遭到破坏。虽然由于增长，人们的收入增加了，但健康水平下降了。我们不免要提出疑问：这种增长是否值得。显然这种付出了沉重代价的经济增长是不可持续的。

二是可持续发展不仅仅强调持续增长，还有公平要求。

首先是发达地区（国家）与不发达地区（国家）间的公平。如果发达地区的发展以掠夺不发达地区的资源为代价，如果不发达地区的发展除了消耗自然资源外没有其他资源可以获得，由此造成的不公平就可能导致不可持续发展。

其次是代际公平。持续增长基本上涉及本代人的要求，谋求本代人的福利。现在需要指出的是，相当部分的自然资源具有可耗竭及不可再生的特点。这些资源为了实现本代人的福利而被滥用、被耗竭，就会牺牲后代人的发展条件，因而牺牲后代人的福利。这种以牺牲后代人的发展条件为代价的增长，显然也是不可持续的。

三、可持续发展观的基本内涵和要求

当前，树立可持续发展观已成为促进经济、社会、生态、环境等全面可持续发展和良性循环的重要条件，可持续发展观的基本内涵和要求包括：

（1）可持续发展观是一种新的发展观，是对单纯追求经济增长的"工业化实现观"的否定。它要求人们以全新的目光，重新审视经济增长和经济发展，摒弃"无发展的增长"，它使人们在注重经济发展的同时，意识到经济、社会和环境协调发展的重要性，并形成了全球共谋可持续发展战略的良好开端。

（2）可持续发展观是能够使经济、社会、生态环境沿着健康轨道长期持续协调的发展观。实施可持续发展战略将有效控制人口增长，改善人们的资源利用状况，降低环境成本，提高资源与环境对长期发展的支撑力。而且，可持续发展是要人们改变传统的对自然界的态度，建立新的伦理与道德标准，实现人与自然的和谐，这可以说是人类文明史上一个伟大的变革。从长远来看，它将使人类社会以一种崭新的、高层次的方式进行发展。

（3）将可持续发展观应用于经济分析，加深和拓展了我们对经济理论的认识。可持续发展理论关于代内和代际的"时空公平"及可持续性，从规范经济学和伦理学的角度，对现代经济学的"经济人"假定提出了严峻的挑战，促进了经济学的发展。并且，可持续发展理论提出了"自然资本"（Natural Capital）等许多重要概念，正确地、如实地反映了现代经济运行的实际状况，是对现代经济理论的重要发展。

最后，需要进一步说明的是：（1）可持续发展理论还处在一个不断完善的过程中，人们对可持续性发展的概念、原则、目标、体系等基本问题的还有许多分歧。例如，可持续发展概念如何表述，对发展的空间不平衡及其形成问题的历史原因何在，等等，发达国家与发展中国家对此有不同的理解。如果把可持续发展的目的解释为寻求环境与发展之间的平衡，那么，发达国家无疑会注重环境和共同利益，发展中国家则更强调发展、公平和资源开发的主权，两者的出发点与优先选择是不同的。（2）就学术界而言，有的经济学家对可持续发展的概念提出质疑，认为它既不符合自由市场原则，也与自然保护的生态等原理不相容。有的经济学家认为，把可持续的概念引入经济政策分析中，将会带来一些根本性的问题，诸如如何评价当代人与后代人的福利和效用，如何衡量可持续发展能力，等等。（3）总体上看，可持续发展战略必将是全球共同性的行动，研究可持续发展理论，尤其是结合中国的实践探讨如何实现可持续发展这一课题，具有特别重要的理论价值和现实意义。

第四节　可持续发展评价指标体系

作为度量、描述、判定、评价和预测可持续发展状况的指标体系，近年来一直是可持续发展研究的一个热点。联合国 1992 年环境与发展会议通过的《21 世纪议程》明确规定："各国在国家一级和各国际组织和非政府组织在国际一级应探讨制定可持续发展指标的概念并确定可持续发展的指标体系"。可持续发展评价指标体系作为一种政策导向的度量工具，既要体现经济、社会、人口、资源和环境协调发展的主导思想，又要使各评价指标成为表征区域可持续发展系统的众多指标中最灵敏、最便于度量和内涵最丰富的指导性指标，使该指标体系可准确描述区域可持续发展系统的状态和变化趋势，尽管对可持续发展评价的研究目前还处于起步阶段，但已有不少国际组织和国内外科研机构提出了多种衡量可持续发展的指标和指标体系，这为今后建立更为合理、完善的指标体系奠定了良好的基础，中国已经把开发可持续发展评价指标体系确定为可持续发展能力建设所必需的重要研究领域，从世界范围来看，当前可持续发展评价指标体系的研究与应用并不完全一致，一方面，全球已经提出了上千个不同的指标体系，另一方面，完全用于实践的指标体系屈指可数，可以这样说，大部分指标体系还没有离开实验室进入现实社会中……（中国 21 世纪议程管理中心：《可持续发展指标体系的理论与实践》序，社会科学文献出版社 2004 年版）

一、指标的定义和特征

指标是综合反映社会某一方面情况绝对数、相对数或平均数的定量化信息，具有揭示、指明、宣布或者公众了解等涵义。

所有指标都必须具有两个要素：一是要尽可能地把信息定量化，使信息清楚明了；二是要能够简化那些反映复杂现象的信息，既使所表征的信息具有代表性，又便于人们了解和掌握。

根据指标的表现形式和作用的不同，指标可以分为数量指标和质量指标两种。数量指标反映总体单位数目和标志总量的指标。如人口总数、资源总量、排污总量等。一般用绝对数来表示，并要有指标计量单位。质量指标反映数量表述的现象所达到的平均水平或相对水平。如人口密度、资源利用率、单位产品排污系数等。由于质量指标总是两个有联系的数量指标之间的对比，所以计算时一定要审查两个指标的单位、统计口径和范围。

二、建立可持续发展指标体系的目的

建立可持续发展指标体系是实现可持续发展的评价依据和测度的标准，宋旭光博士在 2003 年出版的博士论文《可持续发展测度方法的系统分析》中用一个生动活泼的故事和比喻说明了指标体系和测度方法的目的：把人类的可持续发展比做在无边麦田中的戏童，而把对可持续发展的测度者比作是一个冷静的守望者，它无时无刻不在观察可持续发展的动向，并随时准备着发出警告。这样的一个"守望"的类比来自美国作家塞林格的一本书《麦田里的守望者》。这本书写的是一个年轻人眼中的世界，他极力想了解这个世界，并在世界的矛盾中生存，但是他毕竟只是个年轻人，自身的弱点使他无法彻底看清这个庞杂的社会，社会历史的大潮使他不知所措。作者描写这样一个年轻人的状态，隐喻地向我们揭示：我们要看清世界，就必须要跳出这个世界，做一名冷静的守望者。这使我们想到了人类选择可持续发展，何尝不是处于自己发展的青年阶段呢？它也是刚刚有了一些觉醒，但又不能完全把握自己。在很大程度上，现代的人类社会可能正如塞林格所描述的那样：一群小孩子在一大块麦田里做游戏。几千几万个小孩子，附近没有没有一个大人。可持续发展指标体系和测度者，就是站在悬崖边的大人。职责是在那儿守望，要是有哪个孩子往悬崖边奔来，就把他捉住，可持续发展指标体系和测度者就是麦田里的守望者。

关于建立可持续发展指标体系的目的，专家学者们的观点在具体说法方面虽然不完全相同，但基本思想是一致的，主要有以下代表性的观点：

（1）中国科学院可持续发展研究组认为，可持续发展指标体系是决策者和社会公众认识和把握可持续发展的基本工具。从系统运行中提取具有标识性意义的定量化信息作为指标组成指标体系，可以分析、比较、判别和评价中国可持续发展的状况、进程，还可以还原、复制、模拟、预测中国可持续发展的未来演化、方案预选和监测预警。

（2）《中国21世纪议程》提出，要建立一个综合的资源环境与经济核算体系来监控整个国民经济的运行。因为传统的国民经济衡量指标（GNP）既不反映经济增长导致的生态破坏、环境恶化和资源代价，也未计算非商品劳务的贡献，也没能反映投资的取向，这些不利的影响将会削弱未来经济增长的基础。而新的核算体系将促进更加合理和经济地使用自然资源，并改善长期和短期发展政策的协调，并成为协调经济发展与自然资源持续利用和保护的有效手段。

（3）牛文元认为，测度持续发展，可以使我们更深刻地认识并研究发展的过程、发展的消耗、发展的效益、发展的分配等特征，并制定发展指标，简明和准确地监测、诊断、调控区域的可持续发展。

（4）叶文虎、唐剑武认为可持续发展指标体系兼有描述、评价、解释、预警和决策等功能。这一指标体系在时间上反映资源、经济、社会与环境四大系统的发展速度和趋向，在空间上反映其整体布局和结构，在数量上反映其功能和水平。建立可持续发展指标体系，可以对社会发展方向、发展状态及发展行为进行判别、评价并加以调控，帮助决策部门把握发展的目标、方向和尺度，提高人类与自然和谐发展的能力。

（5）国家统计局科研所研究人员认为，可持续发展指标体系是宏观管理和决策的依据。构建中国可持续发展指标体系，形成综合评价方案，对中国可持续发展状况进行全方位的统计描述、监测和评价，可为中国可持续发展的宏观管理和决策提供依据。

（6）陈迎认为，可持续发展指标体系是政策工具和信息来源。建立可持续发展指标体系，旨在寻求可操作的、定量化的方法，以衡量与评价一个国家或地区可持续发展的水平和能力，或用以分析可持续发展战略实施的进展和效果，以便更好地指导可持续发展实践。可持续发展指标体系是各级地方政府、国家决策部门、全球国际社会在推进可持续发展进程中不可缺少的政策工具，也是促进公众参与可持续发展的重要信息来源。

（7）钱易等认为，通过建立指标体系，构建评估系统，监测和揭示区域发展过程中的社会问题和环境问题，分析各种结果的原因，评价可持续发展水平，引导政府更好地贯彻可持续发展战略。同时为区域发展趋势的研究和分析，为发展战略和发展规划的制定提供科学依据。

三、建立可持续发展指标体系的原则

按照时间顺序，建立可持续发展指标体系的原则主要有以下观点：

（1）赵景柱将建立可持续发展指标体系的原则归纳为：①科学性。即指标体系应建立在科学的基础上，能反映可持续发展的内涵和目标的实现程度。②可行性。指标具有可测性和可比性，计算方法容易掌握，所需数据容易统计。③无关性。指标体系中各项指标互不相关，彼此独立。④完备性。指标体系作为一个整体，能反映和测度被评价系统的主要特征和状况。⑤简洁性。选择有代表性的综合指标和主要指标，辅以辅助指标。⑥层次性。根据评价需要和所需详尽程度分出层次，并将指标分类。⑦稳定性。指标体系内容不宜过多过频变动，保持相对稳定。

（2）叶文虎、栾胜基将制定可持续发展指标体系的原则概括为：①层次性。可持续发展指标体系主要是为各级政府决策提供信息，由政府在各层次上对人类社会的发展行为进行调控和管理，因此，应在不同层次上采用不同指标，即不同层次上应有不同的指标体系。②相关性。对指标体系中的任何指标都必须建立起与其他指标之间的内在联系。③简明性。指标必须简单、明了和明确。

（3）谢洪礼认为，建立可持续发展指标体系的原则是：①适应性。适应我国可持续发展的需要，能反映政府提出的可持续发展的目标和要求。②科学性。指标的定义、计算方法与可持续发展理论协调，在可持续发展理论的指导下设计指标体系。③整体性。可持续发展指标体系中，既要有反映经济、社会、人口、环境、资源、科技各系统发展的指标，又要有反映以上各系统相互协调的指标。④动态性与静态性相结合。⑤定性与定量相结合。⑥可比性。基本指标尽可能采用国际通用的名称、概念和计算方法，以便进行国际比较，同时也考虑与历史资料的可比性。⑦可行性。

（4）王军认为，在理论上，应综合多学科知识和评价方法，逐步发展定性和定量的多层次、多尺度整合的指标体系和评价方法，提高指标测度的精确性、等价性和整合性；在实践中，针对大量非持续性问题，先易后难地逐一确定评价指标，创立和完善适合我国国情的可持续发展指标体系。以后的学者的说法不一，但是建立可持续发展指标体系的原则主要观点大同小异。

（5）钱易等认为，建立可持续发展指标体系的原则是：①科学性；②层次性；③相关性；④简明性。

四、可持续发展指标体系的构成

可持续发展指标体系构成的内容最早是在《中国 21 世纪议程》中提出的。《中国 21 世纪议程》明确提出应建立一个综合的经济与资源环境核算体系。这个核算体系至少包括一个自然资源的卫星账户系统，将自然资源核算纳入国民经济核算体系，扩展和完善现行的国民经济核算体系，以便在国民经济核算中考虑环境与社会因素。研究目标是，首先建立资源核算的理论，然后提出资源评估和定价方法，分析国内有关的资源价格以及国际上同类资源的可比价格，最后提出如何把资源纳入国民经济核算体系的方法以及自然资源的价格政策，在此基础上，逐步建立一个新的综合核算体系。

目前在国内影响最大的是中国科学院的指标体系。根据周光召、牛文元的介绍，中国科学院可持续发展战略研究组按照可持续发展的系统学方向，在世界上独立地设计了一套"五级叠加，逐层收敛，规范权重，统一排序"的可持续发展指标体系。依照人口、资源、环境、经济、技术、管理相协调的基本原理，对有关要素进行了外部关联及内部自给的逻辑分析，并针对中国的发展特点和评判需要，把可持续发展指标体系分为总体层、系统层、状态层、变量层和要素层五个等级。总体层：表达可持续发展的总体能力，它代表着战略实施的总体态势和总体效果。系统层：依照可持续发展的理论体系，将由内部的逻辑关系和函数关系分别表达为：生存支持系统，发展支持系统，环境支持系统，社会支持系统，智力支持系统。状态层：在每一个划分的系统内，能够代表系统行为的关系结构。在某一时刻的起点，它们表现为静态的，随着时间的变化，它们呈现动态的特征。变量层：共采用48个"指数"加以代表。它们从本质上反映状态的行为、关系、变化等的原因和动力。要素层：采用可测的、可比的、可以获得的指标及指标群，对变量层的数量表现、强度表现、速率表现给予直接的度量。共采用了208个"指标"，全面系统地对48个指数进行了定量的描述，构成了指标体系的最基层的要素。在全世界已经建立的可持续发展指标体系中，属于复合的、庞大的和具有理念性结构的体系，并不多见，总共不超过五个。中国可持续发展指标体系的制订，体现了可持续发展的本质与内涵，与世界同类型的指标设计相比，这一指标体系有几个明显的特点：完整地体现了可持续发展本质发展的"发展度、协调度、持续度"三者的统一，并且分别表达在五大支持系统之中；依序编制了"从生存到发展，从人与自然之间关系到人与人之间关系，从现状到未来"的数量特征，尽量避免人为主观的弊端；同时对于可持续发展在时间与空间的契合方面，做出了重要的突破；具备了进一步从统计分析向逻辑构建，并最终实现函数表达的可能性。此外，国内其他有影响的指标体系还有很多。

国家统计局科研所和21世纪议程管理中心共同成立的"中国可持续发展研究课题组"建立的可持续发展指标体系分为两部分：①描述性菜单式指标体系，以基础性指标为主，按照一定的体系汇集了以往各项统计指标中能为之所用的各项指标。②评价性指标，以相对指标为主，主要是对可持续发展状况进行评价。这套指标体系分为三个层次，第一层次为子系统层，由经济、资源、环境、社会、人口和科教六个子系统构成；第二层次为主题层，标明各个子系统的关键问题及下属指标的属性；第三层次为指标层，由具体指标构成。

叶文虎、唐剑武认为，可持续发展指标体系由两大部分组成：描述性指标与评估性指标。描述性指标是分别表示资源、经济、社会与环境四大系统的发展状况的指标；评估性指标是评估资源、经济、社会与环境四大系统相互联系与协调度的指标。由于每一系统都是由复杂的多元参量组成，因此，可持续发展的描述指标与评估指标构成了一个庞大而复杂的指标体系。衡量一个社会是否符合可持续发展目标的大体思路是，根据某一时刻资源（d_1）、经济（d_2）、社会（d_3）、环境（d_4）这四大系统的发展状况与协调度，求取可持续发展微分 d_{SD}/dt，得到可持续发展函数 SD(t)，以此评估社会可持续发展能力。

姜晓秋、马廷玉采用3个层次、6个系统、70个左右指标构成可持续发展指标体系：①经济指标，包括经济增长总量指标（GDP 增长率），经济增长水平指标（人均 GDP、交通网密度、城市化程度、工业化程度），经济结构变化指标（产业结构总变动率、产业结构集中度、产业协调发展度），经济增长集约化指标（劳动生产率、投资弹性、能源产出率、更新改造投资比重、贷款利用效益），经济增长竞争力指标（对外贸易依存度、机电产品出口比重、产品的国内外市场占有率、出口换汇成本、贸易条件指数、产品合格率、高新技术产业比重）。②社会指标，包括就业率、失业率、成人识字率、通货膨胀率、电话普及率、恩格尔系数、基尼系数（人均和地区）、社会秩序（安全度）、群众对社会满意度。③人口指标，包括人口增长率、人口平均寿命、人口密度、人口年龄及人口素质构成。④科技指标，包括科技进步贡献率、科研成果转化率、高科技产品比重、科研经费占国民生产总值的比重、科研人员比重、能耗降低率。⑤资源指标，包括自然资源储量变化率、自然资源开发利用程度、人均自然资源占有量及消费量、自然资源破坏或退化程度、资源进口量。⑥环境指标，包括 CO_2、SO_2 排放量及变化率，人均 CO_2、SO_2 排放量，工业废气排放总量及变化率，废气处理率，工业污水排放总量及变化率，人均污水排放量，污水处理率，森林覆盖率，人均森林面积，水土流失面积及变化率，沙化土地面积及变化率，草原退化面积及变化率，自然保护区面积，野生动植物物种数量及变化率，受保护野生动植物物种数量，森林覆盖率增长率，综合污染指数，"三废"综合利用率，城市噪声水平，环境保护投资占 GNP 比重，人均资源数量及潜力，环境承载能力，等等。

陈迎建立的可持续发展指标体系分为经济、社会、资源三大子系统：①经济子系统分为国内经济活动部分（包括综合经济指标——人均 GDP；经济结构指标——农业、第三产业占 GDP 比重：经济效益指标——全社会劳动生产率、能源密度）和对外经济联系部分（包括对外贸易规模——市场占有率；对外贸易结构——进口贸易中燃料和初级产品比重、出口产品中高技术产品比重）。②社会子系统分为国民素质指标（包括控制人口指标——人口自然增长率；医疗与健康指标——预期寿命、人口与医生比；基础教育水平指标——成人识字率，综合入学率；科技智力水平指标——每千人科技人员数、科技投入占 GDP 比重）、基本社会服务指标（包括饮用水指标——享用安全饮用水人口比重；食品保障指标——每人日均卡路里、蛋白质供给；交通条件指标——人均道路总长度；信息传媒指标——百人拥有电话数）和社会结构指标（包括适度城市指标——城市人口占总人口比重、百万人口以上大城市人口占总人口比重；社会参与指标——劳动力中妇女劳动力比重、中学生中男女生比例；社会平等指标——20% 高收入与 20% 低收入家庭收入份额之比）。③资源环境子系统分为自然资源条件指标（包括人均耕地面积、人均可再生资源量、森林覆盖率、人均金属矿产储量、人均化石能源储量）、环境质量指标（包括污染物排放指标——SO_2 平均排放密度、工业危险废物平均排放密度；大城市大气质量指标——城市中心区 SO_2 浓度、城市中心区总悬浮颗粒浓度；环境保护指标——国家保护地占国土面积比重、污染治理费用占 GDP 比重）和承担国际义务指标（包括分担温室效应指标——人均温室效应指数，单位 GDP 的温室效应指数；发达国家帮助发展中国家的义务指标——官方援助占 GDP 比重）。

钱易等认为，可持续发展指标体系的功能：其一，能够描述和表征出某一时刻发展的各个方面的状况；其二，能够描述和反映出某一时刻发展的各个方面的变化趋势；其三，能够描述和体现发展的各个方面的协调程度。

可持续发展的指标体系反映的是社会—经济—环境之间的相互作用关系，即三者之间的驱动力—状态—响应关系。联合国可持续发展指标体系由以下几点构成：驱动力指标。主要包括贫困度、人口密度、人均居住面积、已探明矿产资源储量、原材料使用强度、水中的 BOD 和 COD 含量、土地条件的变化、植被指数、受荒漠化、盐碱和洪涝灾害影响的土地面积、森林面积、濒危物种占本国全部物种的比率、二氧化硫等主要大气污染物浓度、人均垃圾处理量、每百万人中拥有的科学家和工程师人数、每百户居民拥有电话数量等；状态指标。主要包括贫困度、人口密度、人均居住面积、已探明矿产资源储量、原材料使用强度、水中的 BOD 和 COD 含量、土地条件的变化、植被指数、受荒漠化、盐碱和洪涝灾害影响的土地面积、森林面积、濒危物种占本国全部物种的比率、二氧化硫等主要大气污染物浓度、人均垃圾处理量、每百万人中拥有的科学家和工程师人数、每百户居民拥有电话数量等；响应指标。主要包括人口出生率、教育投资占 GDP 的比率、再生能源的消费量与非再生能源消费量的比率、环保投资占 GDP 的比率、污染处理范围、垃圾处理的支出、科学研究费用占 GDP 的比率等，见表 2 - 1。

表 2 - 1　　　　　　　　　1943 ~ 2011 年世界对于环境与发展的认识

年份	事　件
1943	美国洛杉矶发生世界第一次光化学烟雾事件
1948	世界自然保护联盟（IUCN）在法国枫丹白露成立
1949	联合国保护和利用资源科学大会在纽约举行，这是联合国第一个关于自然资源的会议
1951	世界气象组织（WMO）成为联合国专门机构
1952	伦敦大雾事件，英国历史上最严重的空气污染灾难，数千人死亡
1954	哈里森·布朗在美国出版《人类前途的挑战》（*The Challenge of Man's Future*），其中的观点后来发展成为"可持续发展"的理念

续表

年份	事　件
1956	日本科学家报告水俣镇汞中毒事件，上万人因食用汞污染的海产品而患病
1958	联合国第一次海洋法会议在日内瓦举行
1960	第二次海洋法会议在日内瓦举行
1961	世界野生动物基金会（WWF）在瑞士成立，后更名为世界自然基金会
1962	蕾切尔·卡逊在美国出版《寂静的春天》，引发关于DDT及其他化学物质污染的大争论
1966	美国月球一号轨道探测器首次从月球附近拍摄地球照片，向人类展示蓝色家园的脆弱与渺小
1967	利比亚油轮Torrey Canyon号在英吉利海峡触礁，漏油11万吨
1968	• 瑞士政府将"人类环境"项目提交联合国经济和社会理事会审议，促成了4年后斯德哥尔摩环境大会的召开 • 联合国教科文组织在巴黎召开"合理利用和保护生物圈资源国际会议"，环境问题开始受到国际组织的普遍关注
1969	• 美国开始限用DDT等农药，发布《国家环境政策法案》 • 国际科学联合会（ICSU）设立环境问题科学委员会（SCOPE）
1970	2000万美国人参与"地球日"和平示威，美国现代环境运动开始
1971	• 联合国教科文组织开始实施"人与生物圈"计划 • 在瑞士Founex举行的一次专家会议发表Founex报告，首次提出环境问题与发展中国家贫困问题的关系
1972	• 联合国人类环境会议在瑞典斯德哥尔摩举行，通过《人类环境宣言》，达成"只有一个地球"、人类与环境不可分割的共识 • 联合国环境规划署（UNEP）成立，"世界环境日"设立 • 罗马俱乐部发表《增长的极限》，反思工业社会发展模式 • 美国发射世界第一颗地球资源卫星Landsat–1 • 联合国教科文组织通过《保护世界文化和自然遗产公约》
1973	• 濒危野生动植物种国际贸易公约（CITES）诞生 • 非洲萨赫勒地区大旱，数百万人死亡 • 中东战争导致第一次石油危机爆发
1974	• 第一次世界人口大会——布加勒斯特人口大会召开 • 第一次世界食品大会——罗马食品大会召开
1975	• 第一台个人电脑上市 • 世界最大的海洋生态系统保护区——澳大利亚大堡礁国家海洋公园成立
1976	• 意大利塞维索二噁英泄漏事件，4万人暴露于高浓度二噁英环境中 • 中国唐山大地震，死亡24.2万人 • 联合国第一次人居大会在加拿大温哥华召开
1977	• 美国腊夫运河固体废弃物污染事件露头，居民频发怪病 • 联合国荒漠化问题会议在肯尼亚内罗毕召开 • 联合国水会议在阿根廷马德普拉塔召开 • 肯尼亚女子Wangari Maathai发起鼓励全民植树的"绿带运动"

续表

年份	事 件
1978	中国开始改革开放，世界人口最多的国家即将进入经济飞速增长期
1979	• 美国宾夕法尼亚三里岛核电站发生泄漏事故，引起大恐慌 • 第一次世界气候大会在日内瓦召开 • 墨西哥湾一口油井爆炸，漏油 440 万桶 • 养护野生动物移栖物种公约（CMS）诞生 • 伊朗政局动荡使第二次石油危机开始，引发西方经济全面衰退
1980	• 美国发表《全球 2000 年》报告，分析目前发展趋势下环境恶化的前景 • 世界气候计划（WCP）开始实施 • IUCN、UNEP 和 WWF 共同发起成立国际野生生物保护学会（WCS） • 国际饮水供应和环境卫生十年开始
1982	• 联合国第三次海洋法会议召开 • 联大通过《世界自然宪章》
1983	泰国季风致 1 万人死亡，是为历史上最大的季风灾害
1984	• 干旱造成埃塞俄比亚大饥荒，100 万人饿死 • 印度博帕尔杀虫剂泄漏事件，一家美国公司的农药厂泄漏，前后有上万人死亡，10 万人致残
1985	• 国际保护臭氧层大会在奥地利维也纳召开 • 人类首次观测到臭氧空洞 • 讨论温室气体的国际会议在奥地利菲拉赫召开
1986	• 苏联切尔诺贝利核电站事故 • 国际捕鲸委员会决定全球暂停商业捕鲸 • 莱茵河污染事件，瑞士巴塞尔一家化学公司发生火灾，有毒化学品大量流入莱茵河
1987	• 保护臭氧层的《蒙特利尔议定书》签定 • 世界环境与发展委员会发表关于可持续发展的报告《我们共同的未来》 • 联合国环境规划署引入"生物多样性"的概念 • 世界人口达到 50 亿人
1988	• 吉尔伯特飓风席卷美洲，人称"世纪飓风" • 通过非暴力形式阻止焚林改牧的巴西人 Chico Mendes 被谋杀，引起国际社会对亚马逊热带雨林的关注
1989	• 柏林墙倒塌 • 阿拉斯加海域威廉王子海峡石油泄漏事件，油轮触礁导致数千万加仑原油泄漏，生态系统严重受损 • 联合国在瑞士通过关于处理有毒废料的《巴塞尔公约》 • 政府间气候变化小组（IPCC）成立

年份	事　件
1990	<ul><li>"生态效率"开始成为工业界的目标</li><li>政府间气候变化小组发表第一份关于全球变暖的报告</li><li>第二次世界气候大会在日内瓦召开</li><li>全球气候观测系统（GCOS）成立</li></ul>
1991	<ul><li>海湾战争使大量原油倾泄入海或燃烧，成为历史上最严重的石油污染事件</li><li>全球环境基金（GEF）成立，为受援国的环境治理提供资金支持</li><li>IUCN、UNEP 和 WWF 发表《保护地球——可持续生存战略》</li></ul>
1992	<ul><li>联合国环境与发展大会——里约地球峰会在巴西里约热内卢召开，通过《21 世纪议程》</li><li>联合国通过生物多样性公约</li><li>联合国通过气候变化框架公约</li></ul>
1993	<ul><li>禁止化学武器公约在巴黎签定</li><li>万维网（WWW）只有 50 个页面</li></ul>
1994	<ul><li>联合国防治荒漠化公约在巴黎签定</li><li>国际人口与发展大会在埃及开罗召开</li></ul>
1995	<ul><li>哥本哈根世界首脑会议通过《社会发展问题哥本哈根宣言》</li><li>第四届妇女大会在中国北京举行</li><li>政府间气候变化小组发表第二份关于全球变暖的报告</li><li>世界可持续发展商业委员会成立</li></ul>
1996	<ul><li>联合国第二次人居大会在土耳其召开</li><li>世界食品大会在罗马召开</li><li>以工业环保管理为核心的 ISO14000 标准发布</li><li>全面禁止核试验条约开放签署</li></ul>
1997	<ul><li>第三次世界气候大会在日本召开，通过关于减少温室气体排放的《京都议定书》</li><li>联大第 19 次特别会议——里约峰会 +5 大会召开，审议《21 世纪议程》</li></ul>
1998	<ul><li>一千年中最热的年份</li><li>美国和印度尼西亚发生森林大火</li><li>有害化学品及杀虫剂国际贸易事前同意许可公约在荷兰鹿特丹签定</li></ul>
1999	<ul><li>联合国提出全球契约计划，呼吁企业在劳工、人权、环境等方面的基本原则</li><li>世界人口超过 60 亿人</li></ul>
2000	<ul><li>臭氧空洞面积创下新纪录</li><li>《卡塔赫纳生物安全议定书》通过，旨在协助各国管理生物技术风险</li><li>千年峰会在联合国总部举行</li><li>WWW 页面超过 5000 万个</li><li>世界水论坛召开，发表关于 21 世纪水安全的《海牙宣言》</li><li>罗马尼亚金矿氰化物污染事件，大雨使氰化物废水溢出大坝冲向下游，污染多条河流</li></ul>

续表

年份	事　件
2001	• 政府间气候变化小组发表关于全球变暖的第三份报告 • 联合国气候变化框架公约第 7 次缔约方大会在摩洛哥马拉喀什举行 • 关于持久性有机污染物的斯德哥尔摩公约签署 • "9·11"事件，世界贸易大厦倒塌
2002	• 第二次地球峰会——世界可持续发展会议在南非约翰内斯堡举行 • 联合国气候变化框架公约第 8 次缔约方大会在印度新德里举行
2003	• 联合国气候变化框架公约第 9 次缔约方大会在意大利米兰举行 • 中国共产党十六届三中全会提出科学发展观，即"统筹城乡发展、统筹区域发展、统筹经济社会发展、统筹人与自然和谐发展、统筹国内发展和对外开放"的原则，坚持以人为本，全面、协调、可持续发展，促进经济社会和人的全面发展
2004	• 联合国气候变化框架公约第 10 次缔约方大会在阿根廷布宜诺斯艾利斯举行 • 印度尼西亚苏门答腊岛附近海域发生的 8.9 级强震引发的海啸波及到东南亚和南亚数个国家，造成 10 多万人死亡 • 中国提出构建资源节约型和环境友好型社会
2005	• 《京都议定书》正式生效。已有 156 个国家和地区批准 • 联合国气候变化框架公约第 11 次缔约方大会在加拿大蒙特利尔举行 • 卡特里娜飓风袭击美国南部路易斯安那州、密西西比州，飓风引发的洪水把新奥尔良变成一片汪洋。政府不得不启动美国历史上规模最大的一次市区人口撤退，约 1300 人在飓风中丧生，大批灾民流离失所 • 巴基斯坦北部发生里氏 7.6 级强烈地震和数次大的余震，并波及邻近的印度和阿富汗。有地震专家指出，这起地震威力相当于 128 颗广岛原子弹。死亡人数超过 10 万人
2006	• 联合国气候变化框架公约第 12 次缔约方大会在肯尼亚内罗毕举行
2007	• 联合国气候变化框架公约第 13 次缔约方大会在印度尼西亚巴厘岛举行，通过了"巴厘岛路线图"
2008	• 联合国气候变化框架公约第 14 次缔约方大会在波兰波兹南市举行 • 八国集团领导人在八国集团首脑会议上就温室气体长期减排达成一致 • 热带风暴"纳尔吉斯"袭击缅甸，村庄被夷为平地，大树被连根拔起。至少造成 20 万人死亡，联合国救灾机构估计"严重受灾"的灾民数量高达 150 万人 • "5·12"中国汶川发生 8 级强震，根据 2008 年 9 月 25 日国务院新闻办发布的数据，汶川地震造成 69227 人遇难、17923 人失踪、374643 人受伤。需要紧急转移安置受灾群众 1510 万人，房屋大量倒塌损坏，基础设施大面积损毁，工农业生产遭受重大损失，生态环境遭到严重破坏，直接经济损失 8452 亿元，引发的崩塌、滑坡、泥石流、堰塞湖等次生灾害举世罕见
2009	• 联合国气候变化框架公约第 15 次缔约方大会暨《京都议定书》第 5 次缔约方会议在丹麦哥本哈根举行
2010	• 联合国气候变化框架公约第 16 次缔约方会议暨《京都议定书》第 6 次缔约方会议在墨西哥坎昆举行
2011	• 西太平洋发生 9.0 级大地震，日本内阁会议决定将此次地震称为"东日本大地震"。地震引发的海啸影响到太平洋沿岸的大部分地区。地震造成日本福岛第一核电站 1~4 号机组发生核泄漏事故。此次地震及其引发的海啸已确认造成 13232 人死亡、14554 人失踪

资料来源：在世界环境大事记基础上，添加相关世界发展大事续到 2011 年。

第三章

全球资源与环境问题

在全球快速发展进步的今天，人类也同时陷入了一个自身发展的"瓶颈"阶段。经济的快速发展伴随着资源消耗量的急剧增长，全球范围内都出现了包括水、土地、矿产、能源等在内的各类资源的紧缺现象；我们在享用工业文明带来的各种便利和物质财富的同时，却不得不承受工业化带来的环境污染和有毒化学品对我们身体的伤害；当人类对自己的掌握的科技实力和生产力水平越来越自信的时候，我们发现"人并不能胜天"，在大自然的报复和考验面前人类还是那么渺小和无助。

如何理性面对这些发展中的"瓶颈"问题，如何正确认识资源与环境问题的实质和相互关系，这是摆在全人类面前的共同课题，本章将对全球的资源和环境现状进行系统介绍，针对全球面临的主要资源环境问题展开梳理和探讨，帮助读者用辩证的方法认识和观察我们周围的世界，并得出自己的结论。

第一节　资源、环境及其相互关系

2010 年 4 月 20 日夜间，位于墨西哥湾的"深水地平线"钻井平台发生爆炸并引发大火，大约 36 小时后沉入墨西哥湾，11 名工作人员死亡。这一平台属于瑞士越洋钻探公司，由英国石油公司（BP）租赁。钻井平台底部油井自 2010 年 4 月 24 日起漏油不止。事发半个月后，各种补救措施仍未有明显突破，沉没的钻井平台每天漏油达到 5000 桶，并且海上浮油面积在 2010 年 4 月 30 日统计的 9900 平方公里基础上进一步扩张。

此次漏油事件造成了巨大的环境和经济损失，同时，也给美国及北极近海油田开发带来巨大变数。受漏油事件影响，美国路易斯安那州、亚拉巴马州、佛罗里达州的部分地区以及密西西比州先后宣布进入紧急状态。事发当天，奥巴马在白宫表示，命令内政部长肯·萨拉查对路易斯安那州附近的"深水地平线"钻井平台爆炸沉没一事展开详尽调查，在30天内提交报告。美国国土安全部长纳波利塔诺宣布，漏油事件的影响已经不是英国石油公司还有它的承包商越洋钻探公司能解决得了的，美国政府或将大规模介入。有专家预计，救灾的花费会在10亿美元左右。

2010年5月27日专家调查显示，海底油井漏油量从每天5000桶，上升到2万5千至3万桶，美国政府证实，此次漏油事故超过了1989年阿拉斯加埃克森公司瓦尔迪兹油轮的泄漏事件，是美国历史上"最严重的一次"漏油事故。原油漂浮带长200公里，宽100公里，而且还在进一步扩散，排污行动可能会持续数月。油污已经形成2000平方英里的污染区，并被冲上了美国路易斯安那州的一些小岛。美国一家资产管理公司的投资顾问大卫·科托克描述了原油泄漏可能对经济造成三种程度不同的影响：糟糕、更糟糕和糟糕透顶。

在糟糕透顶的情况下，有关方面需要花几个月时间封闭油井，油污的清理工作将耗时近10年。"墨西哥湾在长达10年的时间里将成为一片废海，造成的经济损失将以数千亿美元计。"科托克说，不管油井何时被封闭，都会导致联邦政府财政赤字大幅上升。与此同时，墨西哥湾周边相关企业的税收却会减少。"由于这次悲剧性的事件，经济二次探底的可能性也进一步增大了。"

美国密苏里州媒体报道说，漏油事件已经对当地经济造成影响，海鲜和进口食品价格已经上涨，汽油也可能因此涨价。如果原油污染区蔓延到航运繁忙的密西西比河口，其影响将是灾难性的。专家指出，墨西哥湾漏油事故对美国政治和经济的影响不可低估。一方面，奥巴马政府在推进能源战略方面将暂时受阻。此前不久，奥巴马刚宣布解除近海石油钻探禁令，同时还鼓励海底钻探和核能开发，但漏油事故表明这些计划也存在巨大的风险，一些项目将不得不被搁置。另一方面，漏油事故不仅危及到沿岸各州环境，也给几个州的经济造成重创。奥巴马个人的支持率将因此受到影响，如果事故的影响不能很快消除，民主党在中期选举中难免因此"丢城失地"。

石油持续从海底流出，天然石油很容易跟海水融在一起，产生的黏稠混合物很难燃烧，甚至很难清理。在春夏之交这个季节，正值墨西哥湾一年一度的鱼类产卵和浮游生物繁殖期，也是这个脆弱的生态系统最易遭受破坏的阶段。墨西哥湾这片海域是非常脆弱的新生命的诞生地，海岸线上却有大量很难清理的沼泽。大风和海浪促使石油直接流向一些最敏感的海岸地区：路易斯安那州的沼泽地和周围各州。这里有三种类型的海滩：沙质海滩、岩石海滩和沼泽海滩。例如，佛罗里达州的沙质海滩上的浮油最容易清除。最难清除的是沼泽地上的浮油，这里是深水地平线泄漏的石油最先流向的地方。肯尼尔表示，沼泽非常脆弱，清理浮油的尝试会对它造成严重破坏。浮油一旦渗入，必须砍掉沼泽上的草才行。不过它还能渗透到土壤下面，在这种情况下很难清除石油。吃石油的正常细菌必须有氧气才能产生作用，在沼泽地的土壤里，它们没有足够氧气进行这一过程。

路易斯安那州州长 2010 年 5 月 26 日表示，该州超过 160 公里的海岸受到泄漏原油的污染，污染范围超过密西西比州和阿拉巴马州海岸线的总长。墨西哥湾沿岸生态环境正在遭遇"灭顶之灾"，相关专家指出，污染可能导致墨西哥湾沿岸 1000 英里长的湿地和海滩被毁，渔业受损，脆弱的物种灭绝。"现在这个时间段尤其敏感，因为很多动物都在准备产卵。在墨西哥湾，大蓝鳍金枪鱼正在繁衍，它们的鱼卵和幼鱼漂浮在海面；海鸟正在筑巢。而对于产卵的海龟来说，海滩遭到破坏，其影响是致命的。"杜克大学海洋生物学家拉里·克罗德说，一次重大的漏油事件将破坏整个生态系统和建立在其上的经济活动。南佛罗里达大学海洋学家维斯伯格更担忧的是，油污会被卷入墨西哥湾套流。因为一旦进入套流，油污扩散到佛罗里达海峡只需一周左右；再过一周，迈阿密海滩将见到油污。进入套流的原油会污染海龟国家公园，使当地的珊瑚礁死亡，接着大沼泽国家公园内的海豚、鲨鱼、涉禽和鳄鱼都将受害。

为了帮助美国排除原油泄漏造成的污染，10 多个国家和国际组织向美国伸出援手，墨西哥表示，将与美国紧密合作，避免这一地区生态环境遭到进一步破坏。

（资料来源：中国新闻网，2010 年 6 月 1 日）

一、什么是资源

（一）资源的内涵

资源，简单地说就是资财的来源。马克思在《资本论》中提到："劳动和土地是财富两个原始的形成要素。"恩格斯则进一步阐述说："其实劳动和自然界在一起才是一切财富的源泉，自然界为劳动提供材料，而劳动把材料转变成财富。"

马克思提出劳动和土地是财富的两个原始形成要素，这一观点显然是与劳动价值论一脉相承的。但认为只有这两种要素才是财富形成的源泉，似乎还不够全面。恩格斯于是进一步作了阐示和补充，用自然界来代替土地，作为财富创造的基本要素。显然，自然界包涵的资源范围更广，这一表述也更加全面和完整。

我们认为：资源就是指自然界和人类社会中可以用以创造物质财富和精神财

富的具有一定量的积累的客观存在形态。

利用资源创造的财富应当包括物质财富和精神财富两个方面。精神财富包括知识、技能、传统、文化、法律、艺术等"无形资产"，它与物质财富一样，对人们生活品质和福利的意义重大。在现代社会中，精神财富的重要性正日益突显，在发达国家，精神财富对于人们生活水平的影响已经超过了物质财富。

资源是可以积累的。资源既可能是有形的，也可能是无形的，但无论哪种资源都一定是可累积的。换言之，资源可以计量，也可以以某种方式储存。资源不是一种主观感受，它是一种客观存在，这与资源的可积累性是一致的。

（二）资源的分类

资源按其形成的基础不同可分为自然资源和社会资源。

1. 自然资源

联合国环境规划署曾给自然资源下过如下定义："自然资源是指在一定时期、地点条件下能够产生经济价值，以提高人类当前和将来福利的自然因素和条件。"自然资源主要包括：土地资源、矿产资源、森林资源、海洋资源、石油资源等。

2. 社会资源

社会资源是基础或依附于人的劳动，与自然资源共同创造人类财富或福利的社会因素和条件。社会资源就是劳动本身或是劳动的衍生形态，社会资源一般不能够单独创造财富，须和自然资源相结合方能创造出社会财富。社会资源主要包括：人力资源、信息资源、科技资源、文化资源等。

二、什么是环境

环境是相对于某个中心事物而言的，我们通常探讨的环境是指以人类为中心的人类环境，即人类所赖以生存的各种因素的总和。

环境包括自然环境和社会环境两大类。

（一）自然环境

环绕于人类周围的自然界就是自然环境。自然环境是人类生存和人类发展的物质基础。自然地理学通常把自然环境按与人的接触关系分为：大气圈、水圈、生物圈、土圈、岩石圈等五个圈层。

（二）社会环境

社会环境是：人类在自然环境的基础上，为不断提高物质和精神生活水平，通过长期有计划、有目的的发展，逐步创造和建立起来的人工环境。

社会环境可分为社会软环境和社会硬环境两类：

（1）社会软环境：没有实物形态，但对维持人类社会正常运转不可或缺的因素和条件，如经济、法律、制度、道德、文化、艺术等。

（2）社会硬环境：人们为满足自身生存和发展需要，对自然环境加以改造后所形成的人工环境。包括人类创造的城市、乡村，工矿区、学校等。

三、资源与环境的关系

（一）资源与环境的同一性

我们常说："世上没有废物，只有放错了地方的资源。"将这句话推而广之，自然界中的万事万物，都有它合理存在的价值，都可以对它适当地加以利用。当我们从另一个角度审视这些资源的时候，会发现：也就是它们，同时构成了我们周围的环境。其实，无论资源还是环境，都是我们所处的这个大自然。只是人类从不同的角度审视它，相应地有不同的称呼而已。当我们侧重于利用的角度、侧重于人类发展所需的角度去审视大自然的时候，我们将之称为（自然）资源；当我们侧重于存在载体的角度，侧重于人类生存所需的角度审视大自然的时候，我们将之称为（自然）环境；实际上它们是同一个事物的两个方面，我们将这一原理称为资源与环境的同一性。

同一性的原则也同样适用于社会资源和社会环境之间。

因此，资源和环境的关系，从本质上说是同一事物的不同侧面的关系。两个侧面一方面反映人类的发展需要，另一方面反映了人类的生存需要，所以资源和环境的关系本质上就是生存和发展的关系。

（二）资源利用对环境的影响

人类在索取资源的过程中，常常把资源放错了地方，用错了地方，使得环境不再是像从前那样有序，不适合人类或其他生物以原来的方式生存，与此同时资源也变成了污染环境的废物。这个过程中，资源的利用不但有很强的负外部性，同时就资源的利用本身而言也是一种极大的浪费。

墨西哥湾漏油事件给我们敲响了警钟。宝贵的石油资源由于人为错误，不但没有被合理地采收并加以利用，反而泄漏到海中，成为极难处理并对周围广大地区造成生态灾难的污染物。

人类在面对资源利用的经济利益的同时，从成本角度考虑，往往有意无意地忽视这一过程对环境的影响，而由此带来的不合理利用，其实质是：盲目追求眼前的发展利益，并以损害人类长远的生存利益为代价。

（三）环境的变化对资源利用的影响

温室效应、臭氧空洞、植被破坏，自然灾害频发等，这一系列人类正在面对的环境变化，对人们的生产生活方式都产生了巨大的影响。人类社会的发展因此变得更加脆弱和不稳定，资源利用的风险也在不断地加大。

东日本大地震引发的海啸，摧毁了福岛第一核电站的冷却设备。被世界公认为是核安全标准最高的日本核电站发生了自切尔诺贝利核事故以来最大的核泄漏事故。人类对核能资源的利用，其稳定性和安全性在环境变化面前显得如此脆弱，而导致的后果却是人类难以承受的（详见下节案例）。这的确是一次值得深层次反思的灾难，全世界都开始重新审视本国本地区核能资源利用的计划和愿景，然而，需要我们重新审视的难道仅仅局限于核能资源的利用这一个领域吗？

第二节　当代全球资源问题——资源的短缺

2011 年 5 月 3 日，联合国经济和社会事务部人口司在纽约总部发布了《世界人口展望》（2010 年修订版）。报告预测说：全球人口将在 2011 年 7 月 1 日达到 69 亿人，10 月 31 日达到 70 亿人。随着全球人口的不断膨胀，世界多地出现了粮食和水资源的危机。

在世界的其他一些地方，伴随着经济的发展，人们对土地、矿产、能源等资源的需求与日俱增。世界已经进入了全面资源短缺的时代。

一、全球水资源的短缺形势

水是生命之源。从太空望去，人类的家园——地球是一颗蓝色的美丽星球，那是水对太阳光折射和散射显现出的颜色。地球是一个名副其实的"水球"。地球表面 71% 的面积是由水覆盖的，整个地球拥有的水量高达 13.6 亿立方公里。但其中淡水总量仅占总水量的 3%，高达 97% 的水是海水或其他咸水。而有限的淡水资源中，绝大部分又以冰川的形式贮存在两极地区和高寒山区，能被人类比较容易开发利用且与人类生活和生产活动关系紧密的淡水储量约为 400 立方公里。仅占全球总水量的 0.3%，主要是河流、湖泊的储水和地下水。

事实上，随着人口的增长和经济的发展，世界淡水的消耗量一直在稳步增长。在过去的一个多世纪里，人类的用水总量增加 10 倍以上。1900 年，全球水资源的消耗量为 5000 亿立方米/年，而到 2000 年，全球水资源消耗量已经上升为 50000 亿立方米/年。而同样是在这 100 年当中，全世界人口由 16 亿人上升到约 60 亿人。水资源消耗量的增速要远快于人口的增速。在最近的几十年中，世界用水量以 4% ~ 5% 的年均增速持续增加，且发展中国家用水占增加量的大部分。

从 20 世纪末世界年人均用水量看，中北美及加勒比海地区为 1692 立方米，南美洲为 476 立方米，亚洲为 526 立方米，欧洲为 726 立方米，而非洲最低，为 244 立方米。可见世界各地人均用水量差异很大，人均用水量明显与经济发展程度和人们生活水平呈正比关系。随着经济社会的发展，特别是发展中国家的发展，全球用水量将有较大幅度的增加。

由于城市的发展，新增人口向城市集中，使城市用水量增加快于世界平均水平。新增加的人口向城市的大量聚集，还影响到地表径流和水资源的平衡，使本来水资源时空分布不均，人口分布不均及用水状况分布不均的矛盾更加尖锐突出。城市的扩大使各类建设用地不断增加，这就意味着不透水层面积的增加，从而使地表径流量加大。绝大部分降水都成为地表径流排掉，渗入地下水的数量大大减少，而径流部分又不能很好地截流利用。可见城市化的发展水资源，特别是对城市水资源造成巨大的压力。

与淡水资源总量上的供需矛盾同时存在的问题还有淡水资源的空间分布很不均匀。世界上淡水资源总量较为丰富的国家有：巴西、俄罗斯、加拿大、美国、印尼、中国、印度等国，世界淡水的 60% ~ 65% 分布于排名前十的国家当中。由于受气候和地理条件的影响，中东和北非地区降水量少，蒸发量大，因此径流量很小，人均及单位面积土地的淡水占有量都很少；相反，冰岛、印尼等国，以单位国土地面积计算的径流量比贫水国高出 1000 倍以上。

由于人类经济活动的加剧，人口的爆炸性增长，水资源特别是淡水资源与人类的矛盾越来越尖锐。早在 1977 年，联合国就向全世界发出警告，"水不久将成为一项严重的社会危机，石油危机之后的下一个危机就是水危机。"1998 年 3 月，84 个国家的部长级代表和许多非政府组织汇集法国巴黎，认真探讨了水资源与可持续发展的关系。会议指出，对水资源消耗的不断增加已经与可利用的水量不相符。世界水资源研究所认为：世界有 1/5 的人口得不到符合卫生标准的淡水；世界银行认为：占世界 40% 的 80 多个国家在供应清洁水方面有困难，其中有近 30 个国家为严重缺水国。水危机正从干旱的中东和北非地区向欧洲、拉美等地区蔓延，甚至连淡水资源丰富的加拿大也在谈论缺水的威胁。

水的短缺不仅制约着经济的发展，影响着人民赖以生存的粮食的产量，还直接损害着人们的身体健康，更值得一提的是：为争夺水资源，在一些地区还常常会引发国际冲突。世界银行副行长伊斯梅尔·萨拉杰丁曾预测说："如果说上个世纪的许多战争是为争夺石油，那么下个世纪将会因水而战"。其实在水资源匮乏的中东、非洲等地区，水早已经成为国家关系紧张，地区冲突不断的重要根源。同一条河流的上游和下游国家常可能因为水量或水质而发生争执。

中东地区具有世界上最大的石油储量，但淡水资源奇缺，从河流湖泊的分布来看，沙特、也门、阿曼、阿联酋、卡塔尔、巴林、科威特、约旦、以色列等国基本上没有大水量的江河湖泊。从地下水资源看，上述国家的地下水均属于不可再生型。从降雨分布看，中东阿拉伯地区的年降水量不足 160mm，其中 2/3 的地区年降水量在 100mm 以下。不仅如此，中东国家水源有 66% 来自于邻国，很多国家的水资源受制于人。因此埋下了国际冲突的种子。

在生命攸关的水资源面前，兄弟相称的阿拉伯国家不惜反目成仇。在两河流域居住着近亿人口，两河的水资源一直为各国共享。但自 1983 年以来，土耳其在两河上游兴建宏大的"安拉托里亚水利工程"，工程为截取两河源头的水源，修建了 22 座水坝和 17 座水电站。1990 年，该工程的主要项目——阿塔图克水库开始蓄水，结果使下游水量减少了 90%。为此下游的叙利亚、伊拉克等国多次提出强烈抗议。

阿拉伯河的主权问题，曾经引发伊朗伊拉克之间长达八年的战争；围绕约旦河水的分配问题，约旦与以色列人的仇恨不断加深；在如何分配尼罗河水的问题上，埃及与苏丹、埃塞俄比亚等国之间也是争执不断；阿以冲突与水也有不可分割的联系。1967 年，第三次中东战争，以色列出兵占领叙利亚南部的戈兰高地，戈兰高地被称为中东地区的"水塔"，水资源丰富，是多条中东地区主要河流的发源地，以色列国内使用的 40% 的水源都来自这里。作为具有重要战略意义的地区，以色列至今没有归还。

近年来，中东地区的人口一直以 3% 的速度在增长，用水量也急剧增加，加之连年干旱和用水不当，该地区的水危机将进一步加剧。

非洲是地球上另一个严重缺水的地区。全世界近 30 个严重缺水国中，有 19 个位于非洲。近 30 年来，非洲的人口增长率为 3%，而粮食增长率只有 2%，水资源匮乏是粮食不能满足要求的重要原因。尼罗河流域的水危机已经在苏丹、索马里等国造成了严重的人道主义危机，在苏丹南部的达尔富尔地区，大批难民被迫向乍得转移。此外，在南亚，甚至水资源相对充裕的东南亚地区，近年来围绕对国际河流或冰川的水资源分配问题，也是争议和冲突不断。

二、全球土地资源概况及耕地需求趋势

（一）全球土地资源概况

土地作为一种资源，它有两个主要属性：面积和质量。

在全球面积的 5.1 亿平方公里的总面积中，陆地面积约占 29.2%，约为 1.49 亿平方公里。这其中，包括南极洲及其他大陆上被高山冰川覆盖的地区，全球无冰雪覆盖的陆地面积仅为 1.33 亿平方公里。

这似乎是一个巨大的数字，1900 年，世界人口约为 16 亿人，人均占有陆地面积约为 10 公顷；1987 年，世界人口达到 50 亿人，人均占有陆地面积约为 3 公顷，2011 年末世界人口约为 70 亿人，人均占陆地面积约为 2 公顷。

然而，考虑到土地的质量属性，这些数字必须要大打折扣。所谓土地质量，从农业利用角度看，包括土地的地理分布、土层的厚薄、肥力高低、水源远近、坡度大小等。这些属性对农业生产都有着不同程度的影响；从工矿和城乡建设的角度，还要考虑地基的稳定性，承压性能和受地质地貌灾害（火山、地震、滑坡等）、气象灾害（干旱、洪涝、大风等）威胁的程度等。在土地质量的诸要素中，还有一个重要的因素，即土地的通达性。包括土地离现有居民点的远近，以及道路和交通情况等。这些因素影响着劳动力与机械到达该土地所消耗的时间和能量。

考虑到上述因素，陆地面积中约有 20% 处于极地高寒地区，20% 属于干旱区，20% 为陡坡地（山地），还有 10% 的土地岩石裸露，缺少土壤和植被生长条件。以上四项，共占陆地总面积的 70%，在土地利用上存在着不同程度的限制因素，地理学家和生态学家称之为"限制性环境"。其余 30% 土地限制性较小，适宜于人类居住，称为"适居地"，意为可居住的土地，包括可耕地，住宅、工矿、交通、文教、军事用地等。按人均 2 公顷的 30% 计，人均适居地约为 0.6 公顷。在适居地中，耕地占 60%～70%，折合人均耕地 0.36～0.42 公顷。

（二）耕地需求的未来趋势

耕地是土地中最重要的部分之一。据世界粮农组织和美国农业部 20 世纪 70 年代提供的数据，全世界可耕地总面积约为 29.5 亿公顷，其中最为肥沃，通达

性好、容易开垦的已经被耕种，面积约为15.4亿公顷。其余虽有开垦潜力、但由于土壤肥力、通达性等因素的限制，必须有较大的投入，如采用灌溉、施肥和其他土壤改良措施，才能有效利用。随着世界人口的增长，人类正在面临土地资源不足的问题。

人口是决定耕地需求的最主要因素。随着人口的增加，对农产品需求相应增长，按现有的生产水平世界耕地面积需求将不断增长。虽然过去二三百年来全球对耕地的需求增长速度较慢，但在1950年后，这一需求开始凸显。而与此同时，人口的增长也伴随着用于非农业用途的土地不断增加。进入20世纪以来，全球可耕地因为非农业用途开始缓慢减少，而且减少的速度越来越快。

全球适居土地的总量是不变，人口的增长同时产生了对农业用地和非用农业用地的快速增长的需求，这两个相互矛盾的需求必然会有交会的时候，到那时，所有的适居地都已经被占用，或者被开垦成耕地，或者被非农业用途占用，人类也就面临着土地匮乏的局面。

如何缓解这个矛盾呢？一方面必须开垦条件较差的处女地，以抵偿可耕地被占用作非农业用途的损失，使世界耕地面积处于动态平衡状态。另一方面由于农业技术的进步和农业投资大量增加，农民有可能使用更多的化肥、农药、农业机械和灌溉设施，从而使农业单位产量得以翻倍。这样可以用较少的耕地满足较多人口的农产品需求。

然而，上述两方面都有很大的局限性，实际上难以实现。首先，开垦处女地成本高，经济上不甚可行。其次，农业生产上有一条"费用递增率"，即产量的每一次提高，都要比上一次耗费高昂。人们对粮食增产还寄希望于扩大灌溉面积和绿色革命等技术进步。固然，灌溉能大幅度提高单位产量，但事实上，水资源的紧缺使得扩大灌溉面积的努力将越来越困难。1980年后，世界灌溉面积的增长正在减缓，人均灌溉面积甚至已经呈现负增长。绿色革命在取得令人兴奋的初步成功以后，并未能在彻底解决世界粮食供应方面取得更大奇迹。

上述分析，向我们提供这样的清晰的信息：人类将在未来几十年面临土地匮乏的问题，尽管对于这一天到来的准确时间还存在争议，但如果人类不在控制人口增长和制止耕地损失两方面取得成功的话，这一天的到来或许就在明天。

三、世界能源的消耗形势

（一）能源的分类

能源被称为经济的血液，随着经济的发展和人口的增加，能源对世界各国社会发展的意义和作用日益突显。人们从不同的角度对能源进行了多种多样的分类，如一次能源和二次能源，常规能源和新能源，可再生能源和不可再生能源，等等。

通常一次能源是指从自然界直接取得，而不改变其形态的能源，也称为初级能源，如水能、风能、太阳能、煤、石油等；二次能源是指经过加工，转换成另一种形态的能源，如电能、汽油、柴油、氢等。

常规能源指当前被广泛利用的一次能源，如水能、煤、石油、天然气等；新能源是指目前尚未被广泛利用，而正在积极研究以便推广利用的一次能源，如风能、太阳能、生物能、潮汐能等。

可再生能源是能够不断得到补充的一次能源，如水能、风能、太阳能、地热能等；不可再生能源是须经地质年代才能形成的，短期内（以人的生命为时间尺度来衡量）无法再生的一次能源，如煤、石油等化石能源。

煤、石油、天然气是目前全球经济发展的基础能源，但都是不可再生的化石能源。除化石能源外，还有许多非化石燃料能源，如核能、太阳能、水能、地热能、海洋能等。太阳能是最重要的可再生能源。地球上自然生态系统得以正常运转所需能量全部来自太阳，除核能外，地球上所有能源都直接或间接来自于太阳能。

（二）世界能源消耗

目前人类所利用的能源，主要是煤、石油、天然气等化石能源，而这些能源都是不可再生能源。据现有的资料，世界可被开采的煤约 11 万亿吨，可供开采的石油储量约为 3000 亿吨，天然气储量约为 22 万亿立方米。按 20 世纪末世界能源消耗的速度推算，煤的开采时间约为 190 年，石油约为 40 年，天然气为 50～60 年。虽然除已经探明的储量外，全世界还在不断发现新的能源，技术进步也可以提高能源的利用效率，适当地延缓能源耗尽的时间，但因消费水平仍在不断的增加，地球上迟早会出现这些化石能源采掘耗尽的问题。

在整个 20 世纪，世界范围内的化石燃料能源的消费量年平均增长率约为 4%，同期世界人口年增长率为 2%。可见，能源的需求不仅与人口数量有关，而且还与经济发展程度、人们的生活水平有关。当前世界能源消耗呈现出以下特点：

1. 能源主要来自于一次不可再生能源

世界在一次能源消耗结构中，石油比例最大，占 40%，其次是煤，约占 20%，再次是天然气，占 10% 以上。这三种一次不可再生能源（化石能源）占世界一次能源消耗的70%以上。

2. 能源消耗水平差异很大

从人均角度看，发达国家的能源消耗普遍高于发展中国家。占世界面积约1/4的工业化国家，消耗世界能源的3/4，其中占世界人口5%的美国，能源消耗却占世界的25%。发展中国家人均能源消耗普遍较低，作为新兴经济体的印度，占世界人口的15%，却只消耗了世界能源的1.5%。

从能耗强度（指能源消耗与GDP的比值）看，发达国家能耗强度普遍较低，这反映了发达国家在能源使用效率上居领先地位，其单位能源消耗所产生的社会财富较高。日本的能耗强度是中国的1/8，而美国则是中国的1/4。

3. 世界能源消耗在继续增长

自1972年以来，工业化国家的能耗强度有所下降，但由于以"金砖国家"（BRICS）为代表的新兴经济体占据了全球经济越来越重要的地位，全球经济增长的主要部分是由新兴经济体贡献的。而"金砖国家"的产业结构总体仍然较为低端，以能源、资源消耗型产业为主导产业，加之世界人口的快速增长，导致世界平均能耗强度仍在持续上升。

四、全球矿产资源特点及其稀缺性

矿产资源是地壳形成后，经过几千万年、几亿年甚至十几亿年的地质作用而生成的露于地表或埋藏于地下的具有利用价值的自然资源。

（一）矿产资源及其特点

矿产是人类生活资料、生产资料的主要来源之一，是人类生存和社会发展的重要物质基础。矿产资源主要可分为金属矿产和非金属矿产两大类。20世纪末，95%以上的能源，80%以上的工业原料，70%以上的农业生产资料来自于矿产资源。

与其他自然资源不同，矿产资源的基本特点是：

（1）不可再生性和可耗竭性。矿产资源在漫长的地质作用过程中形成，人类社会相对于这样的地质作用过程而言，时间是很短暂的。因此，矿产资源绝大多数是不可再生的，有最终采掘耗尽的那一天。

（2）区域分布不均。矿产资源大都具有显著的地域分布特点。例如富铁矿，世界范围内主要集中分布于澳大利亚和南美地区；铜，主要分布于南美洲和非洲；金、钻石等，主要分布于南非。这种矿产资源分布的地域性特点，决定了它常常成为一种在国际经济、政治、军事博弈中，具有高度竞争性的特殊资产。

（3）动态性。矿产资源是在一定科学技术水平下可利用的自然资源，矿产资源的储量和利用水平是随着科学技术、社会经济的发展而不断变化的。一些原来不具有开采价值的矿产资源现在具有了开采价值；一些原来不认为是矿产资源的，现在却可以作为矿产加以利用。

（二）矿产资源的稀缺性

对于一些已经探明资源的供应前景，美国矿务局 1979 年曾作过预测，其结果如图 3 - 1 所示。此图右侧为预测寿命，空白条框表示消费水平不增长（固定在 1975 年消费水平）条件下的预期寿命，黑色框部分则表示按指数增长的预期寿命。左侧空白条框表示各类矿产消费的年增长率。我们可以看到，图中所列出的主要矿产在世界范围内的预测开采寿命大都小于 100 年。如果考虑指数增长的条件，其预测开采寿命均小于 80 年。

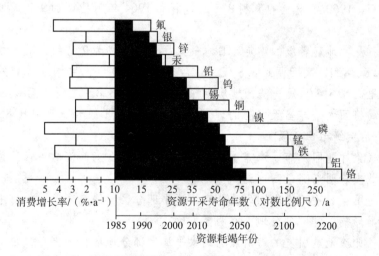

图 3 - 1　世界 14 种重要矿物的预期寿命（Ramade，1982）

当然上述预测只是众多预测中的一种，事实上，这一预测没有充分考虑到矿产资源的动态性特点。随着科技的进步，人们探明的可开采储量会不断增长，而随着循环经济的发展，矿产资源的循环利用率也在不断提高，这都会使矿产资源的可采寿命延长。无怪乎，以资源静态有限为前提的这一预测常常被学界指责为"悲观主义"。然而，我们也应当清醒地认识到，经济上和技术上可供开采的矿产资源总归是有限的，人类的消费需求仍处于不断增长的过程中，这一矛盾终将导致矿产资源的耗竭。人类文明史不过五千年，更短暂的工业史不过二三百年，相对于漫长的地质年代而言，这都只是短暂的一瞬。人类在这一瞬间耗竭了经过十几亿年地质历史时期才形成的矿产资源，这不能不说是人类历史的一大悲剧。

第三节　当代全球环境问题——环境的恶化

2011 年 3 月 11 日，日本当地时间 14 时 46 分，日本东北部海域发生里氏 9.0 级地震并引发海啸，造成重大人员伤亡和财产损失。地震震中位于宫城县以东太平洋海域，也就是北纬 38.1 度，东经 142.6 度，震源深度 20 公里。东京有强烈震感。地震引发的海啸影响到太平洋沿岸的大部分地区。地震造成日本福岛第一核电站 1~4 号机组发生核泄漏事故。2011 年 4 月 1 日，日本内阁会议决定将此次地震称为"东日本大地震"。据统计，自有记录以来，此次的 9.0 级地震是全世界第三高，1960 年发生的智利 9.5 级地震和 1964 年阿拉斯加 9.2 级地震分别排第一和第二。

震级：此次地震震级的测定，日本气象厅最初定级为 7.9 级，随后立即更正为 8.4、8.8、8.9，又回调到 8.8 级，最后定级为 9.0 级；中国地震局网一开始发布的是里氏 8.6 级地震；美国地质勘探局发布的是 8.8 级，当天不久随后美国地质勘探局将西太平洋当天发生的地震震级从里氏 8.8 级改正为里氏 8.9 级，3 月 14 日最后定级为 9.0 级。

日本气象厅随即发布了海啸警报称地震将引发约 6 米高海啸，修正为 10 米。根据后续调查表明海啸最高达到 24 米。

波及范围：此次地震中国大陆北京周边小部分区域偶有震感，但对中国大陆不会有明显影响。韩国部分地区有明显震感。

不过，此次地震引发的海啸影响到太平洋大部分地区，地震后，位于夏威夷的太平洋海啸预警中心对包括俄罗斯、菲律宾、印度尼西亚、澳大利亚、新西兰、墨西哥、美国夏威夷等在内的多个国家和地区发布了海啸预警。各相关国家已分别采取了预警措施。夏威夷州首府檀香山市警报长鸣，当地广播反复播发海啸预警，动员居住在沿海撤离区的居民及时撤离。当局已经组织大巴疏散当地居民，并准备开放疏散中心。印尼气象、气候和地球物理机构对该国巴布亚省、北苏拉威西省、北马鲁古省等地发布了海啸预警。该机构说，海啸可能对印尼多地区造成影响，该国东部各岛的北端尤其可能受到冲击。由于此次地震发生在西太平洋，距离中国大陆比较远，且中国大陆架性质决定了在这段距离中有一片相对较浅的海域，所以对中国大陆不会有明显影响。

此次地震引发的海啸导致日本福岛第一核电站发生爆炸事故，并导致放射性物质大量泄漏。包括中国在内的亚洲、欧洲、美洲数十个国家在大气样本中检测出此次核事故泄漏出的人工核放射性物质，但总体对人体健康影响较小。3月26日，中国环境保护部（国家核安全局）有关负责人介绍，环保部门设在黑龙江省饶河县、抚远县、虎林县的三个监测点的气溶胶样品中检测到了极微量的人工放射性核素碘－131，浓度分别为0.83－4.5×10贝克/立方米、0.68－6.8×10贝克/立方米、0.69－6.9×10贝克/立方米，相应的国家标准（GB18871－2002）规定限值为24.3贝克/立方米。所检测出的放射性剂量值小于天然本底辐射剂量的十万分之一，仍在当地本底辐射水平涨落范围之内，不需要采取任何防护行动。此外，福岛第一核电站还在核事故救援过程中向附近海域中排放了大量高放射性污水，这些污水将随着大洋环流，逐渐扩散到全世界。

灾害损失：据日本新闻网报道，日本警察厅2011年5月13日下午发表的最新统计显示，到当日下午3时为止，东日本大地震的死亡人数已经超过了1.5万人，另外还有9506人失踪。两者合计遇难者为24525人。另外，因大地震和核泄漏问题而避难的灾民，还有115500人，分散在全国18个都道府县的2425个避难所。

此次地震导致地面下沉，致日本岛地震震区沿海部分地区沉到海平面以下，沉没部分面积相当于大半个东京。美国风险分析业者AIR Worldwide预测，西太平洋9.0级强震或会致保险损失金额高达近350亿美元，成为史上代价最昂贵的自然灾难，这还未计入海啸造成的损失。这项数额几乎等同2010年全球保险业的全世界整体灾损金额，或会迫使全球保险市场调高保费。

经济冲击：受日本发生强烈地震影响，包括香港在内的亚洲股市11日全面下跌。香港特区政府财政司司长曾俊华当日表示，特区政府已成立跨组织协调机制，密切关注市场发展，必要时会采取行动，确保市场稳定及操作有序进行。受到日本发生强烈地震影响，亚洲区内股市11日全线下跌，其中日本日经平均指数下跌1.72%，新加坡海峡时报指数下跌1.04%，印尼雅加达综合指数下跌1.27%；而香港恒生指数当日盘中跌幅一度逾2%，最多跌509点，收市时跌幅略有收窄，跌1.55%。

日本作为全球制造业供应链中的重要一环，对电子汽车等行业原器件供应的影响，引发全球的极大担忧。最直接的影响就是迫使日本众多行业厂商纷纷关闭，此次地震影响到了数十家半导体厂，引发市场对许多应用广泛的原件供应短缺或价格上涨的担忧，特别是应用于智能手机和平板电脑等热门产品数据储存的闪存芯片。多家市场研究公司表示，日本占全球芯片市场的 1/5，地震将对全球芯片的供应价格产生严重影响。日本是全球液晶面板原材料和设备的主要集散地，世界三大液晶面板基板玻璃厂商之一——旭硝子株式会社主要生产线集中在日本，另一大厂商康宁公司的面板生产县位于日本的静冈县，日本地震将对液晶面板的产能和短期供求产生连带影响。

发生大地震的日本东海岸，集中了日本大量钢铁业、石化业、制造业、核电业等支柱产业或重点产业。地震发生后，震区及波及地带的许多工厂受到严重损失被迫停产。至少有 21 家大公司的数十家工厂停产，而恢复产能需要一段较长时间。另外，此次地震、海啸、核爆炸引起东海岸地区汽车制造业基地受损严重，其中丰田、日产、本田的汽车生产线和核心部件生产基地受损最严重，日系汽车的全球产销都受到严重影响。此次灾难还冲击了全球能源市场，并给正快速发展的全球核电产业敲响了警钟。许多国家宣布重新审查本国的核能发展计划，包括德国在内的许多欧洲国家宣布逐步放弃核能产业。

灾难启示：这次日本发生的地震、海啸、核事故三重灾难给我们带来了哪些经验和教训？

人们一度对自己所掌握的科技实力以及影响控制自然的能力信心满满（例如核能的利用技术，曾几何时日本宣称其核能技术和设施是"绝对"安全的，安全标准是全世界最高的），对环境的威力认识不足。我们习惯于在大概的环境可能性下无节制地利用资源来满足人们不断增长的物质需求。而当灾难突然降临的时候，盲目的自信又常常令我们不知所措，并最终引发更严重的灾难的发生。有证据表明，此次海啸引发的核事故主要是一场人为错误造成的灾难。这次灾难的环境影响将在未来数十年持续显现。人类应如何面对自然，以怎样的原则处理资源和环境的关系，此次灾难无疑是我们吸取教训和学习经验的富矿。

（资料来源：《日本 311 大地震专题》，http://www.caijing.com.cn/2011/311jpearthquake/）

近代工业革命使人与自然环境的关系又一次发生巨大变化。特别从 20 世纪中叶开始，科学技术的飞跃发展和世界经济的迅速增长，使人类"征服"自然环境的足迹踏遍了全球，人成为主宰全球生态系统的至关重要的一支力量。世界著名科学刊物《科学》（*Science*）1997 年发表了一篇《人类主宰地球生态系统》的文章，文章中列出的一组数据（见表 3 - 1）表明，人类活动正在改变全球的生态系统。确实，在第二次世界大战后短短的几十年历程中，环境问题迅速从地区性问题发展成为波及世界各国的全球性问题，从简单问题（可分类、可定量、易解决、低风险、近期可见性）发展到复杂问题（不可分类、不可量化、不易解决、高风险、长期性），出现了一系列国际社会关注的热点问题，如气候变化、臭氧层破坏、森林破坏与生物多样性减少、大气及酸雨污染、土地荒漠化、国际水域与海洋污染、有毒化学品污染和有害废物越境转移等。围绕这些问题，国际社会在经济、政治、技术、贸易等方面形成了复杂的对抗或合作关系，并建立起了一个庞大的国际环境条约体系，并使其正越来越大地影响着全球经济、政治和技术的未来走向。

表 3 - 1　　　　　　　　　　　人类主宰地球生态系统

人类主宰地球生态系统	百分比（%）
陆地地表转化	45
人为造成的二氧化碳含量	21
可开发淡水的使用量	52
人为的陆地固氮	56
引入植物物种（加拿大）	20
人类活动造成的鸟类灭绝	63

资料来源：全球环境基金（GEF）专题报告：Valuing the Global Environment，1998 年。

一、温室效应及全球气候变化

气候变化是一个最典型的全球尺度的环境问题。20 世纪 70 年代，科学家把气候变暖作为一个全球环境问题提了出来。20 世纪 80 年代，随着对人类活动和全球气候关系认识的深化，随着几百年来最热天气的出现，这一问题开始成为国际政治和外交议题。1992 年联合国里约环发大会上，通过并开放签署《气候变化框架公约》。气候变化问题直接涉及经济发展方式及能源利用的结构与数量，正在成为深刻影响 21 世纪全球发展的一个重大国际问题。

（一）气候变化及其趋势

在地质历史上，地球的气候发生过显著的变化。一万年前，最后一次冰河期结束，地球的气候相对稳定在当前人类习以为常的状态。地球的温度是由太阳辐射照到地球表面的速率和吸热后的地球将红外辐射线散发到空间的速率决定的。

资源环境与可持续发展

从长期来看，地球从太阳吸收的能量必须同地球及大气层向外散发的辐射能相平衡。大气中的水蒸气、二氧化碳和其他微量气体，如甲烷、臭氧、氟利昂等，可以使太阳的短波辐射几乎无衰减地通过，但却可以吸收地球的长波辐射。因此，这类气体有类似温室的效应，被称为"温室气体"。

温室气体吸收长波辐射并再反射回地球，从而减少向外层空间的能量净排放，大气层和地球表面将变得热起来，这就是"温室效应"。大气中能产生温室效应的气体已经发现近 30 种，其中二氧化碳起重要的作用，甲烷、氟利昂和氧化亚氮也起相当重要的作用（见表 3 – 2）。从长期气候数据比较来看，在气温和二氧化碳之间存在显著的相关关系（见图 3 – 2）。目前国际社会所讨论的气候变化问题，主要是指温室气体增加产生的气候变暖问题。

表 3 – 2   主要温室气体及其特征

气体	大气中浓度 （ppm）	年增长 （%）	生存期 （年）	温室效应 （CO_2=1）	现有贡献率 （%）	主要来源
CO_2	355	0.4	50～200	1	55	煤、石油、天然气、森林砍伐
CFC	0.00085	2.2	50～102	3400～15000	24	发泡剂、气溶胶、制冷剂、清洗剂
甲烷	1.714	0.8	12～17	11	15	湿地、稻田、化石、燃料、牲畜
NO_x	0.31	0.25	120	270	6	化石燃料、化肥、森林砍伐

资料来源：全球环境基金（GEF）专题报告：Valuing the Global Environment，1998 年。

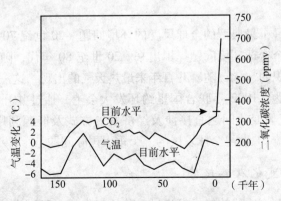

图 3 – 2　大气二氧化碳浓度和气温变化

资料来源：曲格平：《环境保护知识讲座》，红旗出版社 2000 年版。

自 20 世纪以来所进行的一些科学观测表明，大气中各种温室气体的浓度都在增加。1750 年之前，大气中二氧化碳含量基本维持在 280ppm。工业革命后，随着人类活动，特别是消耗的化石燃料（煤炭、石油等）的不断增长和森林植被的大量破坏，人为排放的二氧化碳等温室气体不断增长，大气中二氧化碳含量逐渐上升，每年大约上升 1.8ppm（约 0.4%），到 20 世纪末已上升到近 360ppm。从测量结果来看，大气中二氧化碳的增加部分约等于人为排放量的一半。按照政府间气候变化小组（IPCC）的评估，在过去一个世纪里，全球表面平均温度已经上升了 0.3℃~0.6℃，全球海平面上升了 10~25 厘米。许多学者的预测表明，到本世纪中叶，世界能源消费的格局若不发生根本性变化，大气中二氧化碳的浓度将达到 560ppm，地球平均温度将有较大幅度的增加。政府间气候变化小组 1996 年发表了新的评估报告，再次肯定了温室气体增加将导致全球气候的变化。依据各种计算机模型的预测，如果二氧化碳浓度从工业革命前的 280ppm 增加到 560ppm，全球平均温度可能上升 1.5℃~4℃。

（二）影响气候变化的因素

自然界本身排放着各种温室气体，也在吸收或分解它们。在地球的长期演化过程中，大气中温室气体的变化是很缓慢的，处于一种循环过程。碳循环就是一个非常重要的化学元素的自然循环过程，大气和陆生植被，大气和海洋表层植物及浮游生物每年都发生大量的碳交换。从天然森林来看，二氧化碳的吸收和排放基本是平衡的。人类活动极大地改变了土地利用形态，特别是工业革命后，大量森林植被被迅速砍伐一空，化石燃料使用量也以惊人的速度增长，人为的温室气体排放量相应不断增加。从全球来看，从 1975 年到 1995 年，能源生产就增长了 50%，二氧化碳排放量相应有了巨大增长（见图 3-3）。迄今为止，发达国家消耗了全世界所生产的大部分化石燃料，其二氧化碳累积排放量达到了惊人的水平，如到 20 世纪 90 年代初，美国累积排放量达到近 1700 亿吨，欧盟达到近 1200 亿吨，苏联达到近 1100 亿吨。目前，发达国家仍然是二氧化碳等温室气体的主要排放国，美国是世界上头号排放大国，包括中国在内的一些发展中国家的排放总量也在迅速增长，苏联解体后，中国的排放量位居世界第二，成为发达国家关注的一个国家。但从人均排放量和累计排放量而言，发展中国家还远远低于发达国家（见表 3-3）。

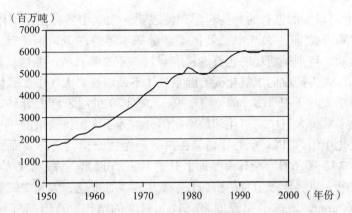

图 3 – 3　1950～1995 年全世界化石燃料燃烧产生的碳排放量

资料来源：曲格平：《环境保护知识讲座》，红旗出版社 2000 年版。

表 3 – 3　　　　　　　　　　　　　15 个排放二氧化碳最多的国家

国家	二氧化碳排放量（百万吨）	人均排放量（吨）
美国	4881	19.13
中国	2668	2.27
俄罗斯	2103	14.11
日本	1093	8.79
德国	878	10.96
印度	769	0.88
乌克兰	611	11.72
英国	566	9.78
加拿大	410	14.99
意大利	408	7.03
法国	362	6.34
波兰	342	8.21
墨西哥	333	3.77
哈萨克斯坦	298	17.48
南非	290	7.29

资料来源：世界资源所专题报告：《世界资源》（*World Resources*）（1996～1997）。

　　人为的温室气体排放的未来趋势，主要取决于人口增长、经济增长、技术进步、能效提高、节能、各种能源相对价格等众多因素的变化趋势。

　　几个国际著名能源机构——国际能源局、美国能源部和世界能源理事会，根据经济增长和能源需求的不同情景，提出了人为二氧化碳排放的各种可能趋势。从这些情景和趋势来看，在经济增长平缓，对化石燃料使用没有采取强有力的限制措施的情况下，到 2010 年化石燃料仍占世界商品能源的 3/4 左右，其消费量超过 20 世纪末水平的 35%，同能源使用相关的二氧化碳排放量可能增长 30% ~ 40%。发展中国家的能源消费和二氧化碳排放量增长相对较快，到 2010 年，可能要从 20 世纪 90 年代初的不足世界二氧化碳排放量的 1/3 增加到近 1/2，其中中国和印度要占发展中国家排放量的一半左右。即便如此，发展中国家人均排放量和累积排放量仍低于发达国家。到本世纪中叶，发达国家仍将是大气中累积排放的二氧化碳的主要责任者。当然，如果世界各国采取更加适合环境要求的经济和能源发展战略，二氧化碳排放可能出现不同的前景（见表 3 - 4）。

表 3 - 4　　　　世界能源理事会预计的能源消费和二氧化碳排放情况（1990 ~ 2020 年）

1990 ~ 2020 年经济年增长	高增长	修改的参考方案	参考方案	强化生态保护
经合组织国家/苏联和中欧国家（%）	2.4	2.4	2.4	2.4
发展中国家（%）	5.6	4.6	4.6	4.6
世界能源需求的增加比例（%）	98	84	54	30
二氧化碳年排放量超过 1990 年的比（%）	93	73	42	5

资料来源：世界资源所专题报告：《世界资源》（*World Resources*）（1996 ~ 1997）。

（三）气候变化的影响和危害

近年来，世界各国出现了几百年来历史上最热的天气，厄尔尼诺现象也频繁发生，给各国造成了巨大经济损失。发展中国家抗灾能力弱，受害最为严重，发达国家也未能幸免于难，1995 年芝加哥的热浪引起 500 多人死亡，1993 年美国一场飓风就造成 400 亿美元的损失。20 世纪 80 年代，保险业同气候有关的索赔是 140 亿美元，1990 到 1995 年间就几乎达 500 亿美元。这些情况显示出人类对气候变化，特别是气候变暖所导致的气象灾害的适应能力是相当弱的，需要采取行动防范。按现在的一些发展趋势，科学家预测有可能出现的影响和危害有：

1. 海平面上升

全世界大约有 1/3 的人口生活在沿海岸线 60 公里的范围内，经济发达，城市密集。全球气候变暖导致的海洋水体膨胀和两极冰雪融化，可能在 2100 年使海平面上升 50 厘米，危及全球沿海地区，特别是那些人口稠密、经济发达的河口和沿海低地。这些地区可能会遭受淹没或海水入侵，海滩和海岸遭受侵蚀，土地恶化，海水倒灌和洪水加剧，港口受损，并影响沿海养殖业，破坏供排水系统。

2. 影响农业和自然生态系统

随着二氧化碳浓度增加和气候变暖，可能会增加植物的光合作用，延长生长季节，使世界一些地区更加适合农业耕作。但全球气温和降雨形态的迅速变化，也可能使世界许多地区的农业和自然生态系统无法适应或不能很快适应这种变化，使其遭受很大的破坏性影响，造成大范围的森林植被破坏和农业灾害。

3. 加剧洪涝、干旱及其他气象灾害

气候变暖导致的气候灾害增多可能是一个更为突出的问题。全球平均气温略有上升，就可能带来频繁的气候灾害——过多的降雨、大范围的干旱和持续的高温，造成大规模的灾害损失。有的科学家根据气候变化的历史数据，推测气候变暖可能破坏海洋环流，引发新的冰河期，给高纬度地区造成可怕的气候灾难。

4. 影响人类健康

气候变暖有可能加大疾病危险和死亡率，增加传染病。高温会给人类的循环系统增加负担，热浪会引起死亡率的增加。由昆虫传播的疟疾及其他传染病与温度有很大的关系，随着温度升高，可能使许多国家和地区疟疾、淋巴腺丝虫病、血吸虫病、黑热病、登革热、脑炎增加或再次发生。在高纬度地区，这些疾病传播的危险性可能会更大。

5. 气候变化及其对中国的影响

从中外专家的一些研究结果来看，总体上中国的变暖趋势冬季将强于夏季；在北方和西部的温暖地区以及沿海地区降雨量将会增加，长江、黄河等流域的洪水暴发频率会更高；东南沿海地区台风和暴雨也将更为频繁；春季和初夏许多地区干旱加剧，干热风频繁，土壤蒸发量上升。农业是受影响最严重的部门。温度升高将延长生长期，减少霜冻，二氧化碳的"肥料效应"会增强光合作用，对农业产生有利影响；但土壤蒸发量上升，洪涝灾害增多和海水侵蚀等也将造成农业减产。对草原畜牧业和渔业的影响总体上是不利的。海平面上升最严重的影响是增加了风暴潮和台风发生的频率和强度，海水入侵和沿海侵蚀也将引起经济和社会的巨大损失。

全球气候系统非常复杂，影响气候变化因素非常多，涉及太阳辐射、大气构成、海洋、陆地和人类活动等诸多方面，对气候变化趋势，在科学认识上还存在不确定性，特别是对不同区域气候的变化趋势及其具体影响和危害，还无法作出比较准确的判断。但从风险评价角度而言，大多数科学家断言气候变化是人类面临的一种巨大环境风险。

（四）控制气候变化的国际行动和对策

为了控制温室气体排放和气候变化危害，1992 年联合国环发大会通过《气候变化框架公约》，提出到 20 世纪 90 年代末使发达国家温室气体的年排放量控制在 1990 年的水平。1997 年，在日本京都召开了缔约国第二次大会，通过了《京都议定书》，规定了 6 种受控温室气体，明确了各发达国家削减温室气体排放量的比例，并且允许发达国家之间采取联合履约的行动。发展中国家温室气体的排放尚不受限制。

从当前温室气体产生的原因和人类掌握的科学技术手段来看，控制气候变化及其影响的主要途径是制定适当的能源发展战略，逐步稳定和削减排放量，增加吸收量，并采取必要的适应气候变化的措施。

控制温室气体排放的途径主要是改变能源结构，控制化石燃料使用量，增加核能和可再生能源使用比例；提高发电和其他能源转换部门的效率；提高工业生产部门的能源使用效率，降低单位产品能耗；提高建筑采暖等民用能源效率；提高交通部门的能源效率；减少森林植被的破坏，控制水田和垃圾填埋场排放甲烷等，由此来控制和减少二氧化碳等温室气体的排放量。

增加温室气体吸收的途径主要有植树造林和采用固碳技术，其中固碳技术指把燃烧气体中的二氧化碳分离、回收，然后深海弃置和地下弃置，或者通过化学、物理以及生物方法固定。固碳技术的技术原理是清楚的，但能否成为实用技术还是未知数，适应气候变化的措施主要是培养新的农作物品种，调整农业生产结构，规划和建设防止海岸侵蚀的工程等。

从各国政府可能采取的政策手段来看，一是实行直接控制，包括限制化石燃料的使用和温室气体的排放，限制砍伐森林；二是应用经济手段，包括征收污染税费，实施排污权交易（包括各国之间的联合履约），提供补助资金和开发援助；三是鼓励公众参与，包括向公众提供信息，进行教育、培训等。

从今后可供选择的技术来看，主要有节能技术、生物能技术、二氧化碳固定技术等。面对全球气候变化问题，发达国家已把开发节能和新型能源技术列为能源战略的重点。到 20 世纪 90 年代，美国能源部已把开发高效能源技术和减排温室气体列为中心任务，致力于开发各种先进发电技术及其他面向 21 世纪的远景能源技术。

二、臭氧层破坏和损耗

20 世纪 70 年代初，一些科学家开始认识到了臭氧层破坏的化学机制，提出了研究报告。20 世纪 80 年代中，观测数据证实了氟利昂等消耗臭氧物质同南北极臭氧层破坏的关系，促成国际社会积极行动，制定了保护臭氧层的公约和议定书，进行了成功的国际环境保护合作，使人类有望在本世纪中叶逐步使遭受破坏的臭氧层得到恢复。

（一）臭氧层破坏及其成因

大气中的臭氧含量仅一亿分之一，但在离地面 20 至 30 公里的平流层中，存在着臭氧层，其中臭氧的含量占这一高度空气总量的十万分之一。臭氧层的臭氧含量虽然极其微少，却具有非常强烈的吸收紫外线的功能，可以吸收太阳光紫外线中对生物有害的部分（UVB）。由于臭氧层有效地挡住了来自太阳紫外线的侵袭，才使得人类和地球上各种生命能够存在、繁衍和发展。

1985 年，英国科学家观测到南极上空出现臭氧层空洞，并证实其同氟利昂（CFCs）分解产生的氯原子有直接关系。这一消息震惊了全世界。到 1994 年，南极上空的臭氧层破坏面积已达 2400 万平方公里，北半球上空的臭氧层比以往任何时候都薄，欧洲和北美上空的臭氧层平均减少了 10% ~ 15%，西伯利亚上空甚至减少了 35%。科学家警告说，地球上臭氧层被破坏的程度远比一般人想象的要严重得多，见图 3 - 4。

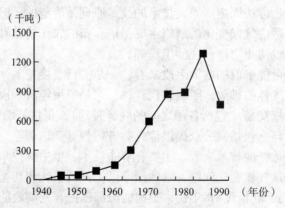

图 3 - 4　世界消耗臭氧物质产量（1940 ~ 1993 年）

资料来源：曲格平：《环境保护知识讲座》，红旗出版社 2000 年版。

氟利昂等消耗臭氧物质是臭氧层破坏的元凶，氟利昂是 20 世纪 20 年代合成的，其化学性质稳定，不具有可燃性和毒性，被当作制冷剂、发泡剂和清洗剂，广泛用于家用电器、泡沫塑料、日用化学品、汽车、消防器材等领域。20 世纪

80 年代后期，氟利昂的生产达到了高峰，产量达到了 144 万吨。在对氟利昂实行控制之前，全世界向大气中排放的氟利昂已达到了 2000 万吨。由于它们在大气中的平均寿命达数百年，所以排放的大部分仍留在大气层中，其中大部分仍然停留在对流层，一小部分升入平流层。在对流层相当稳定的氟利昂，在上升进入平流层后，在一定的气象条件下，会在强烈紫外线的作用下被分解，分解释放出的氯原子同臭氧会发生连锁反应，不断破坏臭氧分子。科学家估计一个氯原子可以破坏数万个臭氧分子。

（二）臭氧层破坏的危害

臭氧层破坏的后果是很严重的。如果平流层的臭氧总量减少 1%，预计到达地面的有害紫外线将增加 2%。有害紫外线的增加，会产生以下一些危害：

（1）使皮肤癌和白内障患者增加，损坏人的免疫力，使传染病的发病率增加。据估计，臭氧减少 1%，皮肤癌的发病率将提高 2%～4%，白内障的患者将增加 0.3%～0.6%。有一些初步证据表明，人体暴露于紫外线辐射强度增加的环境中，会使各种肤色的人们的免疫系统受到抑制。

（2）破坏生态系统。对农作物的研究表明，过量的紫外线辐射会使植物的生长和光合作用受到抑制，使农作物减产。紫外线辐射也使处于食物链底层的浮游生物的生产力下降，从而损害整个水生生态系统。有报告指出，由于臭氧层空洞的出现，南极海域的藻类生长已受到了很大影响。紫外线辐射也可能导致某些生物物种的突变。

（3）引起新的环境问题。过量的紫外线能使塑料等高分子材料更加容易老化和分解，结果又带来光化学大气污染。

据加拿大政府 1997 年的一项研究结果，到 2060 年为止，实施蒙特利尔议定书以控制臭氧层破坏的行动的总成本是 2350 亿美元，但其通过渔业、农业和人工材料损害的减少所带来的效益是 4590 亿美元。另外，还将减少数千万人患皮肤癌和上亿人患白内障的可能性（见表 3－5）。这从另一个侧面反映了臭氧层破坏的危害性。

表 3－5　　　　实施蒙特利尔议定书成本和效益估计（1987～2060 年）　　　单位：人

健康效益	减少的非黑素瘤皮肤癌病例	19100000
	减少的黑素瘤皮肤癌病例	1500000
	减少的白内障病例	129100000
	减少的致命性皮肤癌病例	333500

续表

经济收益	减少的渔业损害（亿美元）	2380
	减少的农业损害（亿美元）	1910
	减少的材料损害（亿美元）	300
总收益（亿美元）		4590
总费用（亿美元）		2350
净收益（亿美元）		2240

资料来源：《加拿大环境研究报告》，1997 年。

（三）控制臭氧层破坏的途径和政策

在现代经济中，氟利昂等物质应用非常广泛，要全面淘汰，必须首先找到氟利昂等的替代物质和替代技术。在特殊情况下需要使用，也应努力回收，尽可能重新利用。20 世纪末，世界上一些氟利昂的主要生产厂家参与开发研究了替代氟利昂的含氟替代物（含氢氯氟烃 HCFC 和含氢氟烷烃 HCF 等）及其合成方法，有可能用作发泡剂、制冷剂和清洗溶剂等，但这类替代物也损害臭氧层或产生温室效应。同时，也在开发研究非氟利昂类型的替代物质和方法，如水清洗技术、氨制冷技术等。

为了推动氟利昂替代物质和技术的开发和使用，逐步淘汰消耗臭氧层物质，许多国家采取了一系列政策措施，一类是传统的环境管制措施，如禁用、限制、配额和技术标准，并对违反规定实施严厉处罚。欧盟国家和一些经济转轨国家广泛采用了这类措施。一类是经济手段，如征收税费，资助替代物质和技术开发等。美国对生产和使用消耗臭氧层物质实行了征税和可交易许可证等措施。另外，许多国家的政府、企业和民间团体还发起了自愿行动，采用各种环境标志，鼓励生产者和消费者生产和使用不带有消耗臭氧层物质的材料和产品，其中绿色冰箱标志得到了非常广泛的应用。

（四）淘汰消耗臭氧层物质的国际行动

1985 年，在联合国环境规划署的推动下，制定了保护臭氧层的《维也纳公约》。1987 年，联合国环境规划署组织制定了《关于消耗臭氧层物质的蒙特利尔议定书》，对 8 种破坏臭氧层的物质（简称受控物质）提出了削减使用的时间要求。这项议定书得到了 163 个国家的批准。1990 年、1992 年和 1995 年，在伦敦、哥本哈根、维也纳召开的议定书缔约国会议上，对议定书又分别作了 3 次修改，扩大了受控物质的范围，现包括氟利昂（也称氟氯化碳 CFC）、哈伦（CF-

CB）、四氯化碳（CCl₄）、甲基氯仿（CH₃CCl₃）、氟氯烃（HCFC）和甲基溴（CH₃Br）等，并提前了停止使用的时间。根据修改后的议定书的规定，发达国家到 1994 年 1 月停止使用哈伦，1996 年 1 月停止使用氟利昂、四氯化碳、甲基氯仿；发展中国家到 2010 年全部停止使用氟利昂、哈伦、四氯化碳、甲基氯仿。中国于 1992 年加入了《蒙特利尔议定书》，见图 3－5。

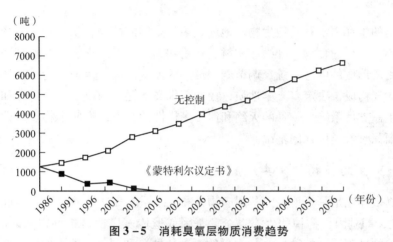

图 3－5　消耗臭氧层物质消费趋势

资料来源：《加拿大环境研究报告》，1997 年。

为了实施议定书的规定，1990 年 6 月在伦敦召开的议定书缔约国第二次会议上，决定设立多边基金，对发展中国家淘汰有关物质提供资金援助和技术支持。1991 年建立了临时多边基金，1994 年转为正式多边基金。到 1995 年底，多边基金共集资 4.5 亿美元，在发展中国家共安排了 1100 多个项目。

到 1995 年，经济发达国家已经停止使用大部分受控物质，但经济转轨国家没有按议定书要求削减受控物质的使用量。发展中国家按规定到 2010 年停止使用，受控物质使用量 20 世纪末仍处于增长阶段。中国由于经济持续高速增长，家用电器、泡沫塑料、日用化学品、汽车、消防器材等产品都大幅度增长，到 2000 年，受控物质使用量比 1986 年增长了一倍以上，成为世界上使用受控物质最多的国家之一。

就各项国际环境条约执行情况而言，这项议定书执行得是最好的。目前，向大气层排放的消耗臭氧屋物质已经逐年减少，从 1994 年起，对流层中消耗臭氧层物质浓度开始下降。到 2000 年，平流层中消耗臭氧层物质的浓度将达到最大限度，然后开始下降。但是，由于氟利昂相当稳定，可以存在 50 至 100 年，即使议定书完全得到履行，臭氧层的耗损也只能在 2050 年以后才有可能完全复原。

另据1998年6月世界气象组织发表的研究报告和联合国环境规划署作出的预测，大约再过20年，人类才能看到臭氧层恢复的最初迹象，只有到21世纪中期臭氧层浓度才能达到20世纪60年代的水平。

三、生物多样性减少

人类的生存离不开其他生物。地球上多种多样的植物、动物和微生物为人类提供了不可缺少的食物、纤维、木材、药物和工业原料。它们与其物理环境之间相互作用所形成的生态系统，调节着地球上的能量流动，保证了物质循环，从而影响着大气构成，决定着土壤性质，控制着水文状况，构成了人类生存和发展所依赖的生命支持系统。物种的灭绝和遗传多样性的丧失，将使生物多样性不断减少，逐渐瓦解人类生存的基础。

（一）生物多样性及其价值

生物多样性是一个地区内基因、物种和生态系统多样性的总和，分成相应的3个层次，即基因、物种和生态系统。基因或遗传多样性是指种内基因的变化，包括同种的显著不同的种群（如水稻的不同品种）和同一种群内的遗传变异。物种多样性是指一个地区内物种的变化。生态系统多样性是指群落和生态系统的变化。目前国际上讨论最多的是物种的多样性。科学家估计地球上大约有1400万种物种，其中有170万种经过科学描述。对研究较多的生物类群来说，从极地到赤道，物种的丰富程度呈增加趋势。其中热带雨林几乎包含了世界一半以上的物种。

生物多样性具有多种多样的价值（见表3-6），其潜在的价值更是难以估量。从长远来看，它对人类的最大价值可能就在于它为人类提供了适应区域和全球环境变化的各种机会。

表3-6　　　　　　　　　　　生物资源价值的分类

直接价值	间接价值
1. 消耗性利用价值（薪柴、食物、建材、药物等非市场价值） 2. 生产性利用价值（木材、鱼等市场价值）	1. 非消耗性利用价值（科学研究、观鸟等） 2. 选择价值（保留对将来有用的选择价值） 3. 存在价值（野生生物存在的伦理感觉上的价值）

从当前来看，人类从野生的和驯化的生物物种中，得到了几乎全部食物、许

多药物和工业原料与产品。就食物而言，据统计，地球上有 7 万～8 万种植物可以食用，其中可供大规模栽培的约有 150 多种，迄今被人类广泛利用的只有 20 多种，却已占世界粮食总产量的 90%。驯化的动植物物种基本上构成了世界农业生产的基础。野生物种方面，主要以野生物种为基础的渔业，1989 年向全世界提供了 1 亿吨食物。实际上，野生物种在全世界大部分地区仍是人们膳食的重要组成部分。

就药物而言，近代化学制药业产生前，差不多所有的药品都来自动植物，今天直接以生物为原料的药物仍保持着重要的地位。在发展中国家，以动植物为主的传统医药仍是 80% 人口（超过 30 亿人）维持基本健康的基础。至于现代药品，在美国，所有处方中 1/4 的药品含有取自植物的有效成分，超过 3000 种抗生素都源于微生物。在美国，所有 20 种最畅销的药品中都含有从植物、微生物和动物中提取的化合物。

就工业生产而言，纤维、木材、橡胶、造纸原料、天然淀粉、油脂等来自生物的产品仍是重要的工业原料。生物资源同样构成娱乐和旅游业的重要支柱。

在单个作物和牲畜种内发现的遗传多样性，同样具有重大的价值。在作物和牲畜与其害虫和疾病之间持续进行的斗争中，遗传多样性提供了维持物种活力的基础。目前，生物育种学家们已经培育出了许多优良的品种，但还不断需要在野生物种中寻找基因，用于改良和培育新的品种，提高和恢复它们的活力。杂交育种者和农场主同样依靠作物和牲畜的多样性，以增加产量和适应不断变化的环境。从 1930 年到 1980 年，美国差不多一半的农业收入应归功于植物杂交育种。遗传工程学将进一步增加遗传多样性，创造提高农业生产力的机会。

（二）生物多样性减少及其原因

据专家们估计，自恐龙灭绝以来，当前地球上生物多样性损失的速度比历史上任何时候都快，鸟类和哺乳动物现在的灭绝速度或许是它们在未受干扰的自然界中的 100 倍至 1000 倍。在 1600～1950 年，已知的鸟类和哺乳动物的灭绝速度增加了 4 倍。自 1600 年以来，大约有 113 种鸟类和 83 种哺乳动物已经消失。1850～1950 年，鸟类和哺乳动物的灭绝速度平均每年一种。20 世纪 90 年代初，联合国环境规划署首次评估生物多样性的一个结论是：在可以预见的未来，5%～20% 的动植物种群可能受到灭绝的威胁（见表 3 - 7）。国际上其他一些研究也表明，如果目前的灭绝趋势继续下去，在下一个 25 年间，地球上每 10 年有 5%～10% 的物种将要消失。

表 3 - 7 　　　　　　　　　　　受威胁物种的现状　　　　　　　　　　　单位：种

	灭绝	濒危	渐危	稀有	未定	全球受威胁总数
植物	384	3325	3022	6749	5598	19078
鱼类	23	81	135	83	21	343
两栖类	2	9	9	20	10	50
爬行类	21	37	39	41	32	170
无脊椎动物	98	221	234	188	614	1355
鸟类	113	111	67	122	624	1037
哺乳类	83	172	141	37	64	497

资料来源：薛达元：《保护世界的生物多样性》，中国环境科学出版社 1991 年版。

从生态系统类型来看，最大规模的物种灭绝发生在热带森林，其中包括许多人们尚未调查和命名的物种。热带森林占地球物种的 50% 以上。据科学家估计，按照每年砍伐 1700 万公顷的速度，在今后 30 年内，物种极其丰富的热带森林可能要毁在当代人手里，5%～10% 的热带森林物种可能面临灭绝。另外，世界范围内，同马来西亚面积差不多大小的温带雨林也消失了。整个北温带和北方地区，森林覆盖率并没有很大变化，但许多物种丰富的原始森林被次生林和人工林代替，许多物种濒临灭绝。总体来看，大陆上 66% 的陆生脊椎动物已成为濒危种和渐危种。海洋和淡水生态系统中的生物多样性也在不断丧失和严重退化，其中受到最严重冲击的是处于相对封闭环境中的淡水生态系统。同样，历史上受到灭绝威胁最大的是另一些处于封闭环境岛屿上的物种，岛屿上大约有 74% 的鸟类和哺乳动物灭绝了。目前岛屿上的物种依然处于高度濒危状态。在未来的几十年中，物种灭绝情况大多数将发生在岛屿和热带森林系统。

当前大量物种灭绝或濒临灭绝，生物多样性不断减少的主要是由人类各种活动造成的：

（1）大面积森林受到采伐、火烧和农垦，草地遭受过度放牧和垦殖，导致了生境的大量丧失，保留下来的生境也支离破碎，对野生物种造成了毁灭性影响；

（2）对生物物种的强度捕猎和采集等过度利用活动，使野生物种难以正常繁衍；

（3）工业化和城市化的发展，占用了大面积土地，破坏了大量天然植被，并造成大面积污染；

（4）外来物种的大量引入或侵入，大大改变了原有的生态系统，使原生的物种受到严重威胁；

（5）无控制的旅游，对一些尚未受到人类影响的自然生态系统受到破坏；

（6）土壤、水和空气污染，危害了森林，特别是对相对封闭的水生生态系统带来毁灭性影响；

（7）全球变暖，导致气候形态在比较短的时间内发生较大变化，使自然生态系统无法适应，可能改变生物群落的边界。

尤其严重的是，各种破坏和干扰会累加起来，会对生物物种造成更为严重的影响（见表3-8）。

表3-8　　　　　　　　　　　　　物种灭绝的原因

类群	每一种原因的百分比（%）					
	生境消失	过度开发	物种引进	捕食控制	其他	还不清楚
哺乳类	19	23	20	1	1	36
鸟类	20	11	22	0	2	37
爬行类	5	32	42	0	0	21
鱼类	35	4	30	0	4	48

资料来源：曲格平：《环境保护知识讲座》，红旗出版社2000年版。

（三）保护生物多样性的国际行动和途径

生物多样性的减少，不仅会使人类丧失各种宝贵的生物资源，丧失它们在食物、医药等方面直接和潜在的利用价值，而且会造成生态系统的退化和瓦解，直接和间接威胁人类生存的基础。因此，国际上比较早地采取了行动，保护各种生物物种和资源，并逐渐形成了一个国际条约体系。自20世纪70年代初以来，陆续通过了以野生动植物的国际贸易管理为对象的华盛顿公约，以湿地保护为对象的拉姆萨尔公约，以候鸟等迁徙性动物保护为对象的波恩公约，以世界自然和文化遗产保护为目的的世界遗产公约及其他一些国际或区域性的公约和条约。1992年，在联合国环发大会上通过了《生物多样性公约》，几个国际环境组织还在会议上公布了"全球生物多样性保护战略"，形成了保护生物多样性的综合性公约和战略。中国先后加入了华盛顿公约、拉姆萨尔公约和世界遗产公约，并于1992年签署加入了《生物多样性公约》。

保护生物多样性就是采取措施保护基因、物种、生境和生态系统，使其长期地满足人类的各种现实和潜在需求，长期地起到维持生态系统稳定性的作用。为了实现保护生物多样性的目标，需要各国政府在制定土地开发和农业、林业、牧业、渔业等发展政策时，综合考虑保护生物多样性的要求，特别是应当严格限制开发现已所剩不多的自然生境，防止自然生境的进一步缩小和破坏。从保护的具体途径来划分，主要有就地保护和迁地保护与离体保护。就地保护主要是就地设立自然保护区，限制或禁止捕杀和采集等，控制人类的其他干扰活动。通过设置不同类型的保护区，可以形成生物多样性保护区网络。迁地保护和离体保护主要是建立植物园、动物园、水族馆、种质库和基因库，对野生生物物种和遗传基因进行保护。

保护物种的最佳途径是保持它们的生境，即建立相对完整的自然保护区网络。自 20 世纪 70 年代以来，世界自然保护区覆盖面积增长很快，到 1990 年已达到陆地面积的 5% 左右，大致建立了较完整的保护区网络。根据国际自然与自然资源保护同盟（IUCN）1994 年的报告，各种生物带都建立了一定比例的保护区（见表 3 - 9），但一些生物带，如温带草原和湖泊的保护区比例过低，许多保护区过于狭小，支离破碎，缺少建设和管理资金，缺乏有效的管理，尚起不到有效保护的功能。据世界银行 20 世纪 90 年代估计，与自然保护有关的活动费用支出，发展中国家占 GDP 的 0.01% ~ 0.05%，发达国家占 GDP 的 0.04%，每年总额为 60 亿~80 亿美元。这些资金大多数用于发达国家的保护活动，承担生物多样性保护重负的发展中国家所用的资金很少。今后紧迫的任务是制订包括生物多样性保护及其合理利用的综合战略，并有效动员国际国内资金，用于保护区的建设和管理。

表 3 - 9　　　　　　　世界保护区简况

生物群落	全球总面积（平方公里）	保护区数目（个）	保护区面积（平方公里）	（%）
热带湿润森林	10513210	506	538334	5.1
亚热带/温带				
雨林/林地	3930979	899	366297	9.3
温带针叶林/林地	15682817	429	487227	3.1
热带干森林/林地	17312538	799	817551	4.7
温带阔叶林	11216660	1507	358240	3.2
常绿硬叶林	3757144	776	177584	4.7
沙漠/半沙漠	24279842	300	984007	4.1
有寒冷冬季的沙漠	9250252	136	364720	3.9
冻原群落	22017390	78	1645043	7.5
热带草原/稀树草原	4264833	59	235128	5.5
温带草原	8967591	194	99982	0.8
山地混合系统	10633145	1277	852494	8.0
岛屿混合系统	3252270	530	322769	9.9
湖泊系统	517694	17	6635	1.3

资料来源：《国际自然与自然资源保护同盟（IUCN）1994 年报告》，http://envir.yeah.net/。

四、土地荒漠化

在全球干旱和半干旱地区发生的土地"荒漠化"，不仅造成了长期的农业和生态退化，还曾引发过严重的环境灾难。20 世纪 80 年代非洲撒哈拉地区发生的大灾荒，就是荒漠化所引起的最引人注目的一次环境灾难，难民的悲惨景象震惊了全世界。事实上，历史上一些繁盛一时的文明的神秘消失，往往同土地荒漠化有着直接或间接的联系。

（一）世界土地荒漠化的基本状况

荒漠化是指在干旱、半干旱和某些半湿润、湿润地区，由于气候变化和人类活动等各种因素所造成的土地退化，它使土地生物和经济生产潜力减少，甚至基本丧失。荒漠化大致有四类：一是风力作用下的，以出现风蚀地、粗化地表和流动沙丘为标志性形态。二是流水作用下的，以出现劣地和石质坡地作为标志性形态。三是物理和化学作用下的，主要表现为土壤板结、细颗粒减少、土壤水分减少所造成的土壤干化和土壤有机质的显著下降，结果出现土壤养分的迅速减少和土壤的盐渍化；四是工矿开发造成的，主要表现为土地资源损毁和土壤严重污染，致使土地生产力严重下降甚至绝收。

荒漠化是当今世界最严重的环境与社会经济问题。联合国环境规划署曾三次系统评估了全球荒漠化状况。从 1991 年底为联合国环发大会所准备报告的评估结果来看，全球荒漠化面积已从 1984 年的 34.75 亿公顷增加到 1991 年的 35.92 亿公顷，约占全球陆地面积的 1/4，已影响到了全世界 1/6 的人口（约 9 亿人），100 多个国家和地区。据估计，在全球 35 亿公顷受到荒漠化影响的土地中，水浇地有 2700 万公顷，旱地有 1.73 亿公顷，牧场有 30.71 亿公顷。从荒漠化的扩展速度来看，全球每年有 600 万公顷的土地变为荒漠，其中 320 万公顷是牧场，250 万公顷是旱地，12.5 万公顷是水浇地。另外还有 2100 万公顷土地因退化而不能生长谷物。

非洲大陆有世界上最大的旱地，大约是 20 亿公顷，占非洲陆地总面积的 65%。整个非洲干旱地区经常出现旱灾，目前非洲 36 个国家受到干旱和荒漠化不同程度的影响，估计将近 5000 万公顷土地半退化或严重退化，占全大陆农业耕地和永久草原的 1/3。根据联合国环境规划署的调查，在撒哈拉南侧每年有 150 万公顷的土地变成荒漠，在 1958～1975 年，仅苏丹撒哈拉沙漠就向南蔓延了 90～100 公里。亚太地区也是荒漠化比较突出的一个地区，共有 8600 万公顷的干旱地、半干旱地和半湿润地，7000 万公顷雨灌作物地和 1600 万公顷灌溉作物地受到荒漠化影响。这意味着亚洲总共有 35% 的生产用地受到荒漠化影响。遭受荒漠化影响最严重的国家依次是中国、阿富汗、蒙古国、巴基斯坦和印度。从受荒漠化影响的人口的分布情况来看，亚洲是世界上受荒漠化影响的人口分布最集中的地区，见表 3 – 10 和表 3 – 11。

表 3 – 10　　　　　　　　　　　世界荒漠化状况

	面积（万平方公里）	占土地的比例（%）
1. 退化的灌溉农地	43	0.8
2. 荒废的依赖降雨农地	216	4.1
3. 荒废的放牧地（土地和植被退化）	757	14.6
4. 退化的放牧地（植被退还地）	2576	50.0
5. 退化的土地（以上四项）	3592	69.5
6. 尚未退化的土地	1580	30.0
7. 除去极干旱沙漠的土地总面积	5172	100

注：土地指极干旱、干旱、半干旱、干性半湿润（dry subhumid）土地的总和。
资料来源：［日］不破敬一郎：《地球环境手册》，中国环境科学出版社 1995 年版。

表 3 – 11　　　　　　　　　　　各大洲荒漠化状况

地区	土地总面积（万平方公里）	退化面积和比例	
		（万平方公里）	（%）
非洲	1432.59	1045.84	73.0
亚洲	1881.43	1341.70	71.3
澳洲	701.21	375.92	53.6
欧洲	145.58	94.28	64.8
北美洲	578.18	428.62	74.1
南美洲	420.67	305.81	72.7

资料来源：［日］不破敬一郎：《地球环境手册》，中国环境科学出版社 1995 年版。

（二）土地荒漠化的成因及危害

土地荒漠化是自然因素和人为活动综合作用的结果。自然因素主要是指异常的气候条件，特别是严重的干旱条件，由此造成植被退化，风蚀加快，引起荒漠化。人为因素主要指过度放牧、乱砍滥伐、开垦草地并进行连续耕作等，由此造成植被破坏，地表裸露，加快风蚀或雨蚀。就全世界而言，过度放牧和不适当的旱作农业是干旱和半干旱地区发生荒漠化的主要原因。同样，干旱和半干旱地区用水管理不善，引起大面积土地盐碱化，也是一个十分严重的问题。从亚太地区人类活动对土地退化的影响构成来看，植被破坏占37%，过度放牧占33%，不可持续农业耕种占25%，基础设施建设过度开发占5%。非洲的情况与亚洲类似，过度放牧、过度耕作和大量砍伐薪林是土地荒漠化的主要原因。

荒漠化的主要影响是土地生产力的下降和随之而来的农牧业减产，相应带来巨大的经济损失和一系列社会恶果，在极为严重的情况下，甚至会造成大量生态难民。在1984～1985年的非洲大饥荒中，至少有3000万人处于极度饥饿状态，1000万人成了难民。据1997年联合国沙漠化会议估算，荒漠化在生产能力方面造成的损失每年接近200亿美元。1980年，联合国环境规划署进一步估算了防止干旱土地退化工作失败所造成的经济损失，估计在未来20年总共损失5200亿美元。1992年，联合国环境规划署估计由于全球土地退化每年所造成的经济损失约423亿美元（按1990年价格计算）。如果在下一个20年里在防止土地退化方面继续无所作为，损失总共将高达8500亿美元。从各大洲损失比较来看，亚洲损失最大，其次是非洲、北美洲、澳洲、南美洲、欧洲。从土地类型来看，放牧土地退化面积最大，损失也最大，灌溉土地和雨浇地受损失情况大致相同。从1980年和1990年所作估算的比较来看，由于世界各国防治土地荒漠化的进展甚微，在1978～1991年间，全世界的直接损失为3000亿～6000亿美元。这尚不包括荒漠化地区以外的损失和间接经济损失。

（三）防治土地荒漠化的基本途径和战略

荒漠化是各国很早就关注的一个环境问题。1977年，联合国召开了防止荒漠化会议，制定和实施了防止荒漠化的行动计划。1992年，联合国环发大会把防治荒漠化列为国际社会采取行动的一个优先领域。1994年6月，联合国通过了《关于在发生严重干旱或荒漠化的国家特别是在非洲防治荒漠化的公约》。中国已于1996年加入了这一公约。

防治荒漠化的主要途径是建立以当地农牧民为主体的综合防治体系，其主要内容包括：

（1）制订经济发展和资源保护一体化的政策，把保护和合理使用资源作为经济发展的前提条件；

（2）逐步建立合理的土地使用权制度体系，合理规划土地利用，增强农牧民保护土地的经济动力；

（3）合理管理和使用水资源，控制上游过度利用水资源和盲目灌溉，建立流域管理体系和节水农业体系；

（4）合理规划和使用耕地和草地，营造防护林和薪碳林，保护植被，防止水土侵蚀；

（5）改变过度放牧和过度垦殖的状况，限制载畜量，退耕还牧，有效改善退化的土地。

从世界各国的经验来看，成功防治荒漠化的关键是把各项防治措施同农牧民摆脱贫困有效地结合起来，规划好土地和水资源的利用。

五、森林植被破坏

森林是陆地生态的主体，在维持全球生态平衡、调节气候、保持水土、减少洪涝等自然灾害方面，都有着极其重要的作用，各种林产品也有着广泛的经济用途。但从全球来看，森林破坏仍然是许多发展中国家所面临的严重问题，所导致的一系列环境恶果引起了人们的高度关注。

（一）全球森林状况

1990 年，森林及稀疏的丛林和灌木林所覆盖的面积是 51 亿公顷，约占地球陆地面积的 40%，其中 34 亿公顷属于联合国粮农组织定义的"森林"（在发达国家树冠覆盖率至少为 20%，在发展中国家为 10%）。从联合国粮农组织 20 世纪 90 年代初所进行的评估来看，全球森林面积的减少主要发生在 1950 年以后，其中 1980 ~ 1990 年期间全球平均每年损失森林 995 万公顷，约等于韩国的面积，见表 3 - 12。

表 3 - 12　　　　按地区统计的全球森林现状（1990 年）

地区	森林及其他林地（百万公顷）	年变化量（千公顷）	人均森林（公顷）	森林占土地比例（%）
工业地区	2064	-79	1.1	27
欧洲	195	+191	0.3	27
苏联	942	+51	2.2	35
北美	749	-317	1.7	25
亚洲大洋洲	178	-4	0.5	9
发达国家				
发展中国家	3057	-9874	0.5	26
非洲	1137	-2828	0.9	8
亚太	660	-999	0.2	19
拉美和加勒比	1260	-6047	2.2	48
所有地区	5120	-9953	0.6	27

资料来源：联合国粮农组织专题报告：《1990 年森林资源评估：全球综合》。

从世界各地区的情况来看，在非洲、亚洲和拉美等地，约有热带森林18亿公顷，包括雨林和湿润落叶林等。20世纪80年代期间，这些地区森林砍伐总面积和木材总砍伐量持续增长，平均每年砍伐590万公顷，其中490万公顷是原始森林，森林遭受了大范围的破坏，森林生态系统严重退化。北美、欧洲、亚洲等地的温带森林共有16亿公顷，主要集中在工业化国家。尽管过去半个世纪里温带森林面积基本保持不变，甚至还有增加，但森林质量总体上退化了，大量原始森林已被人工林所取代，通常只是同龄的、单一品种的林木，不像天然林有比较高的生物多样性和较高的生态功能作用，抵御病虫害和自然干扰的能力比较差。

由于热带森林有着丰富的物种和巨大的调节气候功能，热带森林减少近年来一直是世界热点问题。另据联合国粮农组织的数据，在1960～1990年期，全球丧失了4.5亿公顷的热带森林。亚洲同期损失了大约1/3的热带森林，非洲和拉丁美洲各损失了大约18%的热带森林。

（二）森林减少的主要原因

1. 砍伐林木

温带森林的砍伐历史很长，在工业化过程中，欧洲、北美等地的温带森林有1/3被砍伐掉了。热带森林的大规模开发只有30多年的历史。欧洲国家进入非洲，美国进入中南美，日本进入东南亚，寻求热带林木资源。在这一期间，各发达国家进口的热带木材增长了十几倍，达到世界木材和纸浆供给量的10%左右。但近年来，为了保护热带森林，越来越多的国家已禁止出口原木。

2. 开垦林地

为了满足人口增长对粮食的需求，在发展中国家开垦了大量的林地，特别是农民非法烧荒耕作，刀耕火种，造成了对森林的严重破坏。据估计，热带地区半数以上的森林采伐是烧荒开垦造成的。在人口稀少时，农民在耕作一段时间后就转移到其他地方开垦，原来耕作过的林地肥力和森林都能比较快地恢复，刀耕火种尚不对森林构成多大危害。但是，随着人口增长，所开垦林地的耕作强度和持续时间都增加了，加剧了林地土壤侵蚀，严重损害了森林植被再生和恢复能力。

3. 采集薪材

全世界约有一半人口用薪柴作炊事的主要燃料，每年有1亿多立方米的林木从热带森林中运出用作燃料。随着人口的增长，对薪材的需求量也相应增长，采伐林木的压力越来越大。

4. 大规模放牧

为了满足美国等国对牛肉的需求，中南美地区，特别是南美亚马逊地区，砍伐和烧毁了大量森林，使之变为大规模的牧场。

5. 空气污染

在欧美等国，空气污染对森林退化也产生了显著影响。据 1994 年欧洲委员会对 32 个国家的调查，由于空气污染等原因，欧洲大陆有 26.4% 的森林有中等或严重的落叶。

（三）森林减少的影响和危害

1. 产生气候异常

若没有森林，水从地表的蒸发量将显著增加，引起地表热平衡和对流层内热分布的变化，地面附近气温上升，降雨时空分布相应发生变化，由此会产生气候异常，造成局部地区的气候恶化，如降雨减少，风沙增加。

2. 增加二氧化碳排放

森林对调节大气中二氧化碳含量有重要作用。科学家认为，世界森林总体上每年净吸收大约 15 亿吨二氧化碳，相当于化石燃料燃烧释放的二氧化碳的 1/4。森林砍伐减少了森林吸收二氧化碳的能力，把原本贮藏在生物体及周围土壤里的碳释放了出来。据联合国粮农组织估计，由于砍伐热带森林，每年向大气层释放了 15 亿吨以上的二氧化碳。

3. 物种灭绝和生物多样性减少

森林生态系统是物种最为丰富的地区之一。由于世界范围的森林破坏，数千种动植物物种受到灭绝的威胁。热带雨林的动植物物种可能包括了已知物种的一半，但它正在以每年 460 万公顷的速度消失。

4. 加剧水土侵蚀

大规模森林砍伐通常造成严重的水土侵蚀，加剧土地沙化、滑坡和泥石流等自然灾害。

5. 减少水源涵养，加剧洪涝灾害

森林破坏还从根本上降低了土壤的保水能力，加之土壤侵蚀造成的河湖淤积，导致大面积的洪水泛滥，加剧了洪涝的影响和危害。

（四）保护森林的国际行动

20 世纪 80 年代以后，保护森林，特别是保护热带雨林成为国际社会高度关注的一个问题。1985 年，联合国粮农组织制定了热带林行动计划。1992 年，联合国环发大会通过了"关于森林的原则声明"。目前，越来越多的国家认识到了森林在维护生物多样性和气候稳定方面的重要作用，在建立可持续森林管理的标准和指标，实施控制森林滥伐的综合政策措施等问题上，达成了国际共识。

保护森林的一个重要行动领域是推动森林的可持续管理。1990 年，国际热带木材组织第一个制订了热带森林可持续管理标准和指南。1994 年，在重新谈判国际热带木材协定后，木材生产国和消费国达成了如下协议：木材消费国也必须遵守国际木材组织的 2000 年目标，即到 2000 年，所有的森林产品必须产于可持续管理的森林，实际上要求发达国家同热带地区的发展中国家遵守同样的森林可持续管理原则。联合国粮农组织等国际组织也在其他区域进行了制订森林可持续管理指南的活动。

控制森林破坏的另外一个国际行动领域是限制木材的国际贸易。《濒危野生动植物物种国际贸易公约》将一些有重要商业价值的木材列入了控制清单。《国际热带木材协定》也涉及木材的国际贸易。一些国际性非政府组织，如森林管理委员会（FSC），也制订了森林可持续管理原则和标准，监督森林产品的贸易。

六、海洋资源破坏

随着全球经济的迅速发展，人类对海洋也施加了越来越大的环境压力。水生资源破坏和海洋污染已成为国际社会当前所关注的重大环境问题。

（一）海洋资源破坏和环境污染

海洋环境和海洋生态系统在维持全球气候稳定和生态平衡方面起着极其重要的作用。海洋生物资源及海洋鱼类是人类食物的一个重要组成部分，据估计，全世界有 9.5 亿人，大部分在发展中国家，是把鱼作为蛋白质的主要来源。但近几十年来，海洋生物资源过度利用和海洋污染日趋严重，有可能导致全球范围的海洋环境质量和海洋生产力的退化。

1. 海洋生物资源过度利用

世界渔业生产由海洋捕捞、内陆捕捞和水产养殖（包括淡水和海水养殖）所组成。1993 年，在全世界捕获的 1.01 亿吨鱼产品中，海洋捕捞占 77.7%，内陆捕捞占 6.8%，水产养殖占 15.5%。在 1950～1990 年，海洋捕捞量差不多翻了 5 番，达到 8600 万吨，但到 1993 年下降到了 8400 万吨。联合国粮农组织 1993 年估计，2/3 以上的海洋鱼类被最大限度或过度捕捞，特别是有数据资料的 25% 的鱼类，由于过度捕捞，已经灭绝或濒临灭绝，另有 44% 的鱼类的捕捞已达到生物极限。从世界各重要捕捞区的情况看，大西洋和太平洋 11 个重要捕捞区中的 6 个捕捞区，占所有商业渔业资源的 60% 强，不是已经枯竭，就是捕捞超过了极限。

海洋鱼类过度捕捞不仅使海洋捕捞量陷于停滞，也使捕捞结构发生变化，高价值鱼类减少，处于食物链低层次的低价值鱼类增多。自 20 世纪 70 年代以来，正是这些低价值鱼类维持着渔业生产的增长。

2. 海洋污染

人类活动产生的大部分废物和污染物最终都进入了海洋，海洋污染越来越趋于严重。目前，每年都有数十亿吨的淤泥、污水、工业垃圾和化工废物等直接流入海洋，河流每年也将近百亿吨的淤泥和废物带入沿海水域。海洋污染的主要来源有：城市污水和农业径流、空气污染、船舶、倾倒垃圾等（见图 3-6）。

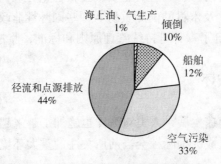

图 3-6　海洋污染的主要来源（1990 年）

资料来源：曲格平：《环境保护知识讲座》，红旗出版社 2000 年版。

从总体上看，海洋污染主要表现在以下几个方面：（1）世界沿海水域大部分已遭受污染，公海则相对清洁；（2）分布最广、影响最大的污染源是排放的污水和土地开垦及侵蚀的沉积物；（3）污染和沿海开发对湿地、红树林、珊瑚礁和沙丘的破坏，改变了沿海生境，使动物的栖息地和繁殖地遭到破坏，威胁到许多地区鱼类和其他野生生物；（4）船舶、钻井平台原油泄漏和农药等有机合成物的倾倒，造成区域性污染；（5）海洋垃圾中的塑料、废弃渔网和石油泄漏形成的焦油团等对海鸟和海洋哺乳动物造成很大危害。

世界各国，主要是欧美等发达国家对排入海洋的部分污水进行了处理，但从全球来看，有大量污水经河流直接排入了海洋，造成世界许多沿海水域，特别是一些封闭和半封闭的海湾和港湾出现富营养化，过量的氮、磷等营养物造成藻类和其他水生植物的迅速生长，有可能发生由有毒藻类构成的赤潮。赤潮往往很快蔓延，造成鱼类死亡、贝类中毒，给沿海养殖业带来毁灭性影响。

（二）控制国际水域和海洋环境污染的国际行动

在控制国际水域和海洋资源危机和环境污染方面，国际社会采取了大量行动，制订了大量双边和多边国际条约，在有关国际组织和有关国家的共同参与下，采取了一些重要的国际合作行动。

欧洲是国际河流湖泊制度的发源地，19世纪初就宣布莱茵河等几条河流国际化。20世纪50年代以后，有关国际河流的条约遍及各大洲，除缔结了大量有关国际河流的双边条约外，还产生了一些重要的多边条约，涉及航行、分配用水、控制污染和保护流域生态资源等各个方面。例如，1976年法、德、荷、瑞士等国签订了《保护莱茵河不受化学污染公约》；1978年亚马孙流域8国签订《亚马孙河合作条约》，宣布为保护亚马孙河地区的生态环境而共同努力。

保护海洋环境的国际行动是从防止海洋石油污染开始的。1954年制订了第一个保护海洋环境的全球性公约《国际防止海上油污公约》。20世纪60年代以后，先后制订了《国际干预公海油污事故公约》、《国际油污损害民事责任公约》、《国际防止船舶造成污染公约》等，完善了控制船舶造成污染的国际法律制度及污染损害赔偿制度。1972年，在伦敦通过了第一部控制海洋倾废的全球性公约，即《防止倾倒废弃物及其他物质污染海洋的公约》。在海洋资源保护方面，1946年制订了"国际捕鲸管制公约"，规定设立了国际捕鲸委员会。1958年在日内瓦召开的第一次联合国海洋法会议通过了《捕鱼与养护公海生物资源公约》，对海洋生物资源保护作了比较全面的规定。1982年4月，第三次联合国海洋法会议经过近10年的讨论，以压倒多数通过了《联合国海洋法公约》，其中对海洋环境保护作了全面系统的规定。

另外，在沿海各国的共同努力下，先后就北海、波罗的海、地中海、中非和西非海域、红海和亚丁湾、东南太平洋区域、加勒比海、东非海域、东南亚地区等制订了一系列海洋环境保护条约和关于区域合作的行动计划。

七、酸雨污染

酸雨污染主要是人类大量燃烧化石燃料造成的，并主要分布在污染源集中的城市地区。酸雨的长距离输送，则使酸雨污染发展成为区域环境问题和跨国污染问题。酸雨问题首先出现在欧洲和北美洲，现在已出现在亚太的部分地区和拉丁美洲的部分地区。欧洲和北美已采取了防止酸雨跨界污染的国际行动。在东亚地区，酸雨的跨界污染已成为一个敏感的外交问题。

（一）酸雨及其分布

酸雨通常指 pH 值低于 5.6 的降水，但现在泛指酸性物质以湿沉降或干沉降的形式从大气转移到地面上。湿沉降是指酸性物质以雨、雪形式降落地面，干沉降是指酸性颗粒物以重力沉降、微粒碰撞和气体吸附等形式由大气转移到地面。

酸雨形成的机制相当复杂，是一种复杂的大气化学和大气物理过程。酸雨中绝大部分是硫酸和硝酸，主要来源于排放的二氧化硫和氮氧化物。就某一地区而言，酸雨发生并产生危害有两个条件，一是发生区域有高度的经济活动水平，广泛使用矿物燃料，向大气排放大量硫氧化物和氮氧化物等酸性污染物，并在局部地区扩散，随气流向更远距离传输。二是发生区域的土壤、森林和水生生态系统缺少中和酸性污染物的物质或对酸性污染物的影响比较敏感。如酸性土壤地区和针叶林就对酸雨污染比较敏感，易于受到损害。

自 20 世纪 60 年代以来，随着世界经济的发展和矿物燃料消耗量的逐步增加，矿物燃料燃烧中排放的二氧化硫、氮氧化物等大气污染物总量也不断增加，酸雨分布有扩大的趋势。欧洲和北美洲东部是世界上最早发生酸雨的地区，但亚洲和拉丁美洲有后来居上的趋势。酸雨污染可以发生在其排放地 500~2000 公里的范围内，酸雨的长距离传输会造成典型的越境污染问题。

欧洲是世界上一大酸雨区。主要的排放源来自西北欧和中欧的一些国家。这些国家排出的二氧化硫有相当一部分传输到了其他国家，北欧国家降落的酸性沉降物一半来自欧洲大陆和英国。受影响重的地区是工业化和人口密集的地区，即从波兰和捷克经比、荷、卢三国到英国和北欧这一大片地区，其酸性沉降负荷高于欧洲极限负荷值的 60%，其中中欧部分地区超过生态系统的极限承载水平。

美国和加拿大东部也是一大酸雨区。美国是世界上能源消费量最多的国家，消费了全世界近 1/4 的能源，美国每年燃烧矿物燃料排出的二氧化硫和氮氧化物也占各国首位。从美国中西部和加拿大中部工业心脏地带污染源排放的污染物定期落在美国东北部和加拿大东南部的农村及开发相对较少或较为原始的地区，其中加拿大有一半的酸雨来自美国。

亚洲是二氧化硫排放量增长较快的地区，并主要集中在东亚，其中中国南方是酸雨最严重的地区，成为世界上又一大酸雨区。

（二）酸雨的成因

大气中的硫和氮的氧化物有自然和人为两个来源。

二氧化硫的自然来源包括微生物活动和火山活动，含盐的海水飞沫也增加大气中的硫。自然排放大约占大气中全部二氧化硫的一半，但由于自然循环过程，自然排放的硫基本上是平衡的。

人为排放的硫大部分来自贮存在煤炭、石油、天然气等化石燃料中的硫，在燃烧时以二氧化硫形态释放出来，其他一部分来自金属冶炼和硫酸生产过程。随着化石燃料消费量的不断增长，全世界人为排放的二氧化硫在不断增加（见图3-7），其排放源主要分布在北半球，产生了全部人为排放的二氧化硫的90%。

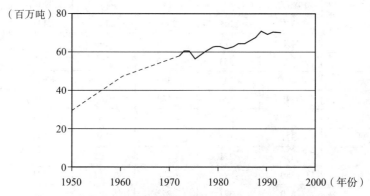

图3-7　世界化石燃料燃烧排放的二氧化硫（1950~1993年）

资料来源：曲格平：《环境保护知识讲座》，红旗出版社2000年版。

天然和人为来源排放了几乎同样多的氮氧化物。天然来源主要包括闪电、林火、火山活动和土壤中的微生物过程，广泛分布在全球，对某一地区的浓度不发生什么影响。人为排放的氮氧化物主要集中在北半球人口密集的地区。机动车排放和电站燃烧化石燃料差不多占氮氧化物人为排放量的75%（见图3-8）。

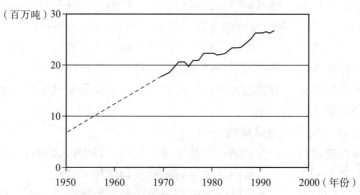

图3-8　世界化石燃料燃烧排放的氮氧化物（1950~1993年）

资料来源：曲格平：《环境保护知识讲座》，红旗出版社2000年版。

欧美一些国家是世界上排放二氧化硫和氮氧化物最多的国家（见表3－13）。但近10多年来亚太地区经济的迅速增长和能源消费量的迅速增加，使这一地区的各个国家，特别是中国成为一个主要排放大国。

表3－13　　　　　　　　　主要发达国家二氧化硫和氮氧化物排放情况　　　　　　　单位：万吨

国家或区域	二氧化硫			氮氧化物		
	1980 年	1990 年	1993 年	1980 年	1990 年	1993 年
美国	2378	2106	2062	2147	2137	2100
英国	490	375	319	240	273	235
德国		563	390		303	290
加拿大	464	333	303	196	200	194
法国	335	120	122	165	149	152
日本	126	88		162	148	
意大利	321	168		159	204	
西班牙	338	221		95	125	
苏联（欧洲部分）	1280	893		317	441	
波兰	410	321	273		128	112

资料来源：世界资源所专题报告：《世界资源1996～1997》。

（三）酸雨的危害

酸雨的危害主要表现在以下几个方面：

1. 损害生物和自然生态系统

酸雨降落到地面后得不到中和，可使土壤、湖泊、河流酸化。湖水或河水的pH值降到5以下时，鱼的繁殖和发育会受到严重影响。土壤和底泥中的金属可被溶解到水中，毒害鱼类。水体酸化还可能改变水生生态系统。

酸雨还抑制土壤中有机物的分解和氮的固定，淋洗土壤中钙、镁、钾等营养因素，使土壤贫瘠化。酸雨损害植物的新生叶芽，从而影响其生长发育，导致森林生态系统的退化。

2. 腐蚀建筑材料及金属结构

酸雨腐蚀建筑材料、金属结构、油漆等。特别是许多以大理石和石灰石为材料的历史建筑物和艺术品，耐酸性差，容易受酸雨腐蚀和变色。

从欧美各国的情况来看，欧洲地区土壤缓冲酸性物质的能力弱，酸雨危害的范围还是比较大的，如欧洲30%的林区因酸雨影响而退化。在北欧，由于土壤自然酸度高，水体和土壤酸化都特别严重，特别是一些湖泊受害最为严重，湖泊酸化导致鱼类灭绝。另据报道，从1980年前后，欧洲以德国为中心，森林受害面积迅速扩大，树木出现早枯和生长衰退现象。加拿大和美国的许多湖泊和河流也遭受着酸化危害。美国国家地表水调查数据显示，酸雨造成75%的湖泊和大约一半的河流酸化。加拿大政府估计，加拿大43%的土地（主要在东部）对酸雨高度敏感，有14000个湖泊是酸性的。

（四）控制酸雨的国际行动与战略

欧洲和北美国家经受多年的酸雨危害之后，认识到酸雨是一个国际环境问题，单独靠一个国家解决不了问题，只有各国共同采取行动，减少二氧化硫和氮氧化物的排放量，才能控制酸雨污染及其危害。1979年11月，在日内瓦举行的联合国欧洲经济委员会的环境部长会议上，通过了"控制长距离越境空气污染公约"，1983年，欧洲各国及北美的美国、加拿大等32个国家在公约上签字，公约生效。1985年，联合国欧洲经济委员会的21个国家签署了赫尔辛基议定书，规定到1993年底，各国需要将硫氧化物排放量削减到1980年排放量的70%，即比1980年水平削减30%。议定书于1987年生效。目前，日、美等国试图建立东亚空气污染监测网，开展联合监测，逐步在东亚建立区域性酸雨控制体系。

从各国情况来看，控制酸性污染物排放和酸雨污染的主要途径有：（1）对原煤进行洗选加工，减少煤炭中的硫含量；（2）优先开发和使用各种低硫燃料，如低硫煤和天然气；（3）改进燃烧技术，减少燃烧过程中二氧化硫和氮氧化物的产生量；（4）采用烟气脱硫装置，脱除烟气中的二氧化硫和氮氧化物；（5）改进汽车发动机技术，安装尾气净化装置，减少氮氧化物的排放。

为了综合控制燃煤污染，国际社会提倡实施系列的包括煤炭加工、燃烧、转换和烟气净化各个方面技术在内的清洁煤技术。这是解决二氧化硫排放的最为有效的一个途径。美国能源部在20世纪80年代就把开发清洁能源和解决酸雨问题列为中心任务，从1986年开始实施了清洁煤计划，许多电站转向燃用西部的低硫煤。日本、西欧国家则比较普遍地采用了烟气脱硫技术。

控制酸雨污染是大气污染防治法律和政策的一个主要领域，它主要包括两方面的措施：一是直接管制措施，其手段有建立空气质量、燃料质量和排放标准，实行排放许可证制度；二是经济刺激措施，其手段有排污税费、产品税（包括燃料税）、排放交易和一些经济补助等。西方国家传统上比较多地采用了直接管制手段，但从20世纪90年代初以来，很注重经济刺激手段的应用。西欧国家较多应用了污染税（如燃料税和硫税）。美国1990年修订了清洁空气法，建立了一套二氧化硫排放交易制度。据估计，由于实施了交易制度，只需要酸雨控制计划原来估算费用的一半，就可以实现到 2010 年将全国电站二氧化硫排放量在 1980 年基础上削减 50% 的目标。

目前，欧洲、北美、日本等在削减二氧化硫排放方面取得了很大进展，但控制氮氧化物排放的成效尚不明显。

除上述问题外，国际社会关注的其他一些全球或区域性问题还有有毒化学品污染和有害废物越境转移等。它们都是随现代工业生产、使用或废弃的各种有毒、有害物质的增长而产生的，在局部地区危害很大，治理的经济代价也十分昂贵，有毒化学品污染及其排放曾造成了世界上有名的一些公害事件，在发达国家和发展中国家的一些地区对人体健康和生态环境造成了极为严重的损害。进入 20 世纪 80 年代后，发达国家向非洲和拉丁美洲国家转移有害废物的事件引起了国际社会的注意。由于这些发展中国家往往没有处理有害废物的技术能力，转移来的废物对周围居民和环境构成严重的威胁，引起发展中国家的强烈抗议。在这种情况下，联合国于 1989 年通过了《控制有害废物越境转移及其处置巴塞尔公约》。

第四章

中国的资源与环境

　　近年来，我国上市公司环境污染事故频发，从紫金矿业污染汀江，到中海油、中金岭南、升华拜克、北矿磁材等公司接连曝出重大污染问题。对此，环保部环境与经济政策研究中心与中央财经大学联合课题组在对 2003 年 1 月至 2012 年 3 月我国上市公司发生的环境污染事故与股价变动实证分析的基础上，对证券交易所、证券公司、部分上市公司以及监管部门等进行调研和访谈，形成了《环保春风难绿股市》研究报告。

　　据课题组统计，从 2003 年 1 月到 2012 年 3 月，我国上市公司环境污染事故每年发生次数呈上升态势。2004 年、2005 年、2007 年事故分别为 9 起、9 起、12 起；2010 年事故数创当时新高，共 14 起；2011 年事故数再创新高，达到 41 起；2012 年仅统计了第一季度就已经达到 6 起，与 2008 年、2009 年全年发生次数持平。该课题组对上述 77 家上市公司发生的 113 起环境污染事故进行深入分析后发现，其中有 18 家上市公司发生多次环境事故，如中海油服等公司，发生环境事故多达 7 次。在这 113 起环境事故中，高达 50.6% 的上市公司并未就环境事故进行公告说明；仅有 16.9% 的公告在事故发生或媒体曝光两日之内发布；事故 1 个月之后才发布公告的公司高达 9%。"环境风险没有成为威胁我国上市公司和行业股价增长的重要因素。"该课题组专家告诉记者"股价对上市公司环境事故的反应明显具有滞后性，且市场 10 天左右就能消除这些负面影响。"上述研究报告显示，从 2003 年到 2012 年第一季度，对我国上市公司发生的 113 起环境污染事故的股价影响看，在媒体对环境事故进行曝光之后，股票收益率并没有立即转负，而是到曝光后第 3 天才逐渐转为负值，并于第 6 天降为最低值。而后，随着股价一路上扬，于事故曝光后第 10 天达到收益率最大值，此后逐渐恢复正常。以紫金矿业污染事故为例，记者发现，2010 年 7 月 3 日紫金矿业污水泄漏事故发生，直到 7 月 13 日才由上市公司发布公告予以披露，随后紫金矿业股价开始下跌，但到了 7 月 20 日，其股价却迎来了涨停，当天成交额达到了 14.52 亿元之多。

有环保专家告诉记者"紫金矿业曝出污染事故后的股价在其后 6 个交易日的跌幅加起来不到 11%，而经过此次涨停，股价已接近公告之前。"环保部环境规划院战略规划部研究员蒋洪强也提醒投资者说，"近年来，受国家宏观调控的经济政策和产业结构调整的影响，一些上市公司因落后工艺设备遭淘汰关停，或因环境污染被环评限批、受经济处罚带来的资本风险加大，损害了广大投资者利益，应引起高度重视。"

(资料来源：《经济参考报》，2012 年 9 月 4 日)

第一节 中国资源的特点与现状

中国国土面积约占全球陆地面积的 1/15，而人口约占世界总人口的 1/5，换言之：中国人口密度是全球平均水平的 3 倍。巨大的人口基数是中国社会经济发展的最大国情。一方面，它是改革开放以来中国三十年快速发展的强大驱动力（数量巨大的廉价劳动力是中国参与国际竞争最主要的比较优势之一）；另一方面，它也为中国的发展拴上了沉重的资源与环境压力的桎梏。尽管中国大规模的工业化只有半个世纪的历史，但由于人口多、发展速度快以及过去一些政策的失误，环境与资源的问题已经十分突出。21 世纪前 20 年是中国实现现代化的关键期，人口总量的不断增加和人均消费的不断提高，还会进一步加大对环境与资源的压力，因此走可持续发展的道路对中国来说具有更加重要意义的战略选择。

一、中国资源的总体特点

总体上看，中国的资源都存在：总量不少、人均不足、分布不均、利用方式粗放的特点。

（一）总量不少

中国国土面积约 960 万平方公里。在这片富饶的土地上，我们向来享有"地大物博"的美誉。中国的几类主要资源的总量均居世界各国的前列。如国土面积居世界第 3 位，水资源总量居世界第 6 位，水能蕴藏量居世界首位，已经探明的矿产资源总量约占世界总量的 12%，仅次于美国和俄罗斯，居世界第 3 位；稀土、钨等多种矿产的储量居世界第 1 位，劳动力资源的数量更是在世界首屈一指。

中国还是世界上资源种类最齐全的国家之一。在全世界已知的约两百种矿产资源，中国已发现的有 171 种，其中有探明储量的达 159 种。中国的其他资源种类也很丰富，如物种资源。

（二）人均不足

总的来说，中国是人口众多，自然资源相对不足的国家。在巨大的人口基数面前，中国的人均自然资源占有量普遍很低。以矿产为例，中国人均矿产资源占有量只有世界平均水平的 58%，居世界的第 53 位。其他主要资源的人均占有量也均在世界平均水平的 50% 左右，甚至更低。

这一特点要求中国的社会经济发展必须落实科学发展观，走新型工业化道路，走资源节约型的可持续发展道路。

（三）分布不均

资源的分布不均主要包括空间分布不均和时间分布不均两个方面。

中国的地理条件决定了国土范围内各类资源的空间分布极不均衡。中国是个多山的国家，东西南北地理条件迥异。各类资源的分布呈现局域集中的典型特征。以水能资源为例，中国水能蕴藏量占世界的首位，由于中国总体呈现西高东低、北旱南涝的地理气候特点，大部分水力资源集中于西南地区。

同样大量的水能集中分布于汛期。中国的江河汛期集中在每年的 6～9 月，江河丰枯期的水量差异很大。这是中国资源时间分布不均的一个例子。

资源的时间空间区域分布不均常常给资源的利用造成困难。中国用电需求量主要集中于东部沿海地区，与水力资源分布不一致，必须兴建长途运送电能的"西电东送"工程。同样，汛期水电站发电量常常大于需求量，不得不"弃水"，而在更长的枯水期，水电发电又远不能满足需要，这对资源的利用既造成不便，又造成浪费。

（四）利用方式粗放

目前中国资源的利用效率总体较低，这与中国的产业结构和经济发展方式直接相关。中国目前的产业结构是以劳动密集型、资源密集型产业为主导产业，如钢铁、煤炭、化工、纺织服装、玩具、家电等是中国在国际市场上竞争力较强的产业。中国的经济发展方式还主要停留在规模扩张的外延式发展。这种经济发展方式是建立在对资源、能源的巨大消耗的基础之上的。中国的能耗强度分别是美国的 4 倍，日本的 8 倍。中国的水资源消耗强度（即 GDP/年用水总量）是美国的 3 倍。在资源有限的条件下这种发展方式显然是不可持续的。

　　当前，国家提出"调整产业结构，转变经济增长方式"，是抓住了中国经济发展问题的关键，从人均不足的资源国情上说，将粗放的外延式发展方式转变为精细的内涵式发展方式是必由之路。也是中国资源利用上的必由之路。

二、中国水资源短缺形势分析

　　（1）中国人均水资源只相当于世界人均水资源占有量的 1/4，居世界第 110 位。

　　（2）水资源分布不均（地域分布和时间分布）。水资源的分布趋势是东南多西北少，东南方占全国 36.59% 的耕地却占全国 81% 的水资源，人均水资源量约为全国平均值的 1.6 倍，平均每公顷耕地占有的水资源量则为全国平均值的 2.2 倍；而北方分别只有 19%、19%、15%。

　　（3）城市缺水严重。据 1994 年统计，全国 600 多个城市中，缺水城市已达 300 多个。其中严重缺水的城市有 114 个。全国重点城市水资源供需和缺水量表（见表 4-1）。

　　（4）干旱造成草原退化，沙漠面积扩大，也会使河流湖泊面积缩小。例如，甘肃敦煌的月牙泉，新疆的罗布泊等。

表 4-1　　　　　　　　全国重点城市水资源供需和缺水量　　　　　　单位：10^8立方米

分区	2000 年供水量	2000 年需水量	2000 年缺水量
全国总计	208.57	462.28	253.71
东北区	33.19	69.29	36.10
华北区	52.27	107.23	54.96
西北区	13.56	32.37	18.81
西南区	17.16	40.42	23.26
东南区	92.39	212.97	120.58

资料来源：曲格平：《环境保护知识讲座》，红旗出版社 2000 年版。

三、中国的土地资源

（一）耕地资源的总体状况和特点

中国内陆土地面积 960 万平方公里，面积居俄罗斯、加拿大之后。其中耕地占面积世界总耕地面积的7%。

中国耕地虽然面积总量较大，但人均占有耕地的面积较小，只有世界人均耕地面积的1/4。到1995年，人均耕地面积大于2亩的省、自治区主要集中在东北西北地区，但这些地区的水热条件差，耕地生产水平低。相对自然条件和生产条件好的地区如长江三角洲、珠江三角洲、环渤海地区等人均耕地面积小于1亩，北京、上海、天津、广东等甚至于低于联合国粮农组强提出的人均0.75亩的最低界限。该组织认为低于此限，即使拥有现代化的技术条件也难以保障粮食自给。

中国的耕地分布不均匀。东南部湿润区和半湿润季风区集中了全国耕地的90%以上。占国土面积大部分的西北干旱地区，由于气候、土壤、地形、水文等因素，耕地仅占全国的不到10%。

中国耕地质量总体较差。在所有耕地中高产稳产田占1/3左右，低产田也占1/3。其中涝洼地和盐碱地大约各占400万公顷，水土流失地670万公顷。而且可耕地地力退化严重，加之污水灌溉和过度施用农药化肥等原因，耕地污染情况严重加剧了耕地不足的局面。

（二）中国土地资源开发利用中存在的主要问题

1. 盲目扩大耕地面积促进土地资源退化

对山坡的开垦使大面积的森林、草地毁坏、造成水土流失。从多年条件资料看，中国水土流失面积呈逐步增加趋势，新中国成立初期中国有水土流失面积150万平方公里，20世纪末已增加到183万平方公里，约占全国土地面积的1/5；黄河、海河、淮河、长江流域水土流失面积分别占其流域面积的70%、47%、33%和20%。中国每年因水土流失侵蚀掉的土壤总量达50亿吨，大约占世界水土流失量的1/5。中国是世界上水土流失最严重的国家之一。黄河、长江年输沙量20亿吨以上，列世界九大河流的第一位和第四位。

围湖造田也是造成土地退化的重要方式。盲目围湖造田，使湖区滞洪能力下降，原有的生态系统遭到破坏，因而水旱灾害频繁。

盲目开发草原，使草场沙化。由于多年的滥垦过牧，中国近1/4的草场退化，产草量平均由3000~3750公斤每公顷，每年沙化面积达133万公顷；更值得忧虑的是南方也出现了"红色沙漠"、"白沙岗"、"光石山"等。

2. 非农业用地迅速扩大

中国的土地1957~1985年净减53.3万公顷，仅1985年就净减100万公顷。按此速度发展下去，中国的全部耕地将在200年之内全部被占完，因此有学者写了一篇题为《二百年后不耕、不种的中华大地》。新中国成立后30多年城市扩张占用地面积为城市原来面积的 4～6 倍。1978～1998 年中国的城市由原来不足 200 个增加到 600 多个，增加了 475 个。上海郊区被占耕地达 7.33 万公顷，相当于上海、宝山。川沙三县耕地面积的总和。北京自 1951 年以来，平均每年占用耕地约 0.67 万公顷，30 多年达 20 多万公顷。据初步预测，到 2050 年中国非农业建设用地将比现在增加 0.23 公顷，其中需要占用耕地约 0.13 亿公顷，另外在现有耕地面积中约有 0.07 亿公顷不适于用做耕地而需要退耕，两项相加耕地的减少量为 0.20 亿公顷，如果在此期间开垦荒地能增加耕地 0.07 亿公顷，尚要净减少耕地 0.13 亿公顷。

3. 土地污染

随着工业化和城市化的发展，特别是乡镇工业的发展，大量的"三废"物质通过大气、水和固体废弃物的形式进入土壤。同时农业生产技术的发展，人为地施用化肥和农药以及污水灌溉等，使土壤污染不仅对农作物及农田生态环境造成危害，污染物通过食物链最终进入人体，还会为害人体健康。到目前为止，还没有关于已经遭受污染耕地面积的准确统计数字，但有人估计由于环境污染而导致农作物减产数量每年在大约 100 亿公斤，这一数字约中国粮食产量的 3%，相当于中国近年来每年进口的粮食总量。

造成农田土壤污染的原因主要有：工业和乡镇企业排放的各类废弃物、农用化学物质的过量使用以及畜禽粪便和生活垃圾的不适当堆放等。尤其要指出的是，从 20 世纪 50 年代开始中国就在部分地区推广污水灌溉，至今已有 50 多年的历史，近年来，每年排放养分物质。但同时也将大量的污染物带入农田，这些污染物质对农作物造成急性危害外，其中的重金属等一旦进入土壤就很难被移走，由此可能造成长期性环境污染。因此，保护农田土壤，使之免受污染是当前保护农村生态环境、加强生态建设的重要任务之一。

四、中国能源面临的问题

（一）中国的能源现状

中国政府努力加强能源供应能力建设，优化能源消费结构，提高能源利用效率，加快能源立法进程，深化能源体制改革，取得了积极成效。2005 年，中国一次能源生产总量突破 20 亿吨标准煤，年增长率达到 9.5%，大大高于世界平均水平。中国多年来一直保持着世界第一大煤炭生产国和世界第二大电力生产国的地位，石油消费也上升到世界第 2 位。中国能源自给率 20 世纪末仍然保持在

94%的高水平上。能源消费中，煤炭比重下降，清洁能源比重上升，不少产业和企业的能源单耗降低，能源投资来源多元化，市场准入放宽，能源价格、税收等改革步伐加快，一些法律相继出台，社会节能意识增强。但从中国经济社会的长期发展要求看，进一步增强能源供给能力，优化能源消费结构，完善能源管理体制，形成节约能源的社会氛围仍将是一项长期艰巨的战略任务。

相关数据显示，中国的石油消费在 2005 年达到 3.2 亿吨，对外依存度为近50%。综合考虑我们的经济增长、城镇化进程加快等各方面因素，预计 2020 年中国石油消耗将达到 5 亿吨左右。

（二）中国能源领域面临的挑战

1. 化石燃料储量总量尚可，但人均占有量低

煤炭可采储量 1886 亿吨，占世界煤炭可采储量的 19.1%，与中国人口占世界人口比例大体相当，是能源资源中禀赋最好的，储采比为 96 年。而一些大国，如美国为 245 年，俄罗斯、巴西大于 500 年，印度为 229 年；这一水平也远低于世界平均水平 177.4 年。石油、天然气可采储量分别为 23 亿吨、2.23 亿立方米，分别占世界可采储量的 1.4% 和 1.3%。人均资源储量：石油为 1.77 吨，天然气为 1716 立方米，分别为世界平均水平的 7% 和 6%。石油的储采比为 13.4 年，天然气的储采比为 54.7 年。

2. 能源结构不合理，分布不均，质量不高

中国能源资源以煤为主，石油、天然气等清洁能源占有量低。煤炭资源90%分布在秦岭、大别山以北，主要集中在晋、陕、蒙。优质无烟煤和炼焦煤储量较少。石油资源以陆相石油为主，主要分布在松辽、渤海湾、塔里木、准噶尔和鄂尔多斯等大型盆地中，后备资源不足，可采储量的增速低于一些老油田产量递减的速度。当前石油生产主要还是依靠东部主力油田，但大庆、胜利等油田开始老化，油质下降，开采成本提高，难度加大，产量递减。大庆的年产量已经低于 5000 万吨，而西部、海洋等新的油田由于地质条件复杂，勘探开发难度大，短期内难以完全接续。

3. 一次能源供给以煤为主，清洁利用水平低，污染排放控制难度大

中国一次能源消费，煤的占比为 67.7%，发达国家占比均在 26% 以下，OECD 国家平均为 21.1%，世界平均为 27.2%，法国仅占 4.8%，巴西、墨西哥分别为 6.1% 和 6.2%。印度较高，为 54.5%，也远低于中国。由于能源消费以煤为主，使得中国污染物排放总量大，控制难。2004 年，中国工业废气排放量237696 亿标立方米，其中燃料燃烧占 58.7%。二氧化碳排放量 2255 万吨，酸雨区 300 万平方公里，均居世界第一位。如果基于控制酸雨考虑排放容量，中国最多容纳 1620 万吨左右，如果是基于空气质量考虑，最多可容纳 1200 万吨。现有排放已大大超过可容纳的排放标准。

4. 中国进入到工业化、城市化加速发展的阶段，对能源需求急剧增长加剧了能源供求矛盾

从 2002 年开始，中国经济进入新一轮增长周期。"十五"期间，GDP 年均增长 9.5%，工业化、城市化进程明显加快。近年来，中国城市化步伐明显加快，城市化率 1978 年为 17.9%，在建国后的约 30 年时间内只提高了 4.3 个百分点。从 1978 年到 1998 年，城市化率年均提高 0.7 个百分点，从 1998 年到 2005 年，城市化率年均提高 1.4 个百分点，也就是说近年每年有 1500 万至 1800 万人从农村流入城市。据测算，城市人口人均消耗能源是农村人口的 3.5 倍，城市化进程加快无疑也加剧了能源的供求矛盾。如果与发达国家横向比较，就人均能源消耗而言，中国还有较大的能源消耗上升空间。

（1）粗钢消费峰值，发达国家大体上都在人均 500 公斤以上；根据中国钢铁工业协会 2012 年理事会宣布，2011 年我国粗钢产量约为 6.83 亿吨，以此推算粗钢人均消费量约为 530 公斤。

（2）根据世界银行统计，人均汽车拥有量，发达国家大体上在 500 辆/千人。2008 年韩国达到 346 辆/千人，中国香港、新加坡等城市和地区分别达到 83 辆/千人和 158 辆/千人，中国大陆约为 37 辆/千人。从 2002 年开始，轿车进入家庭这种势头仍将继续发展。

（3）基础设施建设仍存在较大发展空间。按规划，已建成高速公路还不到规划里程的一半。铁路建设、沿海码头、机场建设都还需要不断新建和完善。

另外，随着工业化进程加快，城市化也还将稳步发展，未来 15 年如果人口每年增加 800 万，城市化率每年提高一个百分点，到 2020 年，总人口约为 14.2 亿人，城市化率达到 58%，也就是说将增加 2.6 亿城市人口，这些也都将会大幅度提高对能源的需求。

5. 体制不完善影响能源开发、能效提高和资源节约

中国多年改革中存在一个共性问题：越是短缺产品，政府管得越死，放得越慢。能源就是其中最典型的一例。影响能源产业发展、能效提高和资源节约的体制性因素包括以下几个方面：

（1）中国能源产品中除煤炭价格基本放开以外，其他产品的价格基本还是国家控制。能源产品的价格不反映资源稀缺程度，不反映市场供求关系，不反映外部成本的现象普遍存在。在较长时间内，企业和消费者缺乏节能的动力，能源的低效和浪费现象严重。政府的定价和调价也缺乏科学有效的机制和灵活的调节手段，不同产品之间的价格改革不配套。

（2）投融资体制：能源领域长期以来实行政府审批、政府投资、银行贷款的投融资模式。投资来源不足、投资主体单一、投资效率不高的问题还相当严重。政府按照其主观判断决定投资规模和投资方向，主要不是依据市场供求状况投资，一旦决策失误，就造成能源供求状况的失衡（2002年以后的电力问题即是一例）。在实行严格政府管制的前提下，在油、气、电等领域，行政性垄断问题始终没有根本解决，市场竞争受到遏制，社会资本难以进入能源领域，妨碍了能源产业的发展。特别是资源勘探投入不足，后备资源不足。

（3）财税体制没有充分体现鼓励能源开发、鼓励节能、鼓励再生能源发展的政策取向。从税收政策看，燃油税酝酿多年，始终没有出台，资源税税率明显偏低，且征收方式不科学，造成资源回采率低和资源浪费。对低能效产品和高耗能产业缺乏惩罚性或限制性税收政策；对节能产品和节能行为没有相应的鼓励性财税政策；对可再生能源的开发也没有鼓励性政策，等等。

（4）国家石油战略储备体系建设滞后，应对国际市场油价波动的工具不健全。

6. 石油安全面临严峻挑战

中国能源安全的核心是石油问题。2005年，中国的石油进口依存度已经上升到43%。如果按此趋势，石油的进口依存度还会持续提高。石油问题的要害一是资源储量相对不足，世界石油的储采比为40.5年，低于煤炭的177.4年和天然气的66.7年。中国石油的储采比只有13.4年，在几种一次能源中也是最低的。因此，石油长期大量依赖进口的局面难以改变。二是世界石油资源主要集中在中东（已探明储量占世界的63%），由于资源稀缺，各大国都加大对石油资源的控制和争夺（中俄石油管道问题、中海油收购优尼科石油公司事件）。美国对资源的争夺与中东地区的民族、宗教等问题交织在一起，使该地区成为多事之地（两伊战争、海湾战争）。中国进口石油的一半左右来自中东，1/4来自西非，由于这些地区政治的不稳定性，直接影响石油进口的可靠性。三是中国石油进口运输方式以油轮运输为主，大体占90%。其中90%又是以国外油轮运输，油轮80%经过马六甲海峡，这些都增加了石油进口的脆弱性。

五、中国的矿产资源

（一）中国矿产资源总量

中国幅员辽阔，素有"地大物博、资源丰富"的美誉，是世界上矿产资源比较丰富的国家之一。中国所处大地构造环境优越，成矿地质条件多样、复杂，有着生成各种矿产资源的环境和前提。

新中国成立50年来，在党和政府的领导下，广大地质工作者努力奋斗，艰苦创业，矿产资源勘察工作取得了辉煌的成就。截至1997年底的资料表明，已发现矿产168种，其中已探明储量并上平衡表的有153种，大致包括黑色金属矿产、有色金属矿产、稀有和稀土元素矿产、冶金辅助原料、化工原料非金属矿产、特种非金属矿产及建材等。其中固体矿产矿区近2万处，油田476处，天然气田28处。全部矿产A＋B＋C＋D级保有储量的潜在经济价值93.63万亿元，占世界的12％。仅次于美国和前苏联，位居第三。其中有30余种矿产资源在世界上具有优势地位。因此，中国是世界上矿产资源总量比较丰富，矿产种类比较齐全的少数几个资源大国之一。但是，从人均值来看，由于中国人口众多，人均矿产资源潜在总值仅为世界人均值的58％，居世界第53位。按单位面积平均计算，每平方公里拥有矿产资源潜在价值居世界第24位。

在世界上中国多种矿产资源具有优势地位：居世界第一位的有11种：钛矿、钒矿、锑矿、稀土矿、钨矿、重晶石、菱镁矿、石墨、膨润土、芒硝、石膏。居世界第二位的有8种：铝矿、锡矿、铝矿、理矿、被矿、萤石、滑石、石棉。居世界第三位的有2种：煤矿、汞矿。居世界第四、五位的有9种：铁矿、铅矿、锌矿、铂族金属、硫、高岭土、天然碱、硼矿、磷矿。中国石油、天然气已探明的保有储量分别居世界第12位和第23位。

（二）中国矿产资源的特点

（1）资源总量大，但人均占有量少。总量居世界第三位，而人均占有量居第53位，只有世界平均水平的58％。

（2）富矿少，贫矿多。大多数矿产资源品位低，能直接供冶炼和化工利用的较少。

（3）地区分布不平衡。中国矿产资源主要集中在中西部地区，但矿产品的加工消费则集中在东南沿海地区。

（4）规模小，生产效率低。在已探明的两万多个矿床，大型矿只有800多个，而大多数为中小型矿。如煤炭开采中可以露天开采的只占7％，而美国、澳大利亚都在60％以上。

（三）中国稀土资源的无序开采和过度消耗

稀土就是化学元素周期表中镧系元素——镧（La）、铈（Ce）、镨（Pr）、钕

（Nd）、钷（Pm）、钐（Sm）、铕（Eu）、钆（Gd）、铽（Tb）、镝（Dy）、钬（Ho）、铒（Er）、铥（Tm）、镱（Yb）、镥（Lu），以及与镧系的 15 个元素密切相关的两个元素——钪（Sc）和钇（Y）共 17 种元素，称为稀土元素（Rare Earth），简称稀土（RE 或 R）。

稀土一词是历史遗留下来的名称。稀土元素是从 18 世纪末叶开始陆续发现，当时人们常把不溶于水的固体氧化物称为土。稀土一般是以氧化物状态分离出来的，又很稀少，因而得名为稀土。通常把镧、铈、镨、钕、钷、钐、铕称为轻稀土或铈组稀土；把钆、铽、镝、钬、铒、铥、镱、镥钇称为重稀土或钇组稀土。也有的根据稀土元素物理化学性质的相似性和差异性，除钪之外（有的将钪划归稀散元素），划分成三组，即轻稀土组为镧、铈、镨、钕、钷；中稀土组为钐、铕、钆、铽、镝；重稀土组为钬、铒、铥、镱、镥、钇。

稀土是中国最丰富的战略资源，它是很多高精尖产业所必不可少原料，中国有不少战略资源如铁矿等贫乏，但稀土资源却非常丰富。在当前，资源是一个国家的宝贵财富，也是发展中国家维护自身权益，对抗大国强权的重要武器。中国改革开放的总设计师邓小平同志曾经意味深长地说："中东有石油，我们有稀土。"稀土是一组同时具有电、磁、光，以及生物等多种特性的新型功能材料，是信息技术、生物技术、能源技术等高技术领域和国防建设的重要基础材料，同时也对改造某些传统产业，如农业、化工、建材等起着重要作用。稀土用途广泛，可以使用稀土的功能材料种类繁多，正在形成一个规模宏大的高技术产业群，有着十分广阔的市场前景和极为重要的战略意义，有"工业维生素"的美称。

中国是名副其实的世界第一大稀土资源国，已探明的稀土资源量约 6588 万吨。中国稀土资源不但储量丰富，而且还具有矿种和稀土元素齐全、稀土品位及矿点分布合理等优势，为中国稀土工业的发展奠定了坚实的基础。中国稀土资源成矿条件十分有利、矿床类型齐全、分布面广而有相对集中，20 世纪末，地质科学工作中已在全国 2/3 以上的省（区）发现上千处矿床、矿点和矿化地。

中国稀土矿床在地域分布上具有面广而又相对集中的特点。截至目前，地质工作者已在全国 2/3 以上的省（区）发现上千处矿床、矿点和矿化产地，除内蒙古的白云鄂博、江西赣南、广东粤北、四川凉山为稀土资源集中分布区外，山东、湖南、广西、云南、贵州、福建、浙江、湖北、河南、山西、辽宁、陕西、新疆等省区亦有稀土矿床发现，但是资源量要比矿化集中富集区少得多。全国稀土资源总量的 98% 分布在内蒙古、江西、广东、四川、山东等地区，形成北、南、东、西的分布格局，并具有北轻南重的分布特点。

1. 中国稀土资源的过度开采

中国稀土储量在 1996～2009 年间大跌 37%，只剩 2700 万吨。按现有生产速度，中国的中、重类稀土储备仅能维持 15～20 年，有可能需要进口。

中国并非世界上唯一拥有稀土的国家，却在过去几十年承担了供应世界大多数稀土的角色，结果付出了破坏自身天然环境与消耗自身资源的代价。

中国稀土占据着几个世界第一：储量占世界总储量的第一，尤其是在军事领域拥有重要意义且相对短缺的中重稀土；生产规模第一，2005 年中国稀土产量占全世界的 96%；出口量世界第一，中国产量的 60% 用于出口，出口量占国际贸易的 63% 以上，而且中国是世界上唯一大量供应不同等级、不同品种稀土产品的国家。可以说，中国是在敞开了门不计成本地向世界供应。据国家发改委的报告，中国的稀土冶炼分离年生产能力 20 万吨，超过世界年需求量的一倍。

2. 世界各国对中国稀土资源的掠夺性贸易

中国的大方，造就了一些国家的贪婪。以制造业和电子工业起家的日本、韩国自身资源短缺，对稀土的依赖不言而喻。中国出口量的近 70% 都去了这两个国家。至于稀土储量世界第二的美国，早早便封存了国内最大的稀土矿芒廷帕斯矿，钼的生产也已停止，转而每年从中国大量进口。西欧国家储量本就不多，就更加珍爱本国稀土资源，也是中国稀土的重要用户。

日本开始在全球范围内四处寻找能够替代中国的稀土供应源。东京计划投资 12 亿美元用来改善稀土供应状况。日本已经与蒙古闪电达成协议，从本月起开发该国的稀土资源。

另一稀土消耗大国韩国也有类似的计划。本月初，韩国宣布将投资 1500 万美元，在 2016 年前储备 1200 吨稀土。

"中东有石油，中国有稀土。"这是邓小平 1992 年南巡时说的一句名言。然而，在发达国家先后将稀土视为战略资源，并有所行动的时候，稀土在中国更多只被看作是换取外汇的普通商品。

发达国家的贪婪表现在，除了生产所需，它们不但通过政府拨款超额购进，存储在各自国家的仓库中——这种做法，日美韩等国行之有年；除了购买，还通过投资等方式规避中国法律，参与稀土开发，行公开掠夺之实。

遗憾的是，至今未见政府有效的控制举措。许多专家呼吁的战略储备制度，至今不见动静。而且，由于并未真正认识到稀土战略价值，导致中国的稀土开发变成了不折不扣的资源浪费——生产无序、竞争无度，中国在拥有对稀土资源垄断性控制的同时，却完全不具有定价权，稀土价格长期低位徘徊。一拥而上地盲目开发以及宏观规划水平低劣，导致中国并未成为稀土开发大国，中国稀土科技远远落后于发达国家。鉴于稀土在提升军事科技方面的显著作用，如果任这种趋势发展，中国出口的稀土有朝一日将构成对中国国家安全以及世界和平严重的威胁，中国将为其短视以及不负责任的生产开发付出代价。

目前，中国稀土的主要购买国日本、韩国、美国，前两者与中国存在种种纠纷，后者则在中国台湾问题上构成对中国最大的现实威胁，而且是近些年世界局部战争主要参与者。事实上有些对抗已经在中国东海、黄海上演。但是，在这些对抗发生时，很少有人想到那些真正能威胁中国的战机、舰艇与导弹，监视中国的雷达上的关键部件可能就是中国不计后果出口的稀土造就的。美日韩都是稀土科技大国。以日本为例，日本在有关稀土应用的材料科学、雷达、微电子产业上甚至拥有比美国更强的技术制造能力。美军现役武器中，潜艇用高强度钢，导弹微电子芯片的80%由日本制造，战机引擎的特种陶瓷也是日本研发……日本科学家曾夸口说，如果不用日本芯片，美国巡航导弹的精度就不是10米，而是50米。不过，我们可以想象，这些微电子芯片、高强度钢如果缺少了稀土，可能根本就无法被制造出来。

目前纯度为99.9%的氧化铈为18元/公斤，过去最高卖到30元/公斤，有时稀土的价格甚至贱过猪肉。就拿提价的氧化钕来说，它的售价最少应该在110～120元/公斤，才能够补偿镧、铈、钇和部分重稀土元素积压造成的损失。

3. 中国稀土产业的现状和未来

稀土行业协会人士的共识是：全国30种稀土产品平均出口价格虽然均有所提高，但这个价格只是表面的风光，因为从2005年5月开始国家取消了稀土企业的两项出口退税，同时大量压缩了出口配额企业名额，如果折算这两种因素，加上原辅材料及水电、运输等价格上涨等因素，中国稀土价格仍徘徊在低谷。1990～2005年，中国稀土的出口量增长了近10倍，可是平均价格却被压低到当初价格的64%。在世界高科技电子、激光、通讯、超导等材料呈几何级需求的情况下，中国的稀土价格并没有水涨船高。

一些来自稀土企业的代表说，按照目前的价格，稀土企业的利润一般在1%～5%。就是最高达到5%左右的利润，卖的也是土的价钱。

中国稀土产业在世界上拥有多个第一：资源储量第一，占70%左右；产量第一，占世界稀土商品量的80%～90%；销售量第一，60%～70%的稀土产品出口到国外。但为什么我们却没有价格话语权呢？

专家指出，中国稀土产品价格长期以来一直受国外商家控制。国外一些有实力的贸易商和企业在低价时大量购进中国稀土产品，价格上涨时则停止采购、使用库存，待再次降价时再行购进。这就逼着国内企业竞相降价出售。国外都是大买家，而我们是 100 多家企业对外销售。中国出口企业之间的恶性竞争，使宝贵的稀土短线产品钕、铽、镝、铕等低价外销，而铈、镧、钇等大量积压，企业在微利线上挣扎。

中国是在敞开了门不计成本地向世界供应稀土。著名的有良心的意大利稀土问题研究专家德古拉伯爵在其文章中称：中国稀土在世界的比例，不久前说的是 85% 以上，但是目前中国的实际稀土量已经不足世界的 30%，我们稀土储量的 2/3 已经流失。美、俄以及一些是有稀土资源的欧洲国家都早已经封矿，均为从中国进口稀土。日本已经囤积中国稀土足够其国内使用三十年，以掌握稀土国际定价权。对比这些年国际铁矿石、石油价格不停地翻倍增长，中国稀土的浪费让人困惑。稀土开采属于重污染行业，白云鄂博矿区的村民癌症比例很高，羊群的羊毛很难看，有些羊长着内外双重牙齿。对稀土企业应当收取高额的资源税、环保税，不能让资源便宜出口，而把污染留给国内。而现在我们保护稀土的措施手段粗糙，政策没有遵守国际博弈的游戏规则，导致授人以柄，被欧美进行 WTO 诉讼，国际处境非常被动。

亡羊补牢，犹为未晚。对已经为数不多的国内稀土资源，必须尽快出台由中央政府制定的全国性的稀土资源利用规划和稀土产业发展战略。一定要从国家和民族发展的战略高度，以"保护为主、适度开采"为原则，从严控制稀土资源的开采和出口。提高稀土产业的集中度，将主要稀土资源的开采集中于国有企业集团手中。控制国际市场上稀土资源的交易量，重新夺回资源定价权。我们要利用规则进行博弈，控制国内市场炒高资源价格并且建立国家的战略储备，国内使用稀土的企业，可以进行高科技的补贴。这才是符合国际游戏规则的措施，才是利用规则维护国家根本利益的关键。

第二节　中国现实的环境问题分析

2005 年 11 月 23 日，中石油吉林石化公司双苯厂发生爆炸事故，事故发生后，经检测发现有苯类化学物质流入第二松花江，水质受到严重污染。苯类化合物是对人体健康有严重危害的有机化合物，接到报告后，国家环保总局立即派出专家赴吉林、黑龙江现场协助当地政府开展污染防控工作，实行每小时动态监测，严密监控松花江水质的变化。污染事件发生后，吉林省有关部门迅速封堵了事故污染物排放口；加大丰满水电站的放流量，尽快稀释污染物；实施生活饮用水源地保护应急措施，组织环保、水利、化工专家参与污染防控；沿江设置多个监测点位，增加监测频次，有关部门随时沟通监测信息，协调做好流域防控工作。黑龙江省财政专门安排 1000 万元资金专项用于污染事件应急处理。11 月 13 日 16 时 30 分开始，环保部门对吉化公司东 10 号线周围及其入江口和吉林市出境断面白旗、松江大桥以下水域、松花江九站断面等水环境进行监测。14 日 10 时，吉化公司东 10 号线入江口水样有强烈的苦杏仁气味，苯、苯胺、硝基苯、二甲苯等主要污染物指标均超过国家规定标准。松花江九站断面 5 项指标全部检出，以苯、硝基苯为主，从三次监测结果分析，污染逐渐减轻，但右岸仍超标 100 倍，左岸超标 10 倍以上。松花江白旗断面只检出苯和硝基苯，其中苯超标 108 倍，硝基苯未超标。随着水体流动，污染带向下转移。11 月 20 日 16 时到达黑龙江和吉林交界的肇源段，硝基苯开始超标，最大超标倍数为 29.1 倍，污染带长约 80 公里，持续时间约 40 小时。为防范可能发生的松花江水污染危险，哈尔滨市人民政府发出公告，决定从 23 日零时起正式停止市区自来水供水，全市城区内中小学于 23 日下午开始停课一周。

此次松花江水污染事故，看似偶然，却影响巨大，以集中爆发的方式提醒人们关注整个中国大面积水污染的严峻现实。有媒体报道，黑龙江全省主要河流普遍污染，松花江水质差，枯水期有 59% 河流长度属污染较重的 V 类或劣 V 类水体。

（资料来源：新华网，http://www.xinhuanet.com/society/zto51124）

近 10 年来，中国政府和人民在环境与发展方面做出了不懈的努力。1996 年，中国正式提出将科教兴国和可持续发展作为国家发展的基本战略。近几年国家在环境治理方面制定了一系列政策法规，尤其是在西部大开发中将生态环境建设列为主要内容。先后实施了一些重大的治理工程，如天然林保护工程、退耕还林工程、京津风沙源治理工程等。在环境污染治理上，也采取了一定措施，如重点水域污染治理、关闭污染严重的"十五小"企业等。可以说，近 10 年是中国在环境治理上最为重视、投入最多的 10 年。在党的十六大又提出了在今后 20 年全面建设小康社会的发展目标，并且确立了走低污染、低能耗的新型工业化道路，实现可持续发展。但环境问题的复杂性、累积性和长期性，决定了保护环境和合理利用资源是一项长期而艰巨的任务，对此要有清醒认识，要长抓不懈。

与所有的工业化国家一样，中国的环境污染问题是与工业化相伴而生的。20 世纪 50 年代以前，中国的工业化刚刚起步，工业基础薄弱。环境污染问题尚不突出，但生态恶化问题经历数千年的累积，已经积重难返。50 年代后，随着工业化的大规模展开，重工业的迅猛发展，环境污染问题初见端倪。但这时候污染范围仍局限于城市地区，污染的危害程度也较为有限。到了 80 年代，随着改革开放和经济的高速发展，中国的环境污染渐呈加剧之势，特别是乡镇企业的异军突起，使环境污染向农村急剧蔓延，同时，生态破坏的范围也在扩大。时至如今，环境问题与人口问题一样，成为中国经济和社会发展的两大难题。

中国可持续发展面临的主要环境问题包括环境污染、生态恶化和自然灾害三个方面。

一、环境污染

由于中国现在正处于迅速推进工业化和城市化的发展阶段，对自然资源的开发强度不断加大，加之粗放型的经济增长方式，技术水平和管理水平比较落后，污染物排放量不断增加。从全国总体情况来看，中国环境污染仍在加剧，生态恶化积重难返，环境形势不容乐观。

（一）大气污染

1. 污染现状

据《中国环境状况公报》显示，1997 年，中国城市空气质量仍处在较重的污染水平，北方城市重于南方城市（见图 4 - 1）。二氧化硫年均值浓度为 3 ~ 248 微克/立方米范围，全国年均值为 66 微克/立方米。一半以上的北方城市和 1/3 强的南方城市年均值超过国家二级标准（60 微克/立方米）。北方城市年均值为

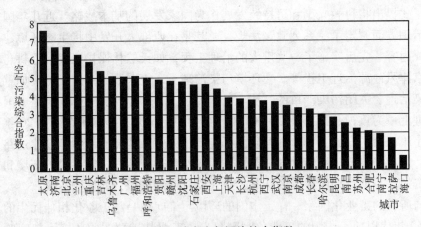

图 4 - 1　城市空气污染综合指数

资料来源：曲格平：《环境保护知识讲座》，红旗出版社 2000 年版。

72 微克/立方米；南方城市年均值为 60 微克/立方米。以宜宾、贵阳、重庆为代表的西南高硫煤地区的城市和北方能源消耗量大的山西、山东、河北、辽宁、内蒙古及河南、陕西部分地区的城市二氧化硫污染较为严重。

氮氧化物年均值浓度在 4 ~ 140 微克/立方米范围，全国年均值为 45 微克/米。北方城市年均值为 49 微克/立方米；南方城市年均值为 41 微克/立方米。34 个城市超过国家二级标准（50 微克/立方米），占统计城市的 36.2%。其中，广州、北京、上海三市氮氧化物污染严重，年均值浓度超过 100 微克/立方米；济南、武汉、乌鲁木齐、郑州等城市污染也较重。

总悬浮颗粒物年均值浓度在 32 ~ 741 微克/立方米范围，全国年均值为 291 微克/立方米。超过国家二级标准（200 微克/立方米）的有 67 个城市，占城市总数的 72%。北方城市年均值为 381 微克/立方米；南方城市年均值为 200 微克/立方米。从区域分布看，北京、天津、甘肃、新疆、陕西、山西的大部分地区及河南、吉林、青海、宁夏、内蒙古、山东、河北、辽宁的部分地区总悬浮颗粒物污染严重。

据世界银行研究报告表明，中国一些主要城市大气污染物浓度远远超过国际标准，在世界主要城市中名列前茅，位于世界污染最为严重的城市之列（见图 4 - 2）。

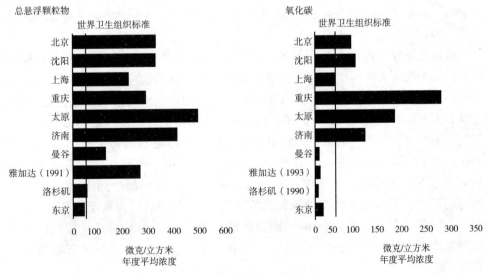

图 4 - 2　大气污染物浓度远远超过国际标准

资料来源：曲格平：《环境保护知识讲座》，红旗出版社 2000 年版。

2. 污染来源

能源使用。随着中国经济的快速增长以及人民生活水平的提高，能源需求量不断上升。2003 年制定的"十一五"规划时，预计 2010 年全国煤炭消费量达 24 亿吨，2020 年达到 30 亿吨，但是事实上，2007 年全国煤炭消费量就达到 20 亿吨，截至 2009 年已经超过了 30 亿吨，也就是说提前 10 年达到了当初提出的目标，更有国家发展与改革委员会能源所官员预测，到 2020 年，全国煤炭消费量能达到 62 亿吨左右。

以煤炭、生物能、石油产品为主的能源消耗是大气中颗粒物的主要来源。大气中细颗粒物（直径小于 10 微米）和超细颗粒物（直径小于 2.5 微米）对人体健康最为有害，它们主要来自工业锅炉和家庭煤炉所排放的烟尘。大气中的二氧化硫和氮氧化物也大多来自这些排放源。工业锅炉燃煤占中国煤炭消耗量的 33%，由于其燃烧效率低，加之低烟囱排放，它们在近地面大气污染中所占份额超过其在燃煤使用量中所占份额。虽然居民家庭燃煤使用量仅占消耗总量的 15% 左右，然而其占大气污染的份额常常是 30%。

中国二氧化硫排放量呈急剧增长之势。20 世纪 90 年代初，中国二氧化硫排放量为 1800 多万吨，到 1997 年，已上升至 2300 万吨，到 2000 年增至 2800 万吨左右。20 世纪末中国已成为世界二氧化硫排放的头号大国。研究表明，中国大气中 87% 的二氧化硫来自烧煤。中国煤炭中含硫量较高，西南地区尤甚，一般在 1% ~ 2%，有的高达 6%。这是导致西南地区酸雨污染历时最久、危害最大的主要原因。

机动车尾气。近几年来，中国主要大城市机动车的数量大幅度增长，机动车尾气已成为城市大气污染的一个重要来源。特别是北京、广州、上海等大城市，大气中氮氧化物的浓度严重超标，北京和广州氮氧化物空气污染指数已达四级，已成为大气环境中首要的污染因子，这与机动车数量的急剧增长密切相关。有关研究结果表明，北京、上海等大城市机动车排放的污染物已占大气污染负荷的 60% 以上，其中，排放的一氧化碳对大气污染的分担率达到 80%，氮氧化物达到 40%，这表明中国特大城市的大气污染正由第一代煤烟型污染向第二代汽车型污染转变。根据公安部交通管理局官方网站公布的数据，截至 2008 年 6 月底，全国机动车保有量为 1.66 亿辆，而截至 2012 年 6 月底，这一数字已经猛增到 2.33 亿辆，包括北京、上海、广州在内的 5 座城市机动车保有量超过了 200 万辆。

此外，汽车排放的铅也是城市大气中重要的污染物。自 20 世纪 80 年代以来，汽油消费量年均增长率达 70% 以上，加入汽油的四乙基铅量年均 2900 吨。

含铅汽油经燃烧后 85% 左右的铅排放到大气中造成铅污染。汽车排放的铅对大气污染的分担率达到 80% ~ 90% 。1986 ~ 1995 年 10 年间，中国累计约 1500 吨铅排放到大气、水体等自然环境中，并且主要集中在大城市，因此对居住城市的儿童、交警和清洁工的身体健康造成不良影响。

3. 污染危害

由于中国严重的大气污染，致使中国的呼吸道疾病发病率很高。慢性障碍性呼吸道疾病，包括肺气肿和慢性气管炎，是最主要的致死原因，其疾病负担是发展中国家平均水平的两倍多。疾病调查已发现暴露于一定浓度污染物（如空气中所含颗粒物和二氧化硫）所导致的健康后果，如呼吸道功能衰退、慢性呼吸疾病、早亡以及医院门诊率和收诊率的增加等。1989 年，研究人员对北京的两个居民区作了大气污染与每日死亡率的相关性研究。在这两个区域都监测到了极高的总悬浮颗粒物和二氧化硫浓度。估算结果显示，若大气中二氧化硫浓度每增加1 倍，则总死亡率增加 11% ；若总悬浮颗粒物浓度每增加 1 倍，则总死亡率增加4% 。对致死原因所作的分析表明，总悬浮颗粒物浓度增加 1 倍，则慢性障碍性呼吸道疾病死亡率增加 38% 、肺心病死亡率增加 8% 。1992 年，研究人员对沈阳大气污染与每日死亡率的关系作了研究，结果表明，二氧化硫和总悬浮颗粒物浓度每增加 100 微克/立方米，总死亡率分别增加 2.4% 和 1.7% 。

城市空气污染所带来的其他人体健康损失也很大。分析显示，由于空气污染而导致医院呼吸道疾病门诊率升高 34600 例；严重的空气污染还导致每年680 万人次的急救病例；每年由于空气污染超标致病所造成的工作损失达 450万人次。

室内空气质量有时比室外更糟。对中国一些地区室内污染的研究显示，室内的颗粒物（来自生物质能和煤的燃烧）水平通常高于室外（超过 500 微克/立方米），厨房内颗粒物浓度最高（超过 1000 微克/立方米）。

据保守的假设估计，每年由于室内空气污染而引起的早亡达 11 万人。由于在封闭很严的室内用煤炉取暖，一氧化碳中毒死亡事件在中国北方年年发生。在中国由室内燃煤烧柴所造成的健康问题与由吸烟而产生的问题几乎相当。受室内空气污染损害最大的是妇女和儿童。

二氧化硫等致酸污染物引发的酸雨，是中国大气污染危害的又一重要方面。酸雨是大气污染物（如硫化物和氮化物）与空气中水和氧之间化学反应的产物。燃烧化石燃料产生的硫氧化物与氮氧化物排入大气层，与其他化学物质形成硫酸和硝酸物质。这些排放物可在空中滞留数天，并迁移数百或数千公里，然后以酸雨的形式回到地面。

中国酸雨正呈急剧蔓延之势，是继欧洲、北美之后世界第三大重酸雨区。20世纪80年代，中国的酸雨主要发生在以重庆、贵阳和柳州为代表的川贵两广地区，酸雨区面积为170万平方公里。到20世纪90年代中期，酸雨已发展到长江以南、青藏高原以东及四川盆地的广大地区，酸雨面积扩大了100多万平方公里。以长沙、赣州、南昌、怀化为代表的华中酸雨区现已成为全国酸雨污染最严重的地区，其中心区年降水pH值低于4.0，酸雨频率高于90%，已到了逢雨必酸的程度。以南京、上海、杭州、福州、青岛和厦门为代表的华东沿海地区也成为中国主要的酸雨区。华北、东北的局部地区也出现了酸性降水。酸雨在中国几乎呈燎原之势，危害面积已占全国面积的29%左右，其发展速度十分惊人，并继续呈逐年加重的趋势。

酸雨危害是多方面的，包括对人体健康、生态系统和建筑设施都有直接和潜在危害。酸雨可使儿童免疫功能下降，慢性咽炎、支气管哮喘发病率增加，同时可使老人眼部、呼吸道患病率增加。酸雨还可使农作物大幅度减产，特别是小麦，在pH值为3.5的酸雨影响下，可减产13.7%；pH值为3.0时减产21.6%，pH值为2.5时减产34%。大豆、蔬菜也容易受酸雨危害导致蛋白质含量和产量下降。酸雨对森林、植物危害也较大，常使森林和植物树叶枯黄，病虫害加重，最终造成大面积死亡。

据对南方八省份研究表明，酸雨每年造成农作物受害面积1.93亿亩，经济损失42.6亿元，造成的木材经济损失18亿元。从全国来看，酸雨每年造成的直接经济损失140亿元。

机动车排放的污染物危害甚大。由于机动车尾气低空排放，恰好处于人的呼吸带范围，对人体健康影响十分明显。如排放的一氧化碳和氮氧化物能大大阻碍人体的输氧功能，铅能抑制儿童的智力发育，造成肝功能障碍，颗粒物对人体有致癌作用。尾气排放对交通警有严重的危害作用，有资料表明，交通警的寿命大大低于城市人的平均寿命。此外，汽车排放的一氧化碳、氮氧化物和碳氢化合物在太阳的照射下会在大气中反应，形成光化学烟雾，其污染范围更广，对人体健康、生态环境的危害更大。

（二）水污染

1. 污染现状

据《中国环境状况公报》和水利部门报告显示，1997年，中国七大水系、湖泊、水库、部分地区地下水受到不同程度的污染，河流污染比重与1996年相比，枯水期污染河长增加了6.3个百分点，丰水期增加了5.5个百分点，在所评价的 5 万多公里河段中，受污染的河道占 42%，其中污染极为严重的河道占 12%。

全国七大水系的水质继续恶化。长江干流污染较轻。监测的 67.7% 的河段为Ⅲ类和优于Ⅲ类水质，无超Ⅴ类水质的河段。但长江江面垃圾污染较重，这是沿岸城镇和江上客船乱扔垃圾所致。成堆的垃圾已严重妨碍了葛洲坝水电站的正常运行，影响了长江三峡的自然景观。

黄河面临污染和断流的双重压力。监测的 66.7% 的河段为Ⅳ类水质。主要污染指标为氨氮、挥发酚、高锰酸盐指数和生化需氧量。20 世纪 70 年代黄河断流的年份最长历时 21 天，1996 年为 133 天，1997 年长达 226 天。

珠江干流污染较轻。监测的 62.5% 的河段为Ⅲ类和优于Ⅲ类水质，29.2% 的河段为Ⅳ类水质，其余河段为Ⅴ类和超Ⅴ类水质，主要污染指标为氨氮、高锰酸盐指数和总汞。

淮河干流水质有所好转，尤其是往年高污染河段的状况改善明显。干流水质以Ⅲ、Ⅳ类为主，支流污染仍然严重，一级支流有 52% 的河段为超Ⅴ类水质，二、三级支流有 71% 的河段为超Ⅴ类水质，主要污染指标为非离子氨和高锰酸盐指数。

海滦河水系污染严重，总体水质较差。监测的 50% 的河段为Ⅴ类和超Ⅴ类水质。主要污染指标为高锰酸盐指数、氨氮和生化需氧量。

大辽河水系总体水质较差，污染严重。监测的 50% 的河段为超Ⅴ类水质。主要污染指标为氨氮、总汞、挥发酚、生化需氧量和高锰酸盐指数。

松花江水质与往年相比有所改善。监测的 70.6% 的河段为Ⅳ类水质。主要污染指标为高锰酸盐指数、挥发酚和生化需氧量。

大淡水湖泊和城市湖泊均为中度污染，水库污染相对较轻。与 1996 年相比，1997 年巢湖和滇池污染程度有所加重，太湖有所减轻。主要大淡水湖泊的污染程度次序为：滇池最重，其次是巢湖（西半湖）、南四湖、洪泽湖、太湖、洞庭湖、镜泊湖、博斯腾湖、兴凯湖和洱海。湖泊水库突出的环境问题是严重富营养化和耗氧有机物增加。大淡水湖泊和城市湖泊的主要污染指标为总氮、总磷、高猛酸盐指数和生化需氧量。大型水库主要污染指标为总磷、总氮和挥发酚。部分湖库存在汞污染。个别水库出现砷污染。

2. 污染来源

1997 年全国污水排放量约 416 亿吨，其中 45% 来源于城市生活污水，55% 来源于工业废水（见图 4-3）。在淮河流域约有 75% 的化学需氧量来自工业废水，其余来自生活污水。

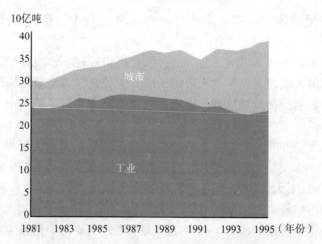

图 4-3　1981～1995 年工业占了废水排放量的较大比重

资料来源：国家环保部，http：//www. zhb. gov. cn。

（1）工业废水。工业水污染主要来自造纸业、冶金工业、化学工业以及采矿业等等。而在一些城市和农村水域周围的农产品加工和食品工业，如酿酒、制革、印染等，也往往是水体中化学需氧量和生物需氧量的主要来源。

（2）城市生活污水。尽管工业废水的排放量在过去的十年期间逐年下降，而生活污水的总量却在增加。1997 年与 1990 年相比，城市生活污水排放量整整翻了一番，达到 189 亿吨，而中国城市污水的集中处理率仅为 13.6%。全国各地生活污水对当地水体化学需氧量和生物需氧量的影响不尽相同。例如，山东省生活污水占废水总量的 40%，而重庆市生活污水则产生了当地水体中 68% 的化学耗氧量和 85% 的生物耗氧量。

（3）农业废水。除了农产品加工这一间接水污染行业外，作物种植和家畜饲养等农业生产活动对水环境也产生重要影响。最近的研究结果表明氮肥和农药的大量使用是水污染的重要来源。尽管中国的化肥使用量与国际标准相比并不特别高，但由于大量使用低质化肥以及氮肥与磷肥、钾肥不成比例的施用，其使用效率较低。特别值得注意的是大量廉价低质的氨肥的使用。这种地方生产的氨肥极易溶解而被冲入水体中造成污染。近年来，杀虫剂的使用范围也在扩大，导致物种的损失（鸟类），并造成一些受保护水体的污染。牲畜饲养场排出的废物也是水体中生物需氧量和大肠杆菌污染的主要来源。肉类制品（包括鸡、猪、牛、羊等）在过去的 15 年中产量急剧增长，随之而来的是大量的动物粪便直接排入饲养场附近水体。在杭州湾进行一项研究发现，其水体中化学耗氧量的 88% 来自农业，化肥和粪便中所含的大量营养物是对该水域自然生态平衡以及内陆地表水和地下水质量的最大威胁。

3. 污染危害

水污染危害人体健康、渔业和农业生产（通过被污染的灌溉水），也增加了清洁水供应的支出。水污染还会对生态系统造成危害——水体富营氧化以及动植物物种的损失。

一些疾病与人体接触水污染有关，包括腹水、腹泻、钩虫病、血吸虫、沙眼及线虫病等。改善供水卫生条件可以极大地减少此类疾病的发病率和危害程度，同时也可减少幼儿因腹泻而导致的死亡。总体而言，中国此类疾病发病率较其他发展中国家低。与其他收入水平相当的亚洲国家相比，中国水供应与卫生条件是好的，尽管在城市和农村地区之间存在一些差异。1990 年，中国只有 1.5% 的总死亡率和 3% 的总疾病负担源于与供水及卫生条件有关的普通疾病（如腹泻、肝炎、沙眼、线虫病等）。与之相比，在中国，慢性障碍性呼吸道疾病占总死亡率的 16% 和总疾病负担的 8.5%（见表 4－2）。

表 4－2　　　　　　　　　中国：死亡率和疾病负担（1990）

项目	死亡		伤残		伤残调整的生命年
	千人	占中国死亡总数（%）	千人	占中国总数（%）	中国占世界的比例（%）
与水污染有关	134	1.5	6042	3	9.6
腹泻	93		3685		4.3
肝炎	34		626		34.7
沙眼	—		347		14.2
肠道线虫	7		1384		35.2
与大气污染有关	1899	21.2	29734	14.2	—
慢性障碍性呼吸道疾病	1432	16.0	17810	8.5	58.6
下呼吸道感染	467	5.2	11924	5.7	9.0
合计	8885		208407		15.1

注：1994 年中国人口占世界人口的 21.3%。

资料来源：Murray Lopez，1993～1996 年世界银行专题报告，1996 年。

还有其他一些疾病也被认为与水污染有关——如皮肤病、肝癌和胃癌、先天残疾、自然流产等。研究人员曾经对水污染与这些疾病的关系作过一些研究。但如果没有进行多年的大规模病疫学调查，是很难找到这些疾病的准确病因的。与肠道疾病（如腹泻）不同，与水污染有关的癌症和先天残疾是由重金属和有毒化学物质造成。

目前，中国的城市卫生系统正处于过渡时期——由于化肥的广泛使用以及农村收入的提高，用于农业的粪便收集系统已基本消失了，城市污水总量随城市人口的增长而上升，但现代化的污水收集和处理系统尚未形成。这种情况可能会导致全国范围，尤其是北方地区的肠道疾病发病率的增加。

4. 污染危害的经济损失

根据世界银行研究表明，20 世纪末，中国大气和水污染造成的损失价值，如果按支付意愿价值估计，约为 540 亿美元/年。约占 1995 年 GDP 的 8%。而用人力资本价值估计，大气和水污染造成的损失每年则为 240 亿美元，占 GDP 的 3.5%（见表 4 – 3）。

表 4 – 3　　　　　　　中国 20 世纪末大气和水污染的经济损失　　　　　单位：百万美元

问题	支付意愿价值	人力资本估值
城市大气污染	32343	11271
早亡	10648	1597
生病	21659	9674
受限制活动天数	3842	3842
慢性支气管炎	14092	2107
健康影响	3725	3725
室内空气污染	10648	3711
早亡	3517	526
生病	7131	3185
铅污染	1622	270
水污染	3930	3930
医疗费用	1988	1988
农业和渔业损失	1159	1159
水短缺	783	783
酸雨的影响	5046	5046
作物和森林破坏	4346	4364
材料损失	271	271
生态系统损失	411	411
总计	53589	24228
占 GDP（%）	7.7	3.5

资料来源：Murray Lopez, 1993 ~ 1996 年世界银行专题报告，1996 年。

（三）固体废弃物污染

1. 污染现状

1997 年，全国工业固体废弃物产生量为 10.6 亿吨，其中乡镇企业固体废弃物产生量 4.0 亿吨，占总产生量的 37.7%，危险废物产生量 1077 万吨，约占 1.0%。1996 年工业固体废弃物排放量 1690 万吨，其中危险废物排放量占 1.3%。全国工业固体废弃物的累计堆存量已达 65 亿吨，占地 51680 公顷，其中危险废物约占 5%。20 世纪末城市生活垃圾产生量约 14 亿吨，全国有 2/3 的城市陷入垃圾包围中。近年来，塑料包装物用量迅速增加，"白色污染"问题突出。

2. 污染来源

（1）工业固体废弃物。1996 年，中国工业固体废弃物产生量（不包括乡镇企业）6.6 亿吨，其中危险废弃物产生量 993 万吨。占 1.5%；冶金废渣 7369 万吨，占 11.2%；粉煤灰 12668 万吨，占 19.2%；炉渣 7759 万吨，占 11.8%；煤矸石 11425 万吨，占 17.3%：尾矿 18857 万吨，占 28.6%；放射性废渣 227 万吨，占 0.3%；其他废弃物 6599 万吨，占 10%。在产生固体废弃物的工业行业中，矿业、电力蒸汽热水生产供应业、黑色金属冶炼及压延加工业、化学工业、有色金属冶炼及压延加工业、食品饮料及烟草制造业、建筑材料及其他非金属矿物制造业、机械电气电子设备制造业等的产生量最大，占总量的 95% 左右，其中尤其以矿业和电力蒸汽热水生产供应业固体废物产生量为主，占总量的 60%。

（2）废旧物资。中国废旧物资回收利用率只相当于世界先进水平的 1/4 ~ 1/3，大量可再生资源尚未得到回收利用，流失严重，造成污染。据统计，中国每年有数百万吨废钢铁、600 多万吨废纸、200 万吨玻璃未予回收利用，每年扔掉的 60 多亿废干电池中就含有 8 万吨锌、10 万吨二氧化锰、1200 多吨铜等。每年因再生资源流失造成的经济损失达 250 亿 ~ 300 亿元。

（3）城市生活垃圾。中国城市生活垃圾产生量增长快，每年以 8% ~ 10% 的速度增长，1997 年达 1.4 亿吨，城市人均年产生活垃圾 440 公斤。而目前城市生活垃圾处理率低，仅为 55.4%，近一半的垃圾未经处理随意堆置，致使 2/3 的城市出现垃圾围城现象。

3. 污染危害

中国传统的垃圾消纳倾倒方式是一种"污染物转移"方式。而现有的垃圾处理场的数量和规模远远不能适应城市垃圾增长的要求，大部分垃圾仍呈露天集中堆放状态，对环境的即时和潜在危害很大，污染事故频出，问题日趋严重。

侵占大量土地，对农田破坏严重。堆放在城市郊区的垃圾侵占了大量农田。未经处理或未经严格处理的生活垃圾直接用于农田，或仅经农民简易处理后用于农田，后果严重。由于这种垃圾肥颗粒大，而且含有大量玻璃、金属、碎砖瓦等杂质，破坏了土壤的团粒结构和理化性质，致使土壤保水、保肥能力降低。据初步统计，累计使用不合理的垃圾肥，每 0.06 公顷达 10 吨以上的土地，保水和保肥能力都下降了 10% 以上。重庆市因长期使用未经严格处理的垃圾肥，土壤的汞浓度已超过本地 3 倍。

严重污染空气。在大量垃圾露天堆放的场区，臭气冲天，老鼠成灾，蚊蝇滋生，有大量的氨、硫化物等污染物向大气释放。仅有机挥发性气体就多达 100 多种，其中含有许多致癌致畸物。

严重污染水体。垃圾不但含有病原微生物，在堆放腐败过程中还会产生大量的酸性和碱性有机污染物，并会将垃圾中的重金属溶解出来，是有机物、重金属和病原微生物三位一体的污染源。任意堆放或简易填埋的垃圾，其内所含水量和淋入堆放垃圾中的雨水产生的渗滤液流入周围地表水体和渗入土壤，会造成地表水或地下水的严重污染，致使污染环境的事件屡有发生。例如，贵阳中 1983 年夏季哈马井和望城坡垃圾堆放场所在地区同时发生痢疾流行，其原因是地下水被垃圾场渗滤液污染，大肠杆菌值超过饮用水标准 770 倍以上，含菌量超标 2600 倍。

垃圾爆炸事故不断发生。随着城市垃圾中有机质含量的提高和由露天分散堆放变为集中堆存，只采用简单覆盖易造成产生甲烷气体的厌氧环境，使垃圾产生沼气的危害日益突出，事故不断，造成重大损失。例如，北京市昌平县一垃圾堆放场在 1995 年连续发生了三次垃圾爆炸事故。如不采取措施，因垃圾简单覆盖堆放产生的爆炸事故将会有较大的上升趋势。

（四）噪声污染

1. 污染现状

据《中国环境状况公报》显示，1997 年，中国多数城市噪声处于中等污染水平，其中，生活噪声影响范围大并呈扩大趋势。交通噪声对环境冲击最强。

全国道路交通噪声等效声级分布在 67.3 ~ 77.8 分贝，全国平均值为 71 分贝（长度加权）。在监测的 49 个城市道路中，声级超过 70 分贝的占监测总长度的 54.9%。城市区域环境噪声等效声级分布在 53.5 ~ 65.8 分贝，全国平均值为 56.5 分贝（面积加权）。在统计的 43 个城市中，声级超过 55 分贝的有 33 个，其中，大同、开封、兰州三市的等效声级超过 60 分贝，污染较重。

各类功能区噪声普遍超标。超标城市的百分率分别为：特殊住宅区为 57.1%；

居民、文教区为 71.7%；居住、商业、工业混杂区为 80.4%；工业集中区为 21.7%；交通干线道路两侧为 50.0%。

2. 污染来源

在影响城市环境噪声的主要来源中，工业噪声影响范围为 8.3%；施工噪声影响范围在 5% 左右，因施工机械运行噪声较高，近年来扰民现象严重；交通噪声影响范围大约占城市的 1/3，因其声级较高，影响范围较大，对声环境干扰最大；社会生活噪声影响范围逐年增加，是影响城市声环境最广泛的噪声来源，其影响范围已达市范围的 47% 左右。据环境监测表明，全国有近 2/3 的城市居民在噪声超标的环境中生活和工作。

据《中国环境状况公报》统计，在反映环境污染的投诉中，关于噪声污染的人民来信和来访的件数逐年增加，已从 1991 年的 2.78 万件增加至 1995 年的 3.90 万件，增加了 40% 以上；而反映噪声污染问题的投诉占环境污染投诉的信访比例则从 1991 年的 25% 增加到 1995 年的 35.6%，五年中增加 10 个百分点。这一比例高居各类污染投诉的首位。由于环境噪声污染影响范围较大，近年来因噪声扰民引起的纠纷不断出现，其中以反映商业、饮食服务业和建筑施工场所噪声扰民居多。

3. 污染危害

噪声使人烦恼、精神不易集中，影响工作效率，妨碍休息和睡眠等。噪声影响睡眠的程度大致与声级成正比，在 40 分贝时大约 10% 的人受到影响，在 70 分贝时受影响的人就有 50%。突然一声把人惊醒的情况也基本与声级成正比，40 分贝的突然噪声惊醒约 10% 的睡眠者，60 分贝的突然噪声惊醒约 70% 的睡眠者。在强噪声下，还容易掩盖交谈和危险警报信号，分散人们注意力，发生工伤事故。

噪声引起耳聋。在强噪声下暴露一段时间后，会引起一定的听觉疲劳，听力变迟钝，经休息后可以恢复。但是如果长期在强噪声下工作，听觉疲劳就不能复原，内耳听觉器官发生病变，导致噪声性耳聋，也叫职业性听力损失。如果人们突然暴露在高强度噪声（140~160 分贝）下就会使听觉器官发生急性外伤，引起鼓膜破裂流血，双耳完全失听。在战场的爆炸声浪中就会遇到这种爆震性耳聋。

噪声引起疾病。在强噪声的影响下可能诱发一些疾病。已经发现，长期强噪声下工作的工人，除了耳聋外，还有头晕、头痛、神经衰弱、消化不良等症状，从而引发高血压和心血管病。更强的噪声刺激内耳腔前庭，使人头晕目眩、恶心、呕吐，还引起眼球振动、视觉模糊、呼吸、脉搏、血压等发生波动。

二、生态恶化

（一）森林资源贫乏

据《中国环境状况公报》统计，中国森林面积1.34亿公顷，总蓄积量101亿立方米，居世界第五位。但森林覆盖率仅为13.92%，远低于世界平均水平27%，居世界第104位；人均森林面积0.11公顷，人均森林蓄积量8.6立方米，分别为世界平均水平11.7%和12.6%，属于世界上森林资源贫乏的国家之一。

同时，森林资源还存在这样几个问题：一是森林资源质量不高，中幼龄林比重大，其面积占全国林地面积的71%，而人工林中的中幼龄林比重高达87%。二是森林资源分布不均，主要分布于东北、西南、东南地区，而西北、华北地区森林资源稀少，风沙危害严重。三是森林资源破坏严重，乱砍滥伐现象比较普遍，近年来全国每年超限额采伐3400多万立方米，天然森林资源面临严重威胁。四是森林灾害较为频繁，1996年全国发生森林火灾5000多次，受害面积18.67万公顷，火灾受害率为0.75%。森林病虫害发生面积662万公顷。

（二）草地退化严重

中国草地面积3.9亿公顷，仅次于澳大利亚，居世界第二位。但人均占有草地仅为0.33公顷，约为世界平均水平的一半。中国草地质量不高，低产草地占61.6%，中产草地占20.9%，全国难利用的草地比例较高，约占草地总面积的5.57%。草地生产能力低下，平均每公顷草地生产能力约为7.02畜产品单位，仅为澳大利亚的1/10，美国的1/20，新西兰的1/80。中国草地退化严重，90%的草地已经或正在退化，其中中度退化程度以上（包括沙化、碱化）的草地达1.3亿公顷，并且每年以200万公顷的速率递增。北方和西部牧区退化草地已达7000多万公顷，约占牧区草地总面积的30%。

造成草地退化的原因主要有：一是长期超载过牧，过度使用；二是气候干旱，使草地逐步沙化；三是人为采樵、滥挖药材、搂发菜、开矿和滥猎，破坏草地植被，致使草地退化。

（三）耕地质量下降

截至2005年10月31日，中国耕地面积18.31亿亩，人均耕地仅为1.4亩，不及世界平均水平的一半。中国耕地质量普遍不高，中低产田比例大，占整个耕地面积的 78.55%。耕地养分含量不高，土壤有机质含量低的比例高达 31.26%，缺氮耕地 4.7 亿亩，占耕地 33.6%；缺磷耕地 6.84 亿亩，占耕地 49%；缺钾耕地 1.82 亿亩，占耕地 13%。土壤盐化、碱化、渍涝、板结、侵蚀、薄土地等影响农业生产的障碍因子多，所占比例大。坡耕地面积大，近于 7 亿亩，占耕地面积 34.7%。

与此同时，耕地重用轻养现象严重，肥料使用不当，有机肥施用量少，化肥施用量大，致使氮、磷、钾失衡，钾透支严重。由于大水漫灌，造成土壤次生盐渍化现象突出。化肥、农药的大量施用，造成土壤酸化，地下水污染。

此外，近年来随着经济的快速发展，大量占用耕地的现象相当普遍，1981～1995 年的 15 年间，全国共减少耕地 8100 万亩，相当于减少了江苏或吉林省的耕地面积，每年减少粮食生产 500 亿斤。

（四）荒漠化与沙尘暴形势严峻

中国是世界上荒漠分布最多的国家，总面积约 128 万平方公里，占国土面积的 13.3%，分布在北纬 37°～50°、东经 75°～125°；新疆、青海、甘肃、宁夏、内蒙古、陕西、辽宁、吉林和黑龙江共 9 个省区，形成南北宽 600 公里，东西长 4000 公里的荒漠带。其中沙漠面积 71 万平方公里，占国土面积的 7.4%；戈壁面积 57 万平方公里，占国土面积的 5.9%。位于南疆塔里木盆地的塔克拉玛干沙漠面积 33.76 平方公里，是中国最大的沙漠，也是世界上第二大流动沙漠。

更为严重的是，中国沙漠每年正以 2100 平方公里的速度扩展，相当于每年减少两个香港的土地。据统计，中国受荒漠化影响的土地面积 332 万平方公里，其中沙质荒漠化土地 153 万平方公里，占国土面积的 15.9%，受荒漠化危害的人口有近 4 亿，农田 1500 万公顷，草地 1 亿公顷，以及数以千计的水利工程设施和铁路、公路交通等。同时沙漠化所引发的沙尘暴也日趋频繁。

沙漠化与沙尘暴的成因有两个方面：一是自然因素，温室气体排放导致的全球气候转暖和持续干旱，拉尼娜（反厄尔尼诺）天气现象的出现；二是人类不合理的经济社会活动，如滥垦、滥牧、滥采、滥伐、滥用水资源等。其形成机制是人类活动诱发，自然因素和人文因素交互作用、不断恶性反馈的过程。基于过去的教训，当前防沙止漠的思路正从单纯植树造林转到促进沙漠化地区经济社会可持续发展上来，实行"防治结合，以防为主，治沙与治穷并重"的战略。

（五）生物物种减少

中国物种资源无论种类和数量都在世界上占有重要地位。现已记录的主要生物类群物种总数约8.3万种，约占世界主要生物类群物种总数的7.5%。高等植物约3万种，占世界高等植物的10%，仅次于世界上植物区系最丰富的马来西亚（约4.5万种）和巴西（约4.0万种），居世界第三位。陆栖脊椎动物约2340种，占世界陆栖脊椎动物的10%；鱼类2804种，占世界鱼类的12%；藻类5000种，占世界藻类的16%；真菌8000种，占世界真菌的17%；细菌约500种，占世界细菌的0.2%。

中国物种资源除了种类和数量丰富外，其特有性也较高（见表4-4）。由于悠久的地质历史和有利于动植物生存繁衍的自然地理条件，特别是在第四纪冰期时，没有直接受到北方大陆冰盖的破坏，因此，中国动植物区系比较古老，且含有大量特有科属。

表4-4　　　　　　　　　中国主要生物分类群特有种（或属）统计

分类群	已知种（属）数	特有种（属）数	占总种、属（%）
哺乳类	499 种	73 种	14.6
鸟类	1186 种	99 种	8.3
爬行类	376 种	26 种	6.9
两栖类	279 种	30 种	10.8
鱼类	2804 种	440 种	15.7
苔藓植物	494 属	8 属	1.6
蕨类植物	224 属	5 属	2.2
裸子植物	32 属	8 属	2.5
被子植物	3166 属	235 属	7.5

资料来源：曲格平：《环境保护知识讲座》，红旗出版社2000年版。

根据中国植物特有属分布区的分析，大致有川东—鄂西、川西—滇西北以及滇东南—桂西三大特有现象中心。特有植物估计15000~18000种，占高等植物总数的50%~60%，某些类群甚至高达70%~80%。特有种子植物代表种有：银杏、攀枝花苏铁、银杉、金钱松、百山祖冷杉、珙桐、杜仲、华盖木、明党参、猪血木、七子花、青檀、太行菊、箬竹、知母等；特有动物代表种有：麋鹿、黑麝、藏羚、岩羊、大熊猫、白鳍豚、云南兔、藏野驴、台湾猴、中华酚鼠、中华秋沙鸭、褐马鸡、黑头角雉、黑颈鹤、棕头雀鹛、藏雀、扬子鳄、海南脊蛇、火头乌龟、棘皮湍蛙、大鲵、长江大鲟、斑白鱼等。

据估计，世界上有10%~15%的植物处于濒危状态，但在中国，濒危植物种比例估计高达15%~20%，濒危物种达4000~5000种。此外，还有相当可观的植物种已经灭绝，初步统计，列入濒危植物名录中的植物已有5%左右在近数十年内濒临灭绝。

据统计，中国20世纪末濒危动植物约有1431种，约占中国高等动植物总种数的4.1%。其中濒危高等植物1009种，占中国高等植物总数的3.4%，濒危脊椎动物398种，占中国脊椎动物总数的7.7%左右（见表4-5）。目前《国家重点保护植物名录》公布的珍稀濒危植物共354种；《国家重点保护野生动物名录》公布的珍稀濒危野生动物共405种，其中陆栖动物305种，水生动物70种。主要的濒危代表种有东北虎、华南虎、云豹、大熊猫、叶猴类、多种长臂猿、儒艮、坡鹿、白鳍豚、无喙兰、双蕊兰、海南苏铁、印度三尖杉、姜状三七、人参、天麻、草丛蓉、肉苁蓉、罂粟牡丹等。

表4-5　　　　　　　　　　中国主要生物类群的濒危物种数目

类群	物种总数	濒危物种数	濒危物种比率（%）
脊椎动物	5144	398	7.7
哺乳动物	499	94	18.8
鸟类	1186	183	15.4
爬行类	376	17	4.5
两栖类	279	7	2.5
鱼类	2804	97	3.5
高等植物	30000	1009	3.4
苔藓植物	2200	28	1.3
蕨类植物	2600	80	3.1
裸子植物	200	75	37.5
被子植物	25000	826	3.3
合计	35144	1431	4.1

资料来源：曲格平：《环境保护知识讲座》，红旗出版社2000年版。

在水域生态系统中，某些经济价值高的物种和敏感物种逐步减少以至消失。如长江的"三鲟"、江豚、白鳍豚、鳜鱼、银鱼、带鱼、大小黄鱼等变为稀有和濒危动物。此外，农作物和家养动物品种以及野生亲缘种，也在退化和减少，某些种已处于濒危状态。

三、自然灾害

中国是一个自然灾害频繁而又严重的国家，每年都有一些地区遭受干旱、洪涝、滑坡、泥石流、台风、冰雹、霜冻、病虫鼠草等灾害的袭击，地震灾害也时有发生，给人民生命财产造成严重损失。一般年份，全国受灾农作物面积（播种面积）400万~4700万公顷，倒塌房屋300万间左右。再加上其他方面的损失，每年自然灾害造成的直接经济损失400亿~500亿元人民币，大灾年份损失更加严重，1991年夏季仅江淮流域的特大洪涝灾害，就造成直接经济损失800亿元。

　　在众多自然灾害中，对人类构成威胁最大的是地震灾害。据统计，20世纪全世界死于地震灾害的人数约占死于各种自然灾害总人数的58%。

（一）地震灾害

　　中国是世界上遭受地震灾害最为严重的国家之一，据有关资料统计，全球陆地上的7级以上地震，30%左右发生在中国。中国除贵州、浙江省外，各省均发生过6级以上地震，其中发生过7级以上强震的省、自治区、直辖市就有19个。全国7级以上高烈度区的面积达312万平方公里，占国土面积的32%。全国45%的大中城市位于烈度为7度或7度以上的高烈度区。

　　20世纪中国共发生7级以上地震80次，仅新中国成立以来中国大陆就发生7级以上强震34次，这些大地震在时间上往往形成高潮与低潮相交替的活动格局。20世纪以来中国已经历了四个强震活动高潮，每个高潮期都持续十年左右，期间发生10多次7级以上强震，乃至发生一两次8级左右大地震。特别值得注意的是，20世纪90年代是中国大陆地区的第五个地震活动高潮期。

　　据历史记载，截至20世纪末，中国已发生过19次8级以上大地震，其中2次发生在台湾，17次发生在大陆。20世纪全球仅发生了3次8.5级以上特大地震，其中有两次是发生在中国（1920年宁夏海原8.6级地震和1950年西藏察隅8.6级地震，另一次是1960年智利8.5级地震）。

　　由于中国的地震属大陆板内型地震，一般震源都比较浅，在东部地区一般震源深15~20公里。由于震源浅，人口稠密，房屋建筑抗震性能差，因此造成的危害特别严重，也就是说，中国东部地区如果发生一次6级地震所造成的人员伤亡和经济损失可能比西部地区发生一次7级地震的损失还要大。

（二）干旱灾害

　　中国的干旱区域很广，有45%的国土属于干旱或半干旱地区。20世纪后半叶，干旱的受灾面积占总受灾面积的60%~70%，每年减产粮食100亿公斤以上。耕地面积受旱最重的是黄淮海地区其受旱面积占全国总受旱面积的46.5%，成灾面积占全国总成灾面积的50.5%；其次是长江中下游地区，其受旱面积和成灾面积分别占全国受旱和成灾面积的 22% 和 10.2%；再次是东北、西北、华南和西南地区，这几个地区的受旱面积与成灾面积占全国受旱与成灾面积的 31.5% 和 30.3%。

现代的干旱问题，除了降水量少的因素外，人类的社会活动是一个重要因素。人类活动的发展不断破坏地表植被及上层结构，从而减弱了其在水平衡中的功能，使得更多的天然降水无效流失，减少了可用水量。此外，随着人口及社会生产力的增加，对水的需求量也不断增加，社会的发展速度远远超过了降水量的变化趋势。

由于环境恶化，加重了干旱的严重程度，在干旱的反作用下，加之人类活动的影响，进一步引起一系列的环境恶化现象，造成恶性循环。

水资源持续减少。同世界其他国家比较，中国人均占有水量为 2670 立方米，只相当于世界平均值的 1/4，20 世纪末，全国每年缺水约 360 亿立方米。由于干旱的影响，中国的河川径流正在不断下降。如西北地区河川径流 20 世纪 50 年代丰，60 年代平，70 年代以后枯，呈逐渐减少的趋势。在河流出山口，经人类活动影响后，水资源减少更加明显，如新疆年总径流量 20 世纪 60 年代为 805.1 亿立方米，70 年代为 724.5 亿立方米，80 年代为 600 亿立方米，每 10 年减少 10% 以上。又如 20 世纪 90 年代，黄河年年出现断流，而且持续的时间越来越长，已给中下游地区的工农业生产和人民群众生活带来了严重影响，也使该地区的生态环境趋于恶化。

湖泊水位降低，水面缩小甚至干涸。许多湖泊水位持续下降，水面不断缩小甚至干涸。如新疆 20 世纪 50 年代湖泊总面积为 9700 平方公里，现已缩小了 4952 平方公里；蒙新湖区最大湖泊罗布泊，历史上面积曾达 3000 平方公里，20 世纪 50 年代为 2006 平方公里，1972 年已完全干涸。除了西北干旱区外，其他地区的湖泊面积也在缩小，如 1954 年以来，长江中下游的天然水面减少了约 1.3 万平方公里，在江汉平原，20 世纪 80 年代与 50 年代相比，湖泊总水面积减少了 33.6%。

冰川退缩和变薄。分析表明，中国的多数冰川（占 44.6%）在后退和变薄，雪线在上升。冰川后退的平均速度为每年 10~20 米，其中后退速度最快的是昆仑山，超过了 100 米，后退量最大的是天山和祁连山。

沙漠化土地明显扩展。沙漠化是在干旱多风和砂质地表条件下，人为活动导致脆弱生态平衡的破坏，地表出现风沙活动，使非沙漠地区出现了沙漠化的环境退化过程。由于人类活动导致生态环境恶化，使沙漠化进程加快，20 世纪中国的沙漠化大约以每年 2100 平方公里的速度在扩展。

　　地下水超采引起地面下沉和沿海地带海水入侵。由于干旱造成过量开采地下水，20世纪末全国已有20多个城市，包括天津、上海、北京、大原、西安及其他一些沿海城市发生了不同程度的地面沉降，其中塘沽和汉沽沉降速率达188毫米/年。超采地下水，也加重了地裂缝的扩展。全国有200个县市共发现地裂缝757处。其中西安市最为严重，已发现较大裂缝13条，已造成340幢房屋破坏，221处市政设施损坏，每年造成的经济损失达数亿元，大同市由于地裂缝的扩展，每年造成的经济损失也近千万元。

　　地下水超采使沿海一些地区遭到海水大面积入侵，并使土地盐碱化，这一现象在山东、河北、辽宁、江苏、天津和上海等省市均有发生，以山东胶东半岛沿海最为严重。

（三）洪涝灾害

　　历史上中国洪涝灾害十分频繁，自公元前206年至公元1949年的2155年间发生过较大洪涝灾害1092次，平均每两年一次。1950～1980年，中国平均每年受涝灾耕地面积达0.1亿公顷，成灾面积0.08亿公顷，粮食损失100亿公斤左右，受灾人口以百万计，造成经济损失平均每年150亿～200亿元。从20世纪80年代以来，洪涝灾害更有发展的趋势，中国长江、黄河、珠江、淮河等七大江河的水灾面积和成灾率都比20世纪60年代和70年代有所增加。1998年夏季中国发生了历史上罕见的特大洪涝灾害，波及29个省市，特别是长江发生了自1954年以来又一次全流域性大洪水，松花江、嫩江出现超历史记录的特大洪水。造成受灾人口2.23亿人，死亡3004人，农作物受灾面积0.21亿公顷，成灾0.13亿公顷，倒塌房屋497万间，直接经济损失达1666亿元。

　　洪涝灾害的发生与人类不合理的生产活动破坏了自然环境有重要关系。多年来，由于盲目开垦砍伐，使植被大面积丧失，造成水土流失、江河泥沙淤积，河床抬高。20世纪50年代初，长江流域的水土流失面积已达29万平方公里，到了90年代，已升至56万平方公里，四十年来水土流失面积增加了近一倍，年土壤侵蚀量24亿吨，其中上游地区水土流失面积35万平方公里，年土壤侵蚀量16亿吨。水土流失在中下游造成更多的"悬河"、"悬湖"。目前长江的荆江河段河床已高出两岸8米，黄河下游河床已高出河岸4～12米，这两处河段，事实上已成为"悬河"，一旦河堤决口，后果将不堪设想。与此同时，由于人为地围湖造田，加之上游挟带的泥沙淤积，致使湖面急剧萎缩，调蓄能力大幅下降。如洞庭湖20世纪50年代初面积为4300平方公里，现在仅为2600平方公里，湖面缩小了2/5；调蓄水量也由原来的293亿立方米，下降到现在的178亿立方米，减少了 110 多亿立方米。又如鄱阳湖 1954 年面积为 5000 多平方公里，现仅为 3900 平方公里，湖面缩小了 1/5 以上。据不完全统计，20 世纪 50 年代以后，长江中下游湖泊面积消失了 45%，损失蓄水容积 560 多亿立方米。

（四）水土流失灾害

中国是世界上水土流失最严重的国家之一，每年流失土壤 50 多亿吨，占世界总流失量（600 亿吨）的 1/12，每年的入海泥沙量约 20 亿吨，亦占世界陆地入海泥沙量（240 亿吨）的 1/12。据联合国《世界资源》一书统计，黄河和长江的年输沙量分别占世界九大河流的第一位和第四位。

全国水土流失面积 153 万平方公里，占国土面积的 16%。其中，西北黄土高原水土流失面积达 43 万平方公里，占黄土高原总面积的 70% 左右。其中严重流失面积约 11 万平方公里。20 世纪末西北黄土高原的年水土流失总量已达 22 亿吨，比 1949 年提高了 31%。

中国南方红黄壤区是仅次于黄土高原的严重流失区，近数十年来，水土流失又有了新的发展。据调查，长江流域 13 个流失重点县的流失面积，每年平均以 125% 的速率递增；江西省水土流失面积，20 世纪 50 年代、60 年代和 70 年代分别占总面积的 6%、10% 和 12.9%，80 年代已增至 20.7%。长江上游随着水土流失面积的扩大，流失总量由以往的 13 亿吨增加到 16 亿吨；长江中下游地区，河流输沙量近年也大幅度增加。

在开垦历史较晚的东北地区，水土流失也有发展，吉林省的水土流失面积占总面积的 15.4%；辽宁省水土流失面积已占总面积的 38%。东北三省包括内蒙古的部分盟、旗，水土流失面积约 18.5 万平方公里。

水土流失造成的直接灾害是使土层变薄肥力降低，含水量减少，土地生产力下降，造成粮食减产，仅此一项每年给中国造成的损失就非常巨大。

水土流失造成的次生灾害是加剧滑坡、崩塌、泥石流灾害的发生；抬高河床，淤塞水库，加速灾难性洪涝的发生和发展。

水土流失灾害的发生，一个十分重要的因素是与人类的活动有关。由于人类掠夺性地盲目利用土地资源，乱垦土地，滥伐森林，破坏草场，使生态环境遭到严重破坏，诱发和加速了水土流失的发展。

（五）滑坡灾害

中国滑坡灾害之严重和分布范围之广是世界上少有的几个国家之一。历史上每年都有滑坡灾害发生，而近十年来中国的滑坡更是规模大，速度快，给人们造成的灾难更大。滑坡对交通运输的危害更是惊人。据统计，宝成铁路有滑坡 101 处、成昆铁路 183 处、鹰厦铁路 48 处。每年都有因滑坡灾害中断行车数小时到数十天的记录。为此国家每年用于整治滑坡的费用高达 5000 万元以上。中国的滑坡发育地区主要是云、贵、川、西藏东部、甘肃省南部和黄土高原沟壑区。

滑坡的发生除自然形成的条件外，还与人为的作用密切相关。如人为的爆破作用、开挖坡脚或矿坑、坡面上堆填加载、生产和生活用水下渗等改变了原有的地质环境，破坏了平衡，矿山、铁路、水库旁的山体滑坡主要是这个原因。

（六）泥石流灾害

中国是一个多山的国家，山地、高原、丘陵占国土面积的 60%，复杂的地质条件，使得中国成为世界上泥石流灾情最严重的国家之一。受泥石流危害的主要地区是西南、西北山区，其次是青藏高原东部、南部和北部边缘、秦巴山区、太行山—燕山—辽南山区。

肆虐的泥石流给城镇、农田、工矿企业、交通运输、能源和水利设施、国防建设工程等带来极大的危害，每年都要造成数亿元的经济损失和几百甚至上千人的伤亡。其中铁路部门，由于其跨越的区域广，是受泥石流危害最严重的部门之一。全铁路沿线有泥石流沟 1300 多条，威胁着 3000 公里长度铁路线的安全。1949 ~ 1985 年，累计发生泥石流灾害 1200 起，其中造成铁路被毁、中断行车的重大灾害有 300 起，列车出轨和颠覆的严重事故 10 起，100 人以上伤亡的特大事故两起、33 个车站被淤埋 41 次，每年仅用于复旧费和改建工程费就高达 7000 万元。此外，正在兴建的长江三峡工程库区，也有泥石流沟 271 条，且近期活动有加剧的趋势，从其发展趋势预测，将直接影响库区泥沙淤积、航运畅通、城镇迁建和移民安置。

地质结构的长期演变和发育是泥石流发生的根本原因。但加速其发展的重要原因，是人类的生产活动改变了自然环境。近四十年来，工矿企业迁入山区，城镇、交通、农田和水利建设不断发展，滥伐森林、草坡过牧、陡坡垦植、开矿弃渣、筑路弃土、劈山引水等活动，地表自然结构被破坏，生态环境恶化等因素最终促使了泥石流的发生。

（七）生物灾害

中国有害生物种类繁多，成灾条件复杂，而生态环境的恶化加重了灾情的发展。每年都有一些重大病、虫、草、鼠害暴发或流行，造成每年损失粮食数十亿公斤、棉花 300 万 ~ 400 万担、木材近千万立方米，再加上水果、蔬菜、油料及其他经济作物的损失，每年的总损失近百亿元。

　　人类的不合理生产活动，导致了环境的恶化，环境的恶化诱发或加重了自然灾害的发生，而自然灾害的发生又进一步破坏了环境，对人类进行了无情的报复，这是一个恶性循环。为了防止或减缓这一恶性循环的发生和延续，就必须充分发挥人类社会的调控机能，遵循自然规律，在人与自然环境之间寻求和谐的关系，改善环境，减轻灾害，为人类生存和社会发展创造更加美好的环境条件。

第三节　中国资源环境问题的未来发展

一、清洁能源和城市环境

　　中国煤烟型大气污染和城市交通污染严重。中国能源结构中有 75% 是以煤为原料组成的。二氧化硫和可吸入颗粒物严重超标，出现酸雨的城市占全国城市半数以上，二氧化碳等温室气体排放量已仅次于美国，成为世界温室气体排放第二大国，因此发展煤炭气液化、水电、风能、太阳能、核聚变能等清洁新能源，改善能源结构，提高城市环境质量是一项艰巨的环保任务。随着小汽车走入中国百姓家庭，汽油消耗量急剧增加，氮氧化物、一氧化碳等污染物将会增加，城市交通污染有可能进一步加剧。为此，中国已经将发展电动汽车和轨道交通作为今后交通发展战略。

二、无害化垃圾处理

　　垃圾无害化处理是国际上固体废弃物处理的发展方向。中国的垃圾无害化处理率较低。垃圾来源之一是工业排放的固体废弃物，全国 20 世纪末年产生量达 8 亿多吨，并以每年 8% 的速度增加。但工业固体废物利用率仅为 50%。工业固体废弃物主要集中在煤炭、采矿、冶金、化工等行业，这些工业垃圾都是放错了位置的资源，它们都有不同的再生利用价值，有些价值还相当高。但这些"资源"不但不断产生污染，而且大量占用宝贵的土地。全国历年工业固体废弃物占地面积达 700 多平方公里，累计储存量近 70 亿吨。

　　垃圾的另一个来源是城镇生活垃圾。现在全国城市生活垃圾清运量已超过 1.5 亿吨，与 20 年前相比增加了近 6 倍，中国垃圾无害化处理率不到 5%，历年城市生活垃圾堆放量达65亿吨左右，占地面积近600平方公里，全国有2/3以上的城市处于垃圾包围之中，垃圾在城市周边郊区自然堆放，对水体造成较大污染，严重威胁着居民的健康。

垃圾的无害化处理是循环经济的一个重要组成部分。而垃圾分类收集是无害化处理的基础。在西方发达国家，垃圾的分类收集处理早已是生活常识。在日本，城市生活垃圾的分类收集率高达近100%。分类之后的垃圾可以回收利用或制成肥料，无害化处理后的垃圾残余部分几乎为零。当前国内许多城市拟上马垃圾焚烧发电设施，引发市民很大争议。在未进行垃圾分类收集的情况下的垃圾焚烧处理已经被证实会产生更严重污染，且垃圾的减量率只能达到70%（即还剩余30%的焚烧后残渣，而这些残渣的处理更加困难，会造成二次污染）。中国的城市垃圾处理问题必须走无害化减量化的道路，而这条道路的基础是垃圾分类处理。

三、水土流失及地质灾害治理

中国水土流失面积较大。中国国土近2/3是山区，水土流失面积已占国土面积16.7%，年水土流失总量达46亿吨。黄土高原水土流失面达50万平方公里，黄河中下游的河床不断淤积、抬升，已成地上悬河。由于生态破坏和植被退化，水土流失正威胁着三江源，如果不尽快遏制长江上游的水土流失，长江有变成第二条黄河的危险。为此，国家在长江上游和黄河中上游实施了天然林保护工程。并在西部、北部许多地区实施"退耕还林、退牧还草"，取得了很大的效果。水土流失还与其他地质灾害（如泥石流、滑坡等）互为因果。2010年甘肃舟曲发生特大泥石流灾害，灾后景象至今历历在目。灾后国家启动了全国重大地质灾害隐患点排查工作，但根本性的措施仍然是恢复植被，提高森林覆盖率。

四、生物多样性保护

长期以来的环境问题破坏了野生动植物的栖息地，导致中国生物多样性减少。近些年来中国政府在立法、科研、宣传和建立自然保护区方面做了大量工作，有效地遏制了破坏野生动植物资源的现象。全国共有自然保护区面积98万平方公里，大熊猫、金丝猴、扬子鳄、华南虎以及银杉、冷杉等一批物种得到了有效的保护和繁殖。但生物多样性保护仍需要全社会的继续努力。

五、海洋资源的合理开发和保护

中国海域面积 473 万平方公里，拥有十分丰富的海洋资源。从海洋生物资源来看，有海洋鱼、虾、贝、蟹、藻类上万种，20 世纪末海产品年产量已达 2540 万吨。中国海域石油储量大约有 40 亿～180 亿吨，天然气可采储量也相当可观。大洋锰结核是以锰为主，镍、铜等多种有色金属聚合成的结核状矿床，是未来重要的金属材料的来源。另外，海水中有氯、钠、钙、钾、镁等多种重要化学元素，是"液体矿物"，将为经济发展提供无尽的矿藏。中国潮能和波浪能的理论蕴藏量分别为 1.1 亿千瓦和 1.5 亿千瓦，而温差能可开发量更为巨大。此外，海上城市与海上旅游将成为 21 世纪生活、娱乐的新时尚。但由于陆地污染源，中国每年向海洋排放数百亿吨未经处理的污水，导致近海海域中无机氮、磷酸盐、油类、汞及铅等重金属严重超标，赤潮频发；同时因过量捕捞，近海鱼类锐减。加强向海洋排污的管理已成为保护海洋生物和海产品卫生安全的当务之急，必须通过各种行政的、法律的和经济的措施予以解决。

中国海洋权益的保护是海洋资源保护和开发的重要基础。中国四大海域除渤海外，黄海、东海、南海都存在与周边国家的海洋权益争议。中国长期以来一直奉行"搁置争议，共同开发"的原则处理海洋权益争端。但不可否认的是，周边国家长期存在掠夺我国海洋权益的事实。21 世纪是海洋的世纪，中国必须加强海权维护力度，加大海权维护设施建设和投资，保障海洋为 21 世纪中国的发展提供足够资源和空间。

六、环保产业的培育

中国现有环保投入仅占 GDP 的约 1%，相对于当前严峻的资源和环境形势，环保投入明显不足。要想根本解决环保的资金问题，最有效的办法还是要让环保产业化，也就是建立在市场经济之上的环境治理。除了一些涉及国计民生的全国性的大工程由中央财政或地方财政投资外，其他的环保工作完全可以依赖环保产业的良性循环来自行解决。这就需要政府、企业、居民共同努力。

首先，政府要制定完善的产业政策，扶植环保企业，给它们资金上的、政策上的支持，引导、培育环保市场。同时，居民、企业也要有环境成本意识：环境是有价的，环境损害是有偿的。当然环保企业本身控制环保技术成本，推广环保产品也很重要。

　　环保产业是一个系统工程，从开始的回收环节到处理后的利用环节应该形成一个良性循环，这样才有利于环保产业化的实现。与环境污染治理相比，生态环境破坏后，生态修复更困难，需要的时间也更长。怎样减少人类对环境的破坏活动是关键。生态环境的治理最根本的是要解决当地人的生存问题，否则破坏的速度会远远大于治理的速度。生态环境建设的原则是要尊重自然，只要不去破坏，给自然一段时间，就会自然修复。总之，清洁生产和循环经济是解决可持续发展的必由之路。

第五章

人口与可持续发展

人口与可持续发展关系的研究和论争已经持续了 200 多年，近年来这个问题进一步引起重视。但是，由于这个领域研究的多方面复杂性，因此，在人口与可持续发展关系研究中，不仅存在各种思想流派之间的巨大分歧；也存在研究内容上和方法上的不同。我们通过对国外人口与可持续发展研究的思想理论、研究方法、研究的热点问题进行回顾和评述，可以提供一个国际社会对人口与可持续发展领域研究的基本线索。

第一节 人口可持续发展理论的基本认识

2010 年 9 月 21 日，中国计划生育协会成立 30 周年座谈会在北京人民大会堂召开。中共中央政治局常委、国务院副总理李克强出席会议并讲话。他指出，要深入贯彻落实科学发展观，坚持以人为本、统筹兼顾，走中国特色统筹解决人口问题的道路，做好人口和计划生育工作，促进人口与经济社会、资源环境相协调，实现可持续发展……李克强还指出，随着中国工业化城镇化推进和人均收入水平的提高，经济社会结构正在加快调整，人口结构也会相应发生变化。在新的形势下进一步做好人口计生工作，要按照加快经济发展方式转变、调整经济结构的要求，在稳定适度低生育水平的基础上，更加重视提高人口素质、优化人口结构、促进人口合理分布，着力提高人力资本和劳动者素质对经济增长的贡献率，努力将中国人口多的压力转化为人力资源丰富的优势。

一、西方关于人口和发展问题上的悲观论和乐观论的争论

人类对于人口问题的关注，从根本上说是来自对人口与发展关系的关心。在

这个问题上的论述之多、争论之烈，可以追溯到数千年以前。从古典经济学到现代经济学，许多西方经济学家和人口学家从不同的角度出发，论证了人口与发展的关系。尽管不同时期的各个流派众说纷纭，但归纳起来主要有两大类，即"悲观派"和"乐观派"。

（一）"悲观派"的主要观点

"悲观派"强调人口增长对经济发展具有负作用，具有代表性的观点是：

（1）托马斯·罗伯特·马尔萨斯（Thomas Robert Malthus）在 1798 年发表的《人口原理》，书中提出了两个公理、两个级数、三个命题、两种抑制等观点，从人口增长与经济发展的关系来看，其核心应该是三个命题，即：①人口的增加必然受生活资料的限制；②当生活资料增加的时候，人口总是增加；③较强的人口增殖为贫困和罪恶所抑制，因而实际人口同生活资料保持平衡。该书的分析是以土地肥力递减和边际劳动力收益递减为理论依据，应用简单的人口经济模型，提出了人口与发展关系的两个方面，即经济发展可能会刺激人口增长，人口增长却会阻碍经济发展，这种现象会在一个较低的水平上不断地重复和循环，以致形成一个"恶性均衡陷阱"，得出人口过剩是"绝对过剩"的悲观性结论。

（2）哈佛大学的哈维·列宾斯坦（Leibenstein）在 1954 年发表《经济—人口发展理论》中，提出了他的人口经济模型：收入的增加导致增长率的提高，一旦人口的增长超过收入的增长，人均收入便会下降，并必然导致陷入一个低水平的均衡圈。1957 年又提出了"人口障碍"（Population Hurdle）说：人口增长速度越快，投资率也必定越高。假如人口增长快于投资率的提高，就必然陷入马尔萨斯所说的贫困循环的困境中。在这样的情况下，经济增长将能够填饱更多人的肚子，但不能使人们从贫困中逃脱出来。

（3）美国普林斯顿大学的安斯理·科尔教授和埃德加·胡佛在 1958 年出版了《低收入国家的人口增长和经济发展：印度前景的个案研究》一书，在书中建立了一个印度经济发展的数学模型，并用高、中、低三种生育率假定来预测未来印度人均收入的变化情况。认为可以从人口规模、人口的增长速度、人口的年龄构成三个方面分析人口增长对人均收入的影响，通过计算和预测，提出 30 年后在高出生率假定下印度的人均收入将比低出生率假定下的人均收入低 40%。因而得出结论：人口的增长对经济发展有负作用。

（4）D·H·麦多斯（Meadows）和罗马俱乐部在 1972 年出版的《增长的极限》一书中，建立了一个复杂的计算机计算数学模型，分析了影响经济发展的 5 个因素，认为人口增长、粮食消费、工业增长、资源消费和环境污染 5 个因素都是按指数增长的，特别是其中的人口增长曲线上升比严格的指数增长还要快得多。由于人口的快速增长，导致资源消耗量大大增加，人口和工业生产按指数增长，自然资源消费率也按指数增长，致使环境污染严重。他们认为环境污染遍布全球，和其他几个因素一样，正在按指数增加，在分析了人口、工业生活等因素的增长之后，麦多斯等人又进一步分析了维持和限制这些因素增长的条件，维持人口和工业生产增长的条件，同时也是限制这两者按指数增长的条件。他们认为，如果维持现有的人口增长率和资源耗费率不变，世界的经济和人口最终会达到不可能再继续增长的极限。而达到极限之日，也就是人口和工业生产崩溃之时。根据他们的计算，公元 2100 年前，增长就会达到极限。为了使世界推迟到达增长的极限，避免人类社会发生突然的崩溃，他们认为可以通过下列途径实现全球的均衡，即人口和经济基本保持稳定，实现人口和经济的零值增长，技术处于停滞状态：第一，出生率和死亡率相等，投资率和损耗率相等，资本设备的数量和人口的规模都保持不变；第二，各种投入量和产出量的比率保持在最低限度，最好是在数量上使两者相互抵消；第三，对现有人口和资源的数量进行调整和配置。当技术进步造成新的选择机会时，可以通过计划和市场的力量加以调节。这种观点在学术界和公众中引起了巨大的反响，麦多斯等人被称为"带电子计算机的马尔萨斯"，他们的世界模型被称为"末日模型"。

总之，"悲观派"所提出的人口、资源、环境问题的确是人类面临的共同挑战。如果不考虑新老马尔萨斯主义的理论前提、理论体系是否正确，至少他们把人口与经济的关系问题提出来摆在我们面前，应该说还是有一定积极意义的。他们提出控制人口增长、减少资源耗费、防止环境污染的主张都是应当肯定的。但他们提出的零增长理论，主张技术进步停滞的建议，既不切合实际，也不科学。

（二）"乐观派"的主要观点

与"悲观派"不同，"乐观派"强调的是人口增长对发展的积极影响。

约翰·梅纳·凯恩斯（John Maynard Keynes）早在 1937 年发表的《人口增长缓慢的一些经济后果》一文中认为，经济危机和失业产生的主要原因是"有效需求不足"，而资本有效需求的决定因素是人口数量、生活水平和资本系数。其中提高资本有效需求的主要途径是靠人口的较快增长，同时他还认为人口的持续快速增长还有利于增加企业家对未来的乐观预期，激发更多的投资活动。1939年汉森（Hansen）发表的《人口增长的下降与经济进步》中认为：经济进步主要的构成因素有三个，即人口增长、新领土与资源的开发和技术革新，其中人口增长对于经济进步的贡献显得尤其重要。同时提出，快速增长的人口产生的年轻型的年龄结构将会影响社会的消费倾向，使消费结构成为资本使用型，从而刺激投资，有利于资本的形成。他们的分析表明，人口衰退是经济衰退的重要原因，为了达到生产性资源的充分利用，人口快速增长比缓慢增长更能刺激资本的需求和经济增长。

美国发展经济学家西蒙·库兹涅茨（Simon Kuznets）1966 年出版了他的《现代经济增长、速度、结构及扩散》一书，认为人口的持续增长是与稳定的或相对提高的人均产品一同实现的。根据现代经济增长的史实，库兹涅茨总结出人口增长对经济发展有正的影响的结论。1974 年出版的《人口、资本和增长》一书中，通过一个简单的计算提出，在其他参变量不受较大影响的前提下，人口增长或负增长对人均收入造成的可计算得出来的差别可能很小。同时，美国经济学家凯恩在他的《下一个 200 年》一文中，从时间序列上分析了人口和经济增长的过程。他认为，随着全世界人口的不断增长，世界总产值将不断增加，人均产值也会提高，从而人类将步入富裕而美好的生活。

在持有人口增长对经济发展有积极影响的观点的当代西方学者中，美国人口经济学家朱利安·林肯·西蒙（Julian Lincoln Simon）对人口与发展的关系作了长期的并富有开拓性的研究。1977 年，西蒙出版了他的《人口增长的经济学》。这本书几乎系统地覆盖和论及了人口变化和经济发展之间关系的所有主要问题。西蒙非常强烈地主张人口增长有正的反馈效应，运用宏观经济学和微观经济学的方法，并通过理论和经验分析，得出与麦多斯等人截然相反的结论："人口增长将有助于创造更为美好的未来。"西蒙还认为，人口增长对经济增长所产生的正反馈效应，在发达国家与发展中国家是不一样的。在发达国家，人口增长是通过知识进步和大规模经济而产生正效应。而人口增长在发展中国家的正经济效应则是个人和社会的转化，如工时的增加和生产技术转变。他还指出，根据发展中国家得出的主要结论是"从长远来说，人口适度增长或比零增长或过快增长的经济效果要好得多。"1981 年，西蒙出版了更具有挑战性的著作：《最终的资源》，西蒙也明确地指出人口是经济进步的一个长期的重要刺激因素，因为从长远来说人口增长将影响生产技术发明的速率，市场的形成和政府对基础设施的投资。该书的观点还对美国政府的政策产生了一定影响。1984 年，西蒙和凯恩又组织了 20 多名各方面的专家撰写了《资源丰富的地球——对地球 2000 年的反映》一书。该书对 1980 年美国环境质量委员会和美国国务院发表的《地球 2000 年——给总统的报告》一书中各种观点逐条批驳，最后得出了完全相反的结论。他们从森林、物种、渔业、土地、气候、矿石、石油、煤炭、空气等多方面论述地球上的资源是丰富的。他们指出，只要政治、制度、管理和市场等多种机制较好地发挥作用，从长期看，人口的增长有利于经济技术的发展。

除了上述经济学家之外，还有其他一些西方学者提出过一些人口增长是经济发展的一个基本刺激因素的观点。马歇尔·托德罗对这些观点做了如下总结："人口多能提供一个必要的消费需求，并引致生产上的优化规模经济，能降低生产成本，并能为达到更高的产量而提供充实充裕的和低廉的劳动力。他们还指出，如果考虑到在第三世界的许多农业地区仍然有许多可耕作但未开垦的土地，假如有更多的人耕作这些土地，将会极大地提高农业产量这一因素的话，这些地区实际上还人口稀少。"

（三） 新的动向

近几年，西方人口学界从不同的侧面对人口与发展问题作了评价。1983 年美国"人口增长与经济发展"课题组发表的报告《人口增长与经济发展——政策问题》一书，集中论述了关于人口增长与发展之间的关系，讨论的重点是发展中国家的问题，这份报告从不同侧面，试图对人口与发展关系问题做出一个客观而公正的评价。因此，它被认为是迄今为止最能代表人口经济学界关于人口与发展关系最新、最全面的观点。该书概括地介绍了西方人口学界对人口增长与经济发展关系问题的认识。

（1）人口增长与非再生资源耗尽之间没有必然的联系。快速的人口增长对非再生资源消耗的影响被夸大了。全球缓慢的人口增长会推迟非再生资源耗尽时刻的到来，但这并非一定会使更多的人获得非再生资源，而仅仅是把这种资源的消费更长久地向未来延续。并不是每一种非再生资源必不可少，只要某种非再生资源变得稀缺，其价格上涨时，就会刺激人们去采取实行保护资源、改进开采技术、寻求更廉价的替代品等适应性战略。

（2）人口增长对可再生资源的退化带来不利的影响。快速的人口增长可能会进一步降低劳动生产率，侵蚀土地，加速森林、鱼类等可再生资源的退化过程；人口增长减慢可以防止劳动生产率的下降和公共资源的退化，同时也会引发一定的体制和技术变革，抵消人口增长带来的消极影响。

（3）人口增长直接或间接地影响环境。许多环境的退化过程直接与人口有关，环境资源的公有财产特征导致过度开采的行为，造成环境的污染和退化。人口增长减慢会给政府以更多时间制定政策，实施环境保护政策，建立和完善环境保护所必需的体制，以解决环境污染，弥补市场机制的缺陷。

（4）人口增长减慢在物质资本投资增长率保持不变的条件下会提高资本/劳动比率。资本/劳动比率的提高会提高人均产出水平，从而促使人均收入水平的提高；人口增长减慢还会改变投资率和储蓄率，并因此改变物质资本的增长率。没有根据可以说明人口增长减慢会大大降低储蓄率，但有证据表明它能提高储蓄率。

（5）人口增长加速会扩大家庭规模，从而使家庭减少在孩子健康、营养和教育方面的支出。从长远观点看，人口增长减慢一方面会增加家庭用于健康和教育的费用，提高儿童的健康和教育水平，也会增加用于学龄儿童的人均公共教育费用，从而提高教育质量；另一方面也可以提高劳动力相对其他生产要素的收益，从而降低收入的不平等程度。

（6）人口快速增长不会引起城市的失业。没有数据表明，人口加速增长导致城市劳动人口更加迅速增长，从而造成城市失业的增加，也没有资料能证明劳动力构成在最近几年如何调整以吸收众多的新生城市劳动力。对发展中国家来说，城市劳动力增长率下降不会减少城市失业，但可以提高在现代经济部门中就业的高工资工人的比例，降低在非正规部门中就业的低工资工人的比例。

（7）人口增长会加剧某些城市问题。人口增长引起城市迅速发展，增加补贴性服务的负担，并可能放慢现代工业部门就业的比例的增长，但它不是引起这些问题的根本原因。人口增长减慢，降低城市自然增长率，城市发展就会放慢，这种变化也就会减少城市基础设施的投资需求，也会减少最终支持这种投资的收入基础。但人口增长减慢本身不会在很大程度上改善城市服务的质量，与城市增长过快有关的问题应通过调整那些旨在鼓励人们生活在城市或迁往城市的政府制定出相应政策来加以解决。降低人口增长并不会为解决这种布局上的不平衡提供可行方法。

（8）人口密度与规模经济没有必然的联系。一国的人口密度对制造业的技术进步的推动影响极小，因此人口增长减慢对制造业的劳动生产率不会有什么消极影响。提高人口密度对于农业劳动生产率所起的促进作用弥补不了劳动力数量递减所造成的影响，所以对大多数发展中国家来说，放慢人口增长不一定会导致农业劳动生产率的下降，相反，可能促使上升。

（9）个人生育决策会对社会的其他成员产生实际的外部效应和货币的外部效应。计划生育政策是政府的人口政策中最常见、最直接的控制手段，不仅使国家受益，造福大众，而且对个人也有利；控制家庭规模，实行与家庭规模有关的奖励与征税制度，是进一步实行计划生育的有效措施之一。

总体来看，西方人口学界认为，缓慢的人口增长有利于经济发展，那些对于人口增长危言耸听的或听之任之的论调都是站不住脚的。

二、马克思主义在人口和发展方面的主要思想

马克思主义人口理论是由马克思和恩格斯所创立并为列宁、斯大林、毛泽东等人所进一步丰富和发展的人口理论体系。他们以辩证唯物主义和历史唯物主义为理论基础，把人口经济放到生产力和生产关系、经济基础和上层建筑的矛盾运动中进行考察，从而使人口经济理论领域发生了深刻革命，科学地阐明了人口经济发展的客观规律。其主要观点包括：

（1）人类自身生产必须与物质资料生产相适应。把物质生产和人类自身的生产联系起来考察，认为社会生产有两种，即物质资料的生产和人类自身的生产。两种生产的对立统一是人类社会存在和发展的前提。两种生产相互联系、相互渗透、相互制约，因此，必须相互适应。同时认为，社会发展决定于社会生产方式，人口增长不是社会发展的主要力量，人口增长不能说明社会面貌和社会制度变革的原因。相反，人口发展也要由社会生产方式的发展来说明。但人口增长对社会发展有促进和延缓的作用。马克思主义人口理论既反对人口决定社会性质、决定社会面貌的资产阶级观点，也反对忽视人口在社会发展中的作用的形而上学观点。

（2）生产方式对人口发展的决定作用。认为人口现象本质上属于社会现象，人口的发展变化过程是以人的生理条件和其他自然条件为基础的社会过程，人口规律是受生产方式制约的社会规律。生产方式对人口的运动、发展和变化起决定性作用，社会生产方式决定人口的增殖条件和生存条件。每一种特殊的、历史的生产方式都有其特殊的、历史地起作用的人口规律。他们反对离开社会制度、离开生产方式抽象地解释和说明人口现象，反对把人口规律说成是永恒不变的自然规律。

（3）人口过剩和工人贫困的根源在于资本主义制度。认为资本主义人口过剩是相对过剩，是相对于生活资料再生产条件的过剩，而不是马尔萨斯所谓的人口绝对过剩；资本主义社会的人口问题，根源于资本主义私有财产制度，只有变革资本主义制度，才能解决资本主义的人口问题。

（4）人是生产者和消费者的统一。认为人作为生产者，能创造社会财富；作为消费者，需要消费社会财富。人在社会经济生活中的这种双重作用，是正确认识人口与社会经济相互关系的出发点。

（5）马克思主义人口理论阐明了社会主义社会人口有计划发展的必然性，认为共产主义社会对人的生产将像对物的生产一样进行计划调节；在生产资料公有

制的社会主义国家，人口要有计划地发展，并应与经济发展相适应，等等。上述马克思主义经典作家人口经济思想，是无产阶级用以认识人口现象、解决人口问题的理论武器，同时，它又尊重客观事实，从社会存在本身探索人口规律，揭示人口问题的本质，提出解决人口问题的科学方案，也是中国在改革开放以后制定人口政策的理论基础。

三、中国人口与可持续发展理论的回顾

中国的人口思想贯穿在各种哲学、政治和文化思想中，从主张人口增殖的孔子（公元前 551～前 479 年）、墨子（公元前 468～前 390 年）到适度人口增长的商鞅（公元前 390～前 338 年）、韩非（公元前 280～前 233 年）再到近代的主张限制人口增长的洪亮吉（公元 1746～1808 年）等，各种思想极其丰富。但儒家增殖人口的思想一直是社会的主流，并深入人民的日常生活。从人口与发展方面考虑，第一个主张限制人口增长的是清朝学者洪亮吉，那个时代正是清朝人口飞速增长的时代，他清醒地注意到人口增殖太快对土地、粮食造成的紧缺状态。他的人口思想主要集中在《治平篇》和《生计篇》中。第一，他在《治平篇》中提出天下太平人口具有增长的巨大潜能。"人未有不乐为治平之民者也，人未有不乐为治平既久之民者也，治平至百余年可谓久矣，然其户口，则视三十年以前增五倍焉，视六十年以前增十倍焉，视百年百数十年以前，不啻增二十倍焉。"第二，他在《生计篇》中指出，人口增长和土地、商品等资源之间存在着紧密的联系。他认为，"为农者十倍于前而田不加增，为商贾者十倍于前而货不加增；为士者十倍于前而佣书授徒之馆不加增。且昔之以升计者，钱须三四十矣；昔之以丈计者，钱又须一二百矣。所入者愈微，所出者益广。于是士农工贾各减其值以求售；布帛粟米又各昂其价以出市。此即以终岁勤动毕生皇皇而好者，居然有沟壑之忧；不肖者逐生掠夺之患矣。然吾尚计其勤力有业者耳！何况户口既十倍于前，则游手好闲者，更数十倍于前。此数倍之游手好闲者，遇有水旱疾疫，其不能束手以待也明矣；是又甚可虑者也。"因此，中国应当限制人口。洪亮吉所提出的人口增长快于土地增长的思想比马尔萨斯早 5 年。但是由于中国封建小农经济内在地需求人口增长，在现实生活不可能出现自觉控制人口的行为。中国人口思想的特征是它与政治有着密切的联系，具有浓厚的政治色彩，强调人口为立国之本，人口众寡是君主德政和国家繁荣的标志。

1840 年鸦片战争后，西方列强不断入侵，中国的封建经济结构逐步瓦解。以梁启超（1873～1929 年）、严复（1854～1921 年）为代表的具有资产阶级新

色彩的思想家，主张仿效西方，走工业化救中国的道路。他们考察了中国的人口，同时也接受了马尔萨斯等西方的人口思想，形成了较为成型的人口思想，认为应该扭转早婚习俗，开发民智，提高人口素质。新中国成立后，具有代表性的是现代经济学家马寅初先生（1882～1981年）《新人口论》所体现的人口思想。马寅初先生作为人民代表和人大常委，对中国人口问题十分重视。1957年7月5日在《人民日报》全文发表了他的《新人口论》。《新人口论》鲜明地阐述了他的基本思想：中国人口繁殖太快，人口多，资金少，影响工业化的进程，影响人民生活水平的提高，应该控制人口。明确地把中国的人口增长与工业化进程联系在一起，并在此基础上提出了控制人口增长的思想。《新人口论》的主要观点是：

（1）提出掌握人口数据是制定政策的关键。其出发点和立足点是要求客观地估计中国人口的增长情况；

（2）提出人口增长与社会发展之间的矛盾问题。他认为，对于一个人口数量超过6亿的国家来说，人口增殖率超过20‰会带来各种问题，这将导致一系列的人口与国民经济发展之间的矛盾。如人口与资金积累、人口与提高劳动生产率、人口与工业原料、人口与提高人民生活水平、人口与科学事业发展之间的矛盾；

（3）他提出了解决中国人口问题的三点建议：一是要进行新的人口普查，以了解在5年或10年中人口增长的实际情况；要坚持进行人口动态统计确定人口政策。二是大力宣传，破除"不孝有三，无后为大"和"五世其昌"等封建传统观念，使广大人民群众都知道节育的重要性；实行晚婚等控制人口措施。三是在节育的具体办法上，主张避孕，反对人工流产等。马寅初关于控制中国人口的观点和建议，虽一度受到错误的批判，但在中国共产党十一届三中全会后已进行纠正，且得到了深入的发展。并对中国实施计划生育政策提供了理论依据。

随着1978年中国改革开放政策的确定、发展和完善，中国人口科学研究也随着走向恢复、不断发展和繁荣的新阶段。综观过去20多年的中国人口经济问题研究过程，学术界在不同阶段中对人口与发展问题研究的内容、手段、视野等方面也有着不同的特征。其研究成果主要包括以下几个方面：

一是两种生产理论。两种生产理论的思想认为，社会生产不仅包括物质资料生产，还应当包括人类自身生产，两者构成了社会生产内部的矛盾对立体，社会生产正是在互相依存、互相联系、互相制约、互相渗透中发展。关于两种生产之间的关系，大多数学者认为，在两种生产的矛盾运动中，物质资料生产是矛盾的主要方面。人口生产最终总是适应着物质资料生产的客观要求而变动，并围绕着物质资料生产这个经济基础而变动，同时，由于人作为生产的主体，可以渗透到物质资料生产的各个方面，如果人口生产不能得到有效的抑制，它也会在某种程度影响物质资料生产的顺利进行，并延缓经济发展的进程。人类自身生产必须与物质资料生产相适应作为马克思主义人口经济思想的核心，奠定了具有中国特色人口理论的理论基础和指导思想。同时，对两种生产理论的辩论也坚定了中国政府严格控制人口增长的信心和决心，科学和客观地应用两种生产理论来解释中国人口与经济的内在关系问题，对中国经济发展目标的制定以及其他重要决策发挥了不可低估的作用。

随着整个社会物质资料生产的不断丰富和高度发达，可持续发展受到了一定的威胁，有些学者的研究在时间上和空间上突破一些局限，把"两种生产理论"扩展为"三种生产理论"，认为把环境生产（资源的生产和废物的消纳）和人口生产作为两端，把物质资料的生产看作是纽带，三种生产应相互适应。该理论更加强调社会发展的综合性和人的发展的全面性，由强调人口—经济关系扩展到强调人口—经济—资源—环境关系。

二是中国人口增长与经济发展研究。人口增长与经济发展之间的关系包括人口与消费、人口与分配、人口与投资、人口与就业、人口与耕地、人口目标与经济目标等。（1）对人口投资问题的论述，最早邬沧萍利用国民收入指标，动态地考察了人口增长和国民收入投资额之间的关系，他发现，控制人口增长对国民收入的积极作用至少需要 20 年才能充分体现出来；张纯元主编的《人口经济学》一书对人口投资做了比较系统和科学的论述，从宏观上严格界定了狭义人口投资和广义人口投资，阐明了测定智力投资经济效果的几种方法，并首次从微观上探讨了家庭人口投资的含义和内容以及其特有的经济效益。（2）对中国人口增长与经济发展之间关系的研究，最有代表性的研究是张世晴的博士论文《人口—经济增长的理论研究》，该书从人口增长对人口—经济增长过程的作用、周期、内在机制等不同的角度说明了中国控制人口增长对经济发展的重要性；毛志锋以研究适度人口为基本思路，从中国人口、经济、资源和环境诸方面研究了人口再生产和国民经济各个部门的平衡关系；李竞能根据人口自然增长率和人均国民收入水平，就市场经济条件下地区间的经济增长对人口控制的影响进行了更深入的研究。

三是人口质量与经济增长研究。朱国宏的《人口质量的经济分析》一书在系统地借鉴国外人力资本理论和参考国内相关研究成果的基础上，运用实证的研究方法对中国人口质量在经济增长中的作用做了全面的分析；冯立天和戴星翼主编的《中国人口生活质量再研究》中，通过构建中国人口生活质量综合指数，对中国各省 2000 年实现小康生活质量的可行性进行了前景分析，认为只要注重经济生活质量的提高，中国实现预定的小康生活质量目标是可能的。

四是人口与经济—资源承载力研究。中国科学院国情分析小组定性地考察了中国人口、经济与资源之间存在的主要矛盾，指出人口过多和自然资源相对短缺将直接制约中国经济的长期发展，因此，建立资源节约型国民经济体系是解决上述矛盾的关键，并建立了"P—E—R"（即人口与经济—资源承载力）区域匹配模式。它的建立对定量地分析人口数量、经济发展水平和资源环境之间的关系奠定了良好的基础。

五是人口变动与市场需求研究。在市场经济条件下，市场经济对人口变化有着巨大的影响，人口变化对市场经济也有着重大的反作用。对这一问题的讨论其中比较有代表性的论著是 1996 年出版的分别由张纯元、曾毅主编《市场人口学》和郝虹生等编著《人口分析与市场研究》，他们从不同的角度分析认为：人口的数量、质量、收入、性别、年龄、民族、职业、结构、分布、流动等各种因素对市场需求有着很大的影响；另外，田雪原、陆杰华、于学军、吴忠观等都就人口变化与市场需求关系进行了研究。

六是人口、资源、环境、经济可持续发展研究。随着可持续发展理论框架的引入，这一时期的研究的突出特点是学术界从不同的视角上分析中国人口、资源、环境、经济可持续发展问题。蒋正华以人口与可持续发展的视觉发现，影响中国最大人口容量的因素主要是食物供给和资源环境因素，因此必须将中国人口控制在最大容量内；田雪原认为，人口与国民经济的可持续发展是全部可持续发展的基础，这是因为总体人口与生活资料、生产年龄人口与生产资料、人口质量与技术进步、人口老龄化与养老保险、人口城市化与产业结构合理化以及人口地区分布与生产力合理布局的可持续发展在全部可持续发展中占有重要的地位。

总之，无论是宏观方面的研究，还是微观方面的研究，改革开放以来，人口与发展的研究取得了长足的发展，为建立社会主义市场经济体制奠定了坚实的理论基础。

第二节　实施可持续发展战略所需要的人口条件

可持续发展是人类社会在人口、资源、环境、社会、经济诸因素的全面持续发展，是一项全局性、综合性、长远性的战略。而且，人处于可持续发展的中心或核心地位，可持续发展的出发点和归宿点是为了人类更好地生存与发展。人口的数量规模、增长速度、结构特点、分布特点、素质状况等，都直接制约着社会经济发展的规模、速度、途径、方式和效果，严重影响着人口、资源、环境、社会、经济的协调发展。实施可持续发展战略，实现人口、资源、环境与经济的可持续发展，都必须与其要求的人口规模、人口增长速度、人口素质、人口结构和人口分布相适应。因此，通过对人口与可持续发展相互关系的研究来分析可持续发展所要求的人口条件，是可持续发展战略研究的基本问题。

一、可持续发展需要合理的人口规模

人口规模是影响可持续发展的最重要因素，人口规模的大小，直接关系资源的消耗、环境的保护，并与社会经济的发展密切相关。可持续发展要求人口的数量规模，必须与一个国家和地区的环境容量、人均资源占有量、人均耕地面积、经济发展水平相适应。如果人口规模太小，虽然自然资源、生态环境能得到保护，但不利于经济的发展；资源不能充分发挥效益，不能提供充裕的劳动力，无法形成规模经济效益；而过于庞大的人口规模会与土地、环境保护以及社会经济发展产生严重的矛盾；如果人口规模超过环境容量和土地承载能力，那么人均资源占有量和人均耕地面积减少，从而使环境遭到破坏，耗竭资源，危害生态平衡，降低生活质量。同时也会产生一些不利因素，影响社会稳定和国家的长治久安。中国第六次人口普查结果与世界人口增长规模来看，20世纪人口增长幅度过快（见图5-1、图5-2），进一步加剧了对资源、环境可持续发展的压力。

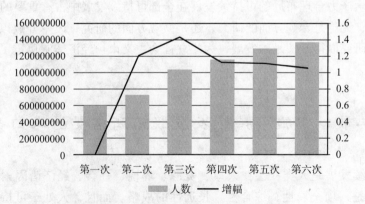

图5-1　中国六次人口普查总人口

资料来源：《第六次全国人口普查主要数据公报》（第1号），2011年5月。

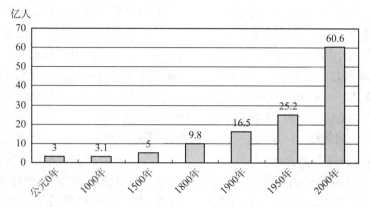

图 5 - 2 世界人口规模比较

资料来源：根据相关世界人口数据整理所得。

二、可持续发展要求适当的人口增长速度

人口增长速度的快慢是影响人口规模大小的主要因素。从一个较长的时期来看，人口增长过快，会造成人口膨胀、规模过大；人口负增长又会引起人口规模萎缩和人口老龄化，造成劳动力不足和负担过重。这两种情况都不能实现可持续发展。在人口规模太大的情况下，在一定时期内实现人口的低增长甚至负增长是必要的，但长期的负增长也不合理。可持续发展要求人口增长速度必须与社会经济发展的速度相适应。但是，这种适应首先是在人口的总规模与环境容量保持协调的前提下的适应。同第五次全国人口普查 2000 年 11 月 1 日零时的 1265825048人相比，中国人口十年共增加 73899804 人，增长了 5.84%，年平均增长率为0.57%。

三、可持续发展要求良好的人口素质

社会经济的发展历史告诉我们，人口素质越来越成为经济进一步增长的关键，人口素质的高低决定着各国社会经济的发展水平。只有人口素质不断提高，才能更好地推动科学技术进步，高效利用原有资源和开发新的资源，保护生态环境，控制人口的过度增长，提高劳动生产率，真正实现可持续发展。而要提高人口素质，必须优生优育，努力发展医疗卫生、文化教育、交通信息、居住环境等各项事业，搞好精神文明建设，不断提高人均寿命、受教育程度、道德修养、降

低发病率、婴儿死亡率、文盲率和犯罪率。人口素质的提高是经济素质和社会素质提高的坚实基础，同时也是消除贫困，保护生态环境，实现可持续发展战略的重要保障。第六次人口普查结果显示（见图5-3），目前中国具有大学（指大专以上）文化程度的人口为119636790人；具有高中（含中专）文化程度的人口为187985979人；具有初中文化程度的人口为519656445人；具有小学文化程度的人口为358764003人（以上各种受教育程度的人包括各类学校的毕业生、肄业生和在校生）。同2000年第五次全国人口普查相比，每10万人中具有大学文化程度的由3611人上升为8930人；具有高中文化程度的由11146人上升为14032人；具有初中文化程度的由33961人上升为38788人；具有小学文化程度的由35701人下降为26779人。其中，文盲人口（15岁及以上不识字的人）为54656573人，同2000年第五次全国人口普查相比，文盲人口减少30413094人，文盲率由6.72%下降为4.08%，下降2.64个百分点。

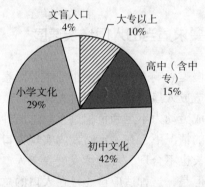

图5-3　第六次人口普查大陆31个省、自治区、直辖市和现役军人受教育程度

资料来源：《第六次全国人口普查主要数据公报》（第1号），2011年5月。

四、可持续发展要求优化的人口结构

人口结构是指依据人口具有的不同的自然、社会、经济特征把一定时点、一定地区的人口划分成的各组成部分及其内部状况和比例关系。人口结构既是人口发展的基础，同时又是社会经济运行和发展的人口条件。社会生产力发展和社会经济条件的变化，自始至终都离不开人口结构的相应调整、发展和变化。人口结构主要包括人口的年龄结构、性别结构、劳动力结构、就业结构等。年龄结构的不合理，性别结构的畸型化，不仅会带来许多社会问题，影响人口的可持续发展，而且会使人口的劳动力结构、就业结构不能适应社会经济发展的需要；人口的劳动力结构、就业结构不恰当，同样也会产生人力资源的浪费或短缺。实现可持续发展，必须防止人口老龄化，实现年龄结构的均衡化；防止人口男女性别比例失调，实现人口的可持续发展；适当调整劳动力结构、就业结构，以适应经济结构合理化的需要。

第六次人口普查结果显示：性别结构看，男性人口为 686852572 人，占 51.27%；女性人口为 652872280 人，占 48.73%。总人口性别比（以女性为 100，男性对女性的比例）由 2000 年第五次全国人口普查的 106.74 下降为 105.20（见图 5-4）；年龄结构看，0～14 岁人口为 222459737 人，占 16.60%；15～59 岁人口为 939616410 人，占 70.14%；60 岁及以上人口为 177648705 人，占 13.26%，其中 65 岁及以上人口为 118831709 人，占 8.87%。同 2000 年第五次全国人口普查相比，0～14 岁人口的比重下降 6.29 个百分点，15～59 岁人口的比重上升 3.36 个百分点，60 岁及以上人口的比重上升 2.93 个百分点，65 岁及以上人口的比重上升 1.91 个百分点（见图 5-5）。

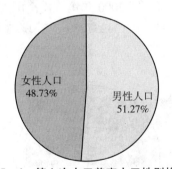

图 5-4　第六次人口普查人口性别构成

资料来源：《第六次全国人口普查主要数据公报》（第 1 号），2011 年 5 月。

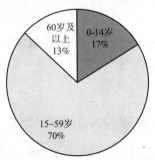

图 5-5　第六次人口普查大陆 31 个省、自治区、直辖市和现役军人的人口年龄构成

资料来源：《第六次全国人口普查主要数据公报》（第 1 号），2011 年 5 月。

五、可持续发展要求合理的人口分布

人口的合理分布是指人口的数量和结构应与经济、资源、环境相匹配，或者说应与最适度的人口容量相适应，从而维持可持续发展的良性循环。任何国家或地区必须有一定数量的人口，社会经济才能发展。但人口过密和过稀也不利于经济和社会的可持续发展。人口过密，会出现人口压力，劳动力过剩，从而引起就业困难和劳动力资源的浪费，影响人民生活水平的提高，也会带来治安、交通等社会问题。人口过稀，劳动力不足，生产的发展就会受到影响，从而会延缓社会的发展。因此，人口的分布一般应与生产力的分布相适应，人口的数量、质量、密度应与经济发展水平相适应，否则会阻碍经济的可持续发展。第六次人口普查结果显示：居住在城镇的人口为 665575306 人，占 49.68%；居住在乡村的人口为 674149546 人，占 50.32%。同 2000 年第五次全国人口普查相比，城镇人口增加 207137093 人，乡村人口减少 133237289 人，城镇人口比重上升 13.46 个百分点。

图 5 - 6　第六次人口普查大陆 31 个省、自治区、直辖市和现役军人的城乡人口结构

资料来源：《第六次全国人口普查主要数据公报》（第 1 号），2011 年 5 月。

六、可持续发展要求合理的人口消费模式

消费模式的变化同人口的增长一样，在社会经济持续发展过程中有着重要的作用。合理的消费模式和适度的消费规模不仅有利于经济的持续增长，同时还会减缓由于人口增长带来的种种压力，使之赖以生存的环境得到保护和改善。消费水平的提高和消费结构的改善，是以合理的消费模式为基础的。为实现可持续发

展，不能重复工业化国家的发展模式，以资源的高消耗、环境的重污染来换取高速度的经济发展和高消费的生活方式。只能根据本国本地的实际情况，逐步形成一套低消耗的生产体系和适度消费的生活体系，使人民以一种积极、合理的消费模式步入 21 世纪。

第三节 人口因素与可持续发展

《中国人口与可持续发展》是《中国可持续发展总纲》第 2 卷，从经济学、社会学和人口学等多学科角度，分析人口因素在经济社会可持续发展中的作用，探讨了人口、资源、环境协调发展的途径；以人口结构为出发点，尝试回答在一个迅速完成转变的国家，如何利用人口红利，保持人口红利，以至在将来用新的增长源泉替代人口红利等一系列重要问题……

（选自路甬祥、牛文元总编，蔡昉主编：《中国人口与可持续发展》，中国可持续发展总纲第 2 卷，科学出版社 2007 年版）

一、人口增长与可持续发展

人是自然生态系统发展的最高产物。人的自然属性决定了人不可能脱离自然生态环境生存和发展。但人类对于自然生态环境的适应又是能动的，人具有社会性。人类改造自然生态环境的能动性和人类社会生产劳动与自然生态环境的不可分性，给人类的生存和发展带来的后果也具有双重性。人口的增长不能超过环境人口容量的限制，因此，我们对人口增长突破环境人口容量即地球承载能力的后果要有清醒的认识。要充分认识中国人口增长的环境容量限制，促进中国资源环境的人口超负荷承载量向适度人口规模转变。

（一）人类与环境关系的一般理论分析

人类是自然环境的产物。人作为一种生物物种，也与一切生物一样，首先必须适应自然环境条件，以保持自己正常生理功能的实现。因此，适应自然生态环境是人的自然属性，是生命活动的前提，也是人类生存的根本条件。人的自然属性决定了人不可能摆脱自然生态环境而存在。人类对自然生态环境的适应性表现在诸多方面。为了维持人类个体的生存和物种的延续，人类总要以各种方式从自然生态系统中获得物质、能量及信息。

　　据计算，人在一生中要从外界环境吸收 32 吨空气、54 吨水、324 吨食物，同时要向环境排出数量大致相等的废物。人作为生物物种，呼吸所需的氧气完全由绿色植物提供，所需食物 100% 来自自然生态系统，其中 2% 靠水体提供，98% 靠土地提供。人类与自然生态环境的适应性，还具体表现在人体物质构成与生物物质化学成分的相似性。通过对人体所含物质成分与生物物质的比较，可以看出人与一切生物及自然生态环境发生学上的联系。不仅生物物质的化学组成与人体化学组成是很相似的，而且近代科学也发现，人体血液中的 60 多种元素与地壳岩石中相应元素含量的分布规律也是一致的，两者呈明显的相关性。

　　人类的生存和发展对自然生态环境有诸多的适应性，而自然生态环境也为人类的生存和发展提供了不可缺少的自然条件。自然生态环境为人类的生存和发展提供了不可缺少的阳光、空气、淡水、森林、草原和江湖河海，以及生活在其中的野生动物和鱼类及其他水产品，等等。它们不仅是人类出现后得以生存和发展的自然条件，而且对人类发展至今还起着很大的制约作用。以上种种说明，人是自然生态系统发展的最高产物。从人的自然属性来看，人是自然生态系统的一部分。就这一点来说，不管人类发展水平有多高，拥有多么强大的技术手段，人的自然属性仍为自然生态环境所限定，只能适应于自然的基本条件。人的自然属性决定了人不可能脱离自然生态环境而生存和发展。

　　然而，人类对于自然生态环境的适应又是能动的。改造自然生态环境是人类文明发展的物质基础。这是人与其他生物的本质区别，即人的社会属性。动物只能消极地、被动地适应自然环境求得生存，而人类从一开始就通过自己的劳动积极地、能动地改造自然环境，使其更适合于自己的生存和发展。人与环境的关系是以生产劳动为中介的。人类通过生产劳动从自然生态环境中获得物质、能量、信息，以增强其屏蔽保护功能，扩大适应环境的范围，提高生存和发展的环境质量，同时又以"三废"的形式将一些物质排放到自然生态系统中，交由自然生态系统去降解、净化或同化，这是人与自然之间的物质变换关系。但是，不管人类生活环境如何改进，都不可能离开自然生态环境，后者始终是前者的自然基础。这是因为人类的劳动离不开自然生态环境为其提供的劳动对象，劳动首先是人和自然之间的过程，是人以自身的活动来引起、调整和控制人和自然之间的物质变换的过程。一边是人及其劳动，另一边是自然及其物质，人类的劳动和自然生态环境是分不开的，而人类社会的全部物质文明就是建立在这个基础之上的。

　　人类改造自然的这种能动性和人类社会生产劳动与环境的不可分性，给人类的生存和发展带来的后果也具有双重性。一方面，人类改造自然生态环境，给人类自身带来了直接的利益，扩大了人类适应的范围，创造了一个比原始的自然生态环境更高级、更适合于人类生存和发展的环境；另一方面，也在强烈地改变着自然生态环境的结构和功能，干扰着自然生态环境的基本的动态平衡过程，从而又破坏了人类生存和发展的基础。

所谓生态平衡是指一个未受干扰或少受干扰的生态系统，其组成结构、物质和能量的输入、输出都处于动态平衡。简言之，生态平衡即生态系统正常运行的内在稳定性。人类要保持生态平衡，人类自身就要与周围自然生态环境之间的能量流动和物质交换过程的输入量及输出量，以及生物群落的组成和各个物种的种群数量处于相对稳定状态。生态平衡是一种动态的相对平衡。任何生态系统内部都有自动调节的稳定能力，但这种自动调节的稳定能力是有一定限度的，如果生态系统受到的外界干扰超过其本身自动调节的稳定能力，就会引起生态系统结构和功能的失调，即组成成分的变化以及物质循环和能量流动受到阻碍，导致整个生态平衡的破坏，结果生物量锐减，生产能力猛降。因此，人类改造自然，并不等于盲目地掠夺自然界，挥霍自然资源，恣意破坏生态平衡。由此可见，人类改造与适应自然生态环境也存在着矛盾。这种矛盾的尖锐化就表现为人与自然的冲突和对立。而正确处理人类改造与适应自然生态环境的矛盾，把人类改造自然的活动与环境的基本功能协调起来，使人类在提高改造自然环境能力的同时，也提高人类对自然生态环境的保护能力，使改造自然环境有利于更进一步适应自然生态环境，则是人类社会得以生存和发展始终必须正视的问题。

（二）人口增长与环境容量的关系

近 3 个多世纪以来，世界人口以前所未有的速度增长着。据联合国人口基金委统计，1830 年，世界人口达到了人类历史上的第一个 10 亿。在此之后，世界人口便以指数增长的形式急剧增加。1930 年，世界总人口达到 20 亿；1960 年，达到 30 亿；1975 年，又达到 40 亿；1987 年，世界人口又增加 10 亿，达到 50 亿。不难看出，世界人口倍增的时间越来越短（世界人口每增长 10 亿人，所需的时间分别为 100 年、30 年、15 年、12 年），并将 1987 年 7 月 11 日定为"世界50 亿人口日"，1990 年将此日定为"世界人口日"；1999 年 10 月 12 日世界人口达 60 亿，联合国确定为"世界 60 亿人口日"；2011 年，世界人口达到 70 亿。世界人口的过快增长给当今世界带来了很多社会问题，尤其是导致了一系列危害人类生存的环境问题。那么，从严峻的人口与环境、资源的现实出发，地球上究竟能容纳多少人口？各地区又以多少人口为极限？这不能不是一个关系人类生存和发展的重大问题。

任何生物，包括人类在内，种群的增长都会受到环境容量的限制。当生物种群数量远低于最大环境容量极限时，由于约束性阻力微弱，种群内在增长潜力能得以充分发挥，使自身迅速增长。伴随这种增长趋势的发展，种群密度增加，环境饱和度增加，使得种群进一步增长困难，于是增长变慢，乃至停止增长，即达到环境允许的饱和状态。某一特定生态系统中多类种群的增长和环境容量的冲突必然产生一种相互波动。当系统的自组织机制能够吸收缓解这种波动性，就能继续保持物质能量转换间的平衡，借助涨落机制更新自身的结构、形态，从而不断跃向新的动态平衡。如果波动超度，必然导致系统内生物组织的破坏，无限度增加，进而趋向混沌。这就是生物繁殖增长极限的逻辑斯蒂增长曲线规律。显然，人口的增长，也可以用描述高等动物种群动态的逻辑斯蒂方程式来加以说明，但人口增长与环境容量的调节则不能任凭动物种群的"自我拥挤"效应来起调节作用。这种调节只会给人类带来灾难。因此，人口增长与环境容量的关系问题我们有必要加以进一步的讨论。至于人口与环境资源即自然资源的关系问题，则将另作专门分析。

环境容量这里主要指的是环境的人口容量。环境容量是由自然条件和生产技术方式决定的，并受社会条件的制约。从历史发展来看，它处在不断变化之中，但在特定的历史地理条件下，又有其相对的确定性。一定的人口增长不能超过一定的环境人口容量。为了简明地概括环境容量的构成和制约因素，美国学者威廉·福格特早在20世纪40年代就提出了环境容量的方程式，即土地对人口承载力概念：

$$C = B \cdot E$$

式中，C为土地面积对人口的承载力，即环境容量。B为土地上的植物为人类提供住所、衣着、食物尤其是粮食的能力，即生物潜力。E为环境阻力，即各种限制生物潜力发挥作用的不利因素。

前面所述，环境容量是由自然条件和生产技术方式决定的，并受社会条件的制约，它们在一定条件下是确定的，但又是可变的。因此，威廉·福格特提出的环境容量方程式中变量所包含的内容也是可变的。B不仅包括生物潜力，还应包括现代社会生产所需的一切物质资源和能源。它们的利用程度依赖于生产技术方式。E也受社会条件制约，如人口压力，对资源和能源的不合理的利用方式，可以加速资源耗减，造成环境恶化，降低生物潜力。这样，环境容量与人口增长的相关变化，我们可以分别用两条曲线结合起来，作为一个相互制约的过程加以考察。

尽管人类经过不断的努力，可以增长一定的环境容量，但从长远来看，环境容量是不可能无限增加的。因为地球表面适合于人类生息的空间毕竟是有限的。

生态学家阿利曾对动物的群聚作过大量研究，发现任何物种都必须拥有一定的生活空间，并各有其最适当的种群密度。过疏和过密对种群都有限制性影响。这就是阿利氏规律。人类社会当然比动物种群有更大的复杂性，人类行为在很大程度上受到社会因素的制约。但是阿利氏规律基本上也适用于人类。人处于食物链的顶端，又需要庞大技术链的支持，他的全面发展的需要，除了充足的食物，清洁的水和空气之外，还要求自然生态环境、自然景观和生态系统具有必要的多样性。因此，生存空间对人的意义更为巨大。

不难看出，即使科学技术的发展和社会的进步能够为人类提供充足的食物和物质资源，人口的增长也不可能超过一定的限度。人类必须尽早实现对自己种群的主动调节，在最适度人口密度附近停止增长，或者逐渐把过密人口拉回到适度人口水平，以避免人口与环境容量的尖锐对立而造成生态、经济、社会的衰退。显然，人口增长不能超过环境人口容量。国际人口生态学界给环境人口容量下的定义是：在不损害生物圈或不耗尽可合理利用的不可再生资源的条件下，世界资源在长期稳定状态基础上能供养人口数量的大小。这一定义强调的是环境人口容量以不破坏生态环境的平衡与稳定，保证资源的永续利用为前提。根据这一环境人口容量标准估算，地球的人口承载能力到底有多大呢？1982年世界观察研究所提出应为60亿左右；大多数学者则以地球植物的能量总生产为基础，认为地球最多只能容纳80亿人；而在1972年联合国人类会议上，多数科学家认为110亿人口可使地球上的人维持合理健康的生活。以上估算可能都是对的，但这种正确性又都是相对的。因为要非常"精确"地弄清地球承载能力的大小的确是一件非常不容易的事，它会受到各种主客观因素的限制。不过这种估算作为一种研究人口增长与生态资源退化之间的关系、协调人口与环境的重要方法与途径，仍然具有重要的意义。

在我们明确了人口增长与环境人口容量关系的基础上，首先，我们要做的事是，进一步扩大环境人口容量，努力提高地球的人口承载能力。如及时调整技术发展方向，改变生产技术方式，改革社会制度和生活方式，以节省自然资源，保证自然生态环境的健全，通过寻找适度的生态人口容量和经济发展模式，控制人口增长和环境破坏，借助技术进步和物质能量的输入输出，扩大人类的生存和发展空间，重建生态环境的平衡和人与自然的谐和。其次，我们对人口增长突破环境人口容量即地球承载能力的后果要有清醒的认识。

人口压力突破地球承载能力以后导致的结果只能是灾难。地球生态系统被人口压力突破后可能有一些特点：其一，这种"突破"的显露将会有很强的滞后性。尽管这种滞后性使人类有可能获得喘息之机，但消极性则是主要的。对于沉涵于眼前利益的人类社会来说，地球的承载能力一旦"突破"就会增加局面难以收拾的可能性。而随时警觉地球生态系统被人口压力所突破，警钟长鸣则是人类始终应保持的姿态。其二，人口压力过载造成的影响将不仅仅局限于环境退化，其作用是全方位的。人口压力过载所造成的自然生态环境的退化，必然使社会经济系统变得更为脆弱和难以经受打击，而经过打击的社会经济系统必然造成广泛的不良社会经济后果。其三，当人口压力突破环境承载能力之后，很可能形成令人生畏的环境承载能力的衰退、经济系统衰退和人口压力下降滞后，从而导致进一步衰退的恶性循环。

以上分析说明，在人口增长与环境人口容量的关系上，人口增长不能超过地球人口承载能力，否则会导致灾难和演出人间悲剧。因此，人类必须明智地使用生态资源，不断地改进社会生产技术，建立合理的消费方式，自觉地创造条件控制自己的种群的增长，保持适度人口与自然生态系统的良性循环。这是人类可供选择的出路所在。

（三）中国人口增长的环境容量限制

中国的人口增长问题十分突出。1760 年，中国总人口为 2 亿，1900 年人口增长到 4 亿，140 年时间增长的人口相当于有史以来人口增长的总和。1954 年中国人口达到 6 亿，所以 54 年相当于前 140 年的增长数；1969 年人口数量达到 8 亿，人口增加 2 亿的时间缩短到 15 年；1980 年人口又猛增到 10 亿，在 11 年时间里人口又增加了 2 亿；到 2010 年第六次人口普查初步统计数据显示全国总人口为 1339724852 人。比 2000 年第五次人口普查相比，10 年增加 7390 万人，增长 5.84%，年平均增长 0.57%，比 1990~2000 年年均 1.07% 的长率下降了 0.5 个百分点。庞大的人口数量严重制约着中国社会经济的发展，进而影响资源能源的有效利用和生态环境的良性循环。

从环境保护角度来判断，中国目前的人口数量已经远远超过了可以承载的适度人口，这种过载具体表现为相对落后的经济社会机制和社会生产力的人口压力作用对环境资源系统的破坏。坦率地说，中国人口增长与环境之间的关系已经相当紧张。中国的环境人口容量到底有多大？关于中国的适度人口容量问题，不少学者做过一些有益的探索。早在 1957 年，孙本文就从中国当时粮食生产水平和劳动就业角度，提出中国最适宜人口数量是 8 亿；1980 年田雪原、陈玉光从就业角度研究了中国适度人口数量，由工农业劳动者人数推算出总人口，提出 100 年后中国经济适度人口应在 6.5 亿~7.0 亿；胡保生等用多目标决策的方法，参照20 多个社会、经济、资源因素进行可能度和满意度分析，结论是中国 100 年后人口总数应以保持在 7 亿~10 亿为好；宋健等也从食品、淡水资源角度估算了 100 年后中国适度人口数量，提出中国人口饮食水平若相当于法国目前水平，人口总数应保持在 7 亿或 7 亿以下，若按发达国家的平均用水标准，中国人口总数应控制在 6.3 亿~6.5 亿。

　　显然，对中国适度人口容量的研究，有助于我们分析当前中国人口的超载状况。因为如果中国人口增长的数量得不到根本的控制，不仅资源、环境将不堪重负，经济系统也会处于高度紧张的运行状态，"短缺"将始终不能消除。中国人口已经超过环境人口承载能力，这是不言而喻的。面对中国日益增长的人口数量现实，当前我们的任务应是在如何有效控制人口增长的前提下，进一步提高国土人口的承载能力，拓展众多中国人口过密的生存空间。从中国国土的人口承载能力分析来看，中国历史上逐步积累起来的生态债务主要是森林缩减和草原退化——沙漠化这两大问题。因此，认为中国人口已经过载的主要依据是持续而且不断发展的生态退化，即再生性资源再生能力的衰退和植被破坏引起的生态失调，诸如森林破坏、水土流失、沙漠化、灾害频繁、水资源紧缺等。有鉴于此，要进一步提高中国国土人口承载能力的潜力，我们就要切实保护和节约使用耕地，进一步提高草原的承载潜力，森林的承载潜力，开发渔业资源的水面承载潜力。如果我们将耕地、草原、森林和水面四个方面综合起来，增加中国国土系统的承载能力的潜力还是很大的。

　　尽管在现实中，中国国土的承载力受到生态退化的不断削弱，但土地资源的优化配置和先进适用技术的不断推广仍然会增加承载能力。问题的关键是要加大国家对农业和国土的投入，否则不仅不能提高国土的承载能力，还会严重妨碍中国土地承载能力的提高。所有这些都说明，进一步提高中国国土的人口承载能力的潜力还是较大的。而对中国这样一个农业大国来说，提高中国国土的人口承载能力，最终有赖于农业现代化的实现，即实现传统农业向现代农业的转变，实现以"生态为基础，现代科技为主导"的生态农业和农业的可持续发展。

　　总之，从中国人口现状及其发展趋势出发，我们应长期跟踪研究中国环境人口容量，促进中国资源环境的人口超负荷承载量向适度人口规模转变。这是中国人口控制的一个长远战略目标，对此我们不能有稍许的松懈。

二、人口素质与可持续发展

　　人类对环境的影响大体可以分为三个阶段，第一个阶段是人类的科学素质很低，改造自然的能力很弱，在维持人类生存的过程中，对环境不会产生破坏性影响。第二阶段是人类掌握了一定的科学文化知识，或已经掌握了相当先进的科学技术，人口素质明显提高，或显著提高，改造自然的能力达到一定程度，但对自然规律没有足够认识，人类的生产和生活活动会自觉或不自觉地使生态环境遭到破坏。第三阶段是人类对自然规律有了足够认识，并能自觉地遵循自然规律，规范自己的行为，对经济发展和保护环境能统筹考虑、使保护环境成为人类的自觉行动。由此可以看出，人口素质对环境具有十分重要的影响。

实施环境可持续发展需要建立在人类高度自觉的基础上，需要人类对环境有一个全面正确的理解，掌握环境发生发展的规律，摆正人类与环境的关系，并能体现在人类的生产生活活动与环境发生的各种关系之中。可以想象，科学文化素质低下的人群将很难做到。事实也表明，在人口科学文化素质较低的情况下，往往只顾眼前、局部的经济利益，不考虑长远、全局的整体利益，结果造成环境污染和生态破坏。在中国南方一些山区，为获得眼前的经济利益，曾大搞土法冶炼，有些地区的土法炼硫造成局部地区毁灭性的社会公害。有的炼硫区方圆几平方千米内空气中二氧化硫浓度超过国家标准几十倍，局部地区形成酸而，在受害区域内寸草不生，大片耕地无法耕种，有些地区甚至停产 20 年也不能恢复正常的农业生产条件。

类似事件在人口素质低下的山区几乎随处可见，只是对环境危害的程度轻重不同而已，可见，人口素质对环境意识的制约，对环境的污染和破坏是十分严重的。

提高人口素质，教育素质是关键。知识是前人实践经验的总结，人力资本的提升离不开教育，而中国目前所面临的就是如何从人口大国向人力资本强国的转变。改革开放以来，中国人口教育素质的提高引人注目，从衡量平均受教育年限的人口教育指数变动来看，全国由 1982 年的 4.2 提高到 1990 年的 5.2，由 2000 年的 6.8 提高到 2010 年的接近 10。尽管如此，也仅相当于世界平均水平，距发达国家有很大差距。"十年树木，百年树人"，坚持教育先行是谋求可持续发展的人才保证。

一个国家整体人口素质低不仅在很大程度上决定了各类专业人才的数量和质量，并进而影响科学技术水平，同时，对各层次人员掌握科学技术和劳动技能也具有直接影响。由于中国整体人口素质不高，也直接影响企业职工的科技素质。

任何一个国家或地区的经济结构都是多层次的，要求与之相适应的人口素质也必然是多层次的。就中国目前的经济发展水平，产业类型还基本以劳动密集型为主，既需要一批高层次的管理人才和专业人才，也同样需要一定比例的中级管理和技术人员，以及更多数量的具有一定文化水平和劳动技能的基本职工队伍。

中级管理和技术人才，以及基本的职工队伍素质不高，同样也会制约科技水平的发展和应用。

包括中国在内的发展中国家，能源和资源利用效率不高，生产单位产品产生的废弃物远比发达国家多，是造成环境污染的重要原因。能源和资源利用率不高，主要是科学技术水平低。所以，提高环境科学技术水平是防治环境污染的关键。提高科学技术水平必须以高素质的人口群体为依托，因而，人口素质对科学技术水平的制约，也是影响环境的重要因素。

从粗放型（外延型）经济增长方式向集约型（内涵型）经济增长方式的转变，是实现环境可持续发展的根本途径，是治理环境问题的根本措施。只有实现集约型经济增长方式，才能提高能源和资源利用效率，减少对能源和资源需求的压力，减轻对资源环境的无谓破坏；才能减少废弃物的产生和排放，减轻环境污染。

实现集约型经济增长方式必须以提高科学水平和技术进步作为支撑。马克思曾在1857年就指出，随着大工业的发展，经济财富的创造将会较少地取决于劳动时间和耗费的劳动量，"相反地取决于一般的科学水平和技术进步，或者说取决于科学在生产上的应用。"现代经济增长的事实也证实了马克思这一观点的正确性，在现代经济增长中技术进步的作用越来越大；技术对经济的贡献已取代劳动和资本，上升到首要位置，估计工业发达国家劳动生产率的提高有65%左右来自科技进步。

实现经济增长方式的转变，实际就是要把经济建设引到依靠科技进步和提高劳动者素质的轨道上来，要实现经济增长方式的转变，就必须提高劳动者的素质，劳动者的素质是制约经济增长方式转变的重要因素。

三、人口结构与可持续发展

在人口结构中对环境具有明显影响的主要是年龄结构和产业结构，年龄结构和产业结构不同，对资源需求的质和量不同，形成的消费结构不同，对环境带来的影响也会不同。

（一）人口年龄结构对环境可持续发展的制约

人口年龄结构对环境的影响主要表现为不同的年龄结构类型对资源的需求，以及形成的消费结构不同，对环境会产生不同的影响。

年轻型年龄结构的人口群体在三种年龄结构类型中，对生活资源的需求量相对最少，对生产资料的需求量也最少，对资源和环境压力最小，相比之下，对环境的不利影响也最小。从动态分析来看，年轻型人口群体的再生产类型属于增长型，预示着未来人口的高速增长，人口数量增加，对资源利用的"分母效应"将会更为突出，对环境压力会加大。

成年型年龄结构的人口群体，劳动适龄人口比例最高，对生活消费和生产消费需求的资源量最高，对资源和环境的压力最大。在人口素质低下、环境意识淡薄、科学技术水平不高的条件下，对环境造成不利影响的可能性也最大。从动态分析来看，成年型人口群体的人口增长速度日趋减缓，对资源和环境压力会逐渐降低。

老年型年龄结构的人口群体，老年系数最高，在三种年龄结构的人口群体中，对生活和生产资料的需求居中，对资源和环境的压力居中。从动态分析，老年型年龄结构人口群体的人口再生产类型属于衰减型，不仅人口增长速度会减慢，而且会出现负增长，对资源和环境的压力最小。

（二）人口产业结构对环境可持续发展的制约

人口产业结构对环境影响，一方面表现为不同的人口产业结构类型对资源的需求不同，向环境排放的污染物不同，对环境的压力不同；另一方面也表现为人口产业结构与经济产业结构失调，会对环境造成更大的冲击。

1. 人口产业结构类型不同，对环境的压力不同

传统型人口产业结构以第一产业为主，从事农业生产的经济人口占绝对优势，利用的主要资源是可再生资源，可能造成的主要环境问题是生态环境破坏。当种植业人口过多，人均耕地面积过少，往往会出现过度垦殖、毁林开荒、毁草开荒、围湖造田，使耕地质量退化、森林和草原植被破坏，加重水土流失和土地沙化，生态环境遭到破坏。当畜牧业从业人员过多，会出现超载放牧，造成草原退化、沙化，同样使生态环境遭到破坏。

发展型人口产业结构第二产业从业人口比重明显增加，对不可再生资源的利用增加，可能造成的主要环境问题由对环境的破坏转向以环境污染为主。在传统型经济增长方式的条件下，环境污染与经济增长同步发展，工业企业发展越快，污染越严重。尤其在人口素质低下、科学技术水平落后的条件下，工业发展造成的环境污染会更为严重。

现代型人口产业结构以第三产业为主，从事农业和工业的经济活动人口明显减少，资源利用效率更高，单位产品对资源的需求量和污染物的产生量均明显减少，向环境排放的污染物明显减少，对环境的污染和破坏明显减轻，尤其当第三

产业第二层次和第三层次从业人员比例上升后，对环境的污染和破坏更会显著减轻。

由上述可见，环境污染和生态破坏会随着人口产业结构有传统型向发展型的转化而加重，随着由发展型向现代型的转化而减轻。人口产业结构由发展型向现代型转化的过程，也伴随着经济方式由粗放型向集约型的转化，两种转化的结构必然会加速环境质量的改善。

2. 人口产业结构与经济产业结构失调，会对环境造成巨大冲击

人口产业结构的转化过程往往会滞后于经济产业结构的转化，并由此导致对环境冲击。人口产业结构的转化实际是由低层次向高层次转化的过程，对人口素质的要求也逐级提高，当人口素质的提高跟不上产业结构转化的要求时，就会引发出环境问题。中国农业剩余劳动力产业的盲目转移就足以证明这一点。

中国改革开放以后，长期束缚在土地上的农业剩余劳动力被解放出来，其中上千万的农业剩余劳动力转向乡镇企业，使乡镇企业迅速发展。从农业转向乡镇企业，对从业人员的素质应有更高的要求，但广大农民没有机会、也不可能等待提高之后再进行产业转移，结果以大批低素质的管理者和劳动者组成的乡镇企业，以典型的高投入、低产出、低效益、高污染的传统生产模式，出现在广大农村，随之而来的是对环境造成巨大冲击，具体表现为使生态遭到破坏，使环境遭受污染。这一现象在 20 世纪 90 年代表现较为突出，1990～1995 年全国乡镇企业工业废水排放量由 24 亿吨增加到 47 亿吨，年平均增加 14.4%；废气排放量由 1.26 万亿标准立方米增加到 2.6 万亿标准立方米，年增长 15.6%。废渣由 0.64 亿吨增加到 1.3 亿吨，平均增长 15.2%。乡镇工业污染排放量的增加速度，远远高于同期全国工业污染排放量的增长速度，乡镇企业成为农村环境的主要污染源。[①]

四、人口迁移流动与可持续发展

计划生育和环境保护是中国的两大基本国策，这说明人口问题与环境保护问题在中国的重要性。随着社会发展，人口流动逐渐增多，规模（流动人口数量、空间尺度等）也越来越大。人口流动在推动社会经济进步的同时，也引发了一些其他问题。人口流动对环境的影响应当予以充分重视和必要的关注。

---

① 资料来源：1990 年、1995 年《中国统计年鉴》整理所得。

（一）人口迁移、人口流动与流动人口

据第四次人口普查的界定，在本地居住未满 1 年的移民就是通常所说的流动人口。广义地讲，因业务、劳动、旅游、学习、开会、探亲、访友等原因短期离家赴外地活动的人们也包括在流动人口之列。人口流动是一个动态概念，指流动人口的运动过程或状态。人口迁移通常指由政府部门所组织的从原居住地搬迁到新的居住点的运动过程，一般具有长期性、永久性特点。人口流动与人口迁移都是动态的，可合称为人口移动。

（二）人口迁移流动的动因或机制

白光润等认为"经济发展水平和环境质量的空间差异形成了人口迁移的区域生态场势"，"人口移动是环境条件和社会经济条件差异背景下的有场运动。"因此，可以说正是环境条件和社会经济条件的区域差异拉动了人口的迁移和流动，而人类自身生存发展的需求则是形成人口迁移流动的内在动力。具体来讲，人口迁移流动的动因除了有业务、劳动、旅游、学习、开会、探亲、访友等，另外还包括就业、政府行为、逃避战乱与灾害（环境恶化与自然灾害）等。前者往往具有短期特征，一般属于人口流动范畴，而后者则具有长期性特点，多属于人口迁移。

（三）人口迁移流动的积极意义或作用

人口迁移流动的适度发展，是建立社会主义市场经济的必要条件。能够促使人力资源按照市场原则合理配置，不断推进各种生产要素在空间上实现最优配置，促进人口、资源和经济协调发展，缩小地区差异发挥杠杆作用。具体而言，中国人口迁移流动的积极意义有：推动了产业非农化和人口城镇化；满足了沿海地区经济高速增长对劳动力的需求；为内地疏散过重的人口压力和发展经济开辟了广阔途径；利于控制人口数量，改善人口素质。

（四）人口迁移流动的环境影响

原新等根据环境功能属性提出环境功能的四种竞争：数量竞争、质量竞争、空间竞争和时间竞争，"空间竞争是指人类对空间的过度占用导致过于拥挤从而产生不可持续性后果，如环境生态生态功能降低、物种多样性丧失以及人类生存空间内部的拥挤等。"人口迁移流动改变了人口的区域分布，使得迁入（或流入）地人口规模迅速扩大，不可避免地会加重该地区环境功能的四种竞争。对某

地区而言，受自然环境条件和社会经济条件的限制，人口承载力（主要是人口数量、人口分布）和环境承载力（人均资源占有量、污染负荷量等）在一定时期内存在一个最优值和一个最大阈值，而且是相对不变的。但是，大量外来人口的迁入（或流入），必然会改变本地区人口与环境原有的生态平衡，甚至打破原有人地关系的空间格局，使人地关系趋于紧张。例如，青海省一些地区人口的大量迁入，远远超出生态环境容量，柴达木盆地 1949 年以来人口由 1 万多人骤增至 20 多万人，由于耕地严重不足，毁草、毁林、盲目开荒已造成严重的土地沙化和盐渍化。

就不同动因的人口移动来讲，以旅游为动因的人口流动和以政府行为为主的人口迁移具有更为密切的人地关系，对环境的影响也较大。随着人们生活水平不断提高，新的旅游区不断开发，旅游型人口流动的空间也不断延伸，旅游人口流动规模也日益增大，但由于开发过度和忽视环境保护，旅游区的环境景观正逐渐遭到破坏，尤其表现在自然景观旅游区。素有"京北第一草原"美誉的河北丰宁坝上地区正被旅游开发者过滥开发，"百里连营的旅游村、度假村、跑马场，不仅严重破坏了原有的草原景观，而且正一步步加速着该地区生态系统的恶化，加深了草原生态脆弱区沙漠化的危机。"

由政府组织的人口迁移是整个国民经济和社会发展计划中不可缺少的组成部分。大规模国土整治、生产建设重点地区间的不断转移，需要一定规模的由政府组织的人口迁移相配合。然而，由于人口迁移规模大且多为永久性，因此移民迁建过程中以及对迁入地区所带来的环境影响是非常突出的。例如，三峡工程移民带来的环境影响包括：①移民将会增加库区土地人口承载的压力。三峡工程完成后库区农田将会大量减少，其中淹没面积 23800 公顷，再安置用地面积 29000 公顷。三峡库区移民达 113 万人。根据开发性移民的方针，已移民地区基本上都是采取的"就地后靠"的方式，自 1984 年以来，库区开垦荒山超过 25 万亩，安置移民近 20 万人。②移民过程中的垦荒将会破坏植被，引发水土流失。③城镇工业企业的发展将引发潜在的环境污染，特别是库区水质污染。④城镇移民迁建过程中存在迁建城镇规划人口和用地规模普遍偏大问题。人均建设用地达 80 ~ 97 平方米，高于《长江三峡工程水库淹没处理及移民安置规划大纲》规定的用地标准（城市 80m 平方米，县城 70 平方米，一类集镇 66 平方米，二类集镇 61 平方米），使库区人地矛盾更加激化。

（五）减小人口迁移流动对环境影响的措施

人口迁移流动是社会进步的表现（战乱与灾害引起的战争难民、环境难民移动除外），消除其环境影响不能通过完全限制人口迁移流动来实现。林厚英等认为"未来很长一个历史时期将会出现人口以东向西迁移为主"。因此，人口迁移流将会长期存在。要消除其对环境的负面影响，必须首先通过制定、完善法规政策，规范人口迁移流动，使其有序化。目前重点应抓好人口迁移与旅游型人口流动环境影响的防治工作。旅游型人口流动，主要由旅游管理部门加强对所辖旅游景区的监管，根据景区承载量适当控制游客数量。人口迁移，应加强宏观调控，做好规划并确保规划被严格执行，移民规划的实施应紧密结合区域土地利用管理和持续发展。严格控制生态脆弱区的人口迁入，不遗余力地做好水土保持工作，严令禁止陡坡（超过 25°）开垦。移民迁建区应适度地发展低污染或无污染的城镇企业以及第二、第三产业。通过改善社会经济条件以避免二次移民。

中国西部地区是典型的生态脆弱区，虽然人口密度低，但自然条件恶劣，土地生产力低，人口承载力小，生态破坏后难以恢复，因此，西部大开发要特别关注控制人口增长和资源开发中的环境保护，把环境保护和生态建设放在首位。西部地区人口承载力低，控制人口增长应解决好两个问题：一是本地域人口数量增长控制，二是外来人口机械增长的控制。西部开发在迁移方式上不宜以大规模人口迁移，应着重于东部人才西迁，在时间上以短时期为主。

五、地球能养活多少人

人们很早就思考过这个问题，并且出现了至少几十种关于地球人口生态容量的说法。美国人口学家科恩（Joel E. Cohen）于 1996 年出版了专著《地球能养活多少人》，书中对人类在近 400 年来对地球承载力的研究进行了总结。对地球承载力的研究，不同学者的观点和结论存在极大的、令人难以置信的差异，得出的数字从不足 10 亿到超过 1 万亿。而据英国《卫报》报道，根据美国和罗马尼亚科学家的计算，地球可承载的极限人数是 1300 万亿人，是现在人口的 20 万倍！

可见，对于"地球能养活多少人？"这个问题，迄今为止没有一个能够令大多数人信服的答案。当然，人不同于一般动物，除了要维持基本的生活之外，还要有其他的物质生活和精神生活。有些人认为人口密度越大，人们的生活质量就越低。但事实上，世界上很多发达国家的人口密度都比较高，而很多穷国的人口密度反而比较低。就中国来说，人口密度高的大城市，生活水平也不一定比人口密度低的小城市差。

虽然我们反对强制计划生育，但并不是主张鼓励人口无节制地增长。《计划生育应转变为自主生育》一文中说过："在实行自主生育的情况下，当生育率过高时，政府可以采用经济手段奖励少生，但不能强制少生；当生育率过低时，政府可以采用经济手段奖励多生，但不能强制多生。而判断生育率是过高还是过低的标准，就是世代更替水平。就目前的中国来说，现实情况是生育率过低，大多数育龄夫妇的生育意愿也很低（不超过两个孩子）。因此，现在理想的人口政策应是在家庭计划的框架内鼓励生育，促使生育率回升到世代更替水平。"

如果地球是一艘大船，超载了，船上既有中国人，也有日本人、韩国人、印度人、德国人、美国人等很多国家的人，难道只要扔掉中国人，而其他国家的人对此不负责任？我们认为，如果地球真的是人口太多了，那么世界各国都要参与控制人口的计划，并且应该制定各国的人口控制比例。如果做不到这一点，只在中国实行计划生育，并且只针对中国的一部分人实行"一胎化"，就不能不令这部分人很生气——难道地球上只有这部分人是多余的？

事实上，除了中国以外，世界上绝大多数国家不但不实行强制计划生育，而且还有很多国家鼓励生育。据联合国预测，到 2050 年，世界人口将超过 90 亿。即使把中国人全部计划掉，到 2050 年世界人口仍然有 70 多亿，比现在全球人口还多 10 亿[①]。那么，仅仅在中国实行计划生育，对于减轻地球的负担还有多大意义？

---

① 引自何亚福：《请叶檀论述地球的承受能力》，千龙网，http://bbs. qianlong. com/thread－4803695－1－1. html，2010 年 2 月 26 日。

第六章

资源利用的生态学原理

时下流行一个时髦的词汇"森林氧吧",森林具有吸碳吐氧、阻风吸尘、降低噪声、净化水质、调节气温等多种生态功能,环境质量一流。特别是森林中的空气负离子浓度高,森林植物又产生一种精气,也叫植物芳香气,可以杀灭有害细菌,具有防止高血压、冠心病、神经官能症、哮喘、气管炎等多种疾病的功效。所以在世界性的旅游浪潮中,以"回归自然"为主题的森林旅游前景也十分看好。中国海内外游客评选出的"中国旅游胜地40佳"中,就有35处与森林有关。近10年中国正式建立的一批森林公园,每年接待中外游客2亿人次,总收入5亿多元,创汇1000多万美元。

20世纪80年代初期,非洲东南部已经建立了20.72×10^4平方千米的国家公园,成为世界上最大的野生动物庇护所。当地政府已经在发展旅游可以赚取外汇,如一头野象每年创汇61万美元,一头狮子每年创汇2.7万美元。一头狮子一生能创汇51.5万美元,而猎取一头狮子只能获得0.85万美元。肯尼亚安波沙利国家公园每年的旅游创汇达800万美元,而养牛收入只有45万美元。

(引自杨京平、田光明《生态设计与技术》,化学工业出版社2006年版)

第一节 资源生态学概述

巴罗斯(Harlan H. Barrows)在1922年美国地理学会的开幕词中指出,地理学应当致力于研究人类对其自然环境的改造和适应,这种说法就是把地理学看作是人类生态学。"我认为,在人们努力谋生中所发生的人地关系,一般说来是最直接、最亲密的,因此,应该努力对区域地理学的发展给予提倡"。对人类生态学的了解可以为景观规划的社会文化调查和分析提供帮助,它可以被视为生态学的扩展——研究人类之间及其环境之间的相互作用。

一、生态学及其基本原理

（一）生态学的概念

1866 年，黑克尔（Haeckel）提出了生态学的概念，在他所著的《普通形态学》中创造了这个术语。生态学（Ecology）是研究有机体与其周围环境相互关系的科学。Ecology 一词源于希腊文，由词根"oikos"和"logos"演化而来，"oikos"表示住所或栖息地，"logos"表示学问。显然，Haeckel 的这个定义在此强调的是相互关系，或叫相互作用（Interaction），即有机体与非生物环境的相互作用，和有机体之间的相互作用。因此，从原意上讲，生态学是研究生物"住所"的科学。同时，我们可以看到词根"eco"与经济学（Economics）的词根"eco"相同，经济学起初是研究"家庭的管理"，经济学本身是研究"收入—支出"的，因此生态学与经济学有着密切联系。我们可以把生态学理解为有关生物的经济管理的科学。Haeckel 最初用 Ecology 定义这一学科，其意应在讨论生物，特别是动物收入与支出问题，这是文献中未曾论述的。

生态学的概念后来被广泛简化为研究生物与其环境关系的科学。但仔细研究有关文献会发现，各学者对此的注释并不相同。李继侗（1958）认为："Haeckel 给予生态学的定义是研究有机体与环境相互关系的一门科学"。阳含熙（1989）认为："1866 年德国动物形态学家 Haeckel 初次给生态学创立定义：生态学是研究生物及其环境相互关系的科学"。孙儒泳（1992）认为：1869 年 Haeckel 首先对生态学作了如下定义："生态学是研究动物对有机和无机环境的全部关系的科学"。以上著名学者们所提到的生态学的概念有两个混乱，一是提出概念和定义概念的时间，二是概念定义中所说的生物现象。Haeckel 所赋予生态学的定义很广泛，由此引起了许多学者的争论。有学者指出，如果生态学内容如此广泛，那么不属于生态学的学问就不多了。因此，生态学应有更明确的定义，一些著名的生态学家也对生态学下过定义。

英国生态学家爱尔顿（Elton，1927）在他的早期著作《动物生态学》中定义生态学为"科学的自然历史"，这个定义指出了许多生态问题的起源。

澳大利亚生态学家安德鲁瑟（Andrewartha，1954）认为生态学是研究决定生物体分布和丰富度的各种关系的科学，他强调的是种群生态学。他的著作《动物的分布与多度》是当时被广泛采用的动物生态学教科书，后来加拿大学者克雷布斯（Krebs，1972）认为这个定义是静态的，忽视了相互关系，并修正为"生态学是研究有机体的分布及多度与环境相互作用的科学"。这两位学者都是动物生态学家，强调的都是种群生态学。

植物生态学家沃瑞明（Warming，1909）提出植物生态学研究"影响植物生活的外在因子及其对植物的影响；地球上所出现的植物群落……及其决定因子……"这里既包括个体，也包括群落。

法国的布隆·布郎克（Braun－Blaquet，1932）则把植物生态学称为植物社会学，认为它是一门研究植物群的科学。这两位是植物生态学家，他们强调的是群落生态学。

早期的生态学只是对物种生活史的记载，通常停留在现象的描述阶段，至20世纪上半叶，欧美各国的生态学研究对象从个体转向群体；由定性发展到定量的研究，这是生态学飞跃发展的标志。

生态学成为一门系统的科学是从第二次世界大战结束后，人类面临食物短缺、人口暴增、能源危机、自然资源的破坏与枯竭、严重的环境污染等一系列社会问题，而这些重大的社会问题无一不与生态学密切相关，生态学由此得到了社会的广泛重视。又有一些学者提出了新的定义。

美国生态学家奥德姆（Odum，1971）定义生态学为研究生态系统的结构与功能的科学，它强调了渗透于生物学的结构和功能思想。他著名的教科书《生态学基础》与以前的有很大区别，他以生态系统为中心，对大学生态学教学和研究有很大影响，他本人因此而获得美国生态学的最高荣誉——泰勒生态学奖（1977）。

中国著名生态学家马世骏（1980）的定义也属于这一类，他认为生态学是研究生命系统和环境系统的科学。他同时提出了社会—经济—自然复合生态系统的概念。

长期以来，生态学工作者基本接受这一被广泛简化的概念和定义，即生态学是研究生物与其环境关系的科学。尽管有人据此派生了许多辅加的修辞成分，但其实质还是"生物与环境"的关系，即生态学的研究对象的核心为"关系"，并且标定生态学的目的是为揭示自然界生命存在与发展之谜，生命物质在自然界中的作用和自然界对生命的反作用。

如果确定"生态"即生物在自然界的生存状态为本学科的研究对象，比较而言，比将本学科的研究对象理解为"生物与环境的关系"要具体得多，后者过于抽象，过于"学院"概念，缺乏对公众的普及和教育意义，而这门学科恰恰需要公众的广泛理解和实践参与。

显然，如果定义生态为生物在自然界的生存状态，那么生态学即为研究生物在自然界生存状态的科学。这里的自然界是指地球表面生物及其组合与环境的统一体。

（二）生态学的基本内容

生态学的基本内容，通常包括四个方面：个体生态学、种群生态学、群落生态学和生态系统生态学。

1. 个体生态学（Autoecology）

1896 年，德国的斯洛德（Schroter）首创了个体生态学（Autoecology）这个概念。个体生态学是以生物个体及其与环境的相互关系为研究对象和研究内容的生态学分支学科。它又称种生态学（Species Ecology）。一株种子植物从种子萌发到营养生长阶段、生殖生长阶段到产生新一代种子的整个生活史中随时与周围环境都有能量和物质的交流，植物个体在其所生存的环境中达到生态适应，如果环境因子变化过大，个体就会中断发育或死亡。动物也是这样。

个体生态学主要研究生态适应所包含的生物与环境之间的能量与物质的关系以及能量、物质数量、质量和速度的动态变化对生物的影响。

2. 种群生态学（Population ecology）

种群生态学是研究种群范围和规模在时间或空间上的变动规律和调节机制的生态学分支学科。在研究对象上，比个体生态学高一个等级，比群落生态学低一个等级。

种群生态学的内容主要有：①种群的统计特征；②种群的增长型；③种群数量变动的形式；④种群的调节。

现代生态学的中心问题是种群动态问题，由于见解不同，对于这一问题的研究形成了三种学派：①气候学派，认为气候因子（包括温度、降水、光照）是决定动物种数的动态（即动物种群的生长，繁殖和死亡）的因素。②生物学派，认为种群关系的生物因子是决定种群动态的因素，以尼科森为代表的自然的平衡学派是此派理论的出发点。③自动调节学派，认为种群内关系（亦称内源性因素）是种群动态的因素。这一学派内部又出现三种各有特点的学说：以温爱德华为代表的行为调节学说；以克里斯琴为代表的内分泌调节学说，它常常用于解释哺乳类的种群调节；以奇蒂为代表的遗传调节学说。

目前各国学者关于种群生态学的研究趋向已从片面趋向全面，从表面趋向本质，从外因趋向内外因相结合。对于人类来说，种群生态学是一门应用价值很大的学科。如在生物资源的管理方面，通过探索种群动态规律，提出并采用生物资源利用的最优方案，以利保证生物资源的持续产量。又如，在有害动物的控制方面，注意到一个种群密度的经济问题，如果由防治得到的经济收益高于防治时消耗的费用，那么，这才是经济上合理可行的防治。

3. 群落生态学（Synecology）

群落生态学是研究群落内部组成之间及其与外界环境条件相互关系的科学。它是生态学的分支学科。草原、山地、湖泊、海洋等一切自然群落是群落生态学的研究对象。

群落生态学的主要研究内容有：①对自然群落及其结构的研究，包括自然群落的成分、结构和功能以及形态结构等；②对群落中物种的多样性和群落稳定性的研究；③对群落演替过程及其规律的研究等。

群落生态学的研究可以指导人们合理地开发利用草原、森林、山地、湖泊、海洋等一切自然群落。目前，中国已开始根据自然林的种群结构营造热带经济林，并按照群落生态学的原理，对环境污染和生物资源指数下降等问题采取了措施，并取得了初步成效。

4. 生态系统生态学（Ecosystem Ecology）

生态系统生态学是生态学的主要分支之一。它是研究生态系统的结构、功能、稳定平衡、发展与进化机制的科学。它还研究土壤形成，生物之间和生物与环境之间通过能量流动和物质循环的相互作用，土壤、水和空气的污染，以及自然界生物生产力和如何使其最好地为人类服务等问题。

如果说20世纪50年代以前，动物生态学的研究中心和主流是种群生态学，那么60年代之后生态学的中心和主流已逐步地转到生态系统生态学。

奥德姆的名著《Fundamentals of Ecology》自1953年问世共出了三版，由于他对生态学的贡献而获得了泰勒生态学奖，该书的最重要特点就是贯彻以生态系统为中心的生态学。目前，生态系统概念已广为各门科学和各个领域所接受，诸如农学、林学、海洋学、医学、环境学、经济学等及其各个应用领域，并且，一系列的新的边缘和交叉学科正像雨后春笋一样正在萌芽、形成和发展之中。

（三）生态学理论

1. 生态学定律

美国科学家米勒总结出的生态学三定律如下：生态学第一定律：我们的任何行动都不是孤立的，对自然界的任何侵犯都具有无数的效应，其中许多是不可预料的。这一定律是 G. 哈登（G. Hardin）提出的，可称为多效应原理。生态学第二定律：每一事物无不与其他事物相互联系和相互交融。此定律又称相互联系原理。生态学第三定律：我们所生产的任何物质均不应对地球上自然的生物地球化学循环有任何干扰。此定律可称为勿干扰原理。

2. 生态学理论

现代生态学理论已经被广泛地运用到解决生态环境和资源等问题上。

（1）生态系统和谐原理。生态系统是指在一定的时空中由生物群落与其环境组成的具有一定功能的综合统一体，是一个远离平衡的系统。整体系统所反映的生物群落与环境的对立统一和不同营养级差别中的物质循环一致，本质上遵从自然辩证法的和谐原理。

生态系统的和谐性特征表现为：

①和谐整体性。生态系统中各个要素之间通过一定的相互联系和相互作用而消除了之间的对立，彼此中和、融合和渗透，有机地结合成具有新质的整体，每个部分以及部分之间的关系都由和谐整体决定，都受整体的支配和控制。

②和谐相似性。生物和生态过程都存在着某些共同点或相似点。表现为形象相似、形态相似、性质相似、结构相似、功能相似和规律相似等方面。这种相似性表现了自然界物质和过程之间的和谐。生态系统中各物种的竞争也是相似的，生命需要竞争，适者生存。

③和谐规律性。生态系统具有和谐规律性。如周期循环规律。物质的封闭性循环和能量开放式流动，正是保持生态系统的和谐统一、稳定平衡的基本动力。

评价或衡量一个生态系统是否处于动态平衡之中，就需要运用和谐原理。一般包括三个方面：生态结构是否和谐、功能是否和谐、输入和输出物质能量的数量比例是否和谐。一个生态系统若具备了这三方面的和谐，则处于生态平衡之中。

（2）生态冗余理论。冗余这一概念来源自动控制系统可靠性理论。任何一个系统和系统的任何一个组成元件，都是有一定寿命的。为保证系统的正常运转，就必须为系统配备备用元件，即所谓的冗余。系统按照元件组合方式可分为串联系统和并联系统。在串联系统中，当系统的元件数目增大时，系统的可靠性便急剧下降，并且任何一个元件失效，都会引起整个系统的失效。而采用并联方式，即为可靠性低的元件提供备用元件来提高系统的可靠度，叫做系统元件的冗余。生态系统中也存在这种冗余特性。营养级内的物种和种群个数按照并联方式组合，这是生态系统能够抵抗干扰和维持其相对稳定性的根本原因。但是各个营养级之间是串联的，这意味着一旦某个营养级遭到毁灭性的破坏，将导致整个生态系统的崩溃。因此，生态系统在一定程度上又是脆弱的。冗余是生物占领空间和利用资源的潜在能力，是其抵抗随机干扰以保证物种延续的一种独特方式，也是生物物种可持续生存和进化的基础。

（3）生物多样性理论。生物多样性是指所有生物物种和它们所拥有的基因及由这些生物和生境组成的生态系统。可分为三个层次：遗传多样性、物种多样性和生态系统多样性。遗传多样性是指物种内基因及基因型的多样化，是改良生物品质的源泉；物种多样性指地球上生命有机体的多样化，据估计总数在 500 万～5000 万种或更多。生态系统多样性指生物群落与生境类型的多样性，它是物种、遗传多样性的保证。

生物多样性高的系统具有较强的恢复能力，其根本原因是它储存了大量的遗传信息，通过这些信息在极其广泛的条件和环境范围内重建生态系统。由于生物本身具有进化机制，加上外界环境的自然选择、人工选择，新的物种不断形成，旧的物种逐渐灭绝，生物多样性处于一种动态平衡之中。但是各种生物对于环境的适应有一定范围，即生物的适应度。当环境变化过快，生物来不及适应，就会减少能适应环境的维数组合数，而使一些生物灭绝。由于人类引起的环境变化速度和强度，超过了生物适应度的变化速度和限度，人类活动已经成为生物多样性减少的关键因素。

3. 生态伦理学

也叫环境伦理学或生态哲学。是生态学和伦理学相互渗透形成的交叉学科。法国哲学家施韦兹的《文明的哲学：文化和伦理学》（1923）和美国林学家李奥波德的《大地伦理学》（1933）。20 世纪 70～80 年代，美国哲学家罗尔斯顿将上述思想系统化，建构了现代生态伦理学的基本框架，到 20 世纪末，已经发展成为一门举世瞩目的学科。

生态伦理学以人与自然的生态道德关系为研究领域，主张改变两个决定性的概念和规范：①伦理学正当行为的概念必须扩大到包括自然界本身的关心，尊重所有生命和自然界；②道德权利的概念应当扩大到自然界的生命和生态系统。其在理论上的要求是，确立自然界的价值和自然界的权利的理论；在实践上要求按照生态伦理学的道德标准、基本原则和规范，约束人类行为，以便保护地球上的生命和生态系统。

二、生态经济学的缘起

当世界面临人口、资源、环境和经济等问题时，生态学与经济学相互渗透，产生了一门融生态学与经济学为一体的交叉科学——生态经济学。那什么是生态经济学？对此国内外学者、专家一直众说纷纭，存在许多不同的表述和定义。在国际上，著名生态经济学家罗伯特·科斯坦萨（Robert Costanza）的定义比较权威，他认为生态经济学是从最广泛的意义上阐述生态系统和经济系统之间的关系的学科。20世纪20年代，美国科学家麦肯齐（Mekenzie）首次尝试运用生态学概念对人类群落和社会问题予以研究，20世纪中期经济学家们开始对人类经典经济增长方式进行了全面反思与批判，正是基于这种背景生态经济学应运而生。美国经济学家肯尼斯·鲍尔丁（Kenneth Boulding）1968年在《一门新兴科学——生态经济学》一文中首次正式提出生态经济学。1974年美国J·塞尼卡等所著的世界第一部《环境经济学》问世。1976年日本坡本藤良的世界第一部《生态经济学》出版。普鲁基（Prugh，1995）将生态经济学的沿革归纳为图6-1。

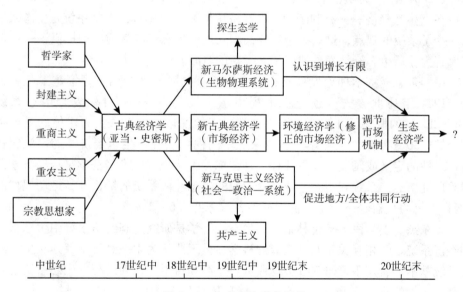

图6-1　生态经济学的沿革

生态经济学不断发展壮大，其研究对象、研究范畴和学科边界是随着社会经济条件的变化而不断演进。因此，生态经济学在生态学家和经济学家的共同合作下，发展特别快，在很短的时间内就形成了一个完整的学科群。透视近半个世纪来国际生态经济学理论研究的路径，可以发现生态经济学内涵的演进具有三个明晰的阶段：

①20世纪60年代末至70年代末，生态经济学研究强调生态系统与经济系统

的矛盾运动，关注的焦点是生态平衡以及如何解决"人类困境"尤其是不可再生资源耗竭的问题；

②20 世纪 80~90 年代，生态经济学研究强调生态系统与经济系统的协调发展，关注的焦点开始从不可再生资源拓展到可再生资源乃至环境容量方面，这一阶段，许多生态经济学家试图根据能量系统理论利用能量单位诠释生态系统与经济系统间的本质关系；

③20 世纪 90 年代至今，生态经济学研究则进一步转向可持续发展战略与模式，关注的焦点从生态系统与经济系统的协调发展理论扩展到生态经济价值理论，这一阶段的研究标志着真正意义上的生态经济分析的开始，尤其是 1996 年 H. T. Odum 提出的能值分析（Energy Analysis）方法和理论为生态经济学的进一步发展奠定了理论基础，实现了生态经济学由定性分析向定量分析的第一次飞跃。另外，2001 年 11 月美国著名生态经济学家莱斯特·R·布朗（Lester. R. Brown）教授在《生态经济——有利于地球的经济构想》一书中提出经济系统是生态系统的一个子系统的观点，这一思想对我们深入理解生态经济学的内涵提供了一把金钥匙，为今后生态经济学的研究拓展了新的空间。

中国生态经济学理论发展路径与内涵演进的阶段性与西方国家基本是一致的。1984 年马世骏先生创造性地提出了"社会—经济—自然复合生态系统（SENCE）"的概念，开拓性地把生态学研究的视角深入以人类为主体的复合生态系统。20 多年来，大量学者、专家从不同视角诠释了生态经济学的内涵，较有代表性的定义或阐述有以下几种：马传栋先生认为"生态经济学是从经济学角度来研究由经济系统和生态系统复合而成的生态经济系统的结构及其运动规律的学科"；并将生态经济学学科群用框图表示，见图 6-2。

王东杰、姜学民、杨传林指出，生态经济学是研究生态经济系统中生态系统和经济系统之间相互关系及其规律的科学；吴玉萍认为生态经济学就是从生态经济系统基本矛盾入手，研究社会物质资料生产和再生产运动过程中生态系统与经济系统之间的物质循环、能量流动、信息传递以及价值增值的一般规律性及其应用。

总而言之，生态经济学作为一门新兴的边缘性理论经济学科，其内涵尚待充实与完善。

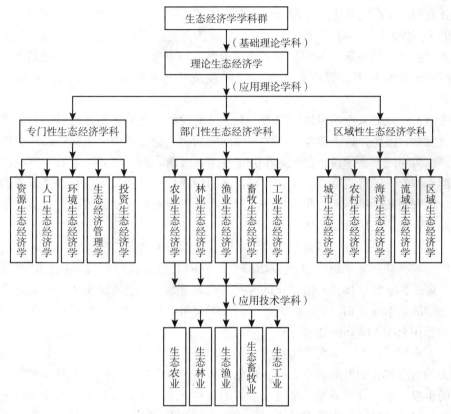

图6-2 生态经济学学科群的结构框图

三、资源生态学的兴起

（一）资源生态学的诞生

1. 资源生态学的产生背景

迄今为止，人类世界所取得的一切物质成就抑或人类社会所面临的一系列如人口、粮食、环境、污染等严重问题，都可以从资源这一问题中找到答案。资源是人类（包括生物）生存的物质和能量基础。人类发展史在某种意义上可以被看成是人类认识资源和开发资源的历史。资源开发利用一方面带来了人类社会经济的不断发展，另一方面由于种种复杂的原因，与之相伴，产生和加剧了一系列生态环境问题；反过来又制约着资源的开发和人类的发展。当然经济发展并非是资源开发的被动产物及生态环境问题单向制约的对象；而实际上是经济发展一方面促进了资源的进一步开发利用，另一方面又为环境生态问题的解决提供了强大的动力（主要是生态环境意识）和能力。显然，以资源开发利用为中心或对象，研究在资源开发利用过程中的生态环境问题及其与经济发展的关系，是现实的需要。

由于资源愈来愈明显地支撑着人类经济的发展和愈来愈明显地制约着人类经济的发展，因而，近十多年来有关资源问题的研究论著可谓汗牛充栋，自然资源学，作为一门新兴学科，已经诞生并正在走向成熟。另一方面，生态学理论以其深刻而博大的思想或命题，正在以高强度的渗透势向其他应用学科渗透。新的边缘学科和交叉学科不断产生。生态学理论在向资源研究领域的渗透过程中，孕育并诞生资源生态学已是理所当然的事了。

自然资源综合开发研究是当今世界资源科学愈来愈明显的发展趋势。尤其对区域发展研究更是如此。自然资源综合研究的对象是自然资源系统。既然为系统，那么，它必然具备一般系统的所有属性。显然，自然资源系统研究只有应用生态学的基本理论和方法，才能够对自然资源系统的演变和开发过程中带来的各种问题作出深入全面的透析。

在现代意义上，研究资源或生态无法回避人的问题。关于人的问题，大致包括人的生存和人的发展两个方面。这是因为我们这个世界是一个极其不平等不均衡的世界。生存和发展始终是这个世界的普遍要求。谈到自然资源开发，首先是处于不同社会经济发展阶段的人对自然资源的开发。而且，这种开发实际上是人所掌握的社会资源（更广泛意义上的资源）对自然资源的作用和转化过程。从这种现实的和动态的思想方法来考察问题，我们就不难理解为什么资源开发本身存在着许多不合理的问题，资源开发为什么会带来诸多生态环境问题，为什么穷国和富国对全球生态环境问题态度截然不同。因此，从理论上讲仅仅研究自然资源生态是不够的，还必须从自然资源与社会资源的结合上来研究生态过程。这是提出资源生态学的主要依据。

2. 资源生态学的形成与发展

生态学的形成和发展直接促进了资源生态学的发生，特别是 20 世纪 30 年代生态系统的提出，整体观、结构与功能，以及综合水平理论在资源科学领域的广泛应用，大大加快了资源生态学的发展步伐。20 世纪 60 年代资源生态研究见著于文献的有《生态系统的概念在自然资源管理中的应用》（Dyne，1961），《生态学和资源管理》（Wall，1968）。1974 年西蒙（I. G. Simmons）的《自然资源生态学》出版，之后随着生态科学的日益发展，资源生态学研究日趋活跃。进入 20

世纪 80 年代，先后有《自然资源保护——一种生态方法》（Oroen，1980）和《自然资源生态学》（Ramade，1984）等著作问世。自然资源的整体性、系统性、资源的永续利用与自然资源保护，以及资源有限性等观点正在为人们所接受，资源生态学的研究日趋成熟。

资源生态学目前的研究主要集中于自然资源生态学领域的研究。国际自然保护同盟（IUGU）委员、法国生态学和动物学教授拉马德（Francois Ramade）发表的《自然资源生态学》（*Ecology of Natural Resources*），较为全面地阐述了自然资源开发、利用和保护中的生态学理论问题。国内也有这方面的初步研究。无疑，作为一门学科，资源生态学研究仍有待于深入。研究用生态学原理指导资源开发和利用是资源生态学的一个重要问题，但同样重要的是还需从更加广泛的资源范畴来研究资源开发利用过程中的生态问题和生态学理论。

（二）资源生态学的内涵与基本理论

1. 资源生态学的内涵

资源生态学或者说是自然资源生态学作为资源科学研究的重要学科，是和人类的生存与发展关系最为密切的学科之一。资源生态学是在资源科学与生态科学相结合的基础上发展起来的，众所周知，研究生物与环境的科学定义为生态学，而资源生态学侧重于研究包括生物资源在内的自然资源开发利用对环境的影响。该学科以单项或整体的自然资源为研究对象，研究随着资源数量、质量、时空变化及其开发利用所产生的环境效应，探讨其规律性，评估资源开发利用对环境的影响，为合理开发利用自然资源与环境保护提供科学依据。

2. 资源生态学的基本理论

从科学的哲学观点看，任何一门学科的形成和发展都源于现实与理论的相互作用。资源生态学也不例外。资源生态学体系的建立并不应该是生态学理论体系的机械移植，而应该是在继承并借鉴生态学基本理论的基础上，根据研究对象即资源的特性和运动机理来建构自身的合乎生态逻辑的理论体系。

资源生态学研究的对象是资源或资源生态系统。从目前资源科学研究看，虽然对资源的确切定义尚不统一，比如有人认为资源与环境是等同体，资源就是环境，环境就是资源；泛资源说则认为万物皆资源，资源就是一切。但学术界比较普遍的倾向性看法是资源隶属于环境但不等同于环境；资源是环境中那些人类能够直接利用的并能给人类带来物质财富的部分的总和。环境中某些因素转化为资源的条件，一是人类必须首先认识到它的使用价值，二是人类必须具备成熟的开发技术。二者必须同时具备。一般情况下，第一种条件下的资源可称为潜资源，第二种条件下的资源可称为显资源。虽然，资源是一个与人类生存发展密切相关的概念。资源按其属性一般地划分为自然资源和社会经济资源两大部分。自然资源是指自然界中客观存在的一切可被人类利用的物质和能量的集合。社会经济资源则是指社会经济系统中人类可运用的，并能提高生产力水平的一切社会经济因素。所谓资源开发和利用实际上是人类利用或运用社会经济资源状况直接决定自然资源开发利用的深度和广度及效果。由此可见，资源和资源开发是一个带有强烈社会经济色彩的概念，以往的许多研究仅从自然生态系统角度来探讨自然资源开发是有一定片面性的。而且运用自然生态主义的原理得出的许多资源开发的结论，距现实相去甚远，难以进行操作。

总之，讨论资源生态学这一概念的内涵和外延时，以下几点是重要的：①资源包括自然资源和社会经济资源，而且社会经济资源与自然资源是相互依存相互作用的统一体；②资源开发包括自然资源开发和社会经济资源的开发，资源开发实质上是资源在形态、价值、能量等方面的运动过程；③资源开发过程实际上是社会经济资源对自然资源的作用与转化过程，这一过程受自然规律和社会经济规律的共同支配；④资源开发过程是人类对自然界和人类对其本身的干预和改造过程，因而必然要使原自然生态系统发生变化，进而产生相应的生态环境问题，人类可通过对社会经济资源的改善来改变这些生态环境问题的性质和程度；⑤自然资源结构及丰富决定某一区域的发展潜力和产业结构的功能和这种潜力的实现程度。在资源开发过程中，相比较而言，社会经济资源（Social Economic Resources，SER）则属于难变量或慢变量；由于社会经济资源改变具有明显阶段性，自然资源开发相应地也表现有阶段性，而且所产生的生态环境问题也同样具有阶段性；⑥资源既包含单项资源，又包括资源生态系统。

根据以上对资源生态学的研究对象——资源的内涵外延的阐述，资源生态学可被定义为是研究资源和资源生态系统在开发利用与保护过程中的生态规律的一门学科。

资源生态学总的来说是资源学与生态学的边缘学科或交叉学科；但它既不应是有关资源学理论和生态学原理的机械移植或重叠，也不应是纯粹的自然科学理论的研究，它是以资源和资源生态系统为研究对象，并且把它们作为一个不断变化和运动的过程来研究这个系统和过程中的生态规律。

资源生态学的主要任务除了学科本身发展外，更重要的是通过对资源开发过程中生态规律的研究，为资源开发及其生态环境战略的制定提供决策依据。

（三）资源生态学的应用前景

1. 制定国土规划或区域开发规划

由于资源生态学是研究资源综合开发及生态环境变化规律的一门科学，它不仅涉及自然资源系统，而且也与社会经济系统密切相关。因此，它的基本理论和方法可广泛地应用于国土规划或区域发展规划。例如，中国科学院青藏高原科学考察队为西藏尼洋河区域制定的综合发展规划，首先对该区自然资源系统和社会经济系统进行了全面系统的分析，在判定优势资源和资源利用存在问题的基础上，提出了该区域资源开发和经济发展的总体战略，进而对产业结构进行了调整，制定了各产业发展规划，提出了一批优先发展的重点项目，为区域发展提供了可靠依据。

2. 指导贫困地区发展

贫困是一个综合症。它是某些恶劣的自然条件和落后的或发育不良的社会经济条件经过漫长的历史沉积而形成的社会现实。总体来看，贫困地区的资源是匮乏的；某些自然资源具有丰富的一面，但有些自然资源又具有限制性一面：资源的总体组合不佳。因此，贫困地区的发展实际上就是在充分利用和开发优势资源及保护和治理恶劣自然生态环境的基础上实现社会、经济与生态的持续稳定的发展。过去在贫困地区推行的为生态而生态的做法与贫困地区的实际发展要求相距甚远，效果不佳。可见，贫困地区发展需要重视生态与经济的协调发展。这方面，资源生态学是大有可为的。

3. 指导现代化农业的建设

中国农业要现代化，是国内科学界和决策界的共识。但对现代化农业的内涵外延及形态等问题的认识仍然有不同的理解和认识。各种农业概念争奇斗艳，初步统计大约有 70 多种不同提法。影响较大的诸如生态农业、旱地农业，有机农业，精久农业、持久农业、"两高一优"农业等。综合分析不同概念的农业，其共同之处在于基本都是遵循中国或不同区域农业资源实际状况而提出的，或者是按照农业发展目标及建立良性循环的农业生态经济系统而提出的。这里，涉及对农业资源的合理开发、综合利用，涉及大农业内部农、林、牧、副、渔、工、建、运、商、服务业的协调发展，强化资源利用和转化的深度与广度。中国现代化农业建设不仅要求建立一个优化的农业自然资源生态系统，更要求大力开发农业社会经济资源和现代资源要素。因此，资源生态学在中国农业现代化过程中有着广泛的应用前景。

4. 制定正确的资源生态环境战略决策

在对待日益严重的全球生态环境问题上，国际国内学术界存在着一股自然生态主义的思潮，影响甚广。自然生态主义认为原始状态的自然生态最好，反对人类对自然生态系统的任何干预，反对或否定工业化、主张停止经济发展，甚至对人类在地球上的出现也认为是罪过。这些思潮在一定程度上影响了对全球生态环境问题的正确决策。中国是发展中国家，实现经济社会的快速、持续、稳定发展是压倒一切的头等大事。经济能否发展，关系中国命运与前途。那么，如何正确认识并解决中国经济发展过程中所出现的生态环境问题，进而建立符合中国实际情况的生态战略。这里，需要从中国生态经济系统的高度分析资源及其过程特点，分析资源过程与生态环境产生演化的关系，研究资源开发过程中经济与生态代价及其阈值范围，预测不同社会经济资源作用于某种自然资源时可能产生的生态环境问题类型、性质等。这些基于客观的科学研究不同于自然生态主义的某种哲学思想及主张，它是制定正确的生态环境决策的可靠理论依据。以上这些涉及中国生态环境战略研究的理论问题都是资源生态学要研究的主要内容。

第二节　资源价值论与资源伦理

联合国环境规划署在内罗毕公布的一份研究报告指出，最近数十年来苏丹气候环境的急剧恶化是造成这个国家局势动荡的根源之一。如果不迅速采取措施扭转环境恶化的趋势，就难以将其转化为人类可支配使用的财富，支撑了人口新一轮的膨胀。迅速增加的人口必然导致对资源的过度需求，而地球上的资源环境却并非是取之不尽、用之不竭的，当人类对资源的需求量超过全球资源环境本身可以承载量时，必然会出现资源能源短缺问题。由于长期以来不存在对自然资源使用进行调控的机制，人们逐渐形成了资源无价的思想，在这种思想的指导下，没有一个人会来承担环境退化所造成的损失，结果必然是全球资源环境被过度利用，人类生存环境迅速恶化，造成了哈丁所谓的"公地的悲剧"。

一、资源需求与供给

需求与供给是市场经济的双方，是决定价格的关键因素。所谓需求是指在一定时期，在一定价格水平上，消费者愿意并有能力购买的商品量。对于消费者来说，价格越低，购买的欲望越强，购买的商品量越多，反之则反。供给是指生产者在一定时期，一定价格水平上，愿意并且有能力提供的商品量。对于生产者而言，价格越高，生产的动力越强，商品量越多，反之则反。

　　资源的供给与需求实质就是资源与经济发展的关系。关于全球范围内人类社会与自然资源的供需关系，有两个对立的观点。一派比较悲观，以"罗马俱乐部"为代表，认为当前社会发展已经超过自然资源的正常负担。继续发展下去，一百年内将遇到地球增长的极限。"罗马俱乐部"在自然资源供需上有"超支生活"论，大意是：人类利用自然资源采用赤字财政的办法，挪用将来的资源；人类对基本生物体系的需求超过永续利用的许可，消耗了生物资源本身。这种连本带利一起花的做法不可能维持长久。另一派比较乐观。例如，美国的赫尔曼·卡恩认为世界经济发展有无限的机会。朱利安·西蒙认为在科学技术不断进步后，资源是没有尽头的，生态环境会日益好转。当前生态环境恶化是工业化过程中的暂时现象。对于工业化后世界面临的严重生态环境问题，他们主张采用生态与经济相结合的战略思想建立人类社会经济的新秩序。

　　比较两派观点，可以发现悲观论对人类主动进取精神，对科学技术发展开辟的新生产力和新资源估计不足。然而，在一些科学技术发展迟缓的地区和发展阶段，人类对于自然资源确实存在竭泽而渔的现象。

二、自然价值与资源价值

（一）　自然价值

　　自然界有没有价值？关于这个问题，20世纪占主导地位的哲学观点认为：只有人有价值，离开人自然界无所谓价值可言，人以外的世界是一个没有价值的世界。

　　依据经典哲学主客二分的理论模型，人与自然、思维与存在、事实与价值、科学与道德分离和对立。在这种"主体—客体"关系模式中，人作为主体，是世界的主宰者和征服者；自然界是客体，是"物"或"对象"，它仅仅作为满足人的需要的工具。这是一种"物"为"我"所用的关系。以这种观点为指导，人类发展工业化和现代化，大举向自然进攻，使自然界受到破坏，环境污染和生态破坏成为全球性问题，严重威胁人类生存。人们不得不重新审视人与自然的关系和人在自然界的地位，并在这种审视中提出"自然价值"的问题。

　　自然价值是一个非常复杂、需要加以论证的问题。"自然价值"概念主要有三个层次的含义。一是自然价值的科学含义。这主要反映人和其他生物等主体与自然事物的需要关系。当表示自然事物对某一主体的利益的肯定时，是它的正价值；当表示自然事物对某一主体的利益的否定时，是它的负价值。这是自然界以他物为尺度的、作为客体或工具的价值，即自然界的外在价值。这时，自然事物是价值的载体，对人而言，它对人有功利意义，具有商品性价值与非商品性价值。二是自然价值的伦理学含义。它反映生命和自然界自身生存的意义，表示生命和自然事物按客观自然规律在地球上有意义的生存。自然一词源于希腊语，表示"使……出生"，或"生长于"，它具有生命的含义。它是有生命的，因而是有价值的。这是生命和自然界以自身生存目的为尺度，具有以自身为主体的价值。这是生命和自然界的内在价值。三是自然价值的哲学含义。自然价值作为自然事物的客观性质，它是真实存在，是客观的。这种存在表示了它的"善"，即它自身生存的意义和合理性，以及这种生存对他物的意义；这种"真"和"善"的统一就是"美"。自然价值是这种真、善、美的统一，即它的内在价值和外在价值的统一，这是自然价值的最基本的性质。

自然价值的环境保护意义在于，它使我们意识到，环境污染和生态破坏是自然价值的损失或破坏，我们在实践上保护环境，就是保护自然价值，保护地球上生命和自然界。因此，我们说，自然价值是环境保护的关键词。

（二）资源价值

在传统的哲学范式中，价值的哲学本质表现为以人类为中心的主客体相分离，把人和自然相对立。伴随经济发展，资源稀缺问题日益显现。认识自然资源价值问题，就要从人与自然、人与人、自然与自然关系的不同层面来重新界定价值的本质。价值的本质是"客体主体化"和"主体客体化"相结合的过程、结果及其程度。自然资源与人类活动的相互作用，使自然资源本身被加工转化为人化自然。对于人化自然的价值来说，其实质是主体客体化和客体主体化的统一。从经济学的角度来说，讨论商品的价值，既要考虑其效用，也要考虑其生产费用及二者之间的关系。从买方或需求方看，商品一方面意味着一种效用，另一方面也意味着一种代价；从卖者或供给方看，商品一方面意味着一种费用，另一方面也意味着收益或预期收益。商品价值正是在交换关系中由买卖双方的内在规定性及其相互作用所形成的劳动耗费价值对效用价值的关系。劳动耗费价值和效用价值经过转化都可以归结为劳动时间。所以，从理论经济学角度来说，价值是价值和使用价值的统一或效用与费用关系的统一；从经济学流派的继承关系来说，则是主观价值论与客观价值论的统一。自然资源不论从哲学角度还是从经济学角度都具有价值的本质特征，自然资源不仅具有历史性，而且还越来越显现出"人化自然"的特点。自然资源的价值具有多样性、时间性、整体性、空间性、社会性、延展性和负效益性等特征。

众所周知，人类的需要是无限的，而自然资源却是稀缺的。长期以来，中国沿用以追求高速度、高增长、高消耗为特征的粗放型经济发展模式，虽然在短期内带来了可观的经济效益，但也产生了一系列不利的后果：一方面，导致非再生资源呈绝对减少趋势，可再生资源也表现出明显的衰弱态势，生态平衡遭到不同程度的破坏，这些现实已经严重制约了社会经济的发展和人们生活水平的提高；另一方面，在利用自然资源时只考虑了经济效益，导致资源利用率很低，环境破坏严重。为了改变这种状况，促进资源的可持续利用，我们必须重新认识资源，要以一种全面的、系统的、可持续的观点来考虑资源的利用效率，即在利用资源时要考虑经济效益、社会效益、生态效益，使它们三者相互协调，使资源产生最大的综合效益。

自然资源价值及其补偿问题是经济可持续发展理论的重要组成部分。在研究哲学意义和经济学意义上的价值本质特征的基础上，从生产费用、效用及其相互关系的角度，重新界定价值的本质和内涵，深入研究自然资源价值的特点、构成和量定问题，构建自然资源价值计量模型和补偿模型，分析再生产、经济增长和国际贸易过程中的自然资源价值补偿问题。其目的是在道德规范、法律干预和政府行政命令之外寻找一种有效的经济机制和利益杠杆，约束和调整所有者、生产者和消费者的经济行为，实现自然资源的高效配置和良性循环，减少和防止经济发展过程中存在的资源浪费和环境破坏问题。

三、资源供求分析与优化配置

（一）资源供求分析

社会经济发展对具体的自然资源的需求有一定的系数关系。以能源为例，比较重要的有能源弹性系数和能源经济系数。能源弹性系数是能源消费量与经济增长速度的对比关系。

$$D = \frac{E}{G}$$

式中，D：能源弹性系数；E：能源消耗的增长率（％）；G：国民生产总值年增长率（％）。

能源弹性系数在不同类型的国家间有较大的差别。一般发达国家的能源弹性系数小于1；石油输出国能源弹性系数大于1。人均国民生产总值1000美元左右的中等收入国家能源弹性系数 1.2。人均国民生产总值 300 美元左右的低收入国家能源弹性系数 1.5。中国是低收入国家，但是，近几年能源弹性系数小于 1。主要原因是近几年低能耗的轻工业发展较快，注意提高能源的利用率，提倡节约能源。

能源经济系数说明单位能耗可以提供多少国民生产总值。

$$C = \frac{G}{E}$$

式中，C：能源经济系数；E：总能耗；G：国民生产总值。

能源经济系数与经济结构、能源利用率有关。根据美国统计，不同的经济部门单位能耗提供的产值相差 70 倍。在能源短缺的地区应该尽可能地发展低能耗的经济部门。日本大量耗能钢铁工业和重化工工业比较发达，占工业总能耗 60%。由于日本的能源利用率较高，加上生活用能和服务业用能比较节约，能源的经济系数比较高。中国能耗比日本多，说明中国提高能源经济系数的潜力较大。

（二）资源优化配置

无论是在投资项目决策分析与评价的建设方案设计阶段，还是在项目评估过程中，都必须考虑资源优化配置问题，把资源优化配置和国家的可持续发展目标联系起来。

1. 资源优化配置内涵

资源优化配置指的是能够带来高效率的资源使用，其着眼点在于"优化"，从资源使用这个角度看，归根到底是看有没有实现生产的高效率、高效益。资源的优化配置是以合理配置为前提，以经济和社会的可持续发展，以及以整个社会经济的协调发展为前提的。人类社会的生产过程，就是运用资源，实现资源配置的过程。由于资源的有限性，投入到某种产品生产的资源的增加必然会导致投入到其他产品生产的这种资源的减少，因此，人们被迫在多种可以相互替代的资源使用方式中，选择较优一种，以达到社会的最高效率和消费者、企业及社会利益的最大满足。从这个意义讲，人类社会的发展过程，就是人们不断追求实现资源的优化配置，争取使有限的资源得到充分利用，最大限度地满足自己生存和发展需要的历程。在市场经济中，市场对生产资料和劳动力在社会各部门之间大体保持适当的比例关系的调节，国家宏观调控在制定国民经济和社会发展战略目标，搞好经济发展的规划及总量控制，重大结构和重大生产力布局等方面的作用，从整个社会发展来看，其目的都是为了保证社会生产的顺利进行，保证有限的资源得以最大限度的利用。

　　资源的优化配置主要靠的是市场途径，由于市场经济具有平等性、竞争性、法制性和开发性的特点和优点，它能够自发地实现对商品生产者和经营者的优胜劣汰的选择，促使商品生产者和经营者实现内部的优化配置，调节社会资源向优化配置的企业集中，进而实现整个社会资源的优化配置。因此，市场经济是实现资源优化配置的一种有效形式。由于市场调节作用的有限性使市场调节又具有自发性、盲目性、滞后性等弱点，因此，社会生产和再生产所需要的供求的总量平衡，经济和社会的可持续发展，社会公共环境等，必然由国家的宏观调控来实现。

2. 资源利用的一般原则

　　包括符合国家可持续发展目标实现的要求；资源的开发利用要从全球化角度出发；资源的利用开发必须注意提高资源的综合利用水平（三结合、三统一），即在开展资源的综合利用中，坚持"因地制宜、鼓励利用、多种途径、讲求实效、重点突破、逐步推广"的方针，遵循（三结合）资源综合利用与企业发展相结合，与污染防治相结合，（三统一）经济效益与环境效益、社会效益相统一的原则；资源利用要与环境（生态）相协调；资源的开发利用要与资源的节约并举。

3. 土地资源优化配置

　　土地是人类社会生存和发展的物质基础。在社会经济的可持续发展过程中，土地资源是一个重要的基础和根本保证。随着经济的不断发展和工业化、城市化进程的加快，土地非农化和土地生态环境恶化削弱了农业可持续发展的资源基础，实现土地可持续利用就成为一个非常重要的议题。

　　土地资源优化配置是指为了达到一定的社会、经济和生态目标，根据土地特性，利用一定的科学技术和管理手段，对一定数量的土地资源进行合理分配，实现土地资源可持续利用。土地资源优化配置是土地可持续利用的重要途径，是国民经济可持续发展的重要保障，科学、合理、有效的土地利用方式是缓解资源、人口、环境问题的一个重要方面。

　　土地资源优化配置是一项复杂的系统工程，是一个多目标、多层次的持续拟合与决策过程，目前主要通过构建土地资源优化配置模型，采用多学科的多种方法论，包括动态模拟、数学规划、系统动态学、工程学等理论和方法进行土地资源优化配置研究。

4. 水资源优化配置

　　水资源优化配置是指在一个特定流域或区域内，工程与非工程措施并举，对有限的不同形式的水资源进行科学合理的分配，其最终目的就是实现水资源的可持续利用，保证社会经济、资源、生态环境的协调发展。水资源优化配置的实质就是提高水资源的配置效率，一方面是提高水的分配效率，合理解决各部门和各行业（包括环境和生态用水）之间的竞争用水问题。统计资料表明，无论是从时间过程还是从不同国家的横向对比来看，随着社会经济的发展提高，农业用水将大量被工业和生活用水所取代。另一方面则是提高水的利用效率，促使各部门或各行业内部高效用水。

水资源优化配置包括需水管理和供水管理两方面的内容。在需水方面通过调整产业结构与调整生产力布局，积极发展高效节水产业抑制需水增长势头，以适应较为不利的水资源条件。在供水方面则是协调各单位竞争性用水，加强管理，并通过工程措施改变水资源天然时空分布与生产力布局不相适应的被动局面。

（三）中国自然资源存量分析

中国的基本国情是地大物博、人口众多、资源相对紧缺、环境承载能力较弱，并且这种状况随着人口的持续增加和经济高速增长还会进一步恶化。总量巨大，各种资源的总量均居世界各国前列，从而确立了中国是一个资源大国的地位。据《2002 中国资源报告》统计（成升魁等，商务印书馆 2003 年版），中国国土面积 960 万平方公里，占世界有人居住土地总面积的 7.2%，居世界第 3 位；其中耕地占世界总量的 6.8%，居世界第 4 位；森林和林地占 3.4%，居世界第 5 位；草地占 9%，居世界第 2 位；河川径流量占世界总量的 5.6%，居世界第 6 位；可开发水力资源占世界总量的 16.7%，居世界第 1 位。已发现矿产 162 种，其中探明储量的有 149 种，已开发利用的有 136 种，有 20 余种探明储量在世界上具有明显优势，可谓矿种齐全。但是，由于中国人口众多，从而导致各种主要自然资源的人均占有量与世界人均水平有不小的差距。中国人均淡水资源为 2200立方米，仅为世界人均水平的 1/4；人均耕地面积为 1.41 亩，不足世界人均水平的 40%；人均森林占有面积 1.9 亩，仅为世界人均占有量的 1/5；人均煤炭探明可采储量为 88 吨，为世界人均水平的 62%；人均石油探明可采储量为 1.8 吨，仅为世界人均水平的 7%。上述数字表明，按人均水平计，中国是一个资源小国，社会经济可持续发展的资源压力很大。因此，提高资源利用效率，以最少的资源消耗获得最大的经济和社会收益，保障经济社会可持续发展，成为中国现阶段的重要任务。

四、资源环境伦理

（一）尊重与善待自然

环境伦理学要回答的基本问题是：人类对待自然环境的正确态度是什么？人类对于自然界承担什么样的义务？到底自然有没有价值，有什么样的价值？

谈到自然界的价值，人们首先会想到自然界"有用"。的确，自然界提供给人类的"有用"价值是多种多样的。它包括维持生命的价值、经济的价值、娱乐和美感上的价值、历史文化的价值、科学研究与塑造性格的价值等。

1. 维持生命的价值

人类生活在地球上，离不开自然界的空气、水、阳光，需要大自然给我们提供各种动植物作为营养。从这方面说，自然生态为人类提供了最基本的生活与生存的需要。

2. 经济的价值

人类除了有被动适应环境的一面外，还主动地改造和创造环境，以满足自己多方面的需要。因此，自然生态除对于人类具有维生的价值，还具经济的价值。就是说，人类可以将自然物经过改造，变更其本质，使之具有商业用途和产生出新的利用价值。例如，石油产品的开发利用，说明石油作为天然的自然资源是具有经济价值的。

3. 娱乐和美感上的价值

自然生态不只满足人类的物质方面的需要，还可以使人们获得精神与文化上的享受。例如，人们到郊外旅游度假，可以解除身心的疲劳，在消遣中发现娱乐的价值；大自然的种种奇观，以及野地里的各种奇葩异草和珍奇动物，可以使人们获得很高的美学享受。

4. 历史文化的价值

自然生态为人类活动提供了历史舞台，每一种文化都孕育于特定的自然环境里，正因为如此，无论人类文明有了多大的进步与进展，每一种文化与文明都有意地保留一些与这个文化与文明相联系的自然景观与自然居地，以获取他们的历史归属感和认同感。除此之外，人类的历史与自然史比较起来要短暂得多，自然野地是一座丰富的自然历史博物馆，记录了地球上人类出现之前的久远的历史。

5. 科学研究与塑造性格的价值

科学是人类特有的一种高级智力活动，人类从事科学研究不仅仅为了实用的目的，而且也是一种智力的满足和享受。从起源上说，科学来自对自然现象的好奇和探索。迄今为止，大自然依然是人类科学研究的最重要源泉之一。例如，生命科学和仿生技术的发展，就植根于对大自然中生命现象的观察和研究。除满足人类科学研究方面的好奇心之外，大自然还有塑造人类性格的价值。例如，大自然有助于人类生存技能的培养，自然野地让人们有重新获得谦卑感与均衡感的机会。我们生活在一个日益都市化、生活节奏紧张的环境中，对大多数人来说，天然的荒郊野地具有怡悦身心的作用，人们可以从大自然中获得某些野趣。更何况，人类的生存和发展，需要有面对危险、挑战和敢于冒险的精神与性格，而这些性格与品格在大自然中都可以得到磨炼。

以上这些都是人类在与大自然交往中能够体验到的价值，大自然对于人类的生存与发展都具有相当的重要性和功用性，它们能够满足人类多方面的需要。从这方面看，大自然对于人类主要是"有用性"的价值，它们的价值是作为可供人类使用的资源而被发现的。但大自然除了能够为人类提供不同用途的资源性使用之外，还具有它本身的价值。这种价值可称之为"内在的价值"。对自然的内在价值的发现，要求我们超越"人类中心主义"的立场，即不从人类自己的利益和好恶出发，而从整个地球的进化来看待自然。这时候，我们发现自然界值得珍惜的重要价值之一是它对生命的创造。地球上除人类这一高级生物种类之外，还有成千上万的其他生物物种，它们和人类一样具有对外部环境的感觉和适应性能力，这种生命的创造是大自然的奇迹，亦是人类应对自然生态表示尊重与敬意的原因之一。

地球作为"生物圈"值得珍惜的另一种价值是它的生态区位的多样性与丰富性。自然在进化的过程中不仅创造出愈来愈多的生命物种，而且创造出多种多样适宜生命物种居住和繁衍的生态环境。就是说，自然中的生命物种是以"生态群落"的形式出现的，各种不同的生命物种各有其不同的生态环境，处于不同的生态位；而这些适合生命体生存和生长的各种生态环境是由大自然所提供的。除创造了生命和为各种生命物种提供生存与生活的合适环境之外，大自然的价值还表现在它作为一个系统所具有的稳定性与统一性。迄今为止，地球已有近46亿年的历史，地球在进化的过程中，不断创造出新的物种和多种多样的生态区域，而且保持着自己的完整性和稳定性。这种生态系统的完整性和统一性，体现着地球作为一个整体的价值高于其他的局部价值。也就是说，从地球这个生态系统来看，包括人类在内的地球上的任何生命物种，以及地球生态系统中的任何组成部分，都是地球这一生态系统某一功能的执行者，它们各自的价值不能大于地球这一生态系统的整体价值。

从地球生态系统的进化来看待自然，可以发现，地球作为一高级的自组织结构形式是有其内在的价值的。对地球这一内在价值的充分肯定，并不是说要否定地球生态系统对人类的工具性价值。实际上，对地球内在性价值的珍惜，从长远来看，与人类对地球作为资源性使用的根本利益是一致的。环境伦理学不同于人际伦理学，当我们在讨论人际伦理学问题的时候，常常涉及要协调人与人之间的利益，自然环境是作为为达到人类目的的有用价值来处理的。而环境伦理讨论和处理的是人与自然环境的伦理关系，这时候，对自然环境的工具性考虑是次要的，我们首要珍惜的是自然本身为我们提供的物种多样化的价值和生态系统本身。

对自然生态价值的认识与承认导致了人类对它的责任和义务。人类对自然生态的责任与义务，从消极的意义上说，是要控制和制止人类对环境的破坏，防止自然生态的恶化；而从积极的意义上说，则是要保护和爱护自然，为自然生态的自组织进化和达到新的动态平衡创造并提供更有利的条件和环境。从维持和保护自然生态的价值出发，尊重与善待自然的原则是环境伦理学对人类所要求做到的。具体来说，我们必须做到以下几点：

1. 尊重地球上一切生命物种

地球生态系统中的所有生命物种都参与了生态进化的过程，并且具有它们适合环境的优越性和追求自己生存的目的性；它们在生态价值方面是平等的。因此，人类应该平等地对待它们，尊重它们的自然生存权利。这方面，人类应该放弃自以为高于或优于其他生物而"鄙视"较"低"等生物的看法。相反，人类作为自然进化中最为晚出的成员，其优越性是建立在其具有道德与文化之上的。人类特有的这种道德与文化能力，不仅意味着人类是自然生态系统中迄今能力最强的生命形式，同时也是发展得最好的生命形式。从环境伦理来看，人类的伦理道德意识不只表现在爱同类，还表现在平等地对待众生万物和尊重它们的自然生命权利。史怀哲说："伦理存在于这样的观念里：我体验到必须身体力行地去尊重有生存意志的生命，就像尊重自己的生命一样。在这里面我已经有了道德所需的基本原则。保有、珍惜生命是善；摧毁、遏阻生命是恶。"

平等对待众生万物，不意味着抹杀它们之间的差别，而是平等地考虑到所有生命体的生态利益。由于每一种生命物种在自然进化阶梯中位置的不同，它们的要求与利益也不一样。在对待不同的生物物种时，我们可以而且应该采取区别对待原则，这时候，我们所考虑的是它们利益的不平等。区别性地对待不同生物不仅许可，而且在道德上是必需的。但这种区别性原则的运用，说到底是由于我们要平等地对待所有生命体这一根本原则所决定的。它要求我们不要从狭隘的人类利益的角度，而要从整个自然生态的角度来处理人类与其他生命体的关系。准确地说，我们应该平等地对待同等生物，而公正地对待不同等的生物。

2. 尊重自然生态的和谐与稳定

地球生态系统是一个交融互摄、互相依存的系统。在整个自然界中，无论海洋、陆地和空中的动植物，乃至各种无机物，均为地球这一"整体生命"不可分割的部分。作为自组织系统，地球虽然有其遭受破坏后自我修复的能力，但它对外来破坏力的忍受终究是有极限的。对地球生态系统中任何部分的破坏一旦超出其忍受值，便会环环相扣，危及整个地球生态，并最终祸及包括人类在内的所有生命体的生存和发展。因此，在生态价值的保存中首要的是必须维持它的稳定性、整合性和平衡性。在整个自然进化的系列中，只有人类最有资格和能力担负起保护地球自然生态及维持其持续进化的责任，因为人类是地球进化史上晚出的成员，处于整个自然进化的最高级，只有他对整个自然生态系统的这种整体性与稳定性具有理性的认识能力。罗尔斯顿谈到人类对维持地球自然生态的责任时说："生态系统里有，而且应该有整个系统的互相依赖性、稳定性与一致性。它们在自然界里的完成与道德无关——在自然界里，群落是被发现的，而不是被制造的。但是当人类——他们是道德主体——进入这一现场成立他们的群落，并将他们在自然界里发现的东西重新加以建造时，他们可能（并且应该）为了自己的利益而捕获这种价值，但他们也有义务以纵观整体的视野来这样做（扩展而言，这视野包括对个体的痛苦、快乐与福祉的考虑）。这种义务是显而易见的；人类应该尽可能地保存生物群落的丰富性。它是属于人类的义务。"

3. 顺应自然的生活

顺应自然的生活不是指人类要放弃自己改造和利用自然的一切努力，而返回到生产力极不发达的远古原始人的生活中去，而是说，人类应该从自然中学习到生活的智慧，过一种有利于环境保护和生态平衡的生活。历史的发展证明，人类的活动可能与自然生态的平衡相适应，也可能会破坏自然的生态平衡。在自然生态系统中，由于人类与自然环境的关系是对立统一的，因此，即便是人类认识到要保育与爱护自然环境，但在历史实践过程中，亦会遇到人类自身利益与生态利益相冲突、人类价值与生态价值不一致的情形。为此，所谓顺应自然的生活，就是要从自然生态的角度出发，将人类的生存利益与生态利益的关系进行协调。顺应自然的生活必须遵循以下原则：

（1）最小伤害性原则。这一原则从保护生态价值与生态资源出发，要求在人类利益与生态利益发生冲突时，采取对自然生态的伤害减至最低限度的做法。例如，人类在与各种野生动物或有机体相遇时，只有当自己遭受和可能遭受到这些生物体和有机体的伤害或侵袭时，基于自卫的行为才被允许；而那些主动伤害生物体和有意招来伤害的行为则不符合此原则。又如，人类为了提高自己的免疫能力，不可避免地要用各种动物或生物体进行试验，在选择不同试验对象能达到同样目的时，我们应该尽量选用较低等的动物而不选用较高等的动物。这一原则还要求我们出于人类目的而利用和享用各种动物资源时，不要逾越动物原处的自然规则，尽量避免给动物造成过度的痛苦。这一原则还要求我们在改变自然生态环境时慎重行事，尤其是在其后果不可预测时更应如此。例如，当我们必须毁坏一片自然环境以修建高速公路或机场时，最小伤害原则要求选择将生态破坏减少至最低的方案。

（2）比例性原则。所有生物体的利益，包括人类利益在内，都可以区分为基本利益和非基本利益。前者关系到生物体的生存，而后者却不是生存所必需的。比例性原则要求人类利益与野生动植物利益发生冲突时，对基本利益的考虑应大于对非基本利益的考虑。从这一原则出发，人类的许多非基本利益应该让位于野生动植物的基本利益。例如，在拓荒时代，人类曾经为了生存的需要而不得不猎取兽皮，这与当今社会一些人纯粹为了显示豪华高贵而穿着兽皮服装，其利益要求的层次是不一样的。同样，为了娱乐性质的打猎与远古时代人类为了生存而捕获野生动物也属于不同层次的两种需要。比例性原则要求我们不应为了追求人们消费性的利益而损害自然生态的利益。

（3）分配公正原则。在人类与自然生物的关系中，有时会遇到基本利益相冲突的情形。就是说，冲突的双方都是为着维持自己的基本生存，而发生自然资源占有的争执。这时候，依据分配公正原则，双方都需要的自然资源必须共享。例如，人类有时因开垦和经济的需要不断缩小野生动植物活动的范围，但无论如何我们又不能让野生动植物全部消失。怎么办呢？实践中，人类已有了遵循分配公正原则的做法。如划分永久性野生动植物保护区，实行轮作、轮耕和轮猎等。这样，人类只是消费了野生动物和自然资源的一部分，野生动植物至少还有一片不受人类干扰的生存环境和活动空间。分配公正原则还要求我们在自然资源的利用上尽可能地实行功能替代，即用一种资源来代替另一种更为宝贵和稀缺的资源。例如，用人造合成药剂代替直接从珍贵野生动物体内提取某些生物性药素，用人造皮革作为某种珍贵野生动物皮毛的代用品，等等。

（4）公正补偿原则。在人类谋求基本需要和发展经济的活动中，不可避免地给自然野地和野生动植物造成危害。这时候，根据公正补偿原则，人类应当对自然生态的破坏进行补偿。例如，人们由于发展经济曾经毁掉了大片的森林，从保护和维持自然生态平衡出发，必须大力植树造林。这条原则尤其适应于对濒危物种的保护和处理办法。大自然在演化过程中，一方面不断地产生新物种，另一方面也使一些不适于环境的物种不断淘汰，但自然进化总的倾向是使物种不断地增多和繁衍。而自人类出现以后，其生产和经济活动却使自然界的物种趋于减少。事实上，近代以来，工业化和人类对自然的征服，已经使自然中不少物种永久地消失，而且这种趋势还在不断加剧。因此，我们应该对濒危物种加以保护，并给它们创造出适宜于生存和繁衍的有利环境。

（二）关心个人并关心人类

环境伦理包括两个方面的问题：伦理立场和伦理规范问题。前者牵涉看待自然环境的一整套思维模式、思想方法和思想观念，它更多地指整体人类对待自然的根本态度；后者则是人们在与自然交往中必须遵从和奉行的行为准则。由于人们的实践总表现为社会实践，人类与自然打交道总牵涉人与人之间的关系，这样，当我们思考人类对待自然的行为准则问题时，对人际关系的考虑总会进入我们的视野。就是说，环境伦理虽然是关于人与自然之间关系的伦理，但它探讨的内容却不仅仅以人与自然的关系为限。只有既考虑了人对自然的根本态度和立场，同时又考虑了社会的人如何在社会实践中贯彻这种态度和立场的环境伦理才是完善的伦理。环境伦理原则要求我们最终确立这样的行为原则：关心个人并关心人类。

环境伦理从自然生态系统的角度看待各种价值，包括生命体的价值。因此，对人类及其个体生命价值的尊重与维护，自然是题中之意。从权利角度来看，环境权是个人的基本人权，所以，1992 年联合国环境和发展大会《里约热内卢宣言》中作了这样的表述："人类拥有与自然协调的、健康的生产和活动的权利"。人类对环境的保护和对环境污染的治理，最终将受惠于每一个人，这也是毋庸置疑的。然而，环境问题的复杂性在于：人类面对环境的行为往往不是个人的行为。就是说，对环境的治理或者环境的保护，需要群体的努力和合作才能奏效；另一方面，任何个人对待环境的行为和做法，其环境后果都不限于个人，而会对周围乃至整个人类造成影响。换言之，在环境问题上，个人的利益和价值与群体的利益和价值、区域性的利益和价值与全球性的利益和价值常常是无法截然分开的。以"环境污染公害"和"全球环境问题"为例，人们通常将自己周围生活环境的破坏称之为"公害"，由于"公害"这类环境污染在日常生活中容易为人们所觉察，而且直接侵害到每个人的利益和价值，人们对它的危害容易认识；而一些全球性的环境问题，如热带雨林的破坏、全球性的气候变暖等环境问题带来的后果短期内不易被察觉，或者由于它们不是发生在我们身边，人们对它们危害的认识就远不如"环境污染公害"深切。

实际上，"环境污染公害"与"全球性环境问题"有着同质性与连续性。"环境污染公害"的结果往往会对全球性的环境产生影响，而全球性的环境问题也往往表现为区域性的"环境污染公害"形式。举例来说，1986年苏联切尔诺贝利核电站泄漏事故，不仅造成这一地区及附近人员的极大伤亡，而且其核泄漏产生的放射性尘埃还远飘至北欧，甚至扩散到整个东欧和西欧地区；而1991年海湾战争中焚毁的科威特油田造成的全球性影响，有人估算甚至数十年也不会消失。今天，随着各国经济与各方面活动交往的密切，世界较之以往任何时候更加成为一个整体，生态环境问题已没有国界。在这种情况下，所谓环境伦理其实就是全球伦理。为此，它要求我们确立如下原则，作为在环境问题上处理人与人之间关系的行为准则。

1. 正义原则

过去，人们从追求经济增长的目标出发，拼命地发展工业，包括对环境带来很大污染的工业。从生态价值观与人类的整体利益出发，这种不顾及环境后果，仅仅追求生产率增长的行为不仅是不道德的，而且是不正义的。因为它直接侵犯了每个人平等享用自然环境的权利，而环境权是属于每个人的基本人权。从维护人的环境权考虑，我们不仅不能污染自然环境，而且要采取各种措施有效地治理环境，控制自然环境的进一步恶化。总之，按照环境伦理，任何向自然界排放污染物以及肆意破坏自然环境的行为都是非正义的，应该受到社会舆论的谴责；而任何有利于环境保护与生态价值维护的行为都是正义的，应该得到社会舆论的褒扬。

2. 公正原则

在人类的经济活动中，破坏和造成环境污染的情况时有发生。例如，当某个企业采取简陋的工艺生产产品，导致环境污染，这种行为不仅侵犯了社会公众的利益，而且对于其他采取先进环保技术而避免或减少环境污染的企业来说是不公正的。这时，公正原则要求我们在治理环境和处理环境纠纷时维持公道。公正的做法是由污染环境的企业承担责任并赔偿环境污染造成的损失。应该强调的是，环境伦理中的公正原则其实是"公益原则"，因为自然环境和自然资源属于全社会乃至全人类所有，对它的使用和消耗要兼顾个人、企业和社会的利益，这才是公正的。

3. 权利平等原则

这里的平等是指在自然环境与自然资源使用上的平等。由于地球上的环境资源是有限的，对于有限的资源，一些人消费多了，另一些人就消费少了。因此，在环境资源的使用和消耗上要讲究权利的平等。权利平等原则不仅适用于人与人之间、企业与企业之间，而且适用于地区与地区、国与国之间。由于历史原因与经济发展水平的不一样，当前地区与地区之间、国家与国家之间消耗自然资源的差别是很大的。一些富裕和发达国家利用自己的技术和经济优势，消耗大量的资源，而且用不平等的方式掠夺穷国的资源，从而产生富者愈富、穷者愈穷的现象。根据人类在地球上生存、享受和发展权利平等的原则，富国不仅应该限制自己对自然资源的大量消耗，节制自己的奢侈和浪费行为，而且应该帮助穷国发展经济，摆脱穷困。

4. 合作原则

事实告诉我们，生态危机和环境灾难是没有地域边界的；在环境问题上，全球是一个整体，命运相联，休戚与共。一旦全球性的生态破坏出现，任何地区和国家都将蒙受其害；而且全球性环境问题具有扩散性、持续性的特点，任何一个国家和地区要在这个问题上单独采取行动，其效果甚微，甚至无能为力。反过来，任何国家也无法因为其本国的生态技术和环境技术高超，就能避免其他地区的生态破坏给它带来的危害。因此，在环境的保护和治理问题上，地区与地区、国与国之间要进行充分的合作。在消极意义上，要防止"污染"输出，不要"以邻为壑"。而从积极意义上，则要开展环境保护与环境治理方面的合作，只有这样，全球性的环境问题才能得到解决和克服。

总而言之，环境问题不仅仅是人与自然的关系问题，而且涉及人与人、地区与地区、国与国之间的利益与关系的调整。在环境问题上，如同社会政治、经济问题一样，也深刻地存在着不同群体之间利益以及价值观的对立。但由于自然环境的保护与环境问题的能否真正解决，取决于地球上所有人的共同努力，更需要人与人之间的配合和合作，从这种意义上说，关心个人与关心全人类应成为环境伦理的共识。

（三）着眼当前并思虑未来

人与自然界其他生物一样，都具有繁衍和照顾后代的本能。人类不同于其他生物之处在于：除了这种本能之外，他还意识到个体对后代承担的道德义务与责任。因此，如何对待子孙后代的问题，对于人类来说还是一个伦理和道德的问题。在环境伦理中，人类与子孙后代的关系问题之所以突出，是因为环境问题直接牵涉到当代人与后代人的利益，如何从自然生态的价值与种族繁衍的角度来看待环境问题，在处理环境问题时取得个体利益与种族利益的平衡，是环境伦理应该面对的重要问题。

在环境问题上，如同个人利益和价值同群体利益和价值有时会不一致一样，人类的当前利益、价值与长远的、子孙未来的利益、价值难免会发生冲突，环境伦理要求我们在这种冲突发生时，要兼顾当代人与后代人的利益，对当代人与后代人的价值予以同等的重视。但是，实际生活中，眼前的、当代人的利益和价值易于发现，而未来的、后代人的利益和价值容易忽视。因此，在环境伦理中，我们应该对未来的、子孙后代的利益和价值予以更多的考虑，并从后代人的立场上对我们当前的环境行为作出道德判断。环境问题在涉及后代人的利益时，以下几条准则是必须加以考虑的。

1. 责任原则

这里的责任不是指人类对自然界的责任，也不是指个人对社区及人类的责任，而专指当代人对后代人的责任。由于社会习惯、历史文化及生物学方面的原因，人类对于后代人应承担什么样的责任一直是模糊不清的；长久以来，如何为子孙后代保持一个适宜的自然环境这个问题，一直没有进入人们的视野。环境伦理强调：环境权不仅适用于当代人类，而且适用于子孙后代。因此，如何确保子孙后代有一个合适的生存环境与空间，是当代人责无旁贷的义务和责任。1972年联合国人类环境会议发表的《人类环境宣言》宣称："我们不是继承父辈的地球，而是借用了儿孙的地球。"这句话表明，从自然环境与自然资源的利用和使用价值来看，地球与其说属于过去的人类，不如说属于未来的人类。当代人对地球资源与环境的不适当使用和开发，事实上是侵占了未来世代人的利益。因此，保护好自然环境，把一个完好的地球传给子孙后代，是当代人责无旁贷的义务。

2. 节约原则

从子孙后代的利益考虑，人类不仅要保护和维持自然生态的平衡，而且要节约地使用地球上的自然资源。地球上可供人类利用的资源有两种：不可再生资源和可再生性资源。不可再生性资源只有一次性的使用价值，当代人使用了，后代人就无法再有；可再生性资源尽管可以再生，但它的再生也需要时间的积累。还有许多自然环境一旦为当代人改变，它就永远无法复原，从这种意义上说，许许多多自然环境和景观其实也是不可再生的。正因为从总体上看，地球上可供人类利用和开发的资源是有极限的，所以人类在自然资源的利用和开发上，要为后代人着想，这需要我们在自然环境和自然资源的利用上奉行节约原则。节约原则体现在两方面：人类的生产方式和生活方式。节约的生产方式要求我们改进和改革生产工艺，采取节省能源和资源的生产方法，尽可能采取循环再利用的生产工艺，开展回收再利用工程；在生活方式上，应当提倡过一种节俭简朴的生活，防止铺张浪费，尽可能地使用环保产品而避免使用会给环境带来污染的产品。总之，节约原则的实施不仅仅出于经济上节约成本的考虑，而是从为子孙后代留下一个可供长期利用和享用的自然界的考虑，它是道义的而不是经济学的。

3. 慎行原则

人类改变和利用自然行为的后果，有时不是显然易见的，而且这些后果有时可能对当代人有利，给后代人却会带来长远的不利影响。这样，就要求我们在与自然打交道时，采取慎行原则。即是说，当我们采取一项改变和改造自然的计划时，一定要顾及它长远的生态后果，防止给后代人造成损害。人类在这方面有过失误的教训。例如，为了提高农作物单位面积的产量，我们大量地施用化肥，其代价是土地的日益贫瘠；又如，某些农药的施用，在短期内可以达到杀灭虫害的目的，但从长远来看，却导致整个自然食物链的破坏，其长期的后果将要由子孙来承担；又如人类对热带雨林的破坏，不仅造成地球表面气温的上升，而且使地球上许多物种已经灭绝或濒临消失，它给后代人造成的损失更是无法估量。

在人类利用和改造自然力量空前巨大的今天，慎行原则要求人类要对科学技术可能出现的后果进行充分的估算，要克服认为科学技术只是"中立"手段的传统看法。事实上，人类的技术是一把"双刃剑"，它一刃对着自然，一刃对着人类自己。也许，人类对于技术给人类自己带来和可能带来的短期后果容易预见和认识，但对其可能给人类和整个自然生态系统造成的长远后果还缺乏了解和认识，而慎行原则之所以要成为我们对待自然环境的行为准则，在于它提醒我们：地球不仅是我们当代人的，而且是我们子孙后代的；我们的环境行为不仅要对当代人负责，而且要对后代人负责。

综上所述，环境伦理是要将人类对待自然的态度和责任，作为一种道德原则和道义行为提出，其目的是为了更有效地规范和指导人们对待自然环境的行为，以有利于地球生态系统，包括人类社会这个子系统的长期持续和稳定的发展。因此，一种全面的环境伦理，必须兼顾自然生态的价值、个人与全人类的利益和价值，以及当代人与后代人的价值与利益。虽然从总体和一般性的原理来看，自然与人类、个体与群体、当代利益与后代利益是可以一致而且应该兼顾的，但在人类的实践活动中，这些种种的利益与价值之间，难免发生冲突和出现不和谐，因此，我们除了有一般性的环境伦理原则和规定之外，还要从环境伦理的角度来对人类的行为模式加以分析和研究。

（四）环境伦理观对发展观的影响

环境伦理观的提出，对人类设计和规划自身的经济活动产生了重大的影响。近代以来的工业文明观追求片面的经济增长和高效率，这种高效率常以生态平衡的破坏和环境的污染为代价。环境伦理观告诉我们：不仅地球的资源是有限的，而且以牺牲环境质量为代价追求经济增长，到头来遭受惩罚的还是人类自己。更重要的是，环境伦理不主张"人类中心主义"，它反对人类仅仅从自己生存的利益考虑而将地球视为可供任意榨取的对象，强调人类作为地球演化史上的价值最高者，对地球这一"家园"和地球上的各种物种具有保护的义务。因此，环境伦理观的提出，必然意味着一种新的人类发展观，并对以往片面追求高效率的工业文明观发出挑战。

传统的工业文明追求经济的高增长和高效率，其经济发展理论有两个基本假设：一是强调经济增长，以人均国民生产总值作为衡量经济增长的可比性综合指标；二是全力开发资源，认为地球资源具有可供利用的无限性。而环境伦理则主张将经济发展置于整个社会发展理论的总体框架中加以认识，认为社会发展包括经济—人—环境的协调发展；同时地球上可供人类开发利用的资源是有限的，人类应该合理地运用和分配自然资源。这种发展观不同于建立在近代工业文明基础上的发展观称为"可持续发展观"。

五、资源伦理评价与规范

人类通过文化的思索来看待其周围世界，这样才把自然界转化为自然资源。价值观、人类社会—经济行为、科学技术等融合在一起构成文化。文化中的各种因素显然有极大差别，它们的融合物也在不同时期和不同地方大异其趣。在人类的文化思索中，由于感知输入和判断输出之间存在一系列模糊的因素，它们取决于经验、想象、幻想和其他源于理性和非理性思索的无形事物。因此，对资源—环境的感应及其心理转换，到决策和行动，并反过来影响资源—环境。人类活动的能力在很大程度上取决于所掌握的有效技术，但在这个驱动力的后面，还隐藏着上述各种因素。

一般而言，技术的使用受人类价值观、信仰、伦理、环境感知等因素的支配，人类常常按照他们头脑中关于世界的认识来行动，而不是用客观"科学"信息的眼光。在很多情况里，一定时代的思想意识大气候可以决定某种科学知识的使用或误用。在自然资源利用中，人对自然的态度（即生态伦理）起着重要的作用。

协调人与自然的关系必须把人类社会的概念扩展到包括动物、植物、土壤、水域等整个大地。使人类置于生物圈有机体的分工和协作中，既考虑生物进化的底层和高层的目的和需要，也考虑现存发展中生物圈的结构、功能与人类社会发展的关系。

资源伦理评价与规范要从以下几个方面进行：①是否考虑人的社会需要和有机体的目的，"需要"的平衡，不仅涉及人与人（社会）的关系，也涉及人与有机体、有机体之间与环境的关系。既尊重生命社会，同时也要改善人类生活质量。遵循人的生存利益高于其他物种的非生存利益，其他物种的生存利益高于人的非生存利益原则。②是否保护地球有机体的活力和多样性。即保护生命支持系统，保持生物多样性；保持永续地利用可再生的资源。③能否最低限度地耗用不可更新的资源。④能否使人类的活动保持在地球生物圈承受限度之内。⑤是否考虑人与物种的关系，保护物种的存在，要求人们依据人类—大地—物种的三角关系整体综合考虑。遵循物种与其栖息地同等重要；物种质的价值高于个体量的价值。要考虑人与生物群落的关系。遵循"一切事情有助于保持生物群落的完整、稳定和美丽时，它就是正确的，否则就是错误的"准则。⑥是否考虑当代人与未来人的关系，把人类的近期利益扩展到长远利益，对当代人与未来人在最基本的生存需要、社会需要方面作出平衡。当代人的利益与未来人的利益同等重要。⑦是否考虑共同的利益、价值和权力是保持人与自然协同进化。在人类历史上，从来没有像今天这样迫切的需要在国际环境治理方面展开全球合作；从来也没有像今天这样，提倡珍惜生命，关心地球。因此，人类面临着双重的任务。即关心、保护人类的整体长远利益的同时，也必须对其他生物和整个地球生态系统的健康和完善竭尽义务和责任。

第三节　资源利用的生态设计

1865 年，美国律师乔治·珀金斯·马什（George Perkins Marsh）出版了著作《人与自然》，指出"恢复自然被干扰的协调的可能性和重要性，使荒弃的和利用过度的土地得到切实的改良。"马什在书中"首次提出合理规划人类行为，使之与自然协调，并呼吁设计结合自然，而不是破坏自然"。表明了人们开始关注土地开发利用与自然系统所受影响之间的关系，在生态思想发展历程上具有启蒙意义。地理学家约翰·韦斯莱·鲍威尔（John Wesley Powell）在西部地理勘探时，注意到大量移民对当地自然环境的巨大影响，在给国会《美国干旱地区土地报告》（*Report on the Lands of the Arid Region of the United States*）中"强调制定一种土地和水资源利用政策，并要求能适应干旱、半干旱地区的一种新的土地利用方式、管理机制和生活方式。"

一、生态设计的兴起与发展

生态设计（Ecodesign）一次来源于如何对物质进行合理利用。联合国环境规划署工业与环境中心在 1997 年的出版物《生态设计：一种有希望的途径》中，将生态设计描述为一种概念。1999 年 2 月在日本东京召开了生态设计国际会议"Eco - design"通过了相关宣言。Vander Ryn 和 Cowan 提出了生态设计的定义：任何与生态过程相协调，尽量使其对环境的破坏影响达到最小的设计形式都称为生态设计，这种协调意味着设计应尊重物种多样性，减少对资源的剥夺，保持营养和水循环，维持植物生境和动物栖息地的质量，以改善人居环境及生态系统的健康。

多类性的复合生境是生态设计的基本条件。与自然合作的生态设计就是要尊重和维护生物多样性，保护生物多样性的根本就是保持和维护乡土生物与生境的多样性。生态设计最深层的含义就是进行生物多样性设计，利用边缘效应建立生物自维持体系，其核心是促进系统之间的协调发展。由于交错区生境条件的特殊性、异质性和不稳定性，使得毗邻群落的生物可能聚集在这一生境重叠的交错区域中，不但增大了交错区中物种的多样性和种群密度，而且增大了某些生物物种的活动强度和生产力，这一现象被称为"边缘效应"（Edge Effect）。边缘区在相邻地区之间的物流、能流作用过程中所具有的"媒介和半透膜作用"，决定了它在城市生态系统中的重要性。

生态设计重视人类社会与自然之间的和谐统一，摒弃了掠夺式开发的弊病，达到人与自然共生的理想生态设计将人作为自然的一部分，充分尊重自然的机理，遵循 3R 原则，即"减量化（Reduction）、再利用（Reuse）、再循环（Recycle）"。原则是循环经济最重要的实际操作原则，但是循环经济不是简单地通过循环利用实现废弃物资源化，而是强调在优先减少资源消耗和减少废物产生的基础上综合运用 3R 原则。循环经济是把清洁生产和废弃物的综合利用融为一体的经济，本质上是一种生态经济，是一种"促进人与自然的协调与和谐"的经济发生态系统健康、自然环境优美、会文明进步、经济发展持续、人与大自然互相依赖，和谐共存。

二、资源生态设计的特征、原则与方法

(一) 资源生态设计的特征

1. 特征之一：显露自然

现代城市居民离自然越来越远，自然元素和自然过程日趋隐形，远山的天际线、脚下的地平线和水平线，都快成为抽象的名词了。自然景观及过程以及城市生活支持系统结构与过程的消隐，使人们无从关心环境的现状和未来，也就谈不上对于环境生态的关心而节制日常的行为。因此，要让人参与设计、关怀环境，必须重新显露自然过程，让城市居民重新感到雨后溪流暴涨、地表径流汇于池塘；通过枝叶的摇动，感到自然风的存在；从花开花落，看到四季的变化；从自然的叶枯叶荣，看到自然的腐烂和降解过程。

2. 特征之二：让自然出力

自然生态系统生生不息，不知疲倦，为维持人类生存和满足其需要提供各种条件和过程，这就是所谓的生态系统的服务。这些服务包括：①空气和水的净化；②减缓洪灾和旱灾的危害；③废弃物的降解和脱毒；④土壤和土壤肥力的创造和再生；⑤作物和自然植被的授粉传媒；⑥大部分潜在农业害虫的控制；⑦种子的扩散和养分的输送；⑧生物多样性的维持，从中人类获取农业、医药和工业的关键元素；⑨保护人类不受紫外线的伤害；⑩局部调节气候；⑪缓和极端气温和风及海浪；⑫维护文化的多样性；⑬提供美感和智慧启迪，以提升人文精神。

所以自然提供给人类的服务是全方位的。让自然出力这一设计原理强调人与自然过程的共生和合作关系，通过与生命所遵循的过程和格局的合作，我们可以显著减少设计的生态影响。

3. 特征之三：节约与保护自然资本

地球上的自然资源分为可再生资源（如水、森林、动物等）和不可再生资源（如石油、煤炭等）。要实现人类环境的可持续，必须对不可再生资源加以保护和节约使用。即使是可再生资源，其再生能力也是有限的，因此对它们的使用也需要采取保本取息的方式而不是杀鸡取卵的方式。因此，对于自然生态系统的物流和能流，生态设计强调的解决之道有四条：

第一，保护不可再生资源。在大规模的城市发展过程中，特殊自然景观元素或生态系统的保护尤显重要，如城区和城郊湿地的保护，自然水系和山林的保护。

第二，尽可能减少包括能源、土地、水、生物资源的使用，提高使用效率。

第三，利用废弃的土地、原有材料，包括植被、土壤、砖石等服务于新的功能，可以大大节约资源和能源的耗费。

第四，在自然系统中，物质和能量流动是一个由"源—消费中心—汇"构成的、头尾相接的闭合循环流。因此，大自然没有废物。

土地资源是不可再生的，但土地的利用方式和属性是可以循环再生的。从原野、田园、高密度城市到花园郊区、边缘城市和高科技园区，随着城市景观的演替，大地上的每一寸土地的属性都在发生着深刻的变化。昔日高密度中心城区的大面积铺装可能或迟或早会重新变为森林或高产的农田，已经填去的水系会被重新恢复。

4. 特征之四：地方性

也就是处所，设计应根植于所在的地方。对于任何一个设计问题，首先应该考虑的问题是我们在什么地方？自然允许我们做什么？自然又帮助我们做什么？这一原理可以从以下几个方面来理解：尊重和继承传统文化乡土意识，这是当地人的经验，当地人依赖于其生活的环境获得日常生活的一切需要，包括水、食物、庇护、能源、药物以及精神寄托。其生活空间中的一草一木，一水一石都是有含义的。他们关于环境的知识和理解是场所经验的有机衍生和积淀。所以，一个适宜于场所的生态设计，必须首先应考虑当地人的或是传统文化给予设计的启示，是一个关于天地—人—神（场所精神）的关系的设计。就地取材，植物和建材的使用，是生态设计的一个重要方面。乡土物种不但最适宜于在当地生长，管理和维护成本最低，还因为物种的消失已成为当代最主要的环境问题。

（二）资源生态设计的原理与方法

（1）尊重自然、整体优先。建立正确的人与自然的关系，尊重自然、保护自然，尽量地减少对原始环境的变动。局部利益服从整体利益，短期利益服从长远利益。

（2）同环境协调，充分利用自然资源。地球上的自然资源是有限的，很多资源是不可再生的，因此必须对资源进行合理、高效的利用，减少对各种资源的消耗，因此提倡4R原则：减量使用（Reduce）、重复使用（Reuse）、回收利用（Recovery）、循环使用（Recycle）。

（3）发挥自然的生态调节功能与机制。自然生态系统提供给人类的服务时全方位的，生态设计原理强调人与自然过程的共生和合作关系，通过与生命所遵循的过程和格局的合作，我们可以显著减少设计的生态影响。

（4）强调参与性与经济性。生态设计必须走向大众，走向社会，同时生态设计的理念和目标必须为大众所接受。生态设计反映了设计者对自然和社会的责任，同时生态设计又是经济的，生态和经济本质上是同一的，生态学就是自然的经济学。两者之所以有当今的矛盾，原因在于我们对经济的理解的不完全性和衡量经济的以当代人和以人类中心的价值偏差。生态设计则强调多目标的、完全的经济性。

（5）乡土化、人文性、方便性。延续地方文化和民俗，充分利用当地材料，结合地域气候、地形。生态设计不仅要考虑居民的生活安全，还要考虑开率对内外的联系，充分发扬以人为本、人与自然和谐这一理念。

三、资源生态设计案例——江苏省宜兴阳羡风景区生态旅游设计

（一）研究区概况

宜兴市位于北纬 31°07′～31°37′，东经 119°31′～120°03′。地处江苏省南端，苏、宁、杭三角中心。东濒太湖，东南邻浙江长兴，西南界安徽广德，西接溧阳，西北毗连金坛，北面与武进相傍，滆湖镶嵌其间。全市总面积 2038.7 平方千米。地势南高北低，南部为丘陵山区，北部为平原区；东部为太湖渎区，西部为低洼圩区。阳羡生态旅游区位于湖㳇镇，南距市区 18 千米，东距太湖千米，面积 118 平方千米，辖 7 个村、1 个茶场、6 个旅游名胜景点，集中了宜兴 70% 的旅游资源，是太湖风景游览区的重要组成部分。

阳羡风景区系丘陵山区，属天目山余脉，境内山峦环抱、连绵起伏。阳羡风景区地理位置优越，交通条件良好。新长铁路、锡宜高速公路和宁杭高速公路，最近的车站和入口都离景区 4 千米范围内，104 国道擦肩而过，丁张、汤省、张灵、张湖公路贯穿北部和西部，湖东公路贯穿南部，经悬脚岭直通浙江，汤省公路东端与宁杭高速公路衔接，并与锡宜运河纵贯全区，镇村公路，景区公路纵横交错，四通八达。

阳羡风景区主要景点有竹海风景区，陶祖圣境风景区，灵谷风景区，张公洞、玉女潭、龙池山森林公园、澄光寺等这些特色鲜明的旅游风景区，都是华东旅游圈和太湖旅游风光带上的特色精品景区（见图 6-3）。

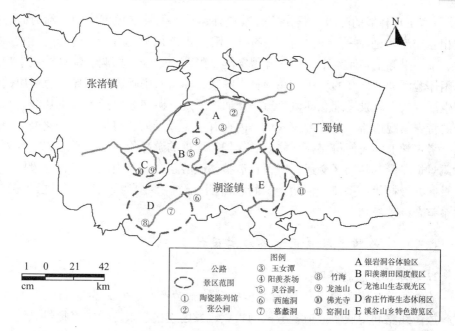

图6-3 阳羡风景区平面布局图

阳羡生态旅游区物产富饶,宜游宜购。境内山水交融,气候温和湿润,四季分明,自然和人文旅游资源十分丰富,阳羡风景区盛产大米、毛竹、茶叶,还出产极富有地方特色的土特产,如山百合、吊瓜子、青梅、药材、竹笋、银杏、板栗、杨梅等,风味独特,历史悠久,深受喜爱,景区内文物古迹众多,山多水多,山水相依,景色秀丽。阳羡风景区的紫砂工艺始于北宋,盛于明清,繁荣于当今,集书画、诗文、篆刻、雕塑于一体,成为独步世界的艺术品。阳羡风景区还有江苏省最大的茶叶产区,阳羡紫笋茶与杭州龙井茶,苏州碧螺春齐名。

(二) 阳羡风景区生态旅游设计理念

设计规划将阳羡生态旅游区建设成为以优良生态环境为基础,以山、水、洞、竹、茶、农、情为特色,以休闲度假为主要功能的长三角核心圈层最佳山水生态旅游区和环太湖旅游圈的西太湖旅游度假中心。催化剂理念即将阳羡湖(油车水库)的规划建设作为催化阳羡生态旅游区旅游发展、整合分散旅游资源、凝聚旅游发展力量的催化剂。整合打造、变单一观光旅游功能为度假观光结合的综合功能,集中发展建设,推动地区旅游产业快速高效发展。森呼吸理念即"森呼吸"，就是森林般的呼吸，是推广普及户外运动，倡导绿色健康的生活方式，搭建相互交流沟通的平台的一种代名词。阳羡生态旅游区生态条件好，山、林、竹、茶、果等生态元素丰富，是开展穿越、野营、攀岩、探洞、骑马等周末户外休闲体验活动的良好的场所。在森林中呼吸，在自然中呼吸，倡导绿色健康的新潮生活方式。风景道理念即风景道是交通、景观、游憩和保护等多重功能有机结合的特殊景观道路；是路旁或视域之内拥有审美风景的、自然的、文化的、历史的、考古学上的或值得保存、修复、保护和增进的游憩价值的景观道路。规划通过风景道建设改善景区交通环境，打造整体旅游氛围，吸引人气、带动投资，实现景区升级换代；搭建方便快捷、特色鲜明、经济直观的旅游网络。扬长避短，联系整合、动静结合。

（三）实施阳羡风景区生态旅游设计

1. 科学设计旅游线路

旅游线路是旅游服务机构向顾客推销的旅游产品，它是游客与景点的连接线。旅游线路利用旅游通道把分散的景点、景区连接起来，向游客提供系统化的景观产品服务。旅游线路的布局必须考虑到以下几点：①景点的分布状况，包括各个景点之间的相互距离以及单个景点与主要交通线的距离等。②游客在经济收入、受教育程度、群体文化背景等方面的差异性，体现在旅游行为上，会表现出不同的旅游偏好。③旅游接待地的软件环境状况，包括旅游地的治安状况、管理水平、总体接待能力等，这些因素都会对游客的兴趣和需求发生影响。因此，旅游线路的布局要兼顾游客、景区等各个方面，尽量做到"一高一低"（旅游效率高，旅游费用低）、"一多三少"（景点变化多、重复路段少、旅途时间少、污染噪声少）、使线路达到最佳效果。根据以上原则，设计两条旅游路线分别为：第一，市车站—贝斯特大酒店—国际饭店—宜兴宾馆—宜兴大酒店—分路口—川埠—陶瓷博物馆—张公洞—玉女潭—灵谷洞—陶祖圣境风景区—竹海风景区；第二，市车站—贝斯特大酒店—国际饭店—宜兴宾馆—宜兴大酒店—分路口—川埠—静乐山庄—芙蓉寺—善卷风景区—张渚镇政府—黄墅村—玉山—林场—龙池山风景区。

2. 空间格局

在明确总体发展概念的基础上，依托现有两点一线的旅游格局，规划建设五个旅游功能区，分别为：阳羡湖旅游度假中心、洞府岩农人文体验区、省庄竹海生态休闲区、溪谷山乡特色游览区和龙池山生态观光区，形成"一核四极"的旅游空间格局。"一核"：指阳羡湖（规划为油车水库）旅游度假中心，以休闲度假、康体娱乐功能为主；"四极"：指洞府岩农人文体验区（包括张公洞、玉女潭、阳羡茶场等景点）、省庄竹海生态休闲区、溪谷山乡特色游览区（包括邵东村农家乐、杨梅采摘园等景点）和龙池山生态观光区分别以科普教育、美食休闲、养生休闲和生态观光为主要功能（见表6-1）。

表6-1　　　　　　　　　　　　　阳羡风景区旅游资源概况

片区名称	片区级别	景观功能分区及景点美誉
银岩洞谷人文体验区	一级旅游风景区	包括张公洞、玉女潭、阳羡茶场等景点，灵谷洞钟灵毓秀，分为六大厅，均以开天辟地的自然形态变幻出不同特色的奇异景观，而张公洞景色奇美，享有江南第一古迹之美誉
省庄竹海生态休闲区	一级旅游风景区	有镜湖览胜区、水景瀑布区、竹海茶楼品茶区、翡翠长廊区、小海、中海观景区、夕照寺区等功能分区，有"华东第一竹海、太湖第一源头、苏南第一高峰"之美誉
龙池山生态观光区	一级旅游风景区	有龙池晓云石、澄光禅寺、龙池古栈道、禹门祖塔、龙池、凭虚阁、涅槃窟、老虎亭、拜经台、分宾亭、洗心池、一步登天等景观功能分区。是江苏省森林自然保护区，因属中亚热带北缘，常绿宽叶带生长茂盛，珍稀濒危植物众多，故有"天然植物王国"和"绿色氧吧"之称
阳羡湖田园度假区	二级旅游风景区	以休闲度假、康体娱乐、科普教育、美食休闲和生态观光为主要功能
溪谷山乡特色游览区	二级旅游风景区	包括邵东村农家乐、杨梅采摘园等景点，享受土鸡、地衣、野蒜炒鸡蛋、咸肉煨春笋等特色菜，还有农林特产出售

资料来源：根据 http://www.yxghj.gov.cn/ghzs_zhanting_show.asp? id=292 整理。

3. 完善景区的配套措施

阳羡风景区以现有的旅游配套设施是远远不能满足旅客基本生活需要的，因此，必须加大建立和完善旅游配套设施的工作力度。主要包括两大方面的内容：一是旅游基础设施建设，这与地方政府所进行的市政建设基本一致，包括水、电供应系统、安全保卫系统、通讯系统、排污处理系统及车站、医院、银行等，这些设施虽不直接为旅游者服务，但却是旅游部门和企业为游客提供服务必不可少的条件。二是旅游接待设施，即住宿设施。虽然上述旅游配套设施阳羡风景区都具备，但资费标准应贴近市场需求，符合人们的消费水平。

今后在旅游设施的开发建设上，特别是旅游区宾馆饭店的建设上，必须注意与周围自然景观相协调，突出自然特色，多使用当地建筑材料如石板瓦、竹片瓦等，以不破坏自然景观的美观特征为前提，以旅游资源的保护为前提，尽量减少外观现代化的建筑。

4. 完善生态旅游规划的保障措施

（1）以科技为支撑，增加投入。

在阳羡风景区开展生态旅游，既保留了传统旅游所既有的各种优势，增加了周边地区居民的收入，满足了大众的旅游消费需求；而且其特定的可持续性也促进了阳羡风景区在健康持续发展的同时逐步改善融资条件、科研基金条件等。阳羡风景区的旅游收入一方面填补了在保证旅游容量承载基础上扩大旅游规模、完善基础设施等需要的资金；另一方面也能更好地促进与景区生态保护相关的科研基金，一些重要的科学人才也会聚集于此。

（2）增强民众环境意识，强化环境管理。

在阳羡风景区开展生态旅游还有一种特殊的作用就是开展"环境教育"。景区内和谐的自然人文组合，良好的生态环境氛围会给来自各地的旅游者一种健康的环境意识，再结合景区内专业人员的间接和宣传教育，让他们接受心灵上的洗礼，使环境意识深入人心；另外，社区居民和经营管理者也可以通过开展真正的生态旅游使整个宜兴市在营造生态城市方面起到典范作用，为魅力城市增添光彩，这也是符合市政府总日发展战略目标的关键之处。在生态旅游管理中，生物资源的保护是最基础的，而阳羡风景区生态旅游规划考虑到了生物资源的保护，并制定了合理有效的保护措施，防止物种流失和破坏。还提出应加强自然保护区内的关键物种、主要保护对象及其所受威胁的基本情况，在保护好各个物种遗传资源的基础上，管理好具有重要经济价值的物种。游客对景区的资源与环境保护起着重要的直接作用，景区生态旅游实施成功与否的关键之一是对游客进行科学和有效的管理。而阳羡风景区生态旅游规划分析了发展生态旅游对自然保护区生态资源的影响和旅游者本身受到的影响，并为管理者提供了可以知道决策的框架和各种具体的管理办法，具体指出对游客进行管理制定的旅游容量，严格控制游客数量；同时，有效控制游客活动，对游客的旅游线路、旅游时间、活动范围和活动方式等作出了限定。

5. 合理定位，稳定客源

宜兴市民作为当地客源，离旅游地最接近，也最方便来此出游，因此，应该紧紧抓住这部分客源，提高旅游人次。而单次旅游的门票费比较贵，为宜兴市民办理年卡，让他们在办完卡后一年内都可免费来此旅游，显然可以提高阳羡风景区的旅游人次，无形中为阳羡风景区做了免费宣传。虽然阳羡风景区已经规划，但其知名度还不够广，宣传工作还不够到位。要提高景区知名度，不断扩大客源市场，除提高服务水平，改善基础设施建设外，还要策划并开展全方位、多形式的旅游宣传推介工作。一是广泛利用互联网、电视、报刊、杂志、电台、电梯广告等媒体，与各大旅行社举办"旅游文化节"，宣传阳羡风景区，引导外省及本省的旅游者加入到阳羡风景区的行列中，并以高质量、高标准的优质服务及特色突出的旅游产品——紫砂壶来吸引游客，培育出良好的旅游市场。二是加强旅游宣传，编印阳羡风景区简介手册、阳羡风景区导游图等精美旅游宣传资料，在区内外各大旅行社张贴风景区旅游景点介绍图，在车站、机场、国道沿线和地区出入口处设立旅游工艺广告牌。三是建立阳羡风景区网站，向全社会介绍阳羡风景区的旅游景点及旅游特色产品。由于阳羡风景区植被茂密、景色雄奇秀美，远离城市喧嚣，呈现给人们的是一派绿色森林、田园风貌，可以为忙碌的人们洗去疲劳，所以消费群体主要集中在离宜兴不远的繁荣城市如上海、杭州、南京、苏州、无锡、常州等地。

6. 规范管理，创造良好的人居环境和生态环境

阳羡风景区是宜兴的一块重要的绿地，它对净化城市空气、调节气候、降低噪声具有十分重要的作用；同时它又是广大市民休闲、游憩的重要活动场所。随着阳羡风景区的游客量逐年增加，随之而来的景区绿地、景区设施保护与管理任务也日益繁重。因此，阳羡风景区建立了专门的管理综合执法队，进一步规范了阳羡风景区的有效管理，遏制了景区内的各种违法行为，创造了良好的人居环境及生态环境。但是，加强阳羡风景区的管理，还需要全社会的关心、支持和配合。全市广大市民必须按照规定来约束自己的行为，增强法律意识，努力营造保护风景区资源的浓厚社会氛围和良好的舆论环境，共同把阳羡风景区保护好、建设好、管理好。一切单位和个人在阳羡风景区内进行的各项建设活动，应当符合阳羡风景区规划，依法办理审批手续后方可实施。建设项目的选址、布局、高度、体量、造型、风格和色调等，应当与周围景观和环境相协调，不得破坏景观、污染环境、妨碍游览。建设项目中防治污染的设施，应当与主体工程同时设计、同时施工、同时投入使用。全市各单位和广大市民都有保护阳羡风景区资源和设施的义务，并有权制止、检举破坏阳羡风景区资源和设施的行为。

第四节 资源利用的生态评价

1993 年 4 月，时任美国总统克林顿在他刚上任三个月时，即在西北部俄勒冈州的波特兰市召开了一个总统森林会议，商讨解决美国西北部地区联邦国有森林管理危机的公平解决办法。来自不同社区和阶层的公众、经营者、科学家和一些团体组织受到邀请，各自表达了他们对森林的重要性以及如何打破各部门利益冲突僵局的想法。随后一个以政府、科学家和管理人员组成的 100 多人的专家队伍开始了积极的工作，通过综合考虑区域的生态—经济—社会因素及其可能变化趋势，制定出生态管理对策和政策调整建议。三个月后，克林顿总统宣布将森林生态系统管理评价工作组（FEMAT）报告中的第 9 号建议方案作为西北太平洋沿岸森林管理新规划方案，确定了以生态系统管理为基础的美国天然林管理的新概念与原则。这一方案经过数月的公众意见征询、法庭辩论与修正补充，于 1994 年初正式在美国西北部森林地区付诸实施。

一、资源利用生态评价的原则

生态学是自然保护的基础，所以要了解一个保护区的意义和作用，对其进行生态评价是十分重要的事情，对一个保护区进行生态评价，实际上是对其中各个生态系统特别是起主要作用的生态系统本身质量的评价，因此，生态评价本身既是对自然的客观认识，同时也涉及人类的生产和生活的影响。我们知道，生态系统是由生物和环境所组成的，因此，要评价生态系统和整个保护区，首先要分别对动植物物种、生态环境进行评价，然后对生态系统和保护区进行整体性评价，这样才能对保护区有分析的和综合的认识。

坚持重点与全面相结合的原则，既要突出评价项目所涉及的重点区域、关键时段和主导生态因子，又要从整体上兼顾评价项目所涉及生态系统与因子在不同时空等级尺度上的结构与功能的完整性。坚持预防与恢复相结合的原则，以预防为主，恢复补偿为辅。坚持定量与定性相结合的原则，生态评价应采用定量方法进行描述和分析，当现有的科学方法不能满足定量需要或因其他原因无法实现定量测定时，生态评价可通过定性或类比的方法进行描述和分析。

二、资源利用生态评价的程序

资源利用的生态评价应属于环境影响评价的一部分。首先由资源利用者委托专门顾问机构或大学、科研单位进行环境调查和综合预测，提出资源利用生态影响报告书。其次公布报告书，广泛听取公众和专家的意见。对于不同意见，有的国家规定要举行"公众意见听证会"；再根据专家和公众意见，对方案进行必要的修改；最后由主管当局最后审批。图 6-4 为生态评价程序图。

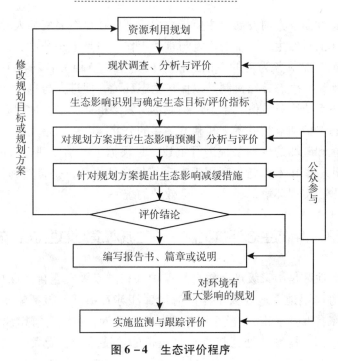

图 6 - 4　生态评价程序

三、资源利用中的生态问题及优化途径

当前资源利用的生态问题主要分为两大类：一是不合理地开发利用自然资源所造成的生态环境破坏。由于盲目开垦荒地、滥伐森林、过度放牧、掠夺性捕捞、乱采滥挖、不适当地兴修水利工程或不合理灌溉等引起水土流失，草场退化、土壤沙化、盐碱化、沼泽化，湿地遭到破坏，森林、湖泊面积急剧减少，矿藏资源遭到破坏，野生动植物和水生生物资源日益枯竭，生态多样性减少，旱涝灾害频繁，水体污染，以致流行病蔓延。二是城市化和工农业高度发展而引起的"三废"（废水、废气、废渣）污染、噪声污染、农药污染等环境污染。

优化途径主要从四个方面进行：一是生态保护，对人类赖以生存的生态系统进行保护，使之免遭破坏，使生态功能得以正常发挥的各种措施，重点开展水资源保护、矿产资源保护、生物多样性保护，保护形式可以建立自然保护区、生态功能区等；二是生态恢复，对生态系统停止人为干扰，以减轻负荷压力，依靠生态系统的自我调节能力与自组织能力使其向有序的方向进行演化，或者利用生态系统的这种自我恢复能力，辅以人工措施，使遭到破坏的生态系统逐步恢复或使生态系统向良性循环方向发展；主要指致力于那些在自然突变和人类活动活动影响下受到破坏的自然生态系统的恢复与重建工作；三是生态补偿，是以保护和可持续利用生态系统服务为目的，以经济手段为主调节相关者利益关系的制度安排。更详细地说，生态补偿机制是以保护生态环境，促进人与自然和谐发展为目的，根据生态系统服务价值、生态保护成本、发展机会成本，运用政府和市场手段，调节生态保护利益相关者之间利益关系的公共制度；四是生态建设，是对受人为活动干扰和破坏的生态系统进行重建，是根据生态学原理进行的人工设计，充分利用现代科学技术，充分利用生态系统的自然规律，是自然和人工的结合，达到高效和谐，实现环境，经济、社会效益的统一。

四、资源利用的生态评价案例——盐城海滨湿地生态系统健康评价

盐城沿海地区是国家级丹顶鹤自然保护区和国家级麋鹿自然保护区所在地，有中国最大海岸湿地，地处太平洋西海岸、江苏省中部，包括响水、滨海、射阳、大丰、东台五县（市），整个海岸线长 582 千米，占全省海岸线的 62%，滩涂湿地面积广阔。盐城地处亚热带和暖温带的过度地带，受大陆性季风气候影响，年均气温在 13.7～14.6℃，年极端气温为 -10℃（1 月）和 39℃（7 月），降水丰沛，年降水量在 1000 毫米左右，地势低平，海拔在 5 米以下，有灌河、中山河、废黄河、淮河、射阳河、新洋港等十余条河流穿越境内入海，洪涝、干旱、台风等灾害比较多。

生态系统健康表现出生态系统的稳定性和可持续性。生态系统是一个复杂的动态系统，其健康是一个综合的，多尺度概念，是多因素的整合。生态系统健康一般指生态系统内的物质循环和能量流动正常，关键生态部分未受到破坏，对于干扰能保持着弹性和稳定性，整体功能表现出多样性、复杂性和活力。生态系统健康评价的目的是诊断由自然因素和人类活动引起的生态系统的破坏或退化程度，以此发出预警，为管理者、决策者提供目标依据，以更好地利用、保护和管理好生态系统。

（一）生态系统健康评价指标的选择原则

基于生态系统具有多变量的特性，衡量生态系统健康的标准也具有多尺度、动态的特性，所以生态系统健康评价指标的选取要将生态、经济、社会三要素相整合，因此生态系统健康评价指标体系的选择必须考虑生态系统结构特性，功能特性，生态系统变化特性和扰动特性。

第一，在沿海滩涂湿地生态系统健康评价指标选择中，要做到整体性，任何一个生态系统都是由多个成分组合而成的整体，就必须从整体上考虑影响区域生态的各个因子。

第二，要考虑敏感性和主导性，选取的指标能够反映沿海滩涂湿地生态系统的基本特征，能够敏感地响应沿海滩涂湿地生态环境的变化，影响生态系统健康安全的因素很多，因此指标体系的建立显得十分复杂，若利用单一因子又不能全面的反映对生态系统的健康状况，如果一一选取又显得不现实。因此，指标选择具有代表性的，能直观地反映区域生态系统主要特征，选取的指标应该能够尽可能地反映区域活动对沿海地区生态环境的影响。

第三，可操作性原则，指标体系的设计，应尽可能考虑数据的易获性和可采集性。在选取指标时应当遵循简洁、方便、有效、实用的原则，即通过相关学科理论的概括，获取对生态安全影响较大且易获取的资料，并有利于生产及管理部门掌握和操作，使理论与实践紧密结合。

第四，可表征性和可度量性原则，生态系统健康状况应以一种便于理解和应用的方式表示，其优劣程度应具有明显的可度量性，并可用于评价单元间的比较评价。选取指标时，多采用相对性指标，如强度或百分率等。评价指标可以直接赋值量化，也可以间接赋值量化。

（二）指标体系的构建

根据以上原则，结合联合国经济合作开发署（OECD）建立的压力—状态—响应（P－S－R）框架模型（见图6－5），联系目前国内对生态安全评价指标体系选择的相关方法，构建4个层次的生态安全评价层次结构，第1层次是目标层，即评价目标，即沿海滩涂湿地生态系统健康评价；第2层次是项目层，包括压力层、状态层、响应层评价；第3层次是要素层，包括六大要素；第4层次为指标层，即每一个评价因素的具体指标，通过参考相关文献并结合实际情况，共选取了30个指标（见表6－2）。

（1）单位GDP能耗：指区域能耗与国内生产总值之比，用于评价区域经济发展的能源消耗水平，表明社会经济发展对环境造成的压力。用（吨标煤/万元）表示。

（2）单位GDP水耗：指区域用水量与国内生产总值之比，用于评价区域经济发展的水资源消耗水平，表明区域社会经济发展对水环境造成的压力。用（立方米/万元）表示。

（3）SO_2排放强度：指SO_2排放量与国内生产总值之比。表征区域中一个环境因子对环境造成的压力水平，用千克/万元表示。

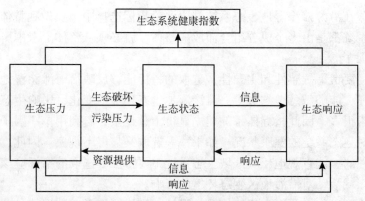

图 6 – 5   压力—状态—响应框架模型

表 6 – 2   盐城市沿海滩涂湿地生态系统健康评价指标体系

目标层 O	项目层 A	要素层 B	指标层 S
盐城滨海湿地生态系统健康评价	压力层 A1	资源环境压力 B1	单位 GDP 能耗 S1
			单位 GDP 水耗 S2
			SO_2 排放强度 S3
			COD 排放强度 S4
			化学氮肥施用量 S5
			农药使用量 S6
		社会经济压力 B2	城镇化水平 S7
			人口密度 S8
			公路密度 S9
			区域开发指数 S10
			经济密度 S11
			人口自然增长率 S12
	状态层 A2	湿地资源状态 B3	林木覆盖率 S13
			受保护地区占国土面积比例 S14
			多样性指数 S15
			海岸的侵蚀或增长 S16
			生态环境弹性 S17
			景观破碎度 S18
		环境状态 B4	环境综合指数 S19
			近岸海域水环境质量达标率 S20
			湿地受威胁指数 S21

续表

目标层 O	项目层 A	要素层 B	指标层 S
盐城滨海湿地生态系统健康评价	响应层 A3	社会经济响应 B5	人均国内生产总值 S22
			恩格尔系数 S23
			第三产业所占比重 S24
			国民素质 S25
		环境保护响应 B6	废物处置利用率 S26
			环保投资占 GDP 比重 S27
			环境保护宣传教育普及率 S28
			公众对环境的满意率 S29
			湿地管理水平 S30

（4）COD 排放强度：COD 的排放量与国内生产总值的之比。表征水体受有机物的污染情况，用千克/万元表示。

（5）化学氮肥施用量（折纯）：指年内实际用于农业生产的化肥数量除以耕地面积。化肥包括氮肥、钾肥、磷肥和复合肥。折纯法化肥施用量是把氮肥、磷肥、钾肥分别按氮、五氧化二磷和含氧化钾的 100% 成分折算的数量，复合肥按其所含主要成分折算，用千克/公顷表示。

（6）农药使用量：指年内农业生产过程中为防治病虫害而实际使用的化学药物数量与年底区域内耕地面积的比值，用千克/公顷表示。

（7）城镇化水平：城镇人口占总人口的比例。

（8）人口密度：是指一定时点一定地区的人口数与该地区土地面积之比，用人/平方千米表示。

（9）公路密度：区域内单位面积公路里程数，用千米/平方千米表示。

（10）区域开发指数：区域内工农业用地、建筑用地占区域面积的百分比。

（11）经济密度：区域内单位面积内的国民生产总值，反映区域经济发达程度，用万元/km^2 表示。

（12）人口自然增长率：一定时期内人口自然增加数与该时期内平均人数之比，一般用千分率表示。

（13）林木覆盖率：指区域内有林地面积占土地总面积的百分比。

（14）受保护地区占国土面积比例：是指区域内自然保护区面积与区域面积的比值。

（15）生物多样性指数：生物多样性是指在一定时间和一定地区所有生物物种及其遗传变异和生态系统的复杂性总称。用 Monk 指数公式：

$$V^i = M_i / M$$

式中，V^i 为第 i 类生态系统的生物多样性指数，M 为整个区域内的物种数；M_i 为第 i 类生态系统中的物种数。

（16）海岸的侵蚀或增长：是指海岸在近岸流、潮汐等外力作用下，发生向陆或向海的后退或淤长。数据主要通过咨询有关专家获得等级数据。

（17）生态环境弹性：生态环境弹性是指生态环境系统的自我维持、自我调节及其抵抗各种压力与扰动的能力。生态环境弹性的大小反映特定生态环境系统缓冲与调节能力。一般地，系统组成越复杂、越多样化，各构成类型的健康与安全状况就越好，系统的弹性范围就越大。主要通过咨询相关专家获得等级数据。

（18）景观破碎度：表征生态系统组织，用单位面积内的斑块数来测度，计算公式为

$$F_i = \sum_{i=1}^{k} n_i / A$$

式中，A 为景观的总面积；n_i 表示第 i 类景观的总斑块数；k 为景观类型数；F 为破碎度，F 值越大，表示景观越破碎。

（19）环境综合指数：是通过对环境各单项指标的评价，然后通过加权得到环境综合指数，可以反映环境质量的综合特征，数据可以通过统计资料获取。

（20）近岸海域水环境质量达标率：对河流各入海口水质的监测，监测达标率的比重。

（21）湿地受威胁指数：是指湿地生态系统因为受到干扰，有可能或已经引起生态系统的物质循环、能量流动的变化，而且这种变化会引起湿地生态系统逆行演替。

（22）人均国内生产总值：将一个国家或地区核算期内（一年）实现的国内生产总值与这个国家或地区的常住人口（目前使用户籍人口）的比值，用万元/人表示。

（23）恩格尔系数：是食品支出总额占个人消费支出总额的比重。用公式表示：

$$恩格尔系数 = 食物支出金额/总支出金额 \times 100\%$$

（24）第三产业所占比重：是指除第一、第二产业以外的其他行业（又称第三次产业）在地区生产总值中的比重。

（25）国民素质：是指在各个历史时期内，一个国家或地区的社会公众在与社会互动过程中所表现出来的或应当具有的思维、心理、行为、身体诸方面的一般品质或品格，选用高中入学率来表示。

（26）废物处置利用率：是指废物处置利用量占废物总量的比例，用百分比表示。

（27）环保投资占 GDP 比重：保护资源和控制环境污染所支出的资金总额占国民生产总值的百分比。

（28）环境保护宣传教育普及率：即接受环境保护宣传教育的人数占全国或地区总人数的百分比。主要通过问卷调查的方式获得。

（29）公众对环境的满意率：是指被抽查的公众对环境满意（含基本满意）的人数占被抽查的公众总人数的百分比。主要通过问卷调查的方式获得。

（30）湿地管理水平：通过调整生态系统物理、化学和生物过程进行的湿地生态系统管理所达到的湿地生态系统生态完整性的保持程度和功能可持续性的维持程度，通过请专家打分的方式获得。

（三）评价单元的确定和数据的来源

1. 评价单元的确定

以沿海行政区域（县或县级市）为评价单元，即把沿海滩涂湿地按照行政区界线划分为响水段、滨海段、射阳段、大丰段和东台段共 5 个评价单元。选取的依据主要有三点：一是以行政区为评价单元，不仅仅是对沿海湿地的生态系统健康评价，更能够反映在县域水平上的区域生态系统健康状况，比较各区域之间生态环境状况；二是以行政区为评价单元，有利于为区域生态系统的管理提供决策支持，符合区域分工的原则；三是目前的生态环境数据和社会经济数据都是以行政区划为单位进行调查、监测和统计的，以行政区为评价单元在一定程度上为论文的可操作性提供了支持。

2. 数据的来源

数据来源主要有这些方面：一是来源于统计年鉴（省、市、县）；二是来源于遥感图像解译和相关的政府文件；三是来源于同类课题或相同区域相关文献资料的检索整理；四是来源于实地调研与问卷调查。

（四）指标评价标准的确定

1. 国家、地方和行业规定的标准

国家和地方已经颁布的环境质量标准以及行业发布的环境评价规范、规定、设计要求等。如大气环境质量标准、大气污染物排放标准、大气污染控制技术标准、生活饮用水卫生标准、工业企业设计卫生标准、渔业水质标准、地面水环境质量标准、海水水质标准、农田灌溉水质标准、放射防护规定、城市区域环境噪声标准等等。

2. 环境背景值

以工作区域生态环境的背景值和本底值作为评价标准。环境背景值是指环境中的诸要素，以及动物、植物、人体组织正常情况下，化学元素的含量及其赋存状态。如区域植被覆盖率、土壤污染、生物多样性等。

3. 类比标准

以未受人类严重干扰的相似生态环境或以相似自然条件下的原生自然生态系统作为类比标准；以类似条件的生态因子和功能作为类比标准，如类似生境的生物多样性、植被覆盖率、蓄水功能、防风固沙能力等。类比标准须根据评价内容和要求科学地选取。

4. 科学研究已判定的生态效应

通过当地或相似条件下科学研究已判定的保障生态安全的绿化率要求、污染物在生物体内的最高允许量、特别敏感生物的环境质量要求等，均可作为评价的标准或参考标准应用。

5. 生态市（县）建设标准

生态城市的建设是从经济、社会、自然构成复合生态系统观点出发，设计了一套生态城市评价指标体系及其建设标准，生态安全评价中部分指标选择生态城市建设的目标值作为生态安全评价的标准。

6. 等级划分标准

指标标准等级划分是一个复杂的过程，有的有规定的标准，如大气环境质量，水环境质量等，可以采用国家、地方或行业规定的标准。有的标准没有明确的规定，在本研究中一是参考了国内相关研究成果，二是采用了省内或江苏沿海地区的最大值与最小值，然后等分成五级标准。

（五）生态系统健康评价

1. 各评价指标权重的确定

由于各个指标在生态系统中发挥的作用和相对于其他指标的重要性不同，首先需要确定各个指标的权重，这里采用了目前应用的比较广泛的层次分析法（AHP）来确定各个指标的权重，首先运用 P－S－R 模型建立层次结构模型，通过咨询有关专家构建判断矩阵，其中，S_{ij} 表示元素 S_i 对 S_j 的相对重要性程度。一般取 1、3、5、7、9 五个等级标度（见表 6－3），而 2、4、6、8 表示相邻判断的中值，然后进行层次排序和一致性检验，计算方法采用和积法。

$$S_{ii} = 1$$
$$S_{ij} = 1/S_{ji}$$

表6-3 元素相对重要性值及描述

S_i/S_j的取值	含义
1	S_i与S_j同等重要
3	S_i较S_j稍微重要
5	S_i较S_j明显重要
7	S_i较S_j相当重要
9	S_i较S_j极为重要
2，4，6，8	介于1~3，3~5，5~7，7~9

注：S_i和S_j是表示因素相对重要性数值（i=1，2，3，…，n；j=1，2，3，…，m）。

$$CI = \frac{\lambda_{max} - n}{n - 1}$$

式中，CI为一致性指标，λ_{max}为判断矩阵的最大特征根，n为判断矩阵的元素个数。

$$CR = \frac{CI}{RI} < 0.10$$

式中，CR为随机一致性比例，RI为平均随机一致性指标（见表6-4）。当CR<0.10时，说明判断矩阵具有令人满意的一致性；否则，当CR≥0.10时，就需要调整判断矩阵，直到满意为止。

表6-4 平均随机一致性指标

阶数	1	2	3	4	5	6	7	8	9	10	11	12	13	14	15
RI	0	0	0.58	0.90	1.12	1.24	1.32	1.41	1.45	1.49	1.52	1.54	1.56	1.58	1.59

2. 模糊综合评价

首先，确定生态系统健康评价对象的因素集｛S1，S2，…，S30｝；其次，给出生态系统健康的评判集，根据上述提出的评价标准，构建出很不健康、不健康、亚健康、较健康、健康5个评判等级；再次，进行生态系统健康的单因素评价，求各因素对各级标准的隶属度；最后，进行生态系统健康的模糊综合评价，根据单因素评价结果矩阵和AHP法求得单因素评价权重矩阵，采用"·，⊕"算子，进行复合运算。

其中，模糊综合评价模型可以用表达式：

$$B = A \times R$$

采用

$$b_j = \sum a_i \times r_{ij} = \min\left\{1, \sum a_i \times r_{ij}\right\}$$

式中，b_j 表示所有评价指标对 j 级环境标准的隶属度；r_{ij} 表示第 i 个指标对 j 级标准的隶属度；a_i 表示第 i 个指标的权重系数。

单个指标隶属度计算公式为：

$$U_m(x) = \begin{cases} 1 - U_{m-1}(x) & e(m-1) < x \le e(m) \\ [e(m+1) - x]/[e(m+1) - e(m)] & e(m) < x < e(m+1) \\ 0 & x < e(m-1) \text{ 或 } x \ge e(m+1) \end{cases}$$

式中，$U_m(x)$ 表示单个指标 x 对 m 级标准的隶属度；$e(m)$ 表示第 m 级标准。

3. 灰色关联优势分析

首先指定若干个参考数列 $x_{0j}(k) = \{x_{0j}(1), x_{0j}(2), \cdots, x_{0j}(n)\}$，（$k = 1, 2, \cdots, n$），其中：

$$x_{0j}(k) = \begin{cases} 1, & \text{当 } j = k \\ x_{0j}(k) = 0, & \text{当 } j \ne k \end{cases}$$

然后将模糊综合评价结果中的各数列进行初始化处理，求得比较数列 $x_{ij}(k)$，再利用公式：

$$\xi_{ij}(k) = \frac{\min_i \min_k |x_{oj}(k) - x_{ij}(k)| + \zeta \max_i \max_k |x_{oj}(k) - x_{ij}(k)|}{|x_{oj}(k) - x_{ij}(k)| + \zeta \max_i \max_k |x_{oj}(k) - x_{ij}(k)|}$$

式中，$x_{0j}(k)$ —参考数列，即为各评价指标的各级标准值组成的数列；

$x_{ij}(k)$ —比较数列，即为经过初始化处理后的模糊综合评价结果组成的数列；

$\xi_{ij}(k)$ —比较数列 x_{ij} 对参考数列 x_{0j} 在 k 点的关联系数；

ζ —分辨系数，一般取 $\zeta = 0.5$。

然后运用

$$r_{ij} = \frac{1}{n} \times \sum_{i=1}^{n} \xi_{ij}(k)$$

计算出关联度。

表 6 – 5   盐城市沿海滩涂湿地生态安全优劣的关联序

区域	关联序对	生态系统健康等级	关联序
东台	(r_1, 5)	健康	1
大丰	(r_2, 4)	较健康	2

区域	关联序对	生态系统健康等级	关联序
射阳	$(r_3,3)$	亚健康	3
滨海	$(r_4,1)$	很不健康	5
响水	$(r_5,1)$	很不健康	4

（六）生态系统健康评价分析

根据计算结果，东台段生态系统健康状况最好，滨海、响水最差，基本上呈现从南到北，生态系统健康水平由健康到很不健康，也基本上反映了生态系统单元内的经济水平，基本呈现从南到北递减的格局，经济发展越好，对生态系统培育与管理的投入越多。

根据计算结果可以把盐城沿海滩涂湿地生态系统健康状况分为三个层次，东台、大丰属于健康层次，射阳属于亚健康层次，响水、滨海属于很不健康层次。滨海经济相对落后，一方面要发展经济，尤其是招商引资的力度较大，在中山河口建立了化工园区，不少企业污染物排放没有执行环境标准；另一方面，没有足够的经济基础，在教育的投入、环保投入等方面都是沿海 5 个县市中最少的。东台本身生态系统的状态就比其他区域要好，加上有良好的经济基础，可以保证对环保投入，单位 GDP 水耗、能耗都是比较低的。大丰对滩涂湿地资源的开发利用程度明显地高于东台，尤其是大丰港的建成及其港口经济开发区、以麋鹿保护区为中心的旅游项目的开发对湿地生态系统健康构成了比较大的威胁，因此大丰的生态系统健康状况比东台逊色也就不足为奇；射阳生态系统处于亚健康状况，虽然射阳生态系统状态层不健康，但是相比较而言，射阳带给生态系统的压力是沿海 5 个县（市）中最小的，再加上有积极的响应措施，所以生态系统健康状况不会太差，但也面临严峻的挑战，例如，射阳一方面开发了以丹顶鹤保护区为中心的旅游项目；另一方面射阳电厂这样大型的易污染的企业坐落在射阳河口，以及从滨海把双灯集团（造纸）这样易污染的大型企业迁到射阳，给地区的生态安全构成了严重的威胁。响水，同样是盐城经济落后的地区，同滨海一样，把重点放在了发展经济上，如陈家港化工园区这样一个重污染源就坐落在灌河的入海口，相比较滨海而言，响水对教育及环保的投入稍大，所以环境略好于滨海，但也非常的严峻。

第七章

农业与发展

在国民经济的产业划分中，农业被归为第一产业，这不但是因为，农业是人类文明发展进程中经历的第一种经济形式，是孕育和分离出畜牧业、手工业和商业的母体，而且因为它是整个国民经济的基础。民谚有云："民以食为天"，"吃饭"是老百姓的头等大事，食物是维系人类生存的最基本需要之一，而人类几乎所有的食物都直接或间接来自农业。

中国正快速进行着自己的工业化进程，但仍然是一个农业大国。中国有十几亿人口，十几亿人的吃饭问题不可能依赖任何其他国家来解决，只能依靠中国农业自己解决，在任何时候都不能松懈。

农业是农村发展的物质基础，农村是农业发展的社会基础。农村社会的可持续发展与农业的可持续发展是相辅相成的。建设民主、文明、富裕、优美的社会主义新农村是农村可持续发展的目标。

第一节　农业、农村可持续发展的基础理论

春天是鲜花盛开、百鸟齐鸣的季节，春天里不应是寂静无声，尤其是在春天的田野。可是并不是人人都会注意到，从某一个时候起，突然地，在春天里就不再听到燕子的呢喃、黄莺的啁啾，田野里变得寂静无声了。美国的雷切尔·卡逊（Rachel Carson，1907～1964）却不一样，她有这种特殊的敏感性。

生于宾夕法尼亚的斯普林代尔的雷切尔·卡逊，从小就对大自然、野生动物有浓厚的兴趣。她的大部分时间都是一个人在树林和小溪边度过的，观赏飞鸟、昆虫和花朵。她总是想将来做一个作家，并在十一岁那年就发表了一篇短故事。她声称，是她母亲将她引进了自然界，才使她对它们富有激情。

卡逊最早是按做一位作家的初衷进了当地宾夕法尼亚妇女学院的，但不久便

改变主意，把主要学习的内容——英语改为生物学。接着，在 1932 年获得约翰斯·霍普金斯大学的文科硕士学位，并一边教书、一边在马萨诸塞州的伍兹霍尔海洋生物实验室读研究生，最后于 1936 年进了"美国渔业局"，担任"水下罗曼斯"这个专题广播的撰稿作家；"渔业局"自 1940 年起改名为"美国鱼类和野生生物署"后，她仍留在那里直至 1952 年。

卡逊 1952 年离开"美国鱼类和野生生物署"是为了能够集中精力、把时间全都用到她所喜爱的写作上去。当然她获得的回报也是十分优厚的，她不仅写出了《海角》和她去世之后于 1965 年出版的《奇妙的感觉》，更主要的是她那为后来被称为"生态运动"发出起跑信号的《寂静的春天》。

1958 年 1 月，卡逊接到她的一位朋友，原《波士顿邮报》的作家奥尔加·欧文斯·哈金斯寄自马萨诸塞州的一封信。奥尔加在信中写到，1957 年夏，州政府租用的一架飞机为消灭蚊子喷洒了 DDT 归来，飞过她和她丈夫在达克斯伯里的两英亩私人禽鸟保护区上空。第二天，她的许多鸟儿都死了。她说，她为此感到十分震惊。于是，哈金斯女士给《波士顿先驱报》写了一封长信，又给卡逊写了这个便条，附上这信的复印件，请这位已经成名的作家朋友在首都华盛顿找找什么人能帮她的忙，不要再发生像这类喷洒的事了。

DDT 是一种合成的有机杀虫剂，作为多种昆虫的接触性毒剂，有很高的毒效，尤其适用于扑灭传播疟疾的蚊子。第二次世界大战期间，仅仅在美国军队当中，疟疾病人就多达一百万，特效药金鸡纳供不应求，极大地影响了战争的进展。后来，有赖于 DDT 消灭了蚊子，才使疟疾的流行逐步得到有效的控制。DDT 及其毒性的发现者、瑞士化学家保罗·赫尔满·米勒因而获 1948 年诺贝尔生理学或医学奖。但是应用 DDT 这类杀虫剂，就像是与魔鬼做交易：它杀灭了蚊子和其他的害虫，也许还会使作物提高了收益，但同时也杀灭了益虫。更可怕的是，在接受过 DDT 喷洒后，许多种昆虫能迅速繁殖抗 DDT 的种群；由于 DDT 会积累于昆虫的体内，这些昆虫成为其他动物的食物后，那些动物，尤其是鱼类、鸟类，则会中毒而被危害。所以喷洒 DDT 就只是获得近期的利益，却牺牲了长远的利益。

在"鱼类和野生生物署"工作时，卡逊就了解有关 DDT 对环境产生长期危害的研究情况。她的两位同事于 20 世纪 40 年代就曾经写过有关 DDT 的危害的文章。她自己在 1945 年也给《读者文摘》寄过一篇关于 DDT 的危险性的文章，在文章中，她提出是否可以在该刊上谈谈这方面的故事，但是遭到了拒绝。现在，哈金斯提到大幅度喷洒杀虫剂的事使她的心灵受到极大的震撼，只是奥尔加的要求，她觉得她无力办到，于是，她决定自己来做，也就是她自己后来说的，哈金斯的信"迫使我把注意力转到我多年所一直关注的这个问题上来",决定要把这个问题写出来,让很多人都知道。

本来,卡逊只是计划用一年的时间来写本小册子。后来,随着资料阅读的增多,她感到问题比她想象的要复杂得多,并非一本小册子所能够说得清楚和让人信服的。这样,从1957年开始"意识到必须要写一本书",到尽可能搜集一切资料,阅读了数千篇研究报告和文章,到1962年完成以《寂静的春天》之名由霍顿·米夫林出版,卡逊共花去五六年时间。而在这五六年的时间里,卡逊的个人生活正经受着极大的痛苦。她和她母亲收养的外甥、五岁的罗杰因为得不到她的照顾,在1957年差点儿死了;此后,随着她母亲的病和去世,她又面对一位十分亲密的朋友的死亡。也正是在这个时候,她自己又被诊断患了乳腺癌,进行乳房彻底切除的手术和放射治疗。她还因负担过重,身体十分虚弱、难以支撑,被阻止继续自己的工作。但是卡逊以极大的毅力实现了她的目标。

《寂静的春天》以一个"一年的大部分时间里都使旅行者感到目悦神怡"的虚设城镇突然被"奇怪的寂静所笼罩"开始,通过充分的科学论证,表明这种由杀虫剂所引发的情况实际上就正在美国的全国各地发生,破坏了从浮游生物到鱼类到鸟类直至人类的生物链,使人患上慢性白血球增多症和各种癌症。所以像DDT这种"给所有生物带来危害"的杀虫剂,"它们不应该叫做杀虫剂,而应称为杀生剂";作者认为,所谓的"控制自然",乃是一个愚蠢的提法,那是生物学和哲学尚处于幼稚阶段的产物。她呼吁,如通过引进昆虫的天敌等,"需要有十分多种多样的变通办法来代替化学物质对昆虫的控制"(吕瑞兰等译)。通俗浅显的术语,抒情散文的笔调,文学作品的引用,使文章读来趣味盎然。作品连续三十一周登上《纽约时报》的畅销书排行榜。

自然,《寂静的春天》的结论是严峻的,它就像旷野中的一声呐喊,在全国引起了极大的震荡。当作品先期在《纽约客》杂志上连载发表时,就引发了五十多家报纸的社论和大约二十多个专栏的文章。成书于1962年9月出版后,先期销量达四千册,到12月已经售出十万册,且仍在继续付印。

但是,不仅是因为作品中的观点是人们前所未闻的,像查尔斯·达尔文提出猴子是人类的祖先一样,让很多人感到恼火,更因侵犯了某些产业集团的切身利益,使作者受到的攻击,也像当年达尔文所遭遇到的,甚至远超过达尔文当年。

在1962年6月的《纽约客》杂志上刚一看到卡逊开始连载的文章,在人们中间所兴起的就不仅仅是震惊,而是恐慌,特别是来自化学工业界中的愤怒嚎叫,随着作品的出版和发行,这攻击的火力更为猛烈,尤以农场主、某些科学家和杀虫剂产业的支持者为最。

"伊利诺伊州农业实验站"的昆虫学家乔治·C. 德克尔在最有影响的《时代》周刊上发表文章说："如果我们像某些人所轻率地鼓吹的那样，在北美采取让自然任其发展的方针，那么，可能这些想要成为专家的人就会发现，两亿过剩的人的生存问题如何解决，更麻烦的是美国当前的谷物、棉花、小麦等剩余物资如何处理。"总部设在新泽西州从事除草剂、杀虫剂生产的美国氨基氰公司主管领导斥责说："如果人人都忠实地听从卡逊小姐的教导，我们就会返回到中世纪，昆虫、疾病和害鸟害兽也会再次在地球上永存下来。"工业巨头孟山都化学公司模仿卡逊的《寂静的春天》，出版了一本小册子《荒凉的年代》，分发五千册。该书叙述了化学杀虫剂如何使美国和全世界大大地减少了疟疾、黄热病、睡眠病和伤寒等病症，并详细描绘由于杀虫剂被禁止使用，各类昆虫大肆猖獗，人们疾病濒发，给人类、尤其是女性带来很大的麻烦，在社会上造成了极大的混乱，甚至会导致千千万万的人挨饿致死。另有一仿作《僻静的夏天》，描写一个男孩子和他祖父吃橡树果子，因为没有杀虫剂，使他们只能像在远古蛮荒时代一样过"自然人的生活"。埃德温·戴蒙德在《星期六晚邮报》上抱怨说："因为有一本所谓《寂静的春天》的感情冲动、骇人听闻的书，弄得美国人都错误地相信他们的地球已经被毒化。"他还谴责卡逊"担忧死了一只只猫，却不关心世界上每天有一万人死于饥饿和营养不良"。

有些批评，包括几种著名的报刊，甚至不顾起码的道德要求，竟对卡逊进行人身攻击。《生活》杂志不但引用卡逊曾经说过，她喜爱猫是因为"它们本性之真"，便批评她怎能既爱鸟又爱鸟的天敌猫；还因她曾说"我感兴趣的只是人做过什么事，而不是男人做过什么、女人做过什么"，就挖苦她是"没有结婚、却不是女权主义者"；更有人因此而诬蔑她是"恋鸟者"、"恋猫者"、"恋鱼者"，甚至说她是"大自然的修女"、"大自然的女祭司"和"歇斯底里的没有成婚的老处女"。

对事实的尊重和对人类未来的信心，使卡逊面对如此强大的批评、攻击和诬陷，以异常坚强的毅力和无可辩驳的论据——她的《寂静的春天》仅文献来源就多达五十四页，写出了这样一部人类环境意识的启蒙著作。不错，卡逊或许不是一个经典意义上的女权主义者，但她完全可以一个女性所取得的成就而骄傲。曾任美国副总统、环保主义者艾尔·戈尔在为《寂静的春天》中文版的"前言"中这样评价此书：《寂静的春天》播下了新行动主义的种子，并且已经深深植根于广大人民群众中。1964 年春天，雷切尔·卡逊逝世后，一切都很清楚了，她的声音永远不会寂静。她惊醒的不但是我们国家，甚至是整个世界。《寂静的春天》的出版应该恰当地被看成是现代环保运动的肇始。

何等高度的评价！戈尔甚至公开承认，卡逊的榜样"激励着"了他，"促使"他"意识到环保的重要性并且投身到环保运动中去"。

不仅是对戈尔或者其他人，卡逊的著作掀起的的的确确是一场运动，这已经不限于美国，而是遍及全球。

尽管有来自利益集团方面的攻击，但毕竟《寂静的春天》中提出的警告，唤醒了广大民众，最后导致了政府的介入。当时在任的美国总统约翰·肯尼迪读过此书之后，责成"总统科学顾问委员会"对书中提到的化学物进行试验来验证卡逊的结论。"委员会"的后来发表在《科学》杂志上的报告"完全证实了卡逊《寂静的春天》中的论题正确"。同时，报告批评了联邦政府颁布的直接针对舞毒蛾、火蚁、日本丽金龟和白纹甲虫等昆虫的灭绝纲领。报告还要求联邦各机构之间协调，订出一个长远计划，立即减少 DDT 的施用，直至最后取消施用。此外，报告也揭露了美国法律的漏洞：虽然各机构都能证明杀虫剂的毒性，但生产者如持有异议，农业部就不得不允许其作鉴定证明，时间可长达五年。另外，报告还要求把对杀虫剂毒性的研究扩大到对常用药物中潜在毒性的慢性作用和特殊控制的研究上；等等。

于是，DDT 先是受到政府的密切监督。到 1962 年年底，各州的立法机关向政府提出了四十多件有关限制使用杀虫剂的提案；1962 年后，联邦和各州都从杀虫剂的毒性方面出发，通过了数十、数百条法律、法规，那种可拖延五年的所谓"异议注册"于 1964 年被停施，DDT 最后也于 1972 年被禁止使用。随之，公众的辩论也从杀虫剂是否有危险性，迅速地转向到哪一种杀虫剂有危险性，究竟有多少种杀虫剂有危险性，甚至从阻止无节制使用杀虫剂转向到阻止化学工业上。至于报刊上刊载的已经改变成另一种声音，那就不用说了。如威廉·道格拉斯法官称颂《寂静的春天》是"本世纪人类最重要的历史事件"。

很快，卡逊的思想已经不限于她本国，卡逊的《寂静的春天》还深刻地影响了全世界。至 1963 年，在英国上议院中就多次提到她的名字和她这本书，导致艾氏剂、狄氏剂和七氯等杀虫剂的限制使用；此书还被译成法文、德文、意大利文、丹麦文、瑞典文、挪威文、芬兰文、荷兰文、西班牙文、日本文、冰岛文、葡萄牙文等多种文字，激励着所有这些国家的环保立法。同年，她因在保护环境方面的成绩得到了承认，被授予以著名美国鸟类学家约翰·詹姆斯·奥杜邦的名字命名的"奥杜邦奖章"，她是第一位获此殊荣的美国女性。

在《寂静的春天》作为环保运动的里程碑而被公认是 20 世纪最具影响力的书籍之一的同时，卡逊于 1990 年被曾经挖苦过她的《生活》杂志选为 20 世纪一百名最重要的美国人之一。可惜的是除了作品产生的效果，别的她已是什么都看不到了。但是就在她弥留的时刻，她仍不乏她的幽默感：当问她要吃什么时，她的回答是："跟其他的人一样：碳氢化合物。"不过即使是在去世之后，赋予她的名声和荣誉仍在继续。1970 年，以她的名字命名的"雷切尔·卡逊全国野生动物保护地"在缅因州建立；1980 年，美国第三十九任总统杰米·卡特授予她"总统自由奖"，由她收养的她外甥罗杰·克里斯蒂代领，奖章上的题字是："……她创造出了一股已不退落环境意识的潮流。"1981 年，美国邮政部在她的出生地宾夕法尼亚的斯普林格发行了一套"卡逊纪念邮票"。阿伯拉罕·里比科夫说得好：当卡逊 1963 年在国会作证时，当时参议院曾准确回应一个世纪前的话说："卡逊小姐，您就是引发这一切的那个小女人了。"

　　（转引自余凤高：《一封信，一本书，一场运动》，载《书屋》2007 年第 9 期）

一、农业、农村可持续发展思想提出的背景

　　促使可持续发展的思想萌芽的因素，最早并非来自城市或工业经济——虽然城市和工业对地球的资源与环境造成的影响和破坏更为巨大——而是来自农村或农业经济。农业和农村的可持续发展是可持续发展思想的最初部分。

　　当今世界学术界公认可持续发展的思想萌芽最早出现在 20 世纪 60 年代的美国。雷切尔·卡逊女士的著作《寂静的春天》被公认为代表这一思想萌芽的最重要的著作。她通过一个虚设的乡村图景向我们描述了一个令人恐惧的人类未来——田野里一切都变得死一般的寂静，没有了鸟儿的鸣唱，没有了小虫的啁啾，没有了春天各种美好的声响。

　　近百年来乡村的变化，一方面在全世界范围内创造出惊人的农业生产力，为人类社会的发展提供了坚实的物质基础；另一方面，也带来了对农村生态环境，以及对以土地为代表的各种资源的日益严重的破坏。

（一）工业革命带来的农业技术的进步和农村社会的变革

　　自 18 世纪中叶开始，以英国人瓦特改良蒸汽机为标志，一系列技术革命引起了从手工劳动向动力机器生产转变的重大飞跃，标志着工业革命在英国乃至全世界的爆发。随后，工业革命的浪潮传播到整个欧洲，19 世纪传播到北美地区，再后来传播到整个世界。

　　工业革命的兴起在世界范围内催生出对劳动力的巨大需求，英国通过"圈地运动"将大量的农业劳动力从农村赶到城市成为产业工人，世界其他主要资本主义国家也通过这样或那样的手段将大量的农村劳动力从农业生产中剥离出来，以

满足其工业发展的需要。工业革命因此导致了农村人口向城市的转移和城市化。

与此同时，农村和农业生产力在工业革命的浪潮下也得到迅速的发展。工业革命带来的新的生产技术很快在农业中得到应用和普及。首先，农业机械的应用和普及。燃油和电力驱动的农业机械的出现是工业革命的重大成果之一。这些机械使得少量的农业劳动力可以耕种大量的土地，并基本摆脱了对畜力的依赖。其次，化学物质在农业生产中的应用。通过使用可以工厂化生产的化学物质（农药和化肥），人们第一次做到很方便、很廉价地调控农业生态系统，使得这一系统按人类的要求运作，极大地提高单位面积的农业产量。最后，以遗传科学为代表的生物农业科技的应用。1865年来自奥地利的修道士孟德尔在"布隆自然历史学会"上宣读了自己的论文，这篇论文1866年发表于该会的会议录上。就是这篇当时被完全忽视而日后被发掘出来的论文奠定现代遗传学的基础，也奠定了孟德尔在遗传学史上的地位。通过对遗传知识的掌握和运用，科学家们得以培育出数以万计的农作物新品种，丰富了人们的选择，提高了农作物产量和质量。农业科技的巨大进步极大地提高了农业生产率，它既是产业革命的成果，又进一步推进了产业革命的发展。

（二）当代农村社会的发展模式

在20世纪60年代，以美国为代表的西方发达国家率先完成了工业化，农村社会的发展也随之相继进入了新的历史阶段。这一新的发展阶段的典型的特征是农村社会的城市化（或城镇化），以及城乡差别的不断缩小。

在新的农村发展模式下：农村不再是以农业为主的地区，农村地区开始像城市一样兴办工商业，并且工商业的增加值以及为农村人口带来的收入都远远超过了农业。不但如此，农业本身的经营模式也发生了深刻的变化。原来主要以家庭为单位的农业生产组织形式逐渐被工厂化的农业生产组织形式替代。

新的农村社会的发展模式进一步解放了农村生产力，不但使得农业产量得到进一步的提高，而且农村工商业的发展推动了农村经济的起飞。农村人均收入的快速增长，农村人口的生活水平不断地提高，促使农村生活方式的不断改变，城乡差距不断缩小。

（三）当代农业和农村发展模式中隐含的不可持续性

我们在看到当代农村社会发展模式的巨大进步和巨大优势的同时，也应看到这一发展模式中所隐含的不可持续性的危机。

这一危机一方面主要表现为农村生态环境的恶化和农产品的安全性问题。大量农业机械和化学物质无节制地使用，严重地破坏了农业生态环境。农村地区兴办的工商企业对农村地区环境的破坏更是触目惊心，甚至严重威胁农村人口的生命健康。

在新的农业生产模式下，农产品的安全性也日益引起人们的关注。在对农业产量和利润无节制的追求面前，农业生产者对农产品安全的重视下降到次要地位。在世界各地，农产品安全事件时有发生，已经严重影响农产品消费者的生活质量和身体健康。

另一方面，农村生产生活方式的改变导致传统文化的消失。许多农村地区的有深刻文化价值的非物质遗产受现代生活的冲击而逐渐消亡，人们的传统价值观念也受到巨大冲击，农村社会在慢慢失去它的文化之根。

这些危机的出现，其根源是当代农村社会发展模式忽视了对资源（包括非物质资源）的永续利用，无视环境的承载极限。

以美国的中央大平原地区[①]为例，这一美国传统的农业区自 20 世纪 80 年代以来出人意料地步入持续衰退进程，具体表现为：地下水的趉采和土壤流失等带来的生态环境的不断恶化、人们生活水平的持续下降、人口和产业的不断迁出、农业生产能力的不断衰退、城镇和居民点的不断消失。这一切使得位于美国地理中心的这片极为重要的地区竟然成为美国社会发展的一个"漏斗区"。作为世界上最发达的工业化国家，以及农村社会最早进入现代发展模式的国家之一，其主要农业区社会的整体衰退非常值得我们警觉和重视的。

澳大利亚、阿根廷的农（牧）业区社会经济持续衰退的例子也给了我们同样的启示。

二、农业、农村可持续发展的思想和理论

（一）美国早期"持续农业"的思想、理论和活动

美国是最早凸显农业、农村发展的持续性问题的国家之一，也是现代农业可持续发展思想的起源地。早在 20 世纪 60 年代到 80 年代，美国已经有学者、机构、政府部门等开始这方面的思想理论研究工作，并推动了一些具体的行动（包括立法行动等）来促进农业的可持续发展。1985 年加州学者正式提出"持续农

---

① 美国中央大平原地区位于北美大陆中部，西止于纵贯美洲西部的洛基山脉，其东部起始于何处却一直存在争议。一般认为，西经 100 度线是其东部边界，此线以西地区年均降水量小于或等于 25 英寸（635 毫米）。

业"的概念。美国的早期"持续农业"的思想、理论和活动是当代农业可持续发展理论的源头。

1. 卡逊和《寂静的春天》

美国海洋生物学家雷切尔·卡逊（Rachel Carson，1907～1964）于1962年出版了其环境保护科普著作《寂静的春天》，这本初衷仅是一本小册子的著作被认为是现代可持续发展思想的开山之作，而卡逊本人也被认为是现代可持续发展思想的启蒙者。

作者以乡村、农业、林业、渔业为主要背景，通过对污染物富集、迁移、转化的描写，阐明了人类同身边的大气、水体、土壤、生物之间的密切关系，初步揭示了污染对生态环境的影响。她告诉人们：地球上生命的历史一直是生物与其周围环境相互作用的历史……，只有在人类出现后，生命才具有了改造周围大自然的异常能力。在人对环境的所有袭击中，最令人震惊的是：空气、土地、河流以及海洋受到各种致命化学物质的污染。这种污染是难以清除的，因为它们不仅进入了生命赖以生存的世界，而且进入了生物组织内。她警示人们，我们长期以来发展的道路，被误认为是一条可以高速前进的、平坦、舒适且没有终点的超级公路，但实际上这条路的终点却潜伏着灾难，而另外的道路则为我们提供了保护地球的最后唯一的机会。

"另外的道路"是什么？卡逊没有明确，但作为环境保护的先行者，卡逊的思想在世界范围内较早地引发了人类对自身的传统行业和观念的较为系统的反思。

2. 弗农·卡特等和《表土与文明》

美国生态学家弗农·卡特（V. Carter）和汤姆·戴尔（T. Dale）于1968年出版了《表土与文明》一书，指出：人类不合理地利用土地的方式导致土壤的消失，人类也将不存在。

他们在书的开场白中有一段令人动容、直击灵府的名言："文明的人类几乎总是能够暂时成为他的环境的主人。他的主要苦恼来自误认为他的暂时统治是永久的。他把自己看做世界的主人而没有充分了解自然的规律。事实上，人类不管是文明的还是野蛮的，都是自然的孩子而不是自然的主人。如果他要维持对环境的统治，他必须使自己的行动符合某些自然规律。当他试图违背自然规律时，他总是破坏维持他生存的自然环境，而当他的环境迅速恶化时，他的文明也就衰落了。"

《表土与文明》与《寂静的春天》启蒙式的反思不同，它将农业的发展放到人类文明发展的大历史背景中去反思，而且这一反思是辩证的、唯物的。因此，

《表土与文明》体现的农业可持续发展的思想更具系统性和深刻性，已经形成较为体系的理论思想。

3.《持续农业研究教育法》和《持续农业教育法》

1985 年，加利福尼亚州议会通过了《持续农业研究教育法》。加州成为美国第一个为农业的可持续发展立法的州。此项法案首次提出"持续农业"的概念，并立即引起很大关注。"持续农业"旨在从新选择农业发展道路，全面、系统地解决人类面临的农村资源环境问题。在加州立法的带动下，在许多学者和农民的建议下，1990 年美国国会通过了《持续农业教育法》。

这两部法案都以"人才"和"科技"为主线，通过立法促进和保障农业发展方式的转变。法案强调"持续农业"生产体系的建立与实施关键是依靠科学技术，而科学技术的研究与应用，又得依靠训练有素的人才。从未来农业和农村的发展趋势来看，农业农村的可持续发展必须依靠科学技术进步和农村教育的发展，而其关键环节在于农用人才的素质的提高。只有高素质的人才，才能研制先进的科学技术来发展"持续农业"，而且先进科学技术还得依靠具有较高科技素质的人去推广应用。

两项立法，特别是《持续农业教育法》有力地推动了美国在农业人才的培养和农业、农村可持续发展相关研究等方面的进步，加速了美国农业农村发展方式的转变。

4. 世界可持续农业学会

1988 年，世界可持续农业协会（WSAA）在美国成立。协会旨在推进持续农业的相关研究和学术交流，在全球推广循环农业的运营方式，促进相关的人员培训和技术推广。

（二）联合国主导的全球农业及农村可持续发展进程

联合国是世界上最大、最有影响力的国际组织，在国际社会中有着特殊的地位。它在协调世界各国可持续发展的政策，促进全球农业发展和农产品供应方面发挥着不可替代的作用。特别是在 20 世纪 80 年代以后，联合国及其下属机构一直主导着全球农业可持续发展的进程。目前，负责农业发展问题的联合国机构主要有：联合国粮农组织（Food Agriculture Organization，FAO）、世界粮食计划署（World Food Programme，WFP）、农业发展国际基金（International Fund for Agricultural Development，IFAD）等，职责与农业发展相关的联合国机构主要有：联合国开发计划署（United Nations Development Programme，UNDP）、环境规划署（United Nations Environment Programme，UNEP）等。

表 7 - 1　　　　　　　　　推动全球农业可持续发展的联合国主要机构

名称	成立时间	总部	成员数	宗旨或任务
联合国粮农组织	1945	罗马	157	通过加强世界各国和国际社会的行动，提高人民的营养和生活水平，改进粮农产品的生产及分配的效率，改善农村人口的生活状况，以及帮助发展世界经济和保证人类免于饥饿。
粮食计划署	1963	罗马	联合国全体成员	粮食计划署是联合国向发展中国家提供无偿粮食援助的国际机构，也是世界上最大的人道主义援助机构。其宗旨是以粮食为主要手段帮助受援国改善粮食自给制度，消灭饥饿和贫困。其援助包括救济、快速开发项目和正常开发项目三种。
农业发展基金	1977	罗马	165	其宗旨是筹集资金，以优惠条件向发展中成员国发放农业贷款，扶持农业发展，消除贫困与营养不良，促进农业范围内南北合作与南南合作。该组织的行政首长为总裁，由最高权力机构——管理大会选举产生；执行局在管理大会闭幕期间主持日常工作，主席由总裁兼任。
联合国开发计划署	1965	纽约	166	联合国从事发展的全球网络。组织的中心问题是为世界各国所面临的以下挑战提供帮助和分享解决方法：民主政府的实现；贫困消除；危机防止和恢复；环境和能源以及艾滋病问题。联合国发展署同时帮助发展中国家吸引和有效地利用援助。
联合国环境规划署	1973	内罗毕	66	宗旨是促进环境领域内的国际合作，并提出政策建议；在联合国系统内提供指导和协调环境规划总政策，并审查规划的定期报告；审查世界环境状况，以确保正在出现的、具有国际广泛影响的环境问题得到各国政府的适当考虑；经常审查国家与国际环境政策和措施对发展中国家带来的影响和费用增加的问题；促进环境知识的取得和情报的交流。激发、推动和促进各国及其人民在不损害子孙后代生活质量的前提下提高自身生活质量，领导并推动各国建立保护环境的伙伴关系。
联合国可持续发展委员会	1993	纽约	53	联合国经社理事会下设的职司机构。主要任务是增进国际合作和使政府间决策过程合理化，使其有能力兼顾环境发展问题。并在环发大会上通过的《里约环境与发展宣言》原则的指导下，审查在国家、区域和国际各级实施《21世纪议程》的进展情况，以便在所有国家实现持续发展。

资料来源：联合国机构官方网站，根据相关资料整理。

联合国主导的农业可持续发展的活动进程主要有：

1. 联合国粮食与农业组织和《可持续农业发展活动的决议》

1988 年联合国粮食与农业组织（FAO）制定了《持续农业生产：对国际农业研究的要求》的文件，并于次年（1989 年）11 月通过了《关于可持续农业发展活动的第 3/89 号决议》。

2.《丹波（Denbosch）宣言》

1991年4月，联合国粮农组织在荷兰丹波召开了国际农业与环境问题大会，向全球发出了《关于可持续农业和农村发展的丹波宣言和行动纲领》的倡议，提出发展中国家推进"可持续农业和农村发展"，这对于世界各国可持续农业观念的形成与深化发展，乃至具体的实践，都具有巨大的推动作用。

3. 可持续发展委员会

1992年6月，联合国环境与发展大会通过的《21世纪议程》，决定于1992年第47届联大上审议建立"可持续发展委员会"。1993年2月12日在"经社理事会"组织会议上该委员会正式成立，属于联合国经社理事会下设的职司委员会。

该委员会由各大洲分别选出的53个国家组成，遵循"地域公平分配原则"，从联合国会员国及专门机构成员国中产生，任期三年。亚洲11国、非洲13国、拉美10国、东欧6个、西欧和其他地区13国。委员会每年举行一次会议讨论与环发有关的问题，至2010年已有18届。每届年会确定一个年会议题，与农业农村发展相关的议题约占1/3。

4.《布朗瑞格（Brownrigg）宣言》

1997年6月，联合国粮农组织在德国的布朗瑞格专门召开了国际农业可持续会议，这是对全球可持续农业理论与实践的系统总结和发展。它不仅从理论上探讨了气候变化对农业生态系统可持续性的影响，而且从实践的角度论述了可持续农业中的植物育种、基因工程和生物技术、生物学、生态学和有机农业系统在不同环境及投入情况下土地、水和作物资源的管理，以及植物、微生物的相互作用、生物多样性和自然资源的保护等。会议通过了《布朗瑞格宣言》，提出将"我，这里，现在"的思维方法改变为："我们，每一个地方，为了今天和明天"的号召。

（三）农业农村可持续发展的内涵

1."可持续农业"的定义

1991年4月，FAO在荷兰召开农业与环境国际会议，发表了著名的《丹波宣言》，其中定义"可持续农业"为："管理和保护自然资源基础，调整技术和机制变化的方向，以便确保获得并持续地满足目前和今后世世代代人们的需要。因此这是一种能够保护土地、水和动植物资源、不会造成环境退化；同时在技术上可行、经济上有活力、社会上能广泛接受的农业"。

对以上定义的分析我们可知：（1）农业可持续发展是一种与传统发展观或发展模式截然不同的新的发展模式；（2）农业可持续发展理念要为全社会所认同，并立足于现行社会经济与技术条件，将主要依靠科技创新、体制创新促成其目标的实现；（3）农业可持续发展的根本任务或战略目标在于自然资源、生态环境的有效管理与保护，不仅注重产品数量、质量及效率的提高，还注重经济效益、社会效益和生态环境效益相协调，将产品、效益、资源、环境视为一体；（4）农业可持续发展尤其要求资源占用和财富分配的"时空公平"，即满足当代人及后代人的共同需要。

2. 农业农村可持续发展需要实现的目标

《丹波宣言》提出，为过渡到更加持久的农业生产系统，农业和农村持续发展必须努力确保实现以下三个基本目标：

（1）在自给自足原则下持续增加农作物产量，保证粮食供应安全。

农业的最基本功能定位是：提供充足的农产品来满足社会需要的经济属性。可持续的农业当然也概莫能外。而且与传统的农业发展模式相比，可持续农业应具备更强的农产品生产能力，才能满足不断增长的社会需求。

可持续的农业绝不是让世人"饿肚子"的农业，盲目追求所谓"可持续性"而忽视农业产量的增长，不能称为农业的可持续发展。

（2）促进农村综合发展和增加农民收入，特别是消除贫困。

农业和农村的可持续发展最终要依靠人来实现。人是决定一切发展的根本因素。农业和农村的可持续发展的一个根本目标就是要提高农村居民的收入水平和生活水平，消除贫困，缩小城乡差距。

如果可持续的农业不能使得农民生活水平有较大的提高，这种发展方式最终将不能得到农民的支持，农村的一系列发展问题也无法得到破解，"可持续的农业"必然也无法持续下去。

全世界有约1/3的人口生活在联合国公布的贫困线以下，在中国尚有约1800万绝对贫困人口尚未脱贫（截至2009年），这些贫困人口绝大多数生活在农村地区。农业和农村的可持续发展直接承担着消除贫困、缩小贫富差距、促进共同发展的社会责任。

（3）合理利用和保护自然资源；维护和改善生态环境。

可持续农业与传统农业发展模式的本质区别就在对农村自然资源与农业生态环境的利用和保护上。实际上，农业可持续发展思想的提出就是为了应对传统农业农村发展模式对资源环境的破坏所造成的一系列自然、社会影响。

从总体来看，农村和农业发展是一个统一的系统，农业农村可持续发展的目标是追求公平，追求和谐，追求效益，实现持久永续的世世代代发展。

3. 农业农村可持续发展的持续性

持续性特征主要表现在以下四个方面：

（1）生态可持续性。生态可持续性指农业自然资源的永续利用和农业生态环境的良好维护。其主要特征是：维护可再生资源的质量，维持和改善其生产能力，尤其要保持耕地资源；合理利用非再生资源，减少浪费和防止环境污染；加强水利和农田基本建设，提高防灾抗灾能力。现代常规农业缺乏生态可持续性而被认为难以长期持续发展。

（2）经济可持续性。经济可持续性指在经济上可以自我维持和自我发展。农业经营的经济效益和可获利状况，直接影响农业生产是否能够维持和发展下去。农业作为一种产业，要求提高生产效率，生产在市场上具有良好竞争力的农产品。缺乏经济可持续性的农业系统最终是不可持续的。

（3）生产可持续性。农业生产可持续性着眼于未来生产率和产量，即产出水平的长期维持。生产可持续性特征适应社会食物安全的要求，农、林、牧、渔业的产出水平都应保持稳定发展。如果农产品总量下降，就是农村经济和农民收入在增长，农业也不是可持续发展的。

（4）社会可持续性。社会可持续性指能满足人类食、衣、住等基本需求和农村社会环境的良性发展。持续不断地提供充足而优质的粮食等农产品，是可持续农业一个主要目标。农村社会环境改善主要包括人口的数量控制和素质提高、社会公平不断增加、资源利用逐渐优化、农村剩余劳动力就业机会不断增加和落后农村逐渐脱贫，等等。社会可持续性直接影响着农村社会的稳定和农业的可持续发展，不可忽视。

农业可持续性四个特征既相对独立性，又具有复杂的相互关系。四个可持续性特征在某种意义上很难划定明确的界线，例如，经济包括生产，社会包括经济，资源利用的收益及分配既是经济问题，也是生态问题和社会问题。四者之间相对区分，主要是出于认识上的需要。四个可持续性之间可以相互影响，具有相关性。然而，这种相互作用并不具有必然性，特别是相互促进的实现需要一系列的条件。因此，仅强调某一可持续性目标特征，是难以实现农业的可持续发展的。另外，四个可持续性的重要性和紧迫性不是平等的，在不同地区和不同发展阶段，四个特征常有侧重，某一方面的可持续性在不损害其他目标特征的前提下可重点强调。

三、农业、农村可持续发展目标实现的基础

（一）农业、农村可持续发展目标实现的基础要素

农业、农村可持续发展目标实现的基础关键在于充分开发和合理利用各种资

源，包括自然资源、物质资源、人力资源和技术资源等（见表7－2）。这些资源即经济学中的"生产要素"，它们共同参与农业、农村财富（价值）的创造和形成，而且在市场经济环境下，其价值可以被货币计量，因此可以被看作是广义的"资本"。通过这些要素资本的积累，为农业农村的可持续发展提供重要的基础，从而实现可持续发展能力的提高。

表7－2　　　　　　　　　　农业农村可持续发展的基础要素

要素名称	主要形式	地位和作用
自然资本	包括大气、水、土地、生物资源等	即环境资源，是农业农村可持续发展的物质载体，是最基本的要素
金融资本	货币资金、融资手段、金融衍生工具等	为农业和农村的可持续发展提供资金支持和保障
人力资本	农村劳动者的数量和质量	农村中各产业价值的创造者，农村社会经济可持续发展的主体
科技资本	农业生产科技、农业管理技术、先进农村社会管理方式等	推动农业和农村可持续发展的关键性因素，要素间相互配合不可缺少的"催化剂"
制度资本	国家鼓励农业农村可持续发展的相关政策安排；国际有关农业农村可持续发展的政策协调等	为农业和农村的可持续发展营造政策环境和提供法律和制度保障
社会资本	文化、理念、信息、理论、知识、伦理、道德等	提升发展层次，转变发展方式

（二）基础要素的合理配置

要实现可持续发展，必须对基础性要素进行合理配置。经济学理论告诉我们：生产要素之间存在边际技术替代率递减的规律。在维持产出水平不变的条件下，增加某一单位的某种要素投入所能减少的另一种要素的投入量是在不断减少的，甚至在极端情况（生产的非有效经济区间）下，某种要素投入过多，不但不能替代别种要素，相反要求别种要素也要增加投入才能维持原有产出水平。

在中国农村和农业发展的实践中，我们经历过许多基础要素配置不合理的教训。例如，过分地依赖自然资本的投入，而其他基础要素投入不足，忽视了自然资本的自有价值，用沉重的生态成本换来有限的农业产出，造成农村生态环境恶化甚至破坏。再如，我们曾经将农村劳动力（低端人力资本）的数量视为无限，农村和农业生产主要依靠低端人力资本的投入，导致农业生产率提升缓慢，农村经济社会发展滞后。

农业和农村的可持续发展，必然要求基础要素合理配置，投入均衡。要加大对农村和农业发展的资金（金融资本）投入、科技资本投入、制度资本投入和社会资本投入。特别是科技资本的投入在其中起到的作用十分关键。科学技术作为一种生产要素被认可是近几十年来的事，研究表明：科学技术有类似化学中"催化剂"的作用，除了它本身提高劳动生产率的作用——邓小平同志说：科学技术是第一生产力——之外，它还能够有效地帮助其他基础要素相互配合，发挥更大的产出效益。

四、农业可持续发展的评价体系

（一）可持续发展的评价模式

国际上常用的可持续发展评价模式主要有：

1. PSR 模型

压力—状态—反应模型。欧洲统计局和经合组织（OECD）开发使用指标。PSR 结构模型是评估资源利用和持续发展的模式之一。其中压力指标用以表征造成发展不可持续的人类活动和消费模式或经济系统，状态指标用以表征可持续发展过程中的系统状态，反应指标用以表征人类为促进可持续发展进程所采取的对策。建立一套完整的 PSR 模型是一个复杂的工程，原因之一在于可选取的指标众多，指标之间既存在关联和重叠，也有不小的差异，具有一定的独立性，指标的单位也有诸多差异，不便统一。指标的取舍要以系统的完整概括性和直观解释便利为目标，需要详加考证，选取指标之后亦尚有很多工作要做。

2. DSR 模型

驱动力—状态—响应模型。联合国可持续发展委员会指标。

3. "新国家财富"指标

世界银行提出的财富新标准（四种资本）。英国《泰晤士报》发表文章说，英国的一个智囊组织指出，新的国内发展指标（MDP）比国内生产总值指标（GDP）更多考虑了诸如犯罪率、能源消耗、污染和政府投资等因素，若照此计算，英国人有史以来生活质量最高的一年是 1976 年，英国的社会发展在过去的 30 年里"完全停滞"。文章说，按照基金会的计算，国内发展指标自 20 世纪 50 年代以来变化不大，在 1976 年达到最高值，然后在 80 年代下降，90 年代又上升，进入 21 世纪后走向平缓。传统的计算方法如国内生产总值是根据国家的产出、投入和借贷来衡量生活质量的，而国内发展指标则考虑了诸如犯罪率、能源消耗、污染和政府投资等因素。基金会认为国内发展指标表明，在过去的 50 年里，英国的社会发展越来越与经济增长速度相脱节，而在过去的 30 年里则"完全停滞"。该基金会在名为《寻觅发展》的报告中称，消费增长可通过国内生产总值来反映，但并不能全面反映国家的发展状况，无法实现政府制定的可持续发展的目标。而国内发展指标则能更好地反映英国人在生活质量方面的发展，因为它考虑到了经济增长带来的社会和环境成本，以及一些不拿报酬的工作如家务劳动和义工，而后者是被排除在国内生产总值之外的。

（二）中国的农业可持续发展衡量指标体系

农业可持续发展指标体系是评价一个国家或地区农业自然资源、农业经济发展和农村社会进步的综合评价指标。科学合理的农业可持续发展指标体系能够为决策者和公众了解和认识农业可持续发展进程提供准确的信息。

考虑到《丹波宣言》以及中国农业可持续发展的战略目标，借鉴联合国可持续发展委员会（CSD）的相关指标体系，认为中国农业可持续发展的指标体系如表 7 - 3 所示。

表 7 - 3　　　　　　　　　　中国农业可持续发展评价指标体系

农业可持续发展综合评价指标 A	经济可持续性 B1	农业总产值 C1
		人均农业总产值 C2
		人均粮食产量 C3
		人均蔬菜产量 C4
		人均肉类产量 C5
		人均淡水产品产量 C6
		农业劳动生产率 C7
		农用土地生产率 C8
		农业资本利用率 C9
		农民家庭人均年纯收入 C18
	生态可持续性 B2	耕地面积 C10
		化肥使用密度 C11
		农药使用强度 C12
		除涝面积 C13
		治碱面积 C14
		自然灾害面积 C15
		抗灾率 C16
		人口密度 C20

续表

农业可持续发展综合评价指标 A	社会可持续性 B3	每百个劳动力中的中小学程度 C17
		农民家庭人均年纯收入 C18
		农民家庭人均年纯收入差异系数 C19
		人口密度 C20
	制度 B4	政府对农业发展的倾斜指数 C21
		政府对农业宏观调控的效率指数 C22
		农业的资源与环境法律法规占法律法规总数的比重 C23

第二节　中国农业、农村可持续发展的历程与现状

　　粮食安全是关系中国经济发展、社会稳定和国家自立的全局性重大战略问题。近年以来，国际粮食价格大幅波动，国内自然灾害多发频发，中国粮食安全保障情况引起社会高度关注。

　　2010 年中国粮食生产形势如何？粮食价格走势怎样？外资进入国内粮食市场影响多大？如何更好地保障粮食安全？8 月 27 日，针对这些热点问题，国家发展和改革委员会、农业部、水利部、国土资源部四部委负责人一一作了分析和解答。

多发频发的自然灾害对今年粮食收成影响有多大？

　　问：今年以来，中国干旱、洪涝等自然灾害多发频发，这些自然灾害对粮食生产的影响有多大？对今年粮食收成有什么样的预期？

　　农业部副部长陈晓华：今年的自然灾害的确给粮食生产带来不利影响。上半年，粮食生产主要受西南特大干旱和北方持续低温影响。旱灾方面，灾情最严重时受旱面积达 7500 多万亩，绝收 2100 多万亩；从低温影响来看，一方面造成冬小麦返青推迟 5~7 天，另一方面造成东北春播推迟 7~10 天。

　　下半年主要是受严重洪涝灾害影响。在南方地区，受洪灾影响，今年主产区早稻单产下降，预计产量有所减少。同时，双季晚稻栽插期较常年推迟，苗情偏弱，生育期延后，增加了后期遭遇"寒露风"的风险。在东北地区，洪涝灾害造成局部低洼地区农作物受损，但多次降雨对大部分地区的旱地作物生长发育是有利的。

尽管粮食生产前期受极端天气影响，后期还存在不确定因素，但我们对力争今年粮食有个好收成还是有信心的。今年的夏粮产量与上年基本持平，其中冬小麦还增产近20亿斤，连续七年丰收。早稻因灾略有减产。

秋粮占全年粮食的70%以上，实现全年粮食生产目标关键取决于秋粮。从目前的情况来看，夺取秋粮丰收还是有基础的，一是播种面积增加，二是长势普遍较好。入夏以来雨水充沛，利于作物生长发育。

今后粮食价格是否会大幅波动？

问：最近国际市场粮价出现了不同程度的上涨，国内粮价是否会受其影响？今后粮价走势如何？

国家发展改革委副主任张晓强：国际市场粮价是否会大幅上涨还待观察，即便出现大幅上涨，也不会对国内粮食市场造成明显冲击。一方面国内外粮食市场关联度较小。中国除大豆外，小麦、玉米、大米等品种进口量很小，不足国内产量的1%。由于主要粮食品种能够自给自足，国内粮食价格变动基本不受国际市场影响。

另一方面，国内粮食连续六年丰收，库存充裕，国内粮食库存消费比远高于国际公认的18%的安全水平，可以妥善应对国际市场粮价波动的影响。

今年以来，国内粮价总体保持平稳上升态势。上半年，稻谷、小麦、玉米三种粮食平均收购价格比去年同期上涨12.3%，国家有关部门及时加大储备粮食的投放力度，加强对市场的监督检查。7月份以后，粮价已趋于稳定。

从下半年看，当前粮食供需总量基本平衡的基本面没有发生改变，可以确保粮食市场不会出现大的波动。同时，国家加大了对粮食市场调控的力度。后几个月，有关部门将继续加强对粮食市场的监测和分析，着力把握好储备粮的投放力度和节奏，加强市场监管和监督检查，确保粮食市场供应和价格基本稳定。

今年农田水利受灾对粮食生产影响多大？

问：中国多个地区的洪涝灾害对当地的农田水利设施损坏程度如何？如今的农田水利设施能否完成抗旱、排涝功能？

水利部副部长矫勇：今年以来，中国暴雨强度大、洪水量级高、分布范围广、受灾程度重。水利设施损毁也十分严重，大批农田灌溉设施被冲毁、堤防遭到破坏、供水设施损坏，据各地报告，水利工程水毁损失高达数百亿元。

经过60多年大规模的水利建设，中国农田水利基础设施基本能够抗御一般水旱灾害。但由于长期以来水利建设历史欠账太多，中国水利基础设施还比较脆弱。

一是灌溉水源不足，每年农业缺水仍达300亿立方米以上；二是大部分农田水利工程运行时间长，老化失修严重；目前，434 个大型灌区骨干工程的完好率不足 50%，高标准的旱涝保收田比重偏低；三是农业防洪排涝能力还比较薄弱，尤其是中小河流。一旦面对严重水旱灾害，水利基础设施防灾减灾能力严重不足的问题就会凸显出来。比如西南特大干旱就反映出工程性缺水问题，难以保障城乡供水和灌溉用水；严重的洪水灾害暴露出中小河流防洪标准低、小型水库安全隐患多、山洪灾害防御能力不强等一系列水利防洪薄弱环节。

面对这些问题，国家将大幅度增加水利投入，用于水利基础设施建设，全面提升水利基础设施的保障能力，全面提升农业抗灾减灾能力，为粮食稳产增产提供保障。

外资进入是否会影响国内粮食安全？

问：近年来，在农业和粮食领域，外商投资企业包括中外合资企业有了一定发展。外资的进入对国内粮食安全有哪些影响？

国家发展改革委副主任张晓强：目前外资进入农业和粮食领域主要是在食用油脂加工、饲料加工和粮食加工等方面。如外资企业生产的食用植物油所占比重较大，2008 年达到 50% 左右。

外资进入农业和粮食的一些领域，带来了先进的生产技术、管理经验和资金，对促进行业竞争、提高加工水平和技术进步有一定作用。但在市场调控、保障供应、稳定价格以及维护产业安全等方面产生了一些影响。对此，有关部门采取了一些措施，如《外商投资产业指导目录》（2007 年）中就明确，今后在农作物新品种选育和种子开发生产、大豆和油菜子食用油脂加工、玉米深加工方面，只允许中方控股。

下一步还将根据新形势、新情况，在坚持对外开放，继续积极有效利用外资，吸收外资先进技术、经营理念和管理经验的同时，在符合世界贸易组织规则的前提下，加强对外商投资的管理，促进市场公平竞争和产业健康发展。目前，有关部门正在抓紧研究修订新的《外商投资产业指导目录》，将体现上述精神。

耕地减少形势对粮食安全构成多大影响？

问：国家一直在实行最严格的耕地保护制度，但是耕地减少的趋势难以扭转。当前中国耕地情况如何？耕地保护还存在什么问题？怎么解决存在的问题？

国土资源部副部长王世元：耕地是粮食生产的基础。多年来中国实行最严格的耕地保护制度，耕地减少过快的势头得到有效遏制，节约集约用地得到大力推进，补充耕地力度逐年加大，为粮食安全提供了保障，但耕地保护形势依然严峻。据土地变更调查，1997～2009 年，全国耕地减少和补充增减相抵，净减1.23 亿亩。减少的耕地主要在四个方面：生态退耕、农业结构调整、建设占用耕地和灾毁耕地，其中生态退耕占了大头。同期，通过土地整理复垦开发补充耕地5020万亩，主要用于平衡建设占用和灾毁。

目前，耕地保护面临的主要问题有三个方面：一是一些地方存在超出计划用地的问题，有些地方违规违法用地屡禁不止。二是土地利用方式总体还比较粗放，多数城镇和农村建设用地仍习惯于粗放外延式扩张发展，一些建设项目用地利用效率不高，土地浪费闲置较为普遍。三是随着工业化、城镇化快速推进，还将不可避免地占用一部分耕地，生态退耕、灾害损毁等因素也会造成耕地减少，但全国耕地后备资源严重不足，补充耕地的潜力十分有限。

减少耕地不可避免，但关键是只有实现减少耕地可控，才能保障国家粮食安全对耕地的需求，促进耕地资源的可持续利用。要实现减少耕地可控，就必须始终坚持最严格的耕地保护制度和最严格的节约用地制度，始终坚持保护18亿亩耕地红线不动摇。进一步强化土地利用规划计划的调控，加大节约集约用地，落实保护责任，推进土地整治，严格土地督察和执法监察力度，完善相关法律，为国家粮食安全提供资源保障。

（资料来源：新华网，2010年8月27日，记者周婷玉、邹声文、崔清新、崔静。）

一、改革开放以来中国农村和农业发展的简要历史

1949年新中国成立以来，特别是改革开放以来，党和政府一直高度重视农业和农村的发展。将农业农村发展的问题归结为"三农"（农业、农村、农民）问题。从历年"中央一号文件"的发布内容以及中央其他关于"三农"问题的重要文件（见表7-4）可以看出中国农业和农村发展的政策脉络。

"中央一号文件"原指中共中央每年发的第一份文件，现在"中央一号文件"已经成为中共中央重视农村问题的专有名词。该文件在国家全年工作中具有纲领性和指导性的地位，一号文件中提到的问题是中央全年需要重点解决，也是当前国家亟须解决的问题，更从一个侧面反映出了解决这些问题的难度。中国是个农业大国，也是个农业弱国，农民在全国人口总数中占有绝大的比例，农民的平均生活水平在全国处于最低阶层。而农村的发展问题千头万绪、错综复杂，因此"三农"问题就是目前中国亟须解决的问题，因此中共中央在1982年至1986年连续五年发布以农业、农村和农民为主题的中央一号文件，对农村改革和农业发展作出具体部署。2004年至2011年又连续八年发布以"三农"（农业、农村、农民）为主题的中央一号文件，强调了"三农"问题在中国的社会主义现代化时期"重中之重"的地位。

表 7 – 4   改革开放以来中共中央发布的有关"三农"问题的部分重要文件

文件名	发布时间	备注
中共中央关于加快农业发展若干问题的决定	1979.9	十一届四中全会通过
全国农村工作会议纪要	1982.1	中央一号文件
当前农村经济政策的若干问题	1983.1	中央一号文件
关于一九八四年农村工作的通知	1984.1	中央一号文件
关于进一步活跃农村经济的十项政策	1985.1	中央一号文件
关于一九八六年农村工作的部署	1986.1	中央一号文件
正确处理社会主义现代化建设中的若干重大关系	1995.9	十四届五中全会闭幕讲话
关于农业和农村工作若干重点问题的决定	1998.10	十五届三中全会通过
中共中央国务院关于促进农民增加收入若干政策的意见	2004.1	中央一号文件
中共中央国务院关于进一步加强农村工作 提高农业综合生产能力若干政策的意见	2005.1	中央一号文件
中共中央国务院关于推进社会主义新农村建设的若干意见	2006.2	中央一号文件
中共中央国务院关于积极发展现代农业 扎实推进社会主义新农村建设的若干意见	2007.1	中央一号文件
全国农业和农村经济发展第十一个五年规划（2006～2010 年）	2007.2	十一五规划
中共中央国务院关于切实加强农业基础建设 进一步促进农业发展农民增收的若干意见	2008.1	中央一号文件
中共中央关于推进农村改革发展若干重大问题的决定	2008.10	十七届三中全会通过
中共中央国务院关于 2009 年促进农业稳定发展农民持续增收的若干意见	2009.2	中央一号文件
中共中央国务院关于加大统筹城乡发展力度 进一步夯实农业农村发展基础的若干意见	2010.1	中央一号文件
中共中央国务院关于加快水利改革发展的决定	2011.1	中央一号文件

（一）改革开放初期的农村变革

波澜壮阔的中国改革事业，发端于农村。研究中国经济体制改革，特别是研究农村改革，不能不知道一个专用名词——"五个一号文件"。1982～1986 年，中央连续出台五个中央一号文件，推进了农村以家庭联产承包责任制为基础的统分结合双层经营体制，改善了农业生产关系，大大激发了广大农民的生产积极性，解放了农业生产力，推动了农村商品经济的发展。这一时期农业生产年均增长速度为7.3%，粮食总产量年均增长速度为4.9%，基本解决了8亿农民的温饱问题，1978～1988年，粮食总产由4000亿斤增加到8000亿斤，创造了以占世界7%的耕地养活占世界22%的人口的奇迹。乡镇企业如雨后春笋般涌现，20世纪90年代初期，乡镇企业成为中国经济中最活跃的部分，中国工业产值中"三分天下有其一"。农民收入增长极为迅速，城乡居民收入差距不断缩小。

这一时期，农业生产力获得解放，农业产量和农民收入出现超常规增长，这是因为在5个中央一号文件等党和国家政策的指导下，两个主要的制度因素在起作用：一是以农民行为为主体的家庭联产承包责任制这一诱致性制度变迁，大大提高了农民的劳动积极性，促进了农业产量和农村剩余劳动产品的增长。更为关键的是，家庭联产承包责任制这种制度创新，使农民获得了对剩余劳动产品和劳动时间的支配权，而国家富民政策减少了工业对农业的提取量，使相当一部分农业剩余产品留在农民手中，加大了农民对非农产业投资的选择。二是以政府行为为主体的农产品价格调整这一强制性制度变迁，较大幅度地提高了农副产品收购价格。仅上述两项制度变迁就为农业生产带来了60%以上的增长，促进了农业大发展。

（二）20世纪90年代农业农村发展凸显新的难题

进入20世纪90年代，随着改革事业不断推向深入，农村的改革和发展不断面临新的难题。农民收入增幅开始下降，特别是从1997年开始，农民收入增幅连续4年下降。1997～2003年，农民收入连续7年增长不到4%，不及城镇居民收入增量的1/5。粮食主产区和多数农户收入持续徘徊甚至减收，农村各项社会事业也陷入低增长期。"有饭吃，缺钱花"，"吃饱了饭，看不起病，读不起书"的现象较为普遍。

与此同时，农村社会出现"空心化"倾向，农村青壮年劳动力大规模涌向城市寻找就业机会，他们有了一个新的身份——农民工。农村出现劳动力短缺现象，大量耕地撂荒，或减少种植季数。城乡发展严重失衡，农村社会矛盾日益突出，城乡居民收入在一度缩小后又进一步扩大。

（三）进入21世纪农业农村发展驶入快车道

面对"三农"严峻形势，为深化农村经济体制改革，进一步解放和发展农村生产力，党中央审时度势，从国民经济全局出发，对城乡发展战略和政策导向做出重大调整：党的十六大指出，统筹城乡经济社会发展，建设现代农业，发展农村经济，增加农民收入是全面建设小康社会的重大任务。更多关注农村，关心农民，支持农业，作为全党工作重中之重的地位得到再三强调。

党的十六大以来，党中央、国务院坚持以邓小平理论和"三个代表"重要思想为指导，深入贯彻落实科学发展观，与时俱进地制定了加强"三农"工作的大政方针，连续出台8个指导农业和农村工作的中央一号文件，共同形成了新时期加强"三农"工作的基本思路和政策体系，构建了"以工促农、以城带乡"的制度框架，掀开了建设社会主义新农村的历史篇章，迎来了农业农村发展的又一个春天。在政策制度的激励下，中国农业生产的"怪圈"开始被打破，粮食生产已经连续7年丰收。农民收入增长加快，在2010年，农民人均现金收入的增幅首次超过城镇居民可支配收入，城乡差距开始缩小。同时中央明确提出，今后将逐步提高农村基本公共服务水平，包括提高农村义务教育水平，增强农村基本医疗服务能力，稳定农村生育水平，繁荣农村公共文化，建立健全农村社会保障体系。从2008年开始在全国范围内全面实行农村最低生活保障制度。目前，全国已有90%的农民参加农村新型合作医疗。各地加大了农村义务教育经费投入。

如果说改革开放初期的五个一号文件，重点是解决了农村体制上的阻碍、推动了农村生产力大发展，进而为城市经济体制改革创造物质和思想动力的话，21世纪关于"三农"的中央重要文件，其核心思想则是城市支持农村、工业反哺农业，通过一系列"多予、少取、放活"的政策措施，使农民休养生息，重点强调了农民增收，给农民平等权利，给农村优先地位，给农业更多反哺。不同的侧重反映了中国农业和农村社会发展的变迁。

二、当前中国农业、农村可持续发展面临的主要问题

（一）耕地面积减少、质量下降

中国国土辽阔，有960万平方公里的国土面积，但其中开发价值高的土地并不多，约2/3的土地是开发价值较低甚至不可能开发的高原、山地、丘陵和沙漠、戈壁、石山、滩涂等。耕地总面积约18.26亿亩，人均耕地仅约1.38亩，相当于世界平均水平的40%。[①] 根据联合国粮农组织（FAO）的研究分析认为，人均耕地低于0.05公顷这一警戒线后，即使在现代化生产条件下也难以保证粮食自给。而中国目前人均耕地低于0.05公顷的县或行政区单位已达666个，占

---

① 邹声文、周婷玉：《中国人均耕地面积仅为世界40%，18亿亩红线面临挑战》新华网2011年2月24日电。

全国县或行政区单位的23.7%，其中低于0.03公顷的县（区）达463个，有些县（区）人均耕地只有0.01~0.02公顷①。在人口不断增加的同时，耕地资源却同时存在面积减少和质量严重下降的问题。

1. 耕地面积绝对数大幅度减少

据国土资源部在1999年初提供的数据，1986~1997年，全国减少耕地3000余万亩。仅1993年全国耕地减少量就相当于一个青海省或13个中等县的耕地面积②。而截至2010年末，全国耕地又比1997年的19.49亿亩减少约1.23亿亩，人均耕地随之由1.58亩减少1.38亩。耕地面积绝对数长期处于净减少状态，且已经逼近中国18亿亩的耕地保护红线。随着经济的发展，城市及道路开发，水利工程的兴建，占用土地是必需的。但占用多少，占用什么类型的土地是需要经过认真研究的。如果占用过多，速度过快，挤占的都是优良的耕地，必然造成土地资源的严重匮乏和粮食的播种面积的减少。房地产市场的火热也是耕地减少的重要原因。因为利益驱动，使一些地方政府和开发商热衷投资圈地，炒卖地皮，结果大片良田被占用，甚至是闲置废弃。更有的地方违反国家土地法规和政策，违规违法侵占耕地，建造豪华住宅，修建奢侈的坟墓，严重影响了农村社会稳定，恶化了干群关系，甚至激发群体性事件。诸多现象阻碍了国家相关土地政策的落实，导致中国耕地面积锐减，人地关系紧张。1987年的一次全国性的土地清查，查出违法占地总计916万亩。1993年清理开发区，查出在新设的2804个各级各类开发区中，有78%属于设置不当，涉及面积达1143万亩③。在这些乱占滥用耕地中，大部分属于质量优的肥沃耕地，这是农业生产力的极大损失。

以广东省为例，数据显示：1978年，广东全省的粮食作物播种面积在7500万亩左右，到2006年减少超过一半，仅为约3700万亩。2006~2008年3年间，全省粮食作物播种面积基本维持在同一水平。2010年全省粮食产量1317万吨，获得丰收，但当年全省粮食总需求约为3800万吨，粮食自给率仅为35%。严重的粮食供需缺口，根本原因在于粮食播种面积的减少。广东作为改革开放的先行省份，随着工业化城镇化进程的加快，对土地特别是耕地的占用情况也是较为突出的。尤其是在珠三角地区，这一传统的鱼米之乡，现在已经难寻一块粮田了。

---

① 王伟中：《中国可持续发展战略》，商务印书馆2000年版，第76页。
② 参见《光明日报》1997年6月2日。
③ 徐祥临：《农业经济、农村发展》，党建读物出版社2000年版。

2. 耕地质量不断下降

耕地质量的内容包括耕地用于一定的农作物栽培时，耕地对农作物的适宜性、生物生产力的大小（耕地地力）、耕地利用后经济效益的多少和耕地环境是否被污染四个方面。

随着中国工业化、城镇化的推进，耕地面积减少的同时，耕地质量也呈日益恶化趋势。中国的耕地有59%缺磷，有23%缺钾，有14%磷钾俱缺。第二次全国土壤普查结果表明，中国相当大的地区土壤肥力正在下降。如东北平原土壤有机质由新中国成立初期的6%～11%，下降到现在的3%～5%；土壤无障碍因素的耕地只占耕地总面积的15.3%，中低产田大约有9亿亩[①]。

（二）水资源贫乏，供需矛盾突出

水是农业之本，是最基本的农业生产条件之一。中国是一个严重缺水国家。人均水资源量仅为世界平均水平的约1/4，居世界第109位[②]。且水资源分布极不平衡，主要是集中在长江流域及其以南地区，黄河、淮河各流域人均水资源只相当于全国平均水平的1/9～1/4，华北、西北广大地区水资源更是严重匮乏。全国农业用水每年缺水量3000亿立方米，约为农业需水量的30%，每年有3亿亩农田受干旱威胁[③]。

与此同时，中国还普遍存在农田水利设施年久失修，水量损耗严重的问题。长期以来，中国农田水利设施建设投入不足一直是困扰农业发展的一个重要瓶颈因素。特别是中小型农田水利设施运行不佳，水资源在利用的途中损耗很大。病险水库、破损渠道管网以及对一些水利设施不合理的使用和维护，使大量珍贵农业用水白白渗漏，未能到达田间地头。此外，农业灌溉技术总体落后，大水漫灌比较普遍，节水农业尚待普及，农业用水灌溉效率很低。

2011年"中央一号文件"锁定"加快水利改革发展"的主题，提出到2020年，用5～10年时间根本上扭转水利建设明显滞后的局面。与此相适应，水利部提出，到2020年将中国的灌溉用水有效利用系数（简称灌溉系数）由目前的0.48提高到0.55，节水灌溉面积占全国有效灌溉面积的80%以上。

（三）农业生态环境问题

从20世纪80年代初起，全面推行家庭联产承包责任制后，大大激发了农民

---

① 胡鞍钢等：《生存与发展》，科学出版社1989年版，第148～149页。
② 刘应杰等：《宏伟蓝图》，江西人民出版社1999年版，第144页。
③ 江莉萍：《我国农业可持续发展战略与不可持续性因素分析》，载《农业经济》1999年第11期。

的生产积极性，提高了农业生产力。但是，对农业产量增长的盲目追求导致化肥、农药的使用激增，其效用却逐年下降，环境隐患难以消除，不仅加速了有限的农业自然资源的耗竭，而且生态环境问题日趋严重。

1. 农业自然生态系统破坏严重

主要表现以下几方面：

（1）水土流失严重，土地生态环境恶化。

现在全国水土流失面积已达 130 多万平方公里，占全国国土总面积的 15.6%。每年流失的土壤达 50 亿吨，相当于从全国耕地上刮走了 1 厘米厚的表土。沙漠与荒漠化面积已经达 262.2 万平方公里，约占国土面积的 27.4%，而且每年仍以 2000 平方公里的速度蔓延，大量的耕地和草场被吞蚀[①]。近年来多次出现的"沙尘暴"，再次向人们敲响了生态恶化的警钟。若不尽快采取有效措施，将会有越来越多的地方由绿洲变成沙漠。

（2）森林草原植被破坏严重。

中国森林覆盖率仅为 13% 左右，大大低于世界 31% 的平均水平。人均森林面积和积蓄量分别只有世界平均数的 15.2% 和 11.1%。按照全国第三次森林资源调查（1984～1988 年），中国成熟林的蓄积资源平均每年赤字 1.7 亿立方米。[②]中国草地面积占国土面积的 40%，由于 70% 的草地为干旱半干旱草地，草地质量不高。因为长期以来对草原生态系统缺乏认识，盲目开垦用以种植粮食，或过度放牧，导致草地严重退化。据估计，全国被开垦的草地总面积达 2700 万公顷，其中 1/3 已失去生产力，变成沙漠[③]。退化速度每年平均 130 万公顷。中国天然草地的生产力，20 世纪 60 年代前与国外同类草地并无明显差异，但由于长期低投入、超载过牧，加上靠天养畜的落后生产方式，已使中国草地畜牧业成为经营最粗放、单位面积生产效益最低的农业生产部门。其主要生产指标落后于世界平均水平，甚至低于发展中国家的平均水平。人均草地单位面积产草量与 60 年代相比，下降了 30%～50%。中国每公顷草地产肉 3.69 公斤，产毛 0.45 公斤，产奶 4.04 公斤，其单位面积草地产肉量相当于世界平均水平的 30%、俄罗斯的 24%、伊朗的 55%。单位面积草地的产值只相当于澳大利亚的 1/10、美国的 1/20、荷兰的 1/50[④]。

（3）干旱、洪涝等灾害日益频繁。

在中国，每年受旱面积平均为 4.05 亿亩，其中成灾面积至少要有 5000 万

---

① 徐祥临：《农村经济与农业发展》，党建读物出版社 2000 年版。
② 徐俊等：《21 世纪中国战略大策划——社会发展战略》，红旗出版社 1996 版。
③ 周学志、汤文奎：《中国农村的环境保护》，中国环境科学出版社 1996 年版。
④ 农业资源综合理论研究课题组：《加强资源综合管理，实现农业可持续发展》，载《农业经济问题》，1998 年第 3 期。

亩，超过 1 亿亩的年份并不少见，只此一项，每年就要减少几百亿公斤的粮食。[①]水资源分布南多北少的特点，导致南方经常洪涝成灾，北方普遍干旱缺水。特别是由于降雨量在不同的季节和不同的区域严重失衡，旱涝灾害常常是异地同时发生或同地异时发生。在过去的两千多年里，中国就发生大旱灾 1600 多次，大水灾 1300 多次，近年来，洪涝灾害日益频繁，有的地区甚至一年连遭 2～3 次洪水袭击。连绵不断的自然灾害，使水土大量流失，土地严重盐碱化，农田遭受大面积的破坏，给人民带来无穷的灾难，给国家带来巨大的损失。在西部地区，不少地区缺乏良好的植被覆盖，过度地放牧造成草场严重退化。人为地乱砍滥伐，使森林植被层失去其调节水源的功能，造成严重的水土流失，泥沙下泄，淤积河道，河床抬高，河流的泄洪能力显著减弱，洪涝灾害加剧。

1998 年，中国长江流域的洪涝灾害造成的严重损失，令人触目惊心。截至 2010 年的最近 6 年中，长江就发生了 4 次洪水或特大洪水，有的地区甚至一年连遭 2～3 次洪水袭击。[②]洪水又是引发次生地质灾害的主要诱因，滑坡泥石流冲毁房屋田园，造成的生命财产损失往往较洪涝灾害本身更为之巨。这些都与长江流域上游长期的毁林开荒，地表植被遭到严重破坏有直接的关系。而水旱灾害以及由此带来的水土流失又进一步加剧了植被破坏的程度。自然生态环境相互影响，互为因果，一旦破坏容易形成恶性循环。如果人们继续一味地向自然界索取，而不注意生态平衡，可能会孕育着整个人类社会更大的危机。

2. 农业环境污染日益严重

农业环境污染主要表现为两个方面：一方面来自农业本身。农业生产中过分施用农药、化肥、农膜等化学物质，导致土壤有机质含量下降，地力衰减；另一方面来自外部。伴随着工业化的进程中，大量的工矿企业向农村地区转移，许多地方环保意识未能跟上社会经济发展的步伐，缺乏有效的环境管理，大量的工业"三废"直接排放到农业生态环境当中，造成空气、水体、土壤等受到污染，严重损害了耕地质量和农业生态环境。此外，农村生活垃圾也是重要的外部污染源。

据统计，全国有 82% 的江河湖泊受到不同程度的污染，2800 公里的河流鱼虾基本绝迹，2.5 万公里的河流水质未达到渔业水质标准。据对全国 53000 公里河段的调查，因污染而不能用于灌溉的河水约占 23.3%，符合饮用水和渔业用水标准的只占 14.1%，在 47 个城市中有 43 个城市的地下水遭到污染[③]。

---

① 徐祥临：《农村经济与农业发展》，党建读物出版社 2000 年版。
② 刘应杰：《宏伟的蓝图》，江西人民出版社 1999 年版。
③ 刘应杰等主编：《宏伟的蓝图》，江西人民出版社 1999 年版，第 144～145 页。

据国家环保总局统计，目前全国受污染的耕地约有 1.5 亿亩，污水灌溉污染耕地 3250 万亩，固体废弃物堆存占地和毁田已超过 200 万亩，合计约占耕地总面积的 1/10 以上，并且多数集中在经济较发达的地区①。珠三角的南海、顺德采集的土壤样本汞超标率分别达到 69.1% 和 37.5%；顺德、中山等地的土壤样本镉超标率达到 40%。珠三角土壤农药残留物、有机物污染等则广泛存在②。1999年，广东省在对 179 个保护监测点近 8.4 万公顷农田的监测中，发现稻田重金属超标率高达 70.9%。

（四）粮食安全相关问题不容忽视

粮食安全，实质是食物安全。就一个国家而言，应是粮食生产的安全、粮食流通的安全、粮食消费的安全。粮食安全的主要内容包括：安全合理的粮食储备，粮食生产按市场需求稳定发展，适量进口（出口）粮食，解决好贫困人口的温饱问题，让所有的人在任何时候都能享有充足的粮食。衡量一个国家粮食安全与否，应以粮食库存安全系数为主，在此基础上，还应考虑粮食产量波动系数、粮食外贸依存系数、贫困人口的温饱状况等项指标，进行综合分析。

1996 年 11 月，第二次世界粮食首脑会议对粮食安全概念做出了最新的表述：让所有的人在任何时候都能享有充足的粮食，过上健康、富有朝气的生活。这个定义包括以下三个方面的内容：要有充足的粮食（有效供给）；要有充分获得粮食的能力（有效需求）；以及这两者的可靠性。这三者中缺少任何一个或两个因素，都将导致粮食不安全。

1. 粮食的有效供给及其可靠性

对中国这个人口大国而言，粮食安全的决定性方面是有效供给及其可靠性。自 1985 年来的 20 多年间，中国粮食产量出现了四次下降：1985 年下降 6.9%，1988 年、1991 年、1994 年分别下降 2.2%、2.5%、2.5%。粮食总产量在 1990年达到 4.46 亿吨后连续 4 年徘徊不前，1994 年为 4.45 亿吨，比 1984 年只增加了 9.3%。人均粮食产量在 1990 年达到 397 公斤，恢复到 1984 年水平后，持续下降，1994 年为 368 公斤，比 1984 年下降 7.3%③。1991～1994 年，粮食价格上涨幅度分别为 20%、39%、31% 和 48%。2003 年 9 月以来，中国粮油价格出现了恢复性上涨，2005 年以来，在一系列惠农政策（特别是取消农业税并对种粮农民进行直补）的激励下，中国粮食总产量终于打破多年徘徊不前的困局，实现

---

① 国家环境保护总局，国家农村小康环保行动计划，2006 年 10 月。
② "广东典型地区土壤污染探查研究"课题调查报告，万洪富主持。
③ 许明主编：《中国问题报告》，今日中国出版社 1997 年版，第 194 页。

连续 5 年的增产（见图 7 - 1），并于 2007 年，一举突破 5 亿吨大关。连续的增产为保障中国的粮食安全打下了坚实的基础，同样在 2007 年，粮食危机席卷全球，但中国所受冲击却很小。这是有效供应决定中国粮食安全总体形势的鲜活例证。

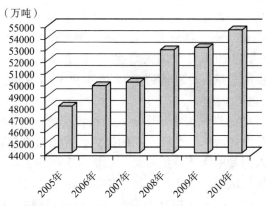

图 7 - 1　中国粮食总产量连续 5 年增长

资料来源：据国家统计局历年经济统计数据公报整理。

　　2000 年 10 月 11 日，中共中央首次正式提出国家粮食安全体系问题。中共十五届五中全会决议明确指出，"要高度重视保护和提高粮食生产能力，建设稳定的商品粮基地，建立符合中国国情和社会主义市场经济要求的粮食安全体系，确保粮食供求基本平衡"。2008 年 11 月 14 日，为保障中国中长期粮食安全，国家颁布了《国家粮食安全中长期规划纲要》（2008～2020 年），《纲要》中明确指出：满足中国的粮食需求，保障国家中长期粮食安全，要立足国内，到 2020 年，粮食自给率要保持在 95% 以上。

　　虽然，现在中国粮食综合生产力达到约 5.4 亿吨，少数农产品还出现了结构性、地区性、季节性剩余，基本解决了全国人民的吃饭问题，但是粮食与食物安全问题仍然在威胁着我们。首先，由于受自然环境条件和其他因素的制约，中国农业目前抵御自然灾害、抗风险的能力还较弱，在中国全部耕地中，基本不受自然条件制约的耕地只占 39%，而 61% 的耕地生产能力都较低。其次，21 世纪中国总人口将突破 16 亿人，届时粮食单产只有提高 60% 以上，肉类总产量增加 60%～80%[1]，中国人才能自己养活自己，才能实现全国人民丰衣足食的目标。

---

　　[1]　徐建华：《我国农业可持续发展面临的困境与对策》，载《生态经济》，2001 年第 1 期。

2. 粮食的有效需求及其影响因素

中国长期以来一直是粮食净进口国，粮食的有效需求略高于粮食的有效供给，且需求一直呈稳定上升的态势。随着中国的经济发展和人民生活水平的提高，这一上升态势近年来有所加快。

影响粮食消费（有效需求）的主要因素是人口、收入水平和城市化。

（1）人口增长。按历史资料分析，人口每增加 1 亿人，粮食消费总量约增加 1300 万吨。到 2005 年和 2010 年中国人口达 13.41 亿人、13.8 亿人。到 2020 年全国粮食直接和间接消费量将分别达到 5.13 亿吨和 6.94 亿吨，供需缺口分别为 4400 万吨和 1000 万吨。

（2）收入增长。收入增长因素是影响人均粮食消费量的主要因素。随着人们收入水平的提高以及由此而来的生产水平的提高，直接的粮食消费量一般而言是呈递减趋势的，但人们食用肉类、蛋、奶、油脂、水产品、水果等副食品带来的间接粮食消费量却呈快速上升趋势，而且增加的间接消费量大于减少的直接消费量。随着人均收入的增长，人均粮食消费量的增长是长期的趋势。有研究表明，按中国人均 GNP 每增加 10 个百分点计将增加粮食间接消费 430 万吨，根据"十二五"计划纲要，2015 年和 2020 年人均 GNP 较 2010 年均有较大程度增加，粮食间接消费增加量对粮食安全的影响不容忽视。

（3）城市化水平。城市化水平确实是影响中国粮食消费的一个因素，其影响主要是通过城乡居民的食品结构差异（口粮和饲料粮的差异）形成的。但是较之于人均收入的影响，其影响要小得多。城市化水平对粮食消费究竟有何影响，目前学界对此还有争议：有学者研究认为：就城市化与粮食消费的关系一般而言，城市化水平每提高一个百分点将使粮食消费总量增加 1054 万吨[①]。但这显然与事实存在出入，据统计，2000 年全国城市化水平为 32%，2010 年较为公认的数据约为 47%，以此推算，不考虑其他影响因素情况下，中国粮食消费总量将增加超过 1.6 亿吨，而这显然过高。也有学者分别统计了在收入水平和价格水平不变的前提下，农村居民移入中小城市和大城市居住，消费粮食的减少量及消费副食品的增加量[②]。由此推算，农村居民转移到城市居住后，总体的粮食消费（包括直接消费和间接消费）是减少了。笔者认为：城市居民的人均粮食消费比农村居民多主要是因为收入水平的不同而引起的，在收入水平相同的情况下，农村居民的粮食消费要高于城市居民，如果不考虑收入因素而单谈城市化对粮食消费的影响，这种影响是减少。

---

① 马晓河：《我国中长期粮食供求状况分析及政策思路》，载《管理世界》，1997 年 3 月。
② 黄季昆：《迈向 21 世纪的中国粮食回顾与展望》，载《经济研究参考》，1996 年第 24 期。

（五）农业生产成本过高，效益低下

改革开放以来，中国农村农业生产取得较快发展，但农业生产的物质消耗过高和生产成本逐步提高，成本收益降低。以粮食的种植成本及收益为例，1987年，平均每亩粮食生产的成本纯收益率为69.27%，1993年降至47.62%；1987年平均每亩产值的生产成本为57.33元，1993年上升到66.17元[①]。农业生产成本的上升和收益率的下降，农业生产的高投入、低产出、低效率使农民"增产不增收"，甚至"增产还减收"，一年到头来"无利可图"，严重挫伤了农民种田的积极性。农民自然地在经济上作出的反应是：有相当一部分经营者对耕地采用了重用轻养的做法，即不增加甚至减少农业的投入，由此造成了耕地肥力下降，生产能力降低；另一部分经营者则采取了弃耕抛荒的对策。1992年以来，全国各地农民放弃耕地经营的现象屡屡发生。例如，1992的安徽省仅16个县（市）就有11.53万户农民弃耕抛荒34.66万亩，湖南省岳阳地区有13.6万户农民要求退耕[②]。

（六）农村剩余劳动力转移的任务仍很艰巨

从农村劳动力的就业结构来看，目前中国近4.5亿农村劳动力中，从事第一产业的劳动力占73.2%，就业结构仍远落后于产业结构。从农业劳动力的增加和耕地的减少情况来看，1994年比1952年增加了93%，比1978年增加了18%；相反，劳动力人均耕地从1978年的3.5亩降至不足2.9亩。从农村剩余劳动力的绝对数和相对数来看，目前仅农业剩余劳动力就约有1.2亿~1.5亿人，占农村劳动力总数的1/4，占农业劳动力总数的1/3以上[③]。从农村剩余劳动力转移的趋势来看，1984年以来的转移速度呈逐步下降的趋势。

问题还在于，农村剩余劳动力转移仍面临着一系列制约因素，例如，未来一段时间我们将面临着一个劳动适龄人口的增长高峰；农业吸收劳动力的能力有限，农业支撑农村剩余劳动力大规模转移的能力脆弱；乡镇企业的资本密集化趋势加剧，吸收农村剩余劳动力的能力降低；城市本身就业压力大，吸收农村剩余劳动力的空间有限；农村剩余劳动力的素质较低，难以适应新岗位的需要；户籍制度的消除还面临许多障碍；等等。所有这些都决定着转移的任务十分艰巨。

①　吴方卫：《增长的关键与关键的增长》，载《农业经济问题》，1998年第1期。
②　段应碧主编：《中国农村改革和发展问题读本》，中央党校出版社1995年版。
③　周叔莲、郭克莎：《中国城乡经济社会协调发展研究》，经济管理出版社1996年版。

（七）出口农产品生产成本高、质量不符合国际标准，难以适应入世后的国际竞争

耕地是最重要的农业生产要素，中国是耕地资源稀缺的国家，主要的农业种植模式仍是以家庭为单位，手工劳作为主的传统农业经营模式。这种农业模式经营规模小，单位（劳动力）产量低，农业种植成本较高。应当说，就粮食等大宗农产品而言，中国并不具有要素禀赋优势，在国际农产品市场上明显缺乏竞争力。改革开放以来，中国主要大宗农产品尤其是粮食价格，经过 20 多年的市场化调整，水稻、小麦、玉米、大豆等大宗农产品的常年国内价格已明显高于国际价格。据统计，1995 年小麦、玉米、大豆的价格分别高出国际市场价格的28.8％、71.1％、27.4％[①]。2007 年下半年以后，世界粮食价格受各种因素叠加影响而大幅度上涨，而中国为保障国内粮食安全采取限制粮食出口等措施稳定国内粮价，使中国粮食等主要大宗农产品价格相对国际价格有所回落，但仍接近甚至超过国际价格。

中国一部分以劳动密集型为特征的农产品（如蔬菜、茶叶等）虽在国际上具有较明显的价格优势和竞争力，但质量普遍比较低或不符合国际农产品质量标准。发达国家掌握了国际农产品质量标准的制定权，同时在种植业与养殖业方面基本实现了良种化，并通过规模化种植和养殖使农产品具有统一标准的质量。在2001 年中国加入 WTO 后，主要通过强化针对中国出口的农产品的检验检疫标准——即所谓"绿色壁垒"——来限制中国农产品进入本国市场。以日本为例，日本针对中国出口的蔬菜的农药残留标准不但高于国际普遍采用的标准，而且比日本国内生产的蔬菜高约 100 倍。这种明显的歧视性贸易保护政策，却常因被冠以"保护国民身体健康"的堂皇理由而游离于 WTO 的规则之外。

客观而言，为增强在国际市场上的竞争力，中国农产品在品质上特别是与国际质量标准接轨方面，还有较长的路要走。此外，如何进一步熟悉国际农业品贸易规则，打破"绿色壁垒"，帮助中国农产品走出国门也是亟待解决的问题。

三、生态农业：农业可持续发展的有效途径

（一）传统农业、石油农业、生态农业

自人类进入文明社会以来，共经历了四种农业发展的模式。它们是原始农

---

① 王开良：《加入 WTO 与我国农业结构的调整》，载《农业经济》，2001 年第 2 期。

业、传统农业、石油农业和生态农业。其中，目前在世界范围内仍然普通被采用的是后三种。

1. 传统农业 （Traditional Agriculture）

传统农业指工业化社会以前，主要依靠人力、畜力和当地自然资源的农业。是以手工劳作为主，辅助以简单工具或农业机械的农业生产模式。

传统农业利用改造自然的能力和生产力水平等均较原始农业大有提高。传统农业是劳动密集型产业，特点是精耕细作，农业部门结构较单一，生产规模较小，经营管理和生产技术仍较落后，抗御自然灾害能力差，农业生态系统功效低，商品经济较薄弱，基本上没有形成生产地域分工。

传统农业从奴隶社会起，经封建社会一直到资本主义社会初期，现在仍广泛存在于世界上许多经济欠发达的国家。而另一些耕地资源稀缺的发达国家，农业生产模式中也仍带有明显的传统农业的特征和因素，比如日本和韩国。

中国是一个历史悠久的农业古国，据考古发现证明，中国拥有超过 9000 年的稻作农业文明。大约在战国、秦汉之际就已逐渐形成一套以精耕细作为特点的传统农业技术。在其后续发展过程中，生产工具和生产技术还不断有很大的改进和提高，但就其主要特征而言，没有根本性质的变化。中国传统农业技术的精华，对世界农业尤其是东亚、东南亚地区农业发展有过重要的影响，它注重精耕细作，大量施用有机肥，兴修农田水利发展灌溉，实行轮作、复种、种植豆科作物和绿肥以及农牧结合等。这些农业技术用现代的眼光来看，也仍然具有相当的生命力。

传统农业的许多理念在现在看来是相当"先进"的。比如，传统农业注重人与当地自然环境在农业生产过程中的和谐，注重对当地环境的保护及对当地资源（如水源）的永续利用。因而传统农业有符合农业可持续发展的重要特征因素。重视、继承和发扬传统农业技术，使之与现代农业技术合理的结合，对加速发展农业生产，建设现代农业，具有十分重要的意义。

2. 石油农业 （Oil Agriculture）

石油农业亦称工业式农业 （Industrial Agriculture）。是世界经济发达国家以廉价石油为基础的高度工业化的农业的总称。是在昂贵的生产因素（即人力、畜力和土地等）可由廉价的生产因素（即石油、机械、农药、化肥、技术等）代替的理论指导下，把农业发展建立在以石油、煤和天然气等能源和原料的基础上，以高投资、高能耗方式经营的大型农业。

石油农业是继传统农业之后，世界农业发展的一个重要阶段。20 世纪 50 年代以来，石油农业得到快速发展，并迅速成为全球农业现代化的主要模式。它作为资本密集型产业大量地使用以石油产品为动力的农业机械，大量使用以石油制品为原料的化肥、农药等农用化学品。机械化和化学化是这一农业现代化模式的共同特点。它同时具有高产、高效、省力、省时、不施粪肥、经济效益大等特点。

美国是石油农业的代表性国家。美国农业的变化可以反映世界石油农业的发展状况。1920～1990年，美国农业的投入结构发生了很大的变化。1920年农业投入中劳动、不动产、资本三者之间的比例为50∶18∶32，这一比例到1990年变为19∶24∶57，农业由劳动密集型产业彻底转变为资本密集型产业。与此同时，每个农业劳动力所能供养的人数，1910年为7.1人，1989年增加到98.8人。农产品商品率1910年为70%，1979年已达到99.1%。

石油农业对提高农业生产效率和农产品产量，解决因人口激增而引起的世界粮食需求矛盾尖锐等问题，均起过重要作用。但也曾一度因出现全球性的石油危机和生态环境的不断恶化而暴露出它在经济、技术、生态上均存在一定弊端或潜在威胁。

3. 生态农业（Ecological Agriculture）

生态农业是按照生态学原理和生态经济规律，运用现代科学技术成果和现代管理手段，以及传统农业的有效经验建立起来的，能获得较高的经济效益、生态效益和社会效益的现代化农业。

生态农业是20世纪60年代末期作为"石油农业"的对立面而出现的概念，被认为是继石油农业之后世界农业发展的一个新的重要阶段。主要是通过提高太阳能的固定率和利用率、生物能的转化率、废弃物的再循环利用率等，促进物质在农业生态系统内部的循环利用和多次重复利用，以尽可能少的投入，求得尽可能多的产出，并获得生产发展、能源再利用、生态环境保护、经济效益等相统一的综合性效果，使农业生产处于良性循环中。

生态农业从"血缘"上更接近于传统农业，它继承了传统农业的许多先进理念和技术精华，如保持其精耕细作、施用有机肥、间作套种等优良传统。它不仅避免了石油农业的弊端，同时也可发挥其优越性。通过适量施用化肥和低毒高效生物型农药等，突破传统农业的产量和劳动力投入巨大的局限性。它既是有机农业与无机农业相结合的综合体，又是一个庞大的综合系统工程和高效的、复杂的人工生态系统以及先进的农业生产体系。它需要包括农学、林学、畜牧学、水产养殖、生态学、资源科学、环境科学、加工技术以及社会科学在内的多种学科的支持。它是一个知识密集型产业。

（二）传统农业、石油农业面临的可持续发展问题

1. 传统农业面临的可持续发展问题

传统农业一方面具有环境影响小，注重对农业生态环境的保护；精耕细作，土地、水等农业生产资料利用效率较高，损耗小等优点，但其缺点也是相当突出的。

传统农业是劳动密集型产业，农业从业者劳动强度大，人均产量低。在当今世界人口快速增长，人们生活水平不断提高的背景下，传统农业难以承担满足日益快速增长的对农产品需要的社会责任。

更重要的是：传统农业是基础于自给自足为主的自然经济体制的。传统农业以家庭为主要的生产单位，生产规模较小，生产力水平较低，对应自然经济的生产关系也较为简单，产品主要供给生产农户自己消费。这种生产方式难以支持商品经济所要求的社会化、规模化大生产。市场经济条件下，社会需要大量的商品化的农产品通过交换进入市场，同时需要大量的劳动力从农业生产活动中脱离出来，从事第二、第三产业。市场经济的发展是必然的趋势，这种生产力与生产关系的不适应，是传统农业面临的可持续发展的最根本的问题。

2. 石油农业面临的可持续发展问题

石油农业的最显著的标志是机械化的农业生产。这种农业生产方式劳动投入少，人均产量大，具有资本密集型的特点。显然，其所代表的生产力水平是与市场经济条件相适应的。据统计：美国的农产品商品化率在 1910 年即已经达到 70%，而 1979 年已经达到 99.1%；每个农业劳动人口所能供养的人数，1910 年为 7.1 人，而到 1989 年则达 98.8 人。但石油农业带来的资源与环境问题也不可低估。

石油农业的资源消耗是巨大的，它大量地使用以石油产品为动力的农业机械，大量使用以石油制品为原料的化肥、农药等农用化学品。机械化和化学化是这一农业现代化模式的共同特点。

农业机械的大量使用容易使土壤结构发生变化，导致失墒、失肥力，更易造成水土流失。

大量农用化学品的使用会使农田生态系统失去平衡。农药的使用在杀死农业害虫的同时，也往往导致害虫天敌的死亡。而相比它们的天敌而言，农业害虫更易对农药产生耐药性。长时间大剂量使用农药将使农药的效力大幅度下降，甚至完全对害虫失效。而许多农药具有高毒高残留的特点，自然条件下很难分解，将会在自然环境中大量积累，并最终通过食物链传递到人类身上。

化肥的大量使用容易使土壤的化学性能发生变化，造成土壤板结，肥力下降，甚至会导致土壤的盐碱化，最终不再适宜农作物的生长。

第三节　中国农业、农村可持续发展的未来选择

一、生态农业的兴起

生态农业是以生态经济系统原理为指导建立起来的资源、环境、效率、效益兼顾的综合性农业生产体系。中国的生态农业包括农、林、牧、副、渔和某些乡镇企业在内的多成分、多层次、多部门相结合的复合农业系统。20 世纪 70 年代主要措施是实行粮、豆轮作，混种牧草，混合放牧，增施有机肥，采用生物防治，实行少免耕，减少化肥、农药、机械的投入等；80 年代创造了许多具有明显增产增收效益的生态农业模式，如稻田养鱼、养萍、林粮、林果、林药间作的主体农业模式，农、林、牧结合，粮、桑、渔结合，种、养、加结合等复合生态系统模式，鸡粪喂猪、猪粪喂鱼等有机废物多级综合利用的模式。生态农业的生产以资源的永续利用和生态环境保护为重要前提，根据生物与环境相协调适应、物种优化组合、能量物质高效率运转、输入输出平衡等原理，运用系统工程方法，依靠现代科学技术和社会经济信息的输入组织生产。通过食物链网络化、农业废弃物资源化，充分发挥资源潜力和物种多样性优势，建立良性物质循环体系，促进农业持续稳定地发展，实现经济、社会、生态效益的统一。因此，生态农业是一种知识密集型的现代农业体系，是农业发展的新型模式。

（一）发达经济体的生态农业发展范例

1. 美国

美国虽然是石油农业的代表性国家，但其雄厚的经济和农业科技实力为生态农业的发展打下坚实了的基础。其生态农业发展的许多特点和经验很值得我们借鉴。

在美国，约有 1% 的农业规模是以生态农业的模式经营的，从比例上说虽然很小，但其影响力却很大。在遍布全美的约 20000 个生态农场中，采用的生态农业技术主要有：

（1）应用现代农业装备和先进的管理技术。

现代农业装备不仅包括经过现代化改造的播种机、收割机等传统机械，而是包括更多高科技含量的先进农业设备。如自动化的农业大棚，滴灌、喷灌等先进灌溉设备，农业天气预报系统等。这些装备的使用极大地提高了农业生产效率，最大程度减少了各种灾害对农业的影响，并提高了资源的利用效率和农业环境的可持续性。

先进农业装备的应用往往是与先进的管理技术结合在一起的。缺乏先进的管理，先进的农业装备难以发挥其全部效能。例如，在全美布网的农业灾害预报系统不但拥有包括遥感卫星在内的高技术装备，而且有一套完善的基于信息技术平台的信息收集整理汇总发布的机制。

（2）完全不用或极少量使用化学物质。

美国的生态农场主要使用农家肥及使用生物防治病虫害，极少使用化学肥料或杀虫剂。很多农场开辟有专门的土地用以种植害虫最喜爱的植物，吸引害虫采食，从而保护正常种植的作物，以减少虫害损失。有的农场养殖或购买萤火虫的幼虫用以控制蜗牛对绿叶蔬菜的危害，这些都是利用生物链的原理控制病虫害的例子。

（3）采用豆科绿肥和覆盖作物为基础的间作和轮作。

豆科植物因为有特殊的生物结构（根瘤），能固定空气中的氮元素，转化成自身所需的养分。因此豆科作物常被用于改良土壤，增加肥力。长期高强度的耕种会使耕地肥力下降、土壤板结，继续种植，农作物产量会急剧下降。故需要采用休耕的方式使耕地得以恢复，增加肥力、改善土质。休耕常采用轮作的方式，也有采用间作套种的方式来降低耕地种植强度的作法。在休耕期间种植豆科植物，可以起到增加肥力、覆盖保护土壤的作用。

在美国的生态农场，最常应用的是小麦和大豆的轮作，此外，还有苜蓿、三叶草、草木樨、红豆草等豆科牧草与小麦的轮作也很常见。这些豆科植物还常常是重要的蜜源植物，既可以产出蜂蜜，也可吸引蜜蜂等授粉昆虫，增加农作物产量。

（4）更科学的耕作方法。

科学耕作法，是保护农田不受或少受土壤侵蚀的一类耕作方法，又称保土耕作法，主要有五种：①等高耕作法。在缓坡地上沿等高线耕翻作垄播种，形成等高窄垄和作物行，可减少径流和水蚀，有保土保肥作用。②沟垄耕作法。通过翻耕，在坡地上形成较大的沟和垄，垄上栽种作物，可更有效地控制土壤侵蚀。一般也按等高线耕作，适于坡度较大的坡地采用。③残茬覆盖耕作法。地表留下足够数量的残茬或蒿秆，用以保蓄土壤水分和养分，减少地面板结，茬地上直接播种。④带状耕作法。播种行耕翻种植作物，行间留茬覆盖。土壤局部耕作，而全田终年覆盖。⑤少、免耕法。前作物收获后，不单独进行土壤耕作，而在茬地上直接播种后作物的一种耕作方式。又称零耕、板田耕作、留茬耕作。一般用联合作业免耕播种机在前茬地上一次完成切茬、开沟、喷药除草、施肥、播种、覆土等多道工序。广义的免耕也包括少耕。目的在于尽量减少土壤耕作次数，减小土壤压实程度，保护和改善土壤结构，防止土壤侵蚀和水土流失。

2. 以色列

以色列地理上位于亚洲的西部，地中海东岸，国土面积的大部分是沙漠地区，水资源短缺，自然条件恶劣。但以色列在生态农业的发展方面，走在世界的前列。以色列非常重视先进农业科技的研发（特别是节水农业技术），严重缺水使以色列在农业方面形成了特有的滴灌节水技术，充分利用现有水资源，将大片沙漠变成了绿洲。不足总人口5%的农民不仅养活了国民，还大量出口优质水果、蔬菜、花卉和棉花等，因而被称为"欧洲冬天的厨房"或"欧洲的果篮"。

（1）以色列生态农业的概况。

以色列非常强调因地制宜地发展生态农业，特别强调对太阳能和水资源的充分利用，把不利的自然条件中的积极因素加以充分地发挥。

尽管自然条件不利于农业生产，但经过半个世纪的努力，以色列的农业已经发展到一个相当高的水平。农业产量几乎每十年翻一番。每个农业从业人员供养的人口数，由20世纪50年代的17人增长到现在的90多人，已经接近于美国农民的水平。农业不但满足了国内95%的需要，而且还大量出口农产品，并向世界60多个国家输出农业物资设备和传授农业生产技术。

以色列生态农业的最大特点是节水灌溉技术的广泛应用。农作物、树木、草地、花卉几乎全都是利用滴灌技术灌溉。滴灌按需按量将水及植物所需要营养直接输送到植物根部，这样既减少了水的流失，又达到了最佳的灌溉效果。灌溉系数高达80%～90%，节水50%～70%，节肥30%～50%，同时防止土地次生盐渍化的发生，还解决了传统灌溉沟渠占用土地的问题，使单位面积产量成倍增加。滴灌施肥使作物生长齐整，个体差异很小，产量高质量好，而且改良了盐碱地，将不毛之地变成生机盎然的绿洲。

（2）先进的生态农业组织管理方式。

以色列的生态农业组织大体上有两种方式：基布兹（Kibbutz）、莫沙夫（Moshav）。这两种组织方式都强调社会成员平等，共同合作、相互帮助的理想。这两类农业组织提供全国新鲜农产品供应的80%以上。

基布兹，意即"集体农场"，是犹太移民为在艰苦环境下生存而自愿组织在一起创建的。目前，以色列拥有基布兹约 270 个（1995 年统计有 310 个）。每个基布兹的人口由 50～2000 人不等，平均拥有土地 500 公顷。其主要特征是：①所有生产资料包括土地归集体所有。②所有收入全部归集体所有，基布兹向每个社员按月发放生活津贴。所有生活用品实行供给制，剩余收入主要用于扩大再生产及积累储备。③基布兹内部实行民主管理，民主理财。由选举产生的管理委员会管理内部事务。人们在"平等、公有、自愿"的前提下实行"各尽所能，各取所需"、衣、食、住、行全部包干，每户一套住宅，有良好的公共设施（食堂、图书馆、幼儿园、体育馆等）和公用轿车。

莫沙夫，意为"合作社"，是以家庭为基本单位组成的较为松散的农业合作组织。以色列现有约 400 个莫沙夫组织，每个拥有 60～100 个农户。各个农户家庭是相对独立的，生产资料（如土地）归农户家庭所有，收入也归农户。平时农户间相互协作，共同购买农用物资，共同对外出售农业产品，农忙时节，共同雇用短工，相互提供经济和社会服务。供销、教育、医疗、文化等由莫沙夫统一提供。其基本特征是：土地和水资源国有，农户家庭拥有经营权；其他生产资料农户家庭所有；教育等公共服务资源农户共享。

先进的农业组织形式是以色列高效农业的基础。它提高了生态农业的组织性，使之可以达到经济生产规模，从而实现农业生产效率的提高和农产品单位成本的下降。以色列的农产品在农业发展水平很高的欧洲也具有很强的市场竞争力，即是证明。

（二）中国生态农业的发展状况

1. 优秀的生态农业传统和经验

中国是拥有悠久的传统农业历史的文明古国。在长达数千农业文明史中，我们的先民积累了丰富的农业生产知识和经验。其中的许多优秀农业传统理论和经验在今天看来非常符合生态农业的原理，仍然具有相当的科学性和生命力。

从中国古代最早的《诗经》到近代最后一部全国性的整体古农书《授时通考》，可以看出朴素的生态思想在中国漫长的农业文明史中是一以贯之，不断发展的，成为中国古代农学理论的精髓。千百年来，中国先民在生产实践中，始终强调土地的用养结合，使"地力常新壮"；循环利用，低能消耗，"天地人合一"，强调了人与大自然结合、和谐的思想；而农书《农桑辑要》、《农桑衣食撮要》、《耕织图》等，从书名到内容都强调了种植业与各业相结合的思想。《沈氏农书》把养猪、酿酒、种庄稼联系到一起，指出："耕稼之家，惟此最为要务"，这就是我们今天所提倡的"种、养、加"相结合。"相继而生成，相资以利用"，这正是我们所强调的物质的循环利用、重复利用，以促使经济效益不断增长。朴素的生物链关系早在诗经中就有记载："螟蛉有子，蜾蠃负之"。明清时期，中国太湖流域和珠江三角洲地区就已经形成了初级的生态农业模式——桑基鱼塘，当时处处是"池内养鱼，堤上种桑，毫无废弃之地"，以致出现"桑茂、蚕壮、鱼肥大，塘肥、基好、蚕茧多"的兴旺景象。以紫云英为主的绿肥作物的轮作在中国长江中下游稻作地区也早在南宋时已普及。这些都是中国生态农业模式的雏形，说明中国生态农业的发展源远流长，真正比较完整的生态农业理论与技术是源于中国而不是西方国家。

2. 当代的生态农业理论与实践

1994 年以来，农业部等七部委联合组织开展了全国生态农业示范县的建设评选工作，截至 2005 年，已经建成国家级生态农业示范县 102 个，覆盖了全国 30 个省、市、区及 4 个计划单列市。生态农业建设与农业产业结构调整，改善农业生产条件和生态环境，发展无公害农产品有机地结合起来，有效地促进了农业增效、农民增收和农村生态环境的改善。作为农业可持续发展的成功模式，得到各级政府的高度重视和大力支持，也受到广大农民群众的欢迎。

生态农业的发展一是促进了农业和农村经济的大发展。生态农业示范县的国内生产总值、农业生产总值、农民人均收入年均分别增长 8.4%、7.2% 和 6.8%，分别高于全国平均水平 2.2 个、0.6 个和 1.5 个百分点。二是促进了农业资源的持续高效利用，生态环境显著改善。生态农业示范县的水土沙化和水土流失得到有效控制，水土流失治理率达到 73.4%，沙化治理率达到 60.5%，森林覆盖率提高了 3.7 个百分点；秸秆还田率达 49%，增加了土壤中的有机质量，省柴节煤灶推广率达 72%，保护了植被，节约了能源；废气净化率达 73.4%，废水净化率达 57.4%，固体废弃物利用率达 31.9%。三是发挥了相当大的带头示范作用，在国家级生态农业示范县的辐射带动下，各省也启动了省级生态农业示范县的建设评选工作，目前省级生态农业示范县有 400 多个，推广示范面积有 1 亿多亩，生态农业建设正在稳步发展，为农业可持续发展提供了可资借鉴的经验。

二、生态农业的主要技术类型

应用生态学原理，根据当地的自然条件、生产技术和社会需要，可以设计、组装出多种多样的生态农业系统，下面介绍的是具有一定代表性的技术类型。

（一）充分利用空间资源和土地资源的农林立体结构生态系统类型

该类型是利用自然生态系统中各生物种的特点，通过合理组合，建立各种形式的立体结构，以达到充分利用空间，提高生态系统光能利用率和土地生产力，增加物质生产的目的。所以该类型在空间上是一个多层次和时间上多序列的产业结构。按照生态经济学原理使林木、农作物（粮、棉、油），绿肥、鱼、药（材）、（食用）菌等处于不同的生态位，各得其所，相得益彰，既充分利用太阳辐射能和土地资源，又为农作物形成一个良好的生态环境。这种生态农业类型在中国普遍存在，数量较多。大致有以下几种形式：

1. 各种农作物的轮作、间作与套种

农作物的轮作、间作与套种在中国已有悠久的历史，并已成为中国传统农业的精华之一，是中国传统农业得以持续发展的重要保证。由于各地的自然条件不同，农作物种类多种多样，行之有效的轮作、间作与套种的形式繁多，主要类型有豆、稻轮作，棉、麦、绿肥间套作，棉花、油菜间作，甜叶菊、麦、绿肥间套作。

2. 农林间作

农林间作是充分利用光、热资源的有效措施，中国采用较多的是桐粮间作和枣粮间作，还有少量的杉粮间作。

3. 林药间作

此种间作主要有吉林省的林、参间作，江苏省的林下栽种黄连、白术、绞古蓝、芍药等的林、药间作。

林、药间作不仅大大提高了经济效益，而且塑造了一个山青林茂、整体功能较高的人工林系统，大大改善了生态环境，有力地促进了经济、社会和生态环境向良性循环发展。

除了以上的各种间作以外，还有海南省的胶、茶间作，种植业与食用菌栽培相结合的各种间作，如农田种菇、蔗田种菇、果园种菇等。

农林立体种植结构，大大提高太阳能的利用率和土地生产力，是中国生态农业建设过程中的一种主要技术类型。

（二）物质能量多层分级利用系统型

模拟不同种类生物群落的共生功能，包含分级利用和各取所需的生物结构。此类系统可进行多种类型和多种途径的模拟，并可在短期内取得显著的经济效益。图7-2是利用秸秆生产食用菌和蚯蚓等的生产设计。秸秆还田是保持土壤有机质的有效措施。但秸秆若不经处理直接还田，则需很长时间的发酵分解，方能发挥肥效。在一定条件下，如果利用糖化过程先把秸秆变成饲料，而后用牲畜的排泄物及秸秆残渣来培养食用菌；生产食用菌的残余料又用于繁殖蚯蚓，最后才把剩下的残物返回农田，收效就会好得多。虽然最后还田的秸秆有机质的肥效有所降低，但增加了生产沼气、食用菌、蚯蚓等的直接经济效益。

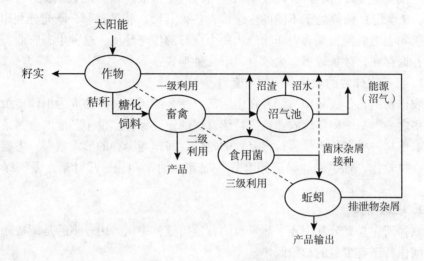

图7-2 作物秸秆的多级利用

（三）水陆交换的物质循环生态系统型

食物链是生态系统的基本结构，通过初级生产、次级生产、加工、分解等完成代谢过程，完成物质在生态系统中的循环。桑基鱼塘是比较典型的水陆交换生产系统（见图7-3），是中国广东省、江苏省农业中多年行之有效的多目标生产体

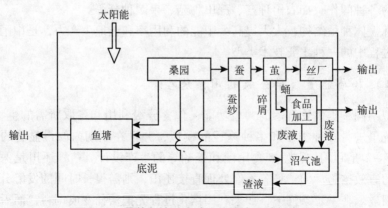

图7-3 桑基鱼塘—水陆交换生产系统示意图

系。目前已成为推广较为普遍的生态农业类型。该系统由 2 个或 3 个子系统组成，即基面子系统和鱼塘子系统。前者为陆地系统，后者为水生生态系统，两个子系统中均有生产者和消费者。第三个子系统为联系系统，起着联系基面子系统和鱼塘子系统的作用。桑基鱼塘是由基面种桑、桑叶喂蚕、蚕纱养鱼、鱼粪肥塘、塘泥为桑施肥等各个生物链所构成的完整的水陆相互作用的人工生态系统。在这个系统中通过水陆物质交换，使桑、蚕、鱼、菜等各业得到协调发展，桑基鱼塘使资源得到充分利用和保护，整个系统没有废弃物，处于一个良性循环之中。

（四）相互促进的生物物种共生生态系统类型

该模式是按生态经济学原理把两种或者三种相互促进的物种组合在一个系统内，使物质之间存在互惠互利关系，达到共同增产，改善生态环境，实现良性循环的目的。这种生物物种共生模式在中国主要有稻田养鱼、鱼蚌共生、禽鱼蚌共生，稻—鱼—萍共生、苇—鱼—禽共生、稻鸭共生等多种类型。其中稻田养鱼在中国南方北方都已得到较普遍的推广，具体做法是：在水稻插秧返青后，稻田灌水，放入一定量的食草鱼苗，在晒田或施肥、病虫害防治等管理时，使鱼苗随水进入事先挖好的鱼沟内，收稻时先把长大的鱼捞出，再转入精养鱼塘。在养鱼的稻田中，水稻为鱼提供遮阴、适宜水温和充足饵料，而鱼为稻田除草、灭虫、充氧和施肥，使稻田的大量杂草、浮游生物和光合细菌转化为鱼产品。稻、鱼共生互利，相互促进，形成良好的共生生态系统。这不但促进了养鱼业的发展，也提高了水稻产量，减少了化肥、农药、除草剂的施用量，提高了土壤肥力。

（五）农—渔—禽水生生态系统类型

该生态系统是充分利用水资源优势，根据鱼类等各种水生生物的生活规律和食性以及在水体中所处的生态位，按照生态学的食物链原理进行组合，以水体立休养殖为主体结构，以充分利用农业废弃物和加工副产品为目的，实现农—渔—禽综合经营的生态农业类型。这种系统有利于充分利用水资源优势，把农业的废弃物和农副产品加工的废弃物转变成鱼产品，变废为宝，减少了环境污染，净化了水体。特别是该系统再与沼气相联系，用沼气渣液作为鱼的饵料，使系统的产值大大提高，成本更加降低。这种生态系统在江苏省太湖流域和里下河水网地区较多。例如，无锡市郊河埒养殖场、吴县黄桥乡张庄村、建湖县庆丰乡董徐村，东台市水产养殖场、海安县鱼种场、吴江县桃源乡水产养殖场等都是这种生态类型的典型例子，其经济效益和环境效益均明显提高。

（六）多功能的污水自净工程系统

在发育正常的自然生态系统中，同时进行着富集与扩散、合成与分解、增加与减少等多种调节、控制作用过程。在通常情况下，自然生态系统内部不易出现由于某种物质的过多积累而造成系统崩溃或主要生物成分的大量死亡，这是由于系统本身就拥有自行解毒的"医生"（微生物）和解毒的工艺（物理的、化学的）过程。即使由于某种物质过分积累，破坏了系统的原来结构，亦会出现适应新情况的生物更新。模拟此种复杂功能的工艺体系，应是今后解决工业废水污染的重要途径。图7-4是这类原理的应用模式之一，包括相互交错的食物链和三个方向的物流与能流，以及不同性质的输入与输出。

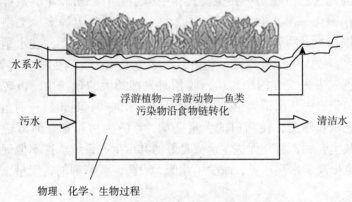

水系水

浮游植物—浮游动物—鱼类
污染物沿食物链转化

污水　　　　　　　　　　　　　　　　　清洁水

物理、化学、生物过程

图7-4　生态工程原理应用——污水自净系统

（七）山区综合开发的复合生态系统类型

这是一种以开发低山丘陵地区，充分利用山地资源的复合生态农业类型，通常的结构模式为：林—果—茶—草—牧—渔—沼气。该模式以畜牧业为主体结构。一般先从植树造林、绿化荒山、保持水土、涵养水源等入手，着力改变山区生态环境，然后发展畜牧和养殖业。根据山区自然条件、自然资源和物种生长特性，在高坡处栽种果树、茶树；在缓平岗坡地引种优良牧草，大力发展畜牧业，饲养奶牛、山羊、兔、禽等草食性畜禽，其粪便养鱼；在山谷低洼处开挖多个精养鱼塘，实行立体养殖，塘泥作农作物和牧草的肥料。这种以畜牧业为主的生态良性循环模式无三废排放，既充分利用了山地自然资源优势，获得较好的经济效益，又保护了自然生态环境。

（八）　沿海滩涂和荡滩资源开发利用的湿地生态系统类型

沿海滩涂和平原水网地区的荡滩，是重要的国土资源，也是中国重要的土地后备资源，中国海岸线很长，沿海省份很多，滩涂资源比较丰富，但如何充分利用，加快沿海地区和水网地区的经济发展，并向外向型经济转变具有重要作用。近几年来，沿海地区和滩荡地区的人民在开展生态农业建设过程中，创造了不少好的模式，仅江苏省北部沿海地区就有：射阳县林场的滩涂林业生态系统；东台市琼港镇的草—畜—禽—蚯蚓—貂的湿地生态系统；呼水县陈港镇的苇—萍—肉—禽的湿地生态系统；建湖县荡中乡跃进村的林—牧—猪—鱼—沼气的荡滩生态系统；大丰县沿海滩涂养殖场的鱼—苇—草—牧生态系统；滨海县獐沟乡后尖村的农—桑—鱼—养生态系统；高邮县卸甲乡虎头村的种—养—桑的荡滩生态系统；如东县棉花原种场的棉—牧—禽—鱼—花—加工的复合生态系统等，都是因地制宜发挥沿海滩涂资源和里下河地区的荡滩资源优势而建立的良性循环生态模式，统称为沿海滩涂和荡滩资源开发利用中的湿地生态系统类型。该类型特点是按照自然生态规律和经济规律，因地制宜，充分发挥湿地资源优势，组建各种类型的生态结构，充分提高太阳能利用率，实现系统内的物质良性循环，使经济效益、生态效益和社会效益同步提高。

（九）　以庭院经济为主的院落生态系统类型

这是在中国最近几年迅速发展起来的一种生态农业技术类型，特别在农村改革开始以家庭承包为单位的经济形式发展以后，各种各样的专业户、个体户大量涌现，他们自觉或不自觉地运用生态学原理来规划、建设"小天地"，形成了中国生态农业建设中的一种新模式。这种模式的特点是以庭院经济为主，把居住环境和生产环境有机地结合起来，以达到充分利用每一寸土地资源和太阳辐射能，并用现代化的技术手段经营管理生产，以获得经济效益、生态效益和社会效益协调统一。这对充分利用每一寸土地资源和农村闲散劳动力，保护农村生态环境具有十分重要的意义。从宏观分析，以庭院经济为主的院落生态模式是整个国民经济发展的一个细胞，但只要正确引导，冲破小农经济束缚，这些细胞可以横向联合成为一定规模的经济实体。

例如北京市大兴区留民营村，在生态农业建设过程中形成的鸡（兔）—

猪—沼气—菜（花）的家庭循环系统就是很好的典型。实践证明，在一家一户的生产单元中，建立这样的小型循环系统不仅是可行的，而且是十分有利的，可以在不增加农户很大负担的基础上，产生较为明显的经济、生态和社会效益。

（十）多功能的农副工联合生态系统类型

生态系统通过完全的代谢过程——同化和异化，使物质流在系统内循环不息，这不仅保持了生物的再生不已，并通过一定的生物群落与无机环境的结构调节，使得各种成分相互协调，达到良性循环的稳定状态。这种结构与功能统一的原理，用于农村工农业生产布局，即形成了多功能的农副工联合生态系统，亦称城乡复合生态系统。这样的系统往往由4个子系统组成，即农业生产子系统、加工工业子系统、居民生活区子系统和植物群落调节子系统（见图7-5），它的最大特点是将种植业、养殖业和加工业有机地结合起来，组成一个多功能的整体。多功能农、副、工联合生态系统是当前中国生态农业建设中最重要，也是最多的一种技术类型，并已涌现出很多典型。

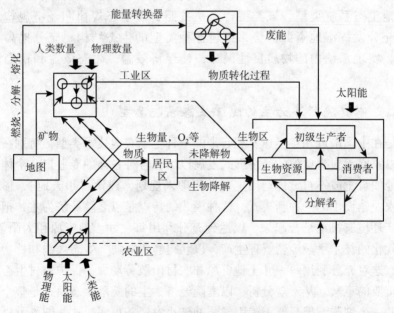

图7-5　多功能的农副工联合生产系统

三、生态农业建设案例研究

为了实现农村环境生态保护与经济的持续发展，探索新农村建设的经验，安徽省宣城市环境保护局选择郎溪县十字铺镇朱堂铺行政村作为试点，开展了生态农业建设的实践，取得了显著成效。

（一）朱堂铺村概况

安徽省宣城市郎溪县十字铺镇朱堂铺行政村位于郎溪县西南缘，北部和东北部与毕桥乡为邻，东部与广林铺行政村接壤，南部与欧林湾行政村交接，西部与大山脚行政村相连，西北部与宣州市洪林桥镇为邻，东距十字铺镇 6 公里，西距宣州市洪林桥镇 8 公里。318 国道老道从村域北部通过，318 国道新道从村域南部通过，宣杭铁路从村域南缘经过，交通十分方便。全村土地总面积 14179.59 亩（土地详查数，折合 948.31 公顷）。村域轮廓大体呈长方形，西北—东南延伸，东西宽约 2 公里，南北长约 5 公里。共有 12 个自然村、20 个村民组、476 户、1883 人、水田 2194 亩、旱地 1150 亩、收益茶园 840 亩、林地 1970 亩，是皖南地区一个普通而有代表性的一个行政村。

（二）朱堂铺生态农业建设总体构想

在充分认识和分析朱堂铺村自然条件现状的基础上，根据生态学原理、生态经济学规律和耗散结构理论，通过系统调控方案、措施和一系列生态农业工程的实施，即对系统输入负熵流，使系统熵值减少，系统有效性增加，达到资源的合理利用和永续利用，经济建设和环境保护协调发展，把朱堂铺建设成为一个稳定、高效、循环、再生，符合生态学原理和生态经济学规律的，具有一方特色的文明、富裕、精神与物质综合发展的现代化生态村。具体来说，就是把朱堂铺村建设成为一个绿色植被覆盖率最大，生态产量最高，光合产物的利用最合理，资源利用效率最高，经济效益最好，动态平衡最佳的完整的高效自然—经济—社会复合生态系统。实现"瓜果满园、茶叶飘香、畜禽满圈、繁花似锦、绿树成荫"的远景规划蓝图。

第一，根据自然和社会经济条件，调整优化种植业结构，以改善区域生态环境、提高太阳光能利用率，增加第一性生产力为目标，建立衔接紧凑、互益共生、高覆盖率的立体生物群落结构，合理利用自然资源，使系统尽可能多地提供次级生产的原料。

第二，以种植业为物质基础，部分依赖系统外输入，大力发展畜禽与水产养殖业，引进优良品种，实现科学放养，提高养殖业的规模效益。同时，加强养殖业系统内部之间的物质循环利用与多级利用、提高资源的利用率。

第三，在充分发展种植业、养殖业的基础上，积极发展农副产品的深加工工业，使资源得以加工增值，减少原料性产品向系统外的输出，提高系统的整体经济效益。

第四，充分利用当地的资源优势和市场优势，在防止环境污染和生态破坏的前提下，稳步发展高利润、低污染的工业企业，初步建立具有地方特色的工业体系，使得系统内多业协调发展。

第五，以沼气为纽带，实现种—养—加、工业企业一体化，使系统内资源得以最大限度的循环利用与综合利用，建立起不同类型、不同层次的生态住宅、生态农户、生态联户、生态种植与养殖场等，把朱堂铺村建设成为一个稳定、高效、循环、再生，符合生态学原理和生态经济学规律的综合性的现代生态村。

（三）朱堂铺生态村规划建设内容

1. 全面规划，建立整体协调的现代化生态村

（1）充分利用光热资源，调整并发展种植业。

第一，改变纯茶园群落结构，实行果茶间作。

根据生态学原理，按照植物的生态特性，在茶园适量配植果树，构成复合人工生态系统，使生物特性与生态环境特征相适应。果茶人工群落与纯茶园群落结构相比，可以提高土壤肥力，枯枝落叶参与土壤生物小循环过程，使土壤有机质增多，速效磷、钾以及微量元素含量增加，生物小循环速度加快，土壤的物理性状得以改善，增强保水保肥能力。同时，果茶间作形成良好的局地生态环境，改善微域小气候，近地层大气水热变化相对稳定，日变幅减小，能够促进茶树根系的生长和茶芽的萌发，有利于提高茶叶的产量和质量。另外，果茶间作的人工群落，由于果茶两种群占据了不同空间的生态位，抗御自然灾害的能力大大增强，病虫害的发生和发展得到抑制，从而使系统的抗逆性增强。

第二，充分利用空闲土地和疏林地，栽种饲料作物或豆科作物。

朱堂铺村现有空闲土地和疏林地 921.38 亩，利用不充分，土地资源和光热资源浪费较为严重，也使得区域生态环境质量下降。在建设生态村的过程中，必须全面改变这一现状，充分利用闲散土地和疏林地，大力推广豆科作物和饲料作物的种植。根据地力，错开季节，实行套种轮作制，配以高矮结合的立体结构，提高光能利用率，增加青饲料的产量，节省畜禽养殖业产品饲料的投资，降低养殖业成本，使整个系统的生态效益与经济效益得以同步增长。

第三，加强"四旁"绿化建设，改善区域生态环境。

建设生态村追求的是经济效益、社会效益和环境效益的统一，实现农村经济的持续发展。从本质上说，良好的环境效益就是最根本的经济效益和社会效益，要取得最佳的经济、社会效益，必须具备良好的环境效益，而加强环境绿化建设，是改善区域生态环境，取得最佳环境效益的有效手段。在朱堂铺生态村规划建设过程中，必须充分利用房前屋后、道路、沟渠、池塘、田间地头等闲散空地，大力植树造林，提高活立木蓄积量，把所有的空间都充分利用起来，并尽可能实现乔灌、林草结合，充分利用光能，提高经济效益和环境效益。

（2）加强畜禽水产养殖业集约化经营管理，提高规模经济效益。

第一，挖掘水面潜力，积极发展水产养殖业。

朱堂铺村目前畜禽、水产养殖业水平较低，经济效益不高。就水产养殖业来看，水面利用水平低，投放的品种单一、经营粗放，水面养殖大有潜力可挖。因此，在扩大青饲料种植和通过沼气发酵，有效利用畜禽粪料及副食渣水的前提下，调整放养鱼种的种群结构，增加草食和杂食鱼类的比重，发展名优特水产养殖，促进饲料的多级转化，形成多种物质循环利用的"以种促养"能量多级转换的立体网络结构。同时利用沼肥种青肥水养鱼、水面围栏育鸭，形成"种养结合"的生态渔业系统。

第二，提高畜禽养殖业规模经济效益。

畜禽养殖业是生态村系统建设中的重要一环，目前，朱堂铺村畜禽养殖业水平低，没有形成规模化、集约化生产。在生态村建设过程中，应根据当地的经济与市场条件，考虑进行集约化生产，兴建村级畜禽养殖业基地。在畜禽养殖业建设中，应着力做好优良畜禽品种的引进和繁殖工作，做好疫病防治，开拓销售市场。同时，特别要注意资源的多级循环利用，扩大养殖规模，取得畜禽养殖业集约化经营的规模经济效益。

第三，利用畜禽养殖业废弃物发展食用菌生产。

利用畜禽粪料、副食渣水等废弃物作为再生饲料，通过沼气池发酵后，沼渣及部分作物秸秆作为培养基，发展食用菌生产。同时培养基的残渣可以养蚯蚓，蚯蚓以及培养基残渣分别可以作为畜禽养殖业的精饲料和渣饲料供应，形成养殖业内部物质的循环利用，增加系统的总产出量，提高养殖业的整体经济效益。

（3）科学经营，积极稳步发展村办工副业。

第一，调整产业结构，大力发展农副产品的深加工工业。

朱堂铺村现有的工副业基础十分薄弱。在生态村建设过程中，应大力发展、充分利用当地的资源优势与市场优势，发展农副产品的深加工业。在工业发展项目的选择上，可以配合种植业的结构调整，养殖业的规模经营，逐步改善和发展茶叶精制厂、饲料加工厂、豆制品厂、肉类加工厂、罐头食品厂等农副产品的深加工业，使资源就地加工增值，提高综合经济效益。

第二，根据资源与技术条件，稳步发展村办工业企业。

根据当地的资源条件和技术经济基础，在不污染环境、不破坏区域生态平衡的前提下，因地制宜、稳步发展工业企业，尤其注意发展适应市场、技术水平高、环境污染小、高附加值的高新技术工业项目，鼓励合资合作经营，努力使村办工业企业上一个台阶。

（4）发展庭院经济，建立不同类型的生态户。

第一，依托大田生态系统，积极发展庭院商品生产。

依托大田生态系统，充分利用庭院的土地资源和空闲劳力资源，因地制宜，多种经营；利用空间，多层经营；巧用空间，适时经营；巧用食物链，多次增值。以商品生产为目的，灵活多样地进行庭院园艺、庭院养殖、庭院种植、庭院加工的综合经营，在改善农村居住环境的同时，提高经济收入。

第二，因地制宜，建立不同类型的生态户。

根据不同的庭院条件，建立不同类型的生态户。以种植业为基础，以养殖业为主导，以加工业为延伸，以沼气为纽带的庭院生态经济系统。或以种植业为主，或以养殖业为主，或以加工业为主的综合型庭院经营模式。

（5）控制人口增长，提高人口素质，建设现代化的生态村。

建设生态村离不开一批高素质、懂技术、会经营的各类专业人才。因此控制人口数量，提高人口素质，普及生态农业技术，是生态村建设的一项重要内容。目前，应以村党员干部为骨干，组织一批文化水平较高，生态农业兴趣较浓的人员成立一支技术骨干队伍，采取"派出去，请进来"的形式，学习有关生态农业技术知识，培养各类专业人才。同时，根据生态村建设规划要求，科学地安排工副业场地，合理布局水、电、路等公用设施，完善文化、教育、医疗、卫生等公共福利实施，美化居住环境。本着"有利生产、方便生活、合理布局、节约土地"的原则，实现"农田、道路、沟渠林网化，村庄住宅园林化"，逐步把朱堂铺村建设成为现代化的生态村。

2. 不同类型、不同层次生态经济系统工程模式的设计

（1）人工复合生态系统模式。

第一，果茶间作的人工群落。

根据朱堂铺村目前的茶园现状，选择一部分便于管理和操作的茶园，建立果茶间作的人工群落试验区，以便探索经营管理经验，逐步推广。在果茶间作人工群落试验区建设过程中，要对选择间作的果树品种进行科学的分析和研究，选择上最好种植一些抗病虫害能力强，不依赖农药的果木，如银杏、白果等。另外，积极采取生物措施进行病虫害的防治。例如在果茶园养蜂提高果树授粉率等措施，使果茶间作的人工生态系统，既发挥了它的环境生态效益，又取得了良好的经济效益。

第二，林（粮）草间作的人工群落。

结合朱堂铺村目前疏林地的改造，全面推广林草间作或果草间作的人工群落建设，提高光能利用率，改善区域生态环境。在林果业树种的选择上，既要考虑生态效益，又要考虑经济效益，种植一些速生丰产的经济林和用材林木。在牧草品种选择上，要注意与畜禽养殖业的联系，种植一些可作为畜禽青饲或林果园绿肥的草本植物。既为发展畜禽养殖业提供了优质的青饲料，节省了商品精料，降低了成本，提高经济效益，又能覆盖地面，改良土壤环境，减轻水土流失，同时还为林果树提供大量的绿肥和生物氮源，增加了林果的产量和质量。

第三，渔业、水生植物种植复合系统模式。

利用朱堂铺村目前的水面，大力发展渔业—水生饲料植物种植复合系统。把沼气肥水引入养鱼塘，在鱼塘中放养水葫芦、细绿藻等水生饲料作物，利用鱼类和水生植物对水中养分不同的吸收富集能力，充分利用光能资源，获得系统的最大产出。同时也为畜禽养殖业提供了大量优质的水生饲料。尤其是细绿藻，鲜萍含粗蛋白1.5%左右，适口性好，饲喂方便，含有多种微量元素，能增强仔猪的食欲和抗病能力，是一种畜禽养殖的优质青绿饲料。

（2）系统循环综合利用模式。

第一，以茶园为依托，建立林（果）茶、畜禽、加工一体化综合利用模式。

以茶园为依托，积极发展林果业，改善自然生态环境，创造适宜茶树生长的小环境，提高茶叶的产量和质量。新鲜茶叶收获后加工销售，资金支持种植业，发展麦类、山芋、豆类作物的生产。种植业的发展又为畜禽业的发展提供了部分饲料，畜禽业厩肥部分壅地施茶，形成了林（果）茶、畜禽养殖加工一体化的循环综合利用模式。如图7-6所示。

第二，以沼气为纽带，建立生态养殖场。

结合朱堂铺村畜禽养殖业规模经营生产规划，综合经营，全面发展农、畜、渔、果茶及加工生产，控制饲料潜力，扩大饲料来源，增加畜禽业产量。同时，畜禽粪料作为饲料多级利用，通过沼气池发酵，净化利用，减轻环境污染。形成以畜禽业为核心，以林果茶业为依托，牧草（青饲）为桥梁，以沼气为纽带，以加工贮藏求增值的生态模式。这种生态模式，林（果）茶草共生互利，以草粮养畜，以畜促林（果）茶粮，畜肥制沼气和还田肥地，形成良性的生物链和食物链，达到提高系统内的能量转化率和物质再利用率，实现能流、物流合理循环的目的，如图7-7所示。

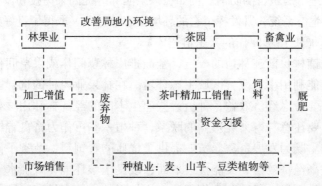

图7-6　林（果）茶、畜禽、加工一体化循环综合利用模式图

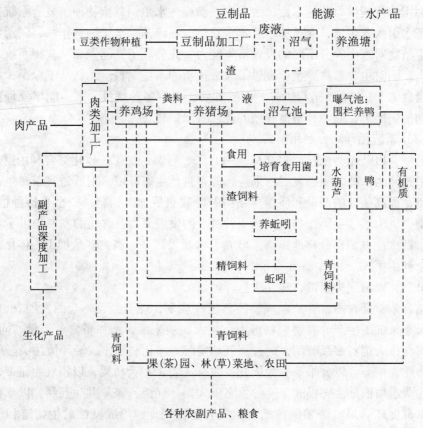

图7-7　生态养殖场系统循环综合利用模式图

（3）沿加工链增值系统模式。

第一，茶叶加工增值模式。

茶叶生产是本区的传统优势项目，具有一定的经营管理能力和市场销售渠道。目前，应进一步经营并扩大茶叶生产，在提高茶叶产量的同时，努力提高茶叶的质量，充分重视茶叶的加工增值，进行茶叶的精加工，提高高档优质茶叶的比重，并利用和借助附近国营茶场的销售渠道，努力打开国内外市场，以取得更好的经济效益。其经营模式为：

茶园——鲜茶——初加工——精加工——包装销售

第二，水果加工增值模式。

利用茶园种植林果树，一方面提高了土壤肥力，枯枝落叶参与茶园生物小循环过程，使土壤有机质增多，速效养分级微量元素含量增加，同时利于保水、保肥，形成良好的茶园小气候环境，提高茶叶的产量和质量；另一方面，茶园间植果树，充分利用了光热资源，生产出大量的新鲜水果产品，在此基础上，可以兴建水果罐头加工厂，进行深加工增值，使经济效益更进一步地提高。其经营模式为：

果（茶）园——鲜果——水果罐头加工——市场销售

第三，屠宰肉类加工副产品加工增值模式。

朱堂铺村畜禽养殖业实现规模化经营以后，屠宰和肉类加工工业必将发展到一定的规模，由此产生大量的屠宰加工副产品，如毛、血、骨、内脏等。利用这些肉类加工厂的副产品，采用高科技技术，进行深度的加工增值、如提取生物制品、药品等，可以更加显著地提高经济效益，其经营模式为：

屠宰、肉类加工——副产品：如毛、血、骨、内脏等——提取

生物素——药品、生化产品——销售

（4）不同类型庭院经济模式的设计。

从朱堂铺村的实际条件出发，近期内可以建立以下不同类型的庭院生态模式。

第一，庭院种植业生态模式。

朱堂铺村种植业历史悠久，基础较好，自然条件优越，适宜多种植物生长，因此，以种植业为主发展庭院经济具有较大的潜力。在庭院种植品种的选择上，要考虑以下几方面的条件：①有一定的种植经验和技术；②具有较高的经济效益且适宜于本地生长；③加工方便，能为养殖业提供饲料；④能美化优化庭院环境。这些品种如：柑橘、桃、李、杏、枣、梨、石榴、板栗、葡萄、草酶、茶叶、食用菌、水杉、柏树、毛竹、雪松以及马铃薯、各种蔬菜、药材、花卉等。

　　这种庭院种植业结构模式，主要是选择适当的种群，在平面和垂直方向上进行组合，采取间种套作等耕作方式，以提高单位面积的生产率。

　　第二，庭院养殖业生态模式。

　　养殖业在农户家庭经济收入中往往起着重要的作用。在饲料充足、技术具备的条件下应该大力加以发展。庭院养殖可以分为畜禽养殖和水产养殖两类，庭院畜禽养殖的品种，除选择传统的鸡、鸭、鹅、猪以外，还应充分利用当地的饲料资源和技术力量，选择配套饲养鸽、蜂、貂、鹌、羊、长毛兔等具有较高的经济价值的畜禽。在庭院条件适宜的情况下，可开辟鱼池进行水产养殖，如选择不同生态习性的水产品，如鲢、鳙、鲤、黄鳝、泥鳅、螃蟹等进行养殖。提高单位水面的生产量。

　　第三，庭院种植、养殖、加工综合生态模式。

　　选择一些庭院面积较大，条件具备的农户，发展庭院种植、养殖、加工相结合庭院生态模式，在庭院种植与养殖的基础上，兴办农副产品的加工工业，如豆腐坊、油坊、粉丝厂、各类食品加工厂等，对庭院种植业和大田种植业的农产品进行加工，利用人畜粪料及青饲废料通过池发酵，再利用沼气、沼渣、沼液进行养殖、加工、种植业的闭路循环，加速庭院范围内的能量流动和物质循环，实现能量和物质的多级和循环利用，提高庭院综合经济效益。

3. 因地制宜，稳步发展工业企业

　　（1）工业企业在生态村建设中的地位与作用。

　　第一，工业企业是生态经济系统工程中的一个重要环节。

　　生态村的基本属性是"整体、协调、循环、再生"，它是一个完整的生态经济系统。因此在生态村建设过程中，必须对系统各要素进行多目标综合规划，合理调整产业结构，使整个系统能流、物流、信息流更合理，而工业企业是生态经济系统工程中的一个重要环节，通过对生态村总系统中工业企业子系统的建设，可以加快信息流通，紧密联系市场，促进整个生态村建设总体水平的提高。由此可见，根据当地的资源与技术经济，大力发展工业企业也是生态村建设的重要内容。

　　第二，工业企业的发展能为生态村建设提供强有力资金支持。

　　生态村建设必须根据生态经济系统运行状态和市场前景，进行合理的资金投入，以获取系统持续的高产出。而大量长期的资金投入全部依赖系统外的输入是很难有保障的。因此，必须在系统内部，依靠自力更生多方筹措、积累资金。发展工业企业，就是自力更生积累资金的主要渠道，通过对本村工业企业的支持与发展，尤其是技术含量高、市场前景好、高附加值的工业企业的发展，能够为生

态村建设提供强有力的资金保障，使得生态经济系统能够得以循环与发展，取得持续稳定的经济效益、社会效益和环境效益。

（2）配合生态经济工程实施，积极发展农副产品的深加工工业。

根据朱堂铺村生态建设规划，在种植业、养殖业全面发展的基础上，重点建设与初级生产和次级生产相联系的加工业，变原料产品输出为加工产品输出，实现资源的加工增值。近期内主要以提高制茶厂的工艺技术水平为突破口，进行茶叶的精加工，提高高档茶叶的比重。同时，配合本村种植业结构的调整和养殖业规模经营，新建饲料加工厂，在保证本村饲料加工和使用的前提下，也可以配合生态经济工程的实施，新建屠宰场、肉类联合加工厂、豆制品厂和罐头食品厂等。使得本地的种植业、养殖业和加工业紧密联系，实现农产品的就地转化和加工增值。

（3）根据市场前景、资源与技术经济条件，稳步发展建材、五金装潢、工艺品制作、玩具制造等工业。

在市场调研与预测的基础上，结合本地区级邻近地区的资源与技术经济条件，有选择性地稳步发展建材、五金装潢、工艺品制作、玩具制造等工业部门。近期内主要是选好一两个工业项目，采取联营、合资合作等方式，吸引外地企业家来本地投资建厂，充分利用本地的交通区位优势，发展外向型的工业企业。远期内逐步新上一批市场前景好、技术起点高、环境污染小的工业企业，引进先进的技术装备，发展高新技术支持的五金装潢、电子仪器、高级玩具等工业部门，使朱堂铺村工业企业的发展达到一个相当高的水平。

第八章

工业与发展

人类社会已经历了数千年的发展，在漫长的社会发展进程中，人类在发展经济方面取得了辉煌的成就，特别是在近现代工业社会，人类更以自然的征服者自居，认为可以通过高新科技任意摆布自然，尤其是以资源消耗性技术为基础的传统工业的发展，更是建立在对自然环境的漠视和对自然资源的超前挖掘的基础上，它把潜在的人与自然的对立推向了极点。以蒸汽机为标志的工业革命，在为人类带来巨大财富与物质的同时，也导致了人与自然的对立，导致了全球性生态危机的出现。

工业生态化概念的提出源于对资源环境保护和经济社会发展之间关系的重新定位和对传统不可持续发展工业化模式的反思与变革，它随着工业化理论的成熟、人类认识能力的提高，以及社会的现实需要的发展而产生和发展。首先，工业化是一种结果和目标，工业化社会不仅有着发达的经济水平、高素质的人群和合理、高效、持续发展的工业体系，同时还应具备良好的生态环境；其次，工业生态化也是一种过程，即在工业化的进程同时也是生态理念的贯彻、生态工程技术的广泛应用和推广以及生态环境的保护和建设进程。工业生态化的本质是全过程生态化，将生态工业园区的概念加以延伸，向前延伸到绿色原料、能源及工业无视环境的构建；向后延伸到消费领域，通过生态营销塑造企业的理念与形象、培育企业的品牌、传播企业文化、倡导绿色消费。

第一节 工业活动的环境影响

1930 年 12 月 1～15 日，整个比利时大雾笼罩，气候反常。由于特殊的地理位置，马斯河谷上空出现了很强的逆温层。逆转层会抑制烟雾的升腾，使大气中烟尘积存不散，在逆转层下积蓄起来，无法对流交换，造成大气污染现象。在这种逆温层和大雾的作用下，马斯河谷工业区内 13 个工厂排放的大量烟雾弥漫在河谷上空无法扩散，有害气体在大气层中越积越厚，其积存量接近危害健康的极限。第三天开始，在 SO_2 和其他几种有害气体以及粉尘污染的综合作用下，河谷工业区有上千人发生呼吸道疾病，一个星期内就有 60 多人死亡，是同期正常死亡人数的十多倍，许多家畜也未能幸免于难，纷纷死去。这次事件曾轰动一时，虽然日后类似这样的烟雾污染事件在世界很多地方都发生过，但马斯河谷烟雾事件却是 20 世纪最早记录下的大气污染惨案。

（引自阎伍玖：《环境地理学》，中国环境科学出版社 2003 年版）

一、工业活动的生态环境影响

18 世纪兴起的工业革命，曾经给人类带来希望和欣喜，因为工业化的兴起，城市化的发展，科学技术的进步，使人类的生活水平大为提高，例如，人口的死亡率不断下降，平均预期寿命不断提高，更多的人享受到城市生活的便利，更多的儿童能够进入学校接受更多的教育，等等。诚然，人类发展又一次摆脱了"黑暗的中世纪"的阴影，人类文明又进入一个前所未有的高度。然而，工业革命给人类带来的不仅仅是欣喜，还有诸多意想不到的后果，甚至埋下了人类生存和发展的潜在威胁。

当人类还在陶醉在工业革命的伟大胜利时，生态破坏和污染问题已经加速发展，特别是污染问题，随着工业化的不断深入而急剧蔓延，终于形成了大面积乃至全球性公害。西方国家首先步入工业化进程，最早享受到工业化带来的繁荣，也最早品尝到工业化带来的苦果。在工业发达国家，20 世纪 50~60 年代开始，"公害事件"层出不穷，导致成千上万人生病，甚至有不少人在"公害事件"中丧生。其中，有 8 起事件引人注目，被称为"世界八大公害事件"，从中，我们可以窥见工业革命后环境问题的严重性。这 8 起公害事件是："马斯河谷事件"、"多诺拉事件"、"伦敦烟雾事件"、"光化学烟雾事件"、"四日事件"、"水俣事件"、"富山事件"、"米糠油事件"（见表 8-1），其中有 5 起事件由大气污染引起，2 起事件由水污染引起；8 次事件中有 4 次发生在日本。

表 8-1　　　　　　　　　　　　　　八大公害事件

名称	马斯河谷事件	多诺拉事件	伦敦烟雾事件	四日事件
时间	1930 年	1948 年	1952 年	1967 年
地点	比利时马斯河谷	美国多诺拉镇	英国伦敦	日本东部沿海四日市

续表

名称	马斯河谷事件	多诺拉事件	伦敦烟雾事件	四日事件
污染物	工业有害气体和粉尘	SO_2、金属元素及螯合物	尘粒、SO_2	含 SO_2、金属粉尘的废气
危害	一周内 60 多人死亡,还有许多家畜死亡	全镇 43% 的人口相继发病,其中 17 人死亡	多人患起呼吸系统病,并有 4000 多人相继死亡	许多居民患上呼吸系统疾病死亡

名称	水俣事件	富山事件	光化学烟雾事件	米糠油事件
时间	1950 年	1963 年	1936 年	1968 年
地点	日本九州南部水俣市	日本富山平原的神通川	美国洛杉矶	日本九州爱知县
污染物	甲基汞化合物	镉	光化学烟雾	多氯联苯
危害	水俣湾因排入大量甲基汞化合物,在鱼的体内积累,人食用了被污染的鱼类而中毒	含镉的水用来灌溉农田,使稻米含镉。人因食用含镉的大米和含镉的水而中毒。1963 年至 1968 年 5 月,确诊患者 258 人,死亡人数达 128 人	烟雾刺激人的眼、喉、鼻,引发眼病、喉头炎和头痛等症状,致使当地死亡率增高,同时,又使远在百里之外的柑橘减产,松树枯萎	在生产米糠油过程中,由于生产失误,米糠油中混入了多氯联苯,致使 1400 多人中毒,4 个月后,中毒者增至 5000 余人,并有 16 人死亡

　　近些年来在不少发展中国家(地区),也出现了与发达国家(地区)过去类似的情况。人们虽然从工业化中得到了一些物质利益,但是却破坏了大量宝贵的自然资源和人类赖以生存的环境,使发展中国家面临发展与环境的双重压力。目前,在发展中国家,有许多人连基本的衣食需要也难以满足,每年因为疾病、饥饿而死亡的人数多得难以计数。

　　污染问题之所以在工业社会迅速发展,甚至形成公害,与工业社会的生产方式、生活方式等有着直接的关系。

　　首先,工业社会是建立在大量消耗能源,尤其是化石燃料基础上的。在工业革命初期,工业能源主要是煤,直到 19 世纪 70 年代以后,石油作为能源才开始进入工业生产体系中,使工业能源结构发生了变化。在最近几十年,新的能源如水能、核能等不断得到开发利用。但是,一直到今天,工业社会的能源依然以不可再生能源为主,特别是煤和石油。随着工业的发展,能源消耗量急剧增加,并很快就带来了一系列人类始料不及的问题。例如,英国在 19 世纪 30 年代完成了产业革命,建立了包括钢铁、化工、冶金、纺织等在内的工业体系,使煤的生产量、消耗量突飞猛增,从 500 万~600 万吨上升到 3000 万吨,由此带来的污染问题也随之突出。在 19 世纪末,英国伦敦就曾发生过 3 次由于燃煤造成的毒雾事件,据称死亡人数共计达到 1800 多人。

其次，工业产品的原料构成主要是自然资源，特别是矿产资源。工业规模的扩大，伴随着采矿量的直线上升，例如，日本足尾铜矿采掘量在 1877 年只有不足 39 吨，10 年后，猛增到 2515 吨，翻了 60 多倍。大规模的开发与生产，引起了一系列环境问题。

再次，环境污染还与工业社会的生活方式，尤其是消费方式有直接关系。在工业社会，人们不再仅仅满足于生理上的基本需要——温饱，更高层次的享受成为工业社会发展的动力。于是，汽车等高档消费品进入了社会和家庭，由此引起的环境污染问题日益显著。

最后，环境污染的产生与发展还与人类对自然的认识水平和技术能力直接相关。在工业社会，特别是工业社会初期，人们对环境问题缺乏认识，在生产生活过程中常忽视环境问题的产生和存在，结果导致环境问题越来越严重。当环境污染发展到相当严重并引起人们重视时，也常常由于技术能力不足而无法解决。

二、传统工业发展模式的反思

城市化的发展是伴随着工业化的进程而发展的，城市环境问题历来与工业化密不可分。工业化历程已经表明，在所有影响城市环境的因素中，工业对环境的作用最为直接和重大：一是表现在工业生产过程的环境污染，如"三废"的排放；二是表现在工业产品可能对环境不利，如不可降解的农用塑料薄膜；三是表现在工业发展中大规模开发资源，客观上冲击了生态环境。

工业本身具有两重性，一是它的社会属性，二是它的自然属性。工业的社会属性，是工业生产过程具有在经济上实现价值增值的属性，即通过把原材料加工成产品，以产品实现价值而取得经济效益；工业的自然属性，则在于工业生产过程所需要的原材料、能源等均来自自然生态环境，而工业产生的"三废"通常又回归于自然生态环境，工业生产离不开自然生态环境的依托，自然生态环境是工业存在的基础条件。

我们过去看重的是工业的社会属性，即工业实现经济价值增值的属性，对经济效益的片面追求，使人类忽视了工业赖以存在的自然属性，将自然视为取之不尽的"供奉者"和丢弃工业"三废"的"垃圾桶"。一味陶醉于工业革命所带给人类的巨大物质成果。然而这种不计环境成本的工业生产方式，在帮助人类摄取物质财富并使经济发展获得突飞猛进的同时，也必然会成为中止人类前进步伐、甚至可能摧毁人类社会文明的利器。确切地说，工业的根本存在是由工业的自然属性决定的，失去了原料的工业生产将成为"无米之炊"。

一系列的环境危机告诉人们，传统工业发展模式已难以为继，迫使人们对工业化历程中传统的"高投入、高消耗、高污染"的工业发展模式进行深刻的反思。在现实的选择中，人们并不希望限制或放弃工业发展，抛弃工业化成果来谋求危机的解除。事实上，全球日益增加的人口及其对物质资料需求的刚性增长说明，这种想法也是行不通的。

因此，人们希望在创造和享受工业文明成果的同时，最大限度地减轻它的负面影响，从而达到持久地实现福利增长和人与自然的和谐相处。在这种思想指导下，经济学家和工业界对工业的发展模式进行了大量的探索。

三、工业可持续发展与生态化

1947 年，联合国环境与发展委员会出版的《我们共同的未来》最早提出了可持续发展的定义："既满足当代人的需求又不危及后代人满足其需求的发展"，其实质是在发展过程中精心维护人类生存与发展的可持续性，它体现了人类与客观物质世界的相互关系，可持续发展的目的是为了不断改善人们的生活质量，更充分地满足当代和后代人的需求，促进社会文明的进步。1992 年 2 月联合国环境与发展大会在巴西里约热内卢召开，会议通过了《里约热内卢环境与发展宣言》、《21 世纪议程》等文件，标志着世界各国已普遍地认识到人类的发展必须系统地研究和解决人口、经济、社会、资源、环境等综合协调与发展的问题，国际关注的热点已由单纯重视环境保护问题转移到环境与发展的主题。《中国 21 世纪议程——中国 21 世纪人口、环境与发展白皮书》开篇序言中也指出："走可持续发展之路是中国在未来和 21 世纪发展的自身需要和必然选择"，作为国家战略，它提出的可持续发展战略是坚持以经济建设为中心，从人口、经济、社会、资源和环境相互协调中带动人口、资源和环境问题的解决，逐步将高投入、高消耗、低产出和低效益的发展模式转变为资源节约型的发展模式，同时通过生产模式和生活方式的改变，重新确立人与自然和谐共处的关系，推动和建立新的社会文明。

工业可持续发展与工业生态化之间存在着内在的本质联系，工业生态化的实施途径主要是通过政府的宏观调控和公众参与，利用先进的现代科学技术手段实现经济、社会的协调可持续发展，最终达到工业可持续发展的目的。关于工业生态化和工业可持续发展的关系，可以归纳为以下三个方面。

（一）工业可持续发展与生态化之间的共同点

工业生态化与工业可持续发展之间本身存在着共同的方面，主要表现为两个方面：一方面是，工业生态化与可持续发展追求的终极目标是一致的，都是为了创造一个经济发达、社会公正、环境优美、人口高素质的具有强可持续性发展的社会，实现经济效益、生态效益、社会效益三者的统一；另一方面是，工业生态化与工业可持续发展的实现途径是一致的，都是在政府的宏观控制和公众的广泛参与下，通过利用高新技术促进经济社会和生态的协调发展来实现的。

（二）工业可持续发展与生态化之间的联系

工业生态化与可持续发展之间的联系，主要表现在两个方面：一方面是工业生态化是可持续发展的保障，可持续发展是工业生态化的实施途径。工业生态化的实施有利于实现人类社会的可持续发展，经济、社会、生态的协调发展是实现工业生态化的必由之路，工业生态化表现为生态发展、工业经济、社会效益三者的统一与协调；另一方面是工业生态化与可持续发展是局部与整体的关系，工业生态化是人类社会实现可持续发展的阶段性目标，是可持续发展战略在一定历史阶段的具体体现，实现工业生态化的最终目标是要实现人类社会的可持续发展。

（三）工业可持续发展与生态化之间的区别

工业生态化与可持续发展的区别：首先，工业生态化与工业可持续发展的侧重点不同，工业生态化是指生态化条件下的工业化，它强调的是经济落后国家在工业化进程中的生态考虑和发达国家的生态重建，其立足点仍是工业化，只是工业化的模式和类型跟以往相比更注重生态平衡与类型发展的持续性、协调性和公正性。其次，工业生态化与可持续发展的理论层次不同。工业生态化理论对世界的工业化进程和各国的工业化建设具有战略性的指导意义，其指导虽然是多方位的和长期的，但却是微观的；而可持续发展理论对各国社会经济发展建设具有普遍的指导意义，并且这种指导是全方位的和开放式的，也是长久性的，在时间和空间的涵盖范围上比工业生态化理论更为广泛。因此可持续发展比工业生态化有着更高的理论地位。最后，工业生态化与可持续发展的衡量方法不同，从理论上讲，工业生态化可以通过一些量化的指标加以衡量，具有较强的可操作性；而可持续发展是人类追求的终极目标，对它的衡量只能从可持续发展的能力和水平进行度量。

四、中国工业生态化问题

（一）工业生态化——中国工业化的必然选择

变革传统工业发展模式，建立生态与经济相协调的生态经济效益型现代工业发展模式，既是历史的必然，更是现实的呼唤。这样是说，我们工业发展的严峻现实迫切要求我们必须重构与现代市场经济相适应的现代工业发展模式。

20 世纪 80 年代以来，随着中国经济改革的进程，工业发展战略发生了重大转变，这在客观上要求推进工业发展模式的转变。可是，现实总不尽如人意，这种转换的进程十分艰难，它突出表现在：在工业生产建设中，片面地追求产值产量，不讲质量、品种；盲目追求高速增长，只管自己能够生产什么，不管产品销路和市场需求；只着眼于扩大生产规模，不讲求优化经济结构；只顾争投资、铺摊子、上项目，不顾国力、财力、物力能否承受；只讲经济效益，不管生态效益，这个项目能获得就上，管它生态破坏不破坏，怎么排污对自己单位有利就怎么排，管它环境污染不污染，等等。所有这些，就使工业发展基本上是继续沿用多年来在产品经济思想指导下的传统计划经济体制所形成的传统的工业发展模式。因而，目前中国工业生产建设普遍存在着生产消耗高、产品质量低、建设消费大、生态环境破坏严重等问题，极大困扰着中国社会主义市场经济的运行和发展。

现实的情况表明，就目前工业发展的总体而言，传统工业发展模式仍处于主导地位，工业经济增长还是主要依靠资源、资金和劳动力的大量投入与消耗，在低技术水平、结构水平和管理水平的基础上，不得不消耗高于发达国家几倍的资源、能源来维持落后的工业发展模式和庞大的国民经济体系。

据世界银行的分析计算，20 世纪 90 年代初，世界工业单位产品所需原材料量只有 80 年代初的 40%，而且这种情况还有加快的趋势。所以，在发达国家（地区），传统的工业发展模式正在从人们的观念中和实际发展中逐渐淘汰；而中国工业发展却仍是"吃"得多、转化少、"拉"得多，其结果是符合社会需要的优质产品少，返回自然的废弃物多，变成污染源，导致生态恶化。这就是说，目前中国工业发展的经济效率低、生态经济效益差的状况并没有根本改变。随着社会主义市场经济的发展，现代工业企业制度的建立，应当说现在到了应该彻底醒悟的时候了，应该把工业发展的重点转到推进工业发展的模式上来了。

历史和现实都表明，中国工业发展已经被它的传统模式逼进了一个必须作出历史抉择的重要关头，是坚持传统工业发展模式，继续采取以高投入、高消耗、高污染来支撑工业高速增长，还是采取技术进步、优化结构、节约能源、保护生态环境的可持续性工业发展模式呢？这是摆在我们面前的两种选择，是关系工业发展的两种命运问题。既然传统工业发展模式已难以为继，就应当认真地吸取历史的教训和清醒地正视现实的困难，在建设现代市场经济体制的过程中，推进工业发展模式的转换，建立生态与经济相协调的生态经济效益型工业发展模式，即生态与经济相协调的、可持续性的生态工业模式，这是一种现代工业发展的最佳模式。生态工业是一种现代工业的生产方式，这种模式与传统模式最显著的区别，就是它力求把工业生产过程纳入生物圈的物质循环系统，把生态环境优化作为发展的重要内容，作为衡量工业发展的质量、水平和程序的基本标志纳入其工业发展过程中，实现工业发展的生态化。所以，发展生态工业，是工业现代化建设从单纯注重工业经济增长到注重工业经济社会全面发展的一个重要的里程碑，是实现中国工业发展战略和发展模式的根本转变，是一种可持续发展的工业发展模式。

（二）中国工业生态化面临的问题

工业生态化，作为工业层面的循环经济，在中国还处于起步阶段，全国各地区正在积极开展工业生态化实践。但从总体上来看，中国工业的生态化发展仍然存在一些问题和不足。

1. 相关的法律法规体系尚不健全

中国在推进工业生态化方面，虽然已经制定了一些法律法规，如《环境保护法》、《海洋环境保护法》、《固体废物污染环境保护法》及《环境噪声污染防止条例》等，但从总体上来看，中国在促进工业生态化发展以及资源节约和综合利用方面的法规建设仍然是薄弱环节，不能适应工业生态化发展的要求。

第一，还没有形成工业生态化发展的法律体系框架，法规不完善，仍有不少法律上的空白需要填补。

第二，立法质量有待于提高。从目前的实际情况来看，中国关于工业生态化的立法思路并不是很清晰，已有的一些法规也比较笼统，可操作性不够强，有些相关法律之间还存在着不够协调等问题。

第三，中国有关法律的修改工作跟不上实际需要。工业生态化与传统环保的末端治理有着根本的不同。而现行有关的环保法律中的一些制度，由于其着力点是末端治理，早已不能适应新形势下全过程污染控制和工业生态化发展的现实需要。因此，需要在适当的时机进行修改。

2. 政策措施不配套，执法力度有待提高

除了相关的法律法规体系不完善，中国在制度建设上还存在一个更大的问题，就是有关的配套措施不到位。法律公布后立即制定实施条例或者实施细则是十分重要的，而中国在工业生态化方面存在实施细则和法律不配套的问题，从而导致已有法规政策的指导性不强，监管力度和执法力度不强。这就使一些企业形成了可有可无的思想观念，在减少工业环境影响方面尽量少投入，十分不利于工业生态化的推进。

3. 相关的科学技术水平和应用水平还比较落后

工业生态化发展要以技术作为支撑，虽然目前在提高资源利用效率的某些技术上取得了一些突破，但总体上，中国在工业生态化领域的科技水平和应用水平还比较落后，与发达国家存在较大的差距，尚未形成与中国国情相适应的工业生态化科学理论和技术支撑体系。目前中国工业生态化的研究已落后于实践，这成为工业生态化发展的一大障碍。

4. 企业的认识不足

从目前状况来看，许多企业采取环保措施实际上是一种被动的选择，这是由于企业受到以下因素的制约：

（1）经营思想落后，环境意识薄弱。目前，中国经济市场化程度仍比较低，许多企业的经营思想仍处于以推销观念为主，同时某些企业开始向市场营销观念转变的阶段，极少有企业以社会营销观念为指导，企业在追求自身利益的过程中往往忽视了对生态环境造成的影响。

（2）对生态工业投资力不从心。开发环保产品，进行"生态化"的生产，往往需要采取高新技术和较大的投资额，中小企业一般是无力承担或不愿承担。对企业领导来讲，提高经济效益、保证企业生存比保护生态环境更具有迫切性和现实性。企业缺乏内在动力和外在压力来搞好生态工业，实施"绿色营销"。

5. 消费者的绿色消费需求不足

生态工业生产的是绿色产品，绿色产品价格一般要高于非绿色产品，原因之一是绿色产品质量高于非绿色产品，使用时不会对人体和环境造成危害；原因之二是企业在生产过程中无法像生产非绿色产品一样以成本最小化原则进行资源配置，而是要充分考虑环境因素，价格中就包含了环境使用费用，因此价格要高于非绿色产品。据国外研究表明，绿色产品比非绿色产品价格要高出20%～200%。发达国家由于经济水平较高，居民环保意识较强，宁愿多花钱购买那些设计、生产和消费过程中不会损害环境和健康的绿色产品，而中国居民的消费水平仍较低，许多地方刚解决温饱问题。因此，从总体上对绿色产品的消费能力显得薄弱。中国国民的环保意识淡薄，也是绿色消费受到抑制的另一原因。调查表明，76.4%的人知道环境保护，23.6%的人对此一无所知；在农村，不知道环境保护的比例高达40.4%。进一步分析表明，公众对环保了解的层次很低，对有关环保的常识了解不多。此外，市场上假冒伪劣绿色产品的存在，使消费者对绿色产品的质量产生怀疑，高的绿色产品消费风险预期也抑制了绿色产品的消费需求。

第二节 工业生态学理论

1989 年，通用汽车公司首席研究员物理学家弗罗施（Frosch）和他的同事伽罗珀罗（Gallopoulos）向《科学美国人》（*Scientific American*）的"管理行星地球"专栏提交了一篇关于制造业战略的文章。在这篇文章中他们使用了工业生态系统的概念，提出应对不同的工业过程进行综合研究，使"废物"在工业过程间流通，达到循环利用的目的，从而减少工业对环境的影响。"工业生态学"一词立即引起了工业界和学术界的注意。

1991 年，贝尔实验室在美国国家科学院组织了一次工业生态学研讨会，与会的有各学科的专家学者，他们从多种角度对 IE 进行了解释，并首次引入了经济学观点。1992 年美国全球研究计划召集了 50 位研究员对 IE 进行了为期 2 周的暑期研究（Summer Institute）。这次会议显著加深了工业生态学的研究程度，并开始对工业过程中的物流、能流和政府的污染预防政策进行综合研究。这次会议提交的论文为工业生态学的系统研究奠定了基础。

一、对传统观念的批判

（一）对传统观念的批判

传统观念的看法是，工业体系与生物圈是相对立的，这就导致了一个严重的后果，那就是，把人类活动对环境的影响，视为主要仅限于对"环境的污染"（Environmental Pollution）问题。于是，人们认为解决的办法就是采取措施来治理污染，一般而言，采取技术手段的时机总是在生产过程的"末端"（End of Pipe）。

自 20 世纪 60 年代以来，工业化国家曾试图减少其发展给环境所带来的压力，尤其通过各类环境工程措施，对生产过程末端的污染进行处理。但是，人们今天已经明白，生产过程末端处理方法不是一个真正的解决方案，因为这种方法只是使问题在空间和时间内移动而已。例如，污水处理厂产出的污泥，必须经过处理和存放：污染从水中被转移到土地上，将来它最终还会给环境带来问题。更重要的是生产过程末端处理方法，从长远来看所需的资金投入是巨大的。发达工业国家就有过沉痛的教训，昂贵的维修费用，惊人的更新和更换开支，废物的最终处理（如污水处理站产出的污泥处理）。同时，发展中国家获得自然资源（空气、水、土地、矿物等）所引发的问题，比发达工业国要更加严重。

多年来，企业界、政府部门反复地强调，应该"从源头开始预防污染"，这种观点很吸引人，但是，从某种角度来看，它仍然属于"过程末端治理"的原理范畴，因为这里注意力仍集中在污染和废料（虽然目的已是尽量减少）方面，而没有展开更为广阔的视野。当然，在实际生活当中，从过程末端处理污染物的方法还将广泛地运用。不过，日益明显的是，从过程末端治理的方法是不够的、不足以维持对生物圈的干扰处于一个可以接受的水平。

我们可以从以下几方面来批判"过程末端治理"：

1. 部门分割

固体废料，危险或有毒废料，液体废料，大气污染等的治理，一般要涉及从卫生部门到水资源管理等不同的行政部门，这些政府部门更为关心的是维护本部门的特权，它们拥有的管理权力源于不同的立法，这些不同的立法又源于不同的，甚至是矛盾的法学原理。这种制度上的分割造成的结果，就是在处理环境问题时往往过分地强调部门的主张。在一个部门看来是很好的"解决办法"，很可能只是把问题转移到了隶属于另一个部门的范围之内，于是"减少污染"仅仅变成了"转移污染"。

例如，废水处理可以产生"干净"的水，但是净化过程同样也产生大量的沉淀物。于是，这些沉淀物的存放或在农田的倾倒处理，就会引起污染，特别是重金属对土地或地下水的污染。同样，固体垃圾的焚烧处理固然可以大大减少其数量，但是焚烧后灰烬的存放同样产生对土地和地下水的污染问题，此外，焚烧还可能污染大气。为了符合空气排放标准，又必须安装过滤装置来收集那些同样也应该处理的固体废料。

2. 增量发展

总的来说，过程末端治理方法是日益增量发展的：它由渐进的小步改善不断向前。这种方式有其优越性，但是它以边际的改善加强了已有的技术体系，而牺牲了真正的革新。于是人们逐步地陷入了一个变得日益难以自拔的技术困境。

例如，人们早就知道应该用其他动力的马达，特别是电动机来取代燃烧冲程马达。但是，那么多的人力、财力投入，迫使人们现在只能，并将继续只能努力改良它，通过催化、稀释混合等技术，使之尽量减少污染。而每一项技术进步都会加强这一古老技术在市场上的地位。因此，向其他类型的马达过渡，在经济上，甚至也在"政治"上，变得日益困难。

3. 成本越来越高

增量发展的特征是效率逐步下降：为了减少分量越来越少的污染物，成本越来越高。如垃圾处理的成本就随着标准的日益严格而不断提高。

过程末端治理的主要困难，源于有毒废料处理的"乘数效应"。我们以焚烧处理的危险废料为例，焚烧炉需要空气过滤装置和冲洗用水，而过滤装置和冲洗用水在使用过后也被认为是有毒废料。自然地，因处理初始有毒废料而产生的二次废料的处理，有可能产生其他同样属于危险级别的"最终"废料。例如，冲洗用水可以再处理，但残留固体废料始终是危险物品。美国得克萨斯州立大学的大卫·阿伦（David Allen）研究指出，在美国每焚烧 1 吨危险废料，平均要产生40t 的其他废料，主要是炉灰和过滤器的冲洗用水。

4. 产生恶性经济效益

因为治理污染和处理垃圾而形成的市场，每年都在增长。从某种角度来看，我们应该为看到一个经济领域如此繁荣而感到高兴才是，"一个前景极好的市场"：一方面，在工业化国家，各项指标日趋严格；另一方面，新兴工业化国家的污染问题日趋严重，这就保证了过程末端治污设备市场的"良好前景"。

但是，我们应清醒地看到，当污染本身演化成一个巨大的市场的时候，治理污染的"集团"，会努力扼杀一切真正实施预防污染战略的企图，这已经十分明显地反映在有关环境保护的立法中。再者，有污染，必须采取措施治理，治理污染形成了市场；间接地，污染在国民经济账户中成为国内生产总值的增加值，换句话说，污染等于增加了国民财富。而事实上，这部分国内生产总值的增加值，间接反映的是生态环境的贫瘠化。

5. 科技的惰性

过程末端治理从本质上说是一种强制战略，会引起这样的对应态度：企业家会满足于遵守立法者规定的标准，他们当中的大多数，不会去投资开发污染少的生产方式，而会购买在市场上能找到的最廉价的治污设备，以最低标准满足法定的标准要求。

总的来说，这一治理方式引起私营经济为一方、政府及公众为另一方之间的相互不信任和瓦解性对抗。当然也有例外，比如说，一些大企业出于荣誉，遵守了甚至超标准执行了环保标准，除了由此可能对企业公共关系产生的影响外，我们还要关注它们会不会因此把环境问题转嫁给它们的供货商或承包商。

再者，一些预防污染的生产方式，如清洁生产等，本身仍具有一定的局限性，许多工业生产肯定要产生废料和副产品。因此，我们需要把过程末端治污方式，以及其他许多预防污染的方式，加以整合，融入一个更为广阔的前景之中，工业生态学就是这样一个前景。

（二）中国推行农村工业化所带来的负效应

中国农村工业化在促进中国农业现代化与农村经济发展中功不可没，是一种巨大动力，其意义是重大而深远的。但是，农村工业化的发展对农业现代化产生了某些负效应。中国是在传统农业部门没有得到根本改造时提前发动工业化的，乡镇企业只是在转移剩余劳动力方面提高了农业劳动生产率，其技术基础并没有发生根本性变化，农村产业结构的变化也不是在农业传统性得到根本改造的基础上产生的，农村工业化没有在农业产值有较快增长的基础上推进。其产生负效应的原因在于：

第一，由于工农业产品价格剪刀差等原因产生的比较利益结构，在过去工业和农业相互隔离时带有一定程度的隐蔽性和不可抗拒性，而在推进农村工业化时，这种比较利益结构便显性化，农民可通过将生产要素投入乡（镇）企业对这种比较利益结构进行正当防卫，致使农业的投入进一步减少，技术基础进一步劣化。

第二，中国是在城市大工业效益不高、国家财政拮据的情况下推动农村工业化的。农业剩余劳动力不是由城市大工业直接吸收，也不可能由国家财政来安排，而只能由农民自己办乡镇企业来自我吸收。这种状况决定了相当部分的乡镇企业的资本原始积累或初始资本需要由农业部门来提供。因此，中国不少地区发展乡镇企业时，不仅从农业部门吸收劳动力，还吸收资金、土地等要素。就土地来说，与其他要素不同，土地要素是非再生性的。各种调查资料表明，只要生产经营正常，非农产业占用土地的效益要明显高于农业用地，同样多的土地被非农业征用后，无论是容纳的劳动力数量，还是创造的收入都要比农业用地的多。这种土地的比较利益结构使农民产生了普遍地将土地转为非农产业用地的驱动。

第三，加剧农村环境污染和生态破坏，直接危害农业现代化。近年来，随着一些污染严重的生产项目（如造纸、电镀、印染、土法炼焦、制革、建材等）不断向农村地区扩散，已在某些地区形成了严重的污染。据有关部门测算，"三废"的排放量，农村已占20%，其中乡镇企业占14%左右。目前，中国农村工业所排出的工业废渣、尾矿和其他固体废物，每年已达 4 亿多吨，而利用率仅为24%，农村工业的污染已使全国 167 万公顷耕地的土壤遭到严重破坏。农村水质和空气也已不同程度地受到污染。一些地方由于生态平衡遭到破坏，已经威胁到农作物生产和人畜健康。同时，由于乡镇工业布点分散，技术人员和资金都较匮乏，有些生产设备又较落后，增加了"三废"集中处理的难度。此外，对森林等植物资源、矿产资源、水资源、土地资源进行掠夺式恶性开发，严重损害了自然资源的持续利用的能力。

第四，限制了农业的规模经营，影响了农业现代化的实施。目前，中国农业劳动力的转移绝大部分都带有"亦工亦农"的兼业性质，大批劳动力虽然早已常年从土地耕作中转移出来，从事工商业活动，但由于体制方面的原因，一些农民仍然在农村承包或保留有自己的一小块土地。由于从事农业生产的比较利益仍然较低，加上各项税费和摊派均按田亩征收，因此，在乡镇企业或外地有活干的农民一般不太愿意过多地承租土地，以致在沿海一些乡镇企业较发达的地区，出现了大量的农田抛荒现象。可以说，近年来中国农业劳动力向非农业的大规模转移，并没有相应带来土地使用权的集中化和农业生产的规模经营，由此将影响到农业劳动生产率的提高，进而限制了农业劳动力转移的深度和广度。

二、工业生态学的定义及内涵

（一）工业生态化的定义

工业生态化是指在工业文明向生态文明更替过程中，在对工业文明下人类工业经济行为及其后果进行反思的基础上，通过研究、开发与推广应用对人与环境友好的工业技术体系，建立能及时准确收集与处理有关环境与发展信息的动态监测与预警体系、能灵敏反映自然资源及其诸种功能变动经济后果的市场价格信号体系、能引导人与自然和谐相处的行为规范体系以及科学化和民主化的环境与发展综合决策体系，使工业经济活动所产生的人与自然之间的物质代谢及其产物能够逐步比较均衡、和谐、顺畅、平衡与持续地融入自然生态系统自身物质代谢之中。

工业过程的生态化意味着人类可以有意识地并理性地对地球安排能够满足人类需要的承载能力，其前提是有相应的可持续经济、文化和技术。工业生态化一方面是以工业文明时期迅速发展起来的科学技术、经济实力和文化为基础才得以产生和发展的；另一方面，它又是人类就工业化过程的弊端如环境污染、资源浪费和生态破坏等进行反思后重新选择的工业发展道路。工业化带给人类社会的生产力高速发展，科学技术日新月异，社会长足进步与导致的环境污染、资源浪费及生态破坏两者之间的冲突表明人类社会正沿着一条不可持续的道路日益逼近到难以为继的十字路口，面临自身存亡的决定性重大选择。企业要发展，必须走可持续发展的道路，发展循环经济，逐步实现工业的生态化转向。

（二）工业生态系统的定义

工业生态系统是依据生态学、经济学、技术科学及系统科学的基本原理与方法来经营和管理工业活动，并以节约资源、保护生态环境和提高物质综合利用为特征的现代工业发展模式，是由社会、经济和环境三个子系统复合而成的有机整体。工业生态系统具有以下特征：

（1）人工的、开放式的复合生态系统，与环境之间时刻进行着物质、能量与信息等的交换；

（2）有经济的加入，即需要一定的资金投入，在获得产品的同时有一定经济效益产生；

（3）能源资源耗量大，物质循环、转化快；

（4）兼有社会、自然两方面的属性；

（5）工业生态系统持续稳定地运行，需要强有力的制度保障。

（三）工业生态学的定义

工业生态学是研究工业与经济体系，以及它们与自然生态体系之间的联系的科学。工业生态学的研究内容涉及能源供给和使用、新材料、新技术和技术系统、基础科学、经济、法律、管理和社会科学等，工业生态学的研究内容涵盖了整个经济系统。简单地说，工业生态学就是有关"可持续发展的科学"。

（四）工业生态学的特点

生态工业和传统工业的区别主要在于力求把工业生产过程纳入生态化的轨道中来，把生态环境的优化作为衡量工业发展质量的标志，其内涵与传统工业生产相比有以下几个特点：

一是工业生产及其资源开发利用由单纯追求利润目标，向追求经济与生态相统一的生态经济目标转变，工业生产经营由外部不经济的生产经营方式向内部经济性与外部经济性相统一的生产经营方式转变。

二是生态工业在工艺设计上十分重视废物资源化、废物产品化、废热、废气能源化，形成多层次闭路循环、无废物、无污染的工业体系。

三是生态工业要求把生态环境保护纳入工业的生产经营决策要素之中，重视研究工业的环境对策，并将现代工业的生产和管理转到严格按照生态经济规律办事的轨道上来，根据生态经济学原理来规划、组织、管理工业区的生产和生活。

四是生态工业是一种低投入、低消耗、高产出、高质量和高效益的生态经济协调发展的工业生产模式。

（五）工业生态系统模型

关于地球生命进化的知识为我们提供了思考未来工业体系的思想武器。同生物圈一样，工业体系也是一个漫长进化史的结果。在生命的开始阶段，可能的资源无穷无尽，而有机生物的数量是那样地少，以至于它们的存在对可利用资源产生的影响几乎可以忽略不计。我们可以这样来描绘，把它看成是一个线性进化过程。在这个进化过程中，物质流动相互独立地进行。资源看起来是无限的，因而废料也可以无限地产生，生命因此可以长期保障其发展的条件。事实上，工业体系发展初期也是一个相互不发生关系的线性物质流的叠加，简单地说，就是开采资源和抛弃废弃物，这也是我们环境问题的根源。这种运行方式命名为一级生态系统，可以用图 8 - 1 表示。

图 8 - 1　一级生态系统示意图

在随后的系统进化中，资源变得有限了，在这种情况下，有生命的有机物随之变得非常地相互依赖并组成了复杂的相互作用的网络系统，一如我们今天所见到的生物群落那样。不同的组成组分（种群）之间的物质循环变得极为重要，即二级生态系统内部资源和废料的进出量则受到资源数量与环境能接受废料能力的制约。与一级生态系统相比，二级生态系统对资源的利用效率虽提高许多，但不能长期维持下去，因为物质、能量的流动都是单向的，资源的减少必然带来废弃物的不断增加。图 8 - 2 为二级生态系统示意图。

图 8 - 2　二级生态系统示意图

为了真正转变成为可持续的形态，我们不可能区分资源与废料。因为，对一个有机体来说是废料，但对另一个有机体来说是资源。只有太阳能是来自外部的支援，我们可称为三级生态系统，在这样的一个生态系统之内，众多的循环借助太阳能既进行独立的方式，也以互联的方式进行物质交换。这种循环过程在时间长度方面和空间规模方面的差异性相当大，理想的工业社会应尽可能接近三级生态系统（见图 8 - 3）。

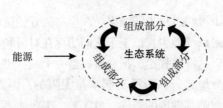

图8-3　三级生态系统示意图

工业生态学思想的主旨就是促使现代工业体系向三级生态系统的转化。转化战略的实施包括四个方面：将废料作资源重新利用；封闭物质系统和尽量减少消耗材料的使用；工业产品与经济活动的非物质化；能源的脱碳。总之，一个理想的工业生态系统包括四类主要行为者：资源开采者、处理者、消费者和废料处理者（见图8-4）。由于集约再循环，各系统内不同行为者之间的物质流远大于出入生态系统的物质流。

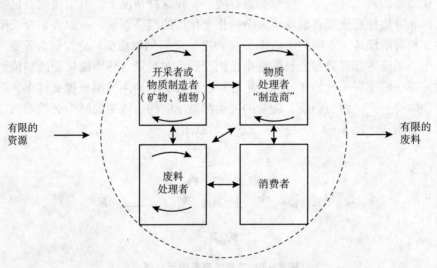

图8-4　理想的工业生态系统示意图

三、工业生态学的研究内容

（一）工业代谢分析

1. 生态系统中的物质与能量流动

各类生态系统都是由两大部分、四个基本成分所组成。两大部分就是生物和非生物环境，或称为生命系统和环境系统；四个基本成分是指生产者、消费者、还原者和非生物环境。

（1）生态系统中的能量流动。

生态系统中的能量流动（Energy Flow of Ecosystem）是指能量通过食物网络在系统内的传递和耗散过程。简单地说，就是能量在生态系统中的行为。它始于生产者的初级生产止于还原者功能的完成，整个过程包括能量形态的转变，能量的转移、利用和耗散。

①生态系统能量流动的基本模式。

无论是初级生产还是次级生产过程，能量在传递或转变中总有一部分被耗散。总初级生产量中有一部分被生产者用于呼吸（50%以上）。次级生产过程中也有一部分能量经呼吸作用而以热能的形式散失到环境中。研究表明，食草动物的摄食量中仅有10%～20%转变为次级生产量。食肉动物捕食食草动物，能量又发生一次转移而进入食肉动物体内。两个营养层次间的能量利用率也只有10%～20%。食肉动物各营养层次间的能量传递效率也大体维持在这个水平上下。这样，从太阳能转化开始的生态系统的能量流动必然随着传递层次的增多，耗散到环境中的能量越来越多，势能（潜能）形式的能量相应地减少，直到全部以废热形式散失到环境中为止。这就是各类生态系统能量流动的基本模式。

②生态系统能量流动渠道。

生态系统是通过食物关系使能量在生物间发生转移的。这是因为生态系统生物成员之间最重要、最本质的联系是通过营养，即通过食物关系实现的。食草动物取食植物，食肉动物捕食食草动物，即植物→食草动物→食肉动物，从而实现了能量在生态系统的流动。

生态系统不同生物之间通过取食关系而形成的链锁式单向联系称为食物链（Food Chain）。这就是生态系统能量流动的渠道。当然，各类生物之间的食物关系远比这种直链状的链锁复杂得多。通常食物链彼此交错连接成网状结构，称为食物网（Food Web）。

生态学中把具有相同营养方式和食性的生物统归为同一营养层次，并把食物链中的每一个营养层次称为营养级，或者说营养级是食物链上的一个环节。如生产者称为第一营养级，它们都是自养生物；食草动物为第二营养级，它们是异养生物并具有以植物为食的共同食性；食肉动物为第三营养级，它们的营养方式也属于异养型，而且都以食草动物为食。但是，有些生物的营养层次的归属很困难，如杂食性消费者，它们既食植物，也食动物。

③生态系统能量流动的热力学基础。

从以上的介绍不难看出，生态系统的能量流动符合热力学的基本规律。热力学第一定律认为能量是守恒的，它既不能凭空产生，也不会被消灭，但可以从一种形式转变为其他形式或从一个体系转移到别的体系。因为食物链中上一个营养级总是依赖下一个营养级的能量，而下一个营养级的能量只能满足上一个营养级中少数消费者的需要，致使营养级的能量呈阶梯状递减，于是形成了这种底部宽，顶部窄的圆锥状，称作"生态锥体"（Ecological Pyramid），因其形似塔，又被称为"生态学金字塔"。以各营养级所含能量为依据而绘制的，叫做"能量锥体"（Energy Pyramid）。同理，若以生物量或个体数量来表示，可绘成"生物量锥体"（Biomass Pyramid）和"数量锥体"（Number Pyramid）。

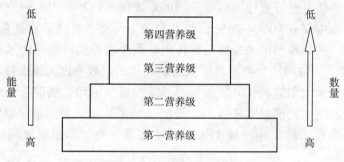

图 8-5　生态锥体示意图

美国生态学家林德曼（R. L. Lindeman，1942）在能量流动方面做了开拓性工作。他根据大量的野外和室内实验，得出了各营养层次间能量转化效率平均为10%，这就是生态学中的所谓"十分之一定律"，也叫"林德曼效率"。事实上，各类生态系统的能量转化效率有很大差别，就消费者层次而言，变化范围为4.5% ~20%。陆地生态系统的转化效率通常要高于水域生态系统。但林德曼的工作，用实际的定量的研究结果证实了生态系统的能量转化效率并非百分之百，因而食物链的营养级不能无限增加。

为定量地描述生态系统中的能量转化效率，生态学中采用了"生态效率"（Ecological Efficiency）的概念。它是指生物生产的量（积累的有机物或能量）与为此所消耗的量的比值，一般都用百分比表示。

（2）生态系统中的物质循环。

生态系统中的物质主要指维持生命活动正常进行所必需的各种营养元素。这些物质也是通过食物链各营养级传递和转化的，从而构成了生态系统的物质流动，但物质循环却不是单方向性的。同一种物质可以在食物链的同一营养级内被生物多次利用。生态系统中各种有机物质经过分解者分解成可被生产者利用的形式归还环境中重复利用，周而复始地循环，这个过程叫做物质循环。

生态系统中营养物质再循环主要有以下几条途径：

①物质由动物排泄返回环境。包括海洋等以浮游生物为优势种的水域生态系统都可能以这种途径为主。据研究（Harris，1959），浮游动物在其生存期间所排出的无机物和有机可溶性营养物质的数量，比它们死亡后经微生物分解所放出的数量要多好几倍，而且排泄的可溶性营养物能直接被生产者所利用。

②物质由微生物分解碎屑过程而返回环境。在草原、温带森林及其他具有以碎屑食物链为主的生态系统，这种途径是主要的。

③通过在植物根系中共生的真菌，直接从植物残体（枯枝落叶）中吸收营养物质而重新返回到植物体。在热带，尤其是热带雨林生态系统中存在着这种途径。

④风化和侵蚀过程伴同水循环携带着沉积元素，由非生物库进入生物库。这是营养物质再循环的第四条途径。

⑤动、植物尸体或粪便不经任何微生物的分解作用也能释放营养物质。如水中浮游生物的自溶可视为营养物质在生态系统中再循环的第五条途径。

⑥人类利用化石燃料生产化肥，用海水制造淡水以及对金属的利用，可以认为是物质再循环第六条途径。

物质再循环的六条途径中，前五条是在自然状态下进行的。第六条途径的作用在加强，对生物圈的正常功能的影响也越来越大，由此引发许多问题正是环境生态学所研究的重要内容。生态系统中营养物质再循环的各种途径及其相互关系如图 8 – 6 所示。

（3）生物地球化学循环。

生物地球化学循环是营养物质在生态系统之间的输入和输出，以及它们在大气圈、水圈和土壤圈之间的交换（见图 8 – 7）。根据物质参与循环时的形式，可将循环分为气相循环、液相循环和固相循环三种形式。

①水循环：属液相循环，是在太阳能驱动下，水从一种形式转变为另一种形式，并在气流（风）和海流的推动下在生物圈内的循环。水在生物圈中的形式分为气态、液态和固态。

②气相循环：亦称气体型循环（Gaseous Cycles），循环物质为气态。以这种形态进行循环的主要营养物质有碳、氧、氮等。

③固相循环或称沉积型循环：参与循环的物质中很大一部分又通过沉积作用进入地壳而暂时或长期离开循环。这是一种不完全的循环，属于这种循环方式的有磷、钾和硫等。

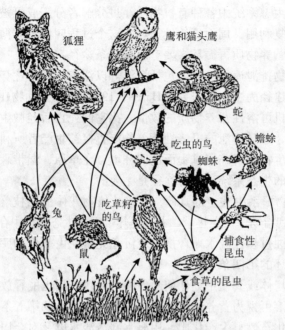

图 8-6　生态系统食物网示意图

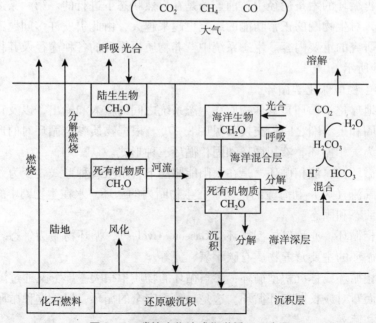

图 8-7　碳的生物地球化学循环示意图

2. 工业系统中的物质与能量流动

工业系统是一个典型的开放型动态系统，其外部特征表现为资源与能量的输入、产品与能量的输出；内部特征表现为不断破坏自身旧的物质组分，不断组建新的物质组分，这两方面特征互为因果，表现为广义上的"新陈代谢"。

开放系统可以趋向于非平衡定态（由于科学技术、经济规模等条件的变化，可能存在多个非平衡定态）。非平衡定态所表现出来的平衡是一种流动平衡，是基于动态的平衡。而系统的稳定性则表现为系统从初始偏离状态恢复到平衡状态的能力。综上所述，生态工业系统的非平衡定态的稳定性取决于资源（包括资源化了的废物）与能量流动的特性，包括流动节点、流动方向和流动强度等方面的性质。简而言之，生态工业系统的稳定性取决于系统流的网络结构特征、系统流的刚性程度等方面的因素。

生态工业系统区别于传统工业系统的特点之一在于系统的有序复杂性，有序表现为资源能量的输出和输入搭配合理，复杂表现为系统内各组分间的网状结构。由于这两方面的特点，生态工业系统的稳定性研究不仅包括传统工业中物流平衡研究，而且应该包括生态系统平衡研究、系统工程稳定性研究等方面的内容。

另外，值得提及的是生态工业系统的扩展边界问题，从理论上来讲，由于生态工业系统的开放性，它需要从外部获得负熵，排除自身的正熵，使之达到较高的有序状态，而负熵获取量取决于当时的工业技术发展水平、管理技术发展水平等，因此在一定科技发展水平下，生态工业系统不可能无限制扩张。

生态工业系统是一个开放的复杂系统，其生存发展决定于系统的稳定性，具体来说，生态工业系统生存发展的影响因素包括以下 3 个方面：

（1）企业组成方面：生态工业系统是一个共生系统，其共生性受系统组分源和汇刚性的制约，如果该系统内企业较少，致使作为共生载体的系统组分种类偏少、源汇单一，最终将影响生态工业系统的稳定性。

（2）工业技术方面：一方面由于传统线性工业流程设计过程中的专一性；另一方面由于作为实现共生性的生态工业链接技术的开发匹配性较差，致使系统内组分联系较少，也可能影响生态工业系统的运作。

（3）经济因素方面：主要是一些投资生产规模、市场竞争等方面的原因影响了生态工业系统的运行发展，如个别企业的倒闭，新型生态工业技术的成本较高等。

综上所述，这 3 个方面的因素均可归结为对系统结构的影响，后文拟就生态工业的系统结构进行具体讨论，其中包括系统网络分析和系统刚性分析，以期发现相关生态工业系统的运营、规划和设计原则，并为相应生态工业系统的运行评估指标的制定提供依据。

生态工业系统由自发到自觉的过程，意味着人类文明已经抛弃了陈腐的理念——即工业系统的运行机制对立于自然生态系统的运行机制，而认为工业系统可以模仿自然生态系统的运行，使之逐渐逼近三级生态系统。

自然生态系统中，资源和能量的载体表现为自然界形态各异的生物物种，按照营养结构将物种划分为分为植物（自养者）、植食者，捕食者和分解者，按照物种在食物网中所处的位置，可以分为 3 种基本类型：

①顶位种（Top Species）：它是食物网中不被其他天敌捕食的物种；

②中位种（Intermediate Species）：它在食物网中既有捕食者，又有被食者；

③基位种（Basal Species）：它不取食任何其他生物。

链节（Link）是食物网中物种之间的联系，链节具有方向性，表明食物网中物种间的取食与被取食的关系。食物网中的链节可以概括为以下四种基本类型：基位——中位链，基位——顶位链，中位——中位链，中位——顶位链。在食物网中，链节密度定义为总物种数/总链节数。

在稳定的自然生态系统中，链节密度相对稳定；顶位种、中位种和基位种的平均比例相对稳定，保持一个常数；捕食者与被捕食者种数的比例相当稳定；4种基本链节类型间的比例稳定（即链节度量定律，Link Scaling Law）。

生态工业系统通过模拟自然生态系统的网络结构，达到资源能量长期稳定的综合梯级利用，由此我们可以根据自然生态系统的网络结构特点和结论来分析生态工业系统的网络结构，其中分析的前提条件在于物种和链节的合理定义上。针对以上线性工业链，生态工业系统的目的在于通过合理发展其他产业链，达到合理利用副产品，削减污染物的目的。由此我们将生态工业系统的输入资源和能量的载体、生产过程中能达到综合利用的中间产品、达到能量梯级利用的能量载体和最终流入市场的产品比拟为生态系统中的"物种"，即生态工业系统节点。相应地，我们将物质和能量流动表现的物理、化学和生物过程定义为链节。根据节点处在链节的位置（始端、终端），将节点分为基位节点、中间节点和顶极节点，通过与自然生态系统的网络结构的比较，基本可以了解生态工业系统的稳定性水平以及系统可以改进的方面。图 8-8 为某农药化学工业园能源代谢系统。

3. 工业代谢分析的定义与原理

工业代谢分析方法是建立生态工业的一种行之有效的方法，它是基于模拟生物和自然界新陈代谢功能的一种系统分析方法。与自然生态系统相似，生态工业

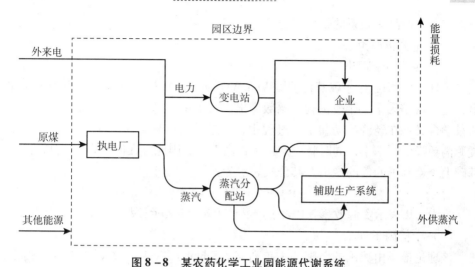

图8-8 某农药化学工业园能源代谢系统

系统同样应该包括4个基本组分，即生产者、消费者、分解者和外部环境。工业代谢分析通过分析系统结构，进行功能模拟和输入输出信息流分析来研究生态工业系统的代谢机理。它以环境为最终的考察目标，追踪资源整个生命过程中物质和能量的流向，给出系统造成污染的总体评价，并找出造成污染的主要原因。

工业代谢分析研究方法的根据是质量守恒定理。一定数量的物质因人类活动而消失在生物圈中，但其质量却是守恒的。因此，工业代谢研究的方法论就在于建立结算表，估算流动和储存的数量，描绘其行进的路线和复杂的动力学机制，同时也提出它们的物理的和化学的状态。

（1）工业代谢的度量指标。

①再循环或再利用率：在工业系统中，废物最终有两个归宿：一是再循环利用；二是耗散损失。物质的再循环或再利用率是判别工业体系是否持续稳定的一个度量指标，可表示为：

再循环或再利用率＝再循环或再利用量/资源消耗总量

②原料生产力：原料生产力是用来度量工业代谢效率的，即每单位原料输入的经济输出。它可度量一个经济整体或部门，也可以对营养元素进行度量，如C、S、N、P等。

（2）工业代谢形式（Form of Industrial Metabolism）。

工业代谢形式有：流在有限的区域内追踪某些污染物，如江河流域的污染等；分析研究一组物质，特别是对某些重金属的研究；仅限于某种物质成分，已确定其不同形态的特性及其与自然生物地球化学循环的相互影响，如碳、硫等；

研究与不同产品相联系的物质与能量。

4. 物流分析理论

（1）四倍因子理论。

该理论由德国冯·魏茨泽克（Von Weizsaecker）教授在 20 世纪 90 后代提出，在《四倍因子：半价消耗—倍数产出》一书中，进一步阐明了四倍因子理论的科学含义：在经济活动和生产过程中，通过采用各种技术措施，将能源消耗、资源消耗降低到一半，同时将生产效率提高 1 倍。因此，在同样资源能源消耗的基础上，得到了四倍的产出。其公式表示为：

$$R = P/I = 2/0.5 = 4$$

式中，R 表示资源效率，P 表示产品产出量，I 表示原材料、能源投入量。

（2）十倍因子理论。

该理论最早由德国的斯密特·布列克（Schmidt-Bleek）教授在 1994 年提出，其核心是：必须继续减小全球的材料流量，在一代人之内将资源效率提高 10 倍，才能使发达国家保持现有的生活质量，逐步缩小与国之间的贫富差距，而且让子孙后代能够在这个星球继续生存。其公式表示为：

$$I = P \times (GDP/P) \times (I/GDP)$$

式中，I 表示环境影响，P 表示人口，GDP 表示国内生产总值。其计算依据是：据估计，到 2050 年，地球上的人口将在现在的基础上增加 10 倍，即 P = 2；同时，世界各国的国内生产总值将增长 3 ~ 6 倍，即平均值为 5，则二者相乘等于 10，这种增长将导致人类活动对环境的影响增长 10 倍。因此，只有将资源能源效率提高 10 倍才能实现可持续发展。

（3）极值理论。

极值理论是针对投入和产出的效率问题而提出的，目的是对一定量的材料投入，求得最大的有效产品产出率和最小的废物排放率。计算方法如下：

$$I = (P_1 + P_2 + \cdots) + (W_1 + W_2 + \cdots)$$

式中，E 表示物质的总投入量，P 表示有用产品的产出量，W 表示废物产出量。资源效率 $R = (P_1 + P_2 + \cdots)/I$，废物产出率 $O = (W_1 + W_2 + \cdots)/I$，$R_{max}$、$O_{min}$ 分别是最大的资源效率和最小的废物产出率。

5. 工业代谢分析的步骤

以工业代谢分析理论为基础，结合企业生产特点及企业内物质流动规律，给出企业工业代谢分析的方法与步骤，具体如下：

（1）分析企业生产现状，收集与其生产有关的各种物料数据，弄清企业各股物流的来龙去脉。

（2）对各生产工序数据进行物料重量平衡校正。方法是用输入工序的物料重量减去输出工序的元素重量。不足部分计为生产损失，作为工序向外界输出物的一部分参与环境效率计算；盈余部分可以记录下来（一般为库存），但不参与资源效率的计算。

（3）输入企业的物料中有由于天然资源加工生产的中间产品（如钢铁企业生产用的铁精矿粉、烧结矿等）。需把这些物料折合成天然资源量（如铁矿石等天然铁资源量），以及生产这些物料过程中产生的排放物量，便于精确计算企业的资源效率和环境效率。

（4）各种物料的计量单位为质量单位。如要把电的单位"kw·h"转换为相应物料的质量单位"kg"或"t"。

（5）计算输入企业的天然资源量、回收资源量和输出企业的副产品和废品量。然后，计算该企业的资源效率、能源效率和环境效率。

（6）编制企业的物料收支平衡表。

（7）以资源效率、能源效率和环境效率作为企业节能减排效果的评价指标，计算分析企业的生态效率水平，找出企业在资源、能源消耗、副产品、废品排放等方面存在的问题，提出降低资源消耗，改善环境质量的节能减排措施。

（二）物质减量化

物质减量化是工业生态学研究的一个领域，是在最大程度上循环利用材料和能源的同时，对工业和生态体系产生的最小破坏，即以最小的消耗换取最大的价值，这也是生态学原理在工业生态系统中应用的重要方面。

1. 物质减量化的概念

物质减量化（Dematerialization）是指在生产过程中单位经济产出所消耗的物质材料或产生的废弃物量的绝对或相对减少，其基本思想是以最小的资源投入产出最大的产品同时产生最小的废品，即在消耗同样多的，甚至更少的物质的基础上获得更多的产品和服务。

2. 物质减量化的原理

目前，对物质减量化有 3 种理解：①输入经济系统的物质量绝对减少。物质减量化是在最终工业产品中所用物质的重量随着时间而逐渐减少；②输入经济系统的物质量相对减少。物质减量化意味着经济活动中原材料利用强度的降低，其衡量指标是以物理单位表示的物质消耗量同国内生产总值的比值；③输入经济系统的低质量物质被高质量物质所替代。物质减量化意味着与成熟工业有关的低质量物质材料会被高质量物质材料或技术性更强的物质材料所取代。

　　物质减量化的根本思想就是在满足相同效用的条件下削减消费的物质数量，变供应产品为提供服务。简言之，就是"make more with less"。在自然资源减量使用前提下，物质减量化原理是指在生产过程中提高自然资源生产力，通过提高物质资源代谢率、利用率和循环再生能力来实现"减量投入，最佳产出"；通过社会资源、人文资源替代完成对自然资源的置换，尽量减少生产副产品及废弃物累积，从而实施减物质化；在消费领域提倡适度消费和绿色消费，克服生产和消费等外部性问题，以期实现增长方式上从追求数量型增长转向质量型增长，减少经济增长的物质资源代价。经济系统也分为生产者、制造者和消费者，其物质流遵循如图 8 - 9 所示的流程（肖序，2009）。资源投入由输入端开始，经加工制造后变成产品，进入消费领域，直至产品生命周期结束之后有两种去向，一是以废弃物形式通过输出端耗散于环境之中；二是被回收或循环再利用，重新进入经济系统。同样，副产品也是一部分回收变成再生资源，另一部分直接由输出端排入环境。

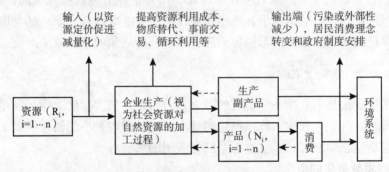

图 8 - 9　物质减量化经济流程模型

资料来源：肖序、刘三红，《财务与金融》2009 年第 120 期。

　　在图 8 - 9 中，物质减量化体现在资源输入阶段、生产与消费阶段和输出阶段全过程，涉及生产者（企业）、消费者（居民）和政府（减物质化的制度供给）三个层次。基本原理是：首先是在科学资源观约束下，通过资源定价促使企业减物质化投入，之后企业通过物质替代，提高资源的利用率和循环率，重视自然资本作用来实现清洁生产，构筑企业的绿色核心竞争力。其次是居民在消费方式上应崇尚绿色消费和适度消费，效用评价从商品数量转向商品本身的质量和功能，延长产品的生命周期或服务周期，它是减物质化基本层次，也对企业减量化生产产生约束。企业由于循环经济措施，如从废弃物中提取资源等重复利用措施，将资源投入量减低，同时减少企业废弃物排放，这种行为将对企业的物质流程产生直接的影响。

3. 物质减量化的内容

（1）生产过程资源投入减量化。

在生产过程中，减量化是生产过程的资源投入减量化，即在产量水平给定时尽可能地减少生产资源的投入数量，其目的是提高资源投入与产出水平的比率，即资源的利用率。由于产量和生产成本都是投入资源的函数，所以给定产量水平尽可能使成本最小化就可达到在既定产量下的资源投入减量化。其思路为：将生产过程中损失的能量作为一种可收集的有价值的能源，供给其他生产生活活动使用，减少原材料的利用量。

（2）消费过程产品使用减量化。

在消费过程中，减量化是消费过程的产品使用减量化，即在效用水平给定时尽可能地减少商品的消费数量，其目的是提高产品使用与效用水平的比率，即提高产品的利用率。由于效用和预算成本都是产品数量的函数，所以给定效用水平尽可能使预算成本最小化就可达到在既定效用水平下的产品消费减量化。同时，要提高产品的质量及使用寿命，对产品进行耐用设计，考虑产品的易修理性，当物品或装置不能以别的方式加以利用时，可以考虑利用它的其他组成部分，并大力研发智能材料，使其能够真正循环利用，进而实现全新意义上的物质减量化。

（三）生命周期影响评价

生命周期影响评价（Life Cycle Assessment，LCA）出现于20世纪60年代末，以可口可乐公司饮料包装评价为起始标志。1969年，由该公司中西部资源研究所开展的针对可口可乐公司饮料包装瓶进行评价的研究，是公认的生命周期评价研究开始的标志，为目前的生命周期清单分析方法确定了基础。20世纪70年代早期，美国和欧洲的其他一些公司也完成了类似的生命周期清单分析。1989年，荷兰国家居住、规划与环境部针对传统的末端控制环境政策，首次提出了制定面向产品的环境政策。1990年，由国际环境毒理学与化学学会（SETAC）首次主持召开了有关生命周期评价的国际研讨会，在该会议上首次提出了"生命周期评价"的概念。1992年以后，以美国环境毒性与化学学会为主，组织西方几个国家的有关科研机构成立了5个研究工作小组，对LCA开展了全面深入的研究工作。1993年，SETAC出版了一本纲领性报告《生命周期评价纲要——实用指南》，该报告为生命周期评价方法提供了一个基本技术框架，成为生命周期评价方法论研究起步的一个里程碑。1995年，EPA出版了《生命周期分析质量评价指南》，比较系统地规范了生命周期清单分析的基本框架。《生命周期影响评价：

概念框架、关键问题和方法简介》使生命周期评价的方法有了一定的依据，使生命周期评价进入实质性的推广阶段。

1. 生命周期评价的定义及内涵（定义、特点、原则）

一种产品从原料开采开始，经过原料加工、产品制造、产品包装、运输和销售，然后由消费者使用、回用和维修，最终再循环或作为废弃物处理和处置，这一整个过程称为产品的生命周期。资源消耗和环境污染在每个阶段都可能发生，所以污染预防和资源控制应贯穿于产品生命周期的各个阶段（见图 8－10）。

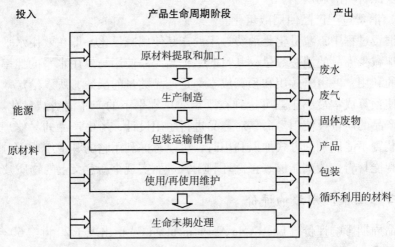

图 8－10　生命周期的主要阶段

20 世纪 90 年代，由国际环境毒理学与化学学会（SETAC）在生命周期评价国际研讨会上，正式将生命周期评定义为：LCA 是一种对产品、生产工艺以及活动对环境的压力进行评价的客观过程。它通过对能量和物质利用以及由此而造成的环境废物排放进行辨识和量化来进行，其目的在于评估能量和物质利用对环境的影响，寻求改善环境影响的机会。

1993 年，国际标准化组织环境管理技术委员会制定了 ISO 14000 环境管理系列标准，LCA 被纳入其中，并将其定义为：LCA 是对产品或服务系统整个生命周期中与产品或服务系统功能直接相关的环境影响、物质和能源的投入产出进行汇集和测定的一套系统方法。

（1）生命周期评价的主要特点。

①全过程评价。生命周期评价是与整个产品系统原材料的采集、加工、生

产、包装、运输、消费和回用以及最终处理生命周期有关的环境负荷的分析过程。

②系统性与量化。生命周期评价以系统的思维方式去研究产品或行为在整个生命周期中每一个环节的所有资源消耗、废弃物的产生情况及其对环境的影响，定量来评价这些能量和物质的使用以及释放废物对环境的影响，辨识和评价改善环境影响的机会。

③注重产品的环境影响。生命周期评价强调分析产品或行为在生命周期各阶段对环境的影响，包括能源利用、土地占用及排放污染物等，最后以总量形式反映产品或行为的环境影响程度。生命周期评价注重研究系统在生态健康、人类健康和资源消耗领域内的环境影响。

（2）生命周期评价的基本。

①系统性。应系统、充分地考虑产品系统从原料获取至最终处理全过程即产品生命周期中的环境因素。

②时间性。生命周期评价研究目的和范围在很大程度上决定了研究的时间跨度和深度。

③透明性。生命周期评价研究的范围、假定、数据质量描述、方法和结果应具有透明性。

④知识产权。应针对生命周期研究的应用意图规定保密和保护产权。

⑤灵活性。LCA研究具有灵活性，没有统一的模式，用户可按照生命周期评价的原则和框架，根据具体的应用意图实际地予以实施。

2. 生命周期影响评价的框架与步骤

按照ISO14042（2000）所制定的技术框架，将生命周期影响评价划分为必要要素和可选要素两部分，其中必要要素用于将清单分析结果转化为参数结果；可选要素用于将参数结果归结为单一的可比较的指标并对数据质量进行验证，以确定所得评价结果的真实可靠性。具体如图8-11所示。

该技术框架中的几个重要部分具体如下：

（1）分类。在选定了适当的影响类型、类型参数和特征化模型的基础上，对某一类型有一致或相似影响的排放物归类。根据ISO14042设定的生命周期影响评价标准，影响类别包括资源消耗、生态影响和人体健康影响三大类，具体又可细分为：气候变化、平流层臭氧消耗、酸雨化、光化学烟雾、富营养化、水消耗、噪声等。最近的研究开始考虑影响的空间尺度问题，即产品系统的影响类型应包括全球性影响、区域性影响以及局地性影响，尤其是生产过程中的职业健康问题应列入影响类型之中。

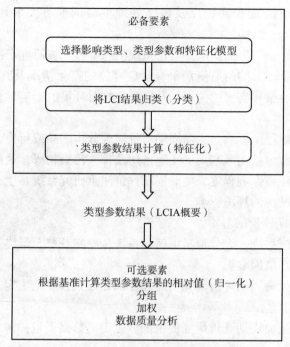

图 8 - 11　生命周期影响评价技术框架图

（2）特征化。将影响因子对环境影响的强度或程度定量化，归纳为相应指标，它主要通过开发一种模型来汇总分析每一种影响大类下的不同影响类型，方法有负荷模型、当量模型、固有化学特性模型、总体暴露—效应模型、点源暴露—效应模型等。

（3）归一化、分组和加权。可选要素中的归一化、分组和加权在 SETAC 所制定的技术框架中被统称为赋权评估，在许多实际操作中被作为一个步骤来执行，其目的是将不同类型的环境影响归结为单一指标，用以比较不同产品、工艺或活动对环境影响的严重程度。加权方法目前多采用货币法，如社会支付意愿、基于市场机制的货币法等；专家评分法和模型推算法，如目标距离法，即距离目标值越近，权值越重。

（4）数据质量分析。由于生命周期涉及范围广泛，数据收集来源复杂，因此清单分析中所得数据必然存在误差。在生命周期影响评价中引入了数据质量分析这一步骤可检验数据的可靠性，从而判断评价结果的可行性。具体具体方法包括重要度分析、不确定分析和敏感性分析。

3. 生命周期影响评价的方法

目前国际上比较有代表性的评价方法有 25 种，基本可分为环境问题法和目标距离法。前者着眼于环境影响因子和影响机理，对各种环境干扰因素采用当量因子转换来进行数据标准化分析，如瑞典的 EPS 方法、瑞士和荷兰的生态稀缺性方法，以及丹麦的 EDIP 方法等；后者则着眼于影响后果，用某种环境效应的当前水平与目标水平（标准或容量）之间的距离来表征某种环境效应的严重性，其代表方法是瑞士的临界体积法。其典型方法有以下几种：

（1）贝尔实验室的定性法。

该法将产品生命周期分为 5 个阶段：原材料加工、产品生产制作、包装运销、产品使用以及再生处置。相关环境问题归成 5 类：原材料选择、能源消耗、固体废料、废液排放和废气排放，由此构成一个 5×5 的矩阵。其中的元素评分为 0~4，0 表示影响极为严重，4 表示影响微弱，全部元素之和在 0~100 之间。评分由专家进行，最终指标称为产品的环境责任率 R，则有：

$$R = \sum_{j=0}^{5} \sum_{i=0}^{5} m_{i,j} / 100$$

式中，$m_{i,j}$ 为矩阵元素值；i 为产品的生命周期阶段数；j 为产品的环境问题数；R 以百分数表示，其值越大，表明产品的环境性能越好。

（2）柏林工业大学的半定量法。

柏林工业大学的弗莱舍（Fleisher）教授等在 2000 年研究的 LCIA 方法，通过综合污染物对环境的影响程度和污染物的排放量，对产品的生命周期进行半定量的评价方法。该方法首先要确定排放特性的 ABC 评价等级和排放量的 XYZ 评价等级，其影响程度中，A 为严重，如致畸、致癌、致突的"三致"物质及毒性强的各类物质；B 为中等，如碳氧化物、硫氧化物等污染物；C 为影响较小，可忽略的污染物。排放量的 XYZ 分级根据是排放量低于总排放量的 25%，定义为 Z；位于 25%~75% 之间，定义为 Y；大于 75%，则定义为 X。

每种排放物质都赋予其对大气、水体及土壤三种环境介质的 ABC/XYZ 值。如果无法获得某种环境介质的排放数据，则其 ABC/XYZ 值由专家确定。对每种环境介质分别确定最严重的 ABC/XYZ 值（潜在环境影响最大的排放物质），其程度呈递减：

$$AX > AY = BX > AZ = BY > BZ > CX = CY = CZ$$

根据生命周期的每个过程排放到大气、水体及土壤中 ABC/XYZ 值最高的物质进行分类，所有类别的值都通过表 8-2 的加权矩阵集中，得到最后的结论——名为 AXair 当量的单值指标。在此矩阵中，大气污染物的权重值较高，由于污染物经常沉积到水体和土壤中，可能对其产生影响。

表 8 - 2　　　　　　　　　　　　ABC/XYZ 值的加权矩阵

等级	排放到大气中的物质			排放到土壤中和水体中的物质		
	X气	Y气	Z气	X	Y	Z
A	3	1	1/3	1	1/3	1/9
B	1	1/3	1/9	1/3	1/9	0
C	0	0	0	0	0	0

例如，中国早点市场使用的餐具通常有四种：Ⅰ. 聚苯乙烯发泡餐具；Ⅱ. 高密度聚乙烯塑料餐具；Ⅲ. 纸餐具；Ⅳ. 集中式热力消毒餐具。这四种餐具全生命周期过程中排放到大气中的污染物质有碳氧化物、硫氧化物、氮氧化物及碳氢化合物等；水污染物有生化需氧量、化学耗氧量、悬浮物及磷酸盐类等；土壤污染物有淤渣及灰等。根据前述分类及加权方法，这四种餐具的 ABC/XYZ 赋值及最终当量指标如表 8 - 3 所示。

表 8 - 3　　　　　　　　　四种餐具弗莱舍 LCIA 评价明细表

餐具	排放到大气中的物质	排放到水体中的物质	排放到土壤中的物质	最终指标 AXair	评价
1	BX BX BZ BZ	BZ BY BY	BZ BX	17/9	一般
2	BZ BX BZ BZ	BZ BZ BX	BZ BX	18/9	较差
3	BX BZ BZ	BZ BY BZ	BZ BX	15/9	较好
4	BZ BZ BZ BY	BZ BZ BZ BY	BX	10/9	最好

（3）荷兰的"环境效应"法。

该法认为评价产品的环境问题应从考虑消耗和排放对环境产生的具体效果入手，将其与伴随人类活动的各种"环境干预"关联，根据两者的关系来客观地判断产品的环境性能，这是在影响分析的定量方法中迄今为止最完整的一种方法。

这种方法将影响分析分为"分类"和"评价"两步，分类指归纳出产品生命周期涉及的所有环境问题，已确认了 3 类 18 种环境问题明细表，这三类环境问题是：消耗型，包括从环境中摄取某种物质资源的所有问题；污染型，包括向环境排放污染物的所有问题；破坏型，包括所有引起环境结构变化的问题。在定量评价 3 类 18 种环境效应时，引用了分类系数的概念，分类系数是指假设环境效应与环境干预之间存在线性关系的系数。目前，对这 18 种环境效应大部分都有了计算分类系数的方法。

通过分类，产品的生命周期对环境的影响可用 10 ~ 20 个效应评分来表示，并进一步进行综合性的评价。目前有两类评价方法：定性多准则评价和定量多准则评价。定性评价通常由专家进行，并对产品进行排序，确定对环境的相对影响。定量评价通过专家评分对各项效应加权，得到环境评价指数 M，即：

$$M = \sum_{i=1}^{m} u_i r_i$$

式中，u_i 表示各效应评分；r_i 表示相应的加权系数。

由于至今尚无公认的加权系数值，致使定量评价达不到彻底定量化的要求。

(4) 日本的生态管理 NETS 法。

瑞典环境研究所于 1992 年在环境优先战略 EPS 法（Environment Priority Strategy）中提出了环境负荷值（Environment Load Value，ELV）的概念。根据为保持当前生活水平而必须征收的税率，EPS 规定标准值为 100（ELV/人），此值可用于计算化石燃料消耗引起的环境负荷。日本的加藤诚等（Seizo Kato et al.）在瑞典 EPS 法的基础上发展了 NETS 法，主要用于自然资源消耗和全球变暖的影响评价，可给出环境负荷的精确数值公式为：

$$EcL = \sum_{i=1}^{n} (Lf_i \times X_i)(NETS)$$

$$Lf_i = \frac{AL_i \times \gamma_i}{P_i}$$

式中，EcL 为环境负荷值，或任意工业过程的全生命周期造成的环境总负荷值；Lf_i 为基本的环境负荷因子；X_i 为整个过程的第 i 个子过程中输入原料或输出污染物的数量；P_i 为考虑了地球承载力的与输入、输出有关的测定量，如化石燃料储备及 CO_2 排放等。AL_i 为地球可承受的绝对负荷值；γ_i 为第 i 种过程的权重因子。

EcL 用量化的环境负荷标准 NETS 表示，其值规定为一个人生存时所能承受的最大负荷，即为 100NETS。根据这些 NETS 值，就可从全球角度来量化评估任何工业活动造成的负荷，总生态负荷值为生命周期中所有过程的基本负荷值的总和。

加藤诚等用此方法做了发电厂的化石燃料消耗和全球变暖的 NETS 评价。化石燃料消耗的 NETS 评价时，假设以当前速度消耗原油、天然气等不可再生资源至其可采储量消耗完毕，则可将地球最大承载力的绝对负荷值视为 5.9×10^{11}（NETS），即前述规定的 100（NETS/人）与全球人口 5.9×10^9 人的乘积。例如，

原油的 Lf_i 值就是用原油的可采储量来估计的，$P_{oil} = 1.4 \times 10^{11}$（t），则

$$Lf_{oil} = \frac{5.9 \times 10^{11}(\text{NETS})}{1.4 \times 10^{11}(\text{t})} = 4.2(\text{NETS/t})$$

此结果意为，如消耗 1 t 原油，则此工业活动在原油消耗方面带来的环境负荷值为 $Lf_{oil} = 4.2(\text{NETS/t})$。

关于 CO_2 排放导致全球变暖的 NETS 值，可认为：如果在 1997 年京都会议规定的标准上继续排放 2.1×10^{10}（t）CO_2，则 100 年内全球温度就会在 1997 年的基础上升高 $2 \sim 3℃$，在此基础上，评估环境负荷的方法为

$$Lf_{CO_2} = \frac{5.9 \times 10^{11}(\text{NETS})}{2.1 \times 10^{10}(\text{t/y}) \times 100(\text{y})} = 2.8 \times 10^{-1}(\text{NETS/t})$$

此结果意义同上。由于除 CO_2 外，还有多种温室气体，可用全球变暖潜值 GWP_i 的量来估计其 Lf_i 值。根据以上方法，可计算出各种资源消耗和温室气体的 NETS 值。由于其单位统一，可以很方便地加和，对每一生产过程或产品，都能得到最终的 NETS 值。此值越小，生产过程或产品对产品的影响就越小。加藤诚用此方法对日本某企业购买商业用电和自行发电作了对比评价，取得了较好的效果。

以上四种影响评价的方法中，贝尔实验室的方法较为简单，但结果完全根据专家评价的结论得出，主观性太强，不具有广泛的适用性。柏林工业大学的 ABC/XYZ 方法对数据的精度和一致性要求不高，适应面较广，最后可得出一个单值评价指标，在综合考虑各方面的影响时，使用此方法较为方便。荷兰的"环境效应法"较为系统、完整，但对清单数据要求较高，需要大量全面、准确地排放数据。日本的 NETS 法较为简便，评价效果也很直观，但适用面较窄，一般来说只适用于化石燃料消耗较高，温室气体排放较多的生产过程或产品，如果用于其他类型产品，还需进一步完善。

不论使用哪种方法，都必须有明细的清单分析表。以上方法的清单分析都是在工业部门详细的污染排放数据库的基础上建立起来的，与中国目前实际的污染排放水平差距较大，因此现在当务之急是组织各工业部门对具体产品或生产过程进行调查和分析，建立完整的 LCA 数据库，为下一步进行影响评价打下坚实的基础。

（四）产品生态设计

1. 产品生态设计的概念

生态设计（Ecological Design）也称为绿色设计（Green Design）、环境设计

（Design for Environment），虽然叫法不同，内涵却是一致的。生态设计的基本思想是，在产品设计阶段就将环境因素和预防污染的措施纳入其中，将环境性能作为产品的设计目标和出发点，力求使产品对环境的影响为最小。对工业设计而言，生态设计的核心是"3R"，即减量化（Reduce）、再循环（Recycle）及再使用（Reuse），不仅要减少物质和能源的消耗，减少有害物质的排放，而且要使产品及零部件废弃后能够方便的分类回收并再生循环或重新利用。

（1）相关术语。

与生态设计相关的术语有：

①可持续发展。世界环境与发展委员会1989年给出定义是"既满足当代人的需要，又不对后代人满足其需要的能力构成危害的发展"。直至今日，这个定义仍然是最权威的。

②生态设计。在不牺牲产品既定功能的前提之下，引用省资源、低毒性、低冲击等设计原则，来提升产品的环保性能，进而产生实际的经济效益。以1996年Fiksel在《环境设计》（Design for Environment）一书对环境化设计所下的定义最言简意赅：系统化地考虑在产品全程及制造生命周期中环境、健康与安全目标的设计绩效。

③产品生命周期。一种产品从原料开采开始，经过原料加工、产品制造、产品包装、运输和销售，然后由消费者使用，回用和维修，最终再循环或作为废弃处理和处置的整个过程。

④生命周期评价。以国际标准化组织（ISO）和国际环境毒理学和化学学会（SETAC）的定义最具权威性。ISO定义是"汇总和评估一个产品（或服务）体系在其整个生命周期内的所有投入及产出对环境造成的和潜在的影响的方法"。SETAC的定义是"生命周期评价是一种对产品生产工艺以及活动对环境的压力进行评价的客观过程，它是通过对能量和物质的利用以及由此造成的环境废物排放进行评价识别和量化的过程"。

（2）生态产业设计原则。

生态产业主要有横向耦合、纵向闭合、区域耦合、柔性结构、功能导向等设计原则：

①横向耦合原则。生态产业设计时应运用食物网原理，通过不同工艺流程间的横向耦合及资源共享，为废弃物寻找利用者或分解者，建立产业生态系统的"食物链"和"食物网"，实现物质的再生循环和分层利用，使污染负效益变为资源正效益。

②纵向闭合原则。生态产业设计时应考虑将生产、流通、消费及环境保护于

一体，第一、第二、第三产业在企业内部形成完备的功能组合。

　　③区域耦合原则。企业内及企业之间相关的自然及人工环境构成产业生态系统或复合生态体，逐步实现废弃物在系统内的全回收和向系统外的最小化排放。

　　④柔性结构原则。企业结构应灵活多样，依据资源、市场及外部环境的变化而自动调整产品、产业结构及工艺流程。

　　⑤功能导向原则。企业以对社会的服务功效为经营目标，而不是以产品的产量或产值为经营目标，企业的工艺流程和产品应多样化。

　　以往人类从事各种活动所产生的废弃物与污染物，均采用自然的方式处理，但随着时代的变迁及环境意识的觉醒，逐渐采用各种管理末端处理的方式，使之符合环保法规的要求。但由于地球资源并非取之不尽，用之不竭。因此，回收及再利用的观念与技术逐渐普遍，采用积极的源头减废来取代消极的末端处理，遂有工业减废、污染预防及清洁生产等方式的发展，而"生态设计"的观念也由此孕育而生。由于各国国情不同，开展生态设计的时间也不尽相同，但从工业发达国家陆续投入庞大的经费与人力参与研究的势头可以看出，生态设计显然成为解决工业产品环境问题的最佳方案。

2. 世界各国推动生态设计的概述

　　（1）荷兰——创新中心（IC Eco Design Project）。

　　荷兰政府于 1991～1993 年，针对国内八个中大型企业对产品开发过程中如何引入环境要素进行了研究，意识到设定环境目标、实施环境标准检查、各供应链之间及企业间合作的必要性。项目拟在唤起企业对生态设计重要性的认识基础上，在大公司取得效果。1994 年荷兰政府开始向 4500 家中小企业推行生态设计项目。

　　（2）联合国环境规划署——可持续产品设计（Sustainable Product Design，SPD）。

　　联合国环境规划署（UNEP）于 1994 年成立可持续产品发展工作小组，推动可持续产品设计（SPD），该计划注重于可再生能源与物质（renewable energy and material）的利用，并通过系统与服务的设计对人类文化、社会及经济等活动来产生正面的影响。

　　（3）美国环保署（EPA）——环境化设计计划（Design for Environment Program）。

　　20 世纪 90 年代初，许多美国制造商开始思索如何将产品设计得更有品质、更有特色，与此同时，风险管理的趋势也逐渐以污染预防或源头减废的方式来降低风险。1992 年美国环保署的污染与毒性物质办公室（EPA's Office of Pollution

and Toxics，OPPT）与多家公司合作，通过商业行为的改变来鼓励污染预防，并改善工业产品及制程的设计；在计划中开发了"清洁技术替代评估"（Cleaner Technologies Substitutes Assessment，CTSA）。该评估方法是一套系统程序，可以分析比较替代化学品、制程及相关技术的成本、性能及环境风险等，而其他相关子计划，例如，绿色化学（green chemistry）计划，则致力于开发更为环保的绿色化学品与化学制程供厂商选择，并建议在产品的设计初期就引进环境化设计的观念，以期收到较高的环境效益。

（4）美国能源部——可持续设计计划（Sustainable Design Program）。

1993 年美国能源部（U. S. Department of Energy）在执行污染预防和能源效率（Pollution Prevention and Energy Efficiency，P2/E2）期间，将污染预防与可持续建筑的设计准则整合于能源部的设施计划（Facility Project）中，该计划的设计标的注重于建筑物本身与其相关设施，而其设计准则是以生命周期的整体观点出发，建议设施的可持续设计应达到规划可持续厂址、提升能源效率、节省物料与资源、加强室内环境品质、保护水资源、提升设计或建造的程序等。通过可持续设计的整体考虑，确保设施与设计、建造、操作及废弃等阶段，达到安全、能源效率及环保的目标。

（5）澳洲——生态再设计（Eco-Redesign）计划。

澳洲政府委托澳大利亚皇家墨尔本技术学院设计中心（Center for Design at Royal Melbourne Institute of Technology，CDRMIT）执行生态再设计计划，该计划主要包括三个内容：一是鼓励澳洲生产商在设计产品时，通过整体生命周期方式来考虑产品对环境的影响；二是说明生态化设计如何减少产品在生产、消费及处置时对环境的影响；三是说明采用创新环境技术能够协助企业获得国内和国际的市场。

（6）日本——环境品质功能展开（Quality Function Deployment for Environment，QFDE）。

日本工业环境管理协会（Japan Environmental Management Association for Industry，JEMAI）自 1998 年起开发的产品设计程序 QFDE。该程序特别针对组合性的产品（如家庭电器设备）而开发，而其特色是产品在规划设计阶段时，就将消费者的反应引入产品设计中，兼顾产品的功能性与环保性，并将消费者的反应转换成产品的组件设计，再针对组件提出最佳的改善方案，以期降低产品的环境负荷。

（7）中国已实施的重点项目。

近年来，中国已实施了原国家教委的重点基金项目和"863"高技术项目以及国家自然科学基金等项目，开展生态环境材料学的应用基础研究。在机制建设上，自1990年以来，国家环保总局在联合国环境署的支持下，对重点流域、重点行业推行清洁生产审计工作，并建立了基于企业与公众直接对话的国家"环境友好企业"评价机制。在企业界，被评为"环境友好企业"的企业，各自以不同方式、不同程度地实践着产品生态设计的理念，并收到了良好的环境效益和经济效益。但总起来看，中国对产品生态设计的研究与实践还处于起步阶段。在国家层面，还没有设立专门针对产品生态设计的研究机构；在企业层面，绝大多数企业还没有制订明确的生态设计战略和实施目标；在教育界，还没有把生态设计理念贯彻于对未来设计师的培养和训练教程之中；在消费层面，绝大多数消费者（特别是中低收入阶层）对绿色产品知之甚少。

3. 产品生态设计理念的转变

各种产品的具体设计方案千差万别，但从设计的程序和方法论的角度来看，仍有一些共同的概念与步骤，一般都包括产品功能需求分析，产品规格定义，设计方案实施，参考产品评价。在传统的产品设计中，针对以上四个阶段，主要考虑的因子有市场消费需求、产品质量、成本、制造技术的可行性等技术和经济因子，而没有将生态环境因子作为产品开发设计的一个重要指标。而在产品生态设计中就必须引入新的思想和方法：

（1）从"以人为中心"的产品设计转向既考虑人的需求，又考虑生态系统的安全的生态设计。

（2）从产品开发概念阶段，就引进生态环境变量，并与传统的设计因子，如成本、质量，技术可行性、经济有效性等进行综合考虑。

（3）将产品的生态环境特性看做是提高产品市场竞争力的一个重要因素；在产品开发中考虑生态环境问题，并不是要完全忽略其他因子。因为产品的生态特性是包含在产品中的潜在特性，如果仅仅考虑生态因子，产品就很难进入市场，其结果产品的潜在生态特性也就无法实现。

4. 产品生态设计的方法与步骤

根据产品设计的一般步骤，可将生态设计过程分为四个阶段：产品生态辨识，产品生态诊断，产品生态定义，生态产品评价。

（1）产品生态辨识。

产品生态辨识即首先根据产品的用途、功能、性质，可能的成本，原材料选择等建立参照产品模型，然后对该参照产品进行生命周期评价，即对产品在其整个寿命期内的相关生态环境干扰进行定量化识别，对各种环境因子的影响大小进行科学评估，对产品的总体潜在环境影响进行综合与评估。按照"环境毒理学与化学学会"（SETAC）的生命周期评价的技术框架，大致包括目标与范围定义、清查分析、影响评价和改善分析四部分。

①确定研究目的和定义研究范围。必须清楚地说明开展此项生命周期评价的目的和原因，以及研究结果的可能应用领域。定义研究范围应保证能满足研究目的，包括选择产品系统、确定系统边界、说明数据要求、指出重要假设和限制。研究范围可能会随着生命周期评价工作的进行，获得一些新的信息，进行适当的修改。

②清查分析。根据所确定的系统边界及功能单元，建立产品系统每个寿命周期阶段的能流、物流流程图。收集针对功能单元的详细输入、输出数据，然后对所有数据进行标准化处理，并且在每个子系统内物质和能量都必须平衡。

③影响评价。影响评价是对在清查分析阶段所得出的环境压力进行评价的一个技术过程，包括定量、定性评价。影响评价包括以下三个步骤：

第一，影响分类。将清单分析阶段所得到的环境干扰因子综合为一系列的环境影响类型。

第二，特征描述。针对所确定的环境影响类型对数据进行分析和定量化。特征描述需要进一步对数据进行标准化，主要目的是使数据具有可比性。特征描述的结果最终表达为环境影响状况。

第三，比较评估。对各种不同环境影响类型的贡献进行赋权，从而对不同潜在环境影响可以进行相互比较。其目的是进一步对环境影响评价的数据进行解释和综合。目前比较评估的具体方法在生命周期评价方法论中是一个热点问题。

④改善分析。根据评价结果，针对设计中的问题采取有目的的改进措施。

（2）产品生态诊断。

通过生态辨识，对产品的生态环境影响有了定量和定性的初步结论，就必须进一步进行产品生态诊断。其目的在于确定：

①参照产品最重要的潜在生态环境影响是什么？潜在环境影响是指对资源能源消耗，全球性环境压力（如 CO_2 增温，臭氧层破坏，酸化等），以及职业健康和生态系统健康等方面的一个综合评估。

②这种潜在影响的主要来源？根据环境干扰因子与环境影响的因果关系，说明最主要的环境干扰因子是什么？例如根据产品可能造成的酸化问题，SO_2、NO_x、HCl、NH_3 对此的"贡献"如何？

③从产品寿命阶段来看，哪一阶段的环境影响最重要？需要从产品的所用原材料的采掘、生产、产品制造、使用，以及用后处理与再循环等环节去分析。

④从产品结构上来看，哪一部分造成的环境影响最大？根据生态诊断的结

果，需要进一步进行替代数据模拟，如改变产品中对环境影响最大的某个部件的结构或选择新的材料等，然后比较新的替代设计方案与原型方案之间对环境影响的差别，为进一步进行生态产品定义提供科学基础。

（3）产品生态定义。

产品生态定义即根据生态系统安全与人类健康标准，选择未来生态产品的生态环境特性指标。其目的在于确定产品的生态环境属性，使得整个产品的商业价值中能包含生态环境价值。产品生态定义必须根据生态辨识和生态诊断的结果来进行，具体包括两个步骤：

第一，确定影响产品竞争能力的生态环境参数。参数的选择需要考虑消费者的环境期望，竞争对手的环境焦点问题，企业的长期环境政策与战略，环境参数与其他参数的权衡等。

第二，制定产品具体的生态规范。产品的生态规范是产品最终进入市场，体现环境意识的一种具体表现形式。必须清楚、简明，易于消费者理解和认识。如低耗能、无氟（CFC）冰箱就是一个成功的生态规范。

（4）生态产品评价。

根据生态诊断的结果，参考产品生态指标体系，提出改善现有产品环境特征的具体技术方案，设计出对环境友好的新产品，并对这一生态产品设计方案重新进行生命周期评价和生命周期工程模拟，并对该方案的生命周期评价结果与参照产品的生命周期评价结果进行对比分析，提出进一步改进的途径与方案。因此，从产品生态辨识到生态评价是一个多次重复优化调整的过程，其目的在于能真正开发和设计出对生态系统友好的生态产品。

四、中国工业生态化的实施途径与手段

（一）建立完善的工业生态化法律及政策体系

1. 建立完善的法律体系建设

政府需要通过非市场手段促进工业生态化，规范市场竞争秩序，规避经济风险。中国的环境法制建设经过了 10 多年的发展，已初步形成了适应市场经济体制的环境法律体系框架，为实现中国环境与经济可持续发展提供了有力的法律保障。但是，从总体上来看，目前中国在促进工业生态化发展方面的法规建设仍然是薄弱环节，法规不完善、不配套，执法力度也有待于加强。因此，需要进一步完善促进中国工业生态化的法律制度体系。具体应该从 4 个方面着手，即：制定

促进工业生态化的配套法规；修改有关的法律法规；创设新的法律制度；加大法律执行力度。

2. 促进中国工业生态化的政策体系建设

中国工业生态化的政策体系建设，就是要把工业生态化和可持续发展理论植入工业政策制定和实施的全过程，把建立工业生态系统作为工业发展的目标，明确工业发展的方向。同时通过各种产业政策措施，以利益激励为主导机制，发挥企业作为产业经济活动主体污染防治主体的积极性、自觉性，引导企业在生态效率最大化的内在动力驱动下，主动与其他企业进行质能循环等技术合作，真正从源头上控制和治理污染，实现产业发展与环境保护的协调。促进中国工业生态化的产业政策主要包括税收政策、财政政策、金融政策、外贸政策。

（二）依靠科技进步，为中国工业生态化提供技术支撑

工业生态化的发展离不开科学技术的支撑，否则工业生态化所追求的提高生产效率目标将难以从根本上实现。工业生态化的技术载体是面向环境的技术。这种技术进步对中国工业生态化的促进作用要表现在：可以极大地提高资源生产率，提高单位资源消耗的经济产出，使资消耗从高增长向低增长、再向零增长转变；也可以显著地减少废弃物排放，从设计的源头就考虑材料的再利用，使污染排放量从正增长向零增长、再向负增长转变，从而缓解中国经济快速发展和人们生活水平提高对生态环境和地球资源的巨大压力，实现经济与社会的可持续发展。工业生态化的技术主要包括环境无害化技术、能源高效利用和节约技术、绿色制造技术、新能源和可再生能源利用技术以及提高资源效率和综合利用技术。

（三）大力推进清洁生产、完善生态工业园区建设

1. 大力推进清洁生产

清洁生产是指既可满足人们的需要，又可合理使用自然资源和能源并保护环境的一种生产方法和措施。清洁生产包括清洁的生产过程和清洁的产品两个方面的内容，即不仅要实现生产过程的无污染或不污染，而且生产出来的产品在使用和最终报废处理过程中也不对环境造成损害。推行清洁生产的主要思路：①科学规划和组织协调不同生产部门的生产布局和工艺流程，优化生产诸环节，将单纯的末端污染控制转变为生产全过程的污染控制。交叉利用可再生资源和能源，减少单位经济产出的废物排放量，达到提高能源和资源利用效率、防止环境污染的目的。②通过资源的综合利用，短缺资源的替代，减少资源的消耗。③减少废物和污染物的生成和排放，促进工业产品的生产、消费过程与环境相协调，降低工业活动对人类和环境的风险。④大力开发绿色工业产品，替代或削减对有害环境的产品的生产和消费。

2. 完善生态工业园区建设

生态工业园区是相对于传统的工业园区来说的，它是以循环经济理论和工业生态学原理为基础设计的一种新型的工业组织形态。园区内一个工厂或企业产生的副产品用作另一个工厂的投入或原材料，通过废物交换、循环利用、清洁生产等手段，最终实现园区的污染"零排放"。

完善生态工业园区建设是中国工业生态化建设的重要步骤。这方面可以充分借鉴国外成功工业园区的经验。在园区成员的选择上要充分考虑成员间在物质和能量的使用上是否能形成类似自然生态系统的生态链或食物链，只有这样才能实现物质与能量的闭路循环和废物最少化。园区成员间是否具备市场规范的供需关系以及供需规模、供需的稳定性等都是在成员的选择中要重点考虑的问题。此外，政府也应该加快制订适宜的保障措施和激励机制，建立和完善市场机制下的管理和服务运作模式，引导有利于循环经济的消费和市场行为，积极整合各种资源优势，探索一条适合中国国情的生态工业园区建设之路。

（四）金融鼓励"绿色消费"

生态工业的持续发展最终拉动力在于绿色消费，为此从国家层面需要提倡绿色消费，尤其金融应该鼓励绿色消费。如对公众购买环保型的无氟冰箱，银行可联手商家推出贴息甚至免息的消费贷款鼓励其消费；反之，对于污染严重的助力车则不予贷款而加以有效的消费抑制。因此，从这个意义上看，"绿色消费"客观上要求银行在信贷政策的制定上，体现出对"绿色产品"消费给予积极支持，而对污染项目和妨碍公众健康和安全的有害产品的消费则相应采取抑制性的信贷政策。而且，金融鼓励"绿色消费"在客观上已成为银行寻求"卖点"的理想选择。因为，一经步入资金买方市场，如何为银行信贷资金寻求到一条安全可靠而又效益良好的"销路"，目前业已成为困扰中国银行业的一件心事。根据环境保护的基本国策需要，"绿色消费"有望成为银行资金的最佳"卖点"。

第三节　生态工业园区

全球产业生态学者最常引用的生态工业园区原型典范，是位于丹麦卡伦堡（Kalundborg）的发展案例。它位于哥本哈根市以西 100 公里处，全市人口仅

19000 人。在那里一些公司使用彼此废弃物作为对于本身制造所需原辅材料。该地区的产业共生关系演变过程，是一种自发、缓慢演化而成的。而这些企业之间以及与社区间的物质与能源交换网络，20 多年来，已沿着距哥本哈根西边 75 英里处海岸地区发展成为一小型产业共生网络。

从 1976 年开始，诺和诺德（Novo Nordisk）制药厂和鱼池水处理工厂所产生的废弃污泥，提供给临近农场作为肥料使用。现在这占了卡伦堡副产品交换网络中一个相当大的比重，每年交换量超过一百万吨。另有一间水泥公司再利用发电厂去硫化飞灰。

阿斯尼斯（Asnaes）公司利用碳酸钙（$CaCO_3$），将二氧化硫（SO_2）置于烟道瓦斯中反应，产生出可以卖至吉普洛克（Gyproc）工厂的硫酸钙（石膏），并提供了吉普洛克工厂 2/3 的需求量。

炼油厂以除硫工艺产出纯液态硫，然后将这些液态硫载送至一个制造硫酸的公司（Kemira）。诺和诺德生产胰岛素所剩下的酵母则给农夫作为养猪饲料。

此回收再利用网络帮助各参与公司产生新收入并节省成本，同时减低了该地区的空气、水和土地污染。从生态学角度来说，卡伦堡的经验展现了一个简单食物链的特质，即生物有机体消费彼此的废弃物质与能源，演变成彼此相依存的状态。这种跨公司的再利用和循环模式不但降低了空、水及土壤污染，而且通过副产品交换，节约了水和其他资源，产生了新的年度收入盈余项目。

一、生态工业园定义

（一）定义

生态工业园（Eco-Industrial Parks，EIPs）是依据工业生态学原理和循环经济理论，并模拟自然生态系统，使得园区内的企业按照"生产者—消费者—分解者"的生态链关系连接起来，形成的工业生态系统（Industrial Ecosystem），是生态学原理在工业领域中的应用与拓展。

生态工业园（Eco-Industrial Parks）的定义是：工业园内企业生产以"市场配置为主、政府引导为辅"的模式，进行物质原料、副产品循环使用与能源层递使用（简称质能循环）等生产合作，使企业间形成产业共生式关联，使产业链交汇成产业共生系统；企业间的质能循环合作生产，使园区内部企业由资源消耗与污染带来的生产成本最小化，使参与者的经济效益最大化，又为社会带来环境效益增长。

　　生态工业园的内涵包括三个层面：首先，它是一个工业园区，其主体包括进行工业生产的若干个企业、工厂和政府管理部门。其次它是一个环境友好的园区。在这个层面上，各个企业或工厂被抽象成不同的工艺流程，即投入一定的原材料并产出产品和废弃物，在此基础上，将这些工艺流程进行整合以减少工业过程的废弃物排放，减少对环境的影响。最后，它还是一个网络型的组织，为了使工艺流程的整合成为可能，就需要通过一定的激励和约束机制促成原本互相独立的企业或工厂之间的合作。

　　我们可以发现，从强调产业链相互关联的企业的经济的和环境的共生发展，到产业链相关企业与社会相关组织的经济、环境以及社会利益的共生关系，生态工业园不仅仅是追求效益的相关企业的群落、共生体，它实质上是和园区的发展相关的经济的、环境的和社会的各个方面构成的一个融合体；并且这个融合体可以跨越地理空间的限制，以虚拟的形式存在。生态工业园的发展，不仅是解决共生企业内部及之间的技术问题，建立和发展园区企业与园区周边社团组织、政府及相关部门、研究机构等之间的协作关系也十分重要，它们都是园区生态系统构成的成员。

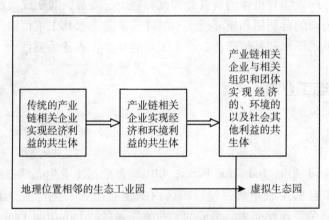

图 8 - 12　生态工业园概念的演进

　　资料来源：熊艳：《生态工业园发展研究综述》，载《中国地质大学学报》（社会科学版），2009 年第 1 期。

（二）生态工业园的特点与功能

1. 基本特征
生态工业园被誉为继经济技术开发区、高新技术产业园区之后的第三代工业园区建设模式，其寻求能源与原材料使用的最小化，废物排放最小化，以建立可持续的经济、生态和社会关系。

与传统产业园区相比具有明显不同的特征：

（1）生态工业园区内有各种副产物和废物的交换、能量和物质的梯级利用，基础设施的共享以及完善的信息交换系统，目标是使一个区域总体的优质资源增值。

（2）生态工业园并不单纯是环境技术公司或绿色产品公司的集合，而以形成工业生态系统、构建产业链为原则进行园区企业成员的选择。

（3）园区企业相互合作，以供求关系形成网络，而不是单一的副产品或废物交换模式或交换网络。生态工业园与当地社区、区域发展形成良性互动关系，扭转传统工业园区与区域环境自然、社会、经济等的对立形式。

（4）工业园区利用环境工程技术、市场经济机制和工业生态学原理，为企业高效生产提供适当的发展环境；通过环境无害技术，合理、循环地利用环境资源，减少环境不良影响，实现环境与经济的共赢。

归结而言，生态工业园最本质的特征在于企业间的相互作用以及企业与自然环境间的作用，对其主要的描述是系统、合作、相互作用、效率、资源和环境，这些是传统工业园难以同时具有的特征。

2. 主要功能

生态工业园的主要功能体现在四个方面：绿色生产、科技开发、示范带动和综合服务。

（1）绿色生产功能。这是生态工业园区的基本功能，意味着园区工业生产不单纯以经济效益为目标，而是通过物质的循环利用，能量的梯级利用，减少资源消耗和环境污染，寻求经济、环境、社会的和谐发展。

（2）科技开发功能。园区的发展是以环保技术、物质能量集成技术、资源回收利用技术、清洁生产技术、信息技术、环境监测技术等为支撑，因此开发各类环境无害化技术是生态工业园区别于传统工业园区并保持旺盛生命力的关键所在。

（3）示范带动功能。生态工业园区从根本上解决资源、能源和环境的可持续发展，有利于推动区域产业结构调整和企业产品战略调整，有利于拉动地区经济增长，有利于保护生态环境；通过环保产业和产品的培育，带动绿色消费；通过新型环境无害化技术推广，带动企业新工艺技术水平的提高。

（4）综合服务功能。是指为生态工业园区绿色生产、科研和技术开发等提供各类专业服务的能力。综合服务能力的提高将极大促进园区企业共生网络的形成、企业市场竞争力的增强、区域生态环境的逐渐改善，最终实现经济、环境、资源、社会协调发展。因此园区的综合服务功能具有突出的重要作用，其水平的高低将直接影响到生态工业园的发展。

（三） 国内外生态工业园的发展现状

1. 国外生态工业园实践的新进展

从 20 世纪 80 年代生态工业园的典范——丹麦卡伦堡生态工业园产生以来，世界范围内的生态工业园的发展非常迅猛。基于对生态工业园以往发展经验的总结，在连续召开的三届世界工业共生研讨会的学术及实践的探讨与交流中，来自世界许多国家和地区的学者和实践者，在对生态工业共生关系理论进行研讨的同时，对欧洲、亚太地区、北美、非洲和拉丁美洲等地区的生态工业园的实践经验也进行了介绍。其中关于英国的国家工业共生项目 NISP，韩国的釜山生态城市（Busan Ecocity）计划，加拿大的艾伯塔（Alberta）工业园的相关实践折射了现代生态工业园发展的一些趋势。

（1）英国国家工业共生项目（National Industrial Symbiosis Programme，NISP）。

NISP 是英国第一个国家层面的生态工业发展项目，也是世界上第一个国家范围内的工业共生项目。该项目的主要执行者是国际增效有限公司（International Synergies Ltd）。该公司通过与地区政府的联系，免费为企业提供废物再利用项目。项目开展中所获得的效益，由当地政府从垃圾处理税中划出专款给予该公司。同时，也有其他多个组织给该公司提供资金。如今其项目分布在英国各地，已有七十多位实践者参与其中的工作。由于在减少 CO_2 的排放、降低成本、提高废物的利用、增加就业机会等方面获取了显著的经济效益及其他社会效益，2005年该项目获得政府 600 万英镑的专项拨款。为了项目实施的掌控以及参与企业履行承担的社会责任，NISP 有独立的机构，主席由环境经济学家保罗·艾肯（Paul Ekins）教授担任，另外还有来自政府机构的代表，更重要的是有专门的商业顾问团给企业提供机会指导。参与的企业多达 4000 多家。它们来自众多行业，有小的私人企业，也有大的跨国公司。NISP 项目追求的是环境、经济和社会效益的可持续发展，已经引起了世界的关注。NISP 的实践表明，政府的支持在工业园的实践中作用重大，它是园区实践的重要资金来源，同时相关组织和团体的共同参与是保证园区健康发展的重要因素。

（2）韩国釜山的生态工业园。

釜山是韩国的第二大城市，现有一个国家级和一个地方级生态工业园，是韩国全国 28 个国家级及 180 个地方级生态工业园的代表。两个园区紧密相关，事实上可看作一个整体。园区有 2000 多家小型企业（员工平均人数仅 20 人）、10家大型公司和 8 家行业协会，雇员人数达到 46000 人。为更好地协调各企业的活动，实现釜山生态城市循环经济的可持续发展，其组织参与模式如图 8 - 13 所示。

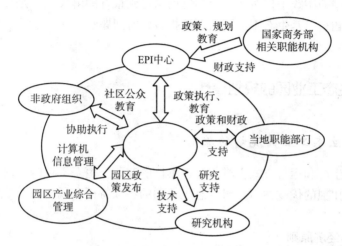

图 8 - 13　EIP 中心的组织参与模式

资料来源：Lombardi DR，Laybourn P. Industrial Symbiosis in Action，Report on the Third International Industrial Symbiosis Research Symposium ［EB/OL］. http：//environment. yale. edu/publication-series/industrial_ecology/4951/industrial_symbiosis_in_action/，2008 - 08 - 15.

（3）加拿大的艾伯塔（Alberta）工业园。

加拿大的艾伯塔工业园是一个全球性的石油化工和化学产品产业集群，它是一个地区型的工业园区，正在实施生态工业发展战略。2006 年 7 月，该园区计划建立一个基于网络的发现增效手段的地理信息系统，以方便园区企业间建立关系和提高效率。该园区受到了加拿大政府对生态工业园发展的首次规划指导以及500 万美元的支助扶持。从实践角度来看，基于网络的地理信息系统的建设对生态工业园的发展意义重大。它解决了生态工业园发展的地理区域这一因素的制约问题，为生态工业园向虚拟园的方向发展提供了技术上的支持，扩大了生态工业园在地理空间上的范围。

2. 中国生态产业示范园发展现状

中国经济经过近 30 年的高速粗放式的发展，对生态环境造成了巨大的压力，目前生态环境脆弱，其恶化的趋势仍未得到有效遏制。从 1999 年以来，国家环境保护总局就开始推动循环经济的发展，截至 2008 年 3 月，环境保护部已经批准建设的生态示范园有29家，而且目前国内绝大多数的省、地市甚至部分县都开始建设自己的生态工业园。但另一方面，有资料显示，生态工业园目前的实施状况并不如预期，国外只有丹麦卡伦堡生态工业园给出了比较详细的技术经济效益分析，国内则只有鲁北生态工业园有资料显示获得了较好的经济和环境效益。在生态工业园的实践中仍然有三个问题尚未得到很好的解决：一是生态工业园的经济效益问题；二是生态工业园的环境扩散效益问题；三是生态工业园的技术创新问题。

二、生态工业园的规划设计

（一）生态工业园规划的原则

由于在生产和运行方式上进行了根本性的改革，生态工业园相对于普通工业园具有无可比拟的优越性，针对生态工业园的各项特征和属性，在规划时应遵循不同的原则。

1. 循环经济原则

生态工业园是循环经济在工业生产领域的实现模式，故应遵循循环经济的原则，分别从输入端、生产过程中和输出端优化物料和能量的使用，从源头减少污染，并形成物质循环和能量多级利用的模式，提高利用率，最终实现对环境影响最小化。

2. 科技兴园

以科技力量为支撑，软硬件并重，形成界面友好、可扩展的管理系统；纵向一体化延伸，建立上下游企业的紧密联系，横向共生耦合，形成主导产品环环相扣的产业链，使竞争与协作并存，构成共栖、互利的产业共生模式。

3. 绿色管理

倡导园区管理绿色化，实施基于ISO 14000国际环境管理体系的管理、支持和服务系统，树立企业绿色形象，以制度和指标保证工业园的运行状态。

4. 师法自然

进行严格的仿生分析，注重工业生态系统分解者、再生者的建设，丰富系统的多样性；循序渐进，进行动态管理。

（二）规划方法研究

生态工业园建设规划应遵循上述原则，运用工业生态学、景观生态学、循环经济和系统工程的原理和方法，对园区进行生态化设计。借助其他领域的分类方法，生态工业园规划可以从面向对象和面向过程两个角度展开，前者对单个问题进行研究，考虑解决各问题的最优化方法；后者是在前者基础上按照一定的时间和逻辑关系，综合寻求整体的最佳方案，指导规划的实施。

1. 面向对象的规划方法

从面向对象的角度出发，是根据生态工业园规划过程中要解决的实际问题，如水网、交通道路网、景观生态网布局，生物多样性保护，能量和水集成，主产品和废物代谢，污染控制等，分别研究其对应的规划方法。其中生物多样性保护大多纳入景观生态规划中，但考虑到生态工业园"三通一平"过程中对生物多样性影响较大，应给予高度重视，故单独进行规划。

（1）水网布局规划。

目前，水网布局研究的热点主要是水体景观设计，尤其在城市规划中涉及较广，而缺乏针对范围较小、工业集中区域的研究。结合生态工业园和城市在主体功能、发展规模上的差异，对城市水系统规划方法进行选择性的借鉴和改进，探索出一套符合生态工业园特点的水系规划布局方法。

生态工业园水网构成应包括地表水网、地下水网、供水网、用水网和排水网，由于地下水资料难以获得，供水、用水和排水则更多体现在水集成和污染控制规划部分，故水网布局仅以各类地表水为主。

根据水网的空间和生态特征，地表水布局规划应按照从水到岸的思路，通过水体—岸线（滨水带）—滨水空间（陆域）的三个圈层进行规划（见图8-14）。首先，设立水体（核心层）的水域控制基准线，作为水系生态保护和生态修复的重点；其次，在界于水体常水位和最高控制水位之间的空间划定滨水带，并根据使用

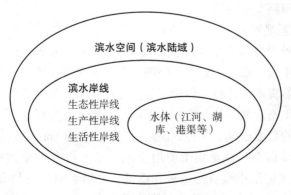

图8-14　水网规划布局三圈层

资料来源：项学敏等：《生态工业园规划方法研究与展望》，载《环境科学与技术》，2009年第1期。

情况适当延伸和拓宽，作为生态绿化建设、修复及滨水功能设施布局的重点；最后，将濒临水体的陆域地区作为园区功能布局、开发建设及生态保护的重点地区。水网规划应统筹兼顾这三个圈层的生态保育、功能布局和建设控制，形成良性互动的格局。

（2）交通道路网规划。

对于生态工业园而言，物流密度高、集中时段的人流高峰、与园区外部的强流通性等特点对道路交通提出了较高的要求，应突破传统的静态空间规划方法，整合交通速度和密度这两个要素，在建设高速交通网络同时完善次级交通网络，鼓励多方式的交通，采用高效的公共干预手段。

路网布局的规划方法主要有总量控制法、双层规划模型法和节点重要度法，其中节点重要度布局法经改进后，经实践经用已取得了良好的效果。该方法用于生态工业园区道路交通网布局，整个工作思路为"点→线→网"的布局过程。首先，确定园区路网布局的指标，包括人均道路用地面积、车均车行道面积、道路网密度、道路网等级结构、道路功能明确率、道路网连接度、可达性、出行时耗和道路交通服务水平等。其次，对园区运行期间交通量进行预测，通过运输集散分析，选择园区人流和物流的交通节点，并根据其规模、功能、负荷及权重，评价各节点的重要程度，通过聚类分析将节点分成不同的层次。再次，根据节点层次的差异，用不同等级的道路连接节点，通过道路宽度、分流能力、非直线系数、控制方式的差异体现不同的道路等级，实现园区内人员和物料便利地流通。最后，在保证路网布局指标合格的基础上，缀加交通负荷较低的生态步行道和走廊，既复原了连接各生物圈的通道，解决了园区施工导致的生物栖息地占用和破碎等问题，又为园区人们休闲娱乐和亲近自然提供了机会，形成兼具高效性、连通性和人性化的道路交通网络。

（3）景观生态规划。

生态工业园景观规划的要素包括土地使用、建筑、基础设施、视觉效果、环境质量、绿化、土壤、水文、景观、照明、交通和周边环境等，布局设计时应遵循保护与节约自然资本、让自然做功、显露自然和因地制宜原则，除了满足视觉效果，更要实现生态意义，使其有效为园区的可持续发展服务。

从优化格局的角度出发，一种方法是运用福尔曼（Forman）提出的最佳生态土地组合模式，整体布局注重集中使用土地，以保持大型植被斑块的完整性，同时在工业集中区保留小型自然植被和廊道，并沿着自然斑块和廊道的周围地带设计一些小的人为斑块（如居住区和主题公园）；另一种方法是以廊道——轴线、斑块——节点、基质——面域六要素为支撑，搭建兼具多样性和开放性的空间网架，园区主要山体和水体作为网架中基质—面域，反映园区的景观背景；大型带状景观作为廊道支撑主骨架，构建网架的基本形态和走势；小型线状景观作为轴线起辅助联系的作用；小型块状景观作为斑块和节点，加固网架的形态和联系。

从生态安全角度出发，应以生态关系为核心，首先，搜集生物（植被、野生动物等）和非生物（地理、地质、气候、水文和土壤）的景观资料；其次进行生态—环境敏感地划分和土地环境潜能评价，将保障生态安全和实现生态功能作为确定景观系统尺度、强度、规模及实施方式的依据；最后，确定构成异质的"斑块"、"廊道"、"节点"各组分间合理配比，建立科学的土地利用模式。

（4）生物多样性保护规划。

无论是开辟新的处女地，还是利用废弃土地，或者对原有工业园区进行生态性改造，首先都要进行工地平整和施工建设，加上园区运行阶段工业和生活排污，将会导致噪声、地表硬化、生物栖息地占用和破坏、大气和水体污染等现象，对生物多样性影响极大。鉴于此，应以生态系统或群落生境、栖息地的保护为目标，从降低园区施工运行对生物多样性的影响和对受损生境进行修复补偿两方面规划。

对前者，可采用工程项目建设前后生物多样性指数对比的方法，选取物种丰富度、生态系统类型多样性、植被垂直层谱的完整性、物种特有性、外来物种入侵度等评价指标，预测不同的土地利用、施工建设和运行方式导致的生物多样性指数变化，作为确定园区最佳建设方案的指标之一。即要求在施工建设中，尽量留存和保护生物迁移、分布和遗传的重要路径和廊道，同时采取相应措施缓解甚至避免施工过程噪声、扬尘、污水、废弃物等对生命活动和生存空间的影响，维持生物生存所需的物理空间和环境质量。

对后者，则是采用恢复和再造小生态系栖息地的方法，即保障生命活动的最小空间单位，以维持生物种群的生息和生育，该方法在韩国进行了许多小规模的实践。小生态系栖息地营造应从空间和时间的角度考虑，建设不同空间、不同季节使用的自然复原系统，类型包括屋顶花园、生态池塘、浮岛、生态通道、人工湿地、坡面绿化等，一方面构成工业园区的特色景观，另一方面修复受损生态系统，调节局部小气候，优化生物栖息环境。

（5）能量利用规划。

生态工业园的能量集成就是要实现系统内能量的有效利用，不仅要包括每个生产过程内部能量的有效利用（蒸汽动力、热回收系统等），也包括各过程之间的能量交换，即一个过程多余的能量作为另一过程的能源加以利用。对于能量系统的有效利用已有了较成熟的理论和技术，由 Linnhoff 提出并不断完善的夹点技术，从热力学角度分析换热网络的物流匹配问题，明确指出发生能量损失的阶段和位置，并提出最佳匹配方式以达到最小的能量损失，由于其物理概念清晰、目标明确、集成规则明了，被广泛应用于化工过程能量系统的优化集成或改造。郭素荣以鲁北工业园区为依托，将夹点分析方法与热—电—冷联供、热泵等技术结合，构建生态工业园的能量集成模式，实现了能源梯级利用。

（6）水集成规划。

国外解决生态工业园的水分配和再利用问题，一般使用地理信息系统计算工业园区企业之间的距离，用线性规划模型评估工业园的水的直接再利用、污水再利用及不同的水处理方法，为优化水再利用成本提供了可能，但没有考虑相应的资本投资（如管道）和运营维护成本。

中国的研究呈现多样化，水系统集成分别在企业和园区两层面展开，综合运用用水预测、空间技术、集成模拟和定量评估等技术，纳入需求、污染、渗漏、节约和补给等方面的动态性和不确定性等因素，采用预先控制、过程控制、目标控制、反馈控制、正体控制和层次控制等方法，解决园区水分配问题；同时，对水系统循环模式进行改良，增加"节水"、"治污"和再生水"回用"子系统，采取废水级联使用、集中回用、作为生产或以废治废的原料、处理设施共享等途径实现水资源的高效、节约利用。

可以模拟自然生态系统的食物链和食物网等关系，将生态工业园内各种未经处理的自然水源（江、河、湖、海以及雨水等）视作主生产者，对水做进一步处理的自来水厂视作二级生产者，按照对水质要求高低，分别把用户视作一级、二级、三级消费者，把收集出水并根据需要再分配的管道系统视作清道夫，把处理不能直接再利用的废水的污水处理厂视作分解者，并根据水系统的目标和要求，构建符合生态系统要求的生态工业园水资源网络模型，实现水流的闭路再循环，达到水流的最大利用。

（7）产业链规划。

生态工业园的产业类型包括动脉产业和静态产业两种，前者承担资源—产品—消费过程，后者承担废弃物无害处理化和再生资源化，二者共同作用，构成生态工业园产业链的良性循环，产业链规划应从动脉产业生态化和静脉产业规模化两方面入手。

生命周期分析与评价方法是目前动脉产业生态化最常用的规划工具，该方法把产品生命周期分为原材料获取、生产过程、运销过程、使用过程和循环利用五个阶段，在各阶段内部为产品建立评价指标，辨识和量化各阶段物能的消耗及环境释放，得到产品的经济总指标、环境总指标、社会总指标及综合指标，对不同的产品进行比较，评价这种消耗和释放对环境的影响，并辨识减少这些环境影响的机会。该方法为资源政策的制定和产品的设计提供了理论依据，当一个工业系统有多个产品或多条产品链可供选择时，可以应用该多层面产品评价模型，根据需要设置不同的优化目标，设置经济、环境和社会的不同权重，利用优化算法得到最优结果。然而，目前物料流动分析的研究方法局限于物料在各生产环节的流通，较少考虑物质转化问题，难以实现定量化分析。

静脉产业规划立足于资源回收、聚散、加工和再利用等功能，最常用的方法是采用补链战略，即在园区动脉产业中选取物能消耗较大、废物和副产品排放量大、带动或牵制其他企业发展的重点企业作为"关键种"，分析其工业代谢，以其副产品和废物作为静脉产业生产的原材料，引入包括生产废料、废水、容器包装、废旧电子产品、建筑废料、生活垃圾等的处理和循环利用在内的产业补充生态链，采用废旧物资处理集约化和经营规模化的模式，建立园区内部批量收集运输、集中处理加工、统一配送销售的机制，对产业生态链进行补充完善。规划中还应考虑静脉产业作为新兴产业，其运营成本高、建设周期长、资金回笼缓慢等特点会成为发展的瓶颈，必须通过颁布金融扶持策略、提高产业准入门槛、引入高端技术和搭建产业信息平台等举措，为静脉产业规模化提供有力的政策支持和技术支撑。

（8）污染控制规划。

生态工业园被视为"绿色园区"和"清洁园区"，环境优良是其重要特征之一，但目前改造旧工业园区在生态工业园建设中占较大比重，化工、食品（如贵港制糖）、金属（如包头铝业）等污染较重的行业作为主导产业居多，导致园区环境本底脆弱，加上工业群落集中，管理和控制稍有漏洞就有可能变"集中治污"为"集中排污"，环境危害极大，因此工业生产和生活各环节的产污、排污、治污都应高度重视。

污染控制规划一般采用分类分段控制的方法。首先进行污染源预测和分类，由于静脉产业的引入和物料梯级利用，园区工业废水和废料的排放量大大降低，主要污染物按照类型和来源可分为：来自包装和运输过程中的跑冒滴漏、生活垃圾和污水、办公垃圾、施工建筑垃圾、交通尾气和噪声、危险废物及各工业区可能产生的特殊污染物等；然后针对各类污染物，从其产生、排放到最终处置的全过程，选取经济上和技术上合理的方案进行分段控制，在源头可通过采用清洁生产工艺、运用高科技产品和颁布绿色采购清单等控制污染物产生，建筑施工阶段实行垃圾统一收集、分类堆放、及时清运，包装运输过程中添加容器缓冲和机械维护等程序杜绝跑冒滴漏，交通污染控制可通过街道绿化、发展轻污染交通工具、推广无铅汽油使用和合理调配交通流量等角度实现，对无法再生利用的废水、固体废弃物则根据污染物特性，分别采用合适的物理、化学和生物方法进行处理和处置，最终实现达标排放和无害化。

2. 面向过程的规划方法

从面向过程的角度出发，可构建生态工业园区建设系统工程的三维结构。其中，时间维即生态工业园区建设全过程，包括规划→设计→分析→运筹→实施→运行→更新 7 个阶段；逻辑维包括利用系统工程进行生态工业园建设时遵循的一般程序，即摆明问题→系统设计→系统综合→模型化→最优化决策→实施 6 个步骤；知识维则涉及规划和运营过程中用到的所有知识及相关技术，如景观生态学、工业生态学、清洁生产、信息技术等。

按照生态工业园规划的步骤及涉及的实际问题（即逻辑维），将规划方法分为科学思维方法、科学决策方法、工程学方法、经济学方法和社会学方法五大类；按照所属学科及执行方式（即知识维），可将规划方法分为系统方法、空间方法和数学方法等，分别如表 8 - 4 和表 8 - 5 所示。

表 8 - 4　　　　　　　　　　规划方法分类——逻辑维

方法	具体内容	备　注
科学思维方法	比较、类比；分析、综合；归纳、演绎	规划工作主体必备素质：适用于研究意义较强的非法定规划，能解决热点和现实问题
科学决策方法	优化方法（层次分析法、头脑风暴法）；数学建模（理性模型、分立渐进模型、折中混合模型）	规划编制过程决策工具：要素包括决策者、课供选择的方案、衡量方案的准则、客观的自然状态等
工程学方法	生态和环境工程技术；物流工程技术；景观分析技术；市政工程技术	规划的技术支撑：对突破性新技术的运用较谨慎，重视现成技术的综合运用
经济学方法	经济核算方法；损益值分析方法	主要关注分配和效率、投入和产出问题
社会学方法	探索性研究；描述性研究；说明性研究	研究方式：社会调查法、实地研究法、实证研究法、简介研究法（历史比较研究、文献研究）

资料来源：项学敏等：《生态工业园规划方法研究与展望》，载《环境科学与技术》，2009 年第 1 期。

表 8-5   规划方法分类——知识维

规划方法	含 义	在 EIPs 规划中的应用
系统规划法	根据企业目标制定出信息系统战略的结构化方法	对数据进行统一规划、管理和控制,向企业提供一致性信息
数学规划法	对系统进行统筹规划,寻求最优化方案的数学方法	解决物流系统中设施选址、物流作业的资源配置、货物配载、物料储存的时间与数量问题
空间规划法	在计算机硬软件支持下,对空间地理分布数据方进行采集、分析和描述的技术系统	通过控制园区内部各个生态单元,确定生态信息系统结构,在生态质量评价基础上进行规划

资料来源:项学敏等:《生态工业园规划方法研究与展望》,载《环境科学与技术》,2009 年第 1 期。

三、生态工业相关网站

(1)国际工业生态学会(www.is4ie.org):国际工业生态学学会致力于寻找解决工业化过程中复杂环境问题的解决方案,并促进科学家之间的交流,工程师、决策者、管理者和倡导者是谁感兴趣的活动更好地与经济相结合的环境问题。该 ISIE 任务的是促进生态研究使用在工业、教育、政策、社会发展和工业实践领域。

(2)国际工业生态学会学生网站(www.isiestudents.com):该 ISIE 学生分会成立于 2002 年 6 月在戈登举办的工业生态学研究会议(The ISIE Student Chapter has evolved from an informal network of IE students into an official extension of the ISIE, with an established organizational structure and charter and a significant student membership base around the globe.)该 ISIE 学生分会已经从一个学生的非正式网络成为一个正式的 ISIE 的延伸。其目标是利用网络为学生提供合作研究和职业发展的机会,确保学生发挥了积极,以促进学生的参与工业生态学领域的工作。

(3)耶鲁大学生态工业研究中心(http://environment.yale.edu/centers/Center-for-Industrial-Ecology/):该中心汇集了耶鲁大学的教职员工、学生、访问学者和从业人员,致力于工业生态发展领域最前沿方向的研究,与耶鲁大学其他研究机构及其他社会阶层进行合作研究,并与奥地利、中国、瑞士及其他地区建立了合作伙伴关系。

第九章

循 环 经 济

传统的经济发展模式是一种"资源—产品—污染排放"的单向线性开放式经济过程，在发展之初，由于人类自身对自然资源的开发能力有限，加之生态环境本身具有较强的自净能力，人类活动对环境的影响并不显著。但随着工业化水平的提高、技术的进步，人类对自然界的开发能力日渐增强，而生态环境本身的自净能力则随之减弱甚至丧失，此时，此种发展模式导致的环境污染、生态破坏及资源危机等弊端日趋势明显，并危及人类社会的可持续发展。

"生产过程末端治理模式"的提出，表明人类开始注意工业化过程的环境污染问题，该模式主要是针对生产过程末端的废弃物进行治理，其具体做法是"先污染、后治理"。该模式虽然在一定程度上能够减轻生产过程中的环境污染问题，但是由于末端治理技术难度较大，治理的成本较高，且其治理效果并不尽如人意，其经济效益、生态效益和社会效益并未达到人类的预期目标。

循环经济范式，它要求遵循生态学规律，合理利用自然资源和环境容量，倡导经济与环境的和谐发展，它采用全程处理模式，实现生产原料的减量化和生产过程及末端废物的再使用、再循环，建立"资源—产品—再生资源"的闭环反馈式循环过程，最终实现"最佳生产、最适消费、最少废弃"。

第一节 循环经济理论基础

20 世纪 60 年代，美国经济学家布尔丁（Kenneth E. Boulding）提出了"宇宙飞船经济理论"，他认为飞船是一具孤立无援、与世隔绝的独立系统，靠不断消耗自身的资源存在，最终它将因资源耗尽而毁灭。唯一使其延长寿命的方法就是实现飞船内的资源循环，尽可能少地排出废物。同样，地球经济系统如同一艘宇宙飞船，虽然其资源丰富，地球的寿命也长，但出只有实现对资源循环利用，地球才可以长存,现代社会必须抛弃"牧童经济"这种不可持续经济发展模式,取而代之的将是"宇宙飞船经济",它意味着人类社会的经济活动从以线性为特征的机械论规律转向遵循以反馈为特征的生态学规律,这也是循环经济理论的雏形。

一、循环经济是经济运行机制的一次范式革命

基于不同的社会历史状况、科学技术水平、经济发展的前提条件及其运行机制,以及对环境问题的不同理解与认识,我们借鉴科学发展的范式理论,可以探索和总结出人类历史上的两种不同范式,一种是生产过程末端治理范式,另一种是循环经济范式。从历史的角度看,人类与环境的关系,在人类社会经济发展过程中经历了三种范式,代表了三个不同的层次:

(一)传统经济范式

第一种是传统经济范式,它对人类与环境关系的处理模式是:人类从自然中获取资源,又不加任何处理地向环境排放废弃物,是一种"资源—产品—污染排放"的单向线性开放式经济过程(见图9-1)。对此,有的学者指出,人类犹如环境的寄生虫,索取想要的一切,而很少考虑寄主(即它的生命维持系统)的健康。在早期阶段,由于人类对自然的开发能力有限,以及环境本身的自净能力还较强,所以人类活动对环境的影响不很明显。但是,后来随着工业的发展、生产规模的扩大和人口的增长,环境的自净能力削弱乃至丧失,这种发展模式导致的环境问题日益严重,资源短缺的危机愈发突出。这是不考虑环境的代价和结果。

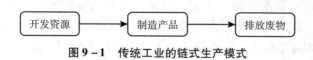

图9-1 传统工业的链式生产模式

(二)"生产过程末端治理"范式

第二种是"生产过程末端治理"范式,它开始注意环境问题,但其具体做法是"先污染,后治理",强调在生产过程的末端采取措施治理污染。结果,治理的技术难度很大,不但是治理成本很高,而且生态恶化难以遏制,经济效益、社会效益和环境效益都很难达到预期目的。

（三）循环经济范式

第三种是循环经济范式，它要求遵循生态学规律，合理利用自然资源和环境容量，在物质不断循环利用的基础上发展经济，使经济系统和谐地纳入自然生态系统的物质循环过程中，实现经济活动的生态化。其本质上是一种生态经济，倡导的是一种与环境和谐的经济发展模式，遵循"减量化、再使用、再循环"原则，以达到减少进入生产流程的物质量、以不同方式多次反复使用某种物品和废弃物的资源化的目的，强调"清洁生产"，是一个"资源—产品—再生资源"的闭环反馈式循环过程，最终实现"最佳生产、最适消费、最少废弃"。图9-2为循环经济的环式生产模式。

图9-2　循环经济的环式生产模式

（四）当代两种经济运行范式

当代两种经济运行的范式具体如下：一种是生产过程末端治理范式，另一种是循环经济范式。

1. 生产过程末端治理范式

第一种是生产过程末端治理范式。当西方国家进入工业化后期以后，环境污染不但成为阻碍经济发展的一个主要因素，也成为威胁人类生存的一个主要方面。在经历了一次次的环境公害事件后，如马斯河谷烟雾事件、伦敦烟雾事件、洛杉矶光化学烟雾事件等，人类被环境污染巨大危害惊醒，并重新审视在对待环境时的所作所为。同时，在不断研究环境污染的过程中，有效地治理环境污染的技术和设备不断涌现，这就为人类控制环境污染提供了可能性。从20世纪60年代开始，发达国家普遍采用末端治理的方法进行污染防治，投入了大量的资金和精力。末端治理技术，主要是指在生产链的终点或者是在废弃物排放到自然界之前，对其进行一系列的物理、化学或生物过程的处理，以最大限度地降低污染物对自然环境的危害。

根据污染物的性质，污染防治的末端治理主要包括以下方面：

（1）兴建城市污水处理厂和各类污水处理站等设施，对城市生活污水和工业废水进行处理，然后再向自然界排放。

（2）采用填埋、焚烧、堆肥、无害化堆积以及其他专业处理方法，对城市生活垃圾和工业废物进行处置。

（3）控制空气污染的措施。主要是以每个排放点为控制单位，通过一系列物理和化学作用，对要排放的废气进行处理，以便达到脱硫、除尘以及消除其他潜在有毒污染物的目的。

除了上述三类主要污染物的防治外，还有其他污染，也是人们治理的对象。例如，城市交通、施工以及工业生产所产生的噪声污染，还有光污染、热污染、放射性废料污染等。

虽然生产过程末端治理范式具有历史的进步性，但是末端治理越来越难以为继。在现阶段，许多国家和地区的经济发展范式仍然以生产过程末端治理为主，其理论依据，前期主要是庇古的"外部效应内部化"理论，提出通过征收"庇古税"来达到减少污染排放的目的；后期主要是"科斯定理"，指出只要产权明晰，就可以通过谈判的方式解决环境污染问题，并且可以达到"帕累托最优"；再后来，又兴起了"环境库兹涅茨曲线"理论，认为环境污染与人均国民收入之间存在着倒"U"形关系，随着人均 GDP 达到某个程度，环境问题会迎刃而解，等等。

这些理论为早期的环境经济学研究提供了理论分析的基础，即"污染者付费原则"的确定。这一范式曾经对于遏制环境污染的迅速扩展发挥了历史性作用。但是，从资源短缺到资源枯竭的现状，末端治理的理论基础已经无法再支撑起现实分析的框架。在实际工作中末端治理的模式也日益难以为继，其不足主要表现在以下几个方面：

（1）末端治理需要很大的投资，运行费用高、建设周期长、经济效益小、企业缺乏积极性。以上海地区为例，建设一座服务人口 30 万～40 万人、日处理能力 10 万吨的污水处理厂，需投资人民币 2 亿元以上，每年的运行费用也要 1000 万元之多。一般对于工业企业来说，污染物的处理与其经济收益相矛盾，所以积极性普遍不高，需要政府和社会的强制性监督。

（2）能源和资源不能有效利用，一些本可以回收利用的原材料变成"三废"处理或排放掉，造成资源的浪费和环境的严重污染。像城市垃圾中的玻璃、废纸、废塑料、废金属等成分，都具有一定的经济价值，像工业固体废物等则更具有回收利用价值，但就是因为缺少有效的分拣和收集措施，缺少综合利用途径，上述可资源化的污染物难以回收再利用。

（3）在污染物排放标准上，只注意浓度控制而忽视了总量控制。各类法规和政策大多只规定污染物的排放浓度标准，对超标排放的企业单位进行限制和惩罚。这种做法，忽视了环境容量，没有认识到环境质量是由污染物总量与环境容量决定的这一事实。没有将污染物控制和削减与当地环境目标相联系，区域内各企业只要达到排放标准就算完成了治理任务。

（4）末端治理的方法是将污染物从一种形式转化到另一种形式，对环境而言，污染物依旧存在。末端控制是污染物在介质之间的转移，特别是有毒、有害物质往往转化为新的污染物，造成二次污染，形成治不胜治的恶性循环，不能从根本上消除污染。例如，净化废气产生废水；净化污水产生污泥；焚烧固体废弃物造成大气污染；填埋有害废物又污染土壤和地下水，等等。由此可见，末端治理是一切从人类的利益出发的，维护人的价值和权利，就成为人类活动的最根本的出发点和最终的价值依据，而不顾及对其他物种的伤害。显然，如果再不改变现有的发展范式，人类必将走上自我毁灭的不归之路。

所以，恩格斯说："我们不要过分陶醉于我们人类对自然界的胜利。对于每一次这样的胜利，自然界都对我们进行了报复。每一次胜利，起初确实取得了我们预期的结果，但是往后和再往后却发生完全不同的、出乎预料的影响，常常把最初的结果又消除了"。这段精辟的论述，至今仍然具有指导意义。

2. 循环经济范式

第二种是循环经济范式。20世纪60年代，美国经济学家布尔丁提出了"宇宙飞船理论"。他指出，地球就像一艘在太空中飞行的宇宙飞船，要靠不断消耗和再生自身有限的资源而生存，如果不合理地开发资源，肆意破坏环境，就会走向毁灭。这就是循环经济思想的早期萌芽。随着环境问题在全球范围内的日益突出，人类赖以生存的各种资源从稀缺走向枯竭，以末端治理为最高形态的"天人冲突范式"，将逐渐被以循环经济为基础的"天人循环范式"所替代。这场正在发生的范式革命主要体现在下列方面：

（1）生态伦理观由"人类中心主义"转向"生命中心伦理"和"生态中心伦理"。

末端治理的生态伦理观是以人类为中心的。循环经济强调"生态价值"的全面回归，主张在生产和消费领域向生态化转向，承认"生态本位"的存在和尊重自然权利。在这个范式里，人类不再是自然的征服者和主宰者，而只是自然的享用者、维护者和管理者。人与自然是一个密不可分的"利益共同体"，维护和管理好自然，是人类的神圣使命。人类必须依据"自然中心主义"和"地球中心主义"，在道德规范、政府管理、社会生活等方面转变原有的观念、做法和组织方式，倡导人类福利的代内公平和代际公正，实施减量化、再使用化和资源化生产，开展无害环境管理和环境友好消费。

（2）生态阈值问题受到广泛关注。

认为生态阈值的客观存在是循环经济的基本前提之一。环境的净化能力和承载力是有限的，一旦社会经济发展超越了生态阈值，就可能发生波及整个人类的灾难性后果，并且这个后果是不可逆的。罗马俱乐部最早提出了这个命题，相应地产生了对人类未来的悲观情绪，甚至反发展的消极意识。但是，后来的学者研究表明，生态阈值与零增长没有必然的因果关系。循环经济强调在阈值的范围内，合理利用自然资本，从原来的仅对人力生产率的重视，转向在根本上提高资源生产率，使"财富翻一番，资源使用减少一半"，在尊重自然权利的基础上，切实有力地保护生态系统的自组织能力，达到经济发展和环境保护的"双赢"目的。

（3）自然资本的作用被重新认识。

循环经济强调，任何一种经济都需要四种类型的资本来维持其运转：以劳动和智力、文化和组织形式出现的人力资本；由现金、投资和货币手段构成的金融资本；包括基础设施、机器、工具和工厂在内的加工资本；由资源、生命系统和生态系统构成的自然资本。在末端治理中，是用前三种资本来开发自然资本，自然资本始终处于被动的、从属的地位。而在循环经济中，将自然资本列为最重要的资本形式，认为自然资本是人类社会最大的资本储备，提高资源生产率是解决环境问题的关键。

要发挥自然资本的作用，一是通过向自然资本投资来恢复和扩大自然资本存量；二是运用生态学模式重新设计工业；三是研究服务与流通经济，改变原来的生产、消费方式。

（4）从浅生态论向深生态论的转变。

末端治理是基于一种浅生态论，它关注环境问题，但只是就环境论环境，过分地依赖技术，认为技术万能。可是，一旦技术不能解救生态阈值，则束手束脚，拿不出解决问题的办法，甚至产生反对经济增长的消极想法。而循环经济是一种深生态论，它是对浅生态论的扬弃。它不单单强调技术进步，而是将制度、体制、管理、文化等因素通盘考虑，注重观念创新和生产、消费方式的变革。它标本兼治，防微杜渐，从源头上防止破坏环境因素的出现。所以，循环经济是积极、和谐的，是可持续的稳定发展。表9-1为可持续发展观与经济发展观的演变。

表 9 - 1 可持续发展观与经济发展观的演变

	发展观演化阶段及内涵	经济发展模式
1962 年前		资源—产品—污染排放的传统经济发展模式
1962～1971 年	理论萌芽：盲目增长导致环境问题，不利于发展	先污染、后治理的生产过程末端治理模式
1972～1980 年	认识深化：增长有极限，应追求合理持久的均衡发展	先污染、后治理的生产过程末端治理模式
1981～1991 年	系统理论形成并推广：既满足当代需求又不对后代满足其需求能力构成危害的发展	以末端治理结合废物利用为主，部分发达国家探索循环经济模式
1992 年至今	今世界广泛接受并用于实践：全面、协调、可持续的发展	源头预防，全过程治理的循环经济模式

二、循环经济的定义与内涵

所谓循环经济，就是按照自然生态物质循环方式运行的经济模式，它要求用生态学规律来指导人类社会的经济活动，实现经济活动的生态化转向。循环经济是对物质闭环流动型（Closing Materials Cycle）经济的简称。循环经济本质上是一种生态经济。与传统经济相比，在物流和经济运行模式上有所不同。传统经济为单向流动的线形经济，物流模式为"资源—生产—流通—消费—丢弃"，运行模式是"资源—产品—污染物"。

传统线形经济内部是一些相互不发生关系的线性物质流的叠加，由此造成出入系统的物质流远远大于内部相互交流的物质流，造成经济活动的"高开采、低利用、高排放"特征，经济增长以大量消耗自然界的资源和能源，以及大规模破坏人类生存环境为代价，是不能持续发展的模式。

而循环经济所倡导的是建立在物质不断被循环利用基础上的循环流动的环形经济，要求系统内部要以互联的方式进行物质交换，以最大限度利用进入系统的物质和能量，从而能够形成"低开采、高利用、低排放"的结果。循环经济物流模式可以认为是"资源—生产—流通—消费—再生资源"。当然，此处的"生产"、"流通"和"消费"，也与传统经济的涵义不尽相同。运行模式为"资源—产品—再生资源"。从宏观上看，循环经济概念包含五个方面的内容：

（一）循环经济发展的主线——生态工业链

以工业为基础的"循环经济"，牵涉到国民经济的各个行业以及社会的各个层面，从其构架来说是一个庞大的系统工程，这其中的一条主线就是工业生态链。生态工业作为循环经济的重要依托，而生态工业的发展又直接决定着循环经济的建设进度。

（二）循环经济发展的载体——生态工业园

生态工业园的发展是按照自然生态系统的模式，强调实现工业体系中物质的闭环循环，其中一个重要的方式，就是建立工业体系中不同工业流程和不同行业之间的横向共生。通过不同企业或工艺流程间的横向组合及资源共享，为废物找到下游的"分解者"，建立工业生态系统的"食物链"和"食物网"，达到变污染负效益为资源正效益的目的。

（三）循环经济发展的手段——清洁生产

清洁生产在组织层次上，将环境保护延伸到生产的整个过程，它通过采用清洁生产审计、环境管理体系、生态设计、生命周期评价、环境标志和环境管理会计等工具，渗透生产、营销、财务和环保等各个领域，将环境保护与生产技术、产品和服务的全部生命周期紧密结合。因此，清洁生产是发展循环经济的重要手段。

（四）循环经济发展的内在要求——物质资源减量化

循环经济发展的内在要求是，追求经济过程中的物质资源减量化。循环经济要实现经济的非物质化和减物质化，主要通过两个途径：

其一是信息技术和信息经济。以信息技术为代表的现代高新技术在经济中的应用，可导致经济过程中无形资源对有形资源的替代，是经济非物质化或所谓"软化"的发展方向。

其二是生态技术，以清洁技术为代表的现代生态技术及其在经济中的应用，可导致物质资源在经济过程中的有效循环，是经济的减物质化或所谓"绿化"的发展方向。

（五）循环经济的根本目标——经济与生态环境的协同发展

循环经济可以强化生态经济圈的循环转换功能，通过强化生态循环圈和经济循环圈的双重转换机制，以寻求生态循环圈和经济循环圈的协同发展。表9-2为对循环经济概念的各种认识角度，表9-3为不同经济形态之间的差异。

表9-2   对循环经济概念的各种认识角度

认识角度	基本内容
资源节约及综合利用的角度	使生产和消费过程中投入的自然资源最少；通过废弃物和废旧物资的循环再生利用用来发展经济；以资源的高效利用和循环利用为核心；不断提高资源利用效率
环境保护的角度	使生产和消费过程中向环境中排放的废弃物最少，对环境的危害或破坏最小
技术范式的角度	要求把经济活动组织成为"自然资源—产品和用品—再生资源"的闭环式流程；是一种新的技术经济范式
人与自然关系的角度	把经济活动对自然环境的影响控制在尽可能小的程度；按照自然生态系统物质循环和能量流动规律重构经济系统，使经济系统和谐地纳入自然生态系统的物质循环过程中
经济形态和增长方式的角度	是一种新形态的经济；是一种新的经济形态；是符合可持续发展理念的经济增长模式
法律的角度	各类主体在生产、流通和消费等过程中进行的减量化、再利用、资源化活动

表9-3   不同经济形态之间的差异

类型	农业经济	工业经济	循环经济
特征	听命于自然	征服自然	自然资源的节约、循环与保护利用
指导理论	宿命论	社会财富论	系统平衡论
目标体系	个体温饱和整个社会稳定	高增长、高消费，最大限度创造社会财富	现代全面小康社会
价值观	节俭服从	金钱至上、竞争	经济社会生态效益统一
经济要素	劳力、土地、资源、宗教	劳力、土地、资本	劳力、资源、资本、环境、科学技术
资源状况	农业资源循环与过度垦殖并存，自然资源开发能力低	掠夺性地开发自然资源	逐步提高的资源循环利用

三、循环经济的"5R"原则

在现实操作中，循环经济需遵循"3R"原则。所谓"3R"原则，是指减量化（Reduce）原则，再利用（Reuse）原则和资源化（Resource）原则。

（一）减量化（Reduce）原则

要求用较少的原料和能源投入来达到既定的生产目的或消费目的，在经济活动的源头就注意节约资源和减少污染。在生产中，减量化原则常常表现为要求产品体积小型化和产品质量轻型化。此外，也要求产品的包装简化以及产品功能的增大化，以达到减少废弃物排放量的目的。

（二）再利用（Reuse）原则

要求产品和包装器具能够以初始的形式被多次和反复使用，而不是一次性消费，使用完毕就丢弃。同时要求系列产品和相关产品零部件及包装物兼容配套，产品更新换代零部件及包装物不淘汰，可为新一代产品和相关产品再次使用。

（三）资源化（Resource）原则

要求产品在完成其使用功能后，尽可能重新变成可以重复利用的资源而不是无用的垃圾。即从原料制成成品，经过市场直到最后消费变成废物，又被引入新的"生产—消费—生产"的循环系统。

3R 原则构成了循环经济的基本思路，但它们的重要性并不是并列的，只有减量化原则才具有循环经济第一法则的意义。"3R"原则对于提高资源利用效率、减少排放、减少对环境的污染将起到积极的作用。

但笔者认为，"3R"原则实质上只解决了现有资源的延长使用问题，但并不能保证现有资源的长期使用和国民经济协调、健康、可持续发展。在追求经济发展、社会进步的同时，人们需要不断总结思考，建立一个能使社会经济、科学技术和自然生态三大系统和谐发展的平衡体系，这才是发展循环经济的根本目的。为此，在实践中加上再思考（rethink）原则和再修复（repair）原则这"2R"，使之成为操作性更强的"5R"原则：

（四）再思考（Rethink）原则

新循环经济理论的核心是建立新的国内生产总值计算体系 GDP（绿色GDP），即

$$\begin{cases} GDP = Ind1 + Ind2 + Ind3 + Ind4 - Ip + Cu + If + Iei + Ep & (1) \\ Ie = \dfrac{Gp \times Al}{Te \times Pr \times Rr} & (2) \end{cases}$$

其中：GDP 为国内生产总值；Ind1 为第一产业的增加值；Ind2 为第二产业的增加值；Ind3 为第三产业的增加值；Ind4 为第四产业的增加值；Ip 为进口总值；Cu 为居民与政府的消费；If 为基本建设的投入；Iei 为生态修复的投入；Ep 为出口总值；Ie 为对生态系统的影响因子；Gp 为人均国内生产总值；Al 为人的享受程度系数（0→1）；Te 为有益于生态系统技术应用系数（0→1）；Rr 为资源

再生利用系数（0→1）；Pr 为稀缺资源价格。

这两个公式比较全面地反映了新循环经济理论的思想，同时反映出新循环经济理论在对资本循环和劳动力循环研究基础上加入了对自然资源循环的研究。在方程（1）中提出了第四产业的概念，也就是指非自然资源依赖型产业，或者叫做知识产业，包括高新技术开发、教育产业、新闻出版产业、文化产业、咨询产业、软件开发产业等。国内生产总值的增长是发展的表征，因此，国内生产总值应持续增长，但是要协调和健康发展，人们也越来越认识到所谓健康发展不能饮鸩止渴、自毁家园，在发展中必须考虑到环境影响。这种环境影响受到了方程（2）的制约，由此可见，在传统工业化的道路上，人均 GDP 越高，对环境的影响也就越大，而环境如果遭到破坏，势必影响国内生产总值的增长，因此，GDP的增长不仅取决于市场，而且取决于环境。

（五）再修复（Repair）原则

要建立一个能使社会经济、科学技术和自然生态三大系统和谐发展的平衡体系，就要建立修复生态系统的新发展观。创造财富只是生产的一个目的，恢复和维系生态系统也是生产的目的，即自然生态系统是社会财富的基础，是第二财富，人类必须做到不断地修复被人类活动破坏的生态系统，与自然和谐本身就是在创造财富。

"5R"原则是新循环经济的宏观内涵的体现，即节约经济、持久经济、相伴经济有机结合的生态经济思想的体现和落实，是可持续发展的可操作性极强的行为指导原则。通过创造社会财富和修复自然财富创造更多更好的物质财富以满足人们生活的需要。随着对生产认识的逐步深入，人们已经意识到对生态系统的恢复和维系也是生产的产品，并且要建立绿色 GDP 指标体系予以度量，将生态恢复提高到与产品同等的地位。

四、循环经济的保障手段

要建立资源节约型、环境友好型社会，必须充分借鉴和吸取世界各个国家的经验与教训，探索适合各国国情的循环经济发展模式。

（一）明晰政府、企业、中介及公众在发展循环经济中的主体地位和职责

政府主要起监督、管理、规范和引导的作用。通过宣传教育，提高全民资源

意识，建立绿色生产、适度消费、环境友好和资源永续利用的社会公共道德准则，逐步推行绿色国民经济核算体系；通过实施政府绿色采购制度，起到表率和引导作用。循环经济发展主体——企业，注重发挥社会中介服务组织的作用，降低成本的战略组成促进循环经济的发展。非营利性社会中介组织如社区服务组织等可以发挥政府公共组织和企业营利性组织没有的作用。公众参与推进方式包括：一是对政府、企业和个人环境行为监督；二是直接参与相关实践，如废弃物分类收集等。

（二）加强发展循环经济的法律法规建设

循环经济作为一种新的经济形态，其发展过程也是对传统型经济不断变革的过程，必然要依托一个强有力的、能适应和促进其发展的法律后盾。循环经济法不是指某项循环经济法规，而是指有关循环经济的各种法规所形成的体系。从广义上讲，凡是调整因循环经济活动所形成的社会关系的法律、法规和其他法律规范性文件都可以纳入循环经济法的范畴。根据世界各国的经验，在推进循环经济的同时或在进行循环经济试点经验的基础上，必须制定循环经济法规，通过法规加强对循环经济活动的规范和指导，并将循环经济列为政府实施经济与环境协调发展的一项重要行政职能。同时，循环经济立法应结合国情，认真吸收和借鉴其他国家循环经济立法的有益经验，避免立法失误或滞后，努力提高立法效率。

（三）加大政策支持力度

由于循环经济涉及全社会各行行业，不仅包括所有生产者，也包括所有消费者。同时，发展循环经济的重要目标是解决资源短缺和环境压力问题，这就涉及经济发展的外部性问题。因此，政府必须发挥较大作用，要加大政策支持力度，尤其是要建立消费拉动、政府采购、政策激励的循环经济发展政策体系。要建立和完善循环经济产品标识制度，引导和鼓励政府及公众购买、消费循环经济产品。在政府的购买性支出方面，政府应增加有利于促进循环经济发展的配套公共设施建设投入。要通过政策调整，使发展循环经济的外部效益内部化。例如，对于一些亏损和微利的废旧品回收利用的产业、废弃物无害化处理产业，可以通过税收优惠和政府补贴，使企业能在循环经济发展模式中有价格优势并能获得经济效益。

实践表明，推进循环经济发展的进程需要有优惠的经济政策，相关部门需制定和出台有利于循环经济发展的经济政策措施，扶持并鼓励资源节约型和废物利用产业的发展。按照"污染者付费、利用者补偿、开发者保护、破坏者恢复"的原则，大力推进生态环境有偿使用制度。对造成污染的经济行为，可采取征税的经济手段将污染导致的外部成本内部化，通过价格机制来有效调节人们对环境有污染的生产和消费行为。

（四）转变思想观念

实践证明，那种只顾经济增长，不顾节约资源与生态环境保护的观念，已经严重阻碍循环经济的发展。必须引起我们注意的是，一些产业虽然在暂时和局部来看，经济效益是好的，但是掠夺性资源开发必然引起生态效益下降，导致生态边际效益递减，最终影响经济效益下滑。因此，必须转变思想观念，由传统的经济效益观念转变到循环经济的综合长远经济效益观念上来，树立正确的资源观和价值观。基于此，我们一要确立综合效益最大化的决策模式，在对资源开发和利用方案的选择这样具有不确定性和不可逆性的长期问题进行决策时，一定要坚持综合效益原则，对可能引发的资源破坏和环境污染应尽早进行充分而科学的论证和预测，保持谨慎，反对冒进，避免不可逆转的危害性结果，实现对自然资源的开发利用，获得较高的综合经济效益。二要确定适度控制、"永续利用"的效益观念。在经济活动中，一定要根据资源承载和环境容量进行适当控制。对于资源和环境的开发和利用从持续发展的观点出发应立足以下三个基准：一是可再生资源的利用速度不能超过其再生速度；二是不可再生资源的利用速度不能超过以可持续的方式利用可再生资源的代替速度；三是污染物的排放速度不能超过环境对这些物质的循环、吸收和无害化处理速度。只有符合这些基准的发展模式才符合循环经济发展要求。

同时，要加强循环经济的宣传与教育，普及和树立循环经济的理念，在全社会倡导并确定有利于构建循环经济发展模式的价值观念的主流地位，增强政府、企业及社会公众的循环经济意识，积极推进公众参与，引导社会公众树立现代生态文明，倡导科学文明生活方式与绿色消费理念，从而增强发展循环经济、保护生态环境的责任感、使命感和紧迫感。

（五）依靠技术进步

循环经济可以解决许多资源短缺和环境问题，但是要解决经济增长和资源短缺与环境压力的全部问题，必须依靠技术进步，发展高新技术。为此，我们可建立"绿色技术支撑体系"。"绿色技术支撑体系"应该包括：一是资源化技术，主要包括废弃物再利用、回收和再循环技术、资源重复利用和替代技术等；二是环境无害化技术，主要包括环境工程技术、污染治理技术和清洁生产技术等；三是高附加值、少污染排放的高新技术，主要包括信息技术、环境监测技术、网络运输技术以及零排放技术、可持续发展技术等。建立绿色技术支撑体系，要以发展高新技术为基础，以开发经济体系生态链技术为关键，遵循技术开发的生态道德，积极采用清洁生产技术，采用无害或低害新工艺、新技术，大力降低原材料和能源的消耗，实现少投入、高产出、低污染，尽可能把减少对污染的排放物消除在生产过程之中。要用高新技术和先进技术改造传统产业，淘汰落后工艺、技术和设备，不断发明新的技术和材料，对不可再生的稀缺资源进行替代，依靠高新技术发展循环经济。

（六）优化产业结构

优化产业结构是发展循环经济的根本途径，没有良好合理的产业结构，就不会有资源的节约和高效利用。没有良好合理的产业结构，就没有防治和治理污染的手段。没有良好合理的产业结构，就不会有补偿生态环境的物质基础。因此，是否有利于可持续发展，是否有利于经济生态环境，是否有利于人与自然的和谐相处，是衡量循环经济发展优劣的重要条件。优化产业结构，要致力于发展高新技术产业和生态产业。实现粗放型经济增长方式向集约型经济增长方式的根本转变，必须致力于高新技术产业的发展。高新技术产业具有高附加值、深加工、高效、低耗、低污染甚至无污染等几大优点。高新技术产业还可以改造传统产业，使传统产业朝着有利于循环经济的方向发展。生态产业的发展能使经济的发展与生态环境的状况相协调。随着经济增长与发展，生态环境状况不断得到改善，自然资源被合理利用，生态平衡得到保护，生态环境质量获得改善和提高，其结果是极大促进循环经济的发展。推进循环经济的发展，要研究并提出国家发展环境战略目标及分阶段推进的计划，调整产业布局，优化产业组织，促进产业链和循环经济网络的发展。

（七）稳步推行绿色 GDP 核算方式

现行的国民经济核算体系存在一些无法克服的缺点。GDP 不能反映经济活动的外部性，即经济发展对资源环境所造成的负面影响。如果把环境的污染和恶化因素考虑在内，中国的 GDP 的实际增长至少要降低 2%～3%，而实际情况是，环境污染治理费用反而被计入了 GDP。

GDP 不能准确反映一个国家的实际国民财富。一个经典的例子是：一个农民为了建房而砍掉了自家的一些树木出售，在他的收支记录上就会有新建房屋的资产增加和树木砍伐的资产减少，这也是很合理的核算方式；但在国民核算体系中却完全不同，国民生产总值不仅有新建房屋的资产增加，也有树木出售的资产增加。这就需要改革现行的国民经济核算体系，把资源与环境因素引入现行的国民经济核算体系，即实行绿色 GDP 核算体系。绿色 GDP 是近年来兴起的新国民经济核算理念。从循环经济的角度来看，绿色 GDP 可以从根本上减少自然资源的耗竭，把环境资源投入计入发展成本，可以抵消部分虚假的经济增长，正确测度发展的水平，减少由传统经济增长模式引起的环境退化，有助于正确引导政府和企业的决策，避免地方经济中以牺牲环境为代价来实现经济增长的错误观念和行为，从而彻底改变人们的思想观念，为正确评价领导干部的政绩提供了合理的依据，从制度层面促进循环经济的发展。

（八）培育再生资源回收网络

培育再生资源回收网络，合理设置再生资源回收网络节点，是建设再生资源回收网络的基础工作。回收网络节点应覆盖居民社区、商业区、饭店、写字楼、道路、公园、学校等，以便于社会生产和生活中再生资源的回收。通过合理引导，使再生资源回收节点在经营中实现统一规划、统一标识、统一着装、统一价格、统一衡量、统一车辆、统一管理、经营规范。短期内如难以实现废旧物资的分类回收，则应设立数量相当的回收分拣站，对各回收点收集的废旧物资进行集中、分类和初加工，促进废旧物资的再生利用。

五、循环经济的评价与管理

（一）循环经济指标体系的构建原则

循环经济指标体系与可持续发展指标体系在评价目标、评价主体和评价方法上都具有很多一致的地方。循环经济指标体系的构建原则也可以借鉴可持续发展指标体系的构建原则。指标选取准则如下：①具前瞻性；②易了解且易被接受；③有趣的；④可估算的。

总结以上观点，我们认为循环经济指标体系的构建原则有以下方面：①"5R"原则；②科学性和系统性；③相关性和相对独立性；④可量化比较和可测定性；⑤主成分性和代表性；⑥评价指标与系统目标一致性；⑦静态指标与动态指标相结合；⑧完整性并易于分析；⑨良好的政策相关性；⑩可持续性。

（二）循环经济指标体系的指标架构

1. 环境—经济—社会—制度架构

1996 年联合国可持续发展委员会（UNCSD）等机构提出了基于环境—经

济—社会—制度理论架构的可持续发展指标体系。环境面主要考虑自然资源、自然能源和生物多样性；经济面主要考虑效率、成长和发展；社会面主要考虑贫困、文化遗产和社会公平；制度面主要考虑认同、支持和政策配合。而环境面与经济面关系主要考虑价值评估和资源效益；经济面与社会面关系主要考虑经济效率和社会公平；社会面和环境面关系主要考虑代际公平和民众参与。而制度面与环境面关系主要考虑保护和保育；制度面与经济面关系主要考虑为发展和保证；制度面和社会面关系主要考虑为稳定和保障。图 9 - 3 为环境—经济—社会—制度架构图。

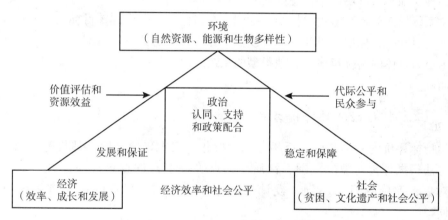

图 9 - 3　环境—经济—社会—制度架构图

2. 压力—状态—响应架构

经济合作和发展组织（OECD）于 1994 年运用 PSR（Pressure-State-Response）模式确立了整个环境系统的指标架构。联合国可持续发展委员会（UNCSD）于 1996 年，根据 OECD 的 PSR 观点及可持续系统特性，将可持续发展评价指标区分为驱动力（Driving force）、状态（State）和响应（Response）三种指标项目主体。驱动力—状态—响应（D-S-R）架构中，D—S—R 间相互关系如下：

驱动力（D）：驱动力定义为人类经济、社会及其他活动。这些活动造成环境及自然资源状态的改变。状态（S）：状态定义为环境及自然资源的状态。在环境资源所能承受不致破坏生态平衡的前提下，以承载容量作为自然资源状态可持续性的判断依据。响应（R）：响应定义为决策与行动。决策及行动单位可根据驱动力指标及状态指标的信息模拟并进行相关的社会经济活动决策及响应措施。

3. "3R" 架构

"3R" 原则是体现循环经济思想的根本原则，也是循环经济现实运行的指导方针。因此，以 "3R" 原则作为循环经济指标体系的理论架构具有理论和现实的科学性。国内有学者从 "3R" 原则的减量化、资源化、无害化角度设定循环经济指标。

4. 系统层次架构

该指标架构是基于系统论中系统的层次性原理而建立的，由若干个层次构成，将诸多复杂问题分解成若干层次进行逐步分析比较。如果说前三种架构是横向架构，那么系统层次架构主要建立了指标体系的纵向架构。

系统层次架构一般由目标层、准则层和指标层三层构成，目标层即循环经济发展的目标。目标层下可建立一个或数个较为具体的分目标，即准则层。指标层则由更为具体的指标组成。其他类型的系统层次架构一般是在三层架构基础上扩展而成。

（三）循环经济的评价方法

指标评价的一般步骤包括指标的标准化、权重确定、综合评价等方面。评价方法根据评价对象的范围、性质、特点等基本条件选择；即使针对同一评价对象，评价的目的不同，设计的指标体系不同，采用的评价方法也可能不同。

1. 指标的标准化

标准化使得各个指标成为可量化的及单位统一的，从而可对各指标进行加权平均、指数化等，以进行指标的综合评价、比较和绘图分析。不同指标的标准化方法不同。通常采用的指标标准化方法是选定无量纲化的合成公式，确定适当的参照值，将所有指标实际值归一化到 0 - 1 的单位区间中。

2. 指标权重的确定

确定指标权重就是衡量各项指标和各领域层对其目标层的贡献程度大小，指标权重的合理与否直接影响着评价结果的科学性与准确性。权值确定可分为主观赋权法和客观赋权法两种。大部分学者选择主观赋权法中的层次分析法（AHP）作为确定循环经济指标体系权重的方法。

层次分析法（AHP）是萨帝等（T. L. Saaty et al.）在 20 世纪 70 年代提出的，是系统分析的数学工具之一，本质上是一种决策思维方式。其基本思路与人们对一个复杂的决策问题的思维、判断过程大体是一致的，是将人们处理复杂系统的定性分析过程转化为定性与定量相结合的系统分析过程，是一种定性与定量相结合，系统化、层次化的分析方法。运用层次分析法建模，大体上可按下面四个步骤进行：

(1) 建立递阶层次结构模型；

(2) 构造出各层次中的所有判断矩阵；

(3) 层次单排序及一致性检验；

(4) 层次总排序及一致性检验。

层次分析法适用于评价循环经济指标体系的各种不同主体，是一种应用广泛的循环经济评价方法，它主要用于确定指标权重。

另外，也有部分学者在进行循环经济发展状况评价时，运用了熵值法、德尔菲法、均方差法、灰色关联分析法、主成分分析法、回归分析法等确定指标权重的方法。

3. 指标的综合评判

进行指标综合评判的常用方法是模糊综合评判。模糊综合评判是指用模糊数学原理，对指标体系进行综合评判的方法。其基本思想是采用由末端开始逐级向上的评价方式，即先按最低级层次的各个评价因子进行综合评价，一层层依次往上评，直至最高层，得出最终的评价结果。

其一般步骤是：(1) 建立评价因素集；(2) 建立指标评价等级集；(3) 确定隶属函数；(4) 建立模糊评价关系矩阵；(5) 建立指标权重系数矩阵；(6) 进行多级模糊综合评判（通常为三级）。

第二节 循环经济的实践

菲律宾的玛雅农场是循环经济思想在农业生产实践中的一个经典案例。农场的前身是一个面粉厂，到 1981 年已拥有 36 公顷的稻田和经济林，饲养 2.5 万头猪、70 万头牛和 1 万只鸭。为了循环利用粪肥，他们陆续建立起十几个沼气车间生产沼气，为农场生产、生活提供能源。另外，从产气后的沼渣中回收一些牲畜饲料，剩余用做农业生产的有机肥料。产气后的沼液经处理可送至水塘养鱼、鸭，最后再取塘水、塘泥去肥田。农田生产的粮食送至面粉厂加工，进入又一次循环。整个农场不用从外部购买原料、燃料、肥料，却能保持高额利润，且没有"三废"污染。其生产过程符合生态学原理，实现了物质的充分循环利用，构成了典型的农业循环经济模式（见图 9-4）。

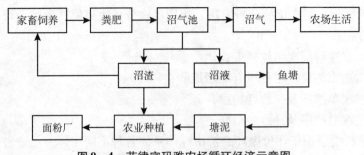

图 9 - 4　菲律宾玛雅农场循环经济示意图

一、国外发展循环经济的实践

自从循环经济的理念问世以来，发达国家先后把减物质化的经济增长，作为提高自己国际竞争力的目标。自 20 世纪 80 年代末 90 年代初以来，循环经济在西方发达国家迅速发展，较有代表性的国家是日本和德国。

（一）发达国家发展循环经济的主要特点

一是经济发展都达到了一定的水平。各国都是在人均 GDP 达到或超过 3000 美元，基本进入后工业时代，才着手发展循环经济的。

二是从本国具体国情出发，选择切入点。搞循环经济，各国的出发点有所不同，如德国从环境保护入手，日本则从资源减量化入手。但大都是在面临资源和环境的巨大压力情况下，逐步推行循环经济建设和发展。

三是注重立法。各国在建设循环经济的同时，都将立法作为推进循环经济的主要手段。如日本有全面的循环经济法律体系，德国及欧盟区国家也有一系列的相关法律，并且已制定的法律在不断地完善过程中。

四是发挥技术进步的优势。发达国家经济的增长，带动了技术进步，也推动了循环经济关键技术的进步，而对循环经济关键技术的投入，促成了循环经济的快速发展。

五是经济效益即时体现。发达国家发展循环经济，无论是资源的减量化还是循环利用，其经济效益和社会效益都适时体现。如日本和欧盟各国采用各种经济政策，鼓励人们参与循环经济的建设，运用市场和政府补贴政策来调节循环经济建设主体的经济利益。

（二）发达国家发展循环经济的具体方式

1. 立法先行，以法律促进和规范循环经济的发展

日本在 1992 年颁布了《循环经济法》，2000 年进而修订为《促进建立循环型社会基本法》，德国、法国、比利时、奥地利、美国等国家也分别颁布了相关的法律。立法先行，凭借法律来促进和规范循环经济的发展，大大提高了资源利用率，缓解和减轻了资源短缺、环境污染的压力，收到了显著效果。

日本建立了比较健全的促进循环经济发展的法律法规体系。这些法律法规体系可以分成三个层面，基础层面是一部基本法，即《促进建立循环型社会基本法》；第二层面是综合性的两部法律，分别是《固体废弃物管理和公共清洁法》、《促进资源有效利用法》；第三层面是根据各种产品的性质制定的 5 部具体法律法规，分别是《促进容器与包装分类回收法》、《家用电器回收法》、《建筑及材料回收法》、《食品回收法》及《绿色采购法》。

德国早在 1972 年就制定了废弃物处理法，1986 年改为《废弃物限制废弃物处理法》，1991 年通过了《包装条例》，将各类包装物的回收规定为义务；1992年通过了《限制废车条例》，规定汽车制造商有义务回收废旧车。1996 年颁布了《循环经济与废弃物管理法》。各个行业也规定了相应的技术标准和发展目标。

美国于 1984 年、1990 年通过了《危害性和固体废物修正案》和《污染预防法》，而且美国半数以上的州制定了不同形式的再生循环法规，但还没有一部全国实行的循环经济法规或再生利用法规。

2. 制定相关政策，形成发展循环经济的激励和约束机制

（1）政府奖励政策。如美国设立了"总统绿色化学挑战奖"，支持化工界降低资源消耗、防治污染的有实用价值的新工艺新方法的研发；日本则建立了针对居民的资源回收奖励制度。

（2）税收优惠政策。主要针对使用再生资源利用处理类设备的企业制定税收优惠政策。如美国亚利桑纳州对分期付款购买回用再生资源及污染控制型设备的企业可减销售税 10%；康奈狄克州对再生资源加工利用企业给以优惠贷款，并减免州级企业所得税、设备销售税及财产税。日本对废塑料制品类再生处理设备在使用年度内，除普通退税外，还按取得价格的 14% 进行特别退税；对废纸脱墨、玻璃碎片夹杂物去除、空瓶洗净、铝再生制造等设备实行 3 年的固定资产税退还。荷兰对采用革新性的清洁生产或污染控制技术的企业，其投资可按 1 年折旧（其他投资的折旧期通常为 10 年）。

（3）政府采购政策。美国几乎所有的州均有对使用再生材料的产品实行政府优先购买的相关政策或法规。联邦审计人员有权对各联邦代理机构未按规定购买的行为处以罚金。

（4）收费政策。第一，废旧物资商品化收费。日本规定，废弃者应该支付与废旧家电收集、再商品化等有关的费用。第二，倒垃圾收费。如美国 200 多个城市实行倾倒垃圾收费政策，欧美国家对饮料瓶罐采取垃圾处理预交费制，预交金部分用于回收处理，部分用于新技术研发。美国的研究表明，如每袋32加仑垃圾收费1.5美元，城市垃圾数量可减少18%；瓶罐收费可使废弃物重量减少10%～20%，体积减小40%～60%。第三，污水治理费。如德国居民水费中含污水治理费；市镇政府必须向州政府交纳污水治理费，污水治理没达到要求的企业要承担巨额罚款。

（5）征税政策。第一，征收新鲜材料税。促使少用原生材料、多进行再循环。第二，征收生态税。如德国除风能、太阳能等可再生能源外，汽油、电能要征生态税，间接产品也不例外。第三，征收填埋和焚烧税。美、英、法等国开始征收垃圾填埋和焚烧税，主要针对将垃圾直接运往倾倒场的公司或企业。设立这个税种可促使减量化，对再生利用途径显示出吸引力。

（6）规定制造商进口商回收利用负责制。如日本的《家电资源回收法》规定：制造、进口的家用电器有回收义务，并需按照再商品化率标准对其实施再商品化。

3. 发挥社会中介组织的作用

非营利性中介组织可发挥政府和企业不具备的功能。例如：

（1）德国的回收中介组织（DSD）。这个组织专门组织回收处理包装废弃物，由产品生产厂家、包装物生产厂家、商业企业以及垃圾回收部门联合组成，按自愿原则将相关企业组成网络，将需要回收的包装物打上标记，由DSD委托回收企业进行处理。政府除规定回收利用任务指标外，其他按市场机制运行，盈利作为返还或减少第二年的收费。

（2）日本的回收情报网络。大阪建立了废品回收情报网络，发行旧货信息报——《大阪资源循环利用》，发布相关资料。组织旧货调剂交易会（如旧自行车、电视、冰箱），为市民提供淘汰旧货的机会，使市民、企业、政府互通信息，调剂余缺，推动垃圾减量运动发展。

（3）加拿大的中介活动。蒙特利尔市政府与全市社区组织签订合同，组织志愿者队伍参与垃圾分类收集和维护环境的工作，并聘请社会贤达参与监督和检查。

（4）美国的社区协调中介机构。实行会员制的中介组织代表政府与厂矿企业和社区联系，推行"环保兰星"项目，加强废弃物的回收处理、污染源的治理。

4. 鼓励公众参与

发达国家非常重视运用各种手段和舆论传媒加强对循环经济的社会宣传，以提高市民对实现零排放或低排放社会的意识。如日本大阪市结合城市美化宣传活动，每年9月发动市民开展公共垃圾收集活动，并向100万户家庭发放介绍垃圾处理知识和再生利用的宣传小册子，鼓励市民积极参与废旧资源回收和垃圾减量工作。防止过量包装，鼓励绿色购物；尽可能减少垃圾排出量，不浪费食物；对一次性易耗品强调反复使用和多次使用，旧衣服家电家具用品送别人使用、不随意丢弃，等等。

二、中国的循环经济发展

从中国的具体情况来看，良好的生态环境已经成为十分短缺的生活要素和生产要素。中国环境污染已经达到了十分严重的程度。

据世界银行测算，20世纪90年代中期，中国每年仅空气和水污染带来的损失占GDP的比重就达8%以上。这说明，我们的经济增长在某种程度上是以生态环境成本为代价的。当天然的生态环境资本用尽以后，继续按照原来的经济增长模式发展经济，将会牺牲人类的健康，使我们的经济增长与我们的生活目标相背离。

国内外的实践已经表明，当经济增长达到一定阶段时，对生态环境的免费使用必然达到极限。这是自然循环过程极限和作为自然组成部分的人类生理极限所决定的。人类要继续发展，客观上要求我们转换经济增长方式，用新的模式发展经济；要求我们减少对自然资源的消耗，并对被过度使用的生态环境进行补偿。循环经济就是在这样一种背景下产生的。

（一）发展循环经济在中国更具迫切性

近两年循环经济在中国成为热门话题，环保界、理论界、经济界人士等都在对循环经济理念进行探讨和实践，发展循环经济在中国更具迫切性，已经成为各界共识。

专家们指出，中国经济1985～2000年的15年是高速增长期，GDP的年均增长率达8.7%，而且发展势头不减。这是历史上值得骄傲的一个时代，但也留下了两大遗憾：一是自然资源的超常规利用；另一个是污染物的超常规排放。中国正不可避免地遭遇人口、资源与能源的制约、环境的压力。

传统的经济发展模式，也使得中国生态建设和环境保护的形势日益严峻。当前，中国生态环境总体恶化的趋势尚未得到根本扭转，环境污染状况日益严重。自2001年以来，废水排放总量呈持续上升趋势，2010年全国废水排放总量达617.3吨，比上年增加4.7%；全国工业废气排放量为519168亿立方米，比上年增加19.1%；全国工业固体废物产生量240944万吨，比上年增加18.1%，其中工业固体废物排放量 498 万吨，比上年减少 30.0%①。此外，农村环境问题日益严重，直接影响到农产品质量安全。

世界发展进程的规律表明，当国家和地区人均 GDP 处于 500～3000 美元的发展阶段时，往往对应着人口、资源、环境等瓶颈约束最为严重的时期，而我们目前正处于这一时期。

这一切都表明，我们必须改变传统的经济增长方式，按照科学发展观的要求，大力发展循环经济，加快建设资源节约型社会，在紧要关头及时解决生态恶化和资源超常规利用两大难题，使中国的经济社会步入可持续发展的良性循环。

（二）我们发展循环经济已经有了一定的实践经验

从 1999 年开始，国家环保总局率先从企业、区域、社会三个层面上，在全国范围内积极推进循环经济的理论研究和实践探索。在对中国循环经济战略框架、立法和指标体系等深入研究的基础上，国家环保总局起草了《关于加快发展循环经济的意见》，制定了循环经济省、市和生态工业园区与建设规划技术指南，并于 2003 年发布了循环经济示范区与生态工业园区的申报、命名和管理规定。截至目前，国家环保总局已先后在广西贵港等 6 个生态工业园和辽宁、贵阳两省市开展了循环经济建设试点，天津经济技术开发区等 5 个生态工业示范园区脱颖而出，循环经济由最初的第二产业发展到一、二、三产业，并向消费领域延伸。

山东鲁北企业集团是中国第一个工业类型的循环经济生态工业园区，它彻底改变了传统意义上的"资源—产品—废物排放"的线形物质流动过程，而是"资源—产品—再生资源"的循环物质流动模式，企业已建成了"磷铵—硫酸—水泥联产"3 条生态产业链，实现了资源的有效整合，使主要产品的成本降低 30% 以上，实现了发展经济与保护环境可以"双赢"的理想，是世界上为数不多的具有多年成功运行经验的生态工业园区的代表，对推动循环经济工作具有重要的指导作用。图 9-5 为山东省鲁北集团循环产业链。

贵阳市是国家环保总局批准的中国首座循环经济试点城市。贵阳市人大常委会正式颁布了《贵阳市建设循环经济生态城市条例》，并于 2004 年 11 月 1 日起施行。这一条例的颁布和施行，有利于规范政府、企业、公众等在推进循环经济中的行为，为贵阳市循环经济生态城市的建设提供法制保障。其中较为典型的案例是广西贵港国家生态工业（制糖）示范园区。该园区以上市公司贵糖（集团）股份有限公司为核心，以蔗田系统、制糖系统、酒精系统、造纸系统、热电联产

---

① 资料来源：http://zls.mep.gov.cn/hjtj/nb.

系统、环境综合处理系统为框架，建设生态工业（制糖）示范园区。该示范园区的六个系统分别为产品产生，各系统之间通过中间产品和废弃物的相互交换而互相衔接，从而形成一个比较完整的闭合的生态工业网络，园区内资源得到最佳配置，废弃物得到有效利用，环境污染减少到最低水平。

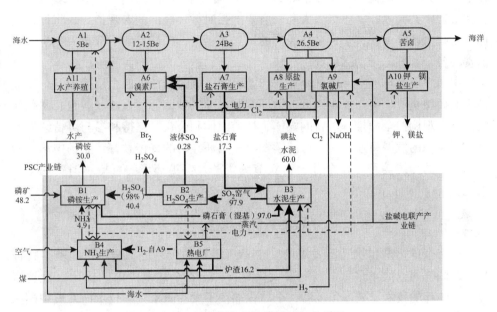

图 9-5　山东省鲁北集团循环产业链

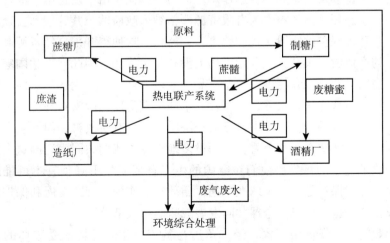

图 9-6　广西贵港国家生态工业（制糖）示范园区

（三） 发展循环经济已进入全面推进阶段

2004 年全国人大环资委、国家发改委、科技部、国家环保总局等单位共同在上海举办了中国循环经济发展论坛年会，通过了《上海宣言》，200 多位与会者在宣言中共同呼吁，各级人大和政府要加强对循环经济的宏观指导，将评价指标纳入政府政绩考核，扩大循环经济的试点和示范，把试点和示范拓展到生产和消费的各个领域，推动循环经济尽快全面展开，进入大范围实施阶段。

中国发展循环经济，应从企业、产业园区、城市和社区四个层面展开。要立足于循环型企业、生态工业园区、循环型城市和区域，通过立法、教育、文化建设以及宏观调控全面推进。新闻媒体、社会团体和公众要支持和参与可持续发展和循环经济的发展事业，加大可持续发展和循环经济的宣传教育，弘扬中华民族天人和谐的传统美德，在全社会树立节约资源、保护环境的可持续消费观念和文化。

（四） 经济全球化对发展循环经济具有重大影响

经济全球化是当代经济发展的一个不可阻挡的大趋势。全球化的基本特征是，跨国公司以成本最低、利润最大化为目标，在全球范围内"优化"配置资源。从纯粹的技术和效率角度看，全球化加快了发达国家先进技术向发展中国家的扩散，提高了发展中国家的经济效率，从而也提高了全球的经济效率，对于世界范围内的可持续发展将起到促进作用。但另一方面，由于发达国家的环境保护意识很强，生态环境已经被作为有限资源严格纳入政府的公共管理和公众的监督之下，有关环境保护的法律法规和政策十分严格，这使得开采自然资源和发展污染密集型的产业成本很高，在国际市场上没有竞争优势，因此，发达国家采取了向发展中国家采购资源和污染密集型产品的战略。这显然是发达国家向发展中国家转移污染。在这样的背景下，一些发展中国家接受发达国家对环境污染和生态破坏较严重的产业的转移，使得自己的经济增长状况有所改善，但其生态环境却有恶化的趋势。从这个意义上看，富国过多地消耗了我们共同生活的这个地球的资源，释放了过多的污染，他们对穷国的生态环境质量下降负有不可推卸的责任。因此，环境保护是一个全球性问题，循环经济作为可持续发展和保护环境的经济增长模式，也应该成为全球共同发展战略的组成部分。

毫无疑问，在发展中国家，经济落后与贫穷是生态环境遭受破坏的主要根源。但依靠发展污染密集型产业和以破坏生态环境为代价的经济增长，不仅不能改善生态环境，反而加重了污染的程度。因此，当前的全球化虽然有限地提高了发展中国家的物质生活水平，但并没有把发展中国家带入可持续发展道路。更值得注意的是，一方面发达国家把污染严重的产业转移到发展中国家，发达国家可以通过进口廉价但在生产过程中对环境有较强污染的产品，实现低价消费；另一方面，他们又把环保作为与发展中国家进行贸易谈判的砝码，逼迫发展中国家做出更大的让步。这表明，生态环境已经成为一个严重的国际政治经济关系问题。

从道义上讲，发达国家在推进全球化并从中获取物质利益的同时，应该负起全球环境保护的责任。遗憾的是，尽管发达国家排放的污染占世界的绝大多数，但他们并不想放弃高能源密集和资源密集的消费模式，更没有真正负起全球环境保护的责任。在中国确立了到 2020 年实现 GDP 再翻两番，全面建设小康社会的目标以后，西方国家开始出现了"中国环境崩溃论"，这一现象值得我们注意。

当然，我们也必须认识到，作为一个人口大国，由于地理和气候的原因，中国的生态系统本身是比较脆弱的。在世界发展的进程中，我们又处于追赶发达国家的地位，总体科学技术水平还比较落后，环境生产率很低，中国的经济发展和生态环境变化对世界有着重大影响。生态环境不仅仅是国际关系和国家间政治斗争问题，它也是切实关系中国全体国民切身利益的重大问题。发达国家制造的环境贸易壁垒，也将会从反面促进中国的环境保护。我们应该借助于经济全球化和发达国家环境贸易壁垒带来的机遇和挑战，在为争取公平而与发达国家进行斗争的同时，加强国际合作，加速引进发达国家的环境保护技术和管理经验，加速推进环境质量的改善，加大循环经济的发展步伐。这也是我们应该对人类发展所做的贡献。

（五）中国发展循环经济的主要对策

循环经济不仅是实施可持续发展战略的主要途径和方式，也为传统经济向可持续发展经济转化和落实科学发展观提供了保证。目前，在西方一些发达国家，循环经济已经成为一种潮流和生产方式，德国、日本等国家已开始考虑用法律的形式将其固定下来。中国作为一个发展中大国，既面临发展社会生产力、增强综合国力和提高人民生活水平的历史任务，又存在着人口基数大、资源短缺、环境污染、经济发展水平低等一些相当严峻的问题。加之中国企业总体技术水平不高，资源消耗过大，经济建设与生态环境保护的矛盾十分突出。中国国情决定了必须走可持续发展道路，发展循环经济。为此，我们要从以下几个方面做出努力：

1. 提高思想认识，转变观念

第一，确立新的经济发展观。这是发展循环经济的前提。循环经济把经济效益、社会效益和环境效益统一起来，要求经济发展不仅要考虑经济总量的提高，还要考虑生态环境承载能力；不仅要关心经济的发展，还要关心子孙后代的生存。要改变以资源高消耗、高污染、高排放和"先污染、后治理"的传统的资源型经济发展模式，选择减少物质资源消耗和以无形的、边际效益递增的知识资源为主的生态经济发展模式，走以生态工业、生态农业和环保产业为主导的经济的可持续发展道路。

通过经济活动的知识化转向和经济活动的生态化转向，减少经济活动中物质资源消耗和污染排放，保护日益稀缺的环境资源，提高环境资源的配置效率，实现经济建设与环境保护的协调发展。

第二，树立新的资源观。这是发展循环经济的关键。资源和环境是提高一个国家或地区竞争力的重要因素。传统工业经济的生产观念是最大限度地开发利用自然资源，最大限度地创造财富，最大限度地获取利润。而循环经济的生产观念是要充分考虑自然生态系统的承载能力，尽可能地节约自然资源，不断提高自然资源的利用效率，循环使用资源。要减少对不可再生资源的一次性使用，形成一个减少对自然资源的利用且对其实现多次重复利用的良性循环系统。

在资源利用管理上，由单一的资源利用机制向综合利用机制转变，以提高资源综合利用率；通过科技进步，加强资源的综合利用、重复利用、循环利用，推进废物资源化；对能源生产、运输、加工和利用的全过程进行节能管理，通过技术进步、提高能源效率，降低单位产值能耗；通过调整产业结构优化能源配置，提高能源利用效率；提高低能耗技术密集型产业的比例，限制高能耗小企业的发展。

在生产中还要求尽可能地利用可循环再生的资源替代不可再生资源，如利用太阳能、风能和农家肥等，使生产合理地依托在自然生态循环之上；尽可能地利用高科技，尽可能地以知识投入来替代物质投入，以达到经济、社会与生态的和谐统一，使人类在良好的环境中生产生活，真正全面提高人民生活质量。变自然资源无偿使用为有偿使用，不断拓宽环境资源有偿使用的要素范围，提高环境资源收费价格，使环境价格正确反映环境成本和资源稀缺程度。

2. 探索中国发展循环经济的微观模式

循环经济目前在发达国家不仅得到了政府的推动，也得到了企业界的积极响应，西方许多企业在微观层次上，运用循环经济的思想，进行了有益的探索，形成了一些良好的运行模式，很值得我们借鉴，比较有代表性的有：

（1）杜邦化学公司模式。

这种模式可称为企业内部的循环经济，其方式是组织厂内各工艺之间的物料循环。20 世纪 80 年代末，杜邦公司的研究人员把工厂当作试验新的循环经济理念的实验室，创造性地把循环经济三原则发展成为与化学工业相结合的"3R 制造法"，以达到少排放甚至零排放的环境保护目标。他们通过放弃使用某些环境有害型的化学物质、减少一些化学物质的使用量，以及发明回收本公司产品的新工艺，到 1994 年已经使该公司生产造成的废弃塑料物减少了 25%，空气污染物排放量减少了 70%。同时，他们在废塑料中回收化学物质，开发出了耐用的乙烯材料等新产品。

（2）卡伦堡生态工业园区模式。

这种模式可称为企业之间的循环经济，其方式是把不同的工厂联结起来，形成共享资源和互换副产品的产业共生组合，使得一家工厂的废气、废热、废水、废渣等，成为另一家工厂的原料和能源。丹麦卡伦堡工业园区是目前世界上工业生态系统运行最为典型的代表（见图 9 - 7）。

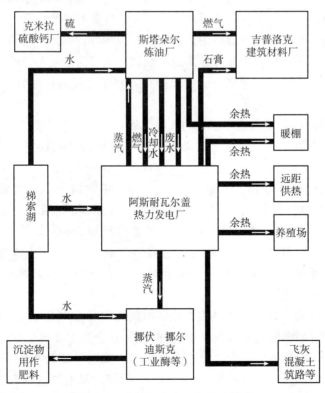

图 9 - 7 卡伦堡生态工业园区模式

（3）日本模式。

在整个国家或社会层面上看，日本是做得比较好的。日本资源有限，所以特别注重资源的再利用，尤其强调建立循环型社会。日本的资源再生系统由 3 个子系统构成的：废物回收系统、废物拆解与利用系统以及废物无害化处理系统。

面对国际上发展循环经济的新趋势，中国必须把发展循环经济确立为国民经济和社会实现可持续发展的基本战略途径，进行全面规划和实施，这样才可能有效克服在现代化过程中出现的环境与资源危机。我们正在经历从传统工业经济向循环经济的转轨过程，这是对传统经济发展方式、传统的环境治理方式的重大变革。在这样一个变革过程中，从总体上来讲需要政府的积极倡导和扶助，需要产业界积极创新和开发，需要公众的参与和支持。

从政府来讲，需要制定相应的法律、法规和相应的规划、政策，对不符合循环经济的行为加以规范和限制。除了采取一些必要的行政强制措施外，应当更加注意应用经济激励手段和措施，以及其他激发民间自愿行动的手段和措施，以推动循环经济的顺利发展。从产业界来讲，需要把资源循环利用和环境保护纳入企业总体的创新、开发和经营战略中，自觉地在生产经营和各个环节采取相应的技术和管理措施，引导有利于循环经济的消费和市场行为。从公众来讲，需要树立同环境相协调的价值观和消费观，自愿选择有利于环境的生活方式和消费方式，推动市场向循环经济方向转变。

3. 总结推广中国发展循环经济的实践经验

最近几年中国在三个层次上逐渐展开循环经济的实践探索，并取得了显著成效。

（1）在企业层面积极推行清洁生产。2002 年中国颁布了《清洁生产促进法》。此后，陕西、辽宁、江苏等省以及沈阳、太原等城市制定了地方清洁生产政策和法规，在 20 多个省（区、市）的 20 多个行业、400 多家企业开展了清洁生产审计，建立了 20 个行业或地方的清洁生产中心，1 万多人次参加了不同类型的清洁生产培训班，有 5000 多家企业通过了工 ISO14000 环境管理体系认证，几百种产品获得了环境标志。

（2）在工业集中区建立由共生企业群组成的生态工业园区。按照循环经济理念，在企业相对集中的地区或开发区，建立了 10 个生态工业园区。这些园区都是根据生态学的原理组织生产，使上游企业的"废料"成为下游企业的原材料，尽可能减少污染排放，争取做到"零排放"。例如，贵港国家生态工业园区，是由蔗田、制糖、酒精、造纸和热电等企业与环境综合处置配套系统组成的工业循环经济示范区，通过副产品、能源和废弃物的相互交换，形成比较完整的闭合工业生态系统，达到园区资源的最佳配置和利用，并将环境污染减少到最低水平，同时大大提高了制糖行业的经济效益，为制糖业的结构调整和结构性污染治理开辟了一条新路，取得了社会、经济、环境效益的统一。截至 2012 年 5 月 30 日，我国已批准建设或通过验收的国家生态工业示范园区已达 74 家。

（3）在城市和省区开展循环经济试点工作。目前已有辽宁和贵阳等省市开始在区域层次上探索循环经济发展模式。辽宁省在老工业基地的产业结构调整中，全面融入循环经济的理念，通过制定和实施循环经济的法律和经济措施，建设了一批循环型企业、生态工业园区、若干循环型城市和城市再生资源回收及再生产业体系，充分发挥当地的资源优势和技术优势，优化产业结构和产业布局推动区域经济发展，促进经济、社会、环境的全面协调发展。

三、结论与启示

当前中国的循环经济实践仅仅处于试验、示范的初级阶段，普及面较小，深度不够，质量也不高。因此，推动循环经济发展要加强相关理论和实践模式的研究，提高各级政府和相关决策部门对发展循环经济重要性的认识，借鉴国际国内先进经验，积极开展循环经济实践。

分析发达国家的循环经济的模式及实施手段，可得到以下几点启示：

一是依据国情选择切入点。各国的国情不同，其发展循环经济的切入点也存在差异。如日本、德国、韩国从垃圾处理和废弃物回收利用入手，丹麦从构建产业之间的循环体系入手，法国则从能源再生入手。

二是加快制定促进循环经济发展的政策、法律法规，以立法推动循环经济发展。各国在发展循环经济的同时，都将立法作为主要手段。借鉴日本等国经验，着手制定绿色消费、资源循环再生利用以及家用电器、建筑材料、包装物品等行业在资源回收利用方面的法律法规；建立健全各类废物回收制度，明确工业废物和产品包装物由生产企业负责回收，建筑废物由建设和施工单位负责回收，生活垃圾回收主要是政府的责任，排放垃圾的居民和单位要适当缴纳一些费用；制定充分利用废物资源的经济政策，在税收和投资等环节对废物回收采取经济激励措施。德国及欧盟其他国家也制定了一系列相关法律。

三是加强政府引导和市场推进作用。在区域经济发展中，继续探索新的循环经济实践模式，积极创建生态省、国家环境保护模范城市、生态市、生态示范区、生态工业园区、绿色村镇和绿色社区。政府有关部门特别是环保部门要认真转变职能，为发展循环经济做好指导和服务工作；继续扩大生态工业园区和循环经济示范区建设试点工作；依法推进企业清洁生产，加强企业清洁生产审核；充分发挥市场机制在推进循环经济中的作用，以经济利益为纽带，使循环经济具体模式中的各个主体形成互补互动、共生共利的关系。在经济结构战略性调整中大力推进循环经济。

四是发挥技术进步的优势，开发建立循环经济的绿色技术支撑体系。发达国家经济的增长，带动了技术进步，也推动了循环经济关键技术的进步，由此促成了循环经济的快速发展。因此，以发展高新技术为基础，开发和建立包括环境工程技术、废物资源化技术、清洁生产技术等在内的"绿色技术"体系。通过采用和推广无害或低害新工艺、新技术，降低原材料和能源的消耗，实现投入少、产出高、污染低，尽可能把污染排放和环境损害消除在生产过程之中。

五是制定相关制度与机制。政策是循环经济发展的重要推动力和必要保障。在发挥市场机制对资源配置作用的同时，利用制度使外部不经济性内部化，形成发展循环经济的激励和约束机制。日本、欧盟各国采用经济激励制度鼓励人们参与循环经济建设，运用市场与政府补贴政策来调节循环经济建设主体的经济利益。在中国，可以探索建立绿色国民经济核算制度。在经济核算体系中，要改变过去重经济指标、忽视环境效益的评价方法，开展绿色经济核算，并纳入国家统计体系和干部考核体系。

六是国民与企业积极主动配合。部门与行业间的积极协作可使废弃物实现最大限度的循环利用。在韩国，居民积极支持政府的"垃圾终量制"，使用本区的卫生塑料袋为其法定义务。在中国，可以绿色消费推动循环经济发展。绿色消费是循环经济发展的内在动力。通过广泛的宣传教育活动，提高公众的环境意识和绿色消费意识；各级政府要积极引导绿色消费，优先采购经过生态设计或通过环境标志认证的产品，以及经过清洁生产审计或通过 ISO14000 环境管理体系认证的企业的产品，鼓励节约使用和重复利用办公用品；要逐步制定鼓励绿色消费的经济政策。

七是建立生态产业。这是发展循环经济的主要途径。循环经济是由人、自然资源和科学技术等要素构成的大系统。循环经济要求人在考虑经济建设时不能置身于这一大系统之外，而是将自己作为这个大系统的一部分来研究，将退耕还林、退牧还草等生态系统建设，作为维持大系统可持续发展的基础性工作来抓。生态产业要求合理、充分利用资源，实现废弃物多层次综合再生利用。

在工业经济结构调整中，要以提高资源利用效率为目标，降低单位产值污染物排放强度，优化产业结构，继续淘汰和关闭浪费资源、污染环境的落后工艺、设备和企业，用清洁生产技术改造能耗高、污染重的传统产业，大力发展节能、降耗、减污的高新技术产业；在农业经济结构调整中，要大力发展生态农业和有机农业，建立有机食品和绿色食品基地，大幅度降低农药、化肥使用量。

总之，发展循环经济有利于提高经济增长质量，有利于保护环境、节约资源，是走新型工业化道路的具体体现，是实现经济社会可持续发展的重要途径。

第三节 循环型社会

随着 20 世纪 60 年代日本经济的高速发展，带来了废弃物的大量排出。由于对废弃物处理不当，造成的环境污染现象层出不穷。为了治理各种废弃物造成的环境污染，1967 年制定了"公害对策基本法"；日本政府于 1970 年又制定了"废弃物处理法"，首次明确了排放废弃物的处理责任和处理基准；1976 年修订"废弃物处理法"，明确了业者的工业废弃物处理责任；1997 年再次修订"废弃物处理法"，增加了非法抛弃废弃物对策等内容；1991 年，制订了"再生资源利用促进法"；1995 年制订了"容器包装循环再利用促进法"，于 1997 年 4 月执行，2004 年修订，2007 年 4 月再次修订。

为了减少自然资源消耗量，减轻环境负荷，建设"循环型社会"，日本政府于 2000 年制订了"循环型社会形成推进基本法"，于 2001 年 1 月完全施行。2001 年制订了"PCB 特别措施法"，其中包括："资源有效利用促进法"；"家电循环利用法"于 2001 年 4 月施行；"汽车循环利用促进法"于 2005 年 1 月施行；"绿色采购法"于 2001 年 4 月施行；"食品循环利用法"于 2001 年 5 月施行；"建设资材循环利用法"于 2002 年 5 月施行。2003 年制订了日本循环型社会推进基本计划。

20 世纪 90 年代，日本提出了"环境立国"的口号，谋求建立"以可持续发展为基本理念的简洁、高质量的循环社会"，以及"以清洁生产、资源综合利用、生态设计和可持续消费等为指导思想的、运用生态学规律来指导人类社会经济活动的循环经济发展模式"。

一、循环型社会的内涵及特征

（一）循环型社会的基本内涵

关于循环型社会的概念，最早源于日本学者植田和弘提出的"回收再利用社会"，也就是我们今天所说的循环型社会的雏形。循环型社会概念的出现可以追溯到 1994 年德国《循环经济与废物处置法》中的循环利用概念，而日本《建立循环型社会基本法》则对其作出了具体的阐释：循环型社会是通过抑制产品成为废物，当产品成为可循环资源时促进产品的适当循环，并确保不可循环的回收资源得到适当处置，从而使自然资源的消耗受到抑制，环境负荷得到削减的社会形态。

关于循环型社会的内涵，就是以社会、经济的可持续发展为目的，以减少废弃物的产生、排放和对产品实行综合利用及循环利用为手段，建立在资源的合理、充分、节约利用的基础上，同时使废弃物再次资源化，实现资源共享、综合利用，最终形成一个与自然环境协调发展的社会。在这一社会中，集中体现经济效益、环境效益、社会效益的统一。

综合考察国外发达国家发展循环经济、构建循环型社会的历史轨迹，并认真分析有关概念可以得出，循环型社会是就在承认自然生态环境有限承载能力的前提下，以社会、经济、环境的可持续发展为目的，以人与自然和谐相处为价值取向，以循环经济运行模式为核心，以有利于推进循环经济的制度框架、社会环境为基本保障，适度生产、适度消费，尽量减少天然资源的消费，降低环境负荷，形成经济、社会与环境良性循环和持续发展的社会。循环型社会不仅包括经济发展、社会生活领域，同时包括政府政策导向的转变、企业社会义务的承担和社会公众的积极参与等多个方面。通过构建循环型社会，变革不符合自然环境要求的道德观、价值观和行为方式，转变不可持续的生产模式和消费模式，树立资源节约和循环利用的价值观和消费观，建立良好的生产方式、生活习惯和消费行为，实现人与自然的和谐共存与持续发展。

（二）循环型社会的基本特征

循环型社会是以可持续发展为目标，实现人类经济、社会、环境全面持续发展的新型社会。循环型社会本质上是一种生态社会，自觉运用生态学规律指导人类社会的各种活动。循环型社会的提出是可持续发展的重要实践，是人类对人与自然关系的再认识，是对传统工业社会发展模式的反思和超越。

1. 通过协调人类社会的和谐最终实现人与自然的和谐相处

人类是自然界的组成部分，与自然界其他生命形态共同生存于自然生态环境之中。从本质上讲，人与自然的和谐首先需要人与人之间社会关系的和谐。只有解决社会中存在的阻碍和影响环境问题解决的深层次矛盾，统筹兼顾政策、法规、制度规范的制定和实施，综合考虑社会各个方面的利益，协调好社会的和谐才能实现人与自然的和谐相处。循环型社会以人与自然和谐相处为价值取向，注重社会各方面的和谐，在着力解决资源、环境问题的同时，按照自然生态系统的运行规律安排人类的经济社会活动，处理好社会内部局部与整体、经济与社会以及社会各阶层之间的关系，在社会关系整体协调、平稳运行中，推进人与自然的和谐共存和持续发展。

2. 按照复合系统理念推进社会经济的发展

循环型社会最主要的特征就是按照生态学规律安排人类的生产与生活。循环型社会把生态环境、经济社会和科学技术等看作是三个有机联系、相互依存、相互影响的统一整体，把自然生态系统看作是经济社会发展的母系统，要求人类在安排生产生活时不再置身于这一大系统之外，而是将自己作为这个大系统的一部分，从整个生态系统整体考虑，注重维持这一大系统的持续发展。通过在自然生态系统供给原材料和吸纳废弃物的能力之内进行各种经济社会活动，从而把人类对自然环境的负面影响降低到最小限度，实现人与环境的和谐发展。

3. 发挥政府的主导作用，通过法律制度规范社会良性运行

循环型社会不是完全由市场自发推动的一种社会发展模式，而是在共同的价值目标的推动下，由政府主导，通过法律的手段主动推进的社会。在循环型社会构建过程中，政府处于主导地位。政府可以制定有关法律法规规范各社会主体的行为，将循环型社会的理念和要求纳入其生存发展之中。如通过采取必要的行政强制措施对不符合循环型社会要求的行为加以规范和限制，通过科技扶持引导生态化技术、清洁生产技术及废弃物再生利用技术的开发与使用，通过税收等经济手段鼓励企业采用生态技术、积极参与物质的循环利用，通过宣传、教育等手段引导大众消费，增强环境保护意识，树立正确的消费理念等。政府在建设循环型社会过程中，发挥着决策、引导、连接、整合的功能，把整个社会系统、经济系统、自然系统中的各个层次有机地联系起来，形成整体、协调和有序的循环再生体系，实现人与自然的和谐共存。

4. 以循环经济运行模式为核心推进社会发展

建立循环型社会是通过发展循环经济来实现的。构建循环型社会的起因就是经济运行模式与自然生态系统的冲突，因而在循环型社会建立过程中，最为重要的是循环经济的良性运行和生态产业的建立。在循环经济发展过程中，充分考虑自然生态系统的承载能力，综合考虑生产成本、生态成本和环境成本，尽可能地节约自然资源、利用可循环再生的资源替代不可再生资源、最大限度地减少废弃物的排放，不断提高自然资源的利用效率，循环使用资源，努力使生产建立在自然生态良性循环的基础之上。因而，循环经济是构建循环型社会的核心和关键。通过政府的引导，制定一个法律、经济、行政相互补充的管理体系，形成强制和利益的驱动机制，培育环境保护的氛围，让市场主体负担起相应的责任和义务，激发企业和个人的主观能动性，更好地推进循环型社会的构建。

5. 循环型社会需要建立相应的社会经济技术体系

为了实现从传统经济运行模式向循环经济运行模式的转变，循环型社会需要建立一个以促进物质的减量化、再利用、再循环为目标，由清洁生产技术、污染治理技术、废旧物品再利用技术等组成的，具有合理的层次和结构、功能完善的社会经济技术体系。这是循环经济的物质技术保障，也是循环型社会的重要物质基础。输入端的减量化表现在产品逐渐非物质化或者环境友好型的物质替代，降低生产和消费过程中投入的物质量，提高生产的物质利用效率和改变传统消费模式与产品结构；再利用是提倡产品及零部件的多次、多级重复利用；再循环是从输出端通过再生利用的方式实现废弃物的资源化，最终建立循环型社会物质循环体系。

6. 循环型社会需要在适度消费理念指导下的公众广泛参与

循环型社会的形成和发展不仅需要政府自上而下的推动和引导，更需要在全社会自下而上培养自然资源和生态环境的危机意识和真正形成构建人与自然和谐共存的循环型社会的广泛共识，并将适度消费理念付诸日常行动。循环型社会要求改变传统的生活消费模式，主动选择绿色产品，注重消费过程中对环境的友好性，自觉履行废弃品分类回收利用的责任和义务。适度消费理念要求消费者认识到环境变化对人的生活质量和生活方式的影响，要求消费者走出传统工业经济"拼命生产、拼命消费"的误区，提倡物质的适度消费、健康消费，在消费过程中选择环保产品、节能产品和安全产品，努力减少一次性消费，克服"用毕即扔"的消费习惯，提高产品的利用率，积极推动废弃物的再资源化和再利用，把环保意识落实到日常的消费活动中去。循环型社会倡导人作为自然组成部分、在自然生态系统中存在并发展的理念，将经济、生态和人类统一为一个整体，要求经济、社会的每一个环节都具有内在的可持续性和循环性，并且确保这种经济、社会的循环与自然生态系统的循环相互联系、相互作用。循环型社会的构建将提高自然资源的使用率，减少废弃物的排放量，最大限度地降低环境负荷，促进自然生态系统功能的恢复和自身循环的顺利进行。循环型社会是实现可持续发展的有效路径，也是中国走向可持续发展的必由之路。图9-8为构建循环型社会的图示参考。

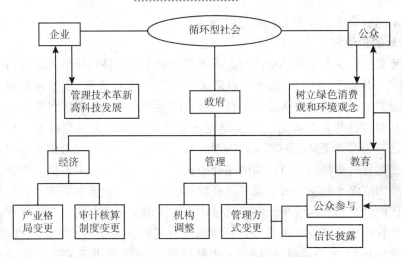

图 9 – 8 构建循环型社会

资料来源：戚道孟等：《建构循环型社会的法律思考》，载《中国发展》，2005 年第 5 期。

二、循环型社会建设

（一）循环型社会的基本要求

建立循环型社会为我们提出了新的要求，即建立新的系统观、经济观、价值观、生产观和消费观。

1. 新的系统观

循环是指在一定系统内的运动过程，循环型社会的系统是由人、自然资源和科学技术等要素构成的大系统。它要求人在考虑生产和消费时不再把自身置于这一大系统之外，而是将自己作为这个大系统的一部分来研究，把人口、经济、社会、资源与环境作为一个大系统来考虑，均衡社会、经济、生态效益。

2. 新的经济观

主要包括生态成本的经济认知与循环经济的观念树立。如果把自然生态系统作为经济生产大系统的一部分来考虑，我们就会像传统工业经济考虑资本投入一样，考虑生产中生态系统的成本。任何一个工业生产投资者在投资时，必须考虑自己有多少钱，如果借贷就要考虑偿还能力。同样，我们在向自然界索取资源时，也必须考虑生态系统有多大的承载能力，如果透支，也要考虑它有多大的自我修复能力，要有一个生态成本总量控制的概念。所谓生态成本，就是指当我们进行经济生产给生态系统带来破坏后进行人为修复所需要的代价。只有在理解了生态成本的前提下，才能更好地建设循环型社会。

3. 新的价值观

循环型社会在考虑自然资源时，不再像传统工业经济那样将土地视为"取料场"和"垃圾场"，将河流视为"自来水管"和"下水道"，也不仅仅视其为可利用的资源，而是视其为需要维持良性循环的生态系统；在考虑科学技术时，不仅考虑其对自然的开发能力，而且要充分考虑到它对生态系统的维系和修复能力，使之成为有益于环境的技术；在考虑人自身发展时，不仅考虑人对自然的征服能力，而且更重视人与自然和谐相处的能力，促进人的全面发展。理解人类不再是自然的征服者和主宰者，而只是自然的享用者、维护者和管理者。倡导人类福利的代内公平和代际公平，实施减量化、再使用化和废弃物资源化生产，开展无害环境管理和环境友好消费。并将生态系统建设认为是国家的基础设施建设，开展"退田还湖"、"退耕还林"、"退牧还草"和"退用还流"等生态系统建设，通过这些基础设施的建设来提高生态系统对经济发展的承载能力。

4. 新的生产观

5R 原则的应用，要求我们的生产观念要充分考虑自然生态系统的承载能力，尽可能地节约自然资源，不断提高自然资源的利用效率，循环使用资源，创造良性的社会财富。而不同于传统工业经济的生产观念——最大限度地开发自然资源，最大限度地创造社会财富，最大限度地获取利润。因此生产过程中，无论是材料选取、产品设计、工艺流程，还是废弃物处理，都要求实行清洁生产，使人类在良好的环境中生产生活，真正全面提高人民生活质量。

5. 新的消费观

循环型社会要求走出传统工业经济"拼命生产、拼命消费"的误区，提倡物质的适度消费、层次消费，在消费的同时就考虑到废弃物的资源化，建立循环生产和消费的观念。同时，循环经济要求通过税收和行政等手段，限制以不可再生资源为原料的一次性产品的生产与消费，如宾馆的一次性用品、餐馆的一次性餐具和豪华包装等。

（二）循环型社会的研究层次

1. 社会、经济系统与自然生态系统的关系

从社会、经济系统与自然生态系统的关系的角度，可划分为两个层次：一是社会、经济系统对外部自然生态环境的相互作用应遵循生态学原则；二是社会、经济系统内部运行应遵循生态学原则。也就是说，为了达到人类社会的发展与自然的和谐统一，要解决好这两个层次的因果问题，前者是果（我们所要的结果），

后者是因；后者是前者的基础和重要保证，前者是后者的目标、制约和依据。二者相辅相成、缺一不可。所以，经济系统内部遵循生态学原则，是实现经济系统与外部自然环境可持续发展的内因。

2. 经济活动的整个过程

从经济活动的整个过程的角度来研究，可分成以下几个层次：

（1）资源的开发利用阶段。

以防止生态破坏，用最少的资源消耗、最友好的开发利用方式获取最大的经济效益为目标。包括资源的开发利用方式和程度与环境友好，控制在生态环境可承载的范围之内；资源利用效率足够高；尽可能选择、研制、开发可再生、与环境友好的材料；利用可再生的清洁能源等。

进行生态建设。指为了恢复和保持生态平衡，提高生态系统自净力、承载力和承载弹性度，主动对已破坏或发展不平衡的生态系统进行人为建设和修复。应逐步加强生态建设和修复的研究，建立环境建设产业即第零产业。

（2）在经济活动过程中。

经济过程要实现减污高效和物质循环。包括：建立生态工业园区和产业链（网），形成资源的闭路循环；在生产过程中节能降耗，大力推行清洁生产，开展产品生命周期评价，通过延长产品的使用寿命，推行标准化设计以利于再利用、限制产品体积和用服务替代产品等措施提高区域经济的生态经济效益和投入产出比，从而提高经济运行效率，减少浪费和污染。

（3）对废弃物的回收和管理。

建立完善废弃物管理回收产业即第四产业，形成一个完整的社会管理体系。对废弃物的管理遵循的优先级：减量化——再利用——再循环——处理处置（包括无害化处理）。

（4）发展战略及机制。

循环经济模式的建立，需要一整套配套的战略、政策支撑，相应的社会和经济机制、完善的机构及合理的责任分工。因此，该项内容是循环经济得以实施的依托和保证。

3. 循环经济实施、管理的对象和范围

（1）区域层次。应研究、建立区域循环经济的规划理论、方法和相应措施，并通过合理途径将其纳入区域的社会、经济发展总体规划中去，从而建成区域循环型社会。

循环型社会的规划纳入社会总体发展规划的程序应该按照战略环境影响评价（SEA）的程序进行，并在专项环境规划中包括循环型社会的规划。基本程序应是：初步的发展规划提交环境保护主管部门（环委会），由环保主管部门或环委会组织专家做 SEA、循环经济社会的评价和专项环境规划（包括循环经济的规划），将专项环境规划纳入社会、经济发展总体规划。

（2）企业层次。企业层次是经济体系中的主力军，是实现循环经济模式，防治生态破坏、环境污染的重要力量。在企业层次，一般考虑企业间的生态链的建立，产业结构调整，以及单个企业内部节能降耗、革新挖潜和清洁生产。

（3）社会层次。循环经济所依托的部分包括发展战略；社会和经济机制；政府、公众、企业（行为主体）的责任分担；循环经济的框架、机构建设。

（三）循环型社会的转变步骤

1. 从区域经济结构分析入手，完成经济系统转变

（1）分析研究区域产业结构及其调整以及打通循环、合理建立产业链的方法、途径和可行性，主要产业、行业的生态经济效益，绿色投入产出情况；

（2）将各主要产业生态经济效率结合区域的社会、生态环境制约因素，对资源浪费、生态环境破坏、污染严重的产业进行排序，并通过分析得出产业结构调整方案并对形成产业链（网）和建立生态工业园区的方案进行论证；

（3）各产业内部通过从资源投入、生产过程到产品生命周期评价分析，对资源减量化、再利用、再循环潜力、方法、途径进行论证；

（4）建立循环型社会指标体系；

（5）进行区域循环型社会的评价，提出规划措施，并纳入区域社会发展总体规划；

（6）通过制定政策、立法、各主体责任分工落实规划措施。

2. 从社会消费结构分析入手，建立回收、循环路径

一般地，社会主导消费品为公共设施（包括建筑）、各种包装、食品、家电、汽车、纺织品、家具等。这些消费品应作为再回收的重点，政府应重点其立法，进行市场调控，制定回收政策；在其产品生命的整个周期，本着 5R 的原则进行控制和管理。

（1）设计生产阶段。产品寿命长，体积小、产品和零件通用性好，标准化程度高，清洁、能耗小；

（2）消费阶段。引导消费者转变观念，节约资源、能源，倡导绿色消费，消费过程中注重垃圾处置；

（3）回收阶段。明确回收责任单位：如包装、家电、汽车、家具等可以令生产厂家为责任单位；公共设施可将资产所有者定为回收单位；食品等可将社会回

收机构作为回收单位。合理地确定回收费用：如消费者与生产者各承担部分回收费用等。

3. 从社会废弃物分析入手，完成废弃物再资源化

（1）废弃物产生量、成分、去向和处理处置现状；

（2）污染状况及再利用再循环的潜力；

（3）回收机构现状分析；

（4）建立、完善资源回收体系和资源信息网络。

实现可持续发展战略的客观需要。实现这个转变，首先要实现全社会思想观念的转变，建立起一种绿色文化氛围；再者就是要加紧对循环经济社会的全方位、多角度的研究；逐步建立起循环型社会的社会和经济运行机制，并通过分步骤的实践，不断总结、调整发展战略：包括社会、经济、科技、环境发展战略调整方案，并划分出社会各层次主体的责任分担与现行政策的衔接。这样就可以推动循环经济社会的实践不断走向成熟和深入。

三、中国的循环社会建设

（一）中国建立循环型社会的必要性和现实性

从中国的实际情况看，中国虽然是一个资源大国，但资源分布不均、人口众多，人均资源相当贫乏。长期的不合理开发利用造成中国生态环境脆弱、污染现象严重。据《2001 年国民经济和社会发展统计公报》显示，中国七大江河水系均遭受不同程度的污染，干流地表水水质有 48.3% 的监测断面属于 V 类以下水质，65.6% 的城市超过国家空气质量二级标准。每年由于环境污染和生态破坏造成的损失超过 1000 亿元，同时每年用于改善环境的经费高达 2830 亿元。此外，中国资源紧缺，人均资源占有量仅为世界平均水平的一半，全国近 2/3 的城市常年缺水。人均耕地资源即将接近联合国警戒线。另一方面，中国资源利用粗放，50% 的自然资源被当成废物处理，能源利用率只有 35%，与国外相差 10 个百分点，各类资源消耗过快，现有国内资源已经远远不能满足发展需求。中国已经探明的 45 种主要矿产中，2010 年可以满足的只有 21 种，到 2020 年将仅剩 6 种。以最小的资源代价发展经济、以最小的经济成本保护环境已是当务之急。

在资源存量和环境承载力都已经不起传统经济形式下高强度的资源消耗和环境污染的情况下，如果继续走传统经济发展之路，沿用"三高（高消耗、高能耗、高污染）"粗放型模式，以末端处理为环境保护的主要手段，只能阻碍中国实现现代化的速度。

同时，我们应该看到目前的发展模式不仅对我们的生产、生活造成影响，而且在国际上也存在不利影响。长期的粗放型发展使中国成为他国污染转移的天堂，而中国生产的商品又被国际市场以不符合环境标准禁止进口，对于中国的竞争力有极大的负面影响。因此，改变经济发展路线，在中国建立循环型社会已经成为一个明智的选择。

从法律角度来看，中国目前已具备建构循环型社会的法律基础。在工业生产方面，早在1973年第一次全国环境保护会议上，国家计划委员会拟定的《关于保护和改善环境的若干规定》中就提出了努力改革生产工艺，不产生或少产生废气、废水、废渣；严格管理，消除跑、冒、滴、漏，并提出了"预防为主、防治结合"的防治工业污染的方针。20世纪80年代初，又明确提出，技术改造是消除"三废"的根本途径，要通过技术改造把"三废"的产生量降到最低。近几年，中国陆续颁布了一系列法律、法规，如《固体废物污染环境防治法》、《大气污染防治法》和《水污染防治法》，以及许多政策，如《关于环境保护若干问题的决定》和《建设项目环境保护管理条例》，均明确规定：国家鼓励、支持采用能耗物耗小，污染物排放量少的清洁生产工艺。2002年九届全国人大常委会第二十八次会议通过了《中华人民共和国清洁生产促进法》，于2003年1月1日起施行，从而成为中国一部具体体现循环型社会精神的法律，并为具体的制度实施提供了法律保证。

此外，中国长期坚持的一些制度，也与循环型社会的基本精神有所交叉，可以在循环型社会的建构中做出贡献。如环境影响评价制度提倡预防原则，在未造成实质破坏前加以预防，体现了循环型社会对于环境的珍视和对资源利用的减量化原则。目前中国正在处于逐渐形成消费观的阶段，此时提倡循环型社会的建立，不仅群众易于接纳，而且具有深刻的指导意义。而在中国生活领域的废物回收已经长期存在，并发展态势良好，这也有利于在中国建构循环型社会。

综上所述，中国在资源利用、污染治理和生态保护方面都迫切要求循环型社会的建设，而中国的法律制度、习惯做法和意识领域都已经为循环型社会的建构建立了良好的基础。

（二）中国建立循环型社会需要中国政府、生产者、消费者的共同努力

中国要建立循环型社会，需要政府、生产者、消费者的共同努力。其中，政府的政策导向是最重要的一环。

1. 政府的政策导向

要构建一套完善的制度，由国家进行政策引导，限制不必要的消费以减少环境压力。在政府、生产者和公众三者中，政府在建立循环型社会中的地位是最重要的，也是不可替代的。政府的政策导向决定着循环型社会的成败。发挥政策导向作用是推进循环型社会进程的重要方式之一，其最主要的手段是采取强制管理和经济刺激制度这两种措施。

（1）强制管理。制定环境法律、法规和标准，是环境管理最基本、最普遍和最有威慑力的措施，这种做法在短期内就能起效，但是，如果没有一定的环境教育作为配套和补充，只是一味地加强约束，将环境责任强加于公民，就会造成公民的反弹即出现逆反和抵触情绪，使管理费用高昂，执行困难。中国的环境政策主要是以强制管理的形式出现的，但仍需要加强环境教育和执法宣传。

（2）经济刺激。经济刺激制度旨在遵循价值规律，利用经济杠杆（税收调控、排污收费、财政补贴和低息贷款）抑制对环境不利的现象。该项制度巧妙地运用经济杠杆柔性手段，把强制变为自愿，减少执法的对立情绪。

①税收调控。设立环境税是落实循环型社会的很重要的一环。环境税是通过价格杠杆起作用的。比如爱尔兰开征塑料购物袋使用税后不仅有效地遏制了白色污染的蔓延，使塑料袋使用量骤降了90%，更筹集了一笔数额可观的环保资金，国民环保意识也有很大的提高，由此可见，环境税作用之大，效果之好。中国还需尽快着手建立、完善环境税制度。

②排污收费。排污收费制度已经被世界各国广泛运用，收费范围涉及水污染、大气污染、固体废物污染、噪声污染等。中国虽然已经有排污收费制度，在《排污费征收管理条例》中也将超标收费改变为总量控制，将单因子收费改为多因子收费，但是这离循环型社会还很远。由于现行的排污收费标准太低，有数据表明，排污收费只占污染处理费用的10%，使大部分环境成本无法外部化；也无法继续刺激已经达标的企业继续努力改造环保工艺。因此，我们现在最紧迫的就是提高排污收费标准，尽快制定有差别的合理的排污收费标准。

③财政补贴和低息贷款。意大利《水法典》规定国家为地方当局提供固定补助金或低息贷款，以帮助建设下水道系统和安装污水净化设备。除直接补贴，不少国家采用间接补贴方式即负税的方式鼓励对资源的保护。具体手段包括减免税收、比例退税、特别扣除及投资减税等形式。中国虽然在《清洁生产促进法》中提及了财政补贴和低息贷款，但没有设立配套的具体制度，需要加以完善。

2. 生产者责任

要建立循环型社会，必须加强企业自律。但在这些方面，中国企业做得还远远不够。以再生产品为例，现在市场上的劣质再生产品越来越多，其质量问题更是让人触目惊心。黑心棉、头发酱油、陈馅月饼、地沟油等名词屡屡见诸报端，这些劣质再生产品屡禁不止，其质量问题早已成为再生产品市场的一颗毒瘤。因此，必须加强生产者责任才能解决这些问题。

当然，中国的企业也有一些可取的例子，如生产苏泊尔压力锅的企业允许并且鼓励消费者以旧换新；这样消费者就可以将已经厌倦的旧款式及时换成满意的新款式，既跟上了潮流，又不浪费。只是这样的企业实在是太少了。在循环经济中，中国企业还有很长的路要走。

在加入 WTO 以后，生产者责任也越来越经常被提及。中国应当仿效发达国家的相关做法，在技术条件允许的情况下，要求生产者对其产品承担循环利用的义务，把环保标准、环保信息披露与企业年检、项目立项、贷款发放等挂钩，并用经济手段和利益策动机制鼓励生产者提高其制造产品的耐用性。

3. 公众参与

建立循环型社会离不开公民环境意识的提高，离不开对公民的教育。相对于欧美国家，中国的环境意识还停留在一个较低的层次上。在美国，无论是家庭教育还是学校教育都强调环境意识。在家庭教育方面，美国人在周末假日经常都举办 yard sale，即在家门口空地上销售五花八门、价格便宜的旧货。他们的目的不在于一点钱，而是希望能够物尽其用。在德国，政府每年都会开展一次环保先进家庭评选活动，当选者除得到政府颁发的荣誉勋章外，全家还免费享受一次生态旅行，德国家庭以自觉保护环境为荣耀，获得环境先进家庭的荣耀勋章的家庭更是备受尊敬。他们上街购物时手提竹篮，从不用塑料袋，宁愿自己麻烦，也不污染环境。环保、节约的生活方式在德国家庭中蔚然成风。欧美国家这种环境教育和公众参与制度值得中国学习和借鉴。

在传统社会模式中，消费者倾向于选择对个人而言较为物美价廉的产品，但在循环型社会中，消费者会将消费行为对环境的影响纳入权衡的范围。调查表明，89%的美国人对其购买的产品的环境影响十分关心，大约有78%的人愿意为购买绿色产品多支付5%的费用；在加拿大，80%的消费者愿意多支付10%的价格来购买对环境危害较小的产品；欧共体在1992年对英国消费者的调查显示，有50%以上的消费者在选购商品时充分考虑环境因素，并环境因素作为最重要的选择依据；在荷兰，约76%的人在购物时，会选择有绿色标准的产品；在日本，大约有91.6%的消费者对绿色仪器感兴趣。

由此可见，中国建立循环型社会必须提高公民环境意识，加强公众参与。教育与公众参与又是相辅相成的。环境教育能够促进公众参与，而公众参与也给身边的人尤其是孩子提供了榜样，也促进了教育。这样良性发展，最终达到循环型社会所要求的全面、协调、可持续发展的目的。所以中国现在迫切需要加强公民的环境意识，需要大力提倡公众参与，调动公众的积极性；同时也要加强政府、家庭和学校在这方面的引导，使人们耳濡目染，认识到环境问题和建立循环型社会不仅只是政府的政策，而是关系到每个人切身利益的事，从而积极支持国家有关建立循环型社会的政策。

四、循环经济概念的发展

循环经济是一个经济活动过程，是一种发展模式，它是一种理念，也是一种思想。对于循环经济，要将其作为一个经济系统来考虑。

1. 经济发展要考虑生态环境系统

由于科学技术发展的制约，18 世纪工业化运动开始的时候，人们普遍认为世界上的稀缺资源主要是人，不稀缺的则是自然资源。但是现在稀缺的主要是自然资源，更确切地说，自然资源应包括生态环境。因而，配置稀缺资源的主要矛盾变了。一方面，面临如何解决过剩劳动力的就业问题；另一方面，日趋衰减的自然资本成为经济发展的限制性要素。因此，当地球上经济系统已经很大，而自然资源系统趋于变小时，当自然环境成为经济发展的内生变量时，持续的经济增长就开始受到自然资源的约束。

2. 循环经济是对线性经济的超越

从物质流动的形式看，工业化运动以来的经济本质上是一种线性经济。在线性经济中，经济系统越来越大、GDP 总量变大的时候，外面的生态系统则越变越小。循环经济考虑的则是如何在既定资源存量下提高经济发展的质量，而不是经济增长的数量。生产的主要矛盾由不断提高劳动生产率变为需要大幅提高自然资源生产率。在这种经济模式中，经济系统追求自然环境可承受的规模，在不断提高人类生存价值的同时，使得环境影响越来越小。

3. 要实现经济角度、社会角度与环境角度的三维整合，即立体整合思考模式

这种可持续发展的模式，在经济上要创造更多价值，这被认为是资源的有效配置问题；在环境上要减少负面影响，这被认为是生态的最佳规模问题；在社会上要解决人口就业，这被认为是产品的公平分配问题。

循环经济是可持续发展的"三赢经济"，它把经济发展、环境保护、社会就业统一起来，是走向三维整合的发展。循环经济在发展的每一个方面，都意味着根本性的变革。在解决环境问题方面，它要求实现从开环的末端性治理到闭环的全过程控制的变革；在促进经济发展方面，它要求实现从数量型的物质增长到质量型的服务增长的变革；在推进社会就业方面，它要求实现从就业减少型的社会到就业增加型的社会的变革。因此，中国未来的发展，需要通过循环经济实现经济增长、社会就业与自然资源的有机整合。

4. 循环经济要求从资源开采、生产、运输、消费和再利用的全过程控制环境问题

循环经济对于环境保护的意义，表现在系统地认识到了基于线性经济的末端治理环境保护模式的局限性：它将随着污染物减少而成本越来越高，在相当程度上抵消了经济增长带来的收益；其形成的环保市场将产生虚假的和恶性的经济效益，还有许多负面影响。而循环经济则要求从资源开采、生产、运输、消费和再利用的全过程控制环境问题。

5. 循环经济在环境上的根本目标

根本目标是要求在经济流程中系统地节约资源和避免、减少废物作为一种新的环保理念，循环经济首先要求减少经济源头的污染产生量，因此工业界在生产阶段和消费者在使用阶段就要尽量避免各种废物的排放。其次是对于源头不能削减的污染物和经过消费者使用的包装废物、旧货等要加以回收利用，从物质流动的全过程控制污染。

第十章

清 洁 生 产

自两百多年前产业革命以来，随着愈来愈多的人口由农业转向工业，世界上能源的消费量急剧上升，能源价格不断上涨，在产品的总成本中能源费用所占比例越来越大；节约能源一直是发展生产技术、提高竞争能力的重要组成部分。目前，世界能源结构仍以石油、天然气和煤炭为主，但是化石燃料是有限的，而且环境污染主要是由能源消费引起的，近代社会是在技术进步和能源大量消费的条件下发展的，资源、垃圾废物排放等引起的国际纠纷不时激化，威胁着的政治、经济环境。

生态工业理论的提出，改变了传统的单向生产模式，在很大程度提高了原料和能量的利用效率，但它主要注重生产过程中物质的闭路循环和废物的资源化。而清洁生产则是一个集成的、连续性预防策略，它关注"产品生命周期"，即从人类需要的物质载体——产品出发，对原料采掘、原材料加工、产品制造、产品使用和产品用后处理的整个过程进行跟踪分析，发掘清洁生产的机会，并寻找新的、清洁的、可再生的能源、原料来替代传统的、不可再生的能源、原料。因此，清洁生产能从根本上解决了环境污染问题和资源的不可持续问题，提高资源的利用率，预防和减少了对人类和环境短期和长期的危害，从而实现资源、环境和经济的和谐发展。

第一节　清洁生产的理论与方法

1984 年美国环境局提出了"废物最小化"思想，要求在可行的范围内减少最初产生的或随后经过处理、分类处置的有害废物，即对废物进行消减或回收利用，以减少有害废物的总量。1989 年又提出了"污染预防"的思想，并以此取代"废物最小化"思想。污染预防要求在可能的最大限度内减少生产场地产生的全部废物量，既要求减少使用有害物质、能源，又要求水或其他资源，并于1990年通过了污染预防法。1991年2月，美国环保局发布了"污染预防战略"，完成了从末端治理向清洁生产的转变。

一、清洁生产是工业可持续发展的必然选择

实施清洁生产是人类走向文明的工业生产的标志。在过去的三十多年里，发达国家对工业所造成的环境污染和破坏的反映是：由初期的忽视环境保护，对环境损害置若罔闻；到试图控制污染物和废物的排放，即末端治理或污染控制；最后走向了实施清洁生产，在生产的源头控制污染物的产生和在生产全过程进行污染预防的道路。污染预防和清洁生产将环境保护推向了新的历史高度，是实现环境效益和经济效益相统一的一种理想模式。

（一）中国工业生产存在的问题分析

中国早在20世纪80年代就取得了一些通过技术改造把"三废"消除在生产过程中的做法和经验，但还没有明确形成完整的"清洁生产"概念，更没有把清洁生产作为优先的环境保护战略。从中国目前工业生产的特点看，实施清洁生产战略尤为迫切。从环境保护的角度看，中国工业生产有这样一些问题应该引起重视：

（1）产业结构不合理，导致整体工业水平长期停留在粗放型经营阶段，"结构型"污染将会长期存在；

（2）技术水平低，高投入、低产出、高消耗、低效率的状况未能得到根本改变；

（3）工业布局不合理的状况仍未改变，80%的工业企业集中在城市，特别是有不少企业建在居民区、文教区、水源地等环境敏感地区，加重了工业污染的危害；

（4）工业企业生产运营管理水平低下，物料流失现象大量存在，既浪费了资源，又增加了污染；

（5）中小型企业众多，乡镇企业发展迅猛，大部分乡镇企业工艺、技术落后，设备简陋、操作管理水平低下。

要保持中国工业持续、高速的发展态势，摒弃过去那种高消耗、高投入的发展模式，走技术进步、集约化经营的道路是必然的选择。

（二）清洁生产产生的背景

综合分析，清洁生产产生的背景主要包括以下几方面：

1. 资源消耗过快，生态破坏和环境污染严重

从 20 世纪 30 年代到 60 年代发生的闻名世界的八大污染事件，70 年代发生的危害和影响更为严重的六起重大污染事故，直至 80 年代才引起普遍重视的直接威胁人类生存和发展的气候变化、臭氧层破坏、酸雨、资源短缺、大气和水污染、生物物种减少，等等，这些全球性的环境问题，都是由于人类对自然界贪婪、疯狂、无节制索取而造成的结果。

2. 传统治污的低效性，并可能增加二次污染

一般采用都是传统的末端治理方法，但是常常因为人力的短缺和较高的操作管理成本，影响了治理设施的使用和治理效率，加之管理的力度不够、执法不严，导致一些废弃物直接排入环境。此时，人们意识到仅单纯地依靠末端治理已经不能有效地遏制住环境的恶化，不能从根本上解决工业污染问题。

3. 工业生产的高消耗

在工业生产过程中的原料、水、能源等的过量使用，导致产生更多的废弃物，若是对废弃物进行末端处置，将要进行生产之外的投入，增加企业的生产成本。假如通过工业过程的转化，原料中的所有组分都能够变成我们需要的产品，那么就不会有废物排出，也就达到了原材料利用率的最佳化，达到经济效益和环境效益统一的目的。

4. 可持续发展的迫切要求

实践中人们认识到，以往解决工业污染的方法都是治标不治本的方法，彻底的解决方法必须是将综合与预防的环境策略，持续地应用于生产过程和产品中，从生产源头开始考虑节约资源、能源和废物最小化，同时降低生产成本，提高经济效益，以减少环境的风险。

二、清洁生产的基本理论与方法

（一）清洁生产的定义

1. 基本概念

一些国家在提出转变传统的生产发展模式和污染控制战略时，曾采用了不同的提法，如废物最少量化、无废少废工艺、清洁工艺、污染预防等。但是这些概念不能包容上述多重含义，尤其不能确切表达当代环境污染防治于生产可持续发展的新战略。在此，我们采用联合国环境规划署与环境规划中心（UNEP/PAC）给出的定义："清洁生产是指将综合预防的环境策略持续地应用于生产过程和产品中，以减少对人类和环境的风险性，对生产过程而言，清洁生产包括节约原材料和能源，淘汰有毒原材料并在全部排放物和废物离开生产过程以前减少它的数量和毒性。对产品而言，清洁生产策略旨在减少产品在整个生产周期过程（包括从原料提炼到产品的最终处置）中对人类和环境的影响，后又扩大到服务领域"。

钱易等对清洁生产给出的定义是："清洁生产是从生态—经济大系统的整体优化出发，对物质转化的全过程不断采取战略性、综合性、预防性措施，以提高物料和能源的利用率，减少以及消除废料的生成和排放，降低生产活动对资源的过度使用以及对人类和环境造成的风险，实现社会的可持续发展。"

2. 一般内容

清洁生产通常是在产品生产过程或预期消费中，既合理利用自然资源，把对人类和环境的危害减至最小，又能充分满足人类需要，使社会经济效益最大的一种模式。它最早是 1989 年由联合国环境署提出的。它的含义包括三个方面的内容：一是清洁的能源。包括常规能源的清洁利用；可再生能源的利用；新能源的开发；各种节能技术等。二是清洁的生产过程。包括尽量少用或不用有毒有害的原料；产出无毒、无害的中间的产品；减小生产过程的各种危险性因素；少废、无废的工艺和高效的设备；物料的再循环；简便、可靠的操作和控制；完善的管理等。三是清洁的产品。包括节约原料和能源，少用昂贵和稀缺的原料；利用二次资源作原料；产品在使用过程中和使用后不含危害人体健康和生态环境的因素；易于回收、复用和再生；易处置易降解等。

3. 实施途径

从清洁生产的定义可以看出，实施清洁生产的途径主要包括五个方面：
①绿色设计。在工艺和产品设计时，要充分考虑资源的有效利用和环境保护，生产的产品不危害人体健康，不对环境造成危害，易于回收。②原料和能源的清洁性。③采用资源利用率高、污染物排放量少的工艺技术与设备。④加强综合与循环利用。⑤改善环境与质量管理。

清洁生产定义体现减量化原则、资源化原则、再利用原则、无害化原则，体现集约型的增长方式和发展循环经济的要求。

（二） 清洁生产的内容

1. 清洁的原料与能源

清洁的原料与能源，是指产品生产中能被充分利用而极少产生废物和污染的原材料和能源（如清洁利用矿物燃料、提高能源利用率、优先发展水利水电、积极发展核能发电、开发再生新能源、选用高纯无毒原材料等）。

2. 清洁的生产过程

指尽量少用、不用有毒、有害的原料；选择无毒、无害的中间产品；减少产生过程的各种危险因素；采用少废、无废的工艺和高效的设备；做到物料的再循环；简便、可靠的操作和控制；完善的管理等。

3. 清洁的产品

清洁的产品，就是有利于资源的有效利用，在生产、使用和处置的全过程中，不产生有害影响的产品。

4. 全过程控制

它包括两方面的内容，即生产原料或物料转化的全过程控制和生产组织的全过程控制。

生产原料或物料转化的全过程控制，包括原料的采集、贮运、预处理、加工、成型、包装、产品的贮运、销售、消费以及废品处理等环节。

生产组织的全过程控制，包括资源和地域的评价、规划设计、组织、实施、运营管理、维护改扩建、退役、处置以效益评价等环节。

（三）清洁生产的特点

清洁生产作为一种新型的环境手段，具有其自身的特点。

1. 预防性

它是清洁生产最根本的特点。清洁生产强调从源头抓起、生产全过程控制，相对于传统的末端治理（先污染，后治理）具有污染预防性。

2. 战略性

清洁生产是污染预防战略，是实现可持续发展的环境战略。作为战略，它有理论基础、技术内涵、实施工具、实施目标和行动计划。

3. 综合性

具有多层面、多部门的齐抓共管的宏观综合性，也具有企业产品结构调整、技术进步和完善管理的多措施综合性。

4. 统一性

清洁生产最大限度地利用资源，将污染物消除在生产过程之中，不仅环境状况从根本上得到改善，而且能源、原材料和生产成本降低，经济效益提高，竞争力增强，能够实现经济效益与环境效益相统一。

5. 持续性

清洁生产是一个相对的概念，是一个持续不断的过程，没有终极目标。随着技术和管理水平的不断创新，清洁生产应当有更高的目标。从清洁生产实现所需要的时间来看，一条具体的清洁生产措施可能涉及清洁生产技术的研究与开发，清洁生产技术的采纳、配套的管理措施乃至企业文化的转变，因而其显著效果往往需要较长的时间才能显示出来。有的国家用 Cleaner Production 代替 Clean Production，以强调清洁生产的持续性。

（四）清洁生产对资源的优化作用

清洁生产的基础理论实质上是最优化理论。在生产过程中，物料按平衡原理相互转换，生产过程排出的废物越多则投入的原料消耗就越大。清洁生产实际上是满足特定条件使物料消耗最少，使产品的收获率最高。

应用数学上的最优化理论，将废弃物最少量化表示为目标函数，求它在各种约束条件下的最优解。清洁生产是相对概念，即清洁生产过程和产品是与现实的生产过程和产品比较而言；资源与废物也是个相对概念，某生产过程的废物又可作为另一生产过程的原料（资源）。因此，废物最少化的目标函数是动态的、相对的，故用一般的数量关系对较复杂的过程进行优化求解是比较困难的。目前清洁生产审计中应用的理论主要是物料和能源平衡原理，旨在判定重点废物流，定量废物量，为相对的废物最小量化确定约束条件。

企业层次资源的优化法方案的分析，一般则采用清洁生产评价。通过清洁生产的评价，能够发现对环境污染存在不合理地方，并采用相应的原料替换、增进资源利用率的工艺（即技术改进）等手段，以达到资源的最优化利用，减少企业的环境负担和风险。

（五）清洁生产与末端治理的比较

清洁生产是关于产品和产品生产过程的一种新的、持续的、创造性的思维，它是指对产品和生产过程持续运用整体预防的环境保护战略。使污染物产生量、流失量和治理量达到最小，资源充分利用，是一种积极、主动的态度。而末端治理把环境责任只放在环保研究、管理等人员身上，仅仅把注意力集中在对生产过程中已经产生的污染物的处理上。因而，从末端治理到清洁生产，是人类环境保护思想从"治"到"防"的一次飞跃。

清洁生产优于末端治理的主要体现在以下四个方面：（1）资源、能源利用及污染物削减量的优势；（2）在废弃物处理效果方面，清洁生产优于末端治理；（3）在实施方案所产生的经济效益方面，清洁生产优于末端处理；（4）在保护企业员工的健康方面，清洁生产优于末端治理。

清洁生产能够实现经济效益、环境效益与社会效益的真正统一。目前，推行清洁生产已经成为世界各国发展经济和保护环境所采用的一项基本国策。联合国和世界银行已经开始大力资助各国的清洁生产项目，清洁生产应该是当今工业污染防治的首选方案。清洁生产与末端治理的比较如表 10 – 1 所示。

表 10 – 1 清洁生产与末端治理的比较

类别	清洁生产	末端治理（不含综合利用）
思考方法	污染物消除在生产过程中	污染物产生后再处理
产生时代	20 世纪 80 年代末期	20 世纪 70 ~ 80 年代
控制过程	生产全过程控制产品生命周期全过程控制	污染物达标排放控制
控制效果	比较稳定	产污量影响处理效果
产污量	明显减少	间接可推动减少
排污量	减少	减少
资源利用率	增加	无显著变化
资源耗用	减少	增加（治理污染消耗）
产品产量	增加	无显著变化
产品成本	降低	增加（治理污染费用）
经济效益	增加	减少（用于治理污染）
治理污染费用	减少	随排放标准严格，费用增加
污染转移	无	有可能
目标对象	全社会	企业及周围环境

（六）清洁生产的方法

工业企业实行清洁生产，可以通过以下几个步骤来进行：

1. 筹划与组织

筹划与组织是企业实施清洁生产的准备与策划阶段，关系到清洁生产工作的实施效果。一个必要条件是必须得到企业最高决策层的坚强支持和积极参与。由于清洁生产关系到企业的全部生产过程和管理部门，需要企业全体员工参与、帮助和支持。如果没有最高决策层的直接领导，将不可能取得好的效果。

筹划与组织阶段主要应做好以下几项工作：一是组建清洁生产审计队伍。清洁生产的核心内容是对企业的生产全过程进行清洁生产审计，组建一个有高层行政领导、高级技术人员和有关管理人员参加的审计小组是第一步。二是制订工作计划。审计工作必须遵循一定的规范和程序，制定一个有工作内容、目标责任和进度安排、预期效果的计划是必要的。三是对企业全体员工进行宣传、动员，并开展必要的研讨、咨询，使全体员工理解并接受清洁生产的概念和方法，克服一些思想观念、日常管理以及经济、政策等方面的障碍。四是进行必要的物质准备，包括后勤保障及必要的分析测试和计量设备、装置。

2. 预评估

预评估是清洁生产审计的初始阶段，是发现问题和解决问题的起点。主要任务是调查工艺中最明显的废物和废物流失点；耗能和耗水最多的环节和数量；原料的输入和产出；物料管理状况；生产量、成品率、损失率；管线、仪表、设备的维护与清洗。在此基础上确定审计重点。同时对已发现的问题及时解决，实施明显的简单易行的废物削减方案。

3. 评估

评估工作是对业已确定的审计重点的原材料、产品、生产技术、生产管理以及废物进行评估，寻找生产工艺和设备、运行与维护管理和工艺过程控制等方面存在的问题，分析造成物料和能量流失、废物排放量过多的生产环节及其产生原因。通过对审计重点的物料与能量衡算，建立物料平衡，是评估工作的重要内容。在评估工作的同时也将实施一些已经发现的简便易行的削减废物方案。

4. 备选方案的产生和筛选

本阶段的任务是根据评估阶段的结果，制定审计重点的污染控制备选方案，并对其进行初步筛选，确定出多个备选方案。对不需要投入或少量投入可以解决问题的方案应立即实施。

5. 可行性分析

对筛选出来的备选方案进行技术评估、环境评估后，再进行经济评估。并分析对比各方案的可行性，推荐可供实施的方案。

6. 方案实施

对确定可行的清洁生产方案付诸实施。制定详尽的实施时间表，克服实施过程中的各种障碍，并及时评价方案的效果。评价的内容同样包括技术、环境和经济三个方面。

7. 持续清洁生产

清洁生产是一个相对的概念，是永无止境的，企业不可能通过一个审计过程，就解决了所有的问题。为了达到更高的清洁生产水平，需要继续实施清洁生产审计。这样的工作过程可以不间断地持续下去。同时对于一些已被实践证明确有成效的管理措施和生产、操作方式应作为规章制度定下来，坚持下去。对于一些需要较高投入和较长时间才能实施完成的方案要创造条件，制定分步骤的实施计划，尽快予以实施。在新的基础上不断研究开发预防污染的新技术，不断对企业职工进行清洁生产的培训和教育。

（七）循环经济、清洁生产与工业生态化的关系

循环经济和清洁生产两者之间究竟有什么关系呢？对这个问题如果没有清楚的认识，就会造成概念的混乱，实践的错位，既冲击清洁生产的实施，也不利于循环经济的健康展开。

清洁生产是循环经济的基石，循环经济是清洁生产的扩展。在理念上，它们有共同的时代背景和理论基础；在实践中，它们有相通的实施途径，应相互结合。

1. 两个概念的提出都基于相同的时代要求

工业社会由于以指数增长方式无情地剥夺自然，已经造成全球环境恶化，资源日趋耗竭。在可持续发展战略思想的指导下，1989 年联合国环境规划署制定了《清洁生产计划》，在全世界推行清洁生产。1996 年德国颁布了《循环经济与废物管理法》，提倡在资源循环利用的基础上发展经济。二者都是为了协调经济发展和环境资源之间的矛盾而应运而生的。

中国的生态脆弱性远在世界平均水平之下，人口趋向高峰，耕地减少、用水紧张、粮食缺口、能源短缺、大气污染加剧、矿产资源不足等不可持续因素造成的压力将进一步增加，其中有些因素将逼近极限值。面对名副其实的生存威胁，推行清洁生产和循环经济是克服中国可持续发展"瓶颈"的唯一选择。

2. 均以工业生态学作为理论基础

工业生态学为经济—生态的一体化提供了思路和工具，循环经济和清洁生产，同属于工业生态学大框架中的主要组成部分。工业生态学又可译为产业生态学，以生态学的理论观点研究工业活动与生态环境的相互关系，考察人类社会从取自环境到返回环境的物质转化全过程，探索实现工业生态化的途径。经济系统不单受社会规律的支配，更要受自然生态规律的制约。为了谋求社会和自然的和谐共存、技术圈和生物圈的兼容，唯一的解决途径就是使经济活动在一定程度上仿效生态系统的结构原则和运行规律，最终实现经济的生态化，亦即构造生态经济。

3. 有共同的目标和实现途径

清洁生产在产生初始时着重的是预防污染，在其内涵中包括实现不同层次上的物料再循环，此外，还包括减少有毒有害原材料的使用，削减废料及污染物的生成和排放，以及节约能源、能源脱碳等要求。与循环经济主要着眼于实现自然资源再循环的目标是完全一致的。

从实现途径来看，清洁生产和循环经济也有很多相通之处。清洁生产的实现途径可以归纳为两大类，即源削减和再循环。包括减少资源和能源的消耗，重复

使用原料、中间产品和产品，对物料和产品进行再循环，尽可能利用可再生资源，采用对环境无害的替代技术等。循环经济的 3R 原则就源于此。

4. 清洁生产与循环经济的区别和联系

两者最大的区别是在实施的层次上。在企业层次实施清洁生产就是小循环的循环经济，一个产品，一台装置，一条生产线都可采用清洁生产的方案；在园区、行业或城市的层次上，同样可以实施清洁生产。而广义的循环经济是需要相当大的范围和区域的，如日本称为建设"循环型社会"。推行循环经济由于覆盖的范围较大，链接的部门较广，涉及的因素较多，见效的周期较长，不论是哪个单独的部门都难以担当这项筹划和组织的工作。

就实际运作而言，在推行循环经济过程中，需要解决一系列技术问题，清洁生产为此提供了必要的技术基础。特别应该指出的是，推行循环经济技术上的前提是产品的生态设计，没有产品的生态设计，循环经济只能是一个口号而无法变成现实。

中国推行清洁生产已经有十多年的历史，从国外吸取和自身积累了许多宝贵的经验和教训，不论在解决体制、机制和立法问题方面，还是在构建方法学方面，都可为推行循环经济提供有益借鉴。

三、国际上推进清洁生产的发展趋势

国际上推进清洁生产最活跃的国家是美国。美国国会 1990 年 8 月通过了"污染预防法"，1991 年 2 月美国国家环保局发布了"污染预防战略"。污染预防战略的核心是鼓励工业界的志愿行为，将污染预防的重点放在控制和削减有毒有害的物质上。如美国国防部分布在全世界的重大设施超过 1000 个，并拥有 500 万军人和文职人员，是有害废物的重大污染源之一。国防部积极参加了污染预防活动。该部门不仅在本身拥有的设施开展清洁生产，并且通过其巨大权威鼓励有关私人供货厂商采用污染预防措施。美国能源部、邮政局以及各州对清洁生产都极为重视。以立法为例，1985 年以前只有一个州有一条含有污染预防内容的法律，到 1991 年，州法律中有污染预防内容的达 50 多条。

德国、荷兰、丹麦也是推进清洁生产的先驱国家。德国在取代和回收有机溶剂和有害化学品方面进行了许多工作，对物品回收作了很严的规定。荷兰在利用税法条款推进清洁生产技术开发和利用方面做得比较成功。采用革新性的污染预防或污染控制技术的企业，其投资可按 1 年折旧（投资的折旧期通常为 10 年）。

国际上推进清洁生产活动，概括起来说有这样一些特点：①把推行清洁生和推广国际标准化组织 ISO14000 的环境管理制度（EMS）有机地结合在一起；②通过自愿协议推动清洁生产。自愿协议是政府和工业部门之间通过谈判达成的契约，要求工业部门自己负责在规定的时间内达到契约规定的污染物削减目标；③政府通过优先采购，对清洁生产产生积极推动作用；④把中小型企业作为宣传和推广清洁生产的主要对象；⑤依赖经济政策推进清洁生产；⑥要求社会各部门广泛参与清洁生产；⑦在高等教育中增加清洁生产课程；⑧科技支持是发达国家推进清洁生产的重要支撑力量。

四、中国推进清洁生产的战略与行动

自 20 世纪 70 年代以来，中国工业污染防治大体上经历了三个阶段。

70 年代提出的"预防为主，防治结合"的工作原则，更多是希望通过宣传教育，对工业污染要防患于未然，全社会开始重视工业污染问题。

80 年代围绕贯彻落实八项环境管理制度，在全社会推行强化环境管理的方针，在工业界对重点污染源进行点源治理，使中国的工业污染防治取得了决定性进展，中国的环境管理也已深入人心。

90 年代以来，进一步强化环保执法成为主旋律，在工业界大力进行技术改造，调整不合理的工业布局、产业结构和产品结构，特别是在大的流域或区域范围内对污染严重的企业推行"关、停、禁、改、转"的工作方针。

环保执法力度的加强促进了清洁生产的推广。中国从 20 世纪 90 年代初开始在全国推行清洁生产，这项工作的推进与一些国际组织和发达国家的帮助是分不开的。主要包括世界银行资助的技术资助项目（B-4），联合国环境署资助的工业环境管理项目（NIEM），以及一些发达国家支持帮助的一些项目。

世界银行资助的支援项目开始于 1992 年，旨在使清洁生产的概念、理论和实践在中国广为传播。迄今为止，中国已有不少省、市、自治区，如北京、上海、天津、陕西、辽宁、甘肃、黑龙江、云南、贵州、广西等，先后开展了清洁生产培训和试点工作。更重要的是通过这些活动，中国的综合经济管理部门和许多工业部门、行业管理部门，如化工、轻工、石化、船舶、铁路、医药、机电等，都认识到了清洁生产对各行业降低消耗、提高效益、减少污染、解决环境保护与工业增长的矛盾的重要意义，因而也都积极致力于清洁生产试点示范工作。

联合国环境署资助的工业环境管理（NIEM）项目，多年来致力于造纸业的环境管理工作，中国是该项目的积极参与者。自 1994 年开始，中国在联合国环境署的帮助支持下，在全国造纸行业大力推行清洁生产，先后在全国，包括淮河流域选择了 15 家企业进行试点示范。目前这项工作已在淮河、海河流域进行大力推广，对促进中国治理一些污染严重的重点流域产生了积极的影响。

发达国家的支持主要来自美国、加拿大和一些欧洲国家，这些有益的支持和帮助，对中国不同行业和地区推进清洁生产都产生了积极的影响。

通过几年来的试点、示范，越来越多的中国企业和地方政府开始认识到清洁生产的重要性。但从目前的情况看，这一概念的推广还存在一些困难和障碍。这些困难和障碍主要表现在以下几个方面：

一是认识方面的障碍。很多地方和企业在污染治理的过程中只有一个目标，那就是使企业达标排放。为达到这一目标，只看到一种方法，那就是末端治理。总认为清洁生产不能从根本上解决企业的污染问题，因而总是敬而远之。

二是政策方面的障碍。特别是缺少经济鼓励或激励政策，以及将清洁生产与现有环境管理制度有机结合在一起的环境政策。

三是技术方面的障碍。虽然通过几年的努力，中国成立了清洁生产中心，培养了一批清洁生产专家，但专家的数量还是极为有限，特别是各地方缺少实施清洁生产战略所必需的专业人才。要在全国范围内推行清洁生产，加强地方专业人员的培训应提上重要日程。

目前，中国有关部门正针对目前在推行清洁生产战略中存在的问题，积极制定实施清洁生产的规划和计划，并且在政策制定、资金准备、技术培训等方面，积极支持清洁生产战略的实施。

中国实施清洁生产的政策措施包括：①提高意识，加强培训；②部门协调，政策推动；③加强科学研究，鼓励科技创新；④调整结构，加强技改，促进清洁生产；⑤完善环境管理，严格环境执法，创造清洁生产需求；⑥积极拓展国际合作渠道。

表 10 - 2 为我国推动清洁生产的政策和行动计划情况回顾。

表 10 - 2　　　　　　　中国推动清洁生产的政策和行动计划回顾

时间（年）	机构/组织	活动/政策文件/计划
1992	国家环保局/世界银行/联合国环境署	在世界银行"环境技术援助项目"中准备 B - 4 子项目"在中国推进清洁生产"
	国家环保局	1992 年 5 月在厦门举办中国第一次清洁生产国际研讨会
	国务院	批准中国《环境与发展十大对策》，其中对工业污染控制，提出"在新建、扩建、改建项目时，技术起点高，尽量采用能耗小、污染物排放量少的清洁工艺"

续表

时间（年）	机构/组织	活动/政策文件/计划
1993	国家环保局 国家经贸委	在第二次全国工业污染防治工作会议上提出工业污染防治必须从单纯的末端治理向生产全过程控制转变，清洁生产被确定为工业污染防治的战略性措施
1994	国务院	将清洁生产列为优先实施的重点领域
	国务院	1994 年 3 月，颁布《中国 21 世纪议程》
1995	全国人大常委会	《大气污染防治法》和《固体废物污染环境防治法》中提及清洁生产
1996	全国人大常委会	《水污染防治法》提及清洁生产
	国务院	在第四次全国环境保护工作会议上及在《关于环境保护若干问题的决定》中都强调推广清洁生产
	国务院	推广清洁生产被确定为实现国家环境保护"九五"计划和 2010 年远景规划的重要措施
1997	中国环境与发展国际合作委员会	设立清洁生产工作组，并在清洁生产工作组第一次会议上制定了推广清洁生产的工作计划，确定通过政策研究，推动清洁生产
	国家环保局	发布《关于推行清洁生产的若干意见》，重点结合环境保护政策与环境管理制度提出实施清洁生产要求
1998	国务院	中国政府在汉城《国际清洁生产宣言》上签字，承诺推行清洁生产
	国务院	在《建设项目环境保护管理办法》中鼓励清洁生产
1999	国务院	在全国人大九届二次会议《政府工作报告》中，提到鼓励清洁生产
	中国环境与发展国际合作委员会	1999 年 3 月在太原市启动清洁生产示范市试点工作
	国家经贸委	颁布《关于实施清洁生产示范试点计划》，决定在 10 个城市和 5 个行业进行清洁生产示范试点
2000	全国人大环境与资源保护委员会	1999 年 8 月委托国家经贸委进行清洁生产立法调研，2000 年着手起草《中华人民共和国清洁生产法》
2001	国务院	"十五"计划指出，推行清洁生产，抓好重点行业的污染预防、控制和治理工业污染
		2001 年 3 月江泽民在全国人口资源环境座谈会上讲话，强调实行清洁生产
2002	全国人大常委会	审议通过《中华人民共和国清洁生产促进法》
2012	全国人大常委会	通过修改后的《中华人民共和国清洁生产促进法》

第二节　清洁生产的评价与管理

2002 年 6 月 29 日第九届全国人大常委会第 28 次会议，审议通过了《中华人民共和国清洁生产促进法》（简称《清洁生产促进法》），并从 2003 年 1 月 1 日起实施，将中国的清洁生产工作推上了一个新的高度。这标志着中国推行清洁生产将纳入法制化管理的轨道，这也是清洁生产 10 年来最重要和最具深远历史意义的成果。随后，根据《中华人民共和国清洁生产促进法》第 28 条的规定，国家发展和改革委员会与国家环保总局（现为环保部）发布了《清洁生产审核暂行办法》、《国务院办公厅转发发改委等部门"关于加快推行清洁生产意见"的通知》以及一系列的指南、导则等，为地方实施清洁生产提出了具体要求，为清洁生产的实施、评价与管理提供了可行的办法。

一、清洁生产审核方法

（一）清洁生产审核的内涵

清洁生产审核是指按照一定的程序，对生产和服务过程进行调查和诊断，找出能耗高、物耗高、污染重原因，提出减少有毒有害物料的使用、生产，降低能耗、物耗以及废物产生的方案，进而选定技术经济可行的清洁生产方案的过程。

清洁生产审核是对一个组织的具体生产工艺、服务和操作的调查和分析，掌握该组织产生的废物的种类和数量等详尽情况，提出减少有毒有害废料的使用有及废物产生的备选清洁生产方案，对备选方案进行技术、经济等可行性分析后，选定并实施可实行的清洁生产方案，进而生产过程产生的废物量达到最小或完全消除的过程。

（二）清洁生产审核的目的与特点

清洁生产审核的根本目的是实现企业的清洁生产。通过全面核查评价生产过程中使用的原料、能源及废物产生量的状况，确定废物的来源、数量及类型，从原材料、工艺技术、生产运行及管理、产品和物质循环利用等多种途径，寻找、进行污染物减量的机会和方法，分析、确定废物消减的目标，提出废物消减的对策和方案并加以实施，它是为了节约能源、降低成本、提高企业利益；减少企业对环境的污染，保护生态环境；促进经济发展与环境保护的协调发展。清洁生产具有如下的特点：

1. 全员参与

进行清洁生产审核要依靠企业全体员工的参与，需要全体技术人员对整个生产工艺流程和设备进行分析与评价，提出整改方案，采用清洁工艺技术，进行技术改造。

2. 与生产过程紧密结合

清洁生产审核的宗旨在于污染物源头的削减，使生产过程少产生污染物。要与生产过程紧密结合，进行相关生产技术与设备的改造，实现源头及生产过程中污染物的减量化。

3. 重在预防

清洁生产审核是对生产过程进行综合预防污染的战略，强调预防为主，通过污染物源削减及废物的回收利用，使废物产生量最少或削减在生产过程中。

4. 污染物的削减见效快

清洁生产审核要求边审核边实施，在预审阶段提出的一些无费或少费方案可以即时实施，因此会立即收到成效。

（三）清洁生产审核思路的实现方法与形式

审核思路与具体审核工作中的结合是通过一定的方法和形式来实现的，只有正确地运行相关方法与形式才能够为审核思路的实现提供可能性，进而真正地体现审核思路的规范性和严谨性。

1. 发现问题的时机与手段

（1）初期方案征集。全厂范围内清洁生产方案的征集应在审核初期进行宣传与培训的同时开展，以保证审核工作的连续性。通过对征集上来方案的分析，不难从方案所反映的问题中发现企业所存在的症结，为进一步分析问题、解决问题奠定一定的思路基础。

（2）现场踏察。审核人员的现场踏察即是对企业基本生产运作情况的感性认识，更能从中发现企业表层管理方面的问题。通过现场踏察，审核人员有意识把思想中标准正规的现场情况与企业的实际情况相对比，进而发现不足，为分析问题、解决问题提供感性认识。

（3）职工座谈。一线技术人员与员工对基层的情况最为熟悉，距离问题的发生"点"最近，对基层所存在的各种问题也就最有发言权，因此，与基层员工进行座谈，对于发现问题是最为直接和简捷有效的方式。

（4）与清洁生产标准对照。清洁生产标准是审核过程中发现问题的强有力工具，通过企业现有各项指标与所在行业清洁生产指标的对比结果分析，与标准差距较大的指标，既是企业存在问题较多的环节与部位，也是下一阶段应得以分析和改进的问题。

2. 分析问题的方法与形式

（1）问题性质的划分。

①管理问题。管理方面的问题是目前企业中广泛存在，且最易得到解决的问题，多为一些无低费方案。此方面的问题也可称为"软件"方面的问题，如：跑冒滴漏的问题、员工工作技能低、维修不及时、监测仪器仪表不健全等。这些问题的解决通常情况下企业所投入的费用较低，但取得的成果又是比较显著的，企业易于接受。

②工艺装备。企业工艺装备方面的问题通常是企业现存较为深层次的问题，困扰企业发展的问题，也称为"硬件"方面的问题，此类问题解决起来相对于管理方面的问题要复杂，通常是通过行业内相关技术的集成来解决的。技术集成是指综合运用先进的技术手段，以实现集成系统的功能目标和满足企业技术提升的要求。随着社会整体生产技术的不断改进，相关技术的提升将带动企业现有生产技术水平的改进，为企业的长期发展提供持续动力。

③行业难题。对于行业内尚未解决的难题，企业在清洁生产审核过程中必定会涉及，对此类问题，企业应保持清醒的认识，量力而行，不可急于求成，应将其列入今后企业的攻关项目加以对待，而非此轮清洁生产审核一定要解决的问题。

（2）问题剖析的手段。

①物料平衡测试的结果。物料平衡测试是对问题现状的深层次根源的数据说明，在对问题进行剖析的过程中，应以此为突破口，为问题的定性提供依据，并为最终解决提供有价值的参考。

②技术人员分析。技术人员由于所处的位置，往往对企业现有问题的认识更为客观和深刻，对问题的剖析也就更为容易被审核工作所接受和认可。因此，在对问题进行剖析的环节，技术人员应充分发挥其自身优势，从工作实际出发，对问题的性质及成因作出公正的评判。

③行业专家分析。行业专家通常采用类比的方式来对被审核企业问题定性分析。其类别的依据是行业中先进水平企业生产运作形式与管理情况，以此来对照出审核企业的不足及其问题成因。

3. 解决问题途径

（1）全厂范围内征集方案。

企业的问题归根结底是要由企业来解决的，因此，从问题的性质入手，按问题所产生的八条途径一一排查，最终找出最适合的解决办法。在全厂范围内将已发现的问题及针对问题分析所得出的初步结论公诸于众，充分发挥企业员工的积极性和创造性，为审核工作献计献策，在解决企业实际问题的同时，也提升了员工的业务素质和对清洁生产审核工作的认知程度。

（2）行业专家提出措施。

之所以被称为行业专家，其必定是对本行业生产运作有突出的认识和把握。在提出方案，解决问题的关键环节，行业专家应通过自身对行业的认识与被审核企业的实际情况的比较，从中找出切实可行的对策，从而为审核工作做出自己应有的贡献。

（3）审核师建议。

清洁生产审核师既是审核工作的组织者和指导者，同时也应是审核过程中方案的提出人。清洁生产审核师利用清洁审核的固有模式中常用备选方案与企业实际问题相吻合的结合点，为现有问题的解决提出建议和意见，为问题的最终解决提供可能。对于经验丰富的且有被审核企业所在行业专业背景的清洁生产审核师，在解决问题提出方案的环节，通常其优势明显，一方面由于其审核师的身份，其方案必定体现清洁生产的基本思想；另一方面由于其专业背景，方案的专业化水平得以体现，两者的结合，使方案成为集清洁生产思想和专业水平为一体的典型的清洁生产方案。实现审核思路的方法与形式应结合被审核企业的实际，分清主次，因势利导地灵活运用，以保证审核思路的顺畅实现。图 10 – 1 为审核思路操作方式与形式图。

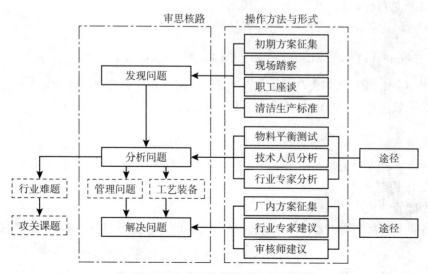

图 10 – 1　审核思路操作方式与形式图

资料来源：孙大光、路红军：《清洁生产审核思路的实现方法与形式》，载《环境与可持续发展》，2009 年第 6 期。

（四）区域清洁生产的评价模式

1. 经济效益评价模型

清洁生产的经济效益一般可通过比较投资和收益计算，参照建设项目的经济评价，对清洁生产的效益可用净现值、内部收益率、投资回收期等指标进行量化评价。

净现值进行量化评价公式为：

$$NPV = NPVB - NPVI - NPVC$$

式中：NPV 为清洁生产的经济效益；NPVB 为清洁生产的收入额；NPVI 为清洁生产的投资费用；NPVC 为清洁生产的运行费用。

$$NPVB = NPVE + NPVW + NPVM + NPVP + \cdots$$

式中：NPVE 为清洁生产节约能源费用；NPVW 为清洁生产废物回收利润；NPVM 为清洁生产节约原材料的费用；NPVP 为清洁生产减少的排污费用。

2. 环境效益评价模型

以工业园区的环境—经济系统为研究对象，应建构多级多目标体系，协调发展，实现对系统的双向控制。实施区域清洁生产方式，在实现经济目标时，总是寻求区域废弃物最少化，区域能源消耗最小化。设对象区域内有 n 个企业，第 k 年各企业的产值分别为 x(1k)、x(2k)、…、x(nk)，单位为万元。

（1）总目标控制。

①区域内各企业总的污染物排放量最小。

$$\min F_2(i) = \sum_{j=1}^{n} C_j(k) x_j(k) \, (k = 1, 2, \cdots, q; j = 1, 2, \cdots, n)$$

式中：$C_{ji}(k)$ 为第 k 年第 j 个企业第 i 种污染物的万元产值排放量，t/万元。

②区域内各企业总的能耗最小（以标准煤计）。

$$\min F_3 = \sum_{j=1}^{n} e_j(k) x_j(k)$$

式中：$e_j(k)$ 为第 k 年第 j 个企业万元产值能源消耗量，t/万元。

（2）约束条件。

①能源约束。

各企业消耗各种能源（电、煤、油、气）的总数应不超过能提供的能源总量

$$\sum_{j=1}^{n} e_{pj}(k) x_j(k) \leqslant E_p(k) \qquad (p = 1, 2, 3, 4)$$

式中：$e_{pj}(k)(p = 1, 2, 3, 4)$ 是原能源消耗系数，表示第 k 年第 j 个企业第 p 种能源万元产值消耗量，t/万元；$E_p(k)$ 为第 k 年能供给该区域第 p 种能源

的总量，t。

②污染物排放约束。

各企业排放各种污染物的总量应不超过环境保护政策法规所允许的排放总量，即：

$$\sum_{j=1}^{n} h_{sj}(k)x_j(k) \leqslant H_s(k) \quad \begin{array}{l}(s=1,2,\cdots,T;\\ j=1,2,\cdots,N)\end{array}$$

式中：$h_{sj}(k)$ 是污染物排放系数，表示第 k 年第 j 个企业第 s 种污染物每万元产值排放量，t/万元；$H_s(k)$ 为第 k 年按环境保护政策法规允许该区域排放第 s 种污染物的数量，t。

从区域上探索实施清洁生产的方法具有较大的优越性，以本地区战略性资源和生态环境问题为核心，从区域社会可持续发展的角度抓住实施清洁生产的重点，解决全局性关键问题，也可以解决个别企业难以实施的清洁生产方案，如水的串联使用，企业间的废料循环利用以及建立"生态工业链"等。在各地建设电力、化工等生态工业园区过程中，积极建立完善的区域环境管理体系和区域清洁生产信息系统，使区域清洁生产发挥更大的作用。

（五）清洁生产审核存在的问题与对策

1. 推行清洁生产的障碍

（1）动力不足是企业推行清洁生产的最大障碍。

清洁生产主要是通过企业提高管理水平和技术改造来实现的，清洁生产的主体是企业，必须由企业自愿参加。也正是由于清洁生产的非强制性，对现行的生产工艺没有强制性作用，因而，企业没有进行推行清洁生产的压力。另外，清洁生产带来的经济效益并没有直接与市场和销售额相关联，只是间接地与组织产品市场联系，无法体现在企业的财务评估报告中，致使企业管理者不能很清楚地看到清洁生产的效益。而经营性企业与生俱来的本质是以最大限度和最快速度地追求利润为目的，它总是以市场和销售为出发点，来安排生产。所以，企业普遍缺乏推行清洁生产的积极性和热情。

（2）认识不足是企业推行清洁生产的主要障碍。

许多企业的主要负责人对清洁生产的认识尚未达到应有的高度，观念上认为清洁生产是单纯的环保措施，没有认识到清洁生产是提高企业整体素质、增强企业综合竞争力的重要举措，没有把预防污染的思想贯穿于设计开发和生产的全过程。有些企业的主要负责人的经营理念仍旧是高投入、高消耗，通过外延扩大再生产来创造企业效益。有些企业员工清洁生产意识不强，采取消极的态度对待清洁生产，将清洁生产当成了企业的包袱。

（3）资金不足是企业推行清洁生产的根本障碍。

从已经开展清洁生产的企业来看，绝大多数还停留在清洁生产审核阶段，并且都将无/低费用方案作为实施对象，中/高费用方案实施非常困难。由于清洁生产的投、融资渠道不畅，资金投入严重不足，清洁生产方案只开花不结果，企业正常生产运营无法与结构调整、技术改造、建立现代企事业制度有机地结合起来，致使清洁生产开展的深度和广度不够。

（4）激励不足是企业推行清洁生产制约障碍。

中国目前还缺乏激励企业实施清洁生产的优惠政策和管理机制，《中华人民共和国清洁生产促进法》中关于资源综合利用、节能、节水、技术进步、综合利用等方面的减免政策不全面，不能有效地实施，没有与之相匹配的"鼓励性政策"和"制约性政策"；对于使用有毒、有害原料进行生产或者在生产中排放有毒、有害物质的企业，只要求定期实施清洁生产审核，而不审核的单位按第40条要求，只做限期改正或处10万元以下罚款，致使有些企业宁可交罚款也不舍得在清洁生产上投资。

（5）技术不足是企业推行清洁生产的瓶颈障碍。

清洁生产是以技术改造和技术创新为驱动的。企业缺乏适用的清洁生产技术，特别是对中小型企业和老企业而言，其设备陈旧、技术工艺落后，自主开发能力和采用高新技术的能力也很弱。另外与清洁生产相配套的监控技术也不过关，科研机构对清洁生产技术和清洁生产开发能力不足等，均使清洁生产难以推行。

2. 解决措施

（1）加大宣传培训力度，提高认识。

宣传、教育与培训是推行清洁生产的重要内容，是推行成功与否的先导和基础。通过宣传可以增强全员的推行意识，激发参与热情，鼓励其采取实际行动，而培训则按层次培训，主要是对企业负责人进行培训，因为他们的思想观念在批准和否决清洁生产方案实施上起着举足轻重的作用，他们对清洁生产工作的支持是这项工作能否有效开展并取得实效的关键。

（2）制定清洁生产总体发展规划，健全各项保障体系。

为了增强企业的市场竞争力，企业应将推行清洁生产工作纳入企业长远发展规划和整体环境规划。推行清洁生产要以人为本，规范行为，注重实效，可以按照"先易后难、持续改进"的原则，试点阶段优先实施无/低费方案，也可以从综合利用等方案获取的收益来弥补实施高费方案带来的资金短缺，总之，要合理确定工作目标，采用科学、实用、稳妥、可靠的技术路线，逐步形成具有自己特色的清洁生产管理模式。通过建立清洁生产的正常运行管理、监督考核与自觉相结合机制，实行企业清洁生产责任制度。实施清洁生产涉及资金、技术、产品结构等诸多方面，又涉及计划、财务、生产等多部门，为做到组织到位、责任到位、投入到位、考核到位，企业应制定清洁生产奖惩考核办法，将清洁生产总体目标层层分解到基层单位，明确效益目标、环境目标、基础管理目标和工作质量目标的具体内容，横向上加强联系和调控，纵向上加强指导和帮助，采用目标激励约束机制，将考核结果纳入单位综合绩效评比，奖惩兑现，调动全员的参与积极性，全力推进企业清洁生产有序实施。

（3）制定相关激励政策，营造良好的推行氛围。

政府应出台鼓励企业推行清洁生产的优惠扶持政策，以强化激励机制。从多角度、多层面建立利于实施清洁生产的资金扶持等激励政策、措施，实施多渠道、多方位的鼓励与奖励，引导企业自觉实施清洁生产的积极性和创造性。如建立表彰奖励制度，建立企业发展基金，设立有关财政专项资金，实施排污费优先用于清洁生产项目，对清洁生产项目给予必要的贴息和补助等政策、措施，还可根据企业实施清洁生产的积极性设立"清洁生产奖"等。

（4）建立健全清洁生产技术体系和信息服务平台。

各企业应当在总结试点经验的基础上，整合各方面的技术资源，出台适合当前生产实际的技术指标体系和指标评价体系，对于规范清洁生产行为，指导开展具体工作，提高推行质量，具有十分重要的意义。立足从原材料、生产工艺、资源回收利用等方面综合解决问题，推进清洁生产技术创新和系统集成，促进企业节能、降耗、减排、增效。充分利用现代信息手段，架起企业与清洁生产信息和技术服务中心的桥梁，学习、借鉴和引进国内外先进的清洁生产技术和设备，创造新型清洁生产手段，加强与企业的交流与合作，推广清洁生产的成功经验，提高企业清洁生产水平。

二、清洁生产的政策与法规

（一）清洁生产政策框架

中国清洁生产的实践表明：现行条件下，由于企业内外部存在一系列实施清洁生产的障碍约束，要使作为清洁生产主体的企业完全自发地采取自觉主动的清洁生产行为是极其困难的；单纯依靠宣传培训和企业清洁生产示范推动清洁生产，其作用也不足以保证清洁生产广泛、持久地实施；通过政府建立起适应清洁生产特点和需要的政策措施，营造有利于调动企业实施清洁生产的外部环境将是促进中国清洁生产向纵深发展的关键。以下基于一般政策形成过程，从政策研究和政策制订两方面进行中国建立清洁生产政策的总结。

研究有效克服清洁生产实施过程中的障碍的政策机制及相应措施是各清洁生产政策研究的核心。清洁生产政策可概括为由来自政府与社会两方面的强制、激励、压力和支持4种作用机制构成的推动清洁生产的综合政策框架。

1. 强制性机制

强制性机制指为改变企业行为选择，而迫使企业遵从一定适应清洁生产需要的规定要求，并实施某些具有清洁生产效果的必要活动的作用机制。转变生产发展模式和调整环境污染防治战略重点的必要性，决定了企业必须采取起码的清洁生产行动。强制性机制正是为推动企业实施必要清洁生产活动所采取的直接干预作用。体现强制作用的政策手段主要包括法律和行政措施，例如，强令淘汰某些污染严重的工艺、设备，限制有毒有害原材料的使用，规定企业制定实施减废计划和发布环境报告，对未达标限期治理的企业进行生产全过程的清洁生产审计等活动。

2. 激励性机制

激励性机制指通过与企业清洁生产行为有关的利益，主要是经济利益，诱导、刺激企业清洁生产的作用机制。在市场经济条件下，多种形式、内容的经济政策措施将是推动企业清洁生产的有效工具。例如，对采用清洁生产工艺技术或清洁产品实行差异税收、投资信贷优惠等政策，建立有利于清洁生产活动的排污费征收标准和使用方法，改革价格以及提供资金支持等。激励性机制虽然并不直接干预企业的清洁生产行为，但它可使企业的经济利益与其对清洁生产的决策行为或实施强度结合起来，以一种与清洁生产目标相一致的方式，通过对企业成本或效益的调控作用有力地影响着企业的清洁生产行为。

3. 压力性机制

压力性机制指利用企业的相关方，包括政府机构、企业的合同方、社会团体、消费者、公众等社会力量影响企业产生清洁生产需求并实施清洁生产的作用机制。例如公开某类企业的环境状况，实施有利于清洁生产企业（产品）的采购政策，银行的"绿化"，建立自愿协议制度等。随着可持续发展与环境保护意识的提高，来自社会各界的绿色呼声和要求特别是绿色消费（包括生产者间的供给消费）会日益高涨。充分认识并发挥这种可能驱动企业清洁生产行为的社会压力作用应成为推动企业清洁生产政策机制的重要内容。

4. 支持性机制

支持性机制指转变企业清洁生产的思想观念，提高企业实施清洁生产能力的作用机制。清洁生产是对传统生产发展模式和单纯环境污染治理体系的重大变革，是否具有一定的清洁生产意愿和能力是企业能否自觉主动并顺利实施清洁生产的基础。为了从深层次上转变企业的清洁生产行为，一方面需要从根本上转变企业传统的思想认识和价值观念（结构），不断提高企业实施清洁生产的意识。另一方面，应从知识、技术以及信息（包括示范）上给企业提供有力的支持服务，特别是提高企业清洁生产的技术创新和传播能力，帮助和指导企业的清洁生产。

总体上，强制性政策机制，特别是从立法上体现的有关清洁生产的规定，能够鲜明地表达要求企业实施清洁生产的信息及最低限度的限制，因而对企业的清洁生产行为或活动具有较确定的约束力。但是，从清洁生产的持续改进特征和自愿行为需要看，强制性机制一般仅适宜于提供推动企业清洁生产应满足的基本要求，难以充分调动企业不断改进清洁生产的积极主动性。

激励性和压力性机制，它们更直接关系企业的利益得失以及企业生存发展的机会与形象，特别适宜于市场经济条件下对深入生产全过程中企业各种复杂行为的调控，并具有较强的推动清洁生产技术进步和清洁生产实施效率的灵活性，因而有利于促进企业清洁生产长期持续的实施。但是，这类政策机制的影响力度和企业反应的灵敏程度，明显取决于市场体系及其功能的完善成熟和社会环保压力的培育发展。

支持性政策机制，它着眼于提高企业实施清洁生产的自我意愿和能力，有助于从根本上转变支撑企业清洁生产行为的观念认识问题，并解决企业实施清洁生产遇到的技术、信息等能力障碍，是企业形成自我约束的清洁生产管理体系的基础。然而，在现行条件下，单独采用支持性政策机制，其影响作用是有限的，促进清洁生产的实施效果也是缓慢的。

图 10-2 为推动清洁生产的综合政策框架。

总之，4 类推动企业清洁生产的政策机制，各自具有不同的功能作用。推动企业的清洁生产，很难期望采用某种单一的政策机制就能获得较为满意的结果，需要通过多种适当形式的措施手段有机配套，形成综合的推动清洁生产的政策机制。

中国清洁生产实践和政策研究表明，在长期支持性政策基础上，近期可考虑采用强制性政策措施，通过明确清洁生产的法律地位，制订要求企业建立实施清洁生产的规划、目标和相应保证措施以及合理可行的清洁生产监督管理制度等为

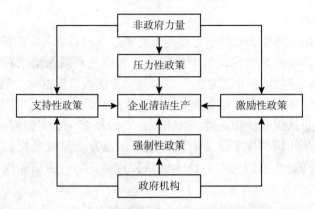

图 10 - 2　推动清洁生产的综合政策框架

资料来源：张天柱：《中国清洁生产政策的研究与制订》，载《化工环保》，2000 年第 8 期。

核心内容的有关规定，促使企业从其内部形成基本的实施清洁生产的管理机制，以此为起点推动中国企业清洁生产的发展深化。伴随着时间的推移，推动企业清洁生产的政策机制的结构重心可逐渐由基于强制作用转向更多侧重激励与压力性作用，从而有效发挥这类政策机制在推动企业持续清洁生产中的长期效果。4 类政策机制中除强制性机制外，其他 3 类机制作用，既可以来自政府，也可以来自非政府的行动影响。但是，有效地建立发挥这些机制中非政府方面的作用，仍须通过政府的有力政策措施才能实现。因此，来自政府的积极政策行动势在必行。

（二）清洁生产的法规

1. 中国清洁生产法律制度的发展

从 20 世纪 70 年代初开始中国就对符合清洁生产原理的环境污染管理进行了有益的探索和实践，并提出"预防为主、防治结合"，"综合利用、化害为利"的方针。1992 年联合国环境与发展大会后，中国一直积极响应国际社会倡导的清洁生产战略，推行清洁生产，并在企业试点示范、宣传培训、机构建设、国际合作、政策研究制定等方面取得较大进展。清洁生产成为中国工业污染防治战略转变的重要内容，成为实行可持续发展战略的重要手段和措施。

中国在政策、法律、法规及其他规范性文件对全过程控制和清洁生产进行了较明确的规定。《中国环境与发展十大对策》（1992 年）强调了清洁生产，要求建设项目技术起点要高，尽量采用能耗物耗小、污染物排放量少的清洁工艺。1993 年 10 月第二次全国工业污染防治工作会议的重要内容就是实现"三个转变"，推行清洁生产。《中国 21 世纪议程》（1994 年）将清洁生产列为重点项目之一。《中华人民共和国国民经济和社会发展"九五"计划和 2010 年远景目标纲要》中把推行清洁生产作为一项重要的环保措施。《国家环境保护"九五"计划和 2010 年远景目标》中明确提出将"结合技术进步，积极推行清洁生产"作为工业污染防治的主要任务之一。

　　1994 年后修订的《大气污染防治法》、《水污染防治法》、《海洋环境保护法》和制定的《固体废物污染环境防治法》等新的环境污染防治法律法规，均明确提出实施清洁生产的要求，规定发展清洁能源，鼓励和支持开展清洁生产，尽可能使污染物和废物减量化、资源化和无害化。《节约能源法》（1997 年）力图推动节能技术和工艺设备的采用，提高能源利用率，促进国民经济向节能型转化，同时减少污染物，禁止新建耗能过高的工业项目，淘汰耗能过高的产品、设备。《国务院关于环境保护若干问题的决定》（1996 年）中，明确规定，所有建设和技术改造项目，要提高技术起点，采用能耗物小、污染物排放量少的清洁工艺。1993 年 10 月第二次全国工业污染防治工作会议的重要内容就是实现"三个转变"，推行清洁生产。《中国 21 世纪议程》（1994 年）将清洁生产列为重点项目之一。《中华人民共和国国民经济和社会发展"九五"计划和 2010 年远景目标纲要》中把推行清洁生产作为一项重要的环保措施。《国家环境保护"九五"计划和 2010 年远景目标》中明确提出将"结合技术进步，积极推行清洁生产"作为工业污染防治的主要任务之一。

　　1994 年后修订的《大气污染防治法》、《水污染防治法》、《海洋环境保护法》和制定的《固体废物污染环境防治法》等新的环境污染防治法律法规，均明确提出实施清洁生产的要求，规定发展清洁能源，鼓励和支持开展清洁生产，尽可能使污染物和废物减量化、资源化和无害化。《节约能源法》（1997 年）力图推动节能技术和工艺设备的采用，提高能源利用率，促进国民经济向节能型转化，同时减少污染物，禁止新建耗能过高的工业项目，淘汰耗能过高的产品、设备。《国务院关于环境保护若干问题的决定》（1996 年）中明确规定，所有建设和技术改造项目，要提高技术起点，采用能耗物耗小，污染产生量少的清洁生产工艺。《建设项目环境保护管理条例》（1998 年）规定：工业建设项目应当采用能耗物耗小、污染物产生量少的清洁生产工艺。1997 年 4 月国家环境保护局制定的《关于推行清洁生产的若干意见》，对结合现行环境管理制度的改革，推行清洁生产，提出了基本框架、思路和具体做法。2002 年 6 月 29 日九届全国人大常委会第 28 次会议通过，2003 年 1 月 1 日，《中华人民共和国清洁生产促进法》正式实施，2012 年 2 月 29 日十一届全国人大常委会第 25 次会议又进行了修正。

　　在推行清洁生产时，中国将其与工业产业结构、产品结构的调整相结合，要求在制定产业政策时，严格限制或禁止可能造成严重污染的产业、企业和产品，要求工业企业采用能耗物耗小、污染物产生量少的有利于环境的原料和先进工艺、技术和设备，采用节约用水、用能、用地的生产方式。1995 年以后，修改的《大气污染防治法》、《水污染防治法》和制定的《固体废物污染环境防治法》、《环境噪声污染防治法》中，都明确规定了严格限制或禁止生产、销售、使用、进口严重污染环境的落后工艺和设备。《国务院关于环境保护若干问题的决定》（1996 年）和 1996 年 9 月经国务院同意、国家环保局发布的《关于贯彻〈国务院关于环境保护若干问题的决定〉有关问题的通知》，作出对严重污染的"十五小"实行取缔、关闭或责令停产、转产的"关、停、禁、转、改"的规定。

中国的环境保护立法对工业污染控制的机制，长期一直是以对污染源的污染工艺、设备和污染物处理处置设施的控制为主要方向，近几年来控制范围已经开始扩大到对产品的控制和消费环节的控制，提倡生产、使用清洁产品。如对含磷洗衣粉、含铅汽油和低标号车用汽油等的控制，鼓励、支持消耗臭氧层物质替代品的生产和使用并控制消耗臭氧层物质的生产、进口，城市公共汽车燃料使用、汽车排气净化装置安装等。一系列的法律规定推动了中国清洁生产走向规范化、制度化，促进了清洁生产的实行。中国从 1993 年开始进行清洁生产的企业试点示范、推行工作，国家环境保护局在 3 个省、3 个城市、11 个行业的 51 家企业进行了清洁生产、环境审计试点，并进行了一些国际合作项目，有力地推动了中国的清洁生产工作，并逐步与国际接轨。1994 年底经国家环境保护局比准，成立了国家清洁生产中心。1996 年底建立了全国清洁生产网络。据统计，自 2003 年《中华人民共和国清洁生产促进法》实施以来到 2010 年的八年间。累计削减 SO_2 产生量 93.9 万吨，COD 245.6 万吨，$NH_3 - N$ 5.6 万吨，节能约 5614 万吨标准煤。[①]

2. 完善中国清洁生产法律制度

（1）广泛推行清洁生产存在的主要障碍。

尽管中国已经具备了实施清洁生产的大气候和基本条件，绩效明显，但是就目前而言，中国的清洁生产基本上仍处于试点示范阶段，尚未全面开展起来。许多企业对实施清洁生产的认识不足，热情也不高，在全国范围内推行清洁生产面临诸多困难和障碍。

目前中国推行清洁生产面对的困难和障碍：

---

① 资料来源：中商情报网，2012 年 3 月 2 日。

①清洁生产的经济发展阶段与发达国家不同。发达国家的清洁生产推行于后工业时期，末端治理已经缺乏继续上升的空间，而且公众环境意识较高，迫于这两方面的压力而不得不使污染处理向源头转移，因此，推行清洁生产的阻力和妨碍较小。而中国目前大多数企业对末端治理尚缺乏积极的认识，对清洁生产更缺乏主动性，生产全过程污染预防的积极思想尚未形成。而且，公众环境意识较弱，绿色消费观念尚未普及。

②环境管理政策、法律法规的引导和规制力度不足。一方面，目前中国的环境法从指导思想上尚未完成从末端治理向清洁生产的转变，各项具体制度对清洁生产的贯彻也很有限。另一方面，中国环境污染排放控制制度的设置存有缺陷和实施不力，未能形成有效的达标控制机制，未对企业产生强大的"末端控制"实际压力，难以对企业排污行为的控制形成足够的法律约束和经济刺激。因此，严重影响了企业实行清洁生产的积极性和决心。

③未能有效地发挥市场机制、利益驱动机制对清洁生产的作用。从现阶段中国市场的自身发育状况分析，中国市场经济体制和现代企业制度尚未建立、健全清洁生产的市场拉动力不强，企业对清洁生产的内在需求不够。

④清洁生产存在技术、信息、资金等障碍。现有技术条件落后，缺乏清洁生产技术支持，技术力量不足，清洁生产技术创新、转化和转让、交流机制未形成。缺乏清洁生产必要的资金支持及相关的经济政策，企业实施清洁生产所获得的完整的实际经济效益不清楚。对清洁生产信息管理重视不够，存在信息交流障碍，缺乏清洁生产的信息支持。

⑤欠缺推动清洁生产的社会合力机制。由于教育、宣传、环境意识、环保组织等多种因素的影响，限制了从社会角度推进清洁生产的能力建设，多阶层、多行业推动清洁生产的机制在中国尚未形成。清洁生产的组织管理薄弱。

（2）国家将通过政策、法律强化实行清洁生产。

国内外实践证明清洁生产法律制度对于推进清洁生产有着十分重要的作用。各国推行清洁生产的方式主要有三种：自愿型、政策和行政指导型以及法律规范型。随着清洁生产的进一步推进，各国政府加强了政府对清洁生产的干预，国家正逐步通过政策、法律强化实行清洁生产。许多国家通过立法规定应采取的相关措施推行清洁生产，主要包括强制清洁生产和通过立法设立鼓励受影响的部门自愿参与以推行清洁生产的机制。立法方式可以直接强制推行清洁生产，也可以运用增加与污染产生有关的成本、限制不适当的废物处理方法间接推行清洁生产。

（3）建立清洁生产法律制度，推进清洁生产。

建立清洁生产法律制度是中国清洁生产发展的需要。基于中国清洁生产的现状和发展需求，清洁生产作为一种优化工业结构和创建新的经济模式的战略，应充分发挥法律的规范性和强制性优势，建立清洁生产法律制度，保障、促进和协调清洁生产的健康发展。

建立清洁生产法律制度是中国环境管理制度的发展，是中国环境法制建设的需要。清洁生产法律制度是一项根本不同于废物管理和污染控制的法律制度，它贯彻预防原则，实行全过程控制，使环境管理从废物、末端管理扩大到产品、源头管理；比较全面、科学地体现了可持续发展的原则，具有经济、社会、环境综合效益，是更加节约的环境管理法律制度，清洁生产法律制度的确立，使现代环境管理制度更加全面、完整和严密，与环境影响评价、废物综合利用、废物处理处置等制度各有侧重、相辅相成，共同组成了防治污染、保护环境的制度体系，是现代环境管理思想和手段成熟的重要标志。中国清洁生产和环境管理的实践，也为建立清洁生产法律制度提供了基本条件。

建立清洁生产法律制度是依法行政的需要。政府部门在中国推行清洁生产中正发挥着越来越大的作用，对企业生产、公众消费的行政干预越来越多。在强调"依法治国"、"依法行政"的今天，通过建立清洁生产法律制度，制约、规范行政部门的权力，保护公民、法人在清洁生产中的合法权益，保障清洁生产的实行符合国家和社会的利益。

近几年来，中国在法律的制定和修订中逐渐体现出清洁生产的思想，但是中国环保基本法并未将清洁生产作为基本原则或指导思想，各污染防治单行法也未上升到单行法的指导原则的高度。有关清洁生产的规定不够系统、全面、具体，可操作性不强，还没有实现制度化，一些关于清洁生产的重要措施，如尚未作出规范清洁生产规划、清洁生产审计、产品生命周期评估、环境标志等，使得现行立法对清洁生产的推行很难充分发挥作用。因此，需要完善中国法律关于清洁生产的规定，以建立中国的清洁生产法律制度。

三、清洁生产与环境管理

（一）清洁生产与环境管理制度的结合

1. 清洁生产审核与环境影响评价制度、"三同时"制度相结合

为加强建设项目环境保护管理，严格控制新的污染，保护和改善环境，早在1986 年全国环境保护委员会、国家计划委员会、国家经济委员会就颁布了《建设项目环境保护管理办法》，它规定凡从事对环境有影响的建设项目都必须执行环境影响报告书的审批制度；建设项目需要配套建设的环境保护设施，必须与主体工程同时设计、同时施工、同时投产使用的"三同时"制度。1998 年 11 月 18 日国务院颁布的《建设项目环境保护管理条例》对此作了更为明确的规定。十几年的实践证明，环境影响评价制度和"三同时"制度为项目的决策、项目的选址、产品方向、建设计划和规模以及建成后的环境监测和管理提供了科学依据，为预防和减少环境污染发挥了积极的作用。

国家环保总局在《关于推行清洁生产的若干意见》中强调建设项目的环境影响评价应包含清洁生产有关内容。项目建议书阶段，要对工艺和产品是否符合清洁生产要求提出初评：项目可行性研究阶段，要重点对原材料选用、生产工艺和技术、产品等方案进行详评，最大限度地减小技术和产品的环境风险。对于使用限期淘汰的落后工艺和设备，不符合清洁生产要求的建设项目，环境保护行政主管部门不得批准其建设项目环境影响报告书。所提清洁生产措施要与主体工程"同时设计、同时施工、同时投产使用"。

在项目建议书阶段，对工艺和产品是否符合清洁生产要求进行清洁生产审核，审核其产品在使用中或废弃的处置中是否有毒、有污染、对有毒、有污染的产品尽可能地选择替代品，尽可能使产品及其生产过程无毒、无污染；审核项目所使用的原辅料是否有毒、有害，是否难于转化为产品，产品生产的"三废"是否难于回收利用，能否选用无毒、无害、无污染或少污染的原辅料等；审核产品的生产过程、工艺设备是否陈旧落后，工艺技术水平、过程控制自动化程度、生产效率的高低以及与国内外先进水平的差距，找出主要原因进行工艺技术改造，优化工艺操作。然后针对清洁生产审核报告提出的工艺路线和原辅材料进行环境影响评价，这样就使环境影响评价制度延伸到了项目的最初决策阶段，而不是仅仅局限于预测确定了原辅材料及工艺路线的项目所产生的环境风险及提出需要采取的防治污染的措施。

因此在项目建议书阶段就先按照清洁生产的要求进行清洁生产审核，根据审计报告提出的最优方案确定工艺路线及原辅材料，然后再进行环境影响评价和"三同时"是从根本上节约资源、减少和防止污染物产生的最有效的途径。

2. 清洁生产审计与环保目标责任制度相结合

环保目标责任制度是环境保护制度的龙头。清洁生产虽然是企业的自愿行为，但是《清洁生产促进法》要求政府及其有关主管部门要依法采取措施，推广和鼓励企业实施清洁生产。并且规定政策推广清洁生产的措施包括：制定清洁生产推广划，并通过合理规划，促进企业间资源合理配置和流通；通过建立信息系统、组织编制技术指南或者手册、设立科研、示范和推广项目等措施帮助企业提高实施清洁生产的能力；制定有利于清洁生产的经济、技术政策，支持企业实施清洁生产；组织开展清洁生产宣传、教育，帮助企业提高清洁生产的意识；通过设立清洁产品认证和建立优先采购制度，引导企业自原实施施清洁生产；采取必要的管制措施，限制采用落后的生产技术、工艺、设备以及生产有毒、有害的产品和包装。因此，政府在促进企业实施清洁生产的工作中，承担着重要的责任。将清洁生产审核的考核指标纳入各级首长的环保目标考核中，使政府在实施清洁生产上所承担的责任具体化，根据各地的实际情况，制定切实可行的鼓励地方企业实施清洁生产的优惠政策，必将是推动清洁生产蓬勃发展的最有效手段。

3. 清洁生产与排污许可证制度相结合

排污许可证制度是以改善环境质量为目标，以污染物总量控制为基础，对排污的种类、数量、性质、去向、方式等的具体规定，是一项具有法律含义的行政管理制度：排污许可证的实施具体包括两个步骤，一是排污申报登记，二是污染物排放总量指标的规划分配。在排污申报登记阶段，申报的内容包括：（1）排污单位的基本情况；（2）生产工艺、产品和材料消耗情况（包括用水量、用煤量）；（3）污染排放状况（包括排污种类、排放去向、排放强度）；（4）污染处理设施建设、运行情况；（5）排污单位的地理位置和平面示意图。在污染物排放总量指标的规划分配阶段，核心的工作是分配污染物总量控制指标。然后将总量控制的"量"的指标通过许可证这个载体体现出来。只有通过排污许可证，才能把控制单个排污对排污者排放污染物的种类、数量、浓度、时限、排放方式等作出规定，对排污者的行为加以控制。

实施以污染物总量控制为基础的排污许可证的重要手段是实施清洁生产审核。也就是说，只有通过清洁生产审核对企业的生产工艺、产品和材料的消耗情况、污染物产生情况进行核定，才能准确地计算出企业的排污总量。然后根据当地的环境目标、经济发展、财政实力、治理技术等因素，进行综合考虑和分析，确定污染物排放总量控制指标，并合理地分配污染物削减指标。因此，在核定企业排污总量指标时，应首先进行清洁生产审核，把企业采用无污染或少污染的生产工艺和先进适用的污染控制技术后的排污水平作为核定企业排污总量的基础。因此，清洁生产审核是实施以污染物总量控制为基础的排污许可证制度的重要手段。

4. 清洁生产与污染源限期治理制度相结合

限期治理是对长期超过标准排放污染物，污染严重而又未进行治理的单位，规定出一定期限，强令在此期限内完成治理任务。限期治理是一项对老污染源管理的法律制度。从 1978 年开始，国家共下达了三批污染限期治理项目。国家环保总局《关于推行清洁生产的若干意见》要求："限期治理要优先采用清洁生产。被责令限期治理的企业，要通过采用清洁工艺和实施经过清洁生产审核产生的污染防治方案，达到限期治理要求"。因此对于限期治理的企业，应在确定末端治理方案之前进行清洁生产审计，通过实施清洁生产，减少末端处理的难度，降低污染治理装置的运行费用，实现企业的达标排放。

5. 清洁生产与排污收费制度相结合

《中华人民共和国环境保护法》第28条规定："排放污染物超过国家或者地方规定排放标准的企业事业单位，依照国家缴纳超标准排污费并负责治理"。排污费将作为对环境造成损害的补偿费用，实行排污总量收费。排污总量收费的前提是准确核定企业的排污总量，而只有通过对企业实施清洁生产审核才能科学准确地核定出企业的排污总量，为总量收费提供依据。因此，只有将清洁生产审核与环境管理制度有机地结合起来，将清洁生产作为最者多本的环境管理和污染防治手段，才能实现从根本上预防和控制环境污染，节约资源，实现可持续发展。

（二）环境管理体系审核与清洁生产审核的比较分析

1. 两者是统一的，相辅相成

（1）统一于同一目标。无论是环境管理体系审核还是清洁生产审核，从企业层次看，其目标都是为了进行清洁生产，很好地解决环境问题。

（2）统一于同一思想。无论是环境管理体系审核还是清洁生产审核，其思想都是强调系统的程序化的全面管理。

（3）两者是相辅相成的。环境管理体系审核的核心，是确保企业建立符合标准的、高效的、持续运作的环境管理体系。这种环境管理体系包括协调统一的环境管理组织结构、协调严密的环境管理制度等，它为企业进行清洁生产审核提供了良好的组织和制度基础。而清洁生产审核则为环境管理审核提供了坚实的技术基础。清洁生产审核的核心在于：确保在产品的生产过程中节约原材料和能源，淘汰有毒原材料，并在废物排放之前尽量减少其数量和毒性；减少产品从原材料使用到最终处置整个生命周期中对人类和环境的影响。它为衡量环境管理体系运作是否有效提供了实绩依据，也为企业环境管理体系的高效运作提供了坚实的技术基础。

（4）在实施中，两者可以相互融合。在一个企业内，清洁生产审核和环境管理体系审核可以相互融合进行。企业可以首先从预防污染、全过程控制和清洁生产审核入手，进行产品生命周期分析，寻求废物量最小化，并在此基础上，建立符合标准的环境管理体系，并对之定期进行审核，使该体系成为清洁生产的管理保证。在环境管理体系的建立活动中，确定企业环境方针时可以纳入预防污染，将已确定的排污点作为环境管理体系中的环境因素进行分析；有的清洁生产措施可作为环境目标等，将寻求的削减、控制污染的方案纳入环境管理体系的管理运行方案中，作为企业管理的组成部分。

2. 两者是相互区别的，不可替代

（1）两者的审核主体有所不同。环境管理体系审核的主体，不仅有企业内部的审核小组，更重要的是还有独立的第三方的审核机构；而清洁生产审核主体，一般只是企业内部的审核小组。

（2）两者审核的对象不同。环境管理体系审核的对象是环境管理体系；而清洁生产审核的对象是生产中的污染预防活动。

（3）两者审核的重点有所不同。清洁生产审核的内容，着重在原材料（辅助材料）和能源、技术、设备、过程控制、产品、废弃物、管理、组织机构及员工素质等；而环境管理审核则着重于环境政策、环境项目、规章制度、组织结构、信息交流等管理体系。

第三节　清洁能源

新能源和可再生清洁能源技术是 21 世纪世界经济发展中最具有决定性影响的 5 个技术领域之一。新能源包括太阳能、风能、地热能、海洋能、生物质能等一次能源以及二次能源中的氢能等。发展新能源已成为许多国家努力追求的目标。

天然气水合物也称气体水合物，是由天然气和水分子在高压（ >100 大气压或 >1 MPa）和低温（0 ~ 10℃）条件下合成的一种固态结晶物质。因为天然气中 80% ~ 90% 的成分是甲烷，故也有人把天然气水合物称为甲烷水合物。天然气水合物多呈白色或浅灰色晶体，外貌类似冰雪，可以像酒精块一样被点燃，故又叫"可燃冰"。天然气水合物是全球第二大碳储库，仅次于碳酸盐岩。据保守估计，世界上天然气水合物所含天然气的总资源量约为 $(1.8 ~ 2.1) \times 10^{16}$ m^3，其热当量相当于全球已知煤、石油和天然气总热当量的 2 倍。例如，美国海域天然气水合物资源量约有 5.6×10^{11} m^3 亿立方米，其蕴藏的天然气资源量约为 9.2×10^{13} m^3，可以满足美国未来数百年的需要。天然气水合物分解释放的天然气主要是甲烷，它比常规天然气含有更少的杂质，燃烧后几乎不产生环境污染物质，因而是未来理想的洁净能源。

一、能源与环境危机

能量的来源称为能源，它是能够为人类提供某种形式能量的自然资源及其转化物。

能源按其来源大致可分为三类：第一类为太阳能及其转化物。除了太阳直接的辐射能外，煤炭、石油、天然气以及生物质能、水能、风能、海洋能等，都间接来自太阳能，是太阳能转化而成的。第二类为地球本身的能量。主要是以热能形式蕴藏于地球内部的地热能。如地下热水、地下蒸汽、岩浆能等，还有铀、钍等核燃料所具有的核能。第三类为天体对地球的引力能。太阳、月亮及其他天体，对地球产生的引力场所产生的能量，如潮汐能等。

能源按其利用方式不同可分为一次能源和二次能源，一次能源是从自然界直接获得，并不改变基本形态的能源。二次能源是一次能源经过加工、转换成新的形态的能源。依据能否再生、循环使用，可将一次能源分为再生能源和非再生能源。能够循环使用，不断得到补充的一次能源叫再生能源，如水力、太阳能、风能、海洋能。经亿万年形成而短期之内无法恢复的一次能源称非再生能源，像煤炭、石油、天然气、核燃料等。

非再生能源的无节制使用，一方面将使人类面临能源危机，因为我们今天的世界主要是依靠这一类能源在维持运转，而这类能源总有枯竭的一天；另一方面，非再生能源的使用给我们的生存环境造成了巨大压力，一般意义上说，它也是非清洁能源。

清洁能源的含义包含两方面内容：一是指可再生能源，消耗后可以得到恢复补充，不产生或很少产生污染物；二是指非再生能源在生产产品及其消费过程中尽可能减少对生态环境的污染。包括使用低污染的化石能源（如天然气）和利用洁净能源技术处理过的化石能源（如洁净煤和洁净油），尽可能地降低能源生产与使用对生态环境的危害。

人类对能源的利用可以分为四个阶段：第一阶段是在较低水平上的可持续使用阶段。这一阶段是指人类在进入工业化时代以前，能源的消耗还比较少，虽然在局部有破坏，但总体上不构成对环境的威胁。第二阶段是廉价能源毫不节制的消耗阶段。这是指工业革命后，人类对能源的开发和利用有了巨大的变化，主要表现为大规模开发煤炭和石油。这种掠夺性的开发利用给生态环境造成了无可挽回的影响。第三阶段是珍惜使用即将枯竭的能源资源阶段，1973 年和 1979 年两次石油危机对世界经济产生的巨大影响，人类意识到矿物燃料总有枯竭的一天。

西方工业化国家开始节省能源，提高能效并积极寻求替代能源。第四阶段是指即使能源资源不会枯竭，环境容量也要求人类对自己的能源消费加以限制阶段。人们开始注意到能源给环境带来的压力和危机，意识到能源与环境协调发展的重要性。

近一百年来，在能源的生产和利用过程中，造成的环境危害事件屡有发生：

1873～1892年，伦敦，由于工业燃烧废气的排放造成大气污染，使500～2000余人死亡；

1940年，美国洛杉矶地区由于汽车尾气和工业废气污染形成光化学烟雾；

1952年，由于伦敦大气污染，死亡人数比往年增加3500～4000人；

1959年，日本四日市大气污染，造成哮喘病患者急增，1964年出现死亡病例；

1984年，墨西哥液化气爆炸事故；

1989年1月，墨西哥城因大气污染，学校被迫放假，人们被告诫不要外出散步。

能源利用特别是由燃煤造成的环境问题越来越突出。危害人类环境的酸雨主要是由于燃煤引起的。目前，欧洲、北美洲及东亚地区都是酸雨危害较严重的地区。全球变暖是人们关注的另一个全球性环境问题，它不仅涉及地球变暖这一自然变化，还涉及其他领域，严重制约人类活动。对于温室效应变化的贡献，二氧化碳占25%左右。二氧化碳的产生是人类利用煤炭资源造成的，它在大气中的数量也是人类所能控制的。

发展中国家对能源的需求越来越大。目前，发展中国家排放的二氧化碳已占全球排放量的1/4。据预测，到21世纪中叶，这一比例将提高到1/2。如果不采取有效措施控制全球二氧化碳的排放，全球持续变暖将会给人类带来灾难性的后果。

二、寻求清洁能源

目前，中国能源开发利用还存在着一些突出的问题，主要表现在：

（一）能源短缺仍是一个突出问题

中国是世界上能源较为丰富的国家之一，煤炭储量10019亿吨，居世界第三位；水力资源6.76亿千瓦（其中可开发量3.79亿千瓦），居世界前列。但由于中国人口众多，人均能源占有量远低于世界平均水平。如天然气人均930 m^3，仅是世界人均占有量的 1/22。[①] 能源的短缺和能源基础设施建设的滞后，使全国将近 1 亿人尚未用上电，许多地区拉闸限电现象屡有发生。

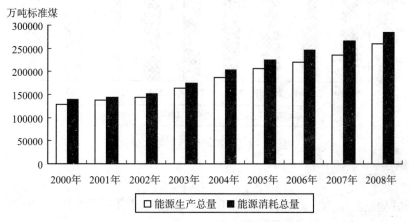

图 10－3　中国一次能源生产和消费

资料来源：历年《中国统计年鉴》。

（二）能源资源分布极不均衡

大约有 70% 的煤炭资源集中分布在山西、陕西、内蒙古等中西部地位，一半以上的石油分布在东北地区，80% 以上的水力资源分布在中国西南地区。而中国经济活动最活跃的东南沿海地区则能源资源奇缺，长距离的能源资源运输给能源的有效利用造成了重重困难。

（三）能源结构不合理，以煤为主的能源结构仍将长期存在

长期以来，中国的煤炭消耗占整个能源消费的 75%（见图 10－4），而且这种状况还将在相当长一段时间内存在。在能源消费结构中，美国的煤炭消费只占 24%、日本占 17%。发达国家中，煤炭消费比例最高的是德国，占 30%，都远远低于中国的水平。这些国家相应的石油和天然气的消费水平较高。

由于以上这些问题，特别是绿色能源比例较低，使能源的开发利用给环境造成了巨大的压力，煤炭的开采和使用都对生态环境造成了严重的破坏。特别是露天煤矿的开采，大量剥离表土、底土和岩石，使原有的植物和生态系统遭到毁灭性的破坏。而煤炭的利用最直接的危害是"酸沉降"，使土地和湖泊酸化，威胁

---

① 　罗吉：《我国清洁生产法律制度的发展和完善》，载《中国人口资源与环境》，2001 年第 3 期。

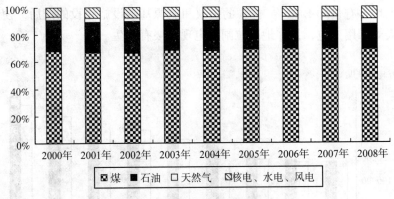

图 10 - 4　中国能源消费结构变化

资料来源：历年《中国统计年鉴》。

人类和其他生物的生存。为减轻环境压力，保护我们的生存环境，同时提高能源的使用效率，我们必须寻求清洁能源。

1. 水能

中国具有丰富的水能资源，可开发的水能资源 3.78 亿千瓦，年发电可达 1.92 万亿度。中国一直重视水电资源的开发，全国现有小型水电站 6 万个，占全国电力 11%，发电 316 亿度，占全国发电量 6%，如果中国的水能全部被开发，就能发电 1.8 万亿度，是 1994 年发电总量的 2 倍。因此水能开发潜力较大。但应该注意到，任何水资源开发利用项目都会对水环境产生较大影响。任何一个开发项目一定要进行科学的环境影响评价，在充分利用水能资源的同时，保护好水环境。

2. 生物质能

生物质能包括一切由光合作用产生的有机物，如农作物秸秆、薪柴、水生植物和各种有机废物（如酒糟等工业有机废物）。生物质能是一种重要的能源。从全球一次能源的消费情况看，生物质能仅次于石油、煤炭和天然气，居第四位。特别是对于农业生产较发达的国家，生物质能的开发利用显得更为重要。中国年产稻谷约 1785 万吨，稻壳量为 3400 万～3600 万吨，作物秸秆量 2610 万吨，工业有机废物更为可观。淮河流域的一些企业，如酒厂、酒精厂、味精厂，在治理污染的过程中，利用厌氧产沼技术，变废为宝，为企业本身和一方居民提供生物质能，取得了显著成效。

在生物质能的开发利用方面，中国的技术已很成熟。中国农村的一些地区，如安徽小张庄，正是成功地利用生物质能，在造福一方的同时，成功地保护了农村的生态环境，被联合国环境署授予"全球500佳"称号，在国际上享有较高声誉。很多发展中国家也像中国一样积极开发、研究、利用生物质能技术。近期的生物质能开发利用，应优先考虑与工业有机废物的治理结合在一起，开发、研究、推广工业有机废物综合利用技术，同时大力推广沼气应用技术。深入研究适合中国国情的生物质能，包括城市生活垃圾的气化、焚烧、热解技术，将生物质能的开发利用与生态环境的保护结合起来。对于清洁能源利用和环境保护都有重要的意义。

3. 太阳能

太阳能是无所不在、取之不尽、用之不竭而又无污染的绿色能源。如果人类能够将大量的太阳能电池送到太空，并将产生的能量输送到地球上，那么地球的能量消耗便可基本满足。在太阳能利用中，光—电转换技术是人类大规模利用太阳能的主要途径。中国在苏联、美国和日本之后，成为第四个拥有较高效率的光—电转换技术的国家，自行研制的砷化镓太阳能电池，其转换效率已达15.8%。随着太阳能利用技术的不断完善，建设大型太阳能电站也许不再是遥不可及的梦想。

4. 风能

风能是太阳能的一种转换形式。风能具有可再生、不要运输、不用开采。洁净没有污染等优点，但开发利用的难度较大。中国是世界上风能利用最早的国家之一，风能资源丰富，总量约为16亿千瓦，约有10%可供开发利用。从20世纪50年代开始风力发电机的试制至今，风力发电总装机容量达2.8万千瓦，风能的开发潜力巨大。

此外，已被开发利用并具有巨大利用前景和潜力的还有地热能、海洋能等。

三、国外推行清洁能源技术现状

从世界范围看，清洁能源技术主要包括了以下一系列技术：洁净煤技术和二氧化碳回收技术、天然气发电技术、核能发电技术、可再生能源技术和节能技术等。

（一）洁净煤技术

1. 超临界和超超临界燃煤发电机组

超超临界蒸汽循环机组总的投资费用比亚临界蒸汽循环机组高出12%～15%，但超超临界机组还是具有很强竞争力，因为它节省了燃料。如果考虑到由于减少了煤的处理和烟气的处理而节省的费用，则超超临界机组投资和运行的总成本反而降低了13%～16%。从近期来看，机组高的投资成本可以通过燃料的节省来得到补偿，因此超超临界机组从经济上是一个非常好的选择。

2. 整体煤气化联合循环技术（IGCC）

整体气化联合循环技术（IGCC）是洁净煤技术中最清洁和效率最高的技术，气化技术可以处理所有含碳给料，如煤、石油焦炭、废油、生物质和城市固体垃圾。目前正在运行的IGCC机组中有3/4使用的燃料是上述给料的混合物。由于高成本以及可用性等问题，基于煤的IGCC目前还不具备很强的竞争力，欧洲和美国有一些IGCC的示范项目正在运行之中，日本正在建设一台新机组。

（二）二氧化碳回收技术

二氧化碳的捕获与储存技术包含三个明显的步骤：①从发电厂、工业加工过程中或燃料处理过程中捕获二氧化碳；②将捕获的二氧化碳通过管道，或采用储存罐进行运输；③将二氧化碳永久储存在地下深处的盐矿中、已枯竭的油田和气田中或者是废弃的煤矿中。这项技术实际上已经应用了数十年，但它并没有和二氧化碳减排相结合。目前，该技术还需要进一步研发，而技术成本中的大部分是在捕获技术上，地下储存的保持性也有待进一步论证，技术的经济性和捕获技术的效率有待进一步提高。

（三）可再生能源技术

1. 生物质能技术

生物质是植物通过光合作用产生的有机物，具有可再生性、分布广泛、环境友好等优点。地球上每年生长的生物质总量为1400亿～1800亿吨干物质，相当于目前世界总能耗的10倍。目前，生物质发电技术主要有以下五种类型：

（1）完全燃烧。100%完全燃烧生物质的最常用燃烧设备是炉排锅炉和流化床锅炉，完全燃烧生物质所产生的蒸汽驱动蒸汽轮机发电，该技术当前的机组效率约为30%，而机组容量在20～50MW。燃烧无杂质的木屑作为燃料的热电联产机组，当蒸汽温度达到540℃时，其机组效率可达33%～34%（LHV）。燃烧城市固体垃圾作为燃料的发电机组，由于高温腐蚀限制了产生蒸汽的温度，因此发电效率只能达到22%（LHV）左右，在某些示范项目中，该类型机组的发电效率可达30%（LHV）。

（2）混合燃烧。在现代燃煤发电机组中，可以用生物质替代部分化石燃料，并可使机组效率达到35%～45%。如果在与煤的混合燃烧中掺入一小部分生物质，则这种混合燃烧可以在大型煤粉悬浮式燃烧锅炉里进行。由于与生物质的混合燃烧不需要设备大的改造，所以这项技术选择是非常经济的，并且在许多国家降低排放策略中起到非常重要的作用。在混合燃料中，生物质所占的比例从0.5%～10%不等，常用的典型比例是5%，如果将生物质的混合比例增加到10%以上，则需要另外的技术改造和投资。

（3）气化。在很高的温度下，可以将生物质气化，即在高温和部分氧化条件下，将含碳生物质转换成气态的能载体。它的主要优点是生物质转化为可燃气后，利用效率高而且用途广泛，既可以用作生活煤气，进一步转化和精制产氢或为合成液体燃料提供合成气，也可用于锅炉燃料或得到的气体驱动发动机和燃气轮机发电。

（4）快速高温热解。国外已发展了多种生物质热解技术，如快速热解、加氢热解、真空热解、低温热解、部分燃烧热解等。但一般认为，在常压下的快速热解仍是生产液体燃料最经济的方法。快速高温热解是在无氧或缺氧条件下对生物质进行热力降解，利用热能切断生物质大分子中的化学键，使之转变为低分子物质的过程。由于可以从固态生物质中最大限度地提取液体燃料产品，因此它是一项具有很大潜力的技术。

（5）厌氧消化。采用生物学处理技术，将有机废弃物部分转化为主要成分为甲烷的气体作为能载体，这种生物气可以用来驱动各种类型发动机发电，其最大容量可达10MW，随着废弃物处理成本的不断提高，厌氧消化技术的经济性会逐渐显现出来。

2. 风能发电技术

风力发电作为可再生能源技术中发展最快、最可能实现商品化、产业化的技术之一，近10年来取得了很大发展，特别是大型并网风力发电技术。世界风电的总装机容量中，德国的装机容量最大，其次是西班牙、美国和丹麦，印度装机容量接近3GW，海上风力发电已经在丹麦、英国、意大利和瑞典得到应用。

3. 太阳能光伏发电技术

太阳能光伏发电（PV）是直接将太阳光转换为电能的一种发电形式，未来光伏发电成本降低的主要动力来自以下几个方面：①在保持和提高系统效率的基础上，降低电池的成本，其主要依赖于降低特定材料的消耗、更有效的生产模式和新的电池概念；②提高模块寿命；③通过更高的电池效率和更先进的封装技术，降低特定模块的成本；④通过提高模块效率和电子器件性能，降低特定的系统平衡成本。

4. 太阳能热发电技术

太阳能热发电技术固有的优点是，它具有与传统热力发电机组相结合这种别的技术无法比拟的能力，太阳能热发电的每一种技术都可以当成是一台"太阳能锅炉"，它可以替代化石燃料锅炉参加传统的热力循环。只需要少部分的天然气或其他化石燃料作为补充燃料，太阳能热发电可以提供稳定和可靠的电力供应。因而，太阳能热发电概念还具有这样一种独特的能力，它通过热储存器和备用燃料加热器来平衡太阳能热力输出的波动。

四、中国推进清洁能源的战略与行动

随着经济的快速发展和人口的不断增长，能源需求也将不断增加，能源供需缺口日益扩大，所以中国的经济发展必须由粗放经营逐步转向集约经营，走资源节约型道路。如果能源生产和消费方式保持不变，中国未来的能源需求无论从资金、资源、运输还是环境方面都是无法承受的。改变能源生产与消费方式，开发利用对环境危害较小甚至无害的清洁能源，是中国可持续发展战略的重要组成部分。

中国《国民经济与社会发展 2010 年远景目标纲要》中指出"能源工业要适应国民经济增长需要，逐步缓解瓶颈制约"，"能源建设以电力为中心，以煤炭为基础，加强石油天然气的资源勘探和开发，积极发展新能源"；"加快开发煤炭洁净技术，推广应用烟气脱硫技术"。"积极发展风能、海洋能、地热能等新能源发电"；"坚持开发与节约并举，把节约放在首位"等，这就是对中国发展清洁能源的总体部署。

为推进中国清洁能源发展战略，中国正在采取和即将采取的行动包括以下几方面内容：

（一）加强规划和管理，引导能源的开发利用向清洁能源的方向发展

研究建立一套适合中国国情的能源—环境—经济综合规划方法并付诸实施。能源的开发利用是为经济发展和人类社会的繁荣服务的。在其开发利用过程中必然对环境产生影响，这种影响又会制约经济的持续发展和影响人类的生存环境。所以能源的开发利用规划应综合考虑其经济效益和环境效益。同时要加强能源管理，改善能源供应和布局，提高清洁能源和高质量能源的比例。

（二）积极推广低污染的煤炭开采技术和洁净煤技术

在今后相当长一段时间内，以煤为主的能源结构仍将不会有大的变化。这就需要我们必须在煤炭的开采、运输和使用上做文章，尽可能减少煤炭开采和使用带来的对环境不利的影响。一是在煤炭开采过程中改进采煤的工艺，减少煤矸石外排，利用煤矸石和粉煤灰回填塌陷区，利用煤矸石发电，生产建筑材料和化工原料等；开发采煤与复垦相结合的新工艺体系，引进无覆土的生物复垦技术；加强煤矿区水资源管理，对采煤矿中水进行处理，并尽量做到矿井水处理后回用，同时注重矿井开采对地下水资源的影响。二是推广应用高效清洁的燃煤技术。扩大原煤入洗比例；研究、开发高硫煤洗选脱硫技术，降低煤炭的灰分和硫分；扩大民用和工业型煤生产，提高动力配煤的比例等。三是开发利用先进高效的烟气净化技术。重点发展适合中国国情的烟气除尘、脱硫、脱硝、废物资源化技术与装备。建立清洁煤技术信息系统，为清洁煤技术的推广应用提供数据支持和决策依据。开展煤渣、粉煤灰的资源化利用技术的研究，并完善和制定有关政策，促进其市场开拓。

（三）积极开发新能源与可再生能源

中国在开发可再生能源方面的主要目标是，2015 年，太阳能发电装机容量为 2100 万千瓦，水电装机容量达到 2.9 亿千瓦，可再生能源年利用量达到 4.78 亿吨标准煤，其中商品化年利用量达到 4 亿吨标准煤，在能源消费中占比 9.5% 以上。提高生物质能的利用效率，利用方式逐步转变成以生产沼气或清洁液体燃料为主。要实现这些目标，须采取适当的财政鼓励措施和市场经济手段，国家必须增加在开发可再生能源方面的投入，地方政府和用户也应积极参与。

（四）开发利用节能技术

节约能源，特别是节约清洁能源，是中国国民经济发展的一项长远战略方针，不仅对保障清洁能源的供给，推进技术进步和提高经济效益有直接影响，而且是减少污染和保护环境、实现可持续发展的重要手段。

首先是加强节能管理，建立和健全节能管理程序和审批制度及相应的政策法规。对能源生产、运输、加工和利用的全过程进行节能管理。通过技术进步，提高能源利用效率，降低单位产值能耗。其次是针对一些重点环节，开发利用节能技术，如对电站锅炉、工业锅炉和工业窑炉进行节能技术改造，提高终端用能设施的能源利用效率。对发电厂进行老厂、老机组改造，使发电耗煤从 1990 年的 427 克/千瓦小时下降到 2000 年的 365 克/千瓦小时。此外还要加强电网建设，改造城市电网，减少输电损失等。

能源是当今社会赖以生存和发展的基础，能源的利用状况，特别是清洁能源开发利用的程度直接反映了一个国家或民族的经济发展水平、科技水平和社会文明程度。中国在清洁能源的开发利用方面已经取得了许多重大的技术突破，在应用上也取得了明显的成效，但随着人口增加，经济的进一步发展，在这方面还有很多工作要做。

五、清洁能源行动的健康效益评价

清洁能源是指与煤炭相比污染较轻，以及可再生的能源，如天然气、太阳能和风能等。"清洁能源行动"是以治理燃煤污染为突破口，以高新技术的开发、应用、推广为依托，通过试点示范，综合治理，从根本上遏制中国城市空气污染日益加剧的势头，力争在3~5年主要城市的空气质量有明显改善，试点示范城市的空气污染指数介于环境空气质量二级标准间。试点示范城市分别为北京、太原、银川、呼和浩特、天津、重庆、沈阳、济南、乌鲁木齐、遵义、西安、兰州、牡丹江、曲靖、柳州、铜川和南充。"清洁能源行动"作为"十五"攻关重大专项，于2001年11月启动。

中国是继美国之后的世界第二大能源消耗国，而美国早在1986年就推行了"洁净碳计划"（Clean Coal Technology Program）。随着社会的进步和经济的发展，中国能源消耗量还会持续增加，由能源消耗造成的环境压力可想而知。因此，清洁能源的研究与开发对中国经济可持续发展和实现工业现代化具有举足轻重的作用。然而，"清洁能源行动"在中国还处于摸索和实践阶段，及时对清洁能源的实施效果进行评价，不仅具有重要的理论意义，还具有十分重要的现实意义。

（一）大气污染物排放量的变化

SO_2、烟尘和工业粉尘的排放量直接影响空气质量。各试点示范城市实施"清洁能源行动"前（2000年）后（2004年）SO_2、烟尘和工业粉尘的排放量变化见表10-3。

由表10-3可知，实施"清洁能源行动"后，绝大部分试点示范城市在削减大气污染物排放方面取得了明显效果，SO_2降低幅度为5.1%~80.0%，烟尘为12.9%~96.8%，工业粉尘为15.8%~97.0%，但部分城市效果欠佳，大气污染物排放量有所增加。SO_2排放量增加的城市有呼和浩特、柳州、曲靖、铜川，其主要原因：一是这些城市的清洁能源在能源消费结构中所占比例较小，煤炭仍是主要能源，并且能耗较高，实施"清洁能源行动"后，呼和浩特、柳州、曲靖、铜川的清洁能源比例依次为37.10%、53.45%、59.30%、28.60%，万元产值能耗为 1.32～5.17 吨标准煤，均高于全国平均水平（1.14 吨标准煤）；二是经济增长必然导致能源消耗量增加，特别是主要能源煤炭消耗量的增加，只有加大 SO_2 排放控制力度，严格管理，才能实现大气污染物排放量的降低、空气质量的好转，即实现"清洁能源行动"的根本目标。烟尘和工业粉尘分别只有 1 个城市出现排放量增大现象，即曲靖烟尘排放量增加了 45.5%，柳州工业粉尘排放量增加了 89.3%。由于其污染物排放量的基准值均较低，故实际增加量并不大，但也应引起管理者的高度重视。

表 10-3　　　　　　　试点示范城市实施"清洁能源行动"前后的污染物排放量

试点城市	年份	SO_2		烟尘		工业粉尘	
		排放量/万吨	增加率/%	排放量/万吨	增加率/%	排放量/万吨	增加率/%
北京	2000	22.4	-14.7	10	-29	9.4	-66
	2004	19.1		7.1		3.2	
呼和浩特	2000	3.41	+3.5	3.92	-15.8	2.4	-79.2
	2004	3.53		3.3		0.5	
济南	2000	9.82	-13.5	4.17	-25.9	5.07	-49.1
	2004	8.49		3.09		2.58	
柳州	2000	5.4	+41.7	3.75	+16	1.77	+89.3
	2004	7.65		4.35		3.35	
曲靖	2000	1.15	+37.4	0.66	+45.5	0.08	-50
	2004	1.58		0.96		0.04	
沈阳	2000	15.6	-32.7	10.32	-32	0.76	-15.8
	2004	10.5		7.02		0.64	
太原	2000	25.85	-15.7	12.7	-34.6	6.35	-32.6
	2004	21.79		8.31		4.28	
天津	2000	32.99	-43.6	17	-12.9	4.5	-44.7
	2004	18.59		14.8		2.49	
铜川	2000	1.21	+1.7	0.62	-25.8	8.37	-17
	2004	1.23		0.46		6.95	
西安	2000	8.7	-19.5	6.67	-14.8	6.48	
	2004	7		5.68		/	
银川	2000	2.94	-5.1	0.97	-34	1.67	-73.7
	2004	2.79		0.64		0.44	
牡丹江	2000	1.81		2.71	-18.5	1.59	-20.1
	2004	/		2.21		1.27	

续表

试点城市	年份	SO$_2$		烟尘		工业粉尘	
		排放量/万吨	增加率/%	排放量/万吨	增加率/%	排放量/万吨	增加率/%
南充	2000	4.64	−30.4	3.07	−63.5	0.1	−50
	2004	3.23		1.12		0.05	
兰州	2000	5.8	−20.5	3.5	−21.1	5.93	
	2004	4.61		2.76		/	
重庆	2000	83.94	−8.9	21.35	−16.4	22.01	
	2004	76.44		17.85		/	
遵义	2000	18.9	−80	6.31	−96.8	12.72	−97
	2004	3.78		0.2		0.38	
乌鲁木齐	2000	9.18		6.46		0.89	
	2004	/		/			

注："−"为减少；"+"为增加；"/"为无统计数据。
资料来源：张新民、柴发合：《清洁能源实施效果评价》，《环境污染与防治》，2007年第4期。

（二）空气质量的变化

1. 主要污染物浓度的变化

对试点示范城市实施"清洁能源行动"前后空气 SO$_2$、NO$_2$ 和 PM$_{10}$ 的变化情况进行了分析。从表 10−4 可见，实施"清洁能源行动"后，绝大部分试点示范城市空气中的 SO$_2$、NO$_2$ 和 PM$_{10}$ 有所降低，空气质量趋于好转。

表 10−4   试点示范城市实施"清洁能源行动"
前后的空气质量的变化

试点城市	年份	SO$_2$		NO$_2$		PM$_{10}$	
		浓度/(mg/m^3)	增加率/%	浓度/(mg/m^3)	增加率/%	浓度/(mg/m^3)	增加率/%
北京	2000	0.071	−22.5	0.071	0	0.162	−8
	2004	0.055		0.071		0.149	
呼和浩特	2000	0.034	+17.6	0.031	+22.6	0.142	−44.4
	2004	0.040		0.038		0.079	
济南	2000	0.058	−22.4	0.037	+2.7	0.145	+2.8
	2004	0.045		0.038		0.149	
兰州	2000	0.084	−15.5	0.041	+9.8	0.260	
	2004	0.071		0.045		0.169	

续表

试点城市	年份	SO₂		NO₂		PM₁₀	
		浓度/（mg/m³）	增加率/%	浓度/（mg/m³）	增加率/%	浓度/（mg/m³）	增加率/%
柳州	2000	0.073	+42.5	0.030	+23.3	/	/
	2004	0.104		0.037		0.101	
牡丹江	2000	0.025	+8	0.028	+7.1	0.129	-7
	2004	0.027		0.030		0.119	
南充	2000	0.134	-60.4	0.050	-46	0.130	-20.8
	2004	0.053		0.027		0.103	
曲靖	2000	0.032	+146.9	0.023	-21.7	/	/
	2004	0.079		0.018		0.77	
沈阳	2000	0.062	+141.9	0.046	+160.9	0.180	-16.7
	2004	0.150		0.120		0.150	
太原	2000	0.200	-60.5	0.065	-66.2	0.262	-37.4
	2004	0.079		0.022		0.164	
天津	2000	0.0761)	-3.9	0.043	+20.9	0.166	-33.1
	2004	0.073		0.052		0.111	
铜川	2000	0.133	-27.8	0.037	-13.5	0.487	-69
	2004	0.096		0.032		0.151	
乌鲁木齐	2000	0.135	-21.5	0.079	-26.6	0.499	-76.6
	2004	0.106		0.058		0.117	
西安	2000	0.059	-16.9	0.037	-10.8	0.263	-46
	2004	0.049		0.033		0.142	
银川	2000	0.054	0	0.036	+11.1	0.256	-52.3
	2004	0.054		0.040		0.122	
重庆	2000	0.156	-35.9	0.052	-3.8	0.186	
	2004	0.100		0.050		/	
遵义	2000	0.112	+2.7	0.031	-35.5	0.293	-61.4
	2004	0.115		0.020		0.113	

注：为2001年数据；"-"为减少；"+"为增加；"/"为无统计数据。

资料来源：张新民、柴发合：《清洁能源实施效果评价》，载《环境污染与防治》，2007年第4期。

2. 空气质量达到和好于二级的天数统计

根据"清洁能源行动"考核标准，统计了试点示范城市空气质量达到和好于二级的天数，见表10-5。实施"清洁能源行动"前后，试点示范城市空气质量达到和好于二级的天数占全年的比例分别为33%～99%和56%～98%，2004年空气质量明显提高，虽然占全年比例的最高值从99%降到98%，但完全在正常波动范围内，例如，由于气候等非人为因素对空气质量的影响等。2004年太原空气质量达到和好于二级的天数比2001年增加了85%，但济南、曲靖等城市空气质量达到和好于二级的天数比2001年减少了7%、1%，应当引起充分重视，防止反弹。

表 10 − 5　　　　　试点示范城市实施"清洁能源行动"前后空气质量
达到和好于二级的天数统计

试点示范城市	2001 年空气质量达到和好于二级		2004 年空气质量达到和好于二级		增加率/%
	天数/d	占全年比例/%	天数/d	占全年比例/%	
北京	185	51	229	63	24
呼和浩特	196	54	310	85	57
济南	223	61	210	57	−7
兰州	119	33	205	56	70
柳州	120	33	289	79	139
牡丹江	264	27	284	78	8
曲靖	362	99	359	98	−1
沈阳	203[1]	56	301	82	48
太原	120	33	224	61	85
天津	171	47	299	82	74
铜川	200[2]	55	214	58	7
乌鲁木齐	146	40	186	51	28
西安	203	56	260	71	27
银川	171	47	289	79	68
重庆	168[3]	46	243	66	43
遵义	/	/	256	70	/
南充	/	/	307	84	/

注：①为2002年数据；②为2003年数据；③为1999年数据；"−"为减少；"+"为增加；"/"为无统计数据。

资料来源：张新民、柴发合：《清洁能源实施效果评价》，载《环境污染与防治》，2007年第4期。

（三） 清洁能源消费情况

煤炭一直是中国的主要能源，煤炭利用在带来经济、社会效益的同时，也引发了一系列严重的环境问题——煤烟型污染，如导致大气颗粒物含量冬季高于夏季等。为了治理煤烟型污染，在"清洁能源行动"中，提倡使用清洁能源。"清洁能源行动"促进了能源结构优化，提高了清洁能源的利用率，试点示范城市在实施"清洁能源行动"前后清洁能源消费占总能源的比例情况有了显著提高。北京、呼和浩特、济南、兰州、柳州、牡丹江、南充、曲靖、沈阳、银川、铜川和乌鲁木齐等城市实施清洁能源后，清洁能源在总能源中的比例增加了 9.6% ~47.8%，如银川清洁能源比例由 2000 年的 17.8% 增加到 2004 年的 26.3%，增加了 47.8%。

（四）人均能耗和万元产值能耗

人均能耗和万元产值能耗反映了一个国家的能源消耗水平和能源利用效率。实施"清洁能源行动"前后部分试点示范城市的人均能耗和万元产值能耗变化情况见图 10 - 5。

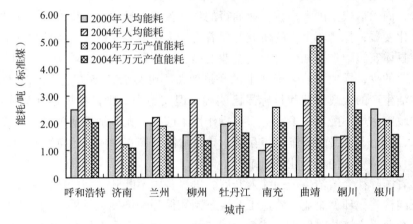

图 10 - 5 "清洁能源行动"实施前后人均能耗和万元产值能耗的变化

资料来源：张新民、柴发合：《清洁能源实施效果评价》，载《环境污染与防治》，2007 年第 4 期。

随着经济社会的发展，人均能耗一般会呈逐渐上升趋势，同时随着科学技术的进步，能源利用效率的提高会使人均能耗降低。从图 10 - 5 可以看出，2004 年呼和浩特、济南、兰州、柳州、南充、曲靖的人均耗能均明显高于 2000 年，符合中国经济逐步发展的现状；银川市的人均能耗比 2000 年低 14.4%，这与当地的产业结构调整和大力提高清洁能源使用率等因素有关。从图 10 - 5 还可以看出，实施"清洁能源行动"后，大多数试点示范城市 2004 年万元产值能耗都低于 2000 年，说明在经济增长的同时，能源利用效率也在提高。而曲靖 2004 年的万元产值耗能却高于 2000 年，说明该市能源利用效率没有提高，而且其经济发展对能源的依赖性也较强。

　　"清洁能源行动"在减少污染物排放、改善空气质量、提高能源利用率等方面取得了显著成效。伴随着"清洁能源行动"的开展与实施，2003年中国开始施行《中华人民共和国清洁生产促进法》，从源头、过程和终端削减污染物排放，并结合总量控制有效地改善了大部分城市的空气质量。在各个城市争创"国家环境保护模范城市"、制定"十一五"环境保护规划过程中，国家环保总局联合其他相应部门提出在全国范围内开展节能降耗行动，清洁能源仍是其重要的组成部分。但是，城市环境的影响因素错综复杂，并且不同城市导致环境污染的主导因素也不尽相同。因此，要巩固和继续改善城市大气环境，需因地制宜考虑众多影响因素，综合调控，实现经济与环境的协调发展。

　　目前中国在清洁生产的理论研究与实践中虽然取得很多成果，但清洁生产的研究层次着重于"点上的多、面上的少"，具体实施局限于经济效益较好的大中型企业，尚未形成中国大多数企业通行的生产模式，导致清洁生产在中国难以形成规模化发展；且清洁生产的研究对象着力于大中型企业的多，关注中小企业的少，在具体实施中重视某个行业或企业的多，考虑跨行业跨地域构建互利共生的企业群落的少，导致清洁生产在中国经济效益不够显著，多数企业积极性不高；中国清洁生产的大政方针和目标虽已明确，但实施中缺少科学规划和具体计划；相关的政策法规不配套、不完善，可操作性不够强，尤其缺乏研究政府、企业和社会（公众）3个层面的作用与互动，导致清洁生产在中国虽已立法，但却难以全面推行，特别是中小企业举步维艰。

　　随着国际社会清洁生产的深入开展，世界各国不断开辟新的研究领域，清洁生产正向构建循环型企业、营造工业生态园和循环经济领域发展。为此，中国理论界、企业界应该与时俱进，结合中国实际，把握研究重点把企业实施清洁生产与建设生态工业园区结合起来。使清洁生产工作由企业层次上升到工业园区乃至一个城市或更大区域，由构建循环企业向企业群落互利共生、技术集成、资源集成、环境集成以及信息共享的循环经济发展，逐步实现企业、社会与环境的和谐发展；并要把政策引导、财政扶持、法制监督与建立企业清洁生产推行机制结合起来。使清洁生产由传统的主要以供给侧战略推行向以政府为推进器、以企业为主体、以市场为导向的需求侧推行模式发展，有利于调动广大企业实施清洁生产的积极性。通过综合使用需求侧机制和供给侧机制，促使企业产生对清洁生产大面积的和持久的需求。第三，把大中型企业清洁生产的试点、示范与加快中小企业清洁生产的推行、实施结合起来，使清洁生产工作尽快由点到面形成气候，同时要科学规划，分步实施，明确政府、企业、社会（公众）的责任，确保中国清洁生产健康、有序、快速地向前发展。

第十一章

资源与环境管理

过往的国外环境治理经验表明，随着经济增长水平的提升，环境在一定阶段内受到危害，当经济发展到一定水平，环境态势又出现良性逆转。中国又是怎样呢？"现实对数据提出了质疑。"周宏春这位中国环境科学会环境经济学专业委员会副主任委员毫不客气地评价中国环境现状。

此前，官方一直对中国环境问题小心翼翼评价。2007 年，中国环境公报以显著篇幅表示：这一年"主要污染物排放量首次出现'拐点'，化学需氧量和二氧化硫排放量实现双下降"，"多项流域水污染防治规划和流域水环境综合治理总体方案，让不堪重负的江河湖海休养生息拉开序幕"。然而，残酷的现实却让所有人怀疑"拐点"的真伪。

公报发布两年后，2009 年官方媒体称，中国政府在 6 年内投入了 910 亿治理污染最严重的"三江三湖"，但水质仍然较差。以太湖为例，水质"连降三级"：从 20 世纪 80 年代的 II 类水为主下降至 V 类、劣 V 类。《中国统计年鉴》显示：2000～2008 年，环境污染治理投资总额从 1010.3 亿元上升到 4490.3 亿元。可以说，中国走的是一条昂贵的治污路线。

即使投资巨大，与此相伴的是环境突发事件明显增多。此外，安全生产事故造成的次生环境事件也在明显增多。周宏春说"就整个环境质量、环境事件的爆发概率来说，拐点还没来临。"

环境污染拐点还没来临，原因在于中国还没有完成工业化和城市化。

2002 年以来，中国进入了一个加速发展工业化中后期的阶段。其基本逻辑是工业拉动整个国民经济的快速增长，其中重工业快于轻工业。国际上常见的工业化基本过程是：以轻纺工业起步，中期阶段进入重化工业，之后进入后重化工业阶段，最后进入知识经济阶段。

然而，中国却及早走上了一条重化工发展之路。2004 年 1 月 20 日，中国统计局总经济师姚景源在国务院新闻办公室举行的新闻发布会上即表示："中国工业正进入重化工时期，中国工业经济正进入新的经济增长平台。"在这个节点上，如果更快地转向知识经济和服务业，或许中国将走上另一条曲线。但这对中国来说这是一种奢侈。

人们看到的现实是：大量投资涌入能源、交通和通信设施等基础设施，第二产业比重被持续推高，2000 年首次超过 50%，其中重化工所占比重为 59.9%。次年，重化工所占比重首次超过 60%，达 60.5%，2003 年跃升至 64.3%。这一势头至今不减。2009 年，重工业生产增速比轻工业高出 4 个百分点。它带来空前的环境和公共安全挑战——主要的能源、化工和重工业制造行业中，废水排放占据总量的 50% 以上；固废排放占据总量 90% 以上，并且在过去几年中持续增高。这种模式更为今后调整产业结构埋下隐患。

强大的重化工业拉动着中国经济的高速发展，随着沿海地区的环保产业政策收紧，污染产业正从东部向中西部转移。可以说，全国进入环境事件高发期。从全国来看，"双三角洲"——长三角、珠三角地区在工业化进程中走在前面，却进入了新的环境困扰——重金属问题突出、水源安全性面临挑战、垃圾围城引发公共治理危机。中西部积极承接东部的高耗能高污染产业作为拉动经济的引擎，同时也步入了环境窘境——化工泄漏造成流域污染、密集工业超标排放。从环境敏感区域来看，中西部生态环境相对脆弱得多，稍加扰动就可能发生剧烈影响，而且不可逆转，如已经出现的局部荒漠化、水源地污染问题等。加之地方政府治理能力相对弱，人才、技术优势不强，具有更高的环境风险。中国人民大学教授邹骥说"现在不是要不要产业西移的问题，而是要讨论如何西移，要提高产业转移的环境门槛，承接产业因地制宜，而且政府要做好环境规划。"

中国离真正的拐点还有多远？目前，经济增长与环境扰动的关系曲线上升态势很难扭转。邹骥认为，依据现在的环境压力，环境污染高发"可能还要持续10 年、20 年时间"。

要让拐点更快来临，必然要进行产业结构调整。然而，以产业结构调整成效的重要指标——第三产业的比重来看，第三产业比重在 2000 年以前一直稳步上升，从 1978 年的 23.7% 上升到 2000 年的 33.4%，但 2000 年以来处于徘徊状态。在中国社会科学院城市发展与环境研究所所长潘家华看来，大规模的结构调整变化，应该在 2020 年以后。那时工业、原材料、制造业产能趋近顶峰，不可能大幅再增，在这一水平上保持一段时间，更多的投资逐渐转向服务业，转向提高能效、改进技术的相关产业，到 2035 年前后，第三产业比重可以达到 55% ~ 64%。这也意味着 2020 年极有可能是一个拐点。

（《南方周末》2010 年 8 月 10 日）

第一节 资源与环境管理的理论基础

一、资源与环境价值

（一）资源与环境经济

资源与环境经济学是研究资源环境开发、利用、保护和管理及其与经济发展相互关系的学科，是资源环境科学与经济科学综合交叉的产物。它侧重研究稀有资源环境的开发利用、合理配置及其经济效应与规律，研究资源环境开发利用的经济问题。具体包括资源环境稀缺与市场、资源环境价值与价格、资源环境统计与核算、资源环境制度与产权、资源环境资产与产业、资源环境管理等内容。

1. 资源环境稀缺与价格

经济学关心的中心问题是以稀缺（Scarcity）来表示的。全部资源环境问题，在生态学看来就是"限制"，在经济学看来则是稀缺。稀缺指的是在获得人们需要的所有自然资源、资源产品和劳务方面所存在的局限性。资源环境的一个基本特性是稀缺性。

（1）资源环境的绝对稀缺。当对资源环境的总需求超过总供给，这时造成的稀缺就是绝对稀缺，这里的总需求包括当前的需求和未来的需求。例如，我们在关于自然资源可得性度量的阐述中，指出很多不可更新资源按现在开采的年增长率计算，会在不久的将来枯竭。在其枯竭以前，绝对稀缺问题会日益尖锐，获取这些资源的代价会越来越高。从全球和人类整个历史来看，所有自然资源都是绝对稀缺问题。

（2）资源环境的相对稀缺。当资源环境的总供给尚能满足需求，但分布不均衡会造成局部的稀缺，这称为相对稀缺。例如，当前世界粮食总产量可以满足人口的需要，但一些发展中国家农业生产比较落后，人口增长过快，食物不能自给，又无足够的外汇用于进口粮食，产生显著的相对稀缺。又如，中国的煤炭储量和产量现在和可预见将来都可满足需求，但江南各省却稀缺煤，这就是相对稀缺。当资源环境的开发利用超越了其最终极限，就会发生自然资源的耗竭和生态环境的破坏。现在看来，对人类发展构成威胁的还不是资源环境的绝对稀缺或自然耗竭，而是相对稀缺和经济耗竭。

（3）自然资源的稀缺与价格。在完善的市场经济中，当资源稀缺时，其价格将上涨。反过来说，某种资源的价格通常反映其稀缺的程度，当然也反映出人们对它的评价。随着经济耗竭的出现，报酬递减，生产成本增加，这就意味着在现有价格水平下生产者会对市场减少供给，因而价格上涨，直到再恢复到供求均衡。这种价格上涨会立即引发一系列的需求、技术和供给的响应。首先，由于用户转向较便宜的替代品，或采取节约、经济的措施，需求会减少。其次，价格的上涨和对稀缺的担忧都会为技术革新和发明提供一种刺激，由此导致的技术变化很可能会增加资源的可得性，降低替代品的成本，并促进资源节约方法。这些变化又会通过价格机制反馈来抑制需求，从而减少原产品的稀缺压力。最后，价格的上涨将使原来开采起来不合算的矿藏变成经济的，将鼓励探寻新的资源供给源，并将促进萃取技术的发展从而提高已知矿藏的有效产量。

2. 资源环境供给与需求

（1）资源环境的自然供给与经济供给。资源环境的自然供给，指实际存在于自然界的各种资源环境的可得数量。全世界的自然资源总数量和环境总容量是固定的，既非人力所能创造，也不会随价格和其他社会经济因素的变化而增减。以土地为例，地球的表面积约为 5.1 亿平方千米，其中海洋占 70.9%，约 3.62 亿平方千米；陆地占 29.1%，约 1.48 亿平方千米。人类生活在陆地上，但不是陆地上的所有地方都适宜人类，陆地上有很多部分是人类不能利用，至少是按现在能力无法做一般利用的，如永久冰封地、荒漠、极高山等。此类土地共占陆地面积的 50.1%，所余可利用的土地占 7529 万平方千米，这就是全世界的土地自然供给。

就某一国家或地区而言，当它的国土疆域不发生改变时，其资源环境的自然供给也是固定的。无论就某一区域或全世界而言，多数自然资源的自然供给总是毫无弹性的供给。就一种用途的自然资源而论，有时也有自然限度的问题。例如，耕地只能是水热条件合适、有一定厚度的土层、坡度不太大的土地；矿产土地只能是有矿藏的地方等。此类专门用途的自然资源，其自然供给也不会随价格和其他社会经济因素的变化而增加，也是无弹性可言的。相反，由于其他用途的挤占和自然毁损，此类供给还有减少的趋势。

资源环境的经济供给，是指资源环境的自然供给范围内，某用途的资源环境供给随该作用收益的增加而增加的现象。资源环境的经济供给是有弹性的供给，但供给弹性的大小除其他因素外还因接近自然供给极限的程度而不同。资源环境经济供给的弹性大小在不同利用上也是有差异的，例如，用作建筑地的土地，因其所需数量相对较少，受自然条件的限制又不太严格，故经济供给的弹性较大；

林业用地、牧业用地对自然条件的要求较低，经济供给的弹性也较大；而矿产地和某些特殊作物用地则受严格的自然条件限制，其经济供给的弹性就比较小。

在资源环境自然供给的范围内，影响其经济供给的主要因素有：第一，资源环境的需求。需求越大，价格越上升，促使供给增加；反之，需求小则需求价格下降，促使供给减少。第二，资源环境的自然供给。如上所述，资源环境的经济供给只能在自然供给限度内变动，这个规律从生产成本角度看就意味着：当适宜于某种用途的优等资源环境相继投入使用，余下等级较低的资源环境时，要增加其经济供给必将付出更多的边际成本。第三，其他用途的竞争。资源环境具有多用性，当其他用途的供给价格提高从而供给量增加时，对该用途的自然供给必有减少的趋势。第四，科学技术的发展。当资源环境利用的科学技术发展到一定程度时，不能利用的自然资源变得可以利用，或利用成本太高的资源环境经济供给远离自然供给限制而增大了扩展的可能性。第五，资源环境利用的集约度。资源环境利用的集约度越强，自然资源的供给价格越高，利用率越高，其经济供给也就随之增加。由于报酬递减率的作用，资源环境利用集约度不会无限制地增加。第六，交通条件的改善。这使原来由于通达性不够而未投入使用的资源环境易于接近，或降低了运输成本，因而增加了资源环境的经济供给。

（2）资源环境的自然需求与经济需求。

①资源环境的需求指人们对资源环境的需要（欲望），自然需求固然与生存的需要关系最为密切，人们需要资源环境来提供维持衣食住行的资料和生产生活空间；资源环境的需要与心理的需要也不无关系，例如，人们需要资源环境来保障未来的生活，需要娱乐、休闲的地方和设施，需要土地所象征的权利，需要土地所有权或使用权所带来的安全感、稳定感和社会威望等等。从需要（而不是满足需要的能力）来看，人的欲望通常被认为是无穷的，这些欲望一个接一个地产生，前一种需要一旦得到满足甚至只部分得到满足，就会产生后一种需要，对资源环境的需要也是如此。就人类总的需要而言，人口在不断增加，人们还总想得到更多更好的食品和其他生活资料，希望有更充足的住房，更好的教育、娱乐、交通设施，因而对资源环境的需要有无限扩大的趋势。就个别生产者而言，总希望尽可能多地占有资源环境来弥补其他生产要素（资金、劳动、管理）的不足。因此，资源环境的需要具有无穷大的弹性，即在一定供给价格水平下，总希望资源环境越多越好。

但人们对资源环境的需要程度随时代和地区而有所不同，决定这种需要程度的大小有下列几个因素：第一，人口及其生活水平。人口数量越多，对资源环境的需要越多；社会物质文明越发达、人们对食物的要求越精，对住房的要求越高，对能源的需要越多，对娱乐地和社会文化设施的需要越多，因而对资源环境的需要相应增加。第二，资源环境本身的品质。品质恶劣到毫无利用价值的资源环境，自然无人需要。自然特性和区位条件更优良的资源环境，利用价值越高，人们对它的需要就越大。第三，技术进步。在人类的采集和渔猎时代，人们不懂耕作，虽有肥美耕地也无人需要；随着耕作技术的产生和进步，农业不断发展，人们对耕地的需要也就越来越大。蒸汽机的发明导致工业革命，于是对煤和其他矿产资源的需要骤然增加，并激发了城市的增加和扩展。随着钢铁、石油的冶炼和加工技术的进步，对铁矿、油矿的需要也越来越大。技术进步也可减少对某些自然资源的需要，拖拉机等农业机械的发展减少了对维持畜力所需的饲料地的需要，等等。第四，产业发展。二三产业的发展增加了对城镇用地、工矿用地、交通用地等的需要。另一方面，产业发展还可增强国家或地区的外贸能力，就能进口粮食、木材、矿产等资源产品，从而减少对本地区耕地森林、矿产的需要。

②资源环境的经济需求是指人们对资源环境的需求和满足这种需要的能力，称资源环境的有效需求。有效需求满足需要的能力是有限的，无能力满足的需要是一种无效需求，供求分析主要研究有支付力的需要，即有效需求。资源环境的有效需求一般随价格的上升而减少，随价格的下降而增加，这与一般商品的需求规律相同。

③影响资源环境有效需求的因素还有，第一，资源环境的经济供给。经济供给越充分，供给价格下降，有效需求将增加；反之，供给价格上升，有效需求将减少。第二，资源环境的需要。资源环境的有效需求显然以其需要为前提，若无需要，再大的支付能力也不能构成有效需求。第三，需要者的支付能力。当这种能力提高，资源环境的有效需求一般会增加；反之，则减少。第四，资源环境与其他生产要素的比价。资源环境价格相对于其他生产要素价格越低，对其有效需求就会越多；若这种比价越高，则对资源有效需求就会越少。第五，资源环境产品与其他产品的比价。资源环境产品无论是作为生产要素还是作为消费物质，当它的比价过低时，对它的需求就会增加，从而导致生产初级产品的资源环境的有效需求增加；反之，若初级产品比价过高，则对它的需求相对减少，从而导致生产它的资源环境的有效需求减少。

（二）资源与环境价值

资源与环境价值分为三部分：（1）使用价值（use value）或有用性价值（instrumental value）current personal active direct or indirect use；（2）选择价值（option value）potential future use；（3）非使用价值（non-use value）或内在价值

（intrinsic value）non-personal passive use。使用价值包括直接使用价值和间接使用价值。

1. 使用价值

使用价值是指当某一物品被使用或消费时满足人们某种需要或偏好的能力。直接使用价值是环境资源直接满足人们生产和消费需要的价值，由环境资源对目前的生产或消费的直接贡献来决定的。以森林为例，木材、药品、休闲娱乐、植物基因、教育和人类住区等都是其直接使用价值。直接使用价值易于理解，但并不一定在经济上易于衡量，如森林产品的产量可以根据市场或调查数据进行估算，但药用植物的价值却难以衡量。间接使用价值包括从环境所提供的用来支持目前的生产和消费活动的各种功能中间接获得的效益。间接使用价值类似于生态学中的生态服务功能。营养循环、水域保护、小气候调节、减少空气污染等都属于森林的间接使用价值范畴，虽然不直接进入生产和消费过程，却为生产和消费的正常进行提供了必要条件（基础）。以上两种价值都是传统经济学一致认定的经济价值。

2. 选择价值

环境经济学家把人们对环境资源使用的选择考虑进来，称为选择价值。选择价值又称期权价值，任何一种环境资源都可能会具有选择价值。我们在利用环境资源时，并不希望其功能很快消耗殆尽，也许会设想在未来的某一天，该环境资源的使用价值会更大，或者由于不确定性的原因，如果现在利用了这一资源，那么将来就不可能获得该资源，因此我们要对其作出选择，也就是说，我们可能会具有保护环境资源的愿望。选择价值同人们愿意为保护环境资源以备未来之用的支付意愿的数值有关，包括未来的直接和间接使用价值（生物多样性、被保护的栖息地等）。选择价值取决于环境资源供应与需求的不确定性的存在，并且依赖于消费者对风险的态度，因此，选择价值相当于消费者为一项未利用的资产所愿意支付的保险金，仅仅是为了避免在将来失去它的风险。

3. 非使用价值

非使用价值则相当于生态学家所认为的某种物品的内在属性，与人们是否使用它没有关系。对于内在价值到底应该如何界定以及应该包括什么，存在着许多不同的观点。但有一种被普遍接受的观点认为，存在价值是非使用价值的一种最主要形式。

存在价值是指从仅仅知道这种资产存在中获得的满足，尽管并没有要使用它的意图。从某种意义上说，存在价值是人们对环境资源价值的一种道德上的评判，包括人类对其他生物的同情和关注。例如，如果人们相信所有的生物都有权继续生存在我们这个星球上的话，人类就必须保护这些生物，即使看起来它们既没有使用价值，也没有选择价值。由于绝大多数人对环境资源的存在（如野生生物和环境的服务功能等）具有支付意愿，所以，环境经济学家认为，人们对环境资源存在意义的支付意愿就是存在价值的基础。

（三）资源与环境安全

1. 资源安全

国外对资源安全非常重视，许多国家都把资源安全战略作为国家安全战略的重要组成部分。对于石油、天然气等能源资源，美国的战略决策和研究机构重点是从地缘政治的角度出发，面对全球化的经济前景，探讨在国际领域加强地区间相互合作，寻求增加能源供给的"安全性"与"可靠性"；确保加强能源贸易的流通性；强化国际研究组织在能源环境事物中的作用，以寻求解决经济增长对能源需求的急速增长对环境所造成的巨大压力。同时，通过对国内能源需求与国外能源供给予以"风险评估"，寻求资源安全的阈值，借以确定资源使用、开采、储备和贸易政策。欧盟根据"保障能源供应、保护环境和维护消费者利益"的原则，制订了保证"经济安全、国防安全和生活安全"的能源战略目标。

对于土地资源、水资源以太以动、植物为主的生物资源，国外多从保护资源的可持续性、可更新性和可恢复性等指标出发维护资源的安全。特别是对于危机性、濒危性和稀缺性的资源或景观，都建立了一整套较为完备、具有相当的可操作性的资源核算与风险评估机制。判定资源是否安全的一个方面是看其所赖以生存的生态系统功能是否得到了很好的维持，生态系统是否处于动态平衡之中，是否对外界的干预和冲击保持较强的"适应性"和"恢复力"。总之，资源所栖息的生态系统状况已构成了衡量与预见该资源是否安全的一项重要指标。

对资源安全战略关注的焦点是在对资源供应风险的防范上，注重在国家政策上如何应对化解资源供应的风险问题。西方发达国家对资源的安全性和和风险性研究已经较为全面和深入，其研究尺度大到对一国的资源核算与风险评估，中到对一个流域的水资源或一个地区的土地资源作为自然资源使用的过程中其成本费用及与之相关的环境体系的风险程度评估，小到对一个村庄、一块农田、一座矿山的微观安全运行机理的描述与评估。国外资源安全问题的关注大致有四个特点：一是所关注的方面主要是以石油为主的能源安全、食物安全与之相关的耕地资源安全、水资源安全、重要矿产安全等，即通常所说的战略性资源安全。二是对资源安全问题的关注主要立足于保障国家安全、维护国家利益。在此方面，美、欧、日、俄等大国，更是将资源安全纳入国家安全战略之中，特别将保障国家能源安全作为国家安全的重要内容之一。三是关注来自多方面，既为学者所关注，亦为政府所关注；既为一国政府特别是资源主要需求大国政府所关注，亦为国际组织和机构所关注。四是研究机构与决策机构在强化对资源安全问题认识方面密切配合，由政府资助进行有针对性的资源安全研究是国际惯例。

国内有关资源安全主要关注以下几个方面的问题：一是从国际政治和国际关系的角度研究资源安全相关的问题；二是重点关注能源安全与粮食安全；三是把资源安全作为经济安全的一个组成部分，从经济或金融安全的立场上去把握资源安全。近几年来，在能源安全研究的基础上，对水资源安全，生态安全，矿产资源安全等也做了一些工作。

2. 中国资源安全的基本态势

（1）资源总量丰富，但人均占有资源量少，而且很可能会进一步降低。中国主要资源的总量均占世界前列，主要自然资源的总丰度与世界各国比较，仅次于俄罗斯和美国，居世界第三位。但是中国人口众多，按人口平均，中国是一个资源小国。中国各类资源的人均状况是：人均国土面积仅 11.5 亩，是世界人均量的 1/3；人均耕地 1.85 亩为世界平均数的 1/3；人均草场 4.85 亩，位世界平均数的 1/2；人均森林面积 1.86 亩，为世界平均数的 1/6；人均水资源总量 2200 m^3，为世界平均数的 1/4；人均可开发的水力资源装机 0.3KW，所占比重较大，也仅为世界平均数的 3/4；人均矿产储量总值约 1.5 万美元，至于各类矿产资源如果按人口平均，绝大部分均低于世界平均水平。

（2）资源分布的空间差异大，地域结构错位，资源分布与生产力布局不匹配。由于气候、地理、地质、生物分异作用的复合，使中国资源的空间分布存在着大的差异。水资源是东多西少，南多北少；耕地资源是平原、盆地多，丘陵、山区少，东部多西部少。矿产资源的分布基本是由西部高原到东部平原的山地丘陵地带逐步减少，而中国工业却主要集中在东中部地区，特别是沿江沿海的平原地带，在这一大经济带中，除了农业资源比较丰富外，其他资源特别是能源、原材料严重不足。广袤国土的农用比率（耕地、草场和森林占国土总面积比率）仅为 56% 相当于世界平均水平的 89%，其中土地垦殖率（耕地占土地总面积比率）仅 10%，低于世界平均水平；除煤炭和少数有色金属外，矿产资源的富集度也较低，如中国国土面积占世界 7.2%，而石油储量仅占世界的 2.3%。

（3）自然资源安全阈线较小，多数资源已临近安全警戒线。中国是发展中国家，经济快速增长，人民生活水平提高对资源，特别是水和能源资源的压力与日俱增。目前中国正面对着日益严峻的国内石油天然气供应短缺；中国目前的人地关系矛盾已经进入全面紧张阶段，随着人口数量的增长和生活水平的提高，其紧张状态还会更为严峻经济建设快速发展与自然资源保障之间的矛盾日益突出。在近几十年内，中国人口数量将继续增长，人均占有资源量还将继续降低，特别是决定国计民生的耕地和淡水资源会出现较严重的供应不足（预计到 2030 年，人均耕地占有量和人均淡水占有量可能较目前分别减少 1/4 和 1/5 强），中国人口与资源矛盾将进一步加剧，其将成为制约社会经济继续发展的约束性的稀缺资源。

（4）开发利用效率不高，浪费严重，同时导致了严重的环境和生态问题。中国正面临着水资源供应紧张和水质污染、由粗放操作引起的耕地和草场资源退化、由于能源燃烧效率不高带来的大气污染和矿产资源无序开发带来的废弃物占有耕地和污染水源等严重的生态环境问题。21 世纪上半叶，中国主要的战略性资源供应不仅缺口加大，而且峰值相逼，相互叠加，资源供应将处于最困难、最严峻时期，形势不容乐观。中国在资源安全方面存在客观和主观两方面的问题。客观上，资源丰度相对较差，经济快速增长，人民生活水平提高对资源，特别是水和能源资源的压力与日俱增。主观方面的问题，一是资源意识不强，稀缺意识、有价意识淡薄；二是资源贸易伙伴不甚理想，建立和发展资源伙伴关系的工作起步较晚，伙伴较少，关系稳定性较差；三是资源的浪费和破坏现象严重，资源利用率和利用效率均与世界先进水平有较大差距，这是中国资源安全的最大问题；四是资源安全保障体系尚未形成。

3. 环境安全

广义的环境安全是指人类赖以生存发展的环境处于一种不受污染和破坏的安全状态，或者说人类和世界处于一种不受环境污染和环境破坏的危害的良好状态，它表示生态环境和人类生态意义上的生存和发展的风险大小。狭义的环境安全指生产技术性的环境安全和社会政治性的环境安全两类。

二、资源与环境伦理

（一）尊重与善待自然

人类在与自然界交往过程中，逐渐认识到资源环境是有价值的，自然环境对于人类的生存和发展具有基础性的作用，具有重大的综合价值，人类应该尊重自然界的客观规律、善待自然环境。资源环境提供给人类的价值是多种多样的，包括维生的价值、经济的价值、娱乐和美感上的价值、历史文化价值、科学研究与塑造性格灵魂的价值。资源环境不仅具有这些对于人类而言的"外在价值"，更具有它本身的价值，即"内在的价值"。对自然环境的这种内在价值的发现和尊重，要求我们超越"人类中心主义"的思想立场，即不以人类自己的利益和好恶出发，而从整个地球环境的演化来看待自然环境。对自然界的自然环境内在价值的尊重从长远来看人类对地球作为资源性使用的根本目标利益是一致的。尊重和善待自然环境，就是为资源环境的自组织演化和达到新的动态平衡创造更有利的条件和环境。尊重与善待资源环境的伦理观要求人类必须做到：

（1）尊重地球上一切生命物种和各种资源环境。地球上所有生命物种都参与了生态进化和环境优化的过程，它们具有适合环境的优越性和追求自己生存的目的性，它们在生态价值方面是平等的，人类应该平等地对待它们，尊重它们的自然生存权利。

（2）尊重自然生态的和谐与稳定。地球上各类资源环境相互联系、相互影响、相互制约，共同形成一个具有自我更新、调整、循环的稳定大系统。对地球生态系统中任何部分的破坏一旦超出其承受能力，便会打破平衡，危及整个地球生态系统，并最终祸及人类。

（3）顺应自然的生活。从自然生态的角度出发，将人类的生存利益与生态利益的关系进行协调，遵循最小伤害（资源环境）原则、（各类资源环境消耗）比例性原则、（资源环境开发利用）分配公正原则、（对资源环境）公正补偿原则。

（二）关心个人并关心人类

1992年联合国环境和发展会议《里约热内卢宣言》中说："人类拥有与自然协调的、健康的生产和活动的权利"。人类对资源环境的保护，最终将受惠于每一个人。对于资源环境的保护，需要群体的努力和合作才能奏效；任何个人对待资源环境的行为和做法，其后果都不限于个人，会对周围乃至整个人类造成影响。在资源环境问题上，个人的利益和价值与群体的利益和价值、区域性的利益和价值与全球性的利益和价值是紧密相连的。在处理资源环境问题上，要求世界各国各地区坚持正义、公正、平等、合作的原则。

（三）着眼当前并思虑未来

在资源环境问题上，人类当前的利益、价值与长远的、子孙未来的利益、价值难免会发生冲突，资源环境伦理要求我们这种冲突发生时，要兼顾当地人与后代人的利益，对当地人与后代人的价值予以同等的重视。甚至应该对于子孙后代的利益和价值予以更多的考虑，并从后代人的立场上对我们当前的资源环境行为作出道德判断。在处理资源环境问题时，要考虑责任原则、节约原则、慎行原则。

资源环境伦理观要求人类把对待自然的态度和责任人作为一种道德原则和道义行为提出，其目的是为了更有效地规范和指导人们对待资源环境的行为，以有利于地球生态系统，包括人类社会的长期持续稳定发展。全面的资源环境伦理观，必须兼顾自然生态的价值、个人与全人类的利益和价值，以及当代人与后代人的利益和价值。

三、资源环境与人类持续发展

资源环境是人类赖以生存和发展的物质基础，没有资源环境就没有人类的存在和发展，地球既是资源环境的载体，也是人类生活的载体。地球上的各种自然因素的总和构成环境资源，正是因为资源环境的存在才孕育出了地球上唯一具有思维能力的高级动物——人类。在自然界中人类不可能独善其身，孤立地存在。人类与资源环境可谓共生共荣、息息相通。我们的前人见微知著，早已认识到保护环境、建立人与自然和谐关系的重要性。先秦时代的思想家强调的是"万物并育而不相害"的"天人合一"的宇宙观，孔子提出"钓而不纲，弋不射宿"的环境保护思想，北宋的张载提出"民胞物与"的生态伦理观等，这些都在告诫我们，人类与环境必须和谐相处，不能对环境资源为所欲为。人类的实践活动对于环境而言是一把双刃剑。一方面人类在保护和发展环境资源方面做出了不朽的贡献，另一方面由于人类的无知和贪婪对环境资源也带来了不可估量的损失。在人类现代化进程中，由于受人类中心主义观念的影响，人们视环境资源为异物而肆意践踏，将资源环境当作满足人类需求的客体而肆意破坏，以征服自然来满足自己物质欲望和心理上的虚荣。他们为了自身利益发动战争，摧毁环境；大肆捕杀野生动物，掠夺性地开发矿产，破坏环境；大量排放废气污水，污染环境……进入工业革命后，伴随着科学技术的飞速发展，人类对自然环境的征服和破坏能力空前提高，现代化的工业和高科技带来了现代化的污染，人类的所作所为都完全忘记了自己与环境资源之间休戚与共、唇齿相依的关系。

早在100多年前，恩格斯就严厉告诫人们：不要过分陶醉于我们对自然界的胜利；对于每一次这样的胜利，自然界都报复了我们。他还举出了美索不达米亚、小亚细亚等地居民伐木取地而导致自然灾害的实例。马克思指出：植物、动物、石头、空气、阳光等是人的生活和活动的一部分，人的肉体只有靠这些自然产品才能生活，不管这些产品是以食物、燃料、衣着的形式还是以住房等的形式表现出来，人的普遍性正表现在把整个自然界——首先作为人的直接的生活资料，其次作为人的生命活动的材料、对象和工具——变成人的无机的身体。自然界是人的无机的身体，那么破坏自然界也就是破坏人类自身。当沙尘暴、洪水、干旱、大气污染、土壤污染、水污染、酸雨等竞相亮相，将自然界被摧残的病态展现得淋漓尽致时，人类哪还能有和谐的环境、健康的身体。2003 年困扰中国人民的"非典"和 2009 年波及全球的甲型流感至今让人惊魂未定。人类生活在环境中，资源环境是离我们最近的也是最重要的自然资源，如果试图采取以破坏环境资源的方式去谋求经济的发展，那就无异于慢性自杀。

可持续发展对中国的发展具有重大意义。在中国实现可持续发展战略，既是长期以来国家发展战略的必然选择，也是在世界各国对比中完善自己的必然结论。中国面临着比其他国家更加严峻的压力，主要表现为：中国人类活动强度过大，人口数量负担过重，资源承载能力过高，生态环境相对脆弱，科技实力和管理水平相对较低。这些因素共同使得中国实现可持续发展战略目标时，面临着很大的困窘。

根据中国科学院 1999 年《中国可持续发展战略报告》提出，中国可持续发展战略必须有序地实现三大基本目标：实现人口规模的零增长，实现能源资源消耗的零增长，实现生态环境退化的零增长。而三大目标是实现，人口数量的零增长居于三者之首，只有当人口的自然增长率降为零，人口的规模得以保持为常数的状况下，物质形式和能量形式的消耗的压力才会从"双重"减少到"单重"，因为地球上的资源消耗实际上消耗于两大"战场"：其一，新增人口生存和发展；其二，人们不断提高的物质需求。

目前，世界各国已深刻地认识到，无节制地消耗资源和能源的危险性，世界各国都在探讨如何用更少的能源和资源去获得更多的财富，如何改变实物型经济成为知识经济，去更加智慧地运用资源和能源。近 20 年中，中国将每产生一亿元国民生产总值所消耗的能源下降了一倍多，展示了中国在经济增长的同时实现能源、资源消耗零增长的乐观前景。

生态环境的改善，既必须建立在人口数量与质量的改善上，也必须建立在经济活动尤其是消耗能源资源的改善上。实现生态环境退化的零增长，一方面需要从长期的生态质量改善上去寻求解决方案，即需要面对中国现实的脆弱生态系统，遵循顺应性原则，科学地规划人类的活动，以谋求中国社会文明与地球自然系统的和谐与发展；另一方面，也需要从短期的环境质量改善上去寻求解决办法，必须面对中国经济发展大量消耗资源，大量的未处理废弃物的排放等一系列问题，加以切实解决。

近 10 年中，中国可持续发展战略已开始全面实施，可持续发展的思想作为一种新的理念、思维、方法，已渗透到中国经济建设和各项事业之中。国土资源是国民经济和社会发展的重要物质基础，正确地认识中国国土资源问题，合理开发利用和有效保护国土资源，不断增加社会财富，确保中国经济和社会的可持续发展，是实施国家可持续发展战略的重要内容。

第二节 资源管理

一、资源管理概述

（一）资源管理的涵义

一般来说，资源管理是指政府对自然资源及其开发利用采取的一系列干预活动。资源管理主要是围绕自然管理的开发利用保护与治理进行的，重点是协调人类开发活动与各种自然资源及生态环境之间的关系。资源管理的目的在于通过调整人与人之间的关系来调整人与自然之间的关系，合理开发与高效利用自然资源，以实现人口、资源、环境与经济的可持续发展。

（二）资源管理的对象与内容

资源管理的对象可以通过资源、环境与组织机构来认识。

1. 资源对象

资源主要是指自然资源，按地理学的实物类别一般包括气候资源、水资源、土地资源、生物资源和矿产资源等。此外，能源资源、海洋资源与旅游资源也是重要的资源类型。各种自然资源是相互依存、相互作用和相互制约的，分类中出现交叉现象是不可避免的。因此，按照自然资源分门别类地纳入相应的资源管理部门，必须加强部门间的协调和区域自然资源综合管理。

2. 环境对象

自然资源除具有物质属性外，还具有环境属性。自然资源构成因子与自然资源本身，在一定意义上说，就是自然环境的组成因子与物质构成，自然资源的总体构成了人类赖以生存和发展的环境。由自然资源开发利用所导致的环境问题，如水土流失、沙漠化、盐渍化、土壤污染等问题理所当然被纳入资源管理的范畴。

3. 组织对象

从管理科学的角度出发，一切管理都是对人而言，或者说是通过各种组织机构，以法律和法规为准则对人类行为的制约。资源管理者，特别是高层次资源管理机构的直接管理对象是各层次的资源管理机构，通过对这些管理机构的管理实现各级管理机构的功能，保证自然资源管理目标的实现。

资源权益是财产权益的一种，首先适用自然资源法的特别规定，自然资源法无特别规定的，适用于民法中关于财产权益的一般原理。而财产权益是以一定的社会主体名义享有的，以国家强制力保障实现的一种财产关系。资源权益主要包括：

（1）自然资源所有权，是指对自然资源占有、使用、收益、处分的权利。按自然资源的种类可分为土地所有权、森林所有权、矿产所有权等，按自然资源所有权主体可划分为国家所有权、集体所有权与个人所有权等；

（2）自然资源使用权，含有一定的占有权和收益权，甚至处分的权利。自然资源使用权按客体或主体的分类与所有权基本一致；比较特殊的是按使用时间产生的次数性使用权和期限性使用权；

（3）自然资源专项权益，是指自然资源发给予专称的各种使用权益，如采伐权、捕捞权、狩猎权、采矿权与取水权等；

（4）自然资源相邻权益，是指同一种自然资源或不同种类的自然资源在空间上相连接时，各自权属主体之间的权利义务关系，如土地相邻关系，土地与水、土地与矿产等相邻关系。各种资源权益的取得、变更、消灭和终止，以及转让的管理就成为资源权益管理的重要内容。

国家自然资源管理机构代表国家行使自然资源权益管理的职能，对外保障国家自然资源的权属，对内保障国家和集体对自然资源的使用权。国家自然资源管理机构代表国家行使自然资源的使用分配权，包括使用者和利用方式变更的审批。国家通过不同的法律规定了自然资源的权益和代表国家的管理机构。自然资源法中的物包括自然资源和资源产品，二者的权益常常是分设的，应引起特别注意，诸如池塘与水产品、林地与林木等。

（三）管理的目标

资源管理目标，从客观角度认识，主要包括以下内容：

1. 经济效率

从经济学意义上讲，经济效率一般是指以最小的稀缺资源成本得到最大的社会福利总量。具体包括两层含义：生产效率指生产单位如何把得到的资源在时空上有效组合，以最小的资源耗费创造最多产出；配置效率指全社会以优化的资源配置获得较好的经济增长。资源管理在宏观层面上更强调资源有效配置，一是现有资源供给在生产者之间与区域之间的合理分配，二是资源存量在不同时间上的开发规模与耗竭速度选择。

2. 公平分配

公平也具有两层含义；一是经济学意义上的公平，追求的是竞争规模和过程的公平，而不是结果的平等。"机会均等"是这一公平的最大体现。二是社会学意义上公平，是国家通过税赋制度和社会保障体系对社会财富的调节与二次分配，体现的是人道主义原则。资源管理中的公平更强调后者，主要是指一国国土上和各个社会利益集团之间公平分享资源收益和公平负担资源破坏的消极后果，也是资源收益的合理分配与资源保护成本的合理分摊。

3. 经济增长

经济增长是指与商品和劳务生产增长相结合的社会生产能力的增长。从资源经济角度看，经济增长目标首先要求制定合理的资源贸易政策，减少国际资源贸易摩擦对国内经济的波及效应，实现国内经济的平稳增长；其次是在产业政策和区域政策支持下，合理开发利用自然资源，调整产业布局，创造就业机会。促进区域经济可持续发展。

4. 资源安全

资源安全是指一个国家或地区可以持续、稳定、及时、足量和经济地获取所需自然资源的状态或能力，是指自然资源对经济发展和人民生活的保障程度。由此决定了国家必须把自然资源维持在一定的存量状态、资源产品维持在一定的生产能力，以求在维护繁荣、保护国家利益的前提下，国家能稳定可靠地获得资源，减少国际价格波动对国内经济带来的消极影响。

5. 环境安全

环境安全是一个与资源安全密切相关的问题。它是指通过国家干预把资源退化和环境污染减少到一般可以接受的水平。事实上，除去原生的环境问题外，现有的环境问题都是由自然资源的不合理利用与过度耗费引起的，资源问题是本，环境问题是末，治标不治本是永远解决不完环境问题的。环境安全的实现必须通过合理资源利用过程与优化资源利用结果来完成。

二、资源管理的模式

（一）资源管理体制和模式

目前各国自然资源所有制形式，大致可分为以下三种：属国家所有权体系；

属公共（共同）财产，国家（联邦）、省（州、区）市、县等各级政府所有权体系；属国家（联邦）政府、省（州、区）、土著民族集体和私人所有权体系。资源所有权体系对各国的资源管理有着不同的影响，各种所有制带来的消极作用，往往通过行政管辖权加以调整。各国的行政管辖权力主要包括：制定法律制度、批准许可授权、征收税费和进出口贸易管理等。目前，各国自然资源管辖机构及其职能体系大致可划分为以下几种模式。

1. 中央集权制线形管理体系模式

中央政府集中各地方政府的管理权力，通过中央政府制定的法律实现其职能和空间管理，各管理部门之间不存在组织和管理上的直接联系，而直接向中央政府负责报告工作，由中央直接控制。这种管理模式往往被计划经济国家在全部自然资源管理或部分自然资源管理中采用。诸如美国、日本、朝鲜的土地资源管理，英国、法国、日本、南非、墨西哥的矿产资源管理，法国的海洋资源管理和巴西的森林资源管理等。

2. 中央和地方分权制面性管理模式

在矿产资源管理方面，美国、加拿大、澳大利亚、瑞士、巴西等联邦国家采取分权式管理体制。诸如美国的职能分权、澳大利亚的空间分权和德国的职能—空间分权等。澳大利亚根据国家矿产资源所有权进行中央和地方分权管理，联邦所有权矿产资源包括石油、天然气、岩盐和含铀、钍的矿物原料是指脱离土地权，依法申请勘查和开采的矿产资源。

诸如美国的水资源管理。联邦法律使适用于全国，州（省）的法律仅在本州有效，并不得与联邦法冲突。联邦政府有权控制和开发国家河流，并在其开发中居领导地位；美国东部各州气候湿润、水资源丰富，采用英国早期的河岸权，实行"沿河用水法"；美国西部各州较为干旱、水资源有限，采用加州矿业习惯采用的优先占有权，实行"优先用水法"；有些州两者兼用。

3. 中央和地方联合权线面性结合模式

典型代表是印度的矿产资源管理。印度中央政府颁布通用全国的资源法律、法规，拥有对一切矿产资源的管辖权，执行重要的矿产项目审批；各邦政府执行邦内矿产资源勘查和开采发证管理；县政府执行次要矿产开发申请和发证管理。各邦政府与中央机构无垂直的组织关系。南非、印度尼西亚和巴西的矿产资源管理也属于这种管理模式。

4. 一揽子分权制体系模式

这种体系模式是以自然综合体为单位，进行某些专项自然资源管理，如流域、海岸带、山地、矿区等。主要包括：按流域进行管理的模式，诸如美国河纳西河流管理局、印度达莫尔河流域管理局；按山区进行管理的模式，诸如美国东部 13 州的阿巴拉契山地委员会；按垦区进行管理的模式如美联邦西部 17 州的垦务局等。中国也有类似的管理机构，诸如黄河水利委员会、东北和西北地区林区与垦区等。

各国的资源管理体制从横向关系可相对划分为集中管理体制、分散管理体制、集中与分散相结合 3 种模式，从纵向关系也可相对划分为资源管理与产业管理结合、资源管理与产业管理分开、资源管理、产业管理与生态环境管理结合 3 种模式。主要代表性国家与部门如表 11 - 1 所示。

表 11 - 1　　　　　　　　资源管理一般模式与代表国家和机构

资源管理		代表性国家与机构
横向关系	集中管理	俄罗斯 NR 部——管理除土地之外的大部分资源与环境 美国内政部——管理大部分 NR
	分散管理	日本国土交通省——管理土地、水资源 经济产业省——管理能源、矿产资源 农林水产省——管理森林、渔业资源
	集中与分散结合	印度乡村发展部、矿山部、钢铁部、石油天然气部 煤炭部、水资源部、环境和森林部、海洋开发部
纵向关系	资源管理与产业管理分开	日本经济产省——资源能源厅 农林水产省——林业厅水产厅
	资源管理与产业管理结合	俄罗斯 NR 部——与生态环境结合 美国内政部——与生态管理结合、与环境管理分开
	资源、产业与环境管理结合	加拿大 NR 部、渔业与海洋部 澳大利亚工业、科学与资源部

（二）中国资源管理体制与管理职能

1. 管理体制与行政主体

中国目前的自然管理体制基本上是实行分散的管理体制：按照自然资源的分类，对水土气生矿设置相应的资源部门实行管理：

气候资源，统一管理与分级管理相结合（《气象法》第 5 条）。

水资源，统一管理与分级、分部门管理相结合（《水法》第 9 条）。

土地资源，统一管理与分级管理相结合（《土地管理法》第 5 条）

生物资源，分类管理与分级管理相结合（《动物条例》第 7 条，《植物条例》第 8 条）。

矿产资源，统一管理与分级、分类管理相结合（《矿产资源法》第11条）。

自然资源管理的行政主体，是指在资源法律关系中，代表社会公益，执行社会公共事务，负有资源管理职能，具有国家行政主体性质的主体。按照中国自然资源法的规定，主要包括人民政府、资源管理的主管部门和辅助资源管理部门。

资源管理的主管部门，作为专门行政主体，是指根据自然资源法的规定，对某种自然资源具有专门管理职能的行政主体。

资源管理的有关部门，作为辅助行政主体，是指根据自然资源法的规定，参与或协助专门行政主体对某种自然资源进行管理的行政主体。

中国《水法》第9条明文规定：国家对水资源实行统一管理与分级、分部门管理相结合的制度。国务院水主管部门负责全国水资源统一管理工作。国务院其他有关部门按照国务院规定的职责分工，协同国务院水行政主管部门，负责有关水资源管理工作。

2. 资源管理职能的确定

中国自然资源管理，按照自然资源的类别进行管理的。在每一种自然资源的管理中，该资源的主管部门作为资源管理的专门行政主体有着主管的职能，作为资源管理的一般行政主体的政府和作为资源管理的辅助行政主体的有关部门，也各自有着相应的职能。每一种行政主体按行政区划又有分级管理的地方各级机构，这使得资源管理中行政职能的配置出现复杂的关系，每一种资源种类都有着各种行政主体的多种行政职能，如果不给予清晰、肯定的确定，非常容易产生资源管理的混乱。因此，确定各种、各级资源行政主体的职能，就成为自然资源管理与立法中一项重要的工作。

根据中国自然资源法规，自然资源行政职能主要是结合自然资源类别、行政区划、管理事项与利用主体给予确定的，我们称为确定资源行政职能的四要素。

自然资源分类。自然资源是资源行政指向的对象，自然资源的合理分类是确定资源行政职能的首要要素。对确定资源行政职能有影响的自然资源分类，包括3种：一是按自然资源形态分类，如土地管理机构对土地实行行政，但林地、草原、水资源则不在土地行政的范围之内；二是每一种自然资源内部的再分类，如铁路、公路的护路林的采伐，由有关主管部门发放许可证，其他林木采伐，则由林业部门发放许可证；三是自然资源按数量的分类，如国家建设征用耕地1000亩以上，其他土地2000亩以上的，由国务院批准；征用耕地3亩以下，其他土地10亩以下的，由县级人民政府批准。

行政区划。各级资源行政主体的资源行政职责只限于本级行政区划的范围之内，行政区划是确定行政职能的基本要素。如省级土地管理局只享有对本省行政区划内土地的行政管理职能。

管理事项。资源行政是针对特定的资源管理事项的，资源行政的许多职能是根据资源管理事项而确定的管理事项，是确定资源行政职能的重要要素。如水资源有养殖水产的功能，又有调蓄、灌溉、航运的功能，《渔业法》虽然规定了渔业行政部门主管渔业，但对用于渔业，兼有调蓄、灌溉等功能的水体，为渔业生产所需的最低水位线的确定这一事项，却不在渔业行政职能之内，而是由有关主管部门确定的。

利用主体。同一种资源的同一管理事项，因资源利用的主体不同，也可存在不同行政职能的划分。利用主体或被管理主体的分类是确定资源行政职能的又一要素。如国营单位采伐林木，由所在地县级以上林业主管部门审批发放许可证，农村集体经济组织采伐林木，由县级林业主管部门审批发放许可证，农村居民采伐自留山和个人承包集体的林木，由县级林业主管部门或其委托的乡、镇人民政府审批发放许可证。

3. 一般管理与特别管理

根据确定资源行政职能的四要素，对资源行政中某一行政主体的行政范围和职能可以基本确定。例如，土地资源中的国家建设征用土地事项，征用耕地 3 亩以下时，由该地所在的县土地管理部门管理。由此而确定的资源行政职能，为一个行政主体对一定行政区划内的一定种类资源的一定事项的管理。因自然资源法所规定的资源行政，大多数是这种管理，可以将其称为一般管理，或单一管理。特别管理主要包括共同管理、复合管理与跨界管理，如表 11 - 2 所示。

表 11 - 2　　　　　　　　　资源一般管理与共同管理

管理方式	一般管理	特别管理		
		共同管理	复合管理	跨界管理
行政主体	1 个	≥2 个	≥2 个	≥2 个
行政区划	一定	同一	同一	跨越
资源种类	一定	同一	同一	同一
管理事项	一定	同一	同一	同一
行政职能	一定	同一	相连系职能	相连系职能
说明		包括一般管理与会同管理	包括客体相联系与职能相联系	包括协商管理上级管理与指定管理

（1）共同管理。同一行政区划内同一、资源的同一事项上，有两个或两个行政主体共同赋有同一行政职能，为共同管理。共同管理是管理主体方面不同于一

般管理的特别管理。共同管理包括两种：一般共同管理和会同管理，二者的区别是，会同管理中的行政主体区分为同方和被会同方，一般共同管理则不作这样的区分。在法律规定中，对会同管理给予具体指明，为给予具体指明的则为一般共同管理。例如，《森林法实施细则》第四条规定：渔业资源管理增殖保护费的征收办法，由林业部和财政部制定；《渔业法》第十九条规定：渔业资源管理增殖保护费的征收方法，由国务院渔业行政主管部门会同财政部门制定。前者为一般共同管理，后者为会同管理。共同管理一般出现于资源行政职能与其他行政机关的行业管理职能或社会专项管理职能相回合或重合时。

（2）复合管理。同一行政区划内同一资源的同一事项，有两个或两个以上行政主体分别赋有相互联系的职能时，产生复合管理。复合管理也是在管理主体方面不同于一般管理的特别管理。但与共同管理不同，复合管理不是两个以上主体一起就某一事项进行管理，而是分别对某一事项进行管理。复合管理包括因职能联系而产生的复合管理和因资源客体相联系时的复合管理。例如，开办国营矿山企业是由国务院、国务院有关部门或省级人民政府批准的，但在批准前，则必须由主管矿产资源的地质矿产主管部门复核有关方案并签署意见，因此，开办国营矿山企业这一事项的管理是因职能相联系时的复合管理；再如，河道管理是水行政的职能，颁发采矿许可证是矿政的职能，在河道中采沙、采金，既需要取得采矿许可证，又需要经水证中的河道管理部门的批准，因此，在河道中采沙、采金这一事项是因资源客体相联系而产生的复合管理。

（3）跨越管理。因跨越资源行政区划而需要给予的特别管理，为跨越管理。跨行政区域的矿区、林区、渔区、水域等，产生跨界管理。跨界管理一般有三种方式：①协商管理，跨界管理可以又跨界所涉及的相同级别职能的行政机构协商管理，如《渔业法》第七条规定：江河、湖泊等水域的渔业，跨行政区域的，由有关县级以上地方人民政府协商制定管理办法。②上级管理，指发生跨界管理时，由上一级的有关行政机构管理。这里分为：上一级资源行政部门的管理和上一级人民政府的管理，如江河、湖泊等水域的渔业，跨行政区域的除协商管理外，也可由上一级人民政府的渔业行政管理部门及其所属的渔政监督管理机构监督管理，这种跨界管理，即为一级资源行政部门的管理。③指定管理，本应由上级管理的跨界管理，上级机构依据指定下级一定的机构进行管理，即为指定管理。这种管理包括资源行政部门指定和人民政府指定两种方式。

（三）资源管理的一般性政策措施

1. 产权管理

产权管理的目的在于消除资源获得的随意性，改变资源利用的外部性特征，完备资源产权制度。特别是对于可更新资源而言，西方政府的干预措施主要包括：政府接管全部资源的所有权和使用权，直接管理资源；所有权归政府所有，使用权合理分配；建立管理机构并赋予足够的权限管理资源使用者。

2. 贸易管理

贸易管理作为国家重要的经济职能之一，主要指能源、矿物原料及相关资源产品的进出口管理。政策措施包括进出口关税壁垒、非关税壁垒和贸易促进等：出口关税壁垒主要是指单位重量的矿产品征收关税，以此增加财政收入，鼓励建立国内产业。发达国家已较少采用。进口关税是西方常用的一种手段，关税税率主要是拟制需要与进口目标而定，它既是一种财源，也可作为国内传统产业的保护措施。欧洲共同体的进口关税体系基本上就是为了促进共同内部提高矿产品加工深度。例如，进口锌精矿免征关税，精、粗炼锌品分别征收 3.5% 和 8% 的关税，锌材高达 21%。非关税壁垒主要是对进出口采用总量限制。常用措施包括进出口配额、禁止进口、禁止出口、进出口许可证与进口管制等。贸易促进手段包括优惠贷款、直接补贴、政府承保风险和易货贸易。

3. 财政政策

财政政策的目的在于使部门生产构成合理化，使之符合国家资源管理目标。其包括税收和补贴两种手段。发达国家对资源业主征收的税中包括产品税、所得税、财产税和污染附加税。产品税税率一般较低，大致在 1% ~ 4%；所得税往往采用类禁止，对金属矿产品征收的所得税一般在 35% ~ 50%。财产税针对企业资产征税，目的在于调节矿产资源的开发速度；征收污染附加税的目的在于提高资源利用效率，降低排污量。

补贴是政府促进资源产业发展的重要手段：直接补贴、减免税收、低息贷款和延期还款是鼓励资源产业者采用符合政府资源目标的措施，增加资源保护方面的研究和开发基金。资源保护补贴在西欧运用最广，1978 ~ 1981 年英国政府投入 4.53 亿英镑，用于改善保温隔热条件。

4. 战略资源储备

战略资源储备是对付贸易震荡的重要应变手段，包括中期贸易震荡和短期贸易震荡——源于政治格局变化、局部战争和贸易摩擦、突发事件等。西方主要工业国家都有战略矿产品的紧急储备，1946 年美国通过《战略和原料储备法》。20 世纪 50 年代以后，西方国家的战略资源储备量达到可以满足半年至一年的消费量。美国 1982 年原油储备量为 3 亿桶，1989 年达到 7.5 亿桶。战略储备是一项在储备和管理方面耗资巨大的投入，其成本收益平衡主要来自这一投资的风险收益。

三、资源管理的法律制度

（一）资源产权制度

资源产权制度是自然资源法律制度的核心内容，是关于自然资源归谁所有和使用，以及自然资源的所有人、使用人对自然资源所享有的所有、使用等权利的法律规范的总称，是其他一切资源法律制度的基础。资源产权制度是历史最为悠久的意向资源法律制度。自从私有制产生和国家的出现，资源产权制度便有统治阶级建立起来，建立的目的便是维护自然资源的统治阶级所有制，巩固统治阶级的统治地位。

资源产权制度主要包括自然资源所有权制度和自然资源使用权制度：

（1）自然资源所有权。自然资源的所有权是所有人对自然资源依法所享有的占有、使用、收益和处分的权利，是自然资源所有制度在法律上的反映和确认。

（2）自然资源使用权。自然资源的使用权是依法对自然资源进行实际利用并取得相应收益的权利，是自然资源占有、狭义的使用权、部分收益权和不完全的处分权的集合，是自然资源使用制度在法律上的体现。

此外，因自然资源类型和国家制度的不同，其他资源产权还有抵押权、典权、租赁权等。但不论资源产权的类型如何，其取得都必须符合法律法规，只有这样，其才享有受法律保护，任何人不得侵犯。

当前，不论社会制度如何，世界各国都建立了一套的资源产权制度。中国是以生产资料公有制为基础的社会主义国家，自然资源属国家和集体所有。《宪法》第9条明确规定："矿藏、水流、森林、山岭、草原、荒地、滩涂属于国家所有。"《宪法》第10条规定："城市的土地属于国家所有。农村和城市郊区的土地，除由法律规定属于国家所有的以外，属于集体所有；宅基地和自留地、自留山，也属于集体所有。"根据宪法的规定，中国的《土地管理法》、《矿产资源法》、《森林法》、《草原法》、《水法》、《野生动物保护法》等分别对土地、矿产、森林、草原、水、野生动物等自然资源的所有权作了明确规定。如《土地管理法》第2条、第8条规定，"中华人民共和国实行土地的社会主义公有制，即全民所有制和劳动群众集体所有制。""城市市区的土地属于国家所有。农村和城市郊区的土地，除由法律规定属于国家所有的以外，属于农民集体所有；宅基地和自留地、自留山，属于农民集体所有。"《矿产资源法》第3条规定，"矿产资源属于国家所有，由国务院行使国家对矿产资源的所有权。地表或地下的矿产资源的国家所有权，不因其所依附的土地的所有权或使用权的不同而改变。"此外，各项法律都针对自然资源所有权的维护作了多项明确规定，如《宪法》第9条规定，"国家保障自然资源的合理利用，保护珍贵的动物和植物。禁止任何组织或者个人以任何手段侵占或者破坏自然资源。"《土地管理法》第2条规定，"任何单位和个人不得侵占、买卖或者以其他形式非法转让土地。"《矿产资源法》第3条规定，"禁止任何组织或者个人用任何手段侵占或者破坏矿产资源。"概括起来，中国自然资源所有权制度便是自然资源除了依法属于集体所有的外，属于国家所有；自然资源的所有权受法律保护，任何人不得侵犯。

中国《宪法》和其他自然资源单行法都对自然资源的使用权作了详细规定。《宪法》第10条规定，"土地的使用权可以依照法律的规定转让。""一切使用土地的组织和个人必须合理地利用土地。"《土地管理法》除了上述两项内容外还有"国有土地和农民集体所有的土地，可以依法确定给单位或者个人使用。"此外，除上述资源使用权的取得和确认，中国《土地管理法》、《矿产资源法》、《森林法》、《草原法》、《水法》、《野生动物保护法》等法律还针对自然资源使用权的转移、变更、终止等作了详细规定或专门规定。

（二）资源勘查与调查制度

自然资源勘查与调查制度，是调整在自然资源勘探、调查过程中所产生的社会关系的法律规范的总称，它是自然资源合理利用、管理和保护的基础。一个国家和地区在确定发展战略和社会经济发展规划之前，都必须对当地的自然资源的基础资料的分布、数量、质量和开发条件等进行全面的勘查，以获得自然资源的基础资料，同时资源勘查的成果也是建立资源档案、进行资源评价、制定资源法规和规划的重要依据。自然资源勘查与调查制度对自然资源勘查的主体、对象、范围、内容、程序、方法以及勘查成果的效力作了详尽的规定，以保障资源勘查的顺利进行，保证勘查成果的准确性。

中国依据《土地管理法》及其《实施条例》建立起了土地调查制度。《土地管理法》第27条规定，"国家建立土地调查制度。县级以上人民政府土地行政管理部门会同同级有关部门进行土地调查。土地所有者或者使用者应当配合调查，并提供有关资料。"《土地管理法实施条例》第14条规定，"县级以上人民政府土地行政管理部门应当会同同级有关部门进行土地调查。土地调查应当包括：土地权属；土地利用现状；土地条件。

地方土地利用现状调查结果，经本级人民政府审核，报上一级人民政府批准后，应当向社会公布；全国土地利用现状调查结果，经国务院批准后，应当向社会公布。土地调查规程，由国务院土地行政主管部门会同国务院有关部门制定。"对于矿产资源，依据《矿产资源法》建立起了矿产资源的勘查制度。《矿产资源法》在总则、第2章设有有关矿产资源勘查的申请、登记条款，并专设第3章："矿产资源的勘查，对勘查的组织、采用的方法、注意事项以及勘查成果的应用作了具体规定。"依照《森林法》、《草原法》、《水法》，《野生动物保护法》，中国也分别建立起了森林资源清查制度、草原资源普查制度、水资源的综合科学考察和调查评价制度和野生动物资源调查制度。

（三）资源登记制度

资源登记制度是依照自然资源法的权属以及数量、质量、位置等资源属性进行登记的法律制度，它是维护自然资源所有权人和使用权人的合法权益、加强国家对自然资源的管理、促进自然资源合理开发利用和保护的重要制度。主要包括：

（1）契据登记是出于使资源交易公开化、方便交易并保护双方交易关系而进行的一种登记，只能证明契据的有效性。

（2）产权登记是证明资源的权属所有，对登记者的产权具有法律效力。

（3）资源册登记是为财产税收和行政管理需要而进行的，是最基本的资源登记。

（4）资源调查登记是资源开发为取得资源使用权而向国家资源行政主管机构申请的一种手段，具有法律效力。

资源登记制度在现代各国的资源法中得到了广泛的运用。如1979年修改的《保加利亚水法》第七章就规定了对水资源进行注册登记。苏联1970年的《水立法纲要》和1977年的《森林立法纲要》都有建立国家水册和国家林册的详细规定。世界上一些工业发达国家和部分发展中国家及地区，如美国、加拿大、澳大利亚、法国、巴西等的矿产法中都明确规定，采矿必须向国家有关部门登记，方能进行勘查工作，目的在于在法律上确认登记申请人的勘查权，保障其合法权益，同时便于国家对矿产资源勘查工作的宏观调控。

中国也依法建立了土地资源、矿产资源、森林资源、草地资源的登记制度。土地资源的登记制度主要包括土地权属的确认登记和土地权属的变更登记。《土地管理法》第11条规定，"农民集体所有的土地，由县级人民政府登记造册，核发证书，确认所有权。农民集体所有的土地依法用于非农业建设的，由县级人民政府登记造册，核发证书，确认建设用地使用权。单位和个人依法使用的国有土地，由县级人民以上政府登记造册，核发证书，确认使用权；其中，中央国家机关使用的国有土地的具体登记发证机关，由国务院确定。确认林地、草原的所有权或者使用权，确认水面、滩涂的养殖使用权，分别依照《中华人民共和国森林法》、《中华人民共和国草原法》和《中华人民共和国渔业法》的有关规定办理。"第12条规定，"依法改变土地权属和用途的，应当办理土地变更登记手续。"除了土地的所有权和使用权登记外，土地权属登记还包括城镇国有土地的抵押权登记。对于矿产资源，中国《矿产资源法》总则第3条第3款规定，"勘查、开采矿产资源，必须依法分别申请、经批准取得探矿权、采矿权，并办理登记。"第二章，即"矿产资源的登记和开发的审批"就矿产资源勘查登记作了原则性规定，而国务院颁布的《矿产资源区块勘查登记管理办法》和《矿产资源开采登记管理办法》则对矿产资源的勘查登记和开采登记作了具体的规定。草原和森林登记制度主要是指二者的权属确认登记。

（四）资源许可制度

资源许可制度是指任何单位和个人因生产经营或特殊情况需要开发利用自然资源时，均需报政府部门批准、核发许可证，确认其在一定期限、一定地点、一定限度内开发利用某种自然资源的法律制度。它是自然资源行政许可的法律化，是自然淘汰管理部门对自然资源进行监督、管理和保护，实现自然资源开发利用总量控制，保障资源的永续利用和维护生态平衡的手段。许可证发放和管理的内容主要包括申请、登记、听证、审核、许可证的限制条件、许可证的有效期有许可证实施中的监督等。

随着人类对自然资源有限性的认识不断深化，为了协调好经济社会发展和资源保护的相互关系，各国政府纷纷建立起了资源许可制度。《美国1976年渔业保护及管理法》第二章第24节专门对外国渔业许可证作了规定，无此许可证的外国渔船不得在美国的渔业保护区内从事捕捞作业。始于1950年并经多次修正的《日本矿业法》第21条规定，"经拟定接收矿业权之设立的人员，必须向通商产业局长提出申请，并得到他的许可。"1964年的《匈牙利水法》第五章"水权许可证"规定，"除法律有特殊规定外……一切用水活动，都必须持有水权许可证。"

中国对于矿产、森林、水资源、渔业资源和野生动物植物资源的开发、利用以及野生动植物资源的进出口均实行许可制度。《矿产资源法》第三章矿产资源勘查的登记和开采的审批规定了取得矿产资源的勘查和开采许可证的审批程序、审批部门、申请条件等内容。《森林法》第28条规定，采伐林木必须申请采伐许可证，按许可证的规定进行采伐。《森林法》第29、31条还对许可证的审批，取得许可证的单位和个人的更新造林进行了规定。《水法》第32条国家对直接从地下或者江河、湖泊取水的，实行取水许可制度，确立了中国的取水许可制度。《渔业法》也在第16条中规定，从事内水、近海捕捞业，必须向渔业行政主管部门申请领取捕捞许可证，确立了捕捞许可制度。对于野生动植物资源，依生物资源类型，性质的不同确立了不同的许可制度，包括野生药材资源的采药许可、狩猎许可、采伐许可以及出口许可制度，陆生野生动物的特许猎捕许可、狩猎许可、驯养繁殖许可和允许进出口证明书制度，水生野生动物的特许猎捕许可、驯养繁殖许可、允许进出口证明书制度，以及野生植物的采集许可和允许进出口证明书制度等。

（五）资源有偿使用制度

资源有偿使用制度是自然资源的使用者开发利用自然资源必须支付一定费用的法律制度。自然资源的有偿使用，概括起来基本上有两大类，即资源税和资源费。一个国家或地区通常是针对不同的资源分别采取缴纳资源税或资源费的方式。

资源有偿使用制度直接体现自然资源的价值，有利于自然资源的保护，因此为世界各国所普遍采用。如1972年修改的《日本河流法》第32条规定，"都、道、府、县的知事，对在该都、道、府、县境内的河流上，按第23条至第25条规定批准的流水占用者，可以征收流水占用费，土地占用费或土石方采挖费及其他河流产物的采取费。"《美国1977年露天采矿和回填复原法》第401、402条规定，"征收废矿的回填复原费，并和其他款项共同建立废矿回填复原基金用于废矿区土地、水资源的恢复等目的。"

征收税费在中国主要包括资源税、资源费和资源补偿费3种：（1）资源税，是国家一大税种，它是国家依靠政权力量，向资源开发者征收他所占有的一部分超额利润，其收入归国家所有；（2）资源费，是国家资源行政主管部门为是该资源得到保护和发展，而征收的一种费用，取之于资源，用之于资源；（3）资源补偿费，是资源开发利用者依法向提供资源的单位或个人缴纳的费用。服从商品交换的基本规律。

中国的资源有偿使用制度随着资源法的不断健全而不断完善，针对各种自然资源，资源法都有相应的税费征收的条款或专门的法律文件。《土地管理法》及其《实施条例》等土地资源法律法规中规定了耕地开垦费、耕地闲置费、征地补偿费、土地有偿使用费、新菜地开发基金等费用的缴纳制度，而《耕地占用暂行条例》、《城镇土地使用税暂行条例》、《土地增值税暂行条例》等则分别对耕地占用税、城镇土地使用税、土地增值税的课税主体、课税客体、税基、税率以及缴纳作了明确规定。《矿产资源法》第 5 条规定，"国家实行探矿权、采矿权有偿取得的制度；……开采矿产资源，不许按照国家有关规定，交纳资源税和资源补偿费。"其《实施细则》及《矿产资源补偿税征收、管理办法》则分别进行了具体规定，而《资源税暂行条例》则对资源税（此外资源仅指矿产资源，包括矿产品和盐）作了详细规定。《森林法》第 6 条规定征收育林费以保护森林资源。《水法》规定了水费和水资源费的收取制度。《野生动物保护法》第 27 条规定，经营利用野生动物或者其产品的应当缴纳野生动物资源保护管理费。

以征收资源税费为主的有偿使用制度，维护了自然资源所有者合法权益，促进了资源的节约和资源利用效率的提高，同时为国家筹集了资源保护和资源开发的资金，是实现资源可持续利用的又一重要制度。

（六）资源保护制度

资源保护制度是国家根据生态平衡规律和经济规律，为保证自然资源的良好性能和永续利用而制定的各种保护资源的法律规范的总称。随着人口的增长和社会的进步，资源的消耗量日益加大，部分地区不可更新资源锐减甚至濒临枯竭，可更新资源的消耗也往往超出其更新再生的速度。资源的有限性和资源需求的日益膨胀间的矛盾迫切要求人类对自然资源进行切实的保护。为此各个国家纷纷出台资源法规以保护越发珍贵的自然资源。如 1965 年制定的《巴西森林法》规定，设置森林和其他形式的自然植被的永久保护时必须实现经联邦政府批准。1975年通过的《苏联和各加盟共和国地下资源费纲要》第六章"地下资源保护"指出"苏联境内的一切资源均应加以保护"并提出了一系列地下资源保护方面的基本要求。美国 1976 年的《渔业保护及管理法》要求已起草的各种渔业管理计划以及制定的条例均应符合国家渔业保护和管理的标准，如"各种渔业保护及管理措施应能在达到每年的最适捕捞量的同时防止过度捕捞"。此外，其他许多国家如日本、苏联等在其颁布的单行资源法或部门资源法以及自然保护法、环境保护法中都要求建立资源保护制度。

中国在资源保护方面也做了大量的工作。根据《土地管理法》、《基本农田保护条例》、《土地复垦规定》、《建设用地计划管理办法》等法律法规，中国建立了土地用途管理制度、土地利用总体规划制度、占用耕地补偿制度、基本农田保护制度等一系列保护土地资源的制度。对于矿产资源，《矿产资源法》第 3 条规定，"国家保障矿产资源的合理开发利用。禁止任何组织或者个人用任何手段侵占或者破坏矿产资源。各级人民政府必须加强矿产资源的保护工作。"为了保护森林资源,《森林法》规定,"植树造林、保护森林,是公民应尽的义务。"并用一章的篇幅对森林资源保护进行了具体规定。同时中国还出台了《森林采伐更新管理办法》、《森林防火条例》、《森林病虫害防治条例》等单行法规。《草原法》和《草原防火条例》对保护草原生态环境和草原植被、防止草原污染、防止草原火灾等作了明确规定。《水法》对水资源的保护作了规定。《野生动物保护法》、《野生动物保护条例》、《野生药材资源保护管理条例》、《陆生动物保护实施条例》和《水生野生动物保护实施条例》则是专门针对野生动植物资源保护的法律文件,规定详尽而具体。此外,《自然保护区条例》则从另一个角度对动植物资源的保护作了规定。

此外,承包经营制度是具有中国特色的一项法律制度形式。承包经营是指把国有或集体所有的土地包给农业工人或农民自行耕种,承包者按合同规定的义务缴纳农业税和上交提留。承包经营必须签订承包合同。承包合同是资源法规的具体补充,签订承包合同是一种法律行为。中国《森林法》第22条、《草原法》第4条、《土地管理法》第12条、《渔业法》第10条都有关于承包经营的规定。2003年3月1日施行的《国家土地承包法》更加全面地规范了这一制度形式。

(七) 中国的资源立法与自然资源管理

中国现已颁布了10多部资源、环境法,连同中央及地方政府颁布的600多部资源与环境保护的行政法规,以及国务院有关部门制定的300多项规章和近400项国家环境标准,一个由《宪法》、《民法通则》、《刑法》等有关章节、条款;资源行业法(及其实施条例或细则);单项资源法(及其实施条例或细则);自然资源保护法和其他相关法律、法规、规则、协定组成的资源法律体系以初步形成。其中,资源行业法、专项资源法和自然资源保护法构成了中国资源法律体系的主干法,而自然资源政策法和国际自然资源法是中国资源主干法的重要补充。

中国的资源行业法主要有:(1)森林法律。主要包括《中华人民共和国森林法》及其实施细则、《森林防火条例》、《森林采伐更新管理办法》、《森林病虫害防治条例》等。这些森林法律法规对森林资源权属、森林经营管理、森林保护、森林的营造和采伐等内容作出了具体规定,确立了森林资源所有权、林种划分、森林经营管理、林木采伐许可证等制度。(2)草原法律。主要包括《中华人民共和国草原法》、《草原防火条例》、《牧草种子管理暂行办法》、《草原治虫灭鼠实施规定》等法律法规。这些法律法规主要阐述草原的所有权和使用权、草原的建设、管理和保护等内容。(3)水产(渔业)资源法律。主要包括《中华人民共和国渔业法》及其实施细则、《水产资源保护条例》、《渔港监督管理规则》、《渔政管理工作暂行条例》等。根据这些法律法规，中国建立起了渔业许可制度、渔业水域生态环境保护制度、水产资源保护制度和渔政渔港监督管理等制度。(4) 矿产资源法律。主要包括《中华人民共和国矿产资源法》及其实施细则、《矿产资源区块勘察登记管理办法》、《探矿权采矿权转让管理办法》、《矿产资源补偿费征收管理规定》、《矿产资源开采登记管理办法》等。这些法律法规对矿产资源的所有权及其他专项权利、矿产资源的勘查和开采、矿山企业的管理都作了详细规定。

中国的专项资源法主要有：(1) 土地法律。主要包括《中华人民共和国土地管理法》及其实施条例、《中华人民共和国沙土保持法》及其实施条例、《基本农田保护条例》、《土地复垦规定》、《中华人民共和国土地增值税暂行条例》等。土地法律内容十分广泛，主要包括土地所有权和使用权制度、土地调查、评价、统计、登记制度、土地利用规划制度、基本农田保护制度、土地使用权流转制度、土地划拨、征用制度、土地用途管制制度以及土地税收制度等。此外，由于土地资源是其他所有资源的载体，因此土地资源法律规范还涉及森林法、草原法、矿产资源法中的有关条款。(2) 水资源法律。主要包括《中华人民共和国水法》、《水土保持法》、《水污染防治法》、《防洪法》、《城市节约用水管理规定》、《城市供水条例》、《城市供水价格管理办法》等。水资源法律主要涉及水资源权属、水资源规划、水资源开发利用、取水许可、防汛与抗洪和水资源保护等内容。

中国的自然资源保护法主要有《中华人民共和国保护法》、《海洋环境保护法》、《中华人民共和国野生动物保护法》、《中华人民共和国自然保护区条例》、《森林和野生动物类型自然保护区管理办法》、《中华人民共和国野生植物保护条例》、《野生药材淘汰保护管理条例》、《中华人民共和国植物新品种保护条例》、《中华人民共和国水生野生动物保护实施条例》等。

对于中国来说，国际自然资源法主要是指中国与其他国家签订、缔结的有关自然资源利用和保护的国际条约、协定，以及中国参加的有关自然资源利用和保护的国际公约等，如《濒危野生动植物国际贸易公约》、《保护世界文化和自然遗产公约》、《国际捕鲸公约》、《南极条约》以及《中日候鸟保护协定》、中国与美国的《自然保护议定书》等。

中国的自然资源管理目前主要采用行政、法律、经济与科技相结合的管理方法与手段，依法实施。中国的自然资源管理已逐步走向法制化轨道。

1. 关于行政管理

中国自然资源属国家或集体所有，国家法律规定各级政府行政主管部门对自然资源实行管理。因此行政管理是资源管理的基本方法，管理过程中的法律、经济与科技等手段，均通过行政管理部门实施。行政管理内容包括资源实物账户管理、资源权属管理和资源政策管理。水利部门对水资源管理实行的"五统一"：统一规划、统一调度、统一发放取水许可证、统一征收水资源费、统一管理水量与水质，全面反映了资源行政管理内容。中国的自然资源分类、分级管理体制增加了自然资源综合管理的难度，同类资源多部门管理与自然资源分割管理，造成职能交叉、削弱了资源整体效益。

由此出发，中国的自然资源管理体制改革，应建立资源管理与产业管理分设的管理体制，增强自然资源综合管理功能，设立国家级自然资源综合管理部门，强化统一管理机制。

2. 关于法制管理

在中国自然资源实行按资源门类的集中或统一管理为主的体制下，法律是资源管理活动的根本依据。资源管理法规不仅规定了资源行政管理的机构和职责，还具体规定了经济管理的内容、权限和执法者。中国资源管理的主要法律制度包括资源产权制度、资源勘查与调查制度、资源登记制度、资源许可与审批制度、资源有偿使用与征收税费制度、资源保护制度和承包经营制度等。

目前的主要问题是：有的资源管理法规适用范围偏窄，如《草原法》基本只针对牧区草场院资源，缺乏对农家区草、畜进行规范管理的内容；资源管理法规不配套，如《草原法》颁布于1985年、《水利法》颁布于1988年，《野生动物保护法》颁布于1989年，但至今仍未颁布配套性实施细则或其他实施法规、章程；特别是单项资源立法存在缺陷，缺乏综合性资源法规。由此，会造成法律之间的遗漏、重复、或冲突。诸如：单项法在规定某种自然资源的开发、利用与保护时，会遗漏相关资源共同利用或整体利用的内容。如《森林法》、《草原法》、《水法》、《矿产资源法》都有从本资源出发的对土地资源的规定，以致带来调查、统计等方面的矛盾与重复。单项法在涉及多种资源共同利用时，对共同内容都加以规定，造成重复。以产界定为例，《土地法》（第9条）、《森林法》（第3条）和《草原法》（第4条）都几乎重复了相关产权规定；关于渔业资源保护，《水法》（第18条）、《渔业法》（第22条）都重复说明。

单项法从本资源出发，对相关资源共同利用内容有不相一致或互不衔接时，会造成法律冲突或适用困难。例如，关于围湖造田、开发滩涂，《土地法》（第17条）、《水法》（第27条）、《渔业法》（第24条）都有不同表述；关于最低水位线，《水法》（第31条）、《渔业法》（第23条）未做统一说明。因此，修订和补充已有的资源管理法规，以法律形式强调资源管理协调机制，制定综合资源法或资源综合管理法规，已成为中国资源立法的当务之急。

3. 关于经济管理

中国的自然资源大部分属国家所有，一部分属集体所有。但长期以来，国有资源基本上是无偿占有，淡化了国家的资源所有权。为改变这种局面，国家用法律形式规定了资源的有偿使用，经济管理手段的作用正在逐步加强和完善。目前的有偿使用制度主要包括资源税、资源费资源补偿费与资源损害费等。

目前自然资源价值与核算尚未纳入国民经济核算体系，对导致资源退化的不合理利用方式缺乏有效的经济手段，水土资源的有偿使用尚未形成合理的资源价格体系，直接影响区域自然资源的高效与节约利用。中国急需建立完善的资源核算制度，建立健全资源产权制度、消除外部性；把资源作为资产管理、建立适宜价格体系，促进自然资源利用效率的提高。

4. 关于科技管理

科学技术是贯彻资源管理方针的重要手段，资源信息系统的辅助决策作用正在得到重视，作用日益突出。从微观管理出发，科学技术可以为节约资源、保护资源，提高资源利用效率提供技术途径；从宏观管理看，资源动态监测与资源信息系统的建立可以为自然资源宏观调控与综合协调提供决策支持和科学依据。目前中国的自然资源监测力量分散，资源动态监测不力，缺乏统一的资源数据标准，有待建立权威的国家资源信息系统。因此，加强自然资源的动态监测，建立资源监测网络；加强信息资源基础建设，建立国家级综合的自然资源管理信息系统；已成为中国实施科教兴国和可持续发展战略的重要内容。

第 三 节   环 境 管 理

一、环境管理概述

（一）环境管理的涵义

环境管理一般包括两层涵义：一是把环境管理当成一门学科看待，主要研究环境问题，预防环境污染，解决环境危害，协调人类与环境的关系；二是把环境管理当成一种工作实践看待，认为它是环境保护的一个重要组成部分。狭义的环境管理主要指控制污染行为的各种措施。例如，通过制定法律法规和标准，实施各种有利于环境保护的方针、政策，控制各种污染物的排放。广义的环境管理是指按照经济规律和生态规律，综合运用行政、经济、法律、技术、教育和媒体等手段，通过全面系统地规划，对人们的社会活动进行调整与控制，达到既要发展经济满足人类的基本需要，又不超过环境的容许极限。

（二）环境管理的对象与内容

1. 从环境管理的范围来划分

①资源环境管理：主要是自然资源的保护，包括不可更新资源的节约利用和可更新资源的恢复和扩大再生产。

②区域环境管理：主要是协调区域社会经济发展目标与环境目标，进行环境影响预测，制定区域环境规划等。包括整个国土的环境管理，经济协作区和省、市、自治区的环境管理，城市环境管理以及流域环境管理等。

③部门环境管理：部门环境管理包括能源环境管理、工业环境管理、农业环境管理、交通运输环境管理、商业和医疗等部门的环境管理以及各行业、企业的环境管理。

2. 从环境管理的性质来划分

①环境计划管理：环境计划管理首先是制定好各部门、各行业、各区域的环境保护规划，使之成为社会经济发展规划的有机组成部分，然后用环境保护规划指导环境保护工作，并根据实际情况检查和调整环境规划。

②环境质量管理：环境质量管理是为了保护人类生存与健康所必需的环境质量而进行的各项管理工作。主要是组织制定各种环境质量标准、各类污染物排放标准、评价标准及其监测方法、评价方法，组织调查、监测、评价环境质量状况以及预测环境质量变化的趋势，并制定防治环境质量恶化的对策措施。

③环境技术管理：主要是制定防治环境污染和环境破坏的技术方针、政策和技术路线，制定与环境相关的适宜的技术标准和标范，确定环境科学技术发展方向，组织环境保护的技术咨询和情报服务，组织国内和国际的环境科学技术协调和交流等，并对技术发展方向、技术路线、生产工艺和污染防治技术进行环境经济评价，以协调技术经济发展与环境保护的关系，使科学技术的发展既能促进经济不断发展，又能保护好环境。

（三）环境管理的基本职能

环境管理部门的基本职能，概括起来包括宏观指导、统筹规划、组织协调、监督检查、提供服务。宏观指导指加强宏观指导的调控功能，环境管理部门宏观指导职能主要是政策指导、目标指导和计划指导。统筹规划的职能主要包括环境保护战略的制订、环境预测、环境保护综合规划和专项规划。组织协调包括环境保护法规方面的组织协调、环境保护政策方面的协调、环境保护规划方面的协调和环境科学方面的协调。监督检查的内容包括环境保护法律法规执行情况的监督检查、环境保护规划落实情况的检查、环境标准执行情况的监督检查、环境管理制度执行情况的监督检查。提供服务的内容有技术服务、信息咨询服务和市场服务。

二、环境管理的基本手段

（一）行政手段

行政手段主要指国家和地方各级行政管理机关，根据国家行政法规所赋予的组织和指挥权力，制定方针、政策，建立法律法规、颁布标准，进行监督协调，对环境资源保护工作实施行政决策和管理。主要包括环境管理部门定期或不定期地向同级政府机关报告本地区的环境保护工作情况，对贯彻国家有关环境保护方针、政策提出具体意见和建议；组织制定国家和地方的环境保护政策、工作计划和环境规划，并把这些计划和规划报请政府审批，使之具有行政法规效力；运用行政权力对某些区域采取特定措施，如划分自然保护区，重点污染防治区，环境保护特区等；对一些污染严重的工业、交通、企业要求限期治理，甚至勒令其关、停、并、转、迁；对易产生污染的工程设施和项目，采取行政制约手段，如审批开发建设项目的环境影响评价书，审批新建、扩建、改建项目的"三同时"设计方案，发放与环境保护有关的各种许可证，审批有毒有害化学品的生产、进口和使用；管理珍稀动植物种及其产品的出口、贸易事宜；对重点城市、地区、水（流）域的防治工作给予必要的资金或技术帮助等。

（二）法律手段

法律手段是环境管理的一种强制性手段，依法管理环境是控制并消除污染，保障自然资源合理开发利用，并维护生态环境的重要措施。环境管理一方面要靠立法，另一方面要靠执法。环境管理部门要协助和配合司法部门对违反环境保护法律法规的违法犯罪行为进行斗争，协助仲裁；按照环境法规、环境标准来处理环境污染和环境破坏问题，对严重污染和破坏环境的行为提起公诉，甚至追究法律责任；也可根据环境法规对危害人民健康、财产，污染和破坏环境的个人或单位给予批评、警告、罚款或责令赔偿损失等。

（三）经济手段

经济手段是指利用价值规律，运用价格、税收、信贷等经济杠杆，引导和控制生产者在资源开发中的行为，以便限制损害环境的社会经济活动，奖励积极治理污染的单位，促进节约和合理利用资源，充分发挥价值规律在环境管理中的杠杆作用。

（四）技术手段

技术手段是指借助那些既能提高生产率，又能把对环境污染和生态破坏控制到最小限度的技术以及先进的污染治理技术等来达到保护环境目标的手段。运用技术手段，实现环境管理的科学化，包括制定环境质量标准；通过环境监测、环境统计方法，根据环境监测资料以及有关的其他资料对本地区、本部门、本行业污染状况进行调查；编写环境报告书和环境公报；组织开展环境影响评价工作；交流推广无污染、少污染的清洁生产工艺及先进治理技术；组织环境科研成果和环境科技情报的交流等。

（五）宣传教育手段

宣传教育手段是环境管理不可缺少的手段。环境宣传既是普及环境科学知识，又是一种思想动员。通过报纸、杂志、影视、广播、展览、专题讲座、文艺演出等各种文化形式广泛宣传，使公众了解环境保护的重要意义和内容，提高全民的环境意识，激发公民保护环境的热情和积极性，形成强大的社会舆论，从而引导和调节公民自觉地保护环境，制止各种浪费资源、破坏环境的行为。环境教育可以通过专业的环境教育培养各种环境保护的专门人才，提高环境保护人员的业务水平；还可以通过基础的和社会的环境教育提高社会公民的环境意识，来实现科学管理环境以及提倡社会监督的环境管理措施。

三、环境管理的制度与法律法规

（一）环境管理制度

目前比较成熟的环境管理制度主要有环境影响评价制度、"三同时"制度、排污收费制度、环境保护目标责任制、城市环境综合整治定量考核制度、限期治理制度、排污登记制度、环境标准制度、环境监测制度、环境污染与破坏事故报告制度、现场检查制度、强制应急措施制度等。

1. 老三项制度

①环境影响评价制度。环境影响评价是指在一定区域内进行开发建设活动，事先对拟建项目可能对周围环境造成的影响进行评价、预测和评定，并提出防治对策和措施，为项目决策提供科学依据。又叫环境质量预断评价，它具有预测性、客观性、综合性、法定性的基本特点。中国这方面的法律法规主要有《建设项目环境保护管理条例》、《建设项目环境影响评价证书管理办法》。环境影响评价可以把经济建设与环境保护协调起来，把各种建设开发活动的经济效益与环境效益统一起来，体现公众参与原则。

环境影响评价的形式有环境影响报告书和报告表。环境影响报告书是项目开发建设单位向环保行政主管部门提交的关于开发建设项目环境影响预断评价的书面文件。主要内容包括总论、建设项目概况、建设项目周围地区的环境状况调查、建设项目对周围地区环境近远期影响的分析和预测、环境监测制定建议、环境影响经济损益简要分析、结论、存在问题与建议。环境影响报告表：项目名称，建设性质、地点、依据、占地面积、投资规模，主要产品产量，主要原材料用量，有毒原料用量，给排水情况，年耗能情况，生产工艺流程或资源开发、利用方式简要说明，污染源及治理情况，建设过程中和项目建成后对环境影响的分析及需要说明的问题。

环境影响评价和审批的程序主要包括环境影响评估单位的评估；项目主管部门审阅环境影响评价报告书（表）；环保部门审查环境影响评价报告书。所有建设项目都必须进行环境影响评价；未经环保部门审批的项目不得开工建设；特殊项目需经国家环保总局审批。

②"三同时"制度。指一切新建、改建、扩建的基本建设项目（包括小型建设项目）、技术改造项目、自然开发项目，以及可能对环境造成影响的其他工程项目，其中防治污染和其他公害的设施和其他环境保护设施，必须与主体工程同时设计、同时施工、同时投产。简称"三同时"制度。

③排污收费制度。也叫征收排污费制度，是对于向环境排放污染和超过国家排放标准排放污染物的排污者，按照污染物的种类、数量和浓度，根据规定征收一定的费用。这种制度是运用经济手段有效地促进污染治理和新技术的发展，使污染者承担一定的污染防治费用的法律制度。其目的是为了促进排污者加强环境管理，节约和综合利用资源，治理污染，改善环境，并为保护环境和补偿污染损害筹集资金。

根据《大气污染防治法》、《海洋环境保护法》、《水污染防治法》、《固体废物污染环境防治法》、《环境噪声污染防治法》等相关法律的规定，排污者应按照排污的数量、规模、程度缴纳一定的排污费。此外，排污者亦不能免除其防治污染、赔偿污染损害的责任和法律、行政法规规定的其他责任。排污费必须纳入财政预算，列入环境保护专项资金进行管理，用于重点污染源防治、区域性污染防治、污染防治新技术、新工艺的开发、示范和应用以及国务院规定的其他污染防治项目。

2. 新五项制度

①环境保护目标责任制。它是指规定各级政府的行政首长对当地的环境质量负责，企业的领导人对本单位的污染防治负责，规定他们的任务目标，列为其政绩考核的一项环境管理制度。实施这一制度能够加强各级政府和单位对环境保护的重视和领导，使环境保护真正纳入政府的议事日程，把环境保护纳入国民经济和社会发展计划，疏通环保资金渠道；有利于协调环保部门和政府其他部门共同抓好环保工作；有利于把环保工作从过去的软任务变成硬指标，把过去单项分散治理变成区域综合治理。

②城市环境综合整治定量考核制度。城市环境综合整治定量考核制度是各级城市政府进行城市发展决策，制定环境保护规划的重要依据，对不断改善城市的投资和人居环境，促进城市持续发展，具有重大意义。对于不断深化城市环境综合整治，健全和完善城市环境综合整治的管理体制，调动各方面参与城市建设和环境保护的积极性，提高广大群众的环保意识都具有重要作用。城市环境综合整治定量考核的内容包括城市环境质量（30 分）、污染控制（34 分）、环境建设（20 分）和环境管理（16 分）四个方面，共 27 项指标，总计 100 分。

③排污许可证制度。它是改善环境质量为目标，以污染物总量控制为基础，规定排污单位许可排放什么污染物，许可污染物排放量，许可污染物排放趋向等，是一项具有法律含义的行政管理制度。这项制度具有普遍性、强制性、阶段性、经济性的特征，实行容量总量控制和目标总量控制并举，突出重点区域、重点污染源和重点污染物。

④污染集中控制。污染集中控制是创造一定的条件，形成一定的规模，实行集中生产或处理以使分散污染源得到集中控制的一项环境管理制度。其目标不是追求单个污染源的处理率和达标率，而是谋求整个环境质量的改善，同时讲求经济效益，以尽可能小投入获取尽可能大的效益。集中处理要以分散治理为基础，仍然按照"谁污染谁治理"的原则，由排污单位和受益单位以及城建费用承担治污费用。

⑤限期治理制度。它是对严重污染环境的企业、事业单位及特殊保护的区域

内超标排污的已有设施，由有关管理部门依法命令其在一定限期内完成治理任务，达到治理目标的法律规定。法律规定限期治理的对象主要有两类：一是排放污染物造成环境严重污染的企业、事业单位；二是位于特殊区域内的超标排污的污染源。

限期治理的决定权不在环境保护行政主管部门，而在有关的各级人民政府。对经限期治理逾期未完成治理任务的，除依照国家规定加收超标排污费外，还可以根据所造成的危害后果处于罚款，或者责令停业、关闭。

（二）环境管理法律法规

环境保护法的名称，欧洲国家称为"污染控制法"，美国称"环境法"，俄罗斯和东欧称"自然保护法"，中国称"环境保护法"。通常说的"环境保护法"包括了污染防治法和自然环境（或生态环境）法两方面。现在各国比较多地使用"环境法"概念，或称"环境与资源保护法"。"环境保护法"是由国家制定并认可，并由国家强制执行的关于保护与改善环境、合理开发利用与保护自然资源、防治污染和其他公害的法律规范的总称。

环境法律体系由有关生态环境保护的法律规范（可称为生态环境保护法）和有关污染防治的法规范（可称为污染防治法）构成。生态环境保护法方面主要包括森林保护法、草原保护法、水保护法、野生动物保护法、矿产资源保护法、土地保护法、水生生物保护法、风景名胜区保护法、生活居住区保护法等；污染防治法方面主要包括水污染防治法、大气污染防治法、海洋污染防治法、噪声污染防治法、有毒有害物质控制法、放射性污染防治法等。

（三）中国环境保护法律体系

中国的环境保护法律体系由以下几个部分构成：

①宪法中关于环境保护的条款；②环境保护基本法：《中华人民共和国环境保护法》；③环境保护单行法：生态环境保护法和污染防治法；④环境行政法规：为执行环境保护基本法和单项法而制定的实施细则或条例；针对环境保护中的问题或重要领域所制定的规范性文件；⑤环境保护部门规章；⑥地方性环境法规和地方政府规章：如《广州市环境保护条例》；⑦环境标准：环境质量标准、污染物排放标准、环境基础标准、样品标准和方法标准、环境保护行业标准；⑧国际环境保护条约：《保护臭氧层维也纳公约》、《南极环境保护协定书》、《气候变化框架公约》、《生物多样性公约》。

环境法律责任制度是一种综合性的法律责任制度，它是由国家机关依法对违反环境保护法者，根据其违法行为的性质、危害程度和主观因素的不同，分别给予不同的法律制裁，包括追究其行政责任、民事责任或刑事责任。因此，环境法律制度除环境保护法本身对法律责任作出规定外，还涉及相关部门法，如民商法、刑法、行政法等。主要的法律责任制度包括：违反环境保护法的行政责任；环境污染损害的民事赔偿责任；破坏环境犯罪的刑事责任。

（四）　国际环境公约

国际环境公约的产生和发展，与世界工业的发展、人类环境意识、资源意识的觉醒有关。从 20 世纪 20 年代到第二次世界大战结束的 25 年中，仅签订了 3 项有关环境资源的国际公约。从第二次世界大战结束到 1972 年联合国人类环境会议召开前，涉及环境资源的国际公约有 56 项。1972 年在瑞典首都召开了联合国人类环境会议，通过了《人类环境宣言》与《世界环境行动计划》。从此次会议到 1982 年内罗毕会议，共签订了国际公约 40 个。从内罗毕会议到 1992 年联合国环境与发展大会的十年间，签订了 40 多项国际公约、协定，如《保护臭氧层维也纳公约》（1985）、《关于消耗臭氧物质的蒙特利尔议定书》（1987）等。

联合国环境与发展大会（UNCED），又名地球首脑会议（The Earth Summit），于 1992 年 6 月在巴西里约热内卢召开。全世界 180 多个国家和地区、60 多个国际组织代表 1.5 万人参加了大会。这是有史以来空前的盛会，100 多个国家的领导人参加了大会。大会通过和签署了 5 个文件，其中 4 个文件，即《里约环境与发展宣言》、《21 世纪议程》、《生物多样性公约》、《气候变化框架公约》，是具有法律约束力的另一个文件是关于森林问题的原则声明。目前，《生物多样性公约》和《气候框架公约》已经生效，是强行法，具有现行国际法最强的法律约束力。

主要参考文献

1. 李文华、沈长江：《自然资源的基本特点及其发展的回顾与展望，自然资源研究的理论与方法》，科学出版社 1985 年版。

2. 马传栋：《生态经济学》，山东人民出版社 1986 年版。

3. Bruce Mitchell，Geography and Resources Analysis［M］. Published in the United States with Johnwiley and Sonsinc，New York，1989.

4. 曲格平：《中国的环境管理》，中国环境科学出版社 1989 年版。

5. 胡鞍钢等：《生存与发展》，科学出版社 1989 年版。

6. 刘天齐：《环境管理》，中国环境科学出版社 1990 年版。

7. 杨贤智等：《环境管理学》，高等教育出版社 1990 年版。

8. 马世骏：《中国生态学发展战略研究》，中国经济出版社 1991 年版。

9. 《环境科学大辞典》编辑委员会：《环境科学大辞典》，中国环境科学出版社 1991 年版。

10. 高玮：《鸟类生态学》，东北师范大学出版社 1993 年版。

11. 倪文杰：《现代交叉学科大辞典》，海洋出版社 1993 年版。

12. 孙儒泳：《普通生态学》，高等教育出版社 1993 年版。

13. 封志明、王勤学：《资源科学论纲》，地震出版社 1994 年版。

14. 刘常海等：《环境管理》，中国环境科学出版社 1994 年版。

15. 国家环境保护局：《中国 21 世纪人口、环境与发展白皮书》，中国环境科学出版社 1994 年版。

16. 安树青：《生态学词典》，东北林业大学出版社 1994 年版。

17. 薛达元、高振宁：《生物多样性公约》，中国环境科学出版社 1995 年版。

18. 国家计划委员会、国家科学技术委员会等：《中国 21 世纪议程》，中国环境科学出版社 1995 年版。

19. 叶文虎等：《可持续发展的衡量方法及衡量指标初探》，北京大学出版社 1995 年版。

20. 北京大学中国持续发展研究中心：《可持续发展之路》，北京大学出版社

1995 年版。

21. 世界资源所、联合国环境规划署、联合国开发计划署：《世界资源报告（1994~1995）》，夏堃堡等译，中国环境科学出版社 1995 年版。

22. 邹统钎：《旅游景区开发与经营思考案例》，旅游教育出版社 1995 年版。

23. 国家环保局自然保护司：《中国乡镇工业环境污染及其防治对策》，中国环境科学出版社 1995 年版。

24. Allen H. Environmental in dicators, a systematic approach to measuring and reporting on environmental policy performance in the context of sustainable development [M]. Washington D C, USA: World Resource Institute, 1995.

25. 段应碧：《中国农村改革和发展问题读本》，中央党校出版社 1995 年版。

26. 徐俊等：《21 世纪中国战略大策划——社会发展战略》，红旗出版社 1996 年版。

27. 周学志、汤文奎等：《中国农村的环境保护》，中国环境科学出版社 1996 年版。

28. Vander Ryn S. & Cowan S. Ecological Design [M]. Washington. D. C., Island press, 1996.

29. 陈耀邦：《可持续发展战略读本》，中国计划出版社 1996 年版。

30. 叶文虎：《可持续发展理论与实践》，中央编译出版社 1997 年版。

31. 许明：《中国问题报告》，今日中国出版社 1997 年版。

32. 张坤民：《可持续发展论》，中国环境科学出版社 1997 年版。

33. 陈焕章：《实用环境管理学》，武汉大学出版社 1997 年版。

34. Odum E P., Ecology-Abridge between Science and Society [M]. Sunderland. Mass, 1997.

35. 郑易生等：《深度忧患——当代中国的可持续发展问题》，今日中国出版社 1998 年版。

36. 牛文元等：《可持续发展理论的系统解析》，湖北科学技术出版社 1998 年版。

37. 毛文永：《生态环境影响评价概论》，中国环境科学出版社 1998 年版。

38. 刘应杰：《宏伟的蓝图》，江西人民出版社 1999 年版。

39. 马中：《环境与资源经济学概论》，高等教育出版社 1999 年版。

40. 赵景柱等：《社会—经济—自然复合系统可持续发展研究》，中国环境科学出版社 1999 年版。

41. 蔡运龙：《自然资源学原理》，科学出版社 2000 年版。

42. 钱易等：《环境保护与可持续发展》，高等教育出版社 2000 年版。

43. 曲格平：《环境保护知识讲座》，红旗出版社 2000 年版。

44. 洪银兴：《可持续发展经济学》，商务印书馆 2000 年版。

45. 王德刚：《现代旅游区开发与经营管理》，青岛出版社 2000 年版。

46. 毛志锋：《区域可持续发展的理论与对策》，湖北科学技术出版社 2000 年版。

47. 王伟中：《中国可持续发展战略》，商务印书馆 2000 年版。

48. 徐祥临：《农村经济与农业发展》，党建读物出版社 2000 年版。

49. 田雪原：《跨世纪人口与发展》，中国经济出版社 2000 年版。

50. 滕滕：《中国可持续发展研究（上、下卷）》，经济管理出版社 2001 年版。

51. 孙儒泳：《动物生态学原理》，北京师范大学出版社 2001 年版。

52. 秦大河等：《中国人口资源环境与可持续发展》，新华出版社 2002 年版。

53. 李博：《生态学》，高等教育出版社 2002 年版。

54. 蔡晓明：《生态系统生态学》，科学出版社 2002 年版。

55. 徐建华：《现代地理学中的数学方法》，高等教育出版 2002 年版。

56. 阎伍玖：《环境地理学》，中国环境科学出版社 2003 年版。

57. 杨志峰、刘静玲：《环境科学概论》，高等教育出版社 2003 年版。

58. 成升魁：《2002 中国资源报告》，商务印书馆 2003 年版。

59. 周曦、李湛东：《生态设计新论——对生态设计的反思与再认识》，东南大学出版社 2003 年版。

60. 卢云亭、王建军等：《生态旅游学》，旅游教育出版社 2004 年版。

61. 海热提、王文兴：《生态环境评价、规划与管理》，中国环境科学出版社 2004 年版。

62. 李训贵：《环境与可持续发展》，高等教育出版社 2004 年版。

63. 封志明：《资源科学导论》，科学出版社 2004 年版。

64. 郑耀星、储德平：《区域旅游规划、开发与管理》，高等教育出版社 2004 年版。

65. 林爱文等：《资源环境与可持续发展》，武汉大学出版社 2005 年版。

66. 张凯、崔兆洁：《清洁生产理论与方法》，科学出版社 2005 年版。

67. 邓楠主编：《可持续发展：经济与环境（上、下册）》，同济大学出版社 2005 年版。

68. 杨京平、田光明：《生态设计与技术》，化学工业出版社 2006 年版。

69. 胡兆量、陈宗兴：《地理环境概述》，科学出版社 2006 年版。

70. 李素芹、苍大强、李宏：《工业生态学》，冶金工业出版社 2007 年版。

71. 路甬祥、牛文元：《中国可持续发展总纲（第 1 卷）》，科学出版社 2007 年版。

72. 杨再鹏：《清洁生产理论与实践》，中国标准出版社 2008 年版。

73. 吴季松：《循环经济概论》，北京航空航天大学出版社 2008 年版。

74. 吴传均：《自然资源研究的新趋势》，载《自然资源》，1988 年第 1 期。

75. L. W. Jelinski, T. E. Gradel, R. A. Laudise, et al. Industrial Ecology: Concepts and Aproaches [J]. Proceedings of the National Academy of Science of the USA. 1992 (3).

76. 封志明、王勤学等：《自然科学研究的历史进程》，载《自然资源学报》，1993 年第 3 期。

77. 张延毅等：《生态旅游及其可持续发展对策》，载《经济地理》，1997 年第 6 期。

78. 吕永龙：《生态旅游的发展与规划》，载《自然资源学报》，1998 年第 1 期。

79. 吴方卫：《增长的关键与关键的增长》，载《农业经济问题》，1998 年第 1 期。

80. 杨建新：《产品生态设计的理论与方法》，载《环境科学进展》，1999 年第 1 期。

81. 江莉萍：《中国农业可持续发展战略与不可持续性因素分析》，载《农业经济》，1999 年第 11 期。

82. 杨晓：《生态学分支学科介绍》，载《干旱区研究》，1999 年第 6 期。

83. 王东杰、姜学民、杨传林：《论生态经济学与环境经济学的区别与联系》，载《生态经济》，1999 年第 4 期。

84. 姚平经、石磊：《过程能量优化综合与清洁生产》，载《大连理工大学学报》，1999 年第 2 期。

85. 张天柱：《中国清洁生产政策的研究与制订》，载《化工环保》，2000 年第 4 期。

86. 郭志仪、桂拉旦：《中国西部地区的人口控制政策与措施》，载《西北人口》，2000 年第 4 期。

87. Tong C. Review on environmental in dicator research. Research On Environmental Science [J]. 2000 (4).

88. 王开良:《加入 WTO 与中国农业结构的调整》,载《农业经济》,2001年第 2 期。

89. 罗吉:《中国清洁生产法律制度的发展和完善》,载《中国人口资源与环境》,2001 年第 3 期。

90. 徐建华:《中国农业可持续发展面临的困境与对策》,载《生态经济》,2001 年第 1 期。

91. 吴玉萍:《环境经济学与生态经济学学科体系比较》,载《生态经济通讯》,2001 年第 3 期。

92. 梁锦梅:《生态旅游地开发与管理研究》,载《经济地理》,2001 年第 9 期。

93. 李祖扬、杨明:《简论中国古代的环境伦理思想》,载《南开学报》(哲学社会科学版),2001 年第 4 期。

94. 肖焰恒、陈艳:《生态工业理论及其模式实现途径探讨》,载《中国人口·资源与环境》,2001 年第 3 期。

95. 张传有:《近代西方哲学与环境伦理学》,载《中州学刊》,2002 年第 5 期。

96. 崔保山、杨志峰:《湿地生态系统健康评价指标体系 I 理论》,载《生态学报》,2002 年第 7 期。

97. 崔保山、杨志峰:《湿地生态系统健康评价指标体系 II 方法与案例》,载《生态学报》,2002 年第 8 期。

98. 桂拉旦:《西部少数民族省区人口与可持续发展研究》,载《开发研究》,2003 年第 2 期。

99. 崔铁宁、朱坦:《关于建立循环型社会的分析方法和途径的探讨》,载《环境保护》,2003 年第 6 期。

100. 周立华:《生态经济与生态经济学》,载《自然杂志》,2004 年第 5 期。

101. 陈亮、王如松、徐毅等:《生态工业系统分析方法》,载《城市环境与城市生态》,2004 年第 6 期。

102. 王树恩、陶玉柳:《试论人类与环境关系的演变》,载《自然辩证法研究》,2005 年第 2 期。

103. 张路:《循环经济的生态学基础》,载《东岳论丛》,2005 年第 3 期。

104. 麦少芝、徐颂军、潘颖君:《PSR 模型在湿地生态系统健康评价中的应用》,载《热带地理》,2005 年第 4 期。

105. 王燕燕:《中国建立循环型社会的不足与立法方向》,载《能源与环境》，2005 年第 3 期。

106. 戚道孟、孟路较：《建构循环型社会的法律思考》，载《中国发展》，2005 年第 2 期。

107. 蔡昉：《经济增长方式转变与可持续性源泉》，载《宏观经济研究》，2005 年第 12 期。

108. 王耕、吴伟：《区域生态安全机理与扰动因素评价指标体系研究》，载《中国安全科学学报》，2006 年第 5 期。

109. 范新成：《中国发展循环经济的障碍及对策探讨》，载《武汉学刊》，2006 年第 5 期。

110. 董继红：《循环经济指标体系：概念、架构及评价方法》，载《统计与决策》，2007 年第 13 期。

111. 范战平、任庆：《论循环型社会的内涵及特征》，载《贵州社会科学》，2007 年第 4 期。

112. 王东：《工业生态化与可持续发展》，载《上海经济研究》，2007 年第 1 期。

113. 高洪深、常泽鲲：《循环经济的系统分析》，载《中国人民大学学报》，2007 年第 6 期。

114. 张新民、柴发合：《清洁能源实施效果评价》，载《环境污染与防治》，2007 年第 4 期。

115. 张华兵、阎伍玖：《江苏省盐城市环境空气质量综合评价及整治对策》，载《环境科学与管理》，2007 年第 2 期。

116. 向英：《试论人类与环境的对立统一关系》，载《法制与社会》，2007 年第 9 期。

117. 李娜、李明俊：《生命周期影响评价的技术框架及研究进展》，载《江西科学》，2008 年第 2 期。

118. 吴春笃、谭宁、解清杰：《镇江市生态安全的 PSR—AHP 评价》，载《人民长江》，2008 年第 3 期。

119. 邱微、赵庆良、李崧：《基于"压力—状态—响应"模型的黑龙江省生态安全评价研究》，载《环境科学》，2008 年第 4 期。

120. 万本太、吴军、徐海根：《国家生态安全综合评价研究》，载《环境科学研究》，2008 年第 4 期。

121. 李小燕、任志远：《基于"压力—状态—响应"模型的渭南市生态安全动态变化分析》，载《陕西师范大学学报》（自然科学版），2008 年第 5 期。

122. 汪晓权、汪家权:《中国古代的环境保护思想、机构、措施》,载《合肥工业大学学报》(社会科学版),2008 年第 3 期。

123. 陈阳、王珍:《影响企业推行清洁生产的障碍及解决对策》,载《环境保护科学》,2008 年第 6 期。

124. 孙大光、路红军:《清洁生产审核思路的实现方法与形式》,载《环境与可持续发展》,2009 年第 6 期。

125. 赵春雨:《中国发展循环经济的现状及对策研究》,载《学习与探索》,2009 年第 2 期。

126. 熊艳:《生态工业园发展研究综述》,载《中国地质大学学报》(社会科学版),2009 年第 1 期。

127. 项学敏、杨巧玲、周集体等:《生态工业园规划方法研究与展望》,载《环境科学与技术》,2009 年第 1 期。

128. 周世祥、韩勇:《中国工业生态化问题研究及对策思考》,载《能源与环境》,2009 年第 4 期。

129. 戴铁军:《工业代谢分析方法在企业节能减排中的应用》,载《资源科学》,2009 年第 4 期。

130. 张钢、赵晶:《对生态设计的再思考》,载《现代园林》,2009 年第 1 期。

后　记

　　随着科学技术的发展、生产力水平的提高，人类正越来越深刻地影响和改造着环境。特别是当代，随着经济建设与城市化的迅速发展，资源与环境问题日益突出和尖锐，已经成为当代社会人类面临的重大问题之一。

　　资源与环境是人类生存与发展的基础。为了社会的繁荣，为了实现经济持续稳定的发展，必须重视资源与环境的保护与管理工作。而环境与资源保护工作，单靠某些部门或个人的努力是不行的，必须动员社会的各行各业，乃至全民参加。因此，国务院曾多次强调，要在培养各类专业人才，尤其是培养经济、管理、工程技术、决策人才的高等院校，普遍开设资源与环境保护类课程，以便使他们掌握资源与环境科学的基本原理，将来在各自的专业岗位上，能够自觉地保护资源与环境，增强他们在环境与可持续发展问题上的综合决策能力。

　　正因如此，根据教育部高等学校环境科学教学指导委员会的要求，北京大学唐孝炎和清华大学钱易两位院士领衔主编，由北京大学和清华大学的一批教师共同编写了一本面向21世纪的课程教材《环境保护与可持续发展》，倡议在全国普通高等学校各专业、各学科开设"环境与可持续发展"类的公共课程。目前，在全国大部分高等学校都开设了"环境与可持续发展"类的公共课程。在这样的背景下，为了适应广东商学院学分制教学改革的需要，结合财经政法类院校的学科与专业特点，我们准备并开设了"资源环境与可持续发展"这门全校通识选修课程，为同学们了解资源与环境理论及其进展，进而从不同的学科角度投身于环境与可持续发展研究与实践工作提供引导。

　　"资源环境与可持续发展"全校通识选修课程自开设以来，受到全校各专业学生的热烈欢迎，每个学期学生选课积极，学习热情高涨，累计开课9届、选课学生超过5000人。在"资源环境与可持续发展"课程教学过程中，同学们纷纷结合自己的专业特点，积极探讨资源环境与可持续发展的理论与实践问题，完成了大量的调查研究报告，展开专题讨论逾60场次，在全校引起比较大的影响。在此基础上，2007年"资源环境与可持续发展"作为学校多媒体建设课程通过了专家组的验收，2008年又作为广东商学院校级重点建设通识选修课程通过了立项并获得资助，2009 年在广东商学院校级规划教材立项申报的激烈竞争中又脱颖而出，顺利通过了教材编写立项资助，2010 年课程建设组与经济科学出版社正式签订了"资源环境与可持续发展"出版合同。

本书由阎伍玖教授担任主编，桂拉旦、桂清波担任副主编，具体编写分工如下：

第一章　绪论：阎伍玖（广东商学院教授、博士）、陈隽（环境保护部华南环境科学研究所高级工程师、硕士）、张华兵（江苏盐城师范学院讲师、博士）；第二章　可持续发展的基本理论：桂拉旦（广东商学院副教授、博士）、桂清波（广东商学院讲师、硕士）；第三章　全球资源与环境问题：桂清波、桂拉旦；第四章　中国的资源与环境：桂清波、桂拉旦；第五章　人口与可持续发展：桂拉旦、桂清波；第六章　资源利用的生态学原理：张华兵、阎伍玖；第七章　农业与发展：桂清波、桂拉旦；第八章　工业与发展：陶宝先（中国科学院东北地理与农业生态研究所博士后）、陈隽；第九章　循环经济：陶宝先、陈隽；第十章　清洁生产：陶宝先、陈隽；第十一章　资源与环境管理：秦学（广东商学院教授、博士）、阎伍玖。

本书适合作为高等学校相关专业的教学参考书，也可供从事地理、环境、生态等方面研究的科技工作者、管理工作者及有关院校师生阅读。

编　者

2012 年 7 月于广州